U0392907

图解 TUJIE WUGONGHAI PENGSHI SHUCAI ZAIPEI
JISHU DAQUAN

无公害棚室蔬菜栽培

技术大全

郭晓雷 王 鑫 李 颖 主编

 化学工业出版社

·北京·

全书共分十二章，前面四章作为总论，先后介绍了棚室蔬菜栽培设施的类型、结构和性能以及我国设施蔬菜生产的现状、存在问题和展望；工厂化穴盘育苗；棚室蔬菜病虫害诊断与防控技术；棚室蔬菜无公害生产新技术。后续八章作为各论，先后介绍了棚室白菜类、甘蓝类、根菜类与薯芋类、绿叶蔬菜类、葱蒜类、茄果类、瓜类、豆类等8类32种蔬菜的特征特性；对环境条件的要求；品种选择；栽培关键技术；采收、贮藏、保鲜；病虫害防治等方面内容。内容丰富，科学实用，可操作性强，并通过大量图片直观地反映所介绍的内容，对于关键操作技术有二维码视频展现。本书适合广大菜农、基层单位农业科技人员和农业院校有关专业师生阅读参考。

图书在版编目（CIP）数据

图解无公害棚室蔬菜栽培技术大全／郭晓雷，王鑫，李颖主编．—北京：化学工业出版社，2020.1（2022.9重印）
ISBN 978-7-122-35533-1

Ⅰ.①图… Ⅱ.①郭…②王…③李… Ⅲ.①蔬菜-温室栽培-图解 Ⅳ.①S626.5-64

中国版本图书馆CIP数据核字（2019）第248570号

责任编辑：李 丽		加工编辑：孙高洁
责任校对：边 涛		装帧设计：刘丽华

出版发行：化学工业出版社（北京市东城区青年湖南街13号 邮政编码100011）
印 装：北京建宏印刷有限公司
710mm×1000mm 1/16 印张40 字数813千字 2022年9月北京第1版第3次印刷

购书咨询：010-64518888 售后服务：010-64518899
网 址：http://www.cip.com.cn
凡购买本书，如有缺损质量问题，本社销售中心负责调换。

定 价：198.00元

《图解无公害棚室蔬菜栽培技术大全》编委会

主　　编：郭晓雷　王　鑫　李　颖

副　主　编：娄春荣　刘学东　马　跃　吕艳玲

参加编写人员（按姓氏笔画排列）：

于　瑛　　于景春　　王丽丽　　王国飞

王　巍　　卢文经　　朱志成　　朱坤舒

刘石磊　　那荣辉　　孙永生　　李慎宏

吴海东　　宋铁峰　　邵　瑾　　周晓华

郑皓莹　　赵丽丽　　夏　乐　　高振环

黄　旭　　惠成章　　谢建宏　　路　颖

薄尔琳

前 言

  21世纪以来，随着蔬菜生产的发展，特别是棚室面积的不断扩大，我国蔬菜全年的产销已经基本平衡甚至供大于求，蔬菜市场已经由卖方市场转变为买方市场。棚室蔬菜在生产技术、科学用药等方面出现了许多新情况：一方面新技术、新农药不断涌现，如工厂化穴盘育苗技术、秸秆生物反应堆技术、果菜类保花保果技术、病虫害生态防控技术、轻简栽培技术、水肥一体化，新农药氯虫苯甲酰胺、嘧菌酯、噻唑锌等，这些新技术和新农药的广泛应用，提高了棚室蔬菜的产量，改善了蔬菜的品质，增加了农民的收入。一方面部分地区棚室内土壤连作障碍日趋严重，病虫害加重，原来的次要病害上升为主要病害，如番茄褪绿病毒病、黄瓜流胶病、大白菜根肿病等在一些菜区开始大面积流行。另一方面为了食品安全，按照国家有关部门的规定，原来的一些蔬菜常用杀虫剂、杀菌剂如氟虫腈、三唑磷、毒死蜱、硫酸链霉素和叶枯唑已经逐步退出历史舞台。在这种新的形势下，激烈的市场竞争和生产成本提高的挑战，迫使生产者不断地更新生产技术，以提高其经济效益，使棚室蔬菜生产稳步发展。因此，编写一本全面反映近年来科研成果和先进经验且通俗易懂的棚室蔬菜栽培方面的书籍很有必要。

  全书共分十二章，前面四章作为总论，先后介绍了棚室蔬菜栽培概述；工厂化穴盘育苗；棚室蔬菜病虫害诊断与防控技术；棚室蔬菜无公害生产新技术。后续八章作为各论，先后介绍了棚室白菜类、甘蓝类、根菜类与薯芋类、绿叶蔬菜类、葱蒜类、茄果类、瓜类、豆类等8类32种蔬菜的特征特性，对环境条件的要求，品种选择，栽培关键技术，采收、贮藏、保鲜，病虫害防治等方面内容，同时对关键操作有二维码视频展现。

  本书力求吸收众多先进成果和经验，以棚室蔬菜基本知识及实用技术为着眼点，既注意内容的丰富性和体系的完整性，又注意可操作性和实用性，并通过大量图片直观地反映所介绍的内容，便于读者阅读和理解。适合广大菜农、基层单位农业科技人员和农业院校有关专业师生阅读参考。

  全书共80余万字，内容翔实丰富，在阅读时既可以根据栽培蔬菜作物的需要，单独阅读其中的章节，按图索骥，直接获得相关栽培技术；也可通篇阅读，首先阅读总论，从宏观上了解棚室蔬菜生产的基本情况，掌握工厂化育苗、病虫害诊断与防控的技术以及无公害生产新技术，然后阅读各论，全面了解各种蔬菜的棚室栽培技术。

  希望本书的出版，能够在帮助棚室蔬菜生产，增加经济效益，促进农业产业结构调整方面发挥积极的作用。诚恳期待前辈领导、专家及广大读者提出批评意见。

编者
2020年1月于沈阳

目录

第一篇 总论

第一章 棚室蔬菜栽培概述

第二章 工厂化穴盘育苗

第三章　棚室蔬菜病虫害诊断与防控技术

第四章　棚室蔬菜无公害生产新技术

第二篇　各论

第五章　棚室白菜类蔬菜栽培技术

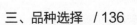

第六章　棚室甘蓝类蔬菜栽培技术

第七章　棚室根菜类与薯芋类蔬菜栽培技术

第八章　棚室绿叶蔬菜栽培技术

第九章　棚室葱蒜类蔬菜栽培技术

第十章　棚室茄果类蔬菜栽培技术

第十一章　棚室瓜类蔬菜栽培技术

第十二章　棚室豆类蔬菜栽培技术

参考文献

第一篇 总论

第一章
Chapter 1

棚室蔬菜栽培概述

第一节　棚室蔬菜栽培设施的类型、结构和性能

一、棚室蔬菜栽培的定义

棚室蔬菜栽培是指通过采用现代农业工程技术，改变自然环境，为蔬菜生产提供相对可控制甚至最适宜的温度、湿度、光照、水肥等环境条件，而在一定程度上摆脱对自然环境的依赖进行有效生产的农业生产。常见的棚室栽培类型有日光温室、塑料冷棚（塑料小棚、塑料中棚、塑料大棚）等。棚室蔬菜抑制了害虫、病害发生，农药用量大大减少，有效地保障了蔬菜质量安全。本书主要对日光温室和塑料大、中棚常见蔬菜栽培技术进行介绍。

二、日光温室的类型、结构和性能

日光温室是节能日光温室的简称，又称暖棚，是我国北方地区独有的一种温室类型。日光温室是一种在室内不加热的温室，即使在最寒冷的季节，也只依靠太阳光来维持室内一定的温度水平，以满足蔬菜作物生长的需要。前坡面夜间用保温被覆盖，东、西、北三面为围护墙体的单坡面塑料温室，统称为日光温室。其雏形是单坡面玻璃温室，前坡面透光覆盖材料用塑料膜代替玻璃即演化为早期的日光温室。日光温室的特点是保温好、投资低、节约能源，非常适合我国经济欠发达农村使用。

（一）日光温室的类型、结构

日光温室是采用较简易的设施，充分利用太阳能，在寒冷地区一般不加温进行蔬菜越冬栽培，而生产新鲜蔬菜的栽培设施。日光温室具有鲜明的中国特色，是我国独有的设施。日光温室的结构各地不尽相同，分类方法也比较多。按墙体材料分主要有干打垒土温室，砖石结构温室，复合结构温室等。按后屋面长度分，有长后坡温室和短后坡温室；按前屋面形式分，有二折式、三折式、拱圆式、微拱式等。按结构分，有竹木结构、钢木结构、钢筋混凝土结构、全钢结构、全筋混凝土结构、悬索结构、热镀锌钢管装配结构。按综合面积、投资、高度、自动化程度等分，通常分为：连栋温室、钢骨架节能日光温室、竹木结构温室。

1. 连栋温室

占地面积在1亩（1亩＝667米²）以上，亩投资在5万元以上，温室高度在4米以上，方位根据地形条件而定，温室内部的温度、光照、气体条件等环境因子达到自动控制。连栋温室投资较高，相对农民来说不太实用。见图1-1、图1-2。

图1-1　连栋温室内部　　　　　　　　　图1-2　连栋温室外部

2. 钢骨架节能日光温室

占地面积0.7～1.3亩，温室结构为砖墙钢骨架结构，亩投资3万元以上，温室长度50～100米，东西延长，方位为正南或南偏西5º～10º以内，跨度7～8米左右。（作物畦长6～7米，工作路1米）脊高3.5～3.6米，后墙高度1.8～2.0米。见图1-3～图1-5。

图1-3　钢骨架节能日光温室外部　　　图1-4　钢骨架日光温室内部（1）

3.竹木骨架日光温室

占地面积0.7～1亩，温室结构为土墙竹木结构，亩投资2万元以上，温室长度50～100米，东西延长，方位为正南或南偏西5º～10º以内，跨度5～8米。（作物畦长4～7米，工作路1米）脊高2.5～3.6米，后墙高度1.5～2.0米。见图1-6～图1-8。

图1-5　钢骨架日光温室内部（2）

图1-6　竹木骨架日光温室外部

图1-7　竹木骨架日光温室内部

图1-8　竹木骨架日光温室后坡

（二）日光温室的性能

日光温室的性能主要通过光照、温度、湿度、气体等几个参数来体现。

1.光照

温室内的光照条件决定于室外自然光强和温室的透光能力。由于拱架的遮阳、薄膜的吸收和反射作用，以及薄膜凝结水滴或尘埃污染等，温室内光照强度明显低于室外。以中柱为界，可把温室分为前部强光区和后部弱光区。山墙遮阳作用，午前和午后分别在东西两端形成两个三角形弱光区，它们随太阳位置变化而扩大和缩小，正午消失。温室中部是全天光照强度最好的区域。在垂直方向上，光照强度从上往下逐减，在顶部靠近薄膜处相对光强为80%；距地面0.5～1

米处相对光强为60%；距地面20厘米处相对光强为55%。

2.温度

日光温室内的热量来源于太阳辐射，受外界气候条件影响较大。一般晴天室内温度高，夜间和阴天温度低，在正常情况下，冬季、早春室内外温差多在15℃以上，有时甚至达到30℃，地温可保持在12℃以上。冬季晴天室内气温日变化显著。12月和1月，最低气温一般出现在刚揭草苫之时，而后室内气温上升，9～11时上升速度最快。不通风时，平均1小时升高6～10℃。12时以后，上升速度变慢，13时达到最高值。13时后气温缓慢下降，15时后下降速度加快。盖草帘和纸被后，室内短时间内气温回升1～2℃，而后就缓慢下降。夜间气温下降的数值不仅取决于天气条件，还取决于管理措施和地温状况。用草帘和纸被覆盖时，一夜间气温下降4～7℃。多云、阴天时下降2～3℃。日光温室内各个部位温度也不相同。从水平分布看，白天南高北低，夜间北高南低。东西方向，上午靠近东山墙部位低，下午靠近西北墙部位低，特别是靠近门的一侧温度低。日光温室内气温垂直分布，在密闭不通风的情况下，在一定的高度范围内，通常上部温度较高。

3.湿度

日光温室内空气的绝对湿度和相对湿度一般均大于露地。在冬季很少通风的情况下，即使晴天，也经常出现90%左右的相对湿度，夜间、阴天，特别是在温度低的时候，空气的相对湿度经常处于饱和或近饱和状态。温室空气湿度的变化幅度，往往是低温季节大于高温季节，夜间大于白天。中午前后，温室气温高，空气相对湿度小，夜间湿度增大。阴天空气湿度大于晴天，浇水之后湿度最大，放风后湿度下降。在春季，白天相对湿度一般在60%～80%，夜间在90%以上。其变化规律是：揭苫时最大，以后随温度升高而下降，盖苫后相对湿度很快上升，直到次日揭苫，另外，温室空间大，空气相对湿度较小且变化较小；反之，空气湿度大且日变化剧烈。温室内的土壤湿度较稳定，主要靠人工来调控。

4.气体

由于温室处于半封闭状态，室内空气与室外有很大差别。温室中气体主要有二氧化碳、氨、二氧化氮。温室中二氧化碳主要来源于土壤中有机物的分解和作物有氧呼吸。在一定范围内，二氧化碳浓度增加，作物光合作用的强度增加，产量增加。氨气是由施入土壤中的肥料或有机物分解过程中产生的。当室内空气中氨气浓度达到5毫克/升时，可使植株不同程度受害。土壤中施入氮肥太多，连作土壤中存在大量反硝化细菌都是容易产生二氧化氮气体的原因。二氧化氮浓度达到2毫克/升时，可使叶片受害。

三、塑料冷棚的类型、结构和性能

塑料棚是以塑料薄膜为覆盖材料，能部分控制动、植物生长环境条件的简易建筑物。

（一）棚型分类

按构成拱架的材料不同，塑料棚可分为：

1.竹木结构塑料棚

一类是拱架和立柱全是木制的；另一类是拱架为竹子，立柱用木材，以铁丝扎紧。一般拱跨12～15米，棚高1.8～2.2米。通风时，前期可开启两端的大门，掀起两侧的薄膜；后期还可将棚顶中部的薄膜扒开，便于上下部空气对流。结构简单，建造容易，造价低；但立柱多，遮光面积大，栽培作业不方便，且薄膜易损坏，抗风雪的能力差，使用寿命较短，维修工作量大（图1-9）。

2.钢架结构塑料棚

拱架和纵梁由钢筋或钢管焊接成平面或三角形断面的桁架结构。拱架间距为3～6米，其间配制2～4根用钢筋或竹竿制成的拱杆，纵梁分别与拱架和拱杆牢固联结。拱形采用圆弧或双圆弧。拱跨超过12米时，应增设立柱。立柱可用钢管、型钢或钢筋混凝土制成。棚高为2.5～3.3米，薄膜的固定与竹木结构塑料棚相同，常用铅丝或竹竿压紧。通风换气可借助简易天窗，或扒缝换气。其采光良好，栽培作业方便，抗风雪能力优于竹木棚，每亩用钢量为3.3～3.8吨（图1-10）。

图1-9　竹木结构塑料棚

图1-10　钢架结构塑料棚

3.镀锌钢管装配式塑料棚

用镀锌薄壁钢管作拱架和纵梁，有圆弧形和抛物线形两类，拱跨为4～10米。薄膜由燕尾形卡槽或Ω形塑料夹固定。通风换气可通过专用的卷膜器卷起棚两侧薄膜，也可开设简易天窗。结构合理，重量轻，采光好，栽培作业方便，固膜可靠，便于拆装，并有利于专业化生产。每亩用钢量为2.6吨左右。见图1-11、图1-12。

4.小拱棚

一般高1米左右、宽1.5～3米，长度不限。骨架多用毛竹片、荆条、硬质塑圆棍，或者直径6～8毫米的钢筋等材料弯成拱圆形，上面覆盖塑料薄膜。夜间可在棚面上加盖草苫，北侧可设风障。目前广泛应用的塑料小拱棚根据结构的

图1-11　镀锌钢管装配式塑料棚外部

图1-12　镀锌钢管装配式塑料棚内部

不同分为拱圆形棚和半拱圆形棚。半拱圆形棚是在拱圆形棚的基础上发展改进而成的形式。在覆盖畦的北侧加筑一道1米左右高的土墙，墙上宽30厘米，下宽45～50厘米。拱形架杆的一端固定在土墙上部，另一头插入覆盖畦南侧畦梗外的土中，上面覆盖塑料薄膜。半拱圆形棚的覆盖面积和保温效果优于小拱圆形棚。见图1-13。

图1-13　小拱棚

（二）工程设计

结构和材料的选择可因地制宜，以保证有一定的抗风雪荷载能力，良好的采光、通风、保温条件，固膜可靠，栽培作业方便为原则。一般无供暖设施，少数用于育苗或栽培早熟作物的塑料棚，可用简易热风炉或在土壤中埋设热水管道或电热线加热。保温则采用多层覆盖、大棚内套小棚、小棚上盖草帘、再加盖地膜等方法。在中国北方地区宜采用跨度较大的棚形，也可在塑料棚四周加围草帘，夜间棚上加盖草帘，以提高保温效果。一般借自然通风调节温、湿度。在中国南方宜采用跨度较小的棚形，以利通风降温。早春季节棚内湿度高，而通风量过大，又会降低棚内温度，影响作物生长；可在棚内设置无纺布幕帘，以改善棚内温、湿度状况。塑料棚的覆盖材料有聚氯乙烯（PVC）、聚乙烯（PE）、乙烯-醋酸乙烯共聚物（EVA）、树脂等制作的普通薄膜以及农用薄膜等。

聚氯乙烯薄膜的保温性能较好，易粘接，但易黏附尘土和结雾而影响透光，所以耐低温性较差。聚乙烯薄膜不易黏附尘土，透光性和耐低温性能好，但保温性差，且易破损。乙烯-醋酸乙烯共聚物薄膜的柔韧性、保温性和耐低温性能均好，且不易污染，透光率高，但成本较高。现已研制成的聚乙烯耐老化薄膜，其抗拉强度大，透光性能也好。为延长塑料薄膜的使用寿命，可在薄膜外表面涂上白色防老化涂料，用以反射阳光中的短波红外线。

（三）塑料大中型冷棚的性能

塑料大中型冷棚与温室在性能方面有一定的差异：

1.光照

塑料大中棚上不盖草帘，棚内光照时间和外界一样长。光照强度取决于棚外的光照强度、棚型及棚膜的性质和质量。晴天棚内的光照强度明显高于阴天和多云天；钢骨架塑料大棚的光强大于竹木结构支架类型的大棚；聚氯乙烯膜透光性优于聚乙烯膜，新膜优于旧膜，无滴膜优于普通膜，厚薄均匀一致的膜优于厚度不均的膜。棚内的自然光强始终低于棚外，一般棚内1米高处光照强度为棚外自然光强的60%。

2.温度

冷棚的主要热源是太阳的辐射热，棚外无覆盖物，因此棚内温度随外界昼夜交替，天气的阴、晴、雨、雪，以及季节变化而变化。在一天之内，清晨后棚温逐渐升高，下午逐渐下降，傍晚棚温下降最快，夜间23时后温度下降减缓，揭苫前棚温下降到最低点。在晴天时昼夜温差可达30℃左右，棚温过高容易灼伤植株，凌晨温度过低又易发生冷害。棚内不同部位的温度状况有差异，每天上午日出后，大棚东侧首先接收太阳光的辐射，棚东侧的温度较西侧高。中午太阳由棚顶部入射，高温区在棚的上部和南端，下午主要是棚的西部受光，高温区出现在棚的西部。大棚内垂直方向上的温度分布也不相同，白天棚顶部的温度高于底部3～4℃，夜间棚下部的温度高于上部1～2℃。大棚四周接近棚边缘位置的温度，在一天之内均比中央部分要低。

3.湿度

塑料大中棚的气密性强，所以棚内空气湿度和土壤湿度都比较高，空气相对湿度经常可达80%以上，密闭时为100%。棚内薄膜上经常凝结大量水珠，集聚一定大小时水滴下落。棚内空气湿度变化规律是随棚温升高，相对湿度降低；随着棚温降低，相对湿度升高。晴天、刮风天相对湿度低，阴雨天相对湿度显著上升。春季，每天日出后棚温逐渐升高，土壤水分蒸发和作物蒸腾加剧，棚内水气大量增加。随着通风，棚内相对湿度则会下降，到下午关闭门窗前，相对湿度最低。关闭门窗后，随着温度的下降，棚面凝结大量水珠，相对湿度往往达饱和状态。

4.气体条件

棚内大量施用有机肥，在分解时会放出大量的二氧化碳，蔬菜自身也放出二氧化碳。一天之中，大棚中清晨放风前的二氧化碳浓度最高，日出后随着光合作用的加强，棚内二氧化碳含量迅速下降，若不进行通风换气，比露地的含量还低。

（四）小拱棚的性能

小拱棚空间小，棚内气温受外界气温的影响较大。一般昼夜温差可达20℃以上。晴天增温效果显著，阴、雪天效果差。在一天内，早上日出后棚内开始升温，10时后棚温急剧上升，13时前后达到最高值，以后随太阳西斜、日落，棚温迅速下降，夜间降温比露地缓慢，凌晨时棚温最低。春季小拱棚内的土壤温度可比露地高5～6℃，秋季比露地高1～3℃。小拱棚的空气相对湿度变化较为剧烈，密闭时可达饱和状态，通风后迅速下降。

第二节　我国设施蔬菜生产的现状、存在问题和展望

一、我国设施蔬菜生产的现状

（一）设施蔬菜规模不断扩大

近年来我国设施蔬菜规模不断扩大，截止到2010年全国蔬菜播种面积31923.70万亩，净产值9570.47亿元，产量7.18亿吨，人均占有量531.80千克。设施栽培总面积7875.89万亩，净产值6200.93亿元，产量2.84亿吨，人均占有量211.70千克。相应的，设施蔬菜所占比例分别为：24.67%，64.79%，39.56%，39.81%（表1-1）。

表1-1　2010年全国蔬菜产量产值测算表

项目	蔬菜	露地蔬菜	设施蔬菜	设施蔬菜比例/%
播种面积/万亩	31923.70	24047.81	7875.89	24.67
产值/亿元	12064.83	4067.37	7997.46	66.29
净产值/亿元	9570.47	3369.53	6200.93	64.79
产量/亿吨	7.18	4.34	2.84	39.56
人均占有量/千克	531.80	323.40	211.70	39.81

注：设施蔬菜是指在不适宜蔬菜生长的季节，利用各种设施为蔬菜生产创造适宜的环境条件，从而达到周年供应的栽培形式。常见的设施栽培类型主要有风障、阳畦、地膜覆盖、塑料小棚、塑料中棚、塑料大棚、日光温室等。设施栽培是设施蔬菜的重要组成部分。

其中80%以上的日光温室分布在北方地区，设施栽培90%以上的面积是从事蔬菜生产。在全国形成了四个设施蔬菜主产区，其中环渤海湾及黄淮地区约占全国栽培面积的57.2%，长江中下游地区占全国栽培面积的19.8%，西北地区约占7.4%，其他地区占15.6%。按照省份排名，设施蔬菜栽培面积排在前四位的依次为：山东省、河北省、江苏省、辽宁省。目前我国已实现了蔬菜周年均衡供应，破解了我国冬春、夏秋二个淡季的蔬菜供需矛盾，满足了人们冬吃夏菜、夏吃冬菜、中吃西菜、北吃南菜的需求。

（二）设施园艺成为农民增收及相关产业发展的重要产业

1.投入产出比高

设施园艺生产的综合平均亩产值13485.47元，亩净产值10456.12元，比露地

生产高3～5倍，投入产出达到1：4.45。

2.总产值比重大

2008年，全国设施园艺的产值7079.75亿元，占园艺产业的51.31%，占种植业的25.25%，相当于畜牧业的34.39%，是渔业的1.36倍，是林业的3.29倍。

3.创造多个就业岗位

每个整劳力可进行1.5～2亩设施园艺生产经营，全国5249.56万亩设施园艺至少可解决2600多万人就业，并可带动相关产业发展，创造1500多万个就业岗位。

4.促进农民增收

2008年，设施园艺产业的总产值为7079.75亿元，净产值为5489.37亿元，使全国农民人均增收760.99元，占农民人均纯收入的16%。重点设施园艺产区对农民人均收入的贡献额都在2000元以上。

（三）我国设施园艺注重低成本和高效节能

1.低碳节能国际领先

① 低碳节能的中国特色设施园艺，独创的日光温室高效节能栽培，能在–10～–20℃严寒下不加温生产喜温蔬菜。

② 与传统加温温室相比，亩均节煤25吨，2008年全国节能日光温室964.56万亩，可节煤2.4亿多吨，减少排放至少6.3亿吨CO_2，205万吨SO_2，178万吨氮氧化物，与现代化温室相比，其节能减排贡献额还要提高3～5倍。

③ 日光温室节能技术，已引起国际有识之士的高度关注和浓厚兴趣。

2.园艺设施经济实用

① 目前1959万余亩的塑料小拱棚，几乎都是竹木结构的。

② 2091万余亩的塑料大、中棚，竹木骨架结构的棚型占60%以上。

③ 1173万亩的日光温室和加温温室，竹木土墙架构的简易温室约占80%。

④ 现代化连栋温室、装配式热镀锌钢管大棚和永久性节能日光温室，多见于各级政府和企业投资建设的现代化农业园区。

二、生产上出现的问题

（一）生产致富上的主要问题

1.生产不稳定，风险性大

突出的问题是冬季果菜生产中的亚低温影响或低温寒害与冻害以及夏季室内气温过高。这不仅降低蔬菜的产量与质量，同时关系到生产的稳定性。

2.劳动生产率较低

目前我国设施蔬菜的劳动生产率仍很低，就普通生产而言，每人仅经营1亩田地左右，其劳动生产率仅是日本的1/20、美国的1/40。造成设施农业劳动生产率不高的原因很多，其中主要有：日光温室经营规模不大，设施相对简陋，抵御自然灾害能力差，环境控制和生产管理的机械化程度较低，生产手段落后，生产者素质和技术水平较低等。

3.经济效益下降

随着日光温室生产面积的与日俱增，日光温室产品出现相对过剩状况，由此造成产品季节差价不断缩小，价位不断降低，经济效益逐年下降。造成这种现象的原因是：区域化生产特点不强，无序竞争日趋严重；日光温室生产种类单调，生产盲目；市场体系不健全，缺乏有序组织，国际市场份额仍很小等。

4.产品质量不高

产品的商品品质、营养品质都不高。目前，虽然日光温室产品人均占有量较高，但其中无公害产品仍然较少。造成这种状况的原因主要是缺乏优质优价的市场机制，生产上缺乏无公害产品生产标准，生产者缺乏无公害生产意识和技术。近年来，虽然各级政府高度重视无公害农产品生产，但与之配套的一系列政策和措施仍需要时间落实，有关技术仍需不断研究与完善。

5.产量低

平均亩产量5000千克左右，仅为发达国家的1/8。

（二）导致问题的主要原因

① 设施简陋，且缺乏科学设计，机械化和自动化水平低；
② 侵染性病害及逆境生育障碍严重，技术服务欠缺；
③ 专用品种质量不高、数量不足；
④ 缺乏科学的生产模式与技术体系；
⑤ 小生产与大市场不协调。

（三）问题的表现

1.设计不合理，生产安全性差

① 风载雪载负荷设计不够；
② 结构设计建造不科学；
③ 盲目标新立异；
④ 图省钱不按设计施工；
⑤ 没有设计随意建造。

2.过量施肥加剧连作障碍

① 土壤酸化。一些重点设施园艺生产地区，土壤pH值已降至5以下；
② 次生盐渍化。山东某市连续种植3年、6年、10年，设施内土壤EC分别为1.6毫西/厘米、1.8毫西/厘米和1.88毫西/厘米，而大部分蔬菜发生生理障碍EC

都在0.5毫西/厘米以下，超过茄果类蔬菜发生生育障碍临界值2倍多。

3.低温高湿病害多发趋重

① 棚室内夜温低，湿度大；

② 省钱省事不落实地面覆盖措施；

③ 大水漫灌加剧棚室环境的低温高湿；

④ 病害严重。

4.装备水平低，产出率不高

① 环境调控能力差，机械化程度低，劳动强度大，人均管理面积小，劳动生产率低；

② 温室黄瓜、番茄产量只有 $10 \sim 30$ 千克/米^2。

5.规模化经营较少，小生产与大市场不协调

① 经营规模小。劳动生产率低，规模效益差；

② 难以实现设施园艺产业的高投入，抵御风险的能力也较差；

③ 小生产的量少和质量不稳定，难以与大市场、大流通对接；

④ 小生产存在生产管理、技术推广、质量监管方面的难度，制约设施园艺产业竞争力的提高；

⑤ 适合小生产的产业服务不完善，也制约着设施园艺产业的发展。

三、展望

（一）未来设施蔬菜发展的区域布局

未来设施蔬菜生产优势产区仍是黄淮海及环渤海地区（农业部规划），其他地区仍可发展。① 北纬43°以北地区以日光温室春提早至夏秋栽培为主。② 北纬30°以南地区以塑料大棚及遮阳棚为主。③ 北纬38°～43°地区以日光温室周年生产为主。④ 北纬30°～38°地区以日光温室周年生产和塑料大棚春提早和秋延晚为主。

（二）未来设施蔬菜生产技术的发展方向

未来设施蔬菜生产将会发展如下技术：① 设施结构优化及环境控制自动化，实现低成本节能及高性能。② 普及节水灌溉方式与技术，节水量达到30%～50%。③ 专用品种选育，以耐低温弱光或耐高温、高盐，且抗病、优质、高产为目标，实现节能、节水。④ 工厂化育苗技术，实现低成本、高效益、高质量、标准化。⑤ 优质高产无害化栽培模式与技术，达到产量提高1倍，无公害、标准化。⑥ 逆境生育障碍调控技术，实现亚逆境环境生育障碍的可调控。⑦ 病虫害无害化控制技术，使病虫害发生率减少1倍以上，并且使蔬菜产品达到无害化。⑧ 生长发育模型与高产栽培专家管理系统，实现管理傻瓜化。⑨ 研制设施专用小型农业机械，实现主要生产作业机械化。

第二章
Chapter 2

工厂化穴盘育苗

穴盘育苗是欧美国家70年代兴起的一项新的育苗技术，目前已成为许多国家专业化商品苗生产的主要方式。穴盘育苗技术是采用草炭、蛭石等轻基质无土材料做育苗基质，机械化精量播种，一穴一粒，一次性成苗的现代化育苗技术。是以先进的温室和工程设备装备种苗生产车间，以现代生物技术、环境调控技术、施肥灌溉技术、信息管理技术贯穿种苗生产过程，以现代化、企业化的模式组织种苗生产和经营，通过优质种苗的供应、推广和使用蔬菜良种，节约种苗生产成本，降低种苗生产风险和劳动强度，为蔬菜作物的优质高产打下基础。主要应用于机械化播种、工厂化育苗、商品化供应种苗、集约化专业化生产蔬菜的现代蔬菜生产体系。见图2-1。

图2-1　工厂化穴盘育苗场

第一节　工厂化穴盘育苗的特点

穴盘苗，就是在穴孔中培育可移栽的幼苗。种子经由机械或人工分播于穴盘的穴孔里，发芽后，幼苗在微型穴孔里生长直到可以移栽。每株幼苗的根系都完全自行盘结在各自的穴孔内，这样，保全了幼苗根部的大量根毛，非常有利于根系的生长。移植时，只要将穴盘苗从穴孔中拉出来，就可以将其完好无损地定植到生产田，即使根系受到损伤，程度也是非常小的。而且定植后植株的生长也非

图2-2　准备定植的青花菜穴盘苗

图2-3　均匀一致的番茄穴盘苗

图2-4　专一性育苗温室

图2-5　穴盘苗生产的多样性
（番茄与南瓜）

常均衡，同营养钵育苗相比，这种定植方法更快、更容易（图2-2）。

一、工厂化穴盘育苗的特点

（一）穴盘苗的均一性

穴盘苗要求生育状态和生育期高度均一，这是关键。当然任何育苗都要具有均一性，而穴盘苗对均一性的要求更为严格，因为穴盘苗是作为商品提供给蔬菜生产者，保证蔬菜大规模生产的。均一性是衡量穴盘育苗成败和穴盘苗质量优劣的重要指标之一（图2-3）。

（二）穴盘育苗的专一性

穴盘育苗工程一旦建成并启动生产，就具有了专业化蔬菜育苗厂的特性，以专一蔬菜育苗为生产目的，以培育的穴盘苗为产品。用于穴盘育苗的场地相对集中、固定，不宜随时改为他用，这与传统蔬菜育苗方式的非长期固定场地显然不同（图2-4）。

（三）穴盘苗生产的多样性

穴盘育苗不以单一蔬菜种类的育苗为目的，而适用于各类蔬菜作物的育苗。育苗种类具多样性。对不同蔬菜作物采用相应规格和配比的最佳育苗盘和育苗基质，按照不同的规范化操作管理，以适应蔬菜种植结构均衡生产、减少淡季和周年供应的需要（图2-5）。

（四）穴盘苗产品的批量性

穴盘育苗应以面向大型蔬菜生产基地为主，按市场和生产的需求，提供各类蔬菜穴盘苗的批量产品。一次性育苗数量不宜过少，否则难以显示出穴盘育苗的优点，甚至因不足以启动穴盘育苗生产线而造成无益的人力、能源、资材的浪费（图2-6）。

（五）穴盘育苗工程的系统性

穴盘育苗是系统性工厂化育苗的全部过程，应该主要包括种子处理、基质的生产、机械化基质装盘和播种、育苗棚室的设置和管理、浇水供液系统的计算机控制、新型穴盘的研制生产应用回收、穴盘苗的装箱运输、专用起苗器的配置等，各个环节有机结合，连续运作，一次成苗，真正体现了农业蔬菜育苗的"一条龙"式系统性工厂化生产的特点。

图2-6　穴盘苗产品的批量性

二、使用穴盘育苗的优点

（一）节省能源与资源

工厂化穴盘育苗与传统的营养钵育苗相比较，定量精播，节省良种，单位面积产苗量高，节约良田。育苗效率由100～150株/米^{2}提高到700～1000株/米^2，能大幅度提高单位面积种苗产量，节省电能2/3以上，显著降低育苗成本（图2-7）。

图2-7　节省能源与资源

（二）提高秧苗素质

在育苗生产车间，基质穴盘育苗设备能够对育苗温室的光、温、水、气、湿等进行人工调控，能实现种苗的标准化生产，育苗基质、营养液等采用科学配方，实现肥水管理和环境控制的机械化和自动化。穴盘育苗一次成苗，幼苗根系发达并与基质紧密连着，定植时不伤根系，容易成活，缓苗快，能严格保证种苗质量和供苗时间。育苗时所用基质无病原菌和害虫等（图2-8）。

图2-8　秧苗素质良好的
青花菜穴盘苗

（三）提高种苗生产效率

基质穴盘育苗采用机械化或半机械化精量播种技术，大大提高了播种效率，节省种子用量，提高成苗率（图2-9）。

（四）商品种苗适合成批销售和长距离运输

基质穴盘育苗生产出的商品种苗适合成批销售和长距离运输，对发展集约化生产、规模化经

图2-9　播种器

营十分有利。见图2-10、图2-11。

图2-10 准备装箱运走的穴盘苗 图2-11 运到田间准备定植的穴盘苗

三、使用穴盘育苗的缺点

（一）生产难度较大

在穴盘中育苗，每一个穴孔就是一个微型容器，幼苗之间不能共享水分和养料，因而容易产生失误。因为穴孔较小，土壤pH、养分和水分变化较快，生产过程需要专职人员进行精心养护，稍有疏忽，如浇水、放风不及时或药害等，都会导致幼苗死亡（图2-12）。

（二）单株穴盘苗成本更高

为保证单个穴孔微环境的稳定，需要在设施设备和人力方面加大投入。为给幼苗创造良好的生长环境，有利于将来定植和缓苗，必须采购专门的草炭、蛭石、珍珠岩等来调制基质，通常机械育苗不能使用园田土，手工育苗也仅能掺入少部分园田土。机械化的播种机需要受过训练的人来操作。为使苗齐苗壮，往往要采用水肥一体化，这些都会增加穴盘育苗的成本（图2-13、图2-14）。

图2-12 每一个穴孔就是 图2-13 育苗 图2-14 水肥
　　　　一个微型容器 营养基质 一体化

第二节 工厂化穴盘育苗的场地与设备

一、穴盘育苗的场地

（一）育苗场地应具备的条件

1.保温性能好，并具备控温设施

如降温用水幕、遮阳网，北方冬季温室加温用暖气设备等（图2-15、图2-16）。

图2-15　降温水幕　　　　　　　　图2-16　覆盖遮阳网的育苗温室

2.透光性能好

透光性主要由两个因素决定，其一是温室的角度，其二是覆盖材料，现多选用透光性和无滴性能好的薄膜或PC板材。

3.通风性能好

通常在温室侧面山墙上安装负压风机，在温室内部安装环流风机（图2-17、图2-18）。

图2-17　负压风机　　　　　　　　图2-18　环流风机

4.育苗温室应具备定植前低温炼苗和大小苗分级管理的性能

（二）育苗场地项目组成

蔬菜集约化育苗场的项目构成，按功能要求，可由育苗设施、辅助性设施、配套设施、管理及生活服务设施4部分组成，不同类别的育苗场对建设项目的要求：① 育苗设施，培育蔬菜幼苗的保护性结构，如催芽室、日光温室、塑料大棚、连栋温室等。② 辅助性设施，为幼苗培育、商品苗销售提供直接服务的设施设备，如播种车间、消毒池、仓储间、检测室、新品种试验田等。③ 配套设施，为育苗提供基本保障条件，如灌排系统、电力系统、道路系统、通信系统、机修车间、运输工具等。④ 管理及生活服务设施，为育苗提供行政管理和生活服务，如办公室、休息室、食堂、淋浴房、门卫、公厕等。

二、工艺与设备

（一）基本原则

蔬菜集约化育苗场工艺与设备水平的确定，应符合建设地区的技术经济条件、生产规模和技术水平，适度采用机械化和自动化设备，保证节能高效、流畅便捷、优质安全。育苗场的工艺设计尽可能遵守单栋设施的"全进全出"制。

（二）基本工艺流程

基本工艺流程、工艺方案的制定，应以蔬菜作物种类、生产管理技术水平为基础，采用先进成熟、稳定可靠的工艺，在保证幼苗质量的前提下尽量缩短流程，达到技术先进，经济合理。一般采用下列工艺流程：① 准备阶段，包括种子检测、设备调试、育苗设施及操作器具消毒、基质配制等。② 播种阶段，包括基质填装、压穴、播种、覆盖、喷淋等。③ 成苗阶段，包括催芽、真叶发育和炼苗等。④ 贮运阶段，包括成苗后短暂在圃贮存、包装和运输（图2-19）。

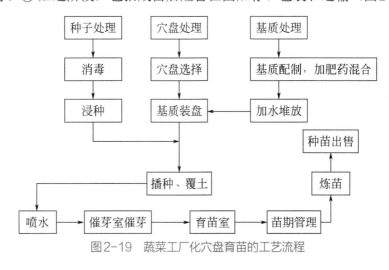

图2-19　蔬菜工厂化穴盘育苗的工艺流程

第三节　育苗前准备

一、穴盘的选择

基质至少要有5毫米的深度才会有重力作用，使基质中的水分渗下，空气进入穴孔越深，含氧量就越多。穴孔形状以四方倒梯形为宜，这样有利于引导根系向下伸展，而不是像圆形或侧面垂直的穴孔中那样根系在内壁缠绕。较深的穴孔为基质的排水和透气提供了更有利的条件。

有些穴盘在穴孔之间还有通风孔，这样空气可以在植株之间流动，使叶片干爽，减少病害，干燥均匀，保证整盘植株长势均匀。制造穴盘的材料一般有聚苯泡沫、聚苯乙烯、聚氯乙烯和聚丙烯等。制造方法有吹塑的，也有注塑的。一般的蔬菜和观赏类植物育苗穴盘用聚苯乙烯材料制成。标准穴盘的尺寸为540毫米×280毫米，因穴孔直径大小不同，孔穴数在18～800之间。栽培中、小型种苗，以72～288孔穴盘为宜。育苗穴盘的穴孔形状主要有方形和圆形，方形穴孔所含基质一般要比圆形穴孔多30%左右，水分分布亦较均匀，种苗根系发育更加充分（图2-20～图2-22）。

在生产中应兼顾生产效益和种苗质量，根据所需种苗种类、成苗标准、生产季节选择适当的穴盘。种苗生长速度缓慢、苗期长的种类应选用较大规格的穴盘，反之则可选用小规格的穴盘。目前国内蔬菜穴盘育苗常选用72、128、200和288孔的穴盘。冬春季生产茄子、番茄苗，成苗标准为6～7片叶的选用72孔穴盘，成苗标准为4～5片叶的选用128孔穴盘。冬季生产甜（辣）椒选用128孔穴盘，可生产具8～10片叶的种苗。黄瓜、西瓜、厚皮甜瓜叶面积大，为保证种苗质量，生产上一般选用72孔穴盘。

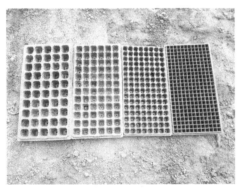

图2-20　穴盘（正面）

图2-21　穴盘（背面）

图2-22　穴盘在穴孔之间有通风孔

穴盘的颜色也影响着植株根部的温度。一般冬春季选择黑色穴盘，因为可以吸收更多的太阳能，使根部温度增加。而夏季或初秋，就要改为银灰色的穴盘，以反射较多的光线，避免根部温度过高。而白色穴盘一般透光率较高，会影响根系生长，所以很少选择白色穴盘。当然白色的泡沫穴盘可以例外（图2-23、图2-24）。

图2-23　黑色聚苯乙烯穴盘　　　　　　图2-24　白色泡沫穴盘

经过彻底清洗并消毒的穴盘，亦可以重复使用，推荐使用较为安全的季铵盐类消毒剂，也可以用于灌溉系统的杀菌除藻，避免其中细菌和青苔滋生。不建议用漂白粉或氯气进行消毒，因为氯气会同穴盘中的塑料发生化学反应产生有毒的物质。

二、基质的选择

好的基质应该具备以下几项特性：理想的水分容量；良好的排水能力和空气容量；容易再湿润；良好的孔隙度和均匀的空隙分布；稳定的维管束结构，少粉尘；恰当的pH值，$5.5 \sim 6.5$；含有适当的养分，能够保证子叶展开前的养分需求；极低的盐分水平，EC值要小于0.7（$1:2$稀释法）；基质颗粒的大小均匀一致；无植物病虫害和杂草；每一批基质的质量保持一致。

由于颗粒较小的蛭石的作用是增加基质的保水力而不是孔隙度。要增加泥炭基质的排水性和透气性，选择加入珍珠岩而不是蛭石。相反，如果要增加持水力，可以加入一定量的小颗粒蛭石（图2-25～图2-29）。

图2-25　泥炭　　　　　图2-26　蛭石　　　　　图2-27　珍珠岩

图2-28 调制好的基质　　　　　　图2-29 进口袋装基质

① 基质在填充前要充分润湿，一般以60%为宜，用手握一把基质，没有水分挤出，松开手会成团，但轻轻触碰，基质会散开。如果太干，将来浇水后，基质会塌沉，造成透气不良，根系发育差；

② 各穴孔填充程度要均匀一致，否则基质量较少的穴孔干燥的速度比较快，从而使水分管理不均衡；

③ 播瓜类等大粒种子的穴孔基质不可太满；

④ 避免挤压基质，否则会影响基质的透气性和干燥速度，而且由于基质压得过紧，种子会反弹，导致种子最终发芽时深浅不一。需要特别注意：打孔的深度要一致，保证播种的深度也一致。一般种子越大，播种的深度就越深。

三、温室、催芽室和苗床的设置

（一）温室

节能日光温室是穴盘育苗的重要配套设施，亦可选用现代化连栋温室，但生产上一般选择现有的高效节能日光温室。温室内配置喷水系统和摆放穴盘的苗床（图2-30～图2-32）。

图2-30 节能日光温室　　　　图2-31 连栋温室　　　　图2-32 喷水系统

（二）催芽室的设计与建造

催芽室要求设有加热、增湿和空气交换等自动控制系统。为节省开支，可做简易催芽室，即在日光温室内搭建小拱棚，棚内放置加温设备，如暖气等。在催芽室内进行叠盘催芽。

（三）苗床

苗床分为畦床和架床。

1.畦床

在地面上铺砖、炉渣、沙子和小石子等做成菜畦，直接将穴盘摆在畦面上，这种苗床的优点是简单易行，不用增加成本，并且由于根系能扎到畦面下的土壤里，所以水分容易控制；缺点是根系能扎到畦面下的土壤里以后，会出现苗子大小不齐，扎得深的，苗子看起来很大，扎得浅的苗子就小得多，而到了起苗子定植时，扎到土壤中的根会被拉断，所以缓苗效果不好。一般要求铺垫硬质、重型材料，防止穿过穴孔的根系扩大生长，在提苗时导致幼苗伤根。目前多数穴盘育苗都已不再使用畦床育苗（图2-33、图2-34）。

图2-33　畦床

图2-34　根系扩大生长，
在提苗时导致幼苗伤根

2.架床

苗床用铁架做成床架，在床架上安装床网，将穴盘置于网上，使秧苗的根系悬空，不再与土壤等接触。架床的突出优点是菜苗大小整齐一致，定植后容易缓苗。一般床架高30～50厘米，由于架床床面高出地面，也便于日常管理和机械化作业。其缺点是每个穴孔是一个独立的单位，对水分、养分的控制要求更加严格。

架床分为固定式架床和可移动式架床。

（1）固定式架床位置固定，为不可移动的架床。如早期的穴盘育苗采用棚北端留3米宽安装供液系统控制仪器等，南端留0.6米宽通道；棚内设穴盘苗架床10个，每架床长16.2米，宽1.2米（穴盘长的2倍），高0.15米，床间0.5米，床边和棚壁间隔0.4米；床架穴盘上面距供液移动式喷头水平高度约为0.4米（图2-35）。

（2）可移动式架床为位置可以移动的架床。通常主体结构采用热镀锌钢材，边框为铝合金材质，便于加工，美观大方；苗床编织网网格为100毫米×40毫米（长×宽），热镀锌材料，防腐性能高，承重能力好，寿命长；可左右移动较长距离，高度方向上也可以进行微调；具有防翻限位装置，防止由于偏重引起的倾斜问题，可在横向任意两个苗床间产生0.60米～0.65米宽的作业通道。能最大幅度地提高温室土地利用率。见图2-36。

图2-35 固定式床架

图2-36 可移动式床架

第四节 播种育苗

一、品种选择

应选用优质、抗病、高产、商品性好的蔬菜品种。种子纯度≥95%，净度≥98%，发芽率≥90%。

二、种子处理

种子处理可控制种子表面携带的病原菌，保护种子和幼苗免遭病原菌的侵袭，也可通过种子处理打破种子休眠，促进种子发芽和幼苗生长。种子处理包括种子浸泡、包衣和丸粒化等方法。薄膜包衣技术是将杀虫剂、杀菌剂、营养物质等混入包衣胶黏剂中包被种子，包衣遇水吸涨，逐步释放药剂或营养物质。种子丸粒化技术是将杀虫剂、杀菌剂、营养物质等混入丸粒化材料中，将种子做成整齐一致的小球（即丸粒化）。播种效率高的齿盘式精量播种机要求种子大小均匀、圆粒，但大多数蔬菜种子大小与形状难以达到要求，在播种前要对种子进行丸粒化处理。浸泡处理是最常用的种子处理方法，和常规育苗一样可用温汤浸种的方法处理种子，也可用磷酸三钠、福尔马林等药剂处理种子，目的是杀灭附着在种子表面的病原微生物。对于有热休眠的芹菜、莴苣种子，夏季播种时可将种子浸泡后低温处理或用赤霉素、激动素溶液浸泡处理，打破种子休眠。

催芽播种一般采用温汤浸种和药剂处理两种方式进行种子消毒。温汤浸种以55℃温水浸种15分钟灭杀种子所带病菌，或用10%的磷酸三钠溶液浸泡30分钟进行种子消毒处理。将药剂消毒处理后的种子用清水冲洗干净，再用常温清水浸泡，然后放入温度28～30℃的恒温箱里催芽，种子每天翻动一次通气，每2天用清水冲洗1次。种子出芽30%时开始陆续播种。

干播用种子包衣剂处理，种子发芽率在90%以上的可以采取直接播种的方式，每个穴孔一粒种子。

三、播种

（一）装盘

播种前将处理的育苗基质装入穴盘，装盘时把穴盘穴孔自然灌满，不可以挤压，尽量保证各个穴孔装入基质量一致，然后轻轻刮平，以露出穴盘的边棱为准（图2-37）。

（二）打孔

所打孔的深浅决定了种子的播种深度和覆土厚度，所以作物种类不同打孔深度也不同，一般大粒种子深一些。深了出苗困难，浅了则会有"戴帽"现象。小粒种子0.5～1厘米，大粒种子要深播，需1.2厘米（图2-38）。

图2-37　填充基质　　　　　　　　　　图2-38　给基质打孔

（三）播种

播种穴盘育苗有机械播种和手工播种2种方式，根据自动化程度的不同，机械播种又有全自动机械播种和半自动机械播种之分。全自动机械播种其装盘、压穴、播种、覆盖和喷水一系列程序均在播种流水线上自动完成；半自动播种除播种是除机械完成外，其余各项程序均为手工作业。手工播种的全部程序均为手工完成。催芽种子用镊子夹住小心地放到所打的孔内，各穴一粒，夹取时要小心不要伤到露芽部分；干播种子可直播，也可采用播种机播种（图2-39）。

（四）均匀覆盖

播种结束后用小颗粒蛭石或珍珠岩进行覆盖。覆盖要及时，做到随播随覆盖，避免阳光太强灼伤胚芽。常见的几种蔬菜种子都需要在黑暗条件下才能顺利萌发，所以选择恰当的覆盖物也很重要。覆盖物的选择要考虑几个方面：可以提高种子周围的湿度、保持良好的透气能力，以给种子提供足够的氧气；季节不同使用的覆盖物也有所不同，通常冬春季使用蛭石，夏秋季使用珍珠岩进行覆盖；覆盖结束后可喷淋95%恶霉灵精品350倍液或普力克600倍液防治苗期猝倒病（图2-40）。

图2-39 人工直播干种子　　　　　　　　　　图2-40 覆盖珍珠岩

（五）叠盘催芽

为促进种子尽快萌发出苗，在冬春季播种时，应将穴盘置于催芽室的较高温度条件下催芽。催芽室要有足够的温度和充足的水分，温度尽量控制在28～30℃，湿度在95%以上，注意保持温、湿度均匀。此外，变温处理也有利于种子萌发，通常夜间温度比白天低4～5℃。将穴盘叠放在一起催芽，既节省空间，又能保持温度。待60%左右的种子"露白"后即可搬出催芽室，摆放在温室。接着用一层塑料薄膜覆在穴盘表面，起到保温和保水的作用，提高发芽率。生产上也有不设置催芽室，种子直接在苗床上萌发的。在夏秋季节育苗或控温性能良好的温室通常可以不设置催芽室，这样可以省去大量的搬运人工和育苗空间。

图2-41 播种后先浇少量的水

（六）播种后初次浇水

两个选择方案：种子在苗床上萌发，要先浇少量的水（图2-41），待穴盘全部移至苗床后，再浇一次透水；若种子在催芽室或简易催芽空间（草苫覆盖保湿后），那么在进入催芽室之前要浇透水。建议用雾化喷头或喷水细密的喷头。

第五节 苗期管理

苗期的各项管理工作要根据不同育苗季节不同作物，因地因时进行，灵活掌握。

一、冬春季育苗

（一）温度

不同作物的生长最佳温度不一样，不同的生育期对温度要求也不同，同一作物一天中不同时期对温度要求也不同。白天更高的温度有利于光合作用，夜间较低的温度减少了植物的呼吸作用和碳水化合物的降解，有利于植物干物质的积累，更利于培育出健壮秧苗。各蔬菜因种类不同，在温度管理上也不尽相同。适宜温度参照表2-1。

表2-1 蔬菜冬春季育苗适宜温度

蔬菜种类	温度管理/℃	
	白天	夜间
番茄	25～28	12～15
茄子	25～28	13～18
青椒	28～30	13～18
黄瓜	20～28	12～15
甜瓜	20～28	12～15

（二）湿度

湿度是影响植物生长的另一环境因素，春季育苗由于温度相对较低，而高湿低温是一些植物病害发生的条件，所以控制棚室内的空气湿度，避免植株叶片出现结露现象，是防治秧苗病害发生的根本。

（三）光照

植物光合作用主要受光量和光强度的影响。当温度适宜、光照较强时，光合作用可达最高水平，呼吸作用也提高，植株生长速度也最快；冬春季育苗季节自然光照时间短，植物的所有生理过程会降低，特别是光合作用降低，造成植物生长缓慢、茎段细长、节间长、叶片小，补充一定数量的光会使秧苗茎段粗短、健壮，根系发达。正确的补光，会提高穴盘秧苗的质量和生长速度。所以在保证温度的前提下，通过早起晚放帘来延长秧苗受光时间，必要时可以进行补光，可选用 100 ～ 200 瓦白炽灯、荧光灯或专用补光灯，可有效补偿植物生长所需光照量（图2-42）。

图2-42　植物生长灯

（四）水分

水分管理是穴盘育苗管理过程中的重点，水分管理不善会给秧苗生产者造成重大损失。植物生长各个时期都需要水，种子吸涨过程、萌发过

图2-43　正确的浇水方式

程、细胞的分裂都需要足够的水分。植株在光合作用中碳水化合物的产生，水是关键。秧苗养分的吸收也受水的吸收控制。所以给水量的多少，给水的时间安排都是影响秧苗质量的关键因素。正确浇水的原则就是要能使种子达到最佳的萌发状况，能够控制秧苗根系和茎的生长，减少秧苗病害的发生（图2-43）。不同蔬菜种类，各生长期所需的适宜水分标准见表2-2。

表2-2　蔬菜冬春季育苗各时期适宜水分标准

蔬菜种类	蔬菜种类基质水分含量（相当于最大持水量）/%		
	播种至出苗	子叶展开至2叶1心	3叶1心至定植
番茄	75 ～ 80	65 ～ 70	60 ～ 65
茄子	80 ～ 85	70 ～ 75	65 ～ 70
尖（青）椒	85 ～ 90	70 ～ 75	65 ～ 70
黄瓜	75 ～ 80	60 ～ 65	55 ～ 60
西（甜）瓜	75 ～ 85	60 ～ 65	55 ～ 60

二、夏季育苗

（一）温度

夏季育苗，适宜温度及相应的苗龄、叶龄。各蔬菜因种类不同，在温度管理上也不尽相同。适宜温度及相应的苗龄、叶龄参照表2-3。

表2-3　蔬菜夏季育苗适宜温度及相应的苗龄、叶龄

蔬菜种类	温度管理/℃		苗龄/天	叶龄/叶数
	白天	夜间		
番茄	25～28	10～15	25～30	4～6
茄子	28～30	13～18	30～35	4～6
尖（青）椒	28～30	13～18	45～50	6～8
黄瓜	22～30	12～15	25～30	3～4
西（甜）瓜	22～30	12～15	25～30	3～4

（二）湿度

夏季育苗正值高温季节，夜间温度相对较高，要加大放风，降低湿度，避免秧苗由于夜温高湿度大而徒长。

（三）光照

该季节育苗时，在中午光照太强时要对秧苗进行遮阳处理。可以根据不同蔬菜种类的光饱和点选用适宜透光率的遮阳网进行遮阳，该措施不仅能起到降温的作用，还可以有效地防止灼伤秧苗。

（四）水分

不同蔬菜种类，各生长期所需的适宜水分标准参照表2-4。

表2-4　蔬菜夏季育苗各时期适宜水分标准

蔬菜种类	基质水分含量（相当于最大持水量）/%		
	播种至出苗	子叶展开至2叶1心	3叶1心至定植
茄	75～85	65～70	60～65
茄子	85～90	70～75	65～70
尖（青）椒	85～90	70～75	65～70
黄瓜	75～85	60～65	55～60
西（甜）瓜	75～85	60～65	55～60

三、株型控制

对于商品苗生产者来说，整齐矮壮的穴盘苗是共同追求的目标。很多育苗者

为此付出了很大的努力。目前使用最多的做法是先在育苗中期人工移苗一次,解决整齐移植的问题。也有很多育苗者在生产实践中会选择用化学生长调节剂的办法来调控植株的高度。需要注意的是,这是一种虽然效率较高但也是比较危险的做法。首先我们不赞成在蔬菜生产上使用化学激素,再次使用激素有很多的后遗症,而且对使用方法和环境条件有一定的要求。比如说矮壮素只有在叶片湿的时候才可以慢慢进入叶内,所以最好在傍晚使用。在植物缺水的时候一定不要使用激素,否则容易产生药害。

下面介绍几种激素以外控制株高的方法:

(一)负的昼夜温差

负的昼夜温差(夜间温度高于白天温度3~6℃,3小时以上)对控制株高非常有效,生产上的做法是尽可能降低日出前后3~4个小时的温度。

(二)改善环境和水肥调节

降低环境的温度、水分或相对湿度,用硝态氮肥来取代铵态氮肥和尿素态肥,或整体上降低肥料的使用量,增加光照等方法都可以抑制植物的生长。

(三)使用机械震动和通风

另外还有一些机械的方法如拨动法、振动法和增加空气流动法,都可以抑制植物的长高。例如每天对番茄植株拨动几次,可使株高明显下降,这种做法要注意避免损伤叶片,辣椒等叶片容易受伤的作物就不适合这样做。

当然如果使用激素特别是矮壮素过度,导致药害出现。除去喷施相反作用的激素来解除药效,并适当增加水分和铵态氮来促进生长之外,可以尝试用叶面喷施海藻精的办法,会收到明显的效果(表2-5)。

表2-5 常用株型控制的生产措施

现象	症状	生产措施
地上部分生长过量	苗子徒长,叶片大而软,根系较差	① 降低温度或者采用负的昼夜温差 ② 使用透气、透水性好的基质,减少喷水压力,防止基质过于密实 ③ 避免浇水过多 ④ 使用硝酸钙或其他高硝态氮肥料并补充钙 ⑤ 增加光强也可以促进钙的吸收 ⑥ 使用激素调控
根系生长过盛	叶小、颜色浅,节间过短且顶端小,根多,一般在光照强、湿度低的季节或地区容易碰到	① 增加温度,并加大昼夜温差 ② 提高环境湿度,加大水分用量 ③ 使用保水力较强的基质 ④ 降低光照水平,遮阳 ⑤ 多用铵态氮和尿素态氮,增加磷的用量,少用硝态氮和含钙高的肥料 ⑥ 使用Peiters20-20-20和海藻精提苗

续表

现象	症状	生产措施
生产滞后	穴盘苗的生长晚于计划出苗的时间	需要加速穴盘苗的生长 ① 增加环境温度，加大昼夜温差 ② 要选择干湿交替浇水法 ③ 提高光照水平（保证在16000～26000勒克斯之间） ④ 使用铵态氮或尿素态氮含量高的肥料 ⑤ 检查基质的pH和EC水平，确保根系活力
生产超前	穴盘苗的生长早于计划出苗的时间	需要延缓穴盘苗的生长 ① 降低环境温度，减少昼夜温差 ② 浇水前使基质干一些 ③ 降低氮素水平，小于100毫克/千克，使用硝态氮含量高的和含钙的肥料 ④ 增加光照水平至更高（保证在26000～43000勒克斯之间）

图2-44 辣椒壮苗质量标准

若位于基质外侧和穴盘底部的根长得细长，通常被称为水根，这表明浇水过度，基质不透气。即使根毛产生，遇到高盐和干旱情况，概还会损失。根毛的损失会阻止幼苗的生长，移栽后延长缓苗期，并容易感染病菌导致根系腐烂。

四、适龄壮苗质量标准

（一）辣椒

株高15～20厘米、茎粗0.3～0.4厘米、节间长度1.5～2厘米、叶龄6～8叶1心、叶色浓绿、无病虫害（图2-44）。

（二）番茄

株高15～18厘米、茎粗0.4～0.6厘米、节间长度2～3厘米、叶龄4叶1心、叶色深绿、叶柄粗短、无病虫害（图2-45）。

（三）黄瓜

株高10～15厘米、茎粗0.5～0.7厘米、节间长度1.5～2厘米、叶龄3叶1心、叶色深绿、叶片平展、无病虫害。

（四）茄子

株高15～18厘米、茎粗0.4～0.5厘米、节间长度1.5厘米左右、叶龄5～6叶1心、叶色深绿、叶片肥大厚实、无病虫害（图2-46）。

（五）甜瓜

株高10～15厘米、茎粗0.6～0.8厘米、节间长度2厘米、叶龄3叶1心、叶色深绿、叶柄粗短、无病虫害。

（六）青花菜

株高8～10厘米左右，茎粗0.6厘米，叶片数3～4片、无病虫害（图2-47）。

五、主要病虫害防治

苗期的病虫害防治要立足于病虫害发生前的全方位预防，辅以病虫害发生后的无害化防治。首先要做好基质、种子消毒，合理控制育苗室内的温度、湿度，做好防虫工作，防止害虫进入棚室传播病菌，危害秧苗。

（一）椒类病害

苗期侵染性病害主要有猝倒病、立枯病、灰霉病、疮痂病、炭疽病、细菌性叶斑病及病毒病害。真菌性病害可用嘧菌酯、甲霜灵锰锌、恶霉灵、噻菌灵、百菌清、腐霉利可湿性粉剂防治。细菌性病害可用苯醚甲环唑微乳剂、春雷王铜可湿性粉剂、三氯异氰尿酸（治愈、通抑、细条安）可溶性粉剂、氢氧化铜防治。病毒病可用病毒A、云南霉素或硫铜烷基烷醇乳剂防治，并结合防治白粉虱、烟粉虱蚜虫等害虫。

（二）番茄病害

苗期主要有猝倒病、立枯病、早晚疫病等真菌性病害和青枯病、溃疡病等细菌性病害及病毒病等。猝倒病可用甲霜灵锰锌或恶霉灵防治；立枯病可用噻菌灵或恶霉甲霜水剂防治；早疫病可用醚菌酯或甲霜灵锰锌防治；晚疫病可用醚菌酯或锰锌烯酰防治；青枯病、溃疡病可用络氨铜或氯溴异氰尿酸（消菌灵、菌毒清）可溶性粉剂防治；病毒病可用宁南霉素或病毒灵水剂防治。

图2-45　番茄壮苗质量标准

图2-46　茄子壮苗质量标准

图2-47　青花菜壮苗质量标准

（三）黄瓜病害

黄瓜在幼苗期叶片娇嫩，抗病力弱，加上苗床通风透气性差，湿度大，极易感染猝倒病、立枯病、霜霉病、角斑病、蔓枯病、炭疽病等。蔓枯病和炭疽病可用溴菌腈加朋宝防治；细菌性角斑病可用春雷霉素防治；霜霉病可选用烯酰吗啉或普力克防治；猝倒病可用恶霉灵防治。

（四）主要害虫

有蚜虫、潜叶蝇、白粉虱（烟粉虱）和蓟马等，可通过药剂10%吡蚜啉可湿性粉剂、高效氯氰菊酯、1%阿维菌素乳油等喷淋灭杀，或悬挂黄（蓝）板进行诱杀，也可结合杀虫烟雾剂进行熏杀。

六、炼苗

当秧苗即将达到出圃标准时，需加强炼苗以促使其适应生长逆境，如栽培环境的干旱、高温、低温或贮运过程的黑暗弱光等。在出圃定植前需严格进行控水控温，使秧苗叶片角质层增厚，以减少水分蒸散，增强对缺水的适应力。在夏季高温季节，可采用阴棚育苗或在有水帘风机降温的设施内育苗，出圃前应适当增加光照，创造与田间较为一致的环境，减少移植后的损失。冬季温棚育苗，定植后苗子往往难以适应外界的严寒，出现冷、冻害，成活率降低，故在出圃前可将种苗置于较低温度环境下3～5天，能有效提高植株的抗逆能力。番茄白天温度控制在15～20℃，夜间5～10℃；茄子、辣椒白天18～20℃，夜间10～15℃。成龄苗定植或出售前2～3天应施肥、喷洒杀菌剂1次，做到带肥、带药出育苗室。

第三章

棚室蔬菜病虫害诊断与防控技术

植物病害是植物在致病因素（包括生物和非生物因素）的作用下，其正常的生理和生化功能受到干扰，生长和发育受到影响，因而在生理或组织结构上出现各种病理变化，呈病态，甚至死亡，并对农业生产造成损失的现象。

植物虫害是有害的昆虫对植物生长造成的伤害。

下面分别解释一下"病""虫""害"三个字。

① 病≠伤，病害有病理过程，以及持续的、系列的不正常的生理变化。虫伤、雹伤、风灾、电击、各种机械损伤，只是伤害，不是病害，因为它们没有一个逐渐变化的病理过程。

② 虫，虫害种类多，伤害广，防治药剂超标将影响产品质量品质，以及民生安全。

③ 害，有外在的致病因素；损害人类利益（在栽种过程中、或在储藏期中减少产量、降低品质、引起中毒）。植物本身由于遗传原因出现的病变，如白化苗、先天不孕等，属遗传性疾病，不是我们这里所指的病害，因为它与外界致病因素无关。

第一节　病害诊断与防控程序

一、病害发病原因及规律

（一）病原

病害发生的原因称为病原。植物病害的病原按其不同性质分为两大类，非生物因素和生物因素。

非生物因素是指植物周围环境的因素。如日光、营养、水分、空气等，这些因素都是植物生长发育过程中所必须的。如果营养物质和水分过多或过少，温度过高或过低，日照过强或过弱，以及土壤通气不良或空气中存在有毒气体等，都能直接影响植物生长发育，表现为不正常，使植物发生病害。由非生物因素引起的植物病害无传染性，当其环境条件恢复正常时，病害就停止发展，并且还有可能逐步地恢复常态。由于非生物因素不是通过侵染植物引起病害，所以叫非侵染性病害，因不能传染，也称非传染性病害，又称生理病害。

生物因素是指引起植物发病的寄生物，这类微生物称为病原微生物，简称病原物。侵染蔬菜作物的病原物主要有：真菌、细菌、病毒、线虫和寄生性种子植物等。其中真菌和细菌又称病原菌。被寄生的植物称为寄主植物，简称寄主。

生理病害和侵染性病害的病原虽然各不相同，但两类病害之间的关系是非常密切的，这两类病害在一定的条件下可以相互影响，主要表现在：① 生理病害可以降低寄主植物对病原物的抵抗能力，能诱发和加重侵染性病害为害的严重程度；② 植物发生侵染性病害后，也易促使生理病害的发生；③ 在一般情况下，田间病害的出现，往往是从不适宜的环境开始的，寄主植物在不适宜环境条件下其抗病力减弱，从而诱发病原物为害。

（二）植物病害的侵染循环

侵染循环是指病原菌在植物一个生长季节引起第一次发病，到下一个生长季节第一次发病的整个过程。侵染循环是病害防治研究的中心问题，因为病害防治措施主要是以其侵染循环的特点为依据的。传染性病害的侵染循环主要包括三个方面：病原物的越冬和越夏；初次侵染和再次侵染；病原物的传播。见图3-1。

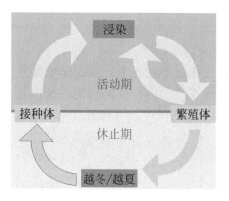

图3-1　病害侵染循环示意图

1.病原物的越冬和越夏

病原物种类不同，其越冬越夏的场所和方式也不同，有的病原物在植株活体内越冬过夏，有的则在残枝败叶内越冬越夏，有的又以孢子或菌核的方式越冬越夏，因此在防治过程中，应有针对性地加以防治。

2.初次侵染和再次侵染

初侵染指植物在一个生长季节里受到病原菌的第一次侵染，再侵染是指在生长季节里再一次侵染寄主，使其发病。有些病原物在寄主同一生长时期，只有初侵染而无再侵染，对此类病害只要消灭初侵染的病原物的来源即可达到防治的目的。能再侵染的病害，则需重复进行防治，绝大多数病害属于后者。如冬季清除残枝败叶，翻耕土壤，或在春季的生长季节喷药，控制病原菌的生长繁殖。

3.病原物的传播

病原物传播的途径主要有空气、水、土壤、种子、昆虫及风雨等，只有了解其传播途径才能阻止传播。

二、植物病害的症状

（一）症状

植物受病原生物或不良环境因素的侵扰后，内部的生理活动、外观和生长发育所显示的某种异常状态，即生病后的不正常表现称为症状。寄主植物本身的不正常表现称为病状。病原物在病部的特征性表现称为病征。

图3-2 番茄病毒病（花叶）

症状是寄主内部发生一系列复杂病变的一种表现。症状包括外部的和内部的两部分，但外部症状容易为人们所察觉，表现也较明显，故常作为诊断病害时一个重要的依据。如果外部症状不明显，或者不能做出正确的判断时，还需要进一步做解剖，检查其内部性状。在一般情况下，诊断病害多半是围绕着病株的外部症状进行的。

（二）病状

植物病害的病状主要分为变色、坏死、腐烂、萎蔫、畸形五大类型。

1.变色

植物生病后局部或全株失去正常的颜色称为变色。可以是全株性的，也可以是局部性的。原因：叶绿素或叶绿体受到抑制或破坏，色素比例失调造成的。

图3-3 大白菜病毒病（褪色）

（1）花叶 叶片的叶肉部分呈现浓淡绿色不均匀的斑驳，形状不规则，边缘不明显，如番茄病毒病。见图3-2。

（2）褪色 叶片呈现均匀褪绿，叶脉褪绿后形成明脉和叶肉褪绿等。缺素病和病毒病都可以发生褪色病状，如大白菜病毒病。见图3-3。

（3）黄化 叶片均匀褪绿，色泽变黄，如大白菜黄萎病。见图3-4。

（4）着色 寄主某器官表现不正常的颜色，表现为叶片变红、花瓣变绿等。

图3-4 大白菜黄萎病（黄化）

图3-5　番茄早疫病叶部病斑（轮纹）

图3-6　黄瓜黑星病叶片受害严重时
症状（穿孔）

图3-7　马铃薯晚疫病侵染
叶片（焦枯）

2.坏死

指植物细胞和组织的死亡。原因：通常是由于病原物杀死或毒害植物，或是寄主植物的保护性局部自杀。

（1）斑点或病斑　主要发生在叶、茎、果等部分上。寄主组织局部受害坏死后，形成各种形状、大小、色泽不同的斑点或病斑。一般具有明显的或不明显的边缘，斑点以褐色的居多，但也有别的色泽，如灰色、黑色、白色等。其形状有圆形、多角形、不规则形等，有时在斑点或病斑上伴生轮纹或花纹等特征，在病害命名上，常根据它的明显病状分别称为黑斑、褐斑、轮纹、角斑、条斑等，如大白菜黑斑病。见图3-5。

（2）穿孔　病斑部分组织脱落，形成穿孔。如大白菜白斑病、黄瓜黑星病。见图3-6。

（3）枯焦　发生在芽、叶、花等器官上。早期发生斑点或病斑，随后迅速扩大和相互愈合成块或片，最后使局部或全部组织或器官死亡称为焦枯。如马铃薯晚疫病。见图3-7。

3.腐烂

植物组织较大面积的分解和破坏。原因：由病原物产生的水解酶分解、破坏植物组织造成。腐烂与坏死的区别：腐烂是整个组织和细胞受到破坏和消解，而坏死则多少还保持原有组织和细胞的轮廓。

（1）干腐　组织腐烂时，随着细胞的消解而流出水分和其他物质。如细胞的消解较慢，腐烂组织中的水分能及时蒸发而消失则形成干腐，如马铃薯干腐病。见图3-8。

（2）湿腐　指细胞的消解很快，腐烂组织不能及时失水则形成湿腐，如黄瓜疫病的果实。见图3-9。

（3）软腐　主要先是中胶层受到破坏，腐烂组织的细胞离析，以后再发生细胞的消

图3-8　马铃薯干腐病（干腐）

图3-9　黄瓜疫病病果（湿腐）

解。如大白菜软腐病。见图3-10。

（4）流胶　流胶的性质与腐烂相似，是从受害部位流出的细胞和组织分解的产物。如黄瓜流胶病。见图3-11。

根据腐烂的部位，分别称为根腐、基腐、茎腐、果腐、花腐等。

4. 萎蔫

指植物的整株或局部因脱水而枝叶下垂的现象。原因：由于植物根部受害，水分吸收和运输困难或由病原毒素的毒害、诱导的导管堵塞物造成。

（1）青枯　萎蔫期间失水迅速、植株仍保持绿色的称为青枯。发病初期，病叶萎蔫现象早晚可恢复正常，但过数日后即行枯死。病株叶片色泽略淡，一般不发黄。如将距地面较近的茎基部做横切面检查，其维管束部分呈褐色，并有乳白色菌脓溢出，如番茄青枯病。见图3-12。

（2）枯萎和黄萎　不能保持绿色的又分为枯萎和黄萎。病状与青枯相似，但叶片多先从距地面较近处开始色泽变黄，病情发展较慢，不迅速枯死。病茎基部维管束也变褐色，但没有乳白色的菌脓溢出。如番茄枯萎病（见图3-13）和茄子黄萎病（见图3-14）。

图3-10　大白菜软腐病（软腐）　　图3-11　黄瓜流胶病（流胶）

图3-12　番茄青枯病（青枯）

图3-13 番茄枯萎病（枯萎）

图3-14 茄子黄萎病植株（黄萎）

5.畸形

指植物受害部位的细胞分裂和生长发生促进性或抑制性的病变，致使植物整株或局部的形态异常。原因：主要是由病原物分泌激素物质或干扰寄主激素代谢造成的。

（1）矮化及矮缩 矮化，植株各个器官的生长成比例地受到抑制，病株比正常株矮小得多。矮缩，植株不成比例地变小，主要是节间的缩短。

（2）丛生 茎节缩短，叶腋丛生不定枝，枝叶密集丛生，形如扫帚状，如豇豆丛枝病。

（3）卷叶及缩叶 叶片的畸形也有很多种，如叶片的变小和叶缺的深裂等，但较常见的有叶面高低不平的皱缩，叶片沿主脉平行方向向上或向下卷的卷叶。缩叶，卷向与主脉大致垂直的为缩叶。如辣椒病毒病。见图3-15。

（4）癌肿 植物的根、茎、叶上可以形成癌肿，如细菌侵染形成的根癌、冠瘿，根结线虫侵染造成的根结等。如芹菜根结线虫。见图3-16。

（5）花变叶 有些病害表现花变叶症状，即构成花的各部分如花瓣等变为绿色的叶片状。

（三）病征

病原物在病部形成的病征主要有5种类型：粉状物、霉状物、点状物、颗粒状物和脓状物。

1.粉状物

直接产生于植物表面、表皮下或组织中，以

图3-15 辣椒病毒病（卷叶）

图3-16 芹菜根结线虫（癌肿）

后破裂而散出。包括锈粉、白粉、黑粉和白锈。

（1）锈粉　也称锈状物。初期在病部表皮下形成的黄色、褐色或棕色病斑，破裂后散出的铁锈状粉末。为锈菌所致病害的病征，如豇豆锈病。见图3-17、图3-18。

图3-17　豇豆锈病叶片正面（锈粉）　　　　图3-18　豇豆锈病叶片背面（锈粉）

（2）白粉　在病部叶片正面表生的大量白色粉末状物，后期颜色加深，产生细小黑点。为白粉菌所致病害的病征，如甜瓜白粉病。见图3-19。

（3）黑粉　是在病部形成菌瘿，瘿内产生的大量黑色粉末状物。为黑粉菌所致病害的病征，如禾谷类植物的黑粉病和黑穗病。

（4）白锈　在病部表皮下形成的白色疱状斑（多在叶片背面），破裂后散出的灰白色粉末状物，为白锈菌所致病害的病征，如大白菜白锈病。见图3-20。

图3-19　甜瓜白粉病（白粉）　　　　　图3-20　大白菜白锈病（白锈）

2.霉状物

是真菌的菌丝、各种孢子梗（孢囊梗）和孢子（孢子囊）在植物表面构成的特征，其着生部位、颜色、质地、结构常因真菌种类不同而异。

（1）霜霉　多生于病叶背面，由气孔伸出的白色至紫灰色霉状物。为霜霉菌所致病害的特征，如大白菜霜霉病。见图3-21、图3-22。

图3-21 大白菜霜霉病叶片正面　　　　图3-22 大白菜霜霉病叶片背面（霜霉）

（2）绵霉　病部产生的大量的白色、疏松、棉絮状霉状物。为水霉、腐霉、疫霉菌和根霉菌等所致病害的病征，如茄子绵疫病、瓜果腐烂病等。见图3-23。

（3）霉层　是除霜霉和绵霉以外，产生在任何病部的霉状物。按照色泽的不同，分别称为灰霉、绿霉、黑霉、赤霉等。许多半知菌所致病害产生这类特征，如茄子灰霉病。见图3-24。

图3-23 茄子绵疫病病果（绵霉）　　　　图3-24 茄子灰霉病病果（霉层）

图3-25 辣椒炭疽病（点状物）

3.点状物

在病部产生的形状、大小、色泽和排列方式各不相同的小颗粒状物，它们大多暗褐色至褐色，针尖至米粒大小。为真菌的子囊壳、分生孢子器、分生孢子盘等形成的特征，如大白菜炭疽病、辣椒炭疽病、萝卜炭疽病。见图3-25。

4.颗粒状物

真菌菌丝体变态形成的一种特殊

结构，其形态大小差别较大，有的似鼠粪状，有的像菜籽状，多数黑褐色，生于植株受害部位。如黄瓜菌核病。见图3-26。

5.脓状物

是细菌性病害在病部溢出的含有细菌菌体的脓状黏液，一般呈露珠状，或散布为菌液层；在气候干燥时，会形成菌膜或菌胶粒，如黄瓜流胶病。见图3-27。

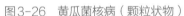

图3-26　黄瓜菌核病（颗粒状物）　　　　图3-27　黄瓜流胶病（脓状物）

病状和病征在病害诊断中的作用：植物病害的病状和病征是症状统一体的两个方面，二者相互联系，又有区别。有些病害只有病状没有可见的病征，如全部非侵染性病害、病毒病害。也有些病害病状非常明显，而病征不明显，如变色病状、畸形病状和大部分病害发生的早期。也有些病害病征非常明显，病状却不明显，如白粉类病征、霉污类病征，早期难以看到寄主的特征性变化。

（四）植物病害症状的变化及在病害诊断中的应用

1.异病同症

不同的病原物侵染可以引起相似的症状，如叶斑病状可以由分类关系上很远的病原物引起，如病毒、细菌、真菌侵染都可出现这类病状。大类病害的识别相对容易一些，对于不同的真菌病害，则需要借助病原形态的显微观察。如黄瓜霜霉病、角斑病、靶斑病很相似。见图3-28。

2.同病异症

植物病害症状的复杂性还表现在它有种种的变化。多数情况下，一种植物在特定条件下发生一种病害以后就出现一种症状，称为典型

图3-28　黄瓜霜霉病、角斑病、靶斑病症状比较

症状。如斑点、腐烂、萎蔫或癌肿等。但大多数病害的症状并非固定不变或只有一种症状，可以在不同阶段或不同抗性的品种上或者在不同的环境条件下出现不同类型的症状。例如立枯丝核菌侵染苗期大白菜表现为立枯，而侵染结球期大白菜则表现为褐腐。见图3-29。

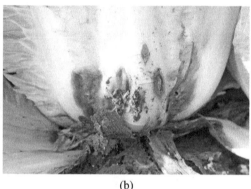

(a)　　　　　　　　　　　　　　　　(b)

图3-29　大白菜立枯病（a）与大白菜褐腐病（b）比较

3.症状潜隐

有些病原物在其寄主植物上只引起很轻微的症状，有的甚至是侵染后不表现明显症状的潜伏侵染。表现潜伏侵染的病株，病原物在它的体内还是正常地繁殖和蔓延，病株的生理活动也有所改变，但是外面不表现明显的症状。有些病害的症状在一定的条件下可以消失，特别是许多病毒病的症状往往因高温而消失，这种现象称作症状潜隐。病害症状本身也是发展的，如白粉病在发病初期主要表现是叶面上的白色粉状物，后来变粉红色、褐色，最后出现黑色小粒点。而花叶病毒病害，往往随植株各器官生理年龄的不同而出现严重度不同的症状，在老叶片上可以没有明显的症状，在成熟的叶片上出现斑驳和花叶，而在顶端幼嫩叶片上出现畸形。因此，在田间进行症状观察时，要注意系统和全面。

4.并发症

当两种或多种病害同时在一株植物上发生时，可以出现多种不同类型的症状，这称为并发症。

5.综合征

当两种病害在同一株植物上发生时，可以出现两种各自的症状而互不影响；有时这两种症状在同一部位或同一器官上出现，就可能彼此干扰发生拮抗现象，即只出现一种症状或症状减轻，也可能出现互相促进加重症状的协生现象，甚至出现完全不同于原有各自症状的第三种类型的症状。因此拮抗现象和协生现象都是指两种病害在同一株植物上发生时出现症状变化的现象。

对于复杂的症状变化，首先需要对症状进行全面的了解，对病害的发生过程进行分析（包括症状发展的过程、典型的和非典型的症状以及由于寄主植物反应和环境条件不同对症状的影响等），结合查阅资料，甚至进一步鉴定它的病原物，才能做出正确的诊断。

三、植物病害诊断与防控程序

诊断植物病害的目的，在于确定其病原，根据其病原的特点和发生规律，制定出防治措施，因此，诊断是防治病害的依据。

植物病害分为非传染性病害和传染性病害两大类，在进行诊断时，应首先确定它是属于哪一大类的，然后在这个基础上，按其病原（物）确定其为哪一种病害。

（一）诊断步骤

1.植物病害的田间诊断

观察病害在田间的分布规律，如病害是零星的随机分布，还是普遍发病，有无发病中心等，这些信息常为我们分析病原提供必要的线索。调查与询问病史与发病环境条件，了解病害的发生特点、种植的品种和生态环境等。了解环境条件与病害联系，什么条件（环境、气候、天气）发病，局部还是大面积发病。

2.植物病害的症状观察

症状观察是一种比较简易的方法，但是必须在比较熟悉病害的基础上进行。如果外部症状不明显，还应进行内部检查，要注意内部病变的性质，是坏死性病变、促进性病变，还是抑制性病变；最后要检查发病部位的大小、长短，组织松软或硬实，病部色泽、口味和气味的不正常特点。

3.植物病害的病原室内鉴定

使用显微镜或放大镜检查病部组织上有无病原物，是初步鉴定传染性病害或非传染性病害的一种方法。但是，一部分真菌病害的病症是不明显的；细菌病害的病原菌大多数是在植物体内；病毒病没有外部病症，即使具有内部病征——内含物，也仅限于某些病毒病，但都需要借助光学仪器检查，例如用显微镜检查真菌，用电子显微镜检查病毒、细菌等。

4.植物病害原生物的分离培养和接种

许多种病原能引起相似的症状，如缺素症与病毒病害的花叶病相似，或者通过显微镜检查发现寄主体内有微生物，但不能确定其是否病原物时，还需要通过植物病害原生物的分离培养和接种，使健康无病的植物，能够发生相同的症状。

侵染性病害的诊断与病原物的鉴定可按照柯赫法则来验证：

① 在带病植物上常伴随有一种病原微生物存在；
② 该微生物可在离体的或人工培养基上分离纯化而得到纯培养；
③ 将纯培养接种到相同品种的健株上，出现症状相同的病害；
④ 从接种发病的植物上再分离到其纯培养，性状与接种物相同。

如果进行了上述四步鉴定工作得到确实的证据，就可以确认该微生物即为植物病原物。但有些专性寄生物如病毒、菌原体、霜霉菌、白粉菌和一些锈菌等，目前还不能在人工培养基上培养，可以采用其他实验方法来加以证明。柯赫法则同样也适用于对非侵染性病害的诊断，只是以某种怀疑因子来代替病原物的作用，例如当判断是否缺乏某种元素而引起病害时，可以补施某种元素来缓解或消除其症状，即可确认是某元素的作用。

（二）植物病害的诊断方法

1.非侵染性病害的诊断

通过田间观察、考察环境、栽培管理来检查病部表面有无病症。非侵染性病害具如下特点：

① 病株在田间的分布具有规律性，一般比较均匀，往往是大面积成片发生。没有先出现中心病株，没有从点到面扩展的过程。

② 症状具有特异性：a.除了高温、热灼等能引起局部病变外，病株常表现全株性发病。如缺素症，水害等。b.株间不互相传染。c.病株只表现病状，无病症。病状类型有变色、枯死、落花落果、畸形和生长不良等。

③ 病害发生与环境条件、栽培管理措施密切相关。

2.侵染性病害的诊断

① 侵染性病害的特点是具有传染性。

② 病害在田间开始出现时，大多是分散的，有一定的发生规律，具有从点到面的扩展趋势。

③ 有些病害与昆虫的活动有密切关系，如病毒病害可以通过昆虫传染，扩大病区。

病害的逐渐扩展过程，是传染性病害不同于非传染性病害的一个特异之点。

除了田间观察，还可以做显微镜观察，较为可靠的方法是从新鲜病部的边缘做镜检或分离，选择合适的培养基是必要的，一些特殊性诊断技术也可以选用。按柯赫法则进行鉴定，尤其是接种后看是否发生同样病害是最基本的，也是最可靠的一项。

（三）植物病害诊断时应注意的问题

① 不同的病原可导致相似的症状。如黄瓜霜霉病和黄瓜角斑病的病斑不易区分，白菜霜霉病与白菜白斑病的病斑不易区分；萎蔫性病害可由真菌、细菌、线虫等病原引起。

② 相同的病原在同一寄主植物的不同生育期，不同的发病部位，表现不同的症状。如白菜霜霉病子叶期发病时，叶背出现白色霉层，在高温条件下，病部常出现近圆形枯斑，严重时茎及叶柄上也产生白霉，苗、叶枯死。种株受害时，叶、花梗、花器、种荚上都可长出白霉，花梗、花器肥大畸形，花瓣绿色，种荚

淡黄色，瘦瘪。

③ 相同的病原在不同的寄主植物上，表现的症状也不相同。如十字花科病毒病在白菜上呈花叶，萝卜上叶呈畸形。

④ 环境条件可影响病害的症状，腐烂病类型在气候潮湿时表现湿腐症状，气候干燥时表现干腐症状。

⑤ 缺素症、黄化症等生理性病害与病毒病、类菌原体、类立克次体引起的症状类似。

⑥ 在病部的坏死组织上，可能有腐生菌，容易混淆和误诊。

第二节　病毒病害诊断与防治

一、植物病毒病害的特点

① 病毒的感染有时可以在短时间内使组织或植株死亡，但大多数病毒对植物的直接杀伤作用小，主要是影响植株生长发育。

② 植物病毒病大部分是全株性的，其病状属于散发性，有时与非传染性病害，特别是营养缺乏症相似。病毒病也有局部性的症状，如在叶片上形成局部枯斑。

③ 植物病毒病虽然是散发性病害，但地上部的病状，特别是花叶型病毒病害，在嫩叶上更为明显，根部症状往往不明显。

④ 植物病毒病除外部症状外，其内部症状是指寄主细胞内形成的各种内含体，这是病毒侵染后所特有的。

二、植物病毒病害的症状

病毒病害的症状变化很大，虽然同一种病毒在同一寄主植物上可以发生多种不同类别的症状，但是基本上可以分为三种类型。

（一）叶片变色

由于营养物质被病毒利用，或病毒造成维管束坏死阻碍了营养物质的运输，叶片的叶绿素形成受阻或积聚，从而产生花叶、黄叶，如白菜花叶病和番茄黄顶病。

（二）畸形

由于植物正常的新陈代谢受干扰，体内生长素、其他激素的生成和植株正常的生长发育发生变化，可导致器官变形，如茎间缩短，植株矮化，生长点异常分化形成丛枝或丛簇，叶片的局部细胞变形出现疱斑、卷曲、蕨叶等。畸形可以单独发生或与其他症状结合发生。

（三）坏死

植物对病毒的过敏性反应等可导致细胞或组织死亡，变成枯黄至褐色，有时出现凹陷。在叶片上常呈现坏死斑、坏死环和脉坏死，在茎、果实和根的表面常出现坏死条等。

三、有代表性的蔬菜病毒病的病原及症状

下面以番茄为例，介绍病毒病的病原及症状。

（一）番茄病毒病病原

番茄病毒病病原主要有6种，分别为：
① 烟草花叶病毒（TMV）
② 黄瓜花叶病毒（CMV）
③ 马铃薯 X 病毒（PVX）
④ 马铃薯 Y 病毒（PVY）
⑤ 烟草蚀纹病毒（TEV）
⑥ 苜蓿花叶病毒（AMV）

（二）番茄病毒植株表现症状

症状表现见表3-1。

表3-1 番茄病毒植株表现症状

花叶型	蕨叶型	条斑型	黄化曲叶型
上部叶片呈黄绿相间的斑驳，叶片透明，植株生长缓慢，甚至停止生长	上部叶片向上卷，叶片及叶脉呈现流线状，植株矮小，生长缓慢，甚至停止生长	叶片出现茶褐色的斑点或轮纹，茎和果实出现黑褐色条状斑块	上部叶片呈鲜黄色，叶片皱缩，植株生长缓慢，甚至停止生长

植株田间表现见图3-30 ～图3-33。

图3-30 花叶型番茄病毒病

图3-31 蕨叶型番茄病毒病

四、病毒病害防治

（一）提高栽培技术，增强植株抗病能力

适期播种和定植，使幼苗期避开高温、干旱，实行轮作倒茬，以便减少毒源。加强肥水管理，降低土温，培育壮苗，增强幼苗抗病能力。

图3-32　条斑型番茄病毒病

（二）防治害虫

消灭蚜虫、白粉虱等害虫，减少传播途径。

（三）药剂防治

发病初期喷洒防治病毒药剂。在农业部农药检定所的《农药登记公告》《农药管理信息汇编》以及《中国农药电子手册》中登记的防治农作物的"病毒病"的有效药剂共有167个证件。这些证件包含单剂的农药有效成分主要为：

① 盐酸吗啉胍·乙酸铜（20%可湿性粉剂）（国内有64个产品）；

② 菇类蛋白多糖（0.5%可溶液剂）（国内5企业生产）；

③ 氯溴异氰尿酸（50%可溶粉剂）（国内5家企业生产）；

④ 氨基寡糖素（0.5%可溶液剂）（国内7家企业生产）；

图3-33　黄化曲叶型番茄病毒病

⑤ 葡聚烯糖（0.5%可溶粉剂）（国内1家企业生产）；

⑥ 三氮唑核苷·硫酸铜·硫酸锌（国内4家企业生产）；

⑦ 菌毒清（5%可溶液剂）（国内33家企业生产）；

⑧ 烯腺嘌呤·羟烯腺嘌呤·盐酸吗啉胍·硫酸锌·硫酸铜（国内多家企业生产和复配）；

⑨ 十二烷基硫酸钠·三十烷醇·硫酸铜（国内多家企业生产和复配）；

⑩ 混合脂肪酸·硫酸铜（国内多家企业生产）；

⑪ 盐酸吗啉胍（国内多家企业生产）；

⑫ 宁南霉素（2%、8%可溶液剂）（国内5家企业生产）；

⑬ 以上单剂的各种复配。

第三节 细菌病害诊断与防治

一、植物细菌性病害的特点

细菌性病害是由细菌侵染所致的病害，在高温、高湿条件下易发病。细菌病害的病状与真菌所致病害相似，其病斑多是水渍状或油渍状，其腐烂有黏滑感，有臭味。细菌性病害症状表现为萎蔫、腐烂、穿孔等，发病后期遇潮湿天气，病部有菌浓溢出，干燥后呈胶粒状，是细菌病害的特征。

二、植物细菌性病害的症状

植物细菌病害的症状，大致可分为坏死、腐烂、萎蔫和畸形四种类型。

（一）坏死

组织的死亡常是寄主局部薄壁细胞组织受到破坏所致，在叶片、枝干、果实上表现的症状是斑点或病斑。叶斑症状在具有网状叶脉的寄主上多呈角斑，如黄瓜细菌性角斑病。病斑初期呈半透明水浸状，后中央部分呈各种色泽，多数为黑褐色，油润而不干燥。大多数叶斑病的病斑周围由于细菌分泌毒素的作用，有一褪绿为黄色的晕环，如菜豆细菌性疫病。果实上的或肥厚组织的病斑，由于没有木质化细胞的阻碍，多发展呈圆形。

（二）腐烂

多汁的植物组织，尤其是贮藏器官，组织死亡后往往发生腐烂，如大白菜软腐病。

（三）萎蔫

萎蔫是侵染维管束组织的细菌引起的症状。萎蔫有局部性的和全株性的，均属于散发性病状，如番茄青枯病。

（四）畸形

畸形是由薄壁细胞组织局部被害而发生的促进性病变。如根癌细菌在多种植物的根和茎上形成瘤肿。

另外，脓状物（菌脓）是细菌病害的重要病征，菌脓以萎蔫类型的维管束细菌病害最显著。

引起上述症状的细菌分类见表3-2。

表3-2　引起各种细菌病害症状的细菌分类

病斑	腐烂	萎蔫	畸形
假单胞杆菌属 黄单胞杆菌属	欧氏杆菌属	棒状杆菌属 假单胞杆菌属	根癌细菌

三、有代表性的蔬菜细菌性病害

（一）黄瓜细菌性角斑病

1.病原

丁香假单胞杆菌黄瓜角斑病致病型。

2.主要症状

病斑扩大受叶脉限制呈多角形，黄褐色。湿度大时，叶背面病斑上产生乳白色黏液，干后形成一层白色膜或白色粉末状物，病斑后期质脆，易穿孔。见图3-34。

（二）黄瓜细菌性白枯病

1.病原

绿黄假单胞菌。

2.主要症状

病斑中间变白、变薄，膜质化，无菌脓。见图3-35、图3-36。

(a) 叶片正面

(b) 叶片背面

图3-34　黄瓜细菌性角斑病叶片危害状

图3-35　黄瓜细菌性白枯病叶片危害状

图3-36　黄瓜细菌性白枯病植株群体危害状

图3-37 番茄细菌性斑点病
叶片危害状

图3-38 番茄青枯病植株危害状

图3-39 番茄细菌性溃疡病
叶片危害状

图3-40 番茄细菌性溃疡病
茎危害状

（三）番茄细菌性斑点病

1.病原

丁香假单胞菌番茄叶斑致病型。

2.症状

由下部老熟叶片先发病，再向植株上部蔓延，发病初始产生水渍状小圆点斑，扩大后病斑暗褐色，圆形或近圆形，将病叶对光透视时可见病斑周缘具黄色晕圈，发病中后期病斑变为褐色或黑色，如病斑发生在叶脉上，可沿叶脉连续串生多个病斑，叶片因病致畸。见图3-37。

（四）番茄青枯病

1.病原

假单胞杆菌。

2.症状

叶片色泽变淡，呈萎蔫状。叶片萎蔫先从上部叶片开始，随后是下部叶片，最后是中部叶片。发病初始，叶片中午萎蔫，傍晚、早上恢复正常，反复多次，萎蔫加剧，最后枯死，但植株仍为青色。见图3-38。

（五）番茄细菌性溃疡病

1.病原

密执安棒杆菌密执安亚种。

2.症状

发病初期，植株顶端叶片萎蔫下垂，下部叶片凋萎。发病初期，病株白天萎蔫，傍晚复原。病茎表皮粗糙，茎中下部增生不定根或不定芽。病茎维管束变为褐色。图3-39、图3-40。

四、细菌病害的防治

（一）农业防治

采用滴灌或沟灌，尽可能避免漫灌。

（二）药剂防治

发病初期喷洒药剂：

① 噻唑锌悬浮剂；

② 氢氧化铜可湿性粉剂；

③ 氯溴异氰尿酸（消菌灵、菌毒清）可溶性粉剂；

④ 噻森铜悬浮剂；

⑤ 络氨铜水剂；

⑥ 琥胶肥酸铜可湿性粉剂；

⑦ 辛菌胺醋酸盐（水剂）。

第四节　真菌病害诊断与防治

由真菌侵染所致的病害，称为真菌病害。真菌病害在植物病害种类中约占80%以上，每一种作物都有几种至几十种真菌病害。蔬菜病害中如霜霉病、白粉病、枯萎病等都是由真菌侵染引起的。

一、真菌病害特点

真菌病害在初发期田间有发病中心病株，逐渐扩展蔓延，病状多为褐色病斑，还常有腐烂和变色等，潮湿时病部长出霉状物、粉状物、锈状物、粒状物和菌核等。

二、真菌病害病原菌的主要类群

真菌属于菌物界真菌门，真菌门以下分为五个亚门，分别为鞭毛菌亚门、接合菌亚门、子囊菌亚门、担子菌亚门、半知菌亚门。其特点见表3-3。

表3-3　真菌五个亚门的主要特征

亚门	营养体	无性繁殖	有性生殖
鞭毛菌亚门	原质团或没有隔膜的菌丝体	游动孢子	休眠孢子囊或卵孢子
接合菌亚门	菌丝体，典型的没有隔膜	孢囊孢子	接合孢子
子囊菌亚门	有隔膜的菌丝体，少数是单细胞	分生孢子等	子囊孢子
担子菌亚门	有隔膜的菌丝体	不发达	担孢子
半知菌亚门	有隔膜的菌丝体或单细胞	分生孢子等	没有有性生殖，但可能进行准性生殖

三、各亚门病原菌症状特点

（一）鞭毛菌亚门

1.症状特点

（1）根肿菌属和粉痂菌属　　根肿菌属和粉痂菌属真菌是专性寄生菌，其营养体和繁殖体都在寄生细胞内，缺乏病症表现。但这二属真菌侵入寄主体内后，往往引起细胞膨大和分裂，使寄主受害部分膨大呈根肿或瘿瘤，如十字花科蔬菜根肿病和马铃薯粉痂病，主要属于促进性病状。

（2）腐霉属和疫霉属　腐霉属和疫霉属真菌主要引起寄主根部、茎部和果实腐烂，被害部分边缘不明显，在比较潮湿和适宜的温度下，表面常密生棉絮状物，如茄棉疫病、蔬菜幼苗猝倒病，属坏死性病状。

（3）霜霉属、假霜霉属和盘梗霉属　霜霉属、假霜霉属和盘梗霉属真菌都是专性寄生菌，使蔬菜作物发生霜霉病，在病叶上初发生褪色斑点，继变淡黄绿色、黄色，病斑边缘无明显界限，属抑制性病状，后期病斑干枯，属坏死性病状。在潮湿环境下，病部表面（叶片则多在背面）密生白色或其他色泽的霉状物，如黄瓜霜霉病长出紫灰色的霉，白菜霜霉病和萝卜霜霉病长出的霉都是白色的。

（4）白锈属　白锈属真菌都是高等植物的专性寄生菌，危害植物的叶、茎、果等部分，产生白色疱状的孢子囊堆，破裂后散出白色粉状物，叶片初呈黄绿色斑点，花器被害部分肿大畸形，花瓣呈绿色，属抑制性和促进性病变，如十字花科蔬菜白锈病菌。

2.有代表性的病害

（1）十字花科蔬菜根肿病　由鞭毛菌亚门芸薹根肿菌侵染植物的根，并使其发生病变而造成的一种病害。可侵染多种十字花科蔬菜。病菌以休眠孢子囊在土壤中越冬或越夏。在适宜条件下，休眠孢子囊萌发生成的游动孢子侵入寄主幼根、根毛，发育成变形体，最后变形体进入根部皮层组织和形成层细胞内，刺激其分裂和增大，形成根肿块。见图3-41。

（2）猝倒病　由腐霉属、疫霉属等真菌引起的苗期植物病害，可侵染多种蔬菜作物，影响幼苗生长，严重时造成缺苗甚至毁种。被侵染幼苗的茎基部呈水渍状变软，迅速萎蔫，最后茎基部呈线状缢缩。有时子叶尚未表现症状即已倒伏，故名猝倒。见图3-42。

图3-41　大白菜根肿病病根　　　　　　图3-42　辣椒猝倒病

（3）十字花科蔬菜白锈病　由鞭毛菌亚门白锈菌引起，在叶正面则显现黄绿色边缘不明晰的不规则斑，有时交链孢菌在其上腐生，致病斑转呈黑色。种株的花梗和花器受害，致畸形弯曲肥大，其肉质茎也出现乳白色疱状斑，成为本病的重要特征。此病除为害白菜、萝卜外，还侵染芥菜类、根菜类等十字花科蔬菜。见图3-43。

(a) 叶片正面　　　　　　　　　　　(b) 叶片背面

图3-43　萝卜白锈病叶片

（4）萝卜霜霉病　由真菌鞭毛菌亚门寄生霜霉菌侵染所致。苗期至采种期均可发生。病害从植株下部向上扩展。叶面初现不规则褪绿黄斑，后渐扩大为多角形黄褐色病斑，大小3～7毫米。湿度大时，叶背或叶两面长出白霉，即病原菌繁殖体，严重的病斑连片致叶干枯。茎部染病，现黑褐色不规则状斑点。种株染病，种荚多受害，病部淡褐色不规则斑，生白色霉状物。见图3-44。

(a) 叶片正面　　　　　　　　　　　(b) 叶片背面

图3-44　萝卜霜霉病叶片

（5）番茄晚疫病　由鞭毛菌亚门疫霉属疫霉菌引起。叶片染病，多从植株下部叶尖或叶缘开始，初期病斑为暗绿色水浸状，后转为褐色。茎部病斑呈黑褐色；果实染病主要发生在青果上，病斑初呈油浸状，后变成暗褐色至棕褐色。湿度大时病斑边缘有稀疏白霉。病果初时不软，后期软化腐烂。如图3-45。

(a) 病叶　　　　　　　　　　　　　　　(b) 病果

图3-45　番茄晚疫病

3.防治鞭毛菌亚门真菌的常用药剂有：

① 代森锰锌；

② 烯酰吗啉；

③ 杜邦抑快净（恶唑菌酮＋霜脲氰）；

④ 福帅得（氟啶胺）；

⑤ 阿米多彩（嘧菌酯和百菌清）；

⑥ 霜霉威。

（二）接合菌亚门

接合菌亚门真菌都是腐生或弱寄生菌，主要引起植物的花、果实、块根、块茎等贮藏器官的组织坏死，产生白色菌丝状霉层，如茄笄霉菌引起辣椒、茄子、南瓜等的花腐烂。

（三）子囊菌亚门

1.症状特点

子囊菌亚门真菌中与蔬菜作物有关的白粉菌，为专性寄生菌。白粉菌的菌丝体在寄主表面，菌丝体和分生孢子在显微镜下都是无色的，但用肉眼观察时呈白色或灰色的霉层，霉层多分布在叶片正面。病斑无明显的界限，常布满整个叶面，后期在病部散生黑色小点。初期属抑制性病状，后期为坏死性病状。其余子囊菌都是非专性寄生菌，菌丝体在寄主植物上扩展是有局限性的，故其所形成的病状都是点发性的，造成局部枯死病斑及腐烂等病状。病斑边缘一般都是明显的，如黄瓜蔓枯病。子囊菌的无性阶段多属半知菌亚门真菌，其病症有粉状物、粒状物等。

2.有代表性的病害

（1）甜瓜白粉病　由子囊菌亚门瓜类单囊壳和葫芦科白粉菌引起。在甜瓜全生育期都可发生。主要为害叶片，严重时亦为害叶柄和茎蔓。叶片发病，初期在叶正、背面出现白色小粉点。逐渐扩展呈白色圆形粉斑，多个病斑相互连接，使叶面布满白粉。随病害发展，粉斑颜色逐渐变为灰白色，后期偶有在粉层下产生黑色小点。最后病叶枯黄坏死。见图3-46。

（2）黄瓜蔓枯病 由子囊菌亚门甜瓜球腔菌引起，该菌无性世代属半知菌亚门，称西瓜壳二孢菌。叶片、茎蔓、瓜条及卷须等地上部分均可受害，主要危害叶片和茎蔓。叶片染病，多从叶缘开始发病，形成黄褐色至褐色"V"字形病斑，其上密生小黑点，干燥后易破碎。见图3-47。

（3）菌核病 由子囊菌亚门核盘菌属菌核菌引起。幼苗茎基部呈水渍状腐烂，可引起猝倒。成株受害多在近地面的茎部、叶柄和叶片上发生水渍状淡褐色病斑，边缘不明显，常引起叶球或茎基部腐烂。种株易在终花期发生菌核病，茎秆上病斑初为浅褐色，后变成白土色，稍凹陷，最终导致组织腐朽、表皮易剥、茎内中空、碎裂成乱麻状。种荚受害也可产生黄白色病斑，严重者早期枯死、变干。在高湿条件下，茎秆、种荚和病叶表面密生白色棉絮状菌丝体和黑色鼠粪状菌核硬块，病斑发朽、变黏。重病株在茎秆和种荚内产生大量菌核。除十字花科蔬菜外，还危害菜豆、豌豆、马铃薯、番茄、辣椒、莴苣、胡萝卜、菠菜、黄瓜等。见图3-48。

3.防治方法

① 甲基硫菌灵；

② 乙嘧酚；

③ 苯醚甲环唑；

④ 二氰蒽醌；

⑤ 氟硅唑、咪鲜胺；

⑥ 加强通风光照以及温湿度管理。

（四）担子菌亚门

1.症状特点

担子菌亚门真菌中与蔬菜作物病害有关

图3-46 甜瓜白粉病病叶

图3-47 黄瓜蔓枯病病果

图3-48 辣椒菌核病

的是黑粉菌和锈菌，分别诱发黑粉病和锈病。黑粉病在寄主上表现为一堆黑粉（冬孢子），受害部分膨大畸形，属促进性病状，如十字花科蔬菜根黑粉病。锈病在寄主上初呈褐色斑点，后发生黄褐色（夏孢子）或黑粉色（冬孢子）粉末，如豇豆锈病。

2. 有代表性的病害

豇豆锈病：本病多发生在较老的叶片上，茎和豆荚也发生。叶片初生黄白色的斑点，稍隆起，后逐渐扩大，呈黄褐色疱斑（夏孢子堆），表皮破裂，散出红（黄）褐色粉末状物（夏孢子）。夏孢子堆多发生在叶片背面，严重时也发生在叶面上。后期在夏孢子堆或病叶其他部位上产生黑色的冬孢子堆。有时在叶片正面及茎、荚上产生黄色小斑点（性孢子器），以后在这些斑点的周围（茎、荚）或在叶片背面产生橙红色斑点（锈子器），再继续进一步形成夏孢子堆及冬孢子堆。性孢子器和锈孢子器很少发生。见图3-49。

图3-49 锈病病叶正面

3. 防治方法

① 甲霜灵·锰锌；
② 苯醚甲环唑；
③ 退菌特（福美双、福美锌、福美甲胂的复配制剂）；
④ 霜霉威；
⑤ 加强通风光照以及温湿度管理。

（五）半知菌亚门

本亚门真菌只有无性阶段，没有或未发现其有性阶段。因此，半知菌的生活史相当于子囊菌的无性阶段，也有少量是担子菌的无性阶段。

1. 症状特点

半知菌亚门引起的植物病害，大多是点发性的，引起寄主植物坏死，只有少数的属、种是系统侵染的病害。见表3-4。

表3-4 侵染蔬菜的半知菌亚门主要纲、目、属的症状和原菌

纲	目	属	主要病原菌	典型症状
芽孢纲	无孢目	丝核菌属	立枯丝核菌	侵害植物根部或茎部，引起根腐和茎基腐，后期在病部产生菌核
		小核菌属	白绢病菌	
	丝孢目	粉孢属	白粉病菌	引起斑点，根和果实腐烂，病斑有或无明显的边缘，但到发育后期，如环境条件适宜，在病部表面常密生大量的分生孢子梗及分生孢子，表现为各种色泽的霉层
		葡萄孢属	番茄灰霉病菌	
		枝孢属	番茄叶霉病菌	
		链格孢属	白菜白斑病菌 番茄早疫病菌	
		轮枝孢属	茄萎病菌	
		尾孢属	豆类叶斑病菌	
	瘤座孢目	镰孢属	番茄枯萎病菌	
腔孢菌纲	黑盘孢目	刺盘孢属	瓜类炭疽病菌、辣椒黑点炭疽病菌、十字花科蔬菜疸病菌	引起特异的症状类型，有些黑盘孢菌在潮湿的环境下在病斑上分泌出一种粉红色（或白色）的黏液
	球壳菌目	茎点霉属	甘蓝黑胫病菌	侵染植物的叶、茎、果实等部分，引起点发性病害。在其病部上面产生黑色小粒点。小黑点散生、集生或呈轮状排列，初期埋生在寄主表皮下，后突出表皮外露，在潮湿的环境下，分生孢子器吸水而挤出分生孢子角，呈黄色或白色细丝状，或呈微细的白色小点
		叶点霉属	辣椒白星病菌	
		拟茎点霉属	茄褐纹病菌	
		壳针孢属	莴苣叶枯病菌	
		壳二孢属	瓜类蔓割病菌	

2.代表性病害

（1）立枯病 又称"死苗"，由半知菌亚门立枯丝核菌所致。寄主范围广，除茄科、瓜类蔬菜外，一些豆科、十字花科等蔬菜也能被害。主要危害幼苗茎基部或地下根部，初为椭圆形或不规则暗褐色病斑，病苗早期白天萎蔫，夜间恢复，病部逐渐凹陷、溢缩，有的渐变为黑褐色，当病斑扩大绕茎一周时，病苗干枯死亡，但不倒伏。轻病株仅见褐色凹陷病斑而不枯死。苗床湿度大时，病部可见不甚明显的淡褐色蛛丝状霉。见图3-50。

图3-50 白菜类幼苗立枯病

（2）大白菜白斑病 由半知菌亚门小尾孢属真菌所致，主要为害叶片。发病初期散生灰白色近圆形病斑，后呈浅灰色，病斑直径6～10毫米，有时病斑上具有1～2个轮纹。潮湿时叶背病斑出现稀疏的灰白色霉。后期病斑变白色，半透明，似火烤状，易穿孔破裂。见图3-51

（3）大白菜炭疽病 由半知菌亚门刺盘孢属真菌所致，主要危害叶片、叶柄、叶脉，有时也侵害花梗和种荚。叶片上病斑细小、圆形，直径约1～2毫米，初为苍白色水浸状小点，后扩大呈灰褐色，稍凹陷，周围有褐色边缘，微隆起。后期病斑中央部褪成灰白至白色，极薄，半透明，易穿孔。在叶脉、叶柄和茎上的病斑，多为长椭圆形或纺锤形，淡褐色至灰褐色，凹陷较深。严重时，病斑连合，叶片枯黄。潮湿时，病斑上产生淡红色黏质物。见图3-52。

（4）大白菜黑斑病 由半知菌亚门真菌的芸薹链格孢菌侵染所致。主要为害子叶、真叶的叶片及叶柄。初生近圆形褪绿斑，后逐渐扩大，边缘淡绿色至暗褐色，几天后病斑直径扩大至5毫米～10毫米，且有明显的同心轮纹。有的病斑具黄色晕圈，在高温高湿条件下病部穿孔。发病严重的，病斑汇合成大的斑块，致半叶或整叶枯死，全株叶片由外向内干枯。茎或叶柄上病斑长梭形，呈暗褐色条状凹陷。见图3-53。

图3-51 大白菜白斑病典型症状　　图3-52 大白菜炭疽病　　图3-53 大白菜黑斑病病叶

（5）番茄灰霉病 由半知菌亚门真菌、灰葡萄孢菌侵染所致。主要为害花果，亦可为害叶片与茎。幼果染病较重，柱头和花瓣多先被侵染，后向果实转移。果实多从果柄处向果面扩展。致病果皮呈灰白色、软腐，病部长出大量灰绿色霉层，严重时果实脱落，失水后僵化。叶片染病，多从叶尖开始，病斑呈"V"字形向内扩展，初水渍状，浅褐色，有不明显的深浅相间轮纹，潮湿时，病斑表面可产生灰霉，叶片枯死。茎染病，产生水渍状小点，后迅速扩展成长椭圆形，潮湿时，表面生灰褐色霉层，严重时可引起病部以上植株枯死。见图3-54。

(a) 病叶　　　　　(b) 花　　　　　(c) 幼果　　　　　(d) 果实

图3-54　番茄灰霉病

（6）茄子褐纹病　由半知菌亚门、腔孢纲、球壳孢目、球壳孢科、拟茎点霉属真菌引起的病害。茄果受害，长形茄果多在中腰部或近顶部开始发病，病斑椭圆形至不规则形大斑，斑中部下陷，边缘隆起，病部明显轮纹，其上也密生小黑粒，病果易落地变软腐，挂留枝上易失水干腐成僵果。见图3-55。

（7）马铃薯白绢病　由半知菌亚门整齐小核菌引起的病害。薯块上密生白色丝状菌丝，并有棕褐色圆马铃薯白绢病病薯形菜籽状小菌核，切开病薯皮下组织变褐。见图3-56。

（8）黄瓜靶斑病　由半知菌亚门的棒孢菌引起的病害。温暖、高湿有利于发病。主要为害叶片，病斑初呈淡褐色后变褐绿色，略呈圆形，多数病斑的扩展受叶脉限制，呈不规则形或多角形，有的斑中部呈灰白色至灰褐色，上生灰黑色霉状物。严重时，病斑融合，叶片枯死。重病株中下部叶片相继枯死，造成提早拉秧。见图3-57。

3. 防治植物病害的药剂

① 广谱杀菌剂代森锰锌、多菌灵、甲基硫菌灵、百菌清；

② 三唑类杀菌剂丙环唑、苯醚甲环唑、氟硅唑、戊唑醇；

③ 咪唑类杀菌剂咪鲜胺、氟菌唑；

④ 甲氧基丙烯酸酯类杀菌剂嘧菌酯、醚菌酯、吡唑醚菌酯；

⑤ 二甲酰亚胺类杀菌剂异菌脲、腐霉利。

使用时要尽可能减少用药次数，轮换使用不同类型的药剂和复配药剂。

图3-55　茄子褐纹病病果

图3-56　马铃薯白绢病危害状

图3-57　黄瓜靶斑病危害状

第五节　生理病害诊断与防治

生理病害是指由于不适宜的环境条件（包括营养、水分、温度、中毒等）引起的病害。病害表现有烂根、叶片焦尖、叶片枯黄脱落、叶面日灼斑、冻害后叶片变黑等。

一、生理病害的病原

（一）营养

植物在生长和发育的过程中需要多种元素，最主要的元素如氮、磷、钾、钙、镁、硫等，微量元素如铁、硼、锌、铜、钼等。土壤里虽然含有这些元素，但不一定都能被植物吸收。土壤里所含有的各种营养元素，要有适当的温度、水分和日照，否则，也会影响植物对矿质元素的吸收，从而诱发生理病害，称为缺素症。

土壤中可溶性矿物质含量过高，或施肥不当，对植物的生长和发育也是不利的。氮肥施用过多时，会使植物徒长，延迟成熟期和削弱对病原物的抵抗能力。土壤中硼的含量过多时，对植物亦产生强烈的毒害作用，主要表现在抑制种子的萌发或引起幼苗死亡、叶片变黄焦枯、植株矮化等。土壤中的酸碱度直接影响许多矿质元素的溶解度，同时也就影响植物对矿质元素的吸收和利用。其表现如图3-58。

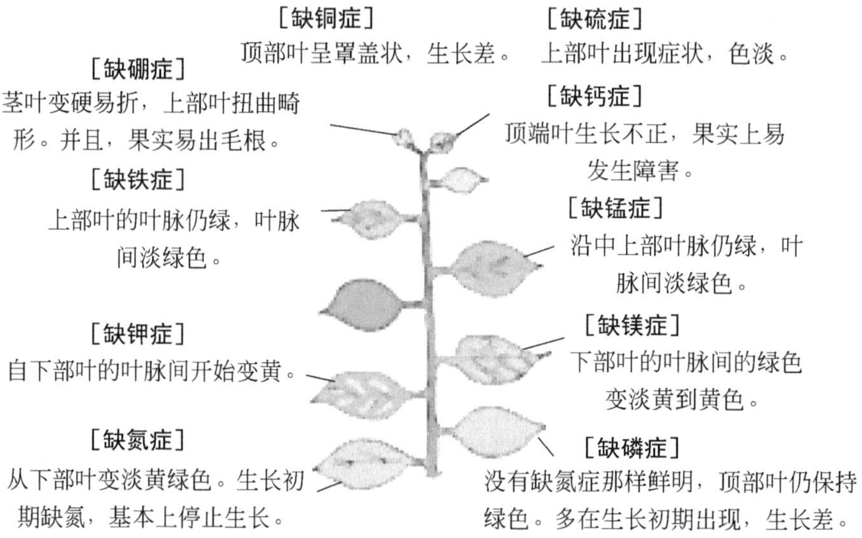

[缺铜症]
顶部叶呈罩盖状，生长差。

[缺硫症]
上部叶出现症状，色淡。

[缺硼症]
茎叶变硬易折，上部叶扭曲畸形。并且，果实易出毛根。

[缺钙症]
顶端叶生长不正，果实上易发生障碍。

[缺铁症]
上部叶的叶脉仍绿，叶脉间淡绿色。

[缺锰症]
沿中上部叶脉仍绿，叶脉间淡绿色。

[缺钾症]
自下部叶的叶脉间开始变黄。

[缺镁症]
下部叶的叶脉间的绿色变淡黄到黄色。

[缺氮症]
从下部叶变淡黄绿色。生长初期缺氮，基本上停止生长。

[缺磷症]
没有缺氮症那样鲜明，顶部叶仍保持绿色。多在生长初期出现，生长差。

图3-58　蔬菜缺素症的主要表现

（二）水分

植物的生长和发育都离不开水分。植物的新陈代谢作用和生理活动，都必须有水分才能进行。一般植物的含水量在80%～90%以上。水分不足，称为干旱。干旱可分为土壤干旱和大气干旱两种，这两种干旱可能是同时相伴出现，也可以单独出现。土壤干旱常引起植物的叶片，特别是下部叶片变红，叶尖和叶缘焦枯，早期落叶、落花和落果，果实发育不充实，严重时全株凋萎而死。水分过多，对植物不利时，称为涝害，植物受涝以后，表现为叶片发黄、落花、落果和烂根。

另外，水分供应发生剧烈变化时，可以造成更大的为害，如先干后涝，最容易引起蔬菜的根菜类和甘蓝的开裂。前期水分充足，后期干旱，番茄果实易发生脐腐病。

（三）温度

各种植物的生长和发育有它的最低、最适和最高的温度，当温度的变化超过植物的适应范围，就可能引起植物内部发生病害变化而发病。

（四）中毒

空气、土壤和植物表面上，都常存在着对植物有害的物质，可以引起病害。如由于耕作和施肥不当，土壤中积累的有害物质对植物就可引起病害；使用农药防治病虫害时，没有按照操作规程，使用浓度过高，使植株细胞组织死亡，形成不规则形坏死斑，称为药害。

二、常见的蔬菜生理病害

（一）番茄脐腐病

1.症状

番茄脐腐病，又称蒂腐病，是大棚西红柿经常发生的生理性病害。发病初期在幼果脐部出现水浸状斑，后逐渐扩大，至整个果实顶部凹陷变褐，严重时扩展到整个果实的三分之一。发病严重时常造成果实黑斑、腐烂，直接影响产量和品质。见图3-59。

2.病因

该病属于一种生理病害。一般认为是由缺钙引起，即植株不能从土壤中吸收足够的钙素，加之其移动性较差，果实不能及时得到钙的补充。当果实含钙量低于0.2%时，脐部细胞生理紊乱，失去控制水分能力而发生坏死，并形成脐腐。在多数的情况下土壤中不缺乏钙元素，主要是土壤

图3-59　番茄脐腐病病果

中氮肥等化学肥料使用过多，使土壤溶液过浓，钙素吸收受到影响。

此外也有人认为此病是由生长期间水分供应不足或不稳定引起的。即在花期至坐果期遇到干旱，番茄叶片蒸腾消耗增大，果实，特别是果脐部所需的大量水分被叶片夺走，导致其生长发育受阻，形成脐腐。

（二）番茄裂果

1.症状

根据发生的部位和形态，可分为3种：① 放射状裂果，它以果蒂为中心呈放射状，一般裂口较深；② 环状裂果，以果蒂为圆心，呈环状浅裂；③ 条状裂果，即在果顶部位呈不规则的条状裂口。裂果发生以后，果实品质下降，病菌易侵入，以致腐烂。见图3-60、图3-61。

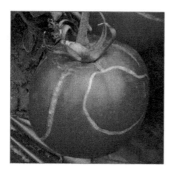

图3-60 番茄条状裂果

图3-61 番茄放射状裂果

2.病因

（1）水分 番茄裂果可能是果实进入成熟时土壤水分过多造成的。果实成熟时，细胞中糖含量增高，渗透势增高，果肉细胞会吸水膨胀，而果皮已不再生长，故裂果。因此，今年立秋前连续晴天，干燥，秋后一场大雨，干旱、大水交替，所以出现大量裂果。

（2）光照 果实在烈日下暴晒，果皮易老化，暴晒后突然浇水，常发生裂果；或在连续阴雨天气之后，突然放晴，果皮过度失水，也容易出现裂果。

（3）温度 昼夜温差过大，番茄果皮与果肉热胀冷缩差异大，可导致一些薄皮品种出现裂果。低温条件下，尤其是设施棚室番茄，会因授粉不良引起果实畸形和开裂。白天温度长时间超过35℃，花芽分化不良，或者不能正常授粉，也会引起裂果。

（4）品种 品种不同，对裂果的抗性也有差异，一般长形果、果蒂小、棱沟浅、叶片大、果皮内木栓层薄的品种抗裂性较强。

（5）缺素 钙、硼是细胞胞间层果胶酸钙的构成成分，若缺钙、硼，果实表皮强度降低，在供水不当时，细胞壁间易分离。同时，钙、硼缺乏，会损害花芽，导致后期裂果。

（6）植物生长调节剂使用不当　使用时浓度过大，水肥跟不上，引起生理失调，也可以产生裂果。

（三）黄瓜花打顶

1.症状

在黄瓜苗期或定植初期最易出现花打顶现象，其症状表现为生长点不再向上生长，生长点附近的节间长度缩短，不能再形成新叶，在生长点的周围形成雌花和雄花间杂的花簇。花开后瓜条不伸长，无商品价值，同时瓜蔓停止生长。见图3-62。

图3-62　黄瓜花打顶

2.病因

（1）干旱　用营养钵育苗，钵与钵靠得不紧，水分散失大。苗期水分管理不当，定植后控水蹲苗过度造成土壤干旱。地温高，浇水不及时，新叶没有发出来，导致花打顶。

（2）肥害　定植时施肥量大，肥料未腐熟或没有与土壤充分混匀，或一次施肥过多（尤其是过磷酸钙），容易造成肥害。同时，如果土壤水分不足，溶液浓度过高，使根系吸收能力减弱，幼苗长期处于生理干旱状态，也会导致花打顶。

（3）低温　温室保温性能不好或育苗期间遇到低温寡照天气，夜间温度低于15℃，致使叶片中白天光合作用制造的养分不能及时输送到其他部分而积累在叶片中（在15～16℃条件下，同化物质需4～6小时才能运转出去），使叶片浓绿皱缩，造成叶片老化，光合机能急剧下降，而形成花打顶。另外，白天长期低温也易形成花打顶。同时，育苗期间的低温、短日照条件，十分有利于雌花形成，因此，那些保温性能较差的温室所育的黄瓜苗雌花反而多。

（4）伤根　在土温低于10～12℃，土壤相对湿度75%以上时，低温高湿，造成沤根，或分苗时伤根，长期得不到恢复，植株营养不良，出现花打顶。

（5）药害　喷洒农药过多、过频造成较重的药害。

（四）黄瓜尖嘴瓜

1.症状

尖嘴瓜是一种瓜条尖端变细，形成尖嘴的畸形黄瓜。见图3-63。

图3-63　黄瓜尖嘴瓜

2.病因

① 在结瓜多，土壤肥力水平低，肥水不足的情况下容易发生尖嘴瓜；

② 在干旱和土壤盐分浓度高（土壤积盐严重）的土壤条件下种植黄瓜，尖嘴瓜会大量发生；

③ 在瓜发育的前期温度过高，或已经伤根，这种情况下也会出现尖嘴瓜；

④ 植株已经衰老、强行过多地打叶或遭受病虫严重为害时也容易产生尖嘴瓜；

⑤ 单性结实能力弱的品种，不受精时也要结出尖嘴瓜。

（五）鲜粪烧苗

（1）氨害 温室定植西红柿、瓜类等作物，刚定植时，作物根部和靠近地表面的叶片和生长点最易受害；覆盖地膜的，多从地面破口处发生危害，叶片呈水烫状和干叶现象。见图3-64。

（2）毒害 鲜粪所产生的有机酸可影响种子萌发，严重的会造成烂种、烂芽、烧根现象。往往造成幼苗生长不良、植株矮小、叶片黄化，似缺肥状，毒害严重的甚至造成全棚死苗。成株期施用过多的未腐熟鸡粪，可使植株的叶片自上而下变黄，似缺素状。

图3-64 鲜粪烧苗

（六）药害

药害是对用药后使作物生长不正常或出现生理障害而言。药害有急性和慢性两种。前者在喷药后几小时至3～4天出现明显症状，如烧伤、凋萎、落叶、落花、落果；后者是在喷药后经过较长时间才发生明显反应，如生长不良，叶片畸形，晚熟等。常见的症状是叶面出现大小、形状不等、五颜六色的斑点，局部组织焦枯，穿孔或叶片脱落，或叶片黄化、褪绿或变厚。见图3-65。

图3-65 甘蓝药害受害状
（喷施了过量的敌敌畏）

第六节 棚室栽培常见的蔬菜害虫

一、鳞翅目害虫

1.夜蛾类

（1）甜菜夜蛾 俗称白菜褐夜蛾。属鳞翅目、夜蛾科。初龄幼虫在叶背群集吐丝结网，在叶内取食叶肉，留下表皮，成透明的小孔，食量小。3龄后，分散为害，食量大增，昼伏夜出，危害叶片成孔缺刻，严重时，可吃光叶肉，仅留叶脉，甚至剥食茎秆皮层。幼虫可成群迁飞，稍受震扰吐丝落地，有假死性。3～4龄后，白天潜于植株下部或土缝，傍晚移出取食为害。见图3-66。

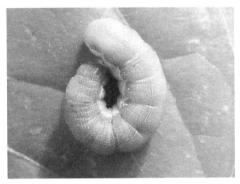

(a) 幼虫　　　　　　　　　　　　　(b) 成虫

图3-66　甜菜夜蛾

（2）斜纹夜蛾　又名莲纹夜蛾，俗称夜盗虫、乌头虫等。幼虫咬食叶片、花蕾、花及果实，初龄幼虫啃食叶片下表皮及叶肉，仅留上表皮呈透明斑。4龄以后进入暴食，咬食叶片，仅留主脉。在包心椰菜上，幼虫还可钻入叶球内危害，把内部吃空，并排泄粪便，造成污染，使包心椰菜降低乃至失去商品价值。见图3-67。

(a) 卵　　　　　　　　　(b) 幼虫　　　　　　　　　(c) 成虫

图3-67　斜纹夜蛾

（3）甘蓝夜蛾　也称甘蓝夜盗虫。主要是以幼虫危害作物的叶片，初孵化时的幼虫围在一起于叶片背面进行为害，白天不动，夜晚活动啃食叶片，而残留下表皮。到大龄后（4龄以后），白天潜伏在叶片下、菜心、地表或根周围的土壤中，夜间出来活动，形成暴食。严重时，往往能把叶肉吃光，仅剩叶脉和叶柄，吃完一处再成群结队迁移为害，包心菜类常常有幼虫钻入叶球并留了不少粪便，污染叶球，还易引起腐烂。见图3-68。

图3-68　甘蓝夜蛾成虫

（4）地老虎　地老虎又名切根虫、夜盗虫，俗称地蚕。属昆虫纲鳞翅目夜蛾科，多食性害虫。种类较多，农业生产上造成危害的有10余种，其中小地老虎、黄地老虎、大地老虎、白边地老虎和警纹地老虎等尤为重要，均以幼虫为害，幼虫会将农作物幼苗近地面的茎部咬断，使整株死亡，造成缺苗断垄。见图3-69。

2.蛾蝶类

（1）菜青虫　鳞翅目，粉蝶科，别名菜白蝶，幼虫称菜青虫。主要取食十字花科蔬菜，初龄幼虫在叶背啃食叶肉，残留表皮，呈小形凹斑。3龄之后吃叶片呈缺刻和孔洞，严重时只残留叶柄和叶脉。同时排出大量虫粪，污染叶面和菜心，使蔬菜品质变坏，并引起腐烂，降低蔬菜的产量和质量。幼虫为害造成的伤口，便于软腐病菌的侵入，引起软腐病。见图3-70。

图3-69　地老虎

图3-70　菜青虫幼虫

（2）小菜蛾　鳞翅目，菜蛾科，别名小青虫、两头尖、吊死鬼等。主要为害十字花科蔬菜，初龄幼虫仅取食叶肉，留下表皮，在菜叶上形成一个个透明的斑，"开天窗"，3～4龄幼虫可将菜叶食成孔洞和缺刻，严重时全叶被吃成网状。在苗期常集中心叶为害，影响包心。在留种株上，危害嫩茎、幼荚和籽粒。见图3-71。

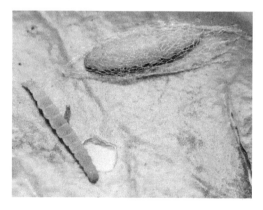

图3-71　小菜蛾幼虫和蛹

二、同翅目害虫

1.蚜虫

属同翅目蚜科，俗称烟蚜、菜蚜、腻虫。包括萝卜蚜、甘蓝蚜、桃蚜。蚜虫是刺吸式口器的害虫，常群集于叶片、嫩茎、花蕾、顶芽等部位，刺吸汁液，使叶片皱缩、卷曲、畸形，严重时引起枝叶枯萎甚至整株死亡。蚜虫分泌的蜜露还会诱发煤污病、病毒病，并招来蚂蚁危害等。见图3-72。

2.粉虱

粉虱是指一类小型具刺吸式口器的昆虫，属同翅目粉虱总科，两性成虫均有翅，身体及翅上覆有白色蜡粉。危害蔬菜的粉虱主要有烟粉虱和温室粉虱。烟粉虱又名棉粉虱、甘薯粉虱、银叶粉虱。温室粉虱又称白粉虱、小白蛾子，与烟粉虱在形态上十分相似，生活史相近，危害习性相同，有很多共同寄主，如黄瓜、番茄、茄子、南瓜等温室蔬菜作物，常常混同发生，是我国北方农业生产的两种重要害虫。

（1）烟粉虱 又名棉粉虱、甘薯粉虱、银叶粉虱。见图3-73。

图3-72 蚜虫　　　　　　　　　图3-73 烟粉虱

烟粉虱对不同的植物表现出不同的危害症状，叶菜类如甘蓝、花椰菜受害叶片萎缩、黄化、枯萎；根菜类如萝卜受害表现为颜色白化、无味、重量减轻；果菜类如番茄受害，果实不均匀成熟。烟粉虱有多种生物型。该虫可直接刺吸植物汁液，造成植株衰弱、干枯。若虫和成虫分泌蜜露，诱发煤污病，同时烟粉虱可以传播病毒病，后者所造成危害比前两者要严重得多。

（2）白粉虱 又名小白蛾子。属同翅目粉虱科。见图3-74。

 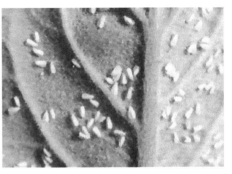

(a) 成虫　　　　　　　　　(b) 若虫

图3-74 白粉虱

是菜地、田地、温室、大棚内种植作物的重要害虫。寄主范围广,蔬菜中的黄瓜、菜豆、茄子、番茄、辣椒、冬瓜、豆类、莴苣以及白菜、芹菜、大葱等都能受其为害。锉吸式口器,成虫和若虫吸食植物汁液,被害叶片褪绿、变黄、萎蔫,甚至全株枯死。此外,由于其繁殖力强,繁殖速度快,种群数量庞大,群聚为害,并分泌大量蜜液,严重污染叶片和果实,往往引起煤污病的大发生,使蔬菜失去商品价值。除严重为害番茄、青椒、茄子、马铃薯等茄科作物外,也是严重为害黄瓜、菜豆的害虫。

三、双翅目害虫

1.韭菜根蛆

韭菜根蛆,属双翅目眼蕈蚊科,学名韭菜迟眼蕈蚊。其幼虫俗称为韭蛆(图3-75),主要危害韭菜等香辛蔬菜,韭菜棚室和露地均可发生韭菜根蛆,如除治不好可造成严重减产。韭蛆幼虫钻食韭菜地下部分,其表现症状:地上叶片瘦弱、枯黄、萎蔫断叶,幼虫常聚集在根部鳞茎里或钻蛀假茎中引起腐烂,严重时可造成整畦毁种,损失很大。见图3-76。

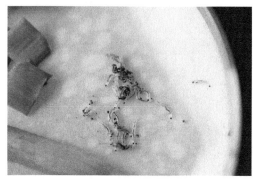 

图3-75　韭菜根蛆幼虫　　　　　　图3-76　韭菜根蛆危害状

2.潜叶蝇

潜叶蝇是棚室蔬菜生产中比较常见的虫害。中国常见的有潜叶蝇科的豌豆潜叶蝇、紫云英潜叶蝇、水蝇科的稻小潜叶蝇、花蝇科的甜菜潜叶蝇等。幼虫潜入寄主叶片表皮下,曲折穿行,取食绿色组织,造成不规则的灰白色线状隧道。危害严重时,叶片组织几乎全部受害,叶片上布满蛀道,尤以植株基部叶片受害为最重,甚至枯萎死亡。见图3-77～图3-79。

四、鞘翅目害虫

1.黄曲条跳甲

黄曲条跳甲属鞘翅目、叶甲科害虫,俗称狗虱虫、跳虱,简称跳甲(见

图3-77　潜叶蝇严重
危害茼蒿叶片背面

图3-78　潜叶蝇危害
萝卜叶片正面

图3-79　潜叶蝇危害
豌豆叶片正面

图3-80）。以成虫和幼虫两个虫态对植株直接造成危害。成虫食叶，以幼苗期最重。幼虫只害菜根，蛀食根皮，咬断须根，使叶片萎蔫枯死。

2.二十八星瓢虫

二十八星瓢虫（见图3-81）是危害蔬菜的典型有害瓢虫，又称酸浆瓢虫，俗称花大姐、花媳妇。它是马铃薯瓢虫和茄二十八星瓢虫的统称，二十八星瓢虫典型特点就是背上有28个黑点（黑斑），这是与其他瓢虫最显著的区别。成虫、幼虫在叶背剥食叶肉，仅留表皮，形成许多不规则半透明的细凹纹，状如箩底。也能将叶吃成孔状，甚至仅存叶脉。严重时受害叶片干枯、变褐，全株死亡。果实被啃食处常常破裂、组织变僵；粗糙、有苦味，不能食用。只留下叶表皮，严重的叶片可呈透明，呈褐色枯萎，叶背只剩下叶脉。茎和果上也有细波状食痕。

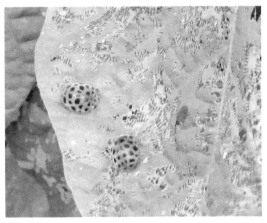

图3-80　黄曲条跳甲

图3-81　二十八星瓢虫

3.小猿叶甲

小猿叶甲属鞘翅目，叶甲科。成、幼虫喜食菜叶，咬食叶片成缺坑或孔洞，严重的成网状，只剩叶脉。成虫常群聚为害。苗期发生较重时，可造成严重的缺苗断垄甚至毁种。见图3-82。

五、螨目害虫

螨虫属节肢动物门蛛形纲蜱螨亚纲，体型微小，大多数种类小于1毫米，一般在0.5毫米左右，有些不到0.1毫米。我国的蜱螨亚纲叶螨科的植食螨类以朱砂叶螨为主。叶螨又名红蜘蛛，俗称大蜘蛛、大龙、砂龙、蛛螨等。取食作物的叶和果实。其抗药能力日益增强，故难以防治。主要危害茄科、葫芦科、豆科、百合科等多种蔬菜作物。见图3-83。

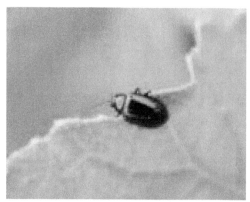

图3-82　小猿叶甲

图3-83　红蜘蛛

第七节　药剂的选择和使用

一、农药的分类

农药种类繁多，而且随着生产的需要，每年都有新品种出现。因此，了解农药的分类，有利于科学、正确、合理地使用农药。本书根据人们的目的及农药的各种特性，介绍农药分类的多条途径。

（一）按原料的来源及成分分类

1.无机农药

主要由天然矿物质原料加工、配制而成，又称为矿物性农药，其有效成分都是无机的化学物质。常见的有石灰（CaO）、硫黄（S）、砷酸钙（$Ca_3(AsO_4)_2$）、磷化铝（AlP_3）、硫酸铜（$CuSO_4$）。

2.有机农药

（1）天然有机农药 指存在于自然界中可用作农药的有机物质。

植物性农药：如烟草、除虫菊、鱼藤、印楝、川楝及沙地柏等。这类植物中往往含有植物次生代谢产物如生物碱（尼古丁）、糖苷类（巴豆糖苷）、有毒蛋白质、有机酸酯类、酮类、萜类及挥发性植物精油等。

矿物油农药：主要指向矿物油类中加入乳化剂或肥皂，加热调制而成的杀虫剂。如石油乳剂、柴油乳剂等。其作用主要是物理性阻塞害虫气门，影响呼吸。

（2）微生物农药 主要指用微生物或其代谢产物所制得的农药。如苏云金杆菌、白僵菌、农用抗菌素、阿维菌素等。

（3）人工合成有机农药 即用化学手段工业化合成生产的可作为农药使用的有机化合物。如对硫磷、乐果、溴氰菊酯、草甘膦等。

（二）按用途分类

按农药主要的防治对象分类是一种最基本的分类方法，应用过程中最普遍用的是该分类方法。

1.杀虫剂

对有害昆虫机体有毒或通过其他途径可控制其种群形成或减轻、消除为害的药剂。

2.杀螨剂

可以防除植食性有害螨类的药剂。如双甲脒、克螨特、石硫合剂、杀螨素等。

3.杀菌剂

对病原菌能起毒害、杀死、抑制或中和其有毒代谢物的作用，因而可使植物及其产品免受病菌为害或可消除病症、病状的药剂。如粉锈宁（三唑酮）、多菌灵、代森锰锌、灭菌丹、井冈霉素等。

4.杀线虫剂

用于防治农作物线虫病害的药剂。如滴滴混剂、益舒宝、克线丹、克线磷等。另有些药剂具有杀虫、防病等多种生物活性，如硫代异硫氰酸甲酯类药剂——棉隆，既杀线虫，也能杀虫、杀菌和除草；溴甲烷、氯化苦对地下害虫、病原菌、线虫均有毒杀作用。

5.除草剂

可以用来防除杂草的药剂，或用以消灭或控制杂草生长的农药，也称除莠剂。如2,4-D、敌稗、氟乐灵、稳杀得、盖草能、拿捕净等。

6.杀鼠剂

用于毒杀危害农、林、牧业生产和家庭、仓库等场合的各种有害鼠类的药剂。如磷化锌、立克命、灭鼠优等。

7.植物生长调节剂

人工合成的具有天然植物激素活性的物质。可以调节农作物生长发育，控制作物生长速度、植株高矮、成熟早晚、开花、结果数量及促进作物呼吸代谢而增加产量的化学药剂。常见的有2,4-D、矮壮素、乙烯利、抑芽丹、三十烷醇等。

（三）按作用方式分类

指对防治对象起作用的方式，但有时也和保护对象有关，如内吸剂就是指药物在植物体内的传导运输方式。

1.杀虫剂

① 胃毒剂；

② 触杀剂；

③ 熏蒸剂；

④ 内吸剂；

⑤ 拒食剂；

⑥ 驱避剂；

⑦ 引诱剂。

2.杀菌剂

（1）保护性杀菌剂　在病害流行前（即在病菌没有接触到寄主或在病菌侵入寄主前）施用于植物体可能受害的部位，以保护植物不受侵染的药剂。目前所用的杀菌剂大都属于这一类，如波尔多液、代森锌、灭菌丹、百菌清等。

（2）治疗性杀菌剂　在植物已经感病以后（即病菌已经侵入植物体或植物已出现轻度的病症、病状）施药，可渗入到植物组织内部，杀死萌发的病原孢子、病原体或中和病原的有毒代谢物以消除病症与病状的药剂。对于个别在植物表面生长为害的病菌，如白粉病，便不一定要求药剂具有渗透性，只要可以使菌丝萎缩、脱落即可，这种药剂也称治疗剂，有时也称为表面化学治疗。有些药剂不但能渗入植物体内，而且能随着植物体液运输传导而起到治疗作用（内部化学治疗）。如多菌灵、粉锈宁、乙磷铝、瑞毒霉等。

（3）铲除性杀菌剂　对病原菌有直接强烈杀伤作用的药剂。可以通过熏蒸、内渗或直接触杀来杀死病原体而消除其危害。这类药剂常为植物生长期不能忍受，故一般只用于植物休眠期或只用于种苗处理。如甲醛、高浓度的石硫合剂等。

3.除草剂

按作用方式分类：

（1）内吸性除草剂（输导性除草剂）　施用后可以被杂草的根、茎、叶或芽鞘等部位吸收，并在植物体内输导运输到全株，破坏杂草的内部结构和生理平衡，从而使之枯死的药剂。如2,4-D、西玛津、草甘膦等。

内吸性除草剂可防除一年生和多年生的杂草，对大草也有效。

（2）触杀性除草剂　药剂喷施后，只能杀死直接接触到药剂的杂草部位。这类除草剂不能在植物体内传导，因此只能杀死杂草的地上部分，对杂草地下部分或有地下繁殖器官的多年生杂草效果差或无效。因此主要用于防除一年生较小的杂草。如敌稗、五氯酚钠等。

按用途（对植物作用的性质）分：

（1）灭生性除草剂（非选择性除草剂）　在常用剂量下可以杀死所有接触到药剂的绿色植物体的药剂。如五氯酚钠、百草枯、敌草隆、草甘膦等。这类除草剂一般用于田边、公路和铁道边、水渠旁、仓库周围、休闲地等非耕地除草。见图3-84。

（2）选择性除草剂　所谓选择性，即在一定剂量或浓度下，除草剂能杀死杂草而不杀伤作物；或是杀死某些杂草而对另一些杂草无效；或

图3-84　百草枯施用后的除草效果

是对某些作物安全而对另一些作物有伤害。具有这种特性的除草剂称为选择性除草剂。目前使用的除草剂大多数都属于此类。除草剂的选择性是相对的，有条件的，而不是绝对的。就是说，选择性除草剂并不是对作物一点也没有影响，就把杂草杀光。其选择性受对象、剂量、时间、方法等条件影响。选择性除草剂在用量大、施用时间或喷施对象不当时也会产生灭生性后果，杀伤或杀死作物。灭生性除草剂采用合适的施药方法或施药时期，也可使其具有选择性使用的效果，即达到草死苗壮的目的。

按施药对象分类：

（1）土壤处理剂　即以土壤处理法施用的除草剂，把药剂喷洒于土壤表面，或通过混土把药剂拌入土壤中一定深度，建立起一个封闭的药土层，以杀死萌发的杂草。

这类药剂是通过杂草的根、芽鞘或胚轴等部位进入植物体内发生毒杀作用，一般是在播种前或播种后出苗前施药。

（2）茎叶处理剂　即以喷洒方式将药剂施于杂草茎叶的除草剂，利用杂草茎叶吸收和传导来消灭杂草，也称苗（期）后处理剂。

（四）按性能特点等方面分类

1.广谱性农药

一般来讲，广谱性药剂是针对杀虫、治病、除草等几类主要农药各自的防治谱而言的。如一种杀虫剂可以防治多种害虫，则称其为广谱性农药。同理可以定义广谱性杀菌剂与广谱性除草剂。

2.兼性农药

兼性农药常用两个概念：一是指一种农药有两种或两种以上的作用方式和作

用机理，如敌百虫既有胃毒作用，又有触杀作用；二是指一种农药可兼治几类害物，如石硫合剂能通过渗透和侵蚀病菌、害虫体壁来杀死病菌、害虫及虫卵，是一种既能杀菌又能杀虫、杀螨的无机硫制剂，可防治白粉病、锈病、黑星病及红蜘蛛、介壳虫等多种病虫害。

3.专一性农药（专效性农药）

是指专门对某一、两种病、虫、草害有效的农药。如三氯杀螨醇只对红蜘蛛有效；抗蚜威只对某些蚜虫有效，这些药剂便属于专一性农药。专一性农药有高度的选择性，有利于协调防治。

4.无公害农药

这类农药在使用后，对农副产品及土壤、大气、河流等自然环境不会产生污染和毒化，对生态环境也不产生明显影响，也就是指那些对公共环境、人、畜及其他有益生物不会产生明显不利影响的农药。昆虫信息素、拒食剂和生长发育抑制剂便属于这一类。

二、购买农药的注意事项

（一）选择购买农药的地点

购买农药一定要到有合法经营许可证或营业执照的农药经销单位（如图3-85）。根据国家规定，经营农药限于三条渠道，即各级供销合作社、农业生产资料公司售药经营部；农业植物保护站，农业、林业技术推广站，土壤肥料站和植物病虫害防治机构等的售药门市部；农药生产企业的销售门市部。不要去非法经营的店铺购买。尤其要注意走村串户的推销者，也不要购买拆开包装的散农药。见图3-85。

图3-85　农药经销单位

到售农药点购农药时，首先要求销售人员出示产品合格证。农药产品出厂前，应当经过产品质量检验，经检验合格的产品有质量检验合格证书，与产品一起放在包装箱内。农药出厂的合格证上有生产日期和检验员姓名和代号，表示产品已经检验合格。凡无出厂合格证的农药因无质量保证不要购买。

（二）包装袋上的信息

购买前应认真查看包装袋上的标签内容。购买的农药产品必须要有完整、清晰的标签。标签具有法律效力，按标签上的使用方法施药，若无药效，或出现药害，厂家应付全部责任。同时标签上的许多内容都能给购买者很有益的提示。一般标签会注明农药名称、有效成分及含量、剂型、农药登记证号或农药临时登记证号、农药生产许可证号或者农药生产批准文件号、产品标准号、企业名称及联系方式、生产日期、产品批号、有效期、重量、产品性能、用途、使用技术和使用方法、毒性及标识、注意事项、中毒急救措施、贮存和运输方法、农药类别、象形图及其他经农业部核准要求标注的内容。产品附具说明书的，标签至少会标注农药名称、剂型、农药登记证号或农药临时登记证号、农药生产许可证号或者农药生产批准文件号、产品标准号、重量、生产日期、产品批号、有效期、企业名称及联系方式、毒性及标识，并注明"详见说明书"字样。若为分装的农药产品，其标签应当与生产企业所使用的标签一致，并同时标注分装企业名称及联系方式、分装登记证号、分装农药的生产许可证号或者农药生产批准文件号、分装日期。

1.有效成分的名称、含量及剂型

应使用通用名称或简化通用名称。例如20%的氰戊菊酯乳油，就表明了该产品的有效成分是氰戊菊酯，含量指标是20%，剂型为乳油。

2007年12月8日，农业部颁布了《关于修订〈农药管理条例实施办法〉的决定》《农药登记资料规定》和《农药标签和说明书管理办法》3个农业部令，发布了农药名称登记核准管理的公告。12月12日，农业部与国家发改委联合发布了关于规范农药名称命名和农药产品有效成分含量两个公告。根据相关规定，2008年7月1日起，企业所生产的农药包装上一律不得使用商品名。但在实际生产中，还有很多农户更熟悉农药的商品名，为此特列出常用农药通用名和商品名对照表。见表3-5。

表3-5 常用农药通用名和商品名对照表

通用名	曾用商品名
腐霉利	速克灵、灰核一熏净、菌核酮、棚达、黑灰净、必克灵、消霉灵、棚丰、福烟、禾益一号、扫霉特、熏克、胜德灵、熏得利、克霉宁、灰霉灭、灰霉星
多菌灵	霉斑敌、卡菌丹、劫菌、毙菌、绿海、凯江、立复康、禾医、大富生、防霉宝、允收丁、富生、果沉沉、旺宁、冠灵、茗品、银多、旺品、统旺、佳典、进义、八斗、凯森
百菌清	达科宁、珍达宁圣克、百慧、大治、霜可宁、泰顺、多清、朗洁、殷实、掘金、谱菌特、绿震、熏杀净、顺天星一号、好夫、百庆、冬收、猛奥、霜霉清、益力、棚霜一熏清、敌克、立治、菌乃安、益力Ⅱ号
甲基硫菌灵	甲基托布津、利病欣、纳米欣、套袋保、赛明珠、杀灭尔、易壮、奥迈、载丰、百宁、托派、爱慕、翠艳、捕救、翠晶白托、禾托、树康、霉能灵
代森锰锌	大生、山德生、络克、施保生、新万生、必得利、代森锰锌、喷克、百利安、新锰生、立克清、太盛、爱富森、易宁、椒利得、剪疫
碱式硫酸铜	绿得宝、铜高尚、中诺、绿信、远达、蓝胜、得宝、科迪、梨参宝、杀菌特、天波
王铜	菌物克、伊福、禾益万克、禾益帅康、喜硕、果见亮、富村、扎势、兰席
氢氧化铜	可杀得、巴克丁、冠菌清、冠菌乐、菌标、妙刺喃、瑞扑、库珀宝、菌服输、杀菌得、细星、禾腾、细高、巴克丁、泉程、菌盾、欧力喜、润博胜、蓝润、橘灿、绿澳铜
氧化亚铜	靠山、铜大师、大帮助
石硫合剂	菌恨、果镖、奇茂、基得、果园清、宇农、速战、粮果康、达克快宁、园百士、井田冬巴、园福、奔流

图3-86 农药登记证号、
产品标准号、生产批准证号

图3-87 原装进口——只有登记号

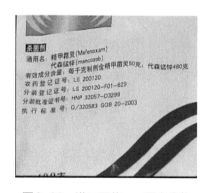

图3-88 进口原药——国内分装

图3-89 农药标签

2.三证齐全

即农药登记证号、产品标准号、生产批准证号。查看标签上的农药生产许可证或准产证号、农药登记证号和产品标准文号极为重要，凡是三证齐全的说明该产品已经取得了合法生产手续，准予生产、销售和使用。凡是无证或三证不全的农药则不要购买。也可要求经营店通过《农药登记公告信息汇编》或"中国农药信息网"查询产品信息，更多更准确地了解到所购买的产品的信息。进口农药产品直接销售的，可以不标注农药生产许可证号或者农药生产批准文件号、产品标准号。见图3-86～图3-88。

3.适用范围

是标签上有关防治对象的内容，标签标注的防治对象与防治的目标保持一致。不包括的农作物不能随意扩大，避免引起药害。未经登记的农药，生产企业不得自己随意增加对作物的防治对象，任何人也无权推荐。

4.企业名称、厂址、邮编

企业名称是指生产企业的名称，联系方式包括地址、邮政编码、联系电话等。进口农药产品应用中文注明原产国（或地区）名称、生产者名称以及在我国办事机构或代理机构的名称、地址、邮政编码、联系电话等。除规定的机构名称外，标签不能标注其他任何机构的名称。选择农药生产厂家，要购买信誉良好的企业生产的产品，根据历年国家农药抽查结果，国有大中型农药生产企业生产的产品合格率较高，信誉好。对于同类产品中价格明显低于别厂产品的，购买时要谨慎，不该只图便宜。其中会有厂家电话，一般厂家都会配有技术服务部门，如果在生产中，对于药剂的使用还是不甚明白，可以打电话到厂家，直接咨询。目前很多厂家也在包装上印有自己的网页，这样上网查询可以得到更多的信息。见图3-89。

5.生产批号或日期、保质期

生产日期按照年、月、日的顺序标注，年份用四位数字表示，月、日分别用两位数表示。有机磷农药有效期（保险期、储藏期）乳油一般为两年，粉剂可在三年以上，水剂多为一年。要购买在保质期之内的农药产品。产品批号已过期的就不要再购买，如果产品标签上不注明生产批号或生产日期则不能购买。

6.农药类别

各类农药标签下方均有一条与底边平行的、不褪色的色条表示不同农药。如杀菌（线虫）剂——黑色、杀虫剂——红色、除草剂——绿色、杀鼠剂——蓝色、植物生长调节剂——深黄色。农药类别应当采用相应的文字和特征颜色标志带表示。见图3-90～图3-94。

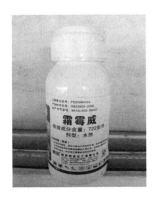

图3-90　霜霉威
（杀菌剂、黑色色条）

图3-91　除虫菊素
（杀虫剂、红色色条）

图3-92　二甲戊灵
（除草剂、绿色色条）

图3-93　溴敌隆（杀鼠剂、蓝色色条）　　图3-94　萘乙酸（植物生长调节剂、深黄色色条）

7.注意事项

一般标注：需要明确安全间隔期的，应标注有使用安全间隔期及农作物每个生产周期的最多施用次数；对后茬作物生产有影响的，应当标注其影响以及后茬仅能种植的作物或后茬不能种植的作物、间隔时间；对农作物容易产生药害，或者对病虫容易产生抗性的，应当标明主要原因和预防方法；对有益生物（如蜜蜂、鸟、蚕、蚯蚓、天敌及鱼、水蚤等水生生物）和环境容易产生不利影响的，应当明确说明，并标注使用时的预防措施、施用器械的清洗要求、残剩药剂和废旧包装物的处理方法；已知与其他农药等物质不能混合使用的，应当标明；开启包装物时容易出现药剂撒漏或人身伤害的，应当标明正确的开启方法；施用时应当采取的安全防护措施；该农药国家规定的禁止使用的作物或范围等。

8.毒性标志、中毒急救措施

毒性分为剧毒、高毒、中等毒、低毒、微毒五个级别，分别用"⬧"标识和"剧毒"字样、"⬧"标识和"高毒"字样、"⬧"标识和"中等毒"字样、"⬧"标识、"微毒"字样标注。标识应当为黑色，描述文字应当为红色。由剧毒、高毒农药原药加工的制剂产品，其毒性级别与原药的最高毒性级别不一致时，应当同时以括号标明其所使用的原药的最高毒性级别。中毒急救措施应当包括中毒症状及误食、吸入、眼睛溅入、皮肤沾附农药后的急救和治疗措施等内容。有专用解毒剂的，应当标明，并标注医疗建议。也有的标明了中毒急救咨询电话。

9.贮藏条件

贮存和运输方法应当包括贮存时的光照、温度、湿度、通风等环境条件要求及装卸、运输时的注意事项。

10.净量（千克或毫升）

使用国家法定计量单位表示。液体农药产品也可以用体积表示，一般指明包装量为多少千克或多少毫升。特殊农药产品，可根据其特性以适当方式表示。有的农药产品装量不足，这也是一种产品质量问题的表现。选购农药时包装量不足的产品不要购买。

登陆"中国农药信息网"（www.chinapesticide.org.cn）在"农药标签信息查询"栏目中输入标签上的农药登记证号，点击"查询"按钮，即可核查农药登记核准标签内容。当然，也可向当地农药管理机构查询。

还要检查包装是否完好。如果是瓶装农药，需查看玻璃瓶有无破损，塑料瓶体有无变形，瓶应有内盖和外盖，检查瓶盖有无松动，药液有无渗漏，宜选包装完好的且密封性良好的药瓶；如果是袋装农药，需查看包装袋有无破裂，内外包装是否均完好。总之，包装有破损的农药产品不要购买。

购药后最好保留购药凭证。在因农药质量等出现纠纷时，购药凭证往往是解决问题的关键证据之一。所以应在购药时索取购物凭证，即应向农药经销商索要发票。同时不要接收个人签名或收条。一旦发现该农药有问题，可凭发票协商解决；在因农药质量问题引致药害情况下，也是向农药、工商、技术监督等有关部门投诉的凭证。

（三）现代信息工具的应用

1.中国农药信息网

中国农药信息网（http://www.chinapesticide.ovg.cn/，图3-95）是提供专业农药信息服务的网络平台。它为用户提供专业、全面、及时的农药资讯（行情、价格、技术等），产品信息（原药、消毒药剂、杀菌农药、杀虫农药、植物生长调节剂、化肥、叶面肥等），展会信息等的服务平台。

图3-95　中国农药信息网

全国农药信息查询系统：利用现有网络、权威出版物等资源系统，广泛收集农药行业的最新管理信息和技术资料，重点对农药登记管理信息的技术资料，进行系统化收集、归纳和整合，实现管理信息资源共享，为农药登记管理和农药开发应用提供技术支持。该系统的建立可以使农药管理、生产、经销及使用者快速、及时、便捷地查询到丰富翔实的农药登记管理信息，共有21项查询功能，为农药管理、生产、经销及使用者提供最直观和最广泛的数据。

2.中国农药网

中国农药网（http://www.agrichem.cn/）涵盖百科权威农药（杀菌农药、杀毒农药、杀虫农药、植物生长调节剂等），肥料（叶面肥、化肥、冲施肥、原药等），种子（拌种剂、生根剂、包衣剂、果实膨大剂）等领域，已成为全国规模最大的农药行业门户网站。见图3-96。

图3-96　中国农药网

目前已累计发展近5000家农药厂家、1000家农药经销商、10000余名个人会员。为农药行业打造出专业级的产品与服务。该网站已经建立起了专业化的服务体系。同时，在面向全国的信息服务中更针对行业经验进行了规划和整合，从而在横向的服务范围与纵向的地域覆盖上建立起了全业务的信息服务网络。

该网站全年信息40000条以上，包括行业资讯、行业分析、价格行情、供求信息、商业合作、农化常识、产品展示、行业标准、政策法规、行业展会十大频道；涉及资讯、统计、分析、财经、管理、科技、标准、安全等相关领域。及时、准确的市场动态，独立、客观的市场分析，权威、深入的行业报告，众多栏目清晰排列，适于使用。

3.中国植保网

是经国家互联网信息网络管理中心批准的植保行业最大的门户网站。中国植保网首页（http://www.zgzbao.com/）设置了每日新闻播报信息、技术及农资供应三个"超市"，果树、棉花、蔬菜、农作物及其他作物五个专区，特设了权威专家大院记者风采、全国农资经理万人广场、优秀批发部点将台、科研成果视频演播、诚信企业光荣榜、供求信息自助发布台等10多个板块。易于各类涉农人士以最短的时间上网查阅自己所需。该网站旨在引导农民了解田园动态、世界植保新技术，提高管理水平，树立超前意识和科技兴农理念。见图3-97。

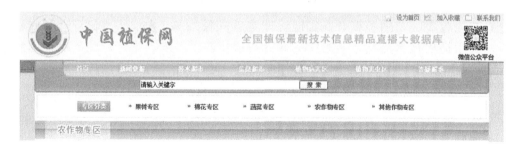

图3-97　中国植保网

三、农药的混用

（一）农药混用的概念

农药混用是指将两种或两种以上农药混合应用的方法。合理的农药混用，不仅可以防治病虫、杂草，还可以促进植物的生长发育，提高产量；又可以同时防治两种或两种以上的病虫草害，扩大使用范围；还可提高工效，节省劳力，减少用药量，降低成本；更重要的是可防治对农药有抗性的有害生物，提高药效，减缓有害生物的抗药性。若生产中盲目不当地混用农药，轻者可能造成混用后增效甚微或药效下降，不仅增加了防治成本，也造成了不必要的浪费。重者增加了农药的毒性，造成污染，甚至造成药害。因此要科学混配农药才能增产增效。

（二）药剂混用的意义

1.提高农药的增效作用

两种以上农药复配混用，各自的致毒作用相互发生影响。产生协同作用效果，比其中任何1种农药都好。

2.一药多治扩大使用范围

农作物常常会受到几种病虫害同时危害，科学地使用两种以上农药混配，施药1次，可收到防治几种病虫对象的效果。

3.克服、延缓病虫的抗药性

一种农药使用时间过长，有的病虫会产生抗药性。将两种以上农药混合施用就能克服和延缓有害生物对农药的抗药性，从而保证了防治效果。

4.降低农药的消耗成本

在病虫发生季节，重叠发生病虫的情况较多，如果逐一去防治，既增加防治次数，又增加农药用量。如两种以上的农药混用，既可防治病害，又可消灭虫害，同时减少用药次数。节省用药量和工时，从而降低成本。

5.保护有益生物、减少污染

多次使用农药，会使有益生物遭受其害。农药混合施用后，可减少施药次数和用药时间，相对地给有益生物一定的生成时间。又减少了农药对环境污染的负效应。

合理的农药混用，可以兼治几种病虫，扩大防治对象，减少喷药次数，提高药效，延缓害虫抗性，经济实用。

（三）农药混用的原则

1.不影响有效成分的化学稳定性

农药有效成分的化学性质和结构是其生物活性的基础，混用时一般不能使有效成分发生化学变化，使有效成分分解而导致失效。有机磷类农药和氨基甲酸酯类农药对碱性比较敏感，就是菊酯类农药和二硫代氨基酸类农药，在较强的碱性条件下也会分解。所以酸性农药和碱性农药不能混配，混配后会产生复杂的化学变化，破坏其有效成分。有些农药虽然在碱性条件下相对稳定，一般也只能在碱性条件不太强的条件下现配现用，不宜放置太久。

2.不破坏药剂的物理性状

农药之间混用与剂型亦有极大关系，如粉剂、颗粒剂、熏蒸剂、烟雾剂等需要时都可混用。但可湿性粉剂、乳油、胶悬剂、水溶剂等以水为介质的液剂则不能任意混用，要十分注意。如果混合后，上有飘浮油，下有沉淀物，则使乳化剂的作用被破坏，既降低了药效，也易产生药害。当前使用的乳化剂种类很多，在使用前需进行混合试验，观察无碍方可混用。

3.不产生不相容物质

农药的不相容性包括化学不相容性和物理不相容性。化学不相容性是指农药混合后，农药的有效成分、惰性成分及稀释介质间发生水解、置换、中和等化学反应，使得农药药效降低。如大多数有机磷农药不能与碱性农药混用，就属于化学不相容性。因为碱性农药只有石硫合剂、波尔多液等为数不多的几种。物理不相容性是指农药混合后，农药的有效成分、惰性成分、稀释介质间发生物理作用，使药液混合后产生结晶、絮结、漂浮、相分离等不良状况，不能形成均一的混合液，即使适当搅拌也不能形成稳定均一的混合液。通常是由多种农药成分或农药-液体肥料混合使用时，其溶解度、络合和离子电荷等因素造成的。农药物理不相容性通常导致药液药效降低，对作物药害加重，并且阻塞喷头等问题。市场买到的商品混剂，都是农药厂经过多次严格试验，测定出混剂不存在物理及化学不相容性才投放市场的，因此使用的商品农药混剂尽管放心。但在田间桶混，就要注意农药间的物理不相容性了。通常相同剂型的农药制剂混用时，很少发生物理不相容性，不同剂型农药混用时，往往会出现物理不相容性。可湿性粉剂和乳油进行混用，常形成油状絮凝或沉淀，产生这一现象的原因是存在的乳化剂被优先吸附至可湿性粉剂有效成分和填料的颗粒上，取代了可湿性粉剂中的分散剂，许多乳化剂组分中具有大量的湿润剂，对陶土有絮凝作用。悬浮剂与乳油混用时，相容性就更差，原因是悬浮剂中有许多专用成分，除湿润剂和分散剂外，还有比重调节剂、抗冻剂、消泡剂、增稠剂等，加入乳油后，产生凝聚或乳脂化作用。农药与液体肥料混用时，则可能发生盐析作用，而发生分层甚至沉淀。盐析程度取决于化肥中N、P、K的组成，高N化肥引起的盐析程度比高P或高K化肥低。

4.混合后不能分解失效

农药可否混用，主要是由药剂本身的化学性质决定的。农药分为中性、酸性、碱性三大类，中性与酸性之间的农药可以互相混用，不会产生化学反应。常用的农药如辛硫磷、敌敌畏、敌杀死等都属于弱酸性或中性。这类农药如果与碱性药剂，如石硫合剂、波尔多液等混用，极易造成分解失效。即使个别不同性质的农药可以混用。也只能随混随用，不能久存。

5.混合后要增效

混用的更高目标是协同增效，这需要进行严格的科学试验和分析，多数成果已经转化成复配制剂，可以从商店购买。如一些菊酯类杀虫剂与某些有机磷杀虫剂混用，防治害虫有增效作用。这不但解决了菊酯类农药成本较高的问题，也可减缓菊酯类诱发有害生物产生抗药性。同时不要任意扩大应用范围，不能把复配剂当成万灵的，要对症用药。

6.混合后不能产生药害

有些农药混用时，会产生物理或化学变化造成药害。尤其是碱性药剂混用时最易发生问题，应严格注意。如石硫合剂的主要成分是多硫化钙，波尔多液杀菌的主要成分是碱式硫酸铜。两者都是强碱性农药，但混合后易发生化学反应，产生过量的可溶性铜，从而引起作物药害。

7.混用成本合理

农药混用要考虑投入产出比。除了使用时省工省时外，混用一般应比单用成本低。相同防治对象，一般成本较高与成本较低的农药混用，只要没有拮抗作用，往往具有明显的经济效益。价格较贵的新型内吸治疗性杀菌剂与较便宜的保护杀菌剂品种混用，价格较贵的菊酯类杀虫剂与有机磷杀虫剂混用，都比单用的成本低很多。除直接使用混剂以外，在许多情况下是现混现用，选用的药剂大多数是菊酯类农药与有机磷或其他药剂混用，其次是有机磷之间、有机磷与其他农药间的混用，再则是杀虫剂与杀菌剂之间的混用。但是，并不是混用时的种类越多越好，有时将有机磷、有机氯类、氨基甲酸酯类及菊酯类等几种农药混在一起，还有的将有机磷类农药中的几种药剂或菊酯类中的几种药剂混合在一起，多时甚至七、八种药剂混在一起，不仅大大增加了失效和药害的概率，而且还造成了浪费和加重了对环境的污染。因此，生产上一般不提倡超过3种以上的农药同时混用。

（四）农药混用的形式

农药混用有三种形式，即现混、预混、桶混。在现代农业中由不同的农药，按照不同的混配比，可以防治不同类型病虫草害。

1.现混（田间现混）

通常所说的现混现用或现用现混在生产中运用得相当普遍，也比较灵活，可根据具体情况调整混用品种和剂量。应做到随混随用，配好的药不宜久存，以免减效。有些农药在登记时就推荐了现混配方。

2.预混（工厂预混——混剂）

混剂是指工厂里将两种或两种以上有效成分和各种助剂、添加剂等按一定比例混配在一起加工成某种剂型，直接施用。对于用户来说，使用混剂与使用单剂并无两样。各组分配比要求严格，现混现用难以准确掌握。吨位较大，或经常采用混用的情况下，都以事先加工成混剂为宜。若混用能提高化学稳定性或增加溶解度，应尽量制成混剂。有些农药新品种（有效成分）在上市之初即只以混剂出现，而没有单剂产品推出。混剂虽然应用时方便，但它本身存在两个主要缺点：一是农药有效成分可能在长期的贮藏、运输过程中发生缓慢分解而失效；二是混剂不能根据使用时的环境条件、病虫草害的组成和密度不同而灵活掌握混用的比例和用量，甚至可能因为病虫草害的单一，造成一种有效成分的浪费。

3.桶混

桶混是指在田间根据标签说明，把两种或两种以上不同农药按比例加入药箱中混合后使用。厂家将其制成桶混制剂（罐混制剂），分别包装，集束出售，常被形象地称为"子母袋、子母瓶"。桶混可以克服混剂上面提到的两个缺点，但不合理的桶混会造成农药间的不相容性而使药效下降，甚至产生药害，增加毒性。

（五）不同类型药剂的混用

1.杀虫剂混用

杀虫剂混用适用于两种或两种以上害虫的防治。速效性与特效性互相补充，并且其杀虫性高于每个组分的杀虫剂单剂。马拉硫磷同敌百虫混用，对稻、棉、森林、果树，蔬菜的二化螟、三化螟、大螟、飞虱、棉铃虫、棉蚜等害虫有较好效果。特别是几种害虫同时发生时效果优异。目前在新杀虫剂开发处于十分困难的形势下，杀虫剂的有效寿命是人们极为关注的问题。各国用于主要作物的杀虫剂各不一样，同时害虫也往往会产生抗性，设法延长最佳杀虫剂的有效使用期，农药的混用是经济、有效的措施。其原理是使一个组分的杀虫剂相对于对另一组分的杀虫剂具有抗性的害虫的个体有专效。如马拉硫磷与速灭威的混剂对抗有机磷农药的害虫有效，日本生产的混剂（马拉硫磷＋速灭威）有4种复配比例：1%+1%、1.6%+1.5%、1.5%+1.5%、1%+1.2%。

2.杀菌剂的混用

利用杀菌剂的混用对不同生育阶段的病害进行防治。由于现代选择杀菌剂通常在特定病菌的特定侵染阶段起作用，所以只有在最适时间施用才有效。往往在同一田间、同一时间，经常观察到病害发生的各个阶段，在这种情况下，黑色素生成合成抑制剂与蛋白质和磷脂生物合成抑制剂混用是十分有效的。病菌对杀菌剂的抗性是现代农业中的另一问题。苯丙咪唑类杀菌剂是一类易产生抗性的杀菌剂，蔬菜上的许多真菌对其产生了抗性。为了克服对苯丙咪唑的抗性，可使用多菌灵与代森锰锌、含酮类混剂。

3.除草剂混用

常采用对多年生杂草有效的除草剂和对以稗草为主要代表的一年生杂草有效的除草剂加以混合。主要的混剂具有以下特性：① 杀草谱广，既能防除一年生杂草又能防除多年生杂草。② 使药适期的幅度宽。③ 提高对作物的安全性。由于2种（或2种以上）除草剂混用时，其中1种除草剂都尽量取最低剂量，所以能提高作物的安全性。④ 延长持效期。⑤降低成本。

4.其他类型的混用

在同一田块中，往往病虫防治时间相同，所以有杀虫剂与杀菌剂混用。目前它们约占杀虫剂、杀菌剂单独用量的10%。

（六）农药混用的禁忌

1.波尔多液与石硫合剂

波尔多液与石硫合剂分别使用，能防治多种病害，但它们混合后很快就发生化学变化，生成黑褐色硫化铜沉淀。这不仅破坏了2种药剂原有的杀菌能力，而且生成的硫化铜会进一步产生铜离子，使植物发生落叶、落果，叶片和果实出现灼伤病斑或干缩等严重药害现象。因此，这2种农药混用会产生相反的效果。喷过波尔多液的作物一般隔30天左右才能喷石硫合剂，否则会产生药害。

2.石硫合剂与松脂合剂、肥皂或重金属农药

石硫合剂与松脂合剂、肥皂或重金属农药等不能混用。

3.酸碱性农药

酸碱性农药不能混用。常用农药一般分为酸性、碱性和中性三类。硫酸铜、氟硅酸钠、过磷酸钙等属酸性农药。松脂合剂、石硫合剂、波尔多液、砷酸铝、肥皂、石灰、石灰氮等属碱性农药。酸碱性农药混合在一起，就会分解破坏、降低药效，甚至造成药害。大多数有机磷杀虫剂如马拉硫磷等和部分微生物农药如春雷霉素、井冈霉素等以及代森锌、代森铵等，不能同碱性农药混用。即使农作物撒施石灰或草木灰，也不能喷洒上述农药。

（七）农药混用的计算方式

农药混合使用，要计算各农药的用量后再准确称量混配。与单剂的计算方法有些差异，其计算方法如下：

农药需要量＝混合药液量/农药稀释倍数。例如要配制50%甲基硫菌灵800倍和75%灭蝇胺3000倍的混合药液100千克。甲基硫菌灵用量：100千克/800倍＝0.125千克；灭蝇胺用量：100千克/3000倍＝0.033千克；用水量：100千克－0.125千克－0.033千克＝99.842千克。

对于作用对象不同的农药混配使用，各种农药有效成分多数是独立起作用的。甲基硫菌灵只管防治病害，灭蝇胺只管防治虫害，二者互不干扰。在这种情况下，混用时各农药用量的多少同单独使用时的量相同。

（八）药剂混用加入顺序

不同剂型之间混用时，加入顺序不同，所得到的相容性结果或混合液的稳定性有差异，一般加入不同剂型的顺序是：可湿性粉剂、悬浮剂、水剂、乳油，这样容易配成稳定均一的混合药液；搅拌程度不同，所得结果亦不一致。搅拌过于激烈，有时反而不能得到稳定的混合液，原因是激烈搅拌，空气进入药液中，从而使混合液产生絮状结构。黏稠的液体，特别是与粉剂或悬浮剂混用时，这种现象较明显。所以，农药混合时要注意不能产生不相容性物质，否则会减少药效，增加毒性，产生植物药害。2种可湿性粉剂混合时，则要求仍具有良好的悬浮率及湿润性、展着性能。这不仅是发挥药效的条件，也可防止因物理变化而导致农药失效或产生药害。如果混配后，发生乳剂破坏，悬浮率降低，甚至出现有效成分结晶析出，药液汁出现分层絮结沉淀等现象，都不能混用。

四、农药的用量

（一）常用的农用单位换算

农药的说明书离不开各种表示长度、面积、质量、体积的单位，长期以来我国沿袭了一些非国际标准的单位制，而目前的药剂均以国际标准的单位制来表示。因此，在这里列出常用单位的换算，以备参考。

1.面积单位

1亩≈667米^2（m^2）

1垧＝1公顷（ha）

1公里^2（km^2）＝100公顷

1公顷＝15亩＝10000米^2＝10大亩

1大亩＝1000米^2

2.长度单位

1公里（km）＝1000米（m）

1米＝100厘米（cm）＝1000毫米（mm）

1公分＝1厘米

1米＝3尺＝30寸

1尺＝33.33厘米≈33厘米＝10寸

3.重量单位

1吨（T）＝1000千克（kg）

1千克＝2（市）斤＝1000克（g）

1克＝1000毫克（mg）

4.体积单位

1米^3（m^3）＝1000升（L）

1升＝1000毫升（ml）＝1分米^3

1毫升＝1厘米^3

5.体积单位与重量的换算

1升纯水的重量＝1千克＝1公斤＝2市斤

一瓶常见的550毫升纯净水的重量＝0.55千克＝0.55公斤＝1市斤1两

通常乳油产品比重小于1，水剂产品比重大于1

对于兑好水后的药液，1升≈1公斤

（二）农药制剂规格和有效成分含量的表示方法

1.农药有效成分

农药有效成分指农药产品中对病、虫、草等有毒杀活性的成分。工业生产的原药往往只含有效成分80%～90%。原药经过加工按有效成分计算制成各种含量的剂型。

有效成分含量＝溶液总量×百分比浓度，例如：2.5%溴氰菊酯可湿性粉剂100克，其中有效成分＝100×2.5%＝2.5克。

2.农药产品有效成分含量表示方法

2005年，为便于管理部门加强市场监管和消费者正确选择产品，农业部下发了《关于规范农药产品有效成分含量表示方法的通知》[农药检（药政）[2005]24号]，其中规定了农药产品有效成分含量表示方法：

原药（包括母药）及固体制剂有效成分含量统一以质量分数表示。

液体制剂有效成分含量原则上以质量分数表示。产品需要以质量浓度表示时，应用"g/L"表示，不再使用"%（重量/容量）"表示，并在产品标准中同时规定有效成分的质量分数。当发生质量争议时，结果判定以质量分数为准。两种表示方法的转换，应根据在产品标准规定温度下实际测得的每毫升制剂的质量数进行换算。

特殊产品含量表示方法与上述不一致的，由农药登记机构审查确定。

不同企业的同种农药产品含量表示方法须统一。

3.我国常用的农药制剂规格和有效成分含量的表示方法

目前，我国常用的农药制剂规格和有效成分含量的表示方法有以下4种：

重量百分比含量：制剂中有效成分的重量占总重量的百分比。例如：一袋100克的如2.5%溴氰菊酯可湿性粉剂，表示含有100×2.5%＝2.5克的25%溴氰菊酯杀虫剂有效成分，其余的97.5克为农药助剂和填料。

容量百分比浓度：制剂中有效成分的体积占总体积的百分比（很少见）。

重量体积比含量：制剂中有效成分的重量与制剂的总体积比。如：250克/升己唑醇悬浮剂，表示每升制剂中含有己唑醇有效成分250克。

活性单位/克或活性单位/毫升：生物菌剂等采用单位重量或单位体积所含有的活性单位的数目来表示含量。如：100亿孢子/克枯草芽孢杆菌可湿性粉剂表示每克制剂中含有100亿个枯草芽孢杆菌，100亿/毫升白僵菌油悬浮剂表示每毫升制剂中含有100亿个白僵菌孢子。

（三）溶液的配制量的计算

（1）有效成分用量方法　单位面积有效成分用药量，即克有效成分/公顷[g（ai）/ha]表示方法。制剂用量＝有效成分用量/制剂含量。例如：用有效成分用量为90g（ai）/ha氟硅唑微乳剂防治黄瓜白粉病，表示防治每公顷黄瓜白粉病需使用有效成分90克氟硅唑，如使用8%含量的氟硅唑微乳剂则需要1125g/ha（75克/亩），若使用含量24%则需要375g/ha（25克/亩）。

（2）商品用量方法　该方法是现行标签上的主要表示方法，即直接标明商品药的用量，但必须带有制剂浓度，一般表示为克（毫升）/公顷或克（毫升）/亩。例如：防治黄瓜白粉病需用8%氟硅唑微乳剂商品量为57.5～75克/亩。则防治每公顷黄瓜白粉病需氟硅唑有效成分69～90克。

（3）百分浓度表示法　同制剂的重量百分比与容量百分比。百分浓度即一百份药液（或药粉）中含有效成分的份数，有效成分与添加剂之间关系为固体之间或固体与液体间常用重量百分浓度，液体之间常用容量百分浓度，符号"%"。原药重量×原药浓度＝稀释后重量×稀释后浓度。以粉锈宁有效成分占种子量0.003%拌种防治白粉病和锈病，拌50千克种子需15%粉锈宁有效成分为：50×1000×0.003%＝15克，所需15%粉锈宁量为：15（克）/15%＝100克。

（4）百万分浓度（ppm）　一百万份药液（或药粉）中含农药有效成份的份数，是以前常用的表示喷洒浓度的方法，现根据国际规定，百万分浓度已不再用ppm来表示，而统一用微克/毫升（$\mu g/ml$），或毫克/升（mg/L），或克/米^3（g/m^3）来表示。换算成倍数浓度：用百分数除以ppm数，将小数点向后移4位，即得出所稀释倍数。例如：40%的乙烯利1000ppm（ppm表示一百万份重量的溶液中所含溶质的质量，百万分之几就叫作几个ppm，ppm＝溶质的质量/溶液的质量×1000000），换算成倍数浓度时，用40/1000＝0.04，小数点向后移4位。即得400倍。

（5）倍数法　量取一定质量或一定体积的制剂，按同样的质量或体积单位（如克、千克、毫升、升）等的倍数计算加稀释剂（多为水），然后配制成稀释的药液或药粉，加水量或其他稀释剂的量相当于制剂用量的倍数。倍数法在实际应用中最为方便，杀菌剂多以此标注。倍数浓度：指1份农药的加水倍数，常用重量来表示。例如：配制50%多菌灵可湿性粉剂1000倍液，即1千克50%多菌灵制剂加水1000千克（严格应加999千克水），即可得800倍药液。倍数法一般不能直接反映出药剂有效成分的稀释倍数。倍数法一般都按重量计算，稀释倍数越大，则误差越小（密度不同）。在生产中，这种误差的影响非常小，因此多忽略不计，但在科学实验中需计算清楚。在应用倍数法时，通常采用两种方法，内比法：在稀释一百倍以下时，通常考虑药剂所占的比重。稀释量要扣除药剂所占的1份。例如，稀释为60倍液，即原药剂1份加稀释剂59份。外比法：在稀释一百倍以上时，通常不考虑原药所占的比重，计算稀释量不扣除原药剂所占的1份。例如稀释1000倍液，即原药1份加溶剂（多为水）1000份。

五、施药方法

按农药的剂型和喷撒方式可分为喷雾法、喷粉法、撒颗粒法等等。由于耕作制度的演变、农药新剂型、新药械的不断出现，以及人们环境意识的不断提高，施药方法还在继续发展。

（一）喷雾法

将农药制剂加水稀释或直接利用农药液体制剂，使用喷雾机具喷雾的方法。

喷雾的原理是将药液加压，高压药液流经喷头雾化成雾滴的过程。农药制剂中除超低容量喷雾剂不需加水稀释而可直接喷洒外。可供液态使用的其他农药剂型如乳油、可湿性粉剂、胶悬剂、水剂以及可溶性粉剂等均需加水调成乳液、悬浮液、胶体液或溶液后才能供喷洒使用。

根据亩用药液量及雾滴直径大小将喷雾分为：

1.常量喷雾

亩用药液量10千克以上，雾滴直径0.1～0.5毫米，一般用常规喷雾器（见图3-98）喷雾，如工农-16型。由于雾滴直径大，雾粒下沉快，单位面积药剂利用率低，一般受药量占用药量的25%左右，因此较浪费，污染严重。

(a) 常量喷雾施药　　　　　(b) 手动喷雾机　　　(c) 电动喷雾机

图3-98　常量喷雾

2.低容量喷雾

亩用药液量1～10千克、雾滴直径0.05～0.1毫米，一般采用18型机动弥雾机（如图3-99）喷雾。由于雾滴直径小，70%左右的雾粒都沉落在植株上部，单位面积药剂利用率高、浓度高，雾化好，防治效果好。但高毒易产生药害的药剂慎用，以免发生人畜中毒和产生药害。

图3-99　低容量喷雾

3.超低容量喷雾

亩用药液量1千克以下，雾滴直径0.01～0.05毫米，一般采用电动喷雾器（见图3-100）喷雾，由于雾滴直径极小，90%左右的雾粒都沉落在植株顶部，单位面积药剂利用率高，防治效果好。尤其适宜对保护地蔬菜进行病虫害防治，喷药液量少，可降低棚内湿度，减轻病虫害发生程度，降低用药量，生产出更多无公害蔬菜。另外，为提高喷雾质量与防治效果，必须选择水质好的水，即软水；对附着力差的水剂，需加入少量中性洗衣粉作展着剂；配药时宜先用少量水把原药稀释，充分搅拌，促使悬浮均匀；喷头离开农作物半米左右，覆盖较均匀。

影响喷雾质量的因素：影响喷雾质量的因素很多。如药械对药液分散度的

(a) 电动超低容量喷雾器

(b) 正在进行超低容量喷雾

图3-100 超低容量喷雾

图3-101 机动喷粉机

图3-102 石灰氮对土壤消毒

影响、液剂的物理化学性能对其沉积量的影响、液剂农药沉积量与生物表面结构的关系、水质对液用药剂性能的影响。适合防治植株地上部分发生的病虫害及田间杂草，对于隐蔽性病虫害防效差。根据用药量的多少可分高容量（每亩40～100升）、常量（每亩10～30升）、低容量（每亩1.5～10升）和超低容量（每亩100～150毫升）。喷雾时，喷头距植株50～60厘米为宜，药液雾滴要均匀覆盖植株。防治一般害虫，以药液不从叶片上流下为宜，还应注意喷到叶片的背面。

（二）喷粉法

喷粉是用喷粉器械（如图3-101）所产生的风力将药粉吹出分散并沉降于植物体表的使用方法。该施药方法简单，不需水源，工效比喷雾法高。适宜防治暴发性害虫。缺点是用药量大，持效期短，易污染环境，粉尘飘移污染严重。喷粉时间一般在早晚有露水时，温室内尽量在非排风时间使用。影响喷粉质量的因素很多，如药械性能与操作对粉剂均匀分布的影响、环境因素对喷粉质量的影响、粉剂的某些物理性质对喷粉质量的影响。

（三）毒土法

也称土壤消毒法，是将药剂施在地面并翻入土中，用来防治地下害虫、土传病害、土壤线虫及杂草的方法（见图3-102）。可使用颗粒剂、高浓度粉剂、可湿性粉剂或乳油等剂型。颗粒剂直接用于穴施、条施、撒施等；粉剂可直接喷施于地面或与适量细土拌匀后撒施于地面，再翻入土中；可湿性粉剂或乳油兑水配成一定浓度的药液后，用喷洒的方式施于地表，再翻入土中。土壤对药剂的不利因素往往大于地上部对药剂的不利因素，如药剂易流失，黏重或有机质多的土壤对药剂吸附作用强而使有效成分不能被充分利用，以及土壤酸碱度和某些盐类、重金属往往也能使药剂分解等。

（四）撒颗粒法

用手或撒粒机施用颗粒剂的施药方法。粒剂的颗粒粗大，撒施时受气流影响很小，容易落地而且基本上不发生漂移现象，用法简单，工效高，特别适用于地面、小田和土壤施药。撒施可采用多种方法，如徒手抛撒（低毒药剂）、人力操作的撒粒器抛撒、机动撒粒机抛撒、土壤施粒机施药等。

（五）撒施法

将农药与土或肥混用，用人工直接撒施，撒施法的关键技术在于把药与土或药与肥拌匀，撒匀。拌药土：取细的湿润土粉20～30千克，先将粉剂、颗粒剂农药与少量细土拌匀，再与其余土搅和；液剂农药先加少量水稀释，用喷雾器喷于土上，边喷边翻动。拌和好的药土以捏得拢、撒得开为宜；拌药肥，选用适宜农药剂型与化肥混合均匀。要求药肥二者互无影响，对作物无药害而且施药与施肥时期一致。

图3-103　手摇拌种器

（六）拌种法

用拌种器（见图3-103）将药剂与种子混拌均匀，使种子外面包上一层药粉或药膜，再播种，用来防治种子带菌和土壤带菌浸染种子及防治地下害虫及部分苗期病虫害的施药方法。可使用高浓度粉剂、可湿性粉剂、乳油、种衣剂等。拌种法分干拌法和湿拌法两种。干拌法可直接利用药粉；湿拌法则需要确定药量后加少量水。拌种药剂量一般为种子重量的0.2%～0.5%。先将药剂加入少量水，然后再均匀地喷在待播的种子上。关键在于药种拌匀，使每粒种子外面都粘药剂。拌种后根据药剂的挥发性或渗透性大小，堆闷一定时间，再晾干播种。

图3-104　种子包衣机

（七）包衣法

近年来迅速兴起，推广面积逐渐扩大的一种使用技术（见图3-104、图3-105），一般是集杀虫、杀菌为

图3-105　包衣后的种子

一体，在种子外包覆一层药膜，使药剂缓慢释放出来，起到治虫、抗病的作用。

（八）种、苗浸渍法

为预防种子带菌、地下害虫为害及作物苗期病虫害而用药剂进行的种苗处理方法。用可湿性粉剂、乳油或水溶性药剂等剂型兑水配成一定浓度的药液后，须

图3-106 关闭温室放风口

图3-107 硫黄熏蒸器

图3-108 点燃烟剂

将幼苗根部或种子放入药液中浸泡一定时间。适宜防治种、苗所带的病原微生物或防治苗期病虫害。浸种防病效果与药液浓度、温度和时间有密切的关系。浸种温度一般要20～25℃，温度高时，应适当降低药液浓度或缩短浸种时间；温度一定，药液浓度高时，浸种时间可短些。药液浓度、温度、浸种时间，对某种种子均有一定的适用范围。浸种药液一般要多于种子量的20%～30%，以药液浸没种子为宜。不同种子浸种时间有长有短，蔬菜种子一般24～48小时。浸苗的基本原则同上。

（九）毒饵法

用害虫喜食的食物为饵料，如豆饼、花生饼、麦麸等，加适量农药，拌匀而成。一般于傍晚施药于田间，可有效防治蝼蛄、地老虎、蟋蟀等地下害虫，以及蜗牛和鼠类。

（十）熏蒸法

在密闭场所（如塑料大棚、温室内）利用药剂本身的高挥发性或用烟剂燃烧发烟的方式形成毒雾或毒烟防治病虫害，以毒气防治病虫害的施药方法。分空间熏蒸和土壤熏蒸两种，空间熏蒸主要用于仓库、温室；土壤熏蒸主要防治地下害虫和土壤杀菌等。土壤熏蒸是熏蒸法的一个特殊用例，将挥发性药液分点施于土壤后，地表覆盖塑料膜进行熏蒸消毒，可杀死多种病菌、害虫及线虫。熏蒸法一定要密闭完好，用药量足，掌握熏蒸时间，使用前半月要将毒气放出。见图3-106～图3-108。

（十一）灌注法

在土壤表层或耕层，配制一定浓度的药液进行灌注或注入，药剂在土壤中渗透和扩散，以防治土壤病菌、线虫和地下害虫的施药方法。见图3-109。

图3-109　灌注法

图3-110　涂抹法

（十二）涂抹法

将农药制剂加入固着剂和水调制成糊状物，用毛刷点涂在作物茎、叶等部位，来防治病虫害的施药方法（见图3-110）。该方法施用的药剂必须是内吸剂，因此只涂一点即可经吸收输导传遍整个植株体而发挥药效。对易产生药害的药禁用，严格掌握配药浓度，现配现用。

（十三）滴心法

用内吸剂配成药液，采用工农-16型喷雾器，用3～4层纱布包住喷头，打小气，开关开至1/3～1/2大小，慢走，每株滴4～6滴。

（十四）沾花

在作物的开花受粉前后，用药剂或植物生长调节剂配成适当浓度的液剂，用毛刷或棉球涂在作物的花蕾上，可以达到早熟、促长、抗病的目的。见图3-111。

图3-111　沾花

第四章
Chapter 4

棚室蔬菜无公害生产新技术

第一节 秸秆生物反应堆技术

棚室蔬菜秸秆生物反应堆技术是近几年发明应用的一项高效、节能、省本、环保，促进资源循环利用，提高资源利用率的新技术，它有效地解决了棚室蔬菜生产因长期施用化肥导致的土壤生态恶化，连作障碍严重，蔬菜产品污染等问题。可以说是棚室蔬菜优质、高效栽培技术上的一次创新，为棚室蔬菜可持续发展开辟了一条新的途径。

一、作用机理

秸秆生物反应堆技术就是将专用降解微生物菌群接种在秸秆中，使其在一定的温度湿度条件下，将秸秆中的纤维素、半纤维素降解，产生CO_2、热量，以及有机和无机物质的一种应用技术。在农业生产中利用该项技术，可为作物生长发育提供营养物质，同时提高地温，改善土壤环境，提高作物的光合速率和抗病能力。

二、工艺流程、应用方式

（一）工艺流程

秸秆生物反应堆技术工艺流程图如图4-1所示。

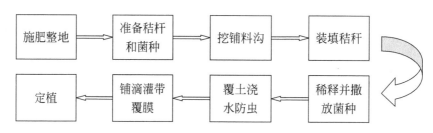

图4-1 秸秆生物反应堆技术工艺流程图

（二）应用方式

主要有内置式、外置式二种方式。其中内置式又分为行下内置式、行间内置式。外置式又分为简易外置式和标准外置式。选择应用方式时，主要依据生产地种植品种、定植时间、生态气候特点和生产条件而定。棚室蔬菜生产最适合的是行下内置式，即在定植或播种前将秸秆和菌种埋入栽培畦下的土壤耕层中的应用方式。

图4-2　在地面撒施农家肥

三、行下内置式操作方法

（一）施肥整地

每亩施农家肥4000～5000千克，每畦50～60千克，分散均匀，随后旋耕，见图4-2。

（二）挖铺料沟

定植前15～20天，在定植行下挖铺料沟。大垄双行定植的沟宽60～80厘米，深20～30厘米；单行定植的沟宽35～40厘米，深20～30厘米。长度与种植行长度相等，挖出的土放置沟槽两侧。为减轻劳动强度，挖沟采用两沟协同作业方法，即下一个沟挖出来的土，直接覆盖在上一个沟畦的秸秆上，挖土的劳动强度可减少一半，也可用大铧犁或开沟机开沟，见图4-3、图4-4。

图4-3　人工挖铺料沟

图4-4　利用开沟机挖铺料沟

（三）装填秸秆

1.秸秆种类

主要采用玉米秸秆，也可选用稻草、稻壳、酒糟、圪囊、杂草、豆秸、玉米

图4-5 铺好的秸秆

图4-6 喷洒菌种

图4-7 覆土

芯、废弃食用菌菌棒和木屑（锯末、刨花）等。

2.装填方法

在挖好的沟槽内装填玉米或其他作物秸秆，随装随踩，装满为止。秸秆与原地面齐平即可，亩用秸秆1500～4000千克，见图4-5。

（四）稀释并撒放菌种

采用含有秸秆发酵的，多种菌系的，经过试验试用成功的，液体或固体的，经审批的菌种产品。依不同菌种与秸秆的比例按产品说明书使用。

1.液体菌种施用

液体的菌种，按说明书兑水稀释喷洒在秸秆和农家肥上。见图4-6。

2.固体菌种施用

固体菌种每亩用量6～8千克，即每畦用75～100克。使用当天按每千克菌种掺10～15千克麦麸、拌均匀后加等量水再拌和。避光堆积发酵5小时以后，24小时之内，将菌种均匀撒在秸秆和农家肥上。将菌种均匀地撒在秸秆上以后，用铁锹轻轻拍振，使菌种上下一致，与秸秆紧密结合。

3.两层接种

菌料也可两层接种：当秸秆装填一半时，撒每槽菌种总量的1/3，然后装第二层秸秆，装满踩实，放入剩余的菌料。两层接种法秸秆分解快，适合于定植晚的棚室。

（五）覆土、浇水、防虫、铺滴灌带、覆膜

1.覆土

将挖沟堆放的土回填于秸秆上，回填土时要不断用铁锹拍打秸秆和床面，让土进入秸秆空隙当中，覆土厚度18～20厘米，使畦高25～30厘米，推广高畦栽培。见图4-7。

2.浇水

定植前10～15天浇水为宜，在水管的顶端连接铁管，将铁管插入地下秸秆层内。浇水要浇满浇透，使秸秆充分吸足水分，覆土充分沉实，待定植。见图4-8。

3.防虫

防治地下害虫、蚜虫和玉米螟。覆盖地膜前，畦面喷杀虫剂。亩用40%辛硫磷（黄瓜、菜豆不宜使用）100克，兑水100千克喷洒畦面。

图4-8 定植前浇水

4.铺滴灌带

采用软管滴灌，在畦定植行附近铺双根软管带。不能采用软管滴灌的，在畦中间修一条沟，小拱膜下灌水。

5.覆膜

低温季节覆盖白色透明膜地膜，高温季节采用黑色地膜，以防杂草。采用整畦覆盖，边沿覆盖压严。禁用畦垄上对缝条型覆盖和漂浮膜覆盖。随后用打孔器打孔，准备定植，见图4-9。

（六）定植

浇水后10～15天即可定植，尽量抢早。操作行尽量要大，总密度比常规降低（株距比常规增加）10%左右。定植后不用小拱棚，如必须使用，一定对小拱棚加强放风。见图4-10。

图4-9 覆膜打孔

（七）注意事项

1.水分供应

秸秆反应堆的需水性和蓄水性都很强，并且前期地温偏高，植株需水量大，所以要根据植株长势，随时调整水分供应。

2.防病与追肥

加强叶部病虫害的综合防治。地上叶部病害应与普通栽培一样防治，不可以忽视。施肥总量与一般生产基本相同，考虑到秸秆可以

图4-10 定植后田间生长情况

图4-11 秸秆生物降解技术提高
番茄果实整齐度

图4-12 秸秆生物降解技术提高
黄瓜果实整齐度

处理

对照

图4-13 秸秆生物降解技术促进作物根系生长

提供大量养分，在生产后期可减少一次追肥。

3.预防过高地温

定植初期地温短时间可能偏高，导致植株徒长、不同果穗的果实差距变大。番茄激素喷花使用浓度降低20%。黄瓜向植株上喷100毫克/千克乙烯利（40%乙烯利4毫升加入15千克水中），一周后再喷1次。

四、应用效果

（一）释放热量，提高地温和气温

秸秆通过生物降解产生热量，可有效地提高地温和气温。较好解决了冬季生产地温和气温不同步，脚冷头热，生长不协调的难题。

（二）释放CO_2，促进光合作用

秸秆降解过程中产生大量CO_2，使棚室CO_2浓度明显提高。

（三）促进作物生长发育，提高产量改善品质

由于秸秆生物降解技术产生的CO_2、热量以及无机和有机肥料，土壤环境得以改善，为作物的生长发育创造了良好的条件，使植株表现出叶片变厚、叶色变浓、叶面积增大，茎秆增粗，果实整齐度提高，延长了生育期，缩短了成熟期。见图4-11、图4-12、图4-13。

（四）改良土壤，培肥地力，减轻病害

采用秸秆生物降解技术，能够产

生大量的有机物质、腐殖质及有益微生物，使土壤生态得到极大的改善。连续应用2年以上，可大大提高土壤肥力，减少用肥量30%以上。另外，产生的有益微生物对蔬菜病原菌也有较强的拮抗、抑制等作用，减轻了土传病害的发生程度，同时通过对植株长势的促进作用，提高了植株的抗病虫能力，减少了农药的使用次数和数量，改善了蔬菜品质，降低了生产成本。见图4-14。

图4-14　秸秆被降解后形成的腐殖质层

（五）减轻污染，净化环境，变废为宝

随着作物种植面积的增加，秸秆产量也在大幅度增加，除解决农村能源和饲草需求外，还有大量的剩余秸秆，已成为农村火灾隐患和污染源。通过秸秆生物降解技术的应用，秸秆得到有效利用，减少了污染源，净化了环境。

第二节　保花保果技术

保花保果技术就是根据不同蔬菜种类的生物学特性，而采取的促进蔬菜授粉、减少落花、提高坐果率的技术措施，促使蔬菜正常花器官形成和精品果实发育，从而提高产量及品质。目前生产中主要推广合理使用激素、熊蜂授粉、蜜蜂授粉、番茄授粉器四项技术。

一、合理使用激素

（一）果菜使用植物激素的基本方法

1.针对不同的蔬菜种类和品种选择适宜的植物激素并科学使用

常用药剂的主要成分防落素（对氯苯氧乙酸）、2,4-D（2,4-二氯苯氧乙酸），坐果激素的使用通常采用涂抹法、蘸花法和喷雾法。要严格按照规定浓度使用激素，严禁过量施用激素或将激素喷染到叶片、芽等植物营养器官，避免产生毒害作用。见图4-15、图4-16。

图4-15　蘸花法

图4-16　喷雾法

图4-17　用染料给甜瓜雌花做标记

2.选择合理的蘸花时期和浓度

在蔬菜生长前期花少，要每隔2～3天蘸一次花，盛花期要每天或隔天蘸花，防止重复蘸花出现畸形果。根据温度变化，调节使用浓度。蘸花的时间最好是晴天上午。蘸花时用染料做好标记，防止重复蘸花，以免浓度过高出现药害。见图4-17。

3.加强蔬菜坐果期的管理

使用激素之后，要科学合理地追肥及加强管理，第一穗果使用坐果激素后，其他各穗果都应使用，避免第一穗果果实大量吸收养分，后面的果实得不到必要的养分，导致落花落果现象的发生。

4.严格遵守激素使用安全间隔期

在间隔期内严禁产品上市，确保蔬菜产品质量安全。

（二）激素使用不当常见的药害

1.诱因

如若激素浓度过高、量过大或随温度升高没有调节药剂用量都易产生病害。

以番茄上使用2,4-D为例，药害的形成是因为在蘸花时浓度过高或蘸药量过大所致，在蘸花时温度过高也是形成药害的另一个诱因。

2.后果

适宜的浓度在高温时蘸花，有10%～15%的畸形果率；如果用药量过大、浓度又偏高，约形成20%～30%的畸形果；用2,4-D重复蘸花，形成畸形果比例可高达50%～70%。以上3种情况都会形成不同程度的叶片边缘扭曲。短则10～15天，长的可达1个月以上。对产量和果实的商品性能都有一定程度的影响。见图4-18、图4-19。

图4-18　番茄畸形果

图4-19　新叶细长卷曲，无法完全展开

二、设施蔬菜熊蜂授粉技术

　　熊蜂个体较大，全身背腹有长毛，颜色（体色）多种多样，头黑、胸黄或黑白绒毛相间，飞行时嗡嗡作响，似轰炸机，故称为熊蜂。熊蜂是一种野生传粉性昆虫，全球约有300余种，我国约有110余种，其中已命名的有102种，自然界中多数熊蜂每年繁育一代。

　　自20世纪80年代，荷兰等一些农业发达国家突破熊蜂的人工繁育技术以来，在全球范围内掀起了设施农业应用熊蜂授粉的热潮。利用熊蜂授粉成为世界公认的绿色食品生产的一项重要措施。见图4-20。

图4-20   正在授粉的熊蜂

中国农业科学院蜜蜂研究所在国内率先突破了野生熊蜂的人工繁育技术，调查了我国可作为温室授粉用熊蜂资源种类及分布，筛选出4种适合不同地区设施条件的熊蜂蜂种，自1999年实现熊蜂授粉技术产业化以来，在北京、上海和山东建有3个熊蜂繁育基地。

（一）熊蜂授粉概况

1.熊蜂生物学特性

熊蜂，膜翅目蜜蜂科熊蜂属。似蜜蜂，但唇基隆起；颚眼距明显；第1亚缘室被斜脉分割；雌蜂和工蜂后胫具花粉篮，胫节外侧光滑，边缘具长毛；雄蜂阳茎基腹铗和刺缘突突出或明显超过生殖突基节。

熊蜂个体大，寿命长，浑身绒毛，有较长的吻，对深冠管花朵的蔬菜如番茄等授粉特别有效；熊蜂具有旺盛的采集力，能抵抗恶劣的环境，对低温、低光密度适应能力强，即使在蜜蜂不出巢的阴冷天气，熊蜂照常出巢采集授粉；熊蜂的进化程度低，没有像蜜蜂那样灵敏的信息交流系统，对温室的环境比较适应，能专心地在温室内作物上采集授粉，而很少从通气孔飞出去；熊蜂的趋光性差，在温室内，不会像蜜蜂那样向上飞撞，而是很温顺地在花上采集。

2.推广熊蜂授粉技术的意义

（1）省时省力，操作简便易行   与人工蘸（喷）花相比，使用熊蜂授粉能减少蘸花用工投入，降低了劳动强度。一箱熊峰350元，人工投入70元×20个＝1400元。

（2）熊蜂授粉能提高果菜的产量   熊蜂授粉掌握授粉的最佳时机，花粉活力强，蔬菜坐果率高，种子大，果实发育好，生长健壮、迅速，全部是实心果，大幅度增加产量。同对照棚比，番茄坐果率提高8%～9%，产量提高30%以上，辣椒增产15%以上。

（3）改善品质   试验表明，番茄用熊蜂授粉后的果形周正，光泽鲜亮，子粒饱满，平均单果种子数为269.54，用震动棒授粉为196.80，蜜蜂授粉为91.73，对照为89.40。果实内种子越多，果肉越厚、果实越大、质地越坚实，产量品质也就提高。熊蜂授粉后果实个体大小均匀一致，且果形好，无畸形果，口感自然纯正，一级果率达到90%。果实提早5～10天成熟，从而提高果菜产品市场售价，增加收益。

（4）提高生态环境效益   使用熊蜂授粉后，避免了人工授粉蘸用2,4-D、防落素、坐果灵等化学激素对果实的污染，而且生产的果菜不会产生激素残留，减少了激素造成的环境污染和商品性差的问题，提高了果菜品质，改善了大棚内生态环境，是生产、出口绿色安全食品的重要保证。使用熊蜂后增加对低毒高效安全农药的使用，并有意识地偏重于采用生物防治技术，减少了生产者长期在高温高湿环境下劳作时间和接触药品的机会，保障了劳动者身体健康，生产出安全的产品也有益于消费者身体健康。

3.目前棚室内已利用熊蜂授粉的蔬菜作物

目前棚室内已利用熊蜂授粉的作物有番茄、茄子、辣椒、黄瓜。西葫芦、西瓜、甜瓜、豆角等。

（二）熊蜂管理要点

熊蜂受气温、湿度、日照、土壤、农技、作物、花的位置及开花期等方面的影响。放蜂前应从如下几方面进行准备。

（1）棚室内清洁　巢箱搬入温室前，彻底清理棚室，采取高温闷棚等措施，提前对作物进行病虫害防治，创造良好的生态环境。依据不同农药的残毒期，决定搬入时间。放蜂前30天内禁用高毒、高残留、高内吸农药。杀虫剂对熊蜂有明显的毒杀作用，阿克泰、灭扫利和速灭杀丁常规浓度对熊蜂24小时致死率可达90%，一般放蜂前10天内禁止使用杀虫剂。熊蜂对杀菌剂也非常敏感，一般应在喷药3天后搬入为妥。

（2）安装防虫网　在温室顶部的通风口及棚室放风口处安装防虫网封闭，检查棚膜完整度，防止白天打开通风口进行换气和温度调节时，熊蜂飞出棚室，造成蜂群数量下降影响授粉效果。顶风口防虫网孔径选用15～20目便于通风，腰风口选用40目以上阻挡外界害虫进入，这样有利于充分通风降温。

（3）熊蜂配置数量　放蜂数量的多少主要取决于释放时间，作物种类，作物花期长短、花量多少等因素。蜂箱中熊蜂数量有60～80只，蜂龄从卵到成蜂，蜂群的授粉寿命为60天左右，管理好可增加授粉时间。一般长100米以下棚放置1箱熊蜂，长100米以上棚放置2箱熊蜂。蜂数量不够或花期较长的作物要及时增加或更换蜂群。

（4）熊蜂入棚时间　①熊蜂在作物开花期都能授粉，一般选择作物初花期放入蜂群，不需提早放置蜂群等待开花，根据不同作物开花数量选择适当时间，否则浪费蜂群的授粉寿命。例如：番茄花开5%时可以释放熊蜂。茄子就需等茄开花时再放入。②确认放蜂前棚内是否使用过高毒、强内吸、高残留的违禁农药，如有，请暂时终止放蜂，以免造成蜂群损失。见图4-21。

图4-21　当棚内番茄5%有花时即可放蜂

（三）蜂箱的摆放方法和最佳环境条件

熊蜂可以全年使用，季节不同摆放位置不同，主要有两种摆放方式。

1.越夏5~9月份管理

关键是防高温，要防晒、隔热、防湿、防蚂蚁。地下挖坑70~80厘米深，将塑料膜铺入坑内，或者将水缸、塑料桶埋于地下，做好防潮、防蚂蚁措施，坑外搭建遮阳板，防止阳光直射蜂箱。见图4-22。

2.越冬10月~翌年4月份管理

蜂箱放置在通风、阴凉处，避免阳光直射，注意防晒、隔热、防湿、防蚂蚁。放置在距地面30厘米~50厘米处。见图4-23。

图4-22　碗内加水防蚂蚁　　　　　　　图4-23　蜂箱的放置

3.熊蜂饲料的补充

为保证工蜂的授粉寿命和幼虫的正常发育，防止因天气突变使花期推迟或花粉发育不成熟，造成熊蜂饿死，对于花蜜不足或花粉不足的授粉作物，蜂箱里要投放一些干花粉作为补充，花粉也应少量多次。这样可延长蜂群的寿命。

在蜂箱巢门口，放置一个口大浅底的盘子，注入清水，供熊蜂饮用。将50%糖水倒入盘中或碗中，放在蜂箱附近便于熊蜂食用，糖液上方放入几根小木棍（海绵块或棉花），以防熊蜂采食淹死。

（四）蜂箱的移动与开启

1.蜂箱的运输

熊蜂的蜂箱里面装有液体饲料，而且蜂巢内有很多没孵化的幼虫，因此，严禁倒置或斜放，不能受到过大的振动或颠簸，需用稳定性能较好的车辆运输，车内温度在20℃以上。见图4-24。

2.蜂箱巢门的开启与关闭

蜂箱一旦开启巢门后，一般不再关闭巢门，直到大棚授粉工作全部结束。

当一个温室授粉工作结束后，要重复利用的蜂群，或者在棚内必须使用农药的话，应选择无毒低残留农药。

并在施农药的前1天下午，将蜂箱巢门设置成只进不出的状态；等熊蜂全部回巢后关闭巢门（见图4-25），然后搬移到药害的缓冲间或工作间。

打药后药残留期过后的晚上，再重新把蜂箱搬回原来的位置，开启巢门。

蜂箱有两个开口，一个是可进可出的开口A，另一个是只进不出的开口B。正常作业时，可封住B，打开A，允许熊蜂自由进出。当需要喷药时，可挡住A，打开B，使室内熊蜂全部回到蜂箱，免受药害。

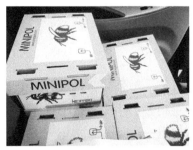

图4-24　蜂箱的运输

3.放蜂时间

为了防止熊蜂不认巢，移动或放置蜂群最好在天黑后进行。蜂箱放置好后要安静2个小时以上，最好第二天清早再打开巢门。

因为蜂群经过一夜休息稳定之后，第二天清晨随着太阳升起和棚室光线的增强，熊蜂逐渐出巢适应新的环境，试飞过后容易归巢，可大大减少工蜂的损失。

如果白天蜂群运到后马上释放，蜂群经过一路的颠簸，烦躁不安，再加上棚内温度高，光线较强，熊蜂没有认识蜂箱周边环境标志的过程，虽然静止后再打开巢门，熊蜂还是直奔纱网或飞

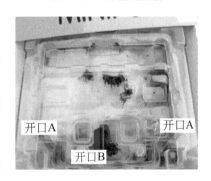

图4-25　将蜂箱巢门设置

向天窗，飞出后的熊蜂因迷失方向无法返巢，造成熊蜂丢失和死亡，导致蜂群过早衰竭，影响授粉。

熊蜂进棚有1～3天适应时间，若3天均不能正常访花授粉应及时向经销商或售后服务人员反映，查明原因，或进行调换。

（五）熊蜂的日常管理

1.授粉期温湿度管理

熊蜂活动的适宜温湿度范围很广，温度范围12～35℃，气温低于12℃，熊蜂在蜂巢中不出来工作，气温超过35℃时，熊蜂飞行困难，采集活动减弱，寿命缩短。熊蜂活动适宜湿度为30%～80%，湿度过大影响熊蜂飞翔。

冬季夜间温度低于15℃，应在蜂箱上加盖保温被，使蜂箱中幼虫正常发育，

保证有足够工蜂数量。

2.作物授粉期对温湿度的要求

作物开花时的环境要求，最好是按植物的自然生长规律控制温湿度，一般作物花粉活力温湿度范围，温度10～32℃，湿度50%～90%。

3.熊蜂授粉期间适宜的温湿度管理

温度为18～28℃，温度过高或过低，均会导致畸形花的严重发生。授粉适宜湿度为60%～70%，湿度过高以及阴天低光照，都会影响花的发育与花粉的活力，从而影响授粉效果。

（六）注意事项

1.不轻易打开蜂箱观看

授粉期间不要轻易打开蜂箱观看以免影响蜂群幼虫的发育和采集蜂的正常活动。

2.防止蜇人

避免强烈振动或敲击蜂箱，授粉温室内不要穿蓝色（黄色）衣服，不要使用香水等化妆品，以免吸引熊蜂。

（七）熊蜂授粉效果观察

1.工作状态观察

通过观察进出巢门的熊蜂数量来判断蜂群正常与否。在晴天的9:00～11:00，如果在20分钟内有8只以上的熊蜂飞回或飞出蜂箱，则表明这群熊蜂处于正常状态，对于不正常的蜂群要及时通知专业人员检查原因或更换蜂群。

图4-26　熊蜂正在给番茄授粉

2.识别授粉标记

授粉期间，每天都要观察熊蜂授粉效果，防止蜂量不足，影响授粉率，降低果蔬产量。经熊蜂授过粉的花朵都留有"吻痕"，在花柱上形成褐色标记，标记颜色随时间推移由浅变深，70%以上的花带有此标记，则授粉正常。如果吻痕率低，要及时人工授粉或更换蜂群，保证有足够的工蜂满足授粉需要。

3.授粉果实发育特征

熊蜂授粉后的花萼在很短时间内便会出现闭合和花瓣枯萎的特征，熊蜂授粉的番茄在前期比激素蘸花番茄长势慢，但后期长势快，授粉后的残花自然脱落，避免了灰霉病的发生，且果实成熟期提前，果实均匀圆正，汁液丰富。见图4-26。

（八）授粉期间农药的使用

1.回收熊蜂

施农药的前一天下午，将蜂箱巢门设置成只进不出的状态，熊蜂回巢后，将蜂箱搬移到没有农药污染的适宜环境（或另一个棚继续工作）。

2.农药选择

不使用残效期长、广谱杀虫和内吸性的药剂，如阿克泰和灭扫利；不使用超低容量喷雾法或迷雾喷雾技术；不使用烟熏剂及含有硫黄的农药。见表4-1。

表4-1　利用熊蜂授粉的棚室对农药的选择

病虫害	一般防治用药及其有效成分	对熊蜂影响	移出天数
白粉虱蚜虫	矿物油、唑蚜威、抗蚜威、苦参碱、鱼藤酮	←	2
	噻嗪酮、吡蚜酮	←	2
	啶虫脒	←	5
	敌敌畏、溴氰菊酯	←	5
	阿维菌素	←	5
	联苯菊酯	×	
	吡虫啉	×	
	烯啶虫胺	×	
	异丙威	×	
	高效氯氰菊酯	×	
	噻虫嗪	×	
	高效三氟氯氰菊酯	×	
	硫丹	×	
	氰戊菊酯	×	
叶螨	炔螨特、溴螨酯、哒螨灵、联苯肼酯	←	2
	三唑锡	←	3
	除螨灵、硫丹	×	
棉铃虫	虱螨脲	←	3
	溴氰菊酯	←	5
	茚虫威	←	5
	灭幼脲	×	

注：←需要间隔使用的农药，×禁止使用的农药。

3.放回蜂箱的时间

打药结束后加大棚内通风，让空气中的残留农药尽快散去。杀菌剂喷药后需间隔2～3天；杀虫剂巴丹和阿维菌素间隔5天以上。药效间隔期结束，农药味散去，将熊蜂搬回原位置，静止2小时，打开巢门开始授粉。

（九）熊蜂授粉期间出现的问题

1. 急慢性中毒

（1）症状 ① 蜂量急剧减少，蜂巢内有大量死亡工蜂。② 作物行间和过道中有死亡工蜂，部分工蜂爬行，不能飞行，抽搐。③ 大量幼虫死亡或不能发育。④ 蜂巢内排泄物杂乱无章，遍布四角。

（2）解决方法 ① 加大棚室通风，将蜂群转移到安全环境。② 增加一箱新的蜂群。

2. 高温危害

（1）症状 ① 大量幼虫死亡。② 蜡杯边缘熔化，箱内有臭味。③ 蜂巢覆盖物上有多个大的孔洞，且被糖水淋湿，呈现褐色，严重时伴有工蜂身上无毛现象。

（2）解决方法 ① 加大棚室通风，降低温度。② 按放置标准放置蜂箱。③ 如蜂群已不能完成授粉工作，增加一箱新的蜂群。

3. 高湿危害

（1）症状 ① 蜂巢内出现长毛现象。② 工蜂身上湿漉漉，身上绒毛黏在一起。③ 纸箱因反复吸湿而发生变形现象。

（2）解决方法 ① 加大棚室通风，注意肥水管理，降低湿度。② 夜间用废旧棉质衣物覆盖蜂箱。③ 如蜂群已不能完成授粉工作，尽快增加一箱新的蜂群。

4. 熊蜂逃逸

（1）症状 蜂巢内部无明显不良症状，大量工蜂消失，多见棚膜有孔洞，防虫网没有压严，有时会有一些工蜂死在棚膜或防虫网的边缘角落。

（2）解决方法 检查防虫网和棚膜的漏洞，并修补。如蜂群已不能完成授粉工作，尽快增加一箱新的蜂群。

5. 工蜂罢工不工作A

（1）症状 蜂箱内有大量熊蜂，但熊蜂在棚顶或作物间乱飞，不工作。

（2）原因 ① 棚内或土中有农药残留，并散发有异味。② 一些强内吸农药通过植株传导到花粉上，熊蜂抵触。③ 花芽分化不好，有畸形花，且柱头上无花粉。④ 棚内湿度大，花粉有黏性，不爆裂。

（3）解决方法 ① 加大棚室通风、散味，降低温度。② 补充微量元素营养，提高夜间棚室温度，促进花芽分化。③ 短期内采取人工辅助授粉。

6. 工蜂罢工不工作B

（1）症状 蜂箱内有大量熊蜂，但是熊蜂不出巢访花，或出巢很少，不工作。

（2）原因 ① 棚内或土中使用了高毒、强内吸或不知名的杀虫剂，喷药后间隔期不够，有农药残留。② 蜂群慢性中毒。③ 低温或高湿造成花粉发育不好，或花粉黏在一起，不爆裂。④ 由于温湿度、农药等因素导致幼虫死亡，工蜂没有积极性。

（3）解决方法　① 加大棚室通风、散味，降低湿度。② 如确定是农药问题，应尽快转移蜂群。③ 提升栽培管理水平，使作物处于授粉最佳状态。

7.熊蜂工作偏好

（1）症状　熊蜂只采部分区域的花，或只采一边的花。

（2）原因　① 如果棚内有多个品种，有可能熊蜂偏爱一个品种，而不光顾另一个品种。② 如只有一个品种，可能是温度原因或花芽分化不好，没有花粉。③ 蜂箱附近采得多，远处采得少。

（3）解决方法　① 单一种植。② 人工辅助授粉。③ 花量增大，工蜂不足，不能完成授粉工作，需增加一箱新的蜂群。

三、蜜蜂授粉

蜜蜂授粉是指以蜜蜂为媒介传播花粉，使作物授粉受精的过程。棚室果菜在冬季和早春栽培，由于温度低、湿度大、日照短、昆虫少，花药开裂及花粉飞散，授粉不良，易产生各种畸形果，严重影响产量和品质。利用蜜蜂辅助授粉，不仅节约劳力，还可以避免人工授粉的不均匀性，更能提高作物的产量和品质。见图4-27。

图4-27　利用蜜蜂给甜瓜辅助授粉

（一）选择授粉蜜蜂品种

意大利蜂和中华蜂，适合于果菜类蔬菜授粉。

（二）蜂群获得

一般采取租赁形式，租用2～3个月，每箱蜂500～700元。购买蜂群授粉的，应选性情温顺、采集力强、蜂王健壮、无病症的蜂群。

运输蜂群时，要注意调整好巢门方向，关门。运蜂方式：巢门朝前，装车后立即起运。开门运蜂方式为巢门横向朝外，在傍晚蜜蜂归巢后启运。运蜂车在夜晚行驶，第2天中午前到达，及时卸下蜂群。长途运输第2天不能到达时，应在上午10:00前把蜂车停在阴凉处，停车放蜂，傍晚再继续运输。

（三）蜂群数量

棚室蔬菜授粉，每亩棚室有1个标准授粉群（3脾蜂/群）即可满足授粉需要；对于面积较小的温室，则应适当减少蜜蜂数量；对于大型连栋温室，则按

1个标准授粉群承担1亩的面积配置。

（四）前期准备

① 提前做好病虫害的预防，临近放入蜜蜂不得喷洒农药，防止蜜蜂中毒，保持室内空气良好。

② 在蜂群放入温室前，将蜜蜂隔离2～3天，使蜜蜂有时间扫除它们身上的外来花粉，以避免引起品种杂交而不纯，影响产品品质。

③ 提前隔离通风口，即用宽约1.5米的尼龙纱网封住温室通风口，防止通风时飞出温室冻伤或丢失。

（五）确定时间

对于棚室花期较长的蔬菜作物，在初花期将蜂群放入温室；对某些花蜜含糖量较低的蔬菜作物，则应在作物开花20%以上时将蜂放入温室。应选择傍晚时将蜂群放入温室，次日天亮前打开巢门，让蜜蜂试飞、排泄、适应环境。同时补喂花粉和糖浆，刺激蜂王产卵，提高蜜蜂授粉的积极性。

（六）摆放位置与数量

蜂箱摆放的位置是影响伤蜂多少的主要原因之一。采用坐北朝南的放置方法，由于蜜蜂有低处直立盘旋向高处起飞的习惯，加之蜜蜂的向光性和向阳性，蜜蜂起飞冲向天空，而日光温室北高南低，蜜蜂起飞后大多撞在塑料布上，落到地上沾泥而死。因此，生产上在日光温室内放蜂应该将蜂箱放置在温室的西南角，箱口面向东北角；如为南北向的拱棚，可将蜂箱放置在拱棚的北面，箱口向南。这种放法可避免上述问题，减少伤蜂数量。

如果一个温室内放置1群蜂，蜂箱应放置在温室中部；如果一个温室内放置2群或2群以上蜜蜂，则将蜂群均匀置于温室中。

（七）蜜蜂管理

1.保温

温度控制在15～30℃，夜晚温度过低，蜜蜂结团，外部子脾常常受冻。为此，晚上加草帘等覆盖物保温，维持箱内温度相对稳定，保证蜂群能够正常繁殖。

2.控湿

湿度控制在30%～90%，中午前后通风降温时，室内相对湿度急剧下降，可以通过洒水等措施保持温室内湿度，以维持蜜蜂的正常活动。

3.驯化

为加强蜜蜂采集某种授粉作物的专一性，在初花期至花末期，每天用浸泡过该种作物花瓣的糖浆饲喂蜂群。

4.喂水

① 巢门喂水，采用喂水器进行喂水；② 在蜂箱前约1米的地方放一个碟子，每隔2天换一次水，在碟子里放置一些草秆或小树枝等，供蜜蜂攀附，以防蜜蜂溺水死亡。

5.喂糖浆

大多数作物因面积和数量有限，花朵泌蜜不能满足蜂群正常发育，尤其是为蜜腺不发达的作物授粉时，巢内饲喂糖水比为2∶1的糖浆。

6.喂花粉

花粉是蜜蜂饲料中蛋白质、维生素和矿物质的唯一来源，对幼虫生长发育十分重要。通常采用喂花粉饼的办法饲喂蜂群。花粉饼的制法：选择无病、无污染、无霉变的蜂花粉，用粉碎机粉成细粉状；将蜂蜜加热至70℃趁热倒入盛有花粉的盆内（蜜粉比为3∶5），搅匀浸泡12小时，让花粉团散开。如果花粉来源不明，应采用高压或者微波灭菌的办法，对蜂花粉原料进行消毒灭菌，以防病菌带入蜂群。每隔7天左右喂1次，直至温室授粉结束为止。

7.调整蜂脾

温室昼夜温度、湿度变化大，易诱发病虫害。在授粉后期，对于草莓等花期较长的作物，要及时将蜂箱内多余的巢脾取出，保持蜂多于脾或者蜂脾相称的比例关系。

8.注意事项

① 开花前与开花期，不能使用残留期较长、毒性较强的农药。如必须施药，应尽量选用生物农药或低毒农药。

② 施药时，将蜂群移入缓冲间以避免农药对蜂群的危害。如在施用百菌清等杀菌剂时，或夜晚采用硫黄熏蒸防治作物灰霉病等病害时，将蜂群移入缓冲间隔离1天，待药味散尽后，再原位放回即可。

③ 放置蜂箱时，要避免震动，不可斜放或倒置，巢门向南或东南方向，以便蜜蜂定向及采集花粉。蜂箱放置后不可任意移动巢口方向和位置，以免蜜蜂迷巢受损。同时要避开热源，如火炉。

④ 蜜蜂性情温顺，不会主动攻击人，在棚室作业时，不要敲打正在访花的蜜蜂和蜂箱，非专业人员严禁打开箱盖，以免被螫。搬移蜂箱时需轻拿轻放，以免引起箱内蜂群躁动。

⑤ 有时菜农在生产中有2～3个拱棚和温室，为了节省开支，只买一箱蜜蜂，这种方法是不可取的。因为多数果菜开花后2天内花粉发芽率高，3天后发芽力显著下降，雌蕊接受花粉能力也以1～4天最好。因此，2～3个棚用一箱蜂轮流放养会降低坐果率。另外，蜜蜂对环境有一定的适应性，当从甲棚移至乙棚后，由于蜜蜂有很强的定位性，蜜蜂为识别新的环境到处乱飞，适应2～3天

后又要重新适应环境。如此反复，对果菜授粉极为不利。为保证果菜的丰收，应该每棚放养1箱蜜蜂。

四、番茄授粉器

（一）番茄授粉器的优点

应用番茄电子授粉器授粉是绿色环保的授粉方式，主要有以下优点：

1.有效替代激素点花，保证番茄果实食用安全

番茄属于自花授粉植物，在露天栽培条件下，花期授粉是依靠自然界的风、昆虫等完成的，而在棚室栽培中，没有风，也没有昆虫的帮助，无法自然完成授粉。番茄电子授粉器通过授粉器的精准高频振动，使花粉自然飘落到花柱上，实现绿色授粉，相当于自然完成授粉受精过程，没有任何药剂残留，避免了激素的使用。

2.提高番茄产量和品质

通过番茄电子授粉器授粉，使花粉均匀地落在柱头上，促进自然授粉受精，平均坐果率达80%以上。使用振荡授粉器不仅可以有效提高坐果率，而且由于果实自然授粉，所以果实内汁液饱满，平均单果质量增加12%；另外果实均匀整齐，基本无畸形果、裂果和空心果发生，极大地提高了果实的商品性状。番茄果实成品率在85%以上，比传统授粉方式提高30%左右。果实的商品性状及产量，尤其是优等果数量的提升，大大提高了经济效益。

3.省事省工

应用番茄电子授粉器，完成1亩地授粉任务只需0.5～1小时，依靠传统激素点花授粉要用6小时以上。

4.操作方便

使用授粉器授粉，操作简便，一学就会，无需弯腰或垫脚，只需将授粉器背在肩上，一手拿着操作柄，打开电源开关，即可进行操作。操作时，可以震动整个花穗果柄，也可直接震动花穗上下的番茄茎蔓。

5.减轻番茄灰霉病、菌核病的发生

传统激素点花后，花瓣大多残留在果实脐部，不易脱落，如果不及时采取人工摘除，在低温高湿的温室环境下，极易感染灰霉病、菌核病等病害，不仅危害番茄果实，甚至会大面积传播扩散，进而影响番茄植株正常生长，还会增加防治成本及用药带来的药剂残留。

（二）番茄授粉器的使用方法

1.开关

接通电源，将授粉器摆动杆放在花穗柄上振动0.5秒，点到即可。见图4-28。

图4-28 利用番茄授粉器给番茄授粉

2.授粉时间

春秋季，9:00～15:00，每2～3天授粉1次。夏季，10:00之前，避开中午高温时段，每1～2天授粉1次。冬季，11:00～4:00，避开早晚低温时段，每3～4天授粉1次。实际生产中可以根据番茄开花生长情况灵活掌握。

3.充电

一次充电授粉器可持续工作12小时左右。授粉器初次使用前应充电8小时。充电时，红灯亮表示正在充电，绿灯亮起表示已经充满。

4.无需标记

番茄授粉时不用做标记，可以重复授粉，整穗坐果后授粉完成。

（三）番茄授粉器使用注意事项

使用之后，应将授粉器机身擦拭干净，以延长授粉器的使用寿命。不要使授粉器的振动杆碰撞到坚硬物体，要注意防水、防潮、防跌落。蓄电池工作4小时后，要及时充电。蓄电池长期存放，需要4周充电1次，防止蓄电池因亏电而损坏。使用及存放蓄电池时要轻拿轻放，不能摔。

第三节 病虫害生态防控技术

病虫害生态防控技术是指利用物理和生物的方式对蔬菜害虫进行诱杀、阻隔或利用天敌进行灭杀，杜绝病虫害传播发生的综合技术。集成推广病虫害生态防控技术是减少化学农药使用、改善果实品质、保障产品质量安全简单而有效的手段，是实现蔬菜提质增效的重要途径。目前主推的病虫害生态防控技术主要有防虫网、诱杀虫板、频振杀虫灯、性诱剂诱杀的应用和保护天敌。

图4-29　使用防虫网的日光温室

一、防虫网应用

防虫网是一种新型的农用覆盖材料，具有抗拉强度大、抗热、耐水、耐腐蚀、无毒无味等优点。其防虫原理是采用物理防治的方法，即以人工构建的隔离屏障，将害虫拒之网外；同时，不同颜色的防虫网的反射、折射光，对害虫还能产生一定的驱避作用。应用防虫网进行蔬菜栽培，能达到较好的防虫保菜的效果。目前主要用于棚室蔬菜生产，通过对温室和大棚通风口、门口进行封闭覆盖，阻隔外界害虫进入棚室内危害，以减少病虫害的发生。见图4-29。

（一）根据防治对象选择适宜的防虫网目数

图4-30　黄色粘虫板

防虫网使用中要根据不同的防治对象选择适宜的防虫网目数，如20、32目可阻隔菜青虫、斜纹夜蛾等鳞翅目成虫，40、60目可阻隔烟粉虱、斑潜蝇等小型害虫。

（二）全程严密覆盖直至收获

防虫网要在作物整个生育期全程严密覆盖直至收获。

二、粘虫板的应用

（一）根据诱杀的害虫种类选择适宜颜色的粘虫板

图4-31　蓝色粘虫板

要根据诱杀的害虫种类选择适宜颜色的粘虫板。黄色粘虫板主要诱杀粉虱、斑潜蝇、蚜虫等害虫，蓝色粘虫板主要诱杀蓟马等害虫。见图4-30、图4-31。

（二）粘虫板的悬挂高度和密度

粘虫板悬挂高度要高出植株顶部20厘米，一般情况下25厘米×40厘米粘虫板每亩悬挂20块。

（三）粘虫板的悬挂时间

粘虫板悬挂时间要在蔬菜苗期和定植早期无虫害时进行悬挂以确保防治效果。

（四）防虫网和粘虫板配套使用

设施中防虫网和粘虫板必须配套使用以达到最佳防治效果。

三、悬挂频振式杀虫灯

频振式杀虫灯杀虫机理是运用光、波、色、味四种诱杀方式杀灭害虫。近距离用光，远距离用波，加以黄色外壳和味，引诱害虫飞蛾扑灯，外配以频振高压电网触杀。在杀虫灯下套一只袋子，内装少量挥发性农药，可对少量未击毙的蛾子熏杀，从而达到杀灭成虫、降低田间产卵量、减少害虫基数、控制害虫危害蔬菜的目的。如在小菜蛾、菜螟、斜纹夜蛾等成虫羽化期，采用频振式灯光诱杀。可有效诱杀菜螟、小菜蛾、斜纹夜蛾及灯蛾类成虫。见图4-32。

图4-32 频振式杀虫灯

（一）杀虫特点

1.诱杀力强

可诱杀以鳞翅目害虫为主的多种蔬菜害虫，专杀成虫，降低落卵率70%左右，可降低下代或下年虫口基数。

2.对益虫影响较小

频振灯诱杀的对象主要是鳞翅目昆虫，而益虫多为非鳞翅目，诱杀的概率很低。

3.集中连片效果好

频振式杀虫灯集中、连片、连续使用会达到更佳的防治效果。

4.操作方便

挂灯通电即可见效（采用太阳能电池的可以不用通交流电）。天黑自动开灯，天亮自动关灯，晚上下雨可自动关灯，雨停后又自动开灯。

5.维护生态平衡

使用频振式杀虫灯，可大大节约农药投入，减轻农民劳动强度，减少环境污染，有效保护害虫天敌，对人、畜安全，因而具有较好的经济效益、社会效益和生态效益。

（二）使用方法

1. 安装

可吊挂在棚室内牢固的物体上，用8号铅丝将其固定。操作方法：灯间距离180～200米，离地面高度1.5～1.8米，安装时要注意所使用电源是否稳定，否则可能会影响使用寿命。接通电源，按下开关，指示灯亮即进入工作状态。

2. 注意安全

频振式杀虫灯作为一种特殊光源，不能用于照明，使用时要注意安全。接通电源后不能触摸高压电网，此外，还要及时清理高压电网上的污垢。即一天诱杀工作完成以后，由专管员清理虫源，并将灯上的虫垢用刷帚打扫干净。要注意关灯后工作，以免电击伤人。

图4-33 使用性诱剂诱杀害虫

四、性诱剂诱杀

昆虫性诱剂是模拟自然界的昆虫性信息素，通过释放器释放到田间来诱杀异性害虫的仿生高科技产品。该技术诱杀害虫不接触植物和农产品，没有农药残留之忧，是现代农业生态防治害虫的首选方法之一。见图4-33。

① 根据不同防治对象选择使用。

② 性诱剂要在害虫发生早期、虫口密度较低时开始使用。

③ 要及时更换诱芯和适时清理并深埋诱捕器内的死虫。一般诱芯一个月更换一次。

④ 根据蔬菜面积大小设置合理数量的性诱剂及诱捕器。

图4-34 异色瓢虫的成虫

五、保护天敌

通过利用和保护自然界中的益虫和寄生性微生物可以有效地捕杀害虫，起到防虫、治虫的作用。如七星瓢虫、异色瓢虫（见图4-34、图4-35）等瓢虫类、食蚜蝇（见

图4-35 异色瓢虫的幼虫

图4-36、图4-37）、食蚜蝇蚊、小花蝽、蚜茧蜂（见图4-38）、食蚜蟥（见图4-39）等10余种昆虫可捕食蚜虫，微生物蚜霉菌也可杀灭蚜虫。中华草蛉（见图4-40、图4-41）可捕食叶螨和鳞翅目昆虫的卵。广赤眼蜂、拟澳洲赤眼蜂、绒茧蜂、花蝽、黄蜂、食虫蟥是菜粉蝶天敌。需要注意的是施药时应使用高效低毒低残留的农药，不能随意加大药量及施药浓度，以确保天敌安全生存、繁殖，增加其种群数量，以帮助人类杀灭害虫，抑制害虫的生长发育，减轻害虫危害。

图4-36 食蚜蝇的成虫

图4-37 食蚜蝇的幼虫

图4-38 蚜茧蜂寄生蚜虫

图4-39 食蚜蟥的成虫

图4-40 中华草蛉的成虫

图4-41 中华草蛉的幼虫

第四节 轻简栽培技术

轻简栽培是通过机械化、自动化等设备与技术，简化蔬菜种植作业程序，节约劳动力，减轻劳动强度，实现蔬菜高产优质和节本增效。该项技术有利于实现蔬菜规模化生产统一管理，是发展现代蔬菜产业的必然要求。

目前在蔬菜生产中逐步推广滑轮车、微耕机、温室卷帘机、棚室自动温控放风机、编织播种带等轻简栽培设备，不断提高蔬菜机械化水平。有条件的可采用智能化生产管理系统，通过信息采集系统，实现中心计算机远程控制。

一、滑轮车

滑轮车配有两个带轴承的滑轮，可在轨道上滑动，用于运输收获的蔬菜。收获时，直接把筐放滑车上边装边拉。见图4-42。

图4-42 滑轮车

二、微耕机

有些地方俗称气死驴，是以小型柴油机或汽油机为动力，具有重量轻，体积小，结构简单等特点。微耕机广泛适用于平原、山区、丘陵的旱地、水田、果园等。配上相应机具可进行旋耕、起垄、开沟等作业，还可牵引拖挂车进行短途运输，微耕机可以在田间自由行使，便于用户使用和存放，省去了大型农用机械无法进入棚室田块的烦恼，是广大农民消费者在棚室内耕地的最佳选择。见图4-43。

图4-43 用于起垄的微耕机

三、温室卷帘机

简称卷帘机，是用于温室草帘自动卷放的农业机械设备，目前市面上常见的大棚卷帘机主要有两种：一种是后墙固定式大棚卷帘机，也叫后卷轴式（这种危险系数高）；另一种是棚面自走式大棚卷帘机，也叫前屈伸臂式大棚卷帘机。根据动力源分为电动和手动，常用的是电动卷帘机，一般使用220V或380V交流电源。见图4-44、图4-45。

图4-44 后墙固定式大棚卷帘机

图4-45　棚面自走式大棚卷帘机

四、棚室自动温控放风机

可根据温室温度自动放风的装置，包括电脑控制仪、电动放风机、传动轴、绳索等。温室自动温控放风机可根据天气自动调整工作速度，对比人工可大大减少骤降或骤升、超越植物要求的低温和高温对蔬菜的生长影响，进而减少生理病害，减少化肥和农药的投入，降低生产成本。温室自动温控放风机可按照蔬菜不同生长时期温度要求来设定最佳生长温度范围，温差控制在 ±0.1℃范围之内，使蔬菜营养生长和生理生长更合理，积温和养分同化达到最佳效果。见图4-46～图4-49。

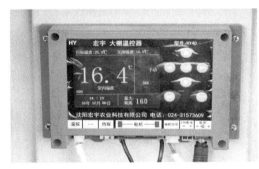

图4-46　电脑控制仪

图4-47　电动放风机

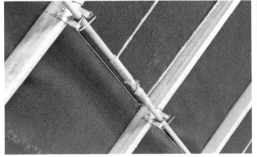

图4-48　传动轴旋转带动绳索

图4-49　通过拉紧绳索调节放风口大小

图4-50 编织机器

五、编织播种带

种子带编织技术是一种精量播种技术，种子按照预先设定的株距和穴粒数，通过编织设备定量定位编织在种子带中，然后通过播种机将种子带埋入一定耕层土壤中。种子带材质是一种可降解的天然纤维物质，播种后可自然降解和溶解于土壤中。见图4-50～图4-54。

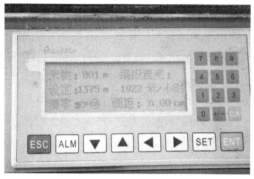

图4-51 控制面板

图4-52 专用纸带

图4-53 编织好的种子带

图4-54 播种机

应用种子带的好处：

（1）省种节约成本 编织机编织种子带时按照大田种植要求设定作物株距和粒数，编织成带，播种时用播种机将种子带植入土壤中，大大减少种子的浪费。

（2）提高机械化程度和种子的发芽能力 由于种子带是将种子包在薄膜带中，也就是给种子一层保护膜，播入土中后，可以防根病、防虫咬；种子带吸水后，保湿性能好，可为种子发芽提供充足的水分，为培育健苗、壮苗、均苗创造了条件。同时，种子带按照目标苗数设定株距，播种时由播种机或人工开沟播种，能够保持一致的深度，种子发芽和作物出苗率整齐，生长一致。

（3）节省劳动力　应用种子带技术，省去人工点种、间苗定苗等环节，操作简单，种植方便，节约成本。

（4）种子带可节省育苗移栽费用　1亩胡萝卜直播费用100元，间苗费300元左右。应用种子带编织技术，扣除编织费用150元，可节省250元左右，效益更可观。种子带编织技术适宜在萝卜、洋葱、胡萝卜、白菜、菠菜等蔬菜上应用。

六、定植器

定植器是一种蔬菜定植工具，铁质或不锈钢质，适于旱地先耕细起垄后定植，尤其是穴盘培育的秧苗。它改变了人们传统的手工定植方式，提高种植效率3～5倍，并且大大减轻了劳动强度，不用弯腰，不用下蹲，站着就可以定植蔬菜。改变了传统定植"刨穴、摆苗、封埯"三步程序，将三步程序合并，两秒完成定植、种植，大大降低了种苗劳动强度。避免了传统弯腰累、速度慢、种苗难、种植费用高等难题，与此同时，完成了"高强度""高速度""高效率"的完美结合，大大提高了种植效率，省时省力又省钱！见视频4-1。

视频4-1

定植器的使用方法

使用方法：

① 在盖地膜或不盖地膜的畦面上，松开手柄将本产品插入土中；

② 同时将苗子放入筒子内；

③ 握住手柄提起筒子即栽好一棵苗；

④ 按预定的株距重复上述步骤种植下一棵。

七、中心计算机控制系统

针对温室环境因子控制的需要，利用传感器对温室内的温度、湿度、光照及CO_2浓度等环境因子进行采集并汇集至无线数据采集器，通过无线数据采集器将采集到的数据上报至远程服务器平台，用户可以通过访问平台web页面实现远程监控，并可利用远程平台向控制器发出控制信号，实现智能温室的远程控制。数据的上报及远程控制信号的发送通过GPRS网络进行传输。可将远程控制和现场手动控制相结合，实现控制方式的多样化。见图4-55～图4-59，见视频4-2。

视频4-2

大屏幕显示远程监控

图4-55 传感器

图4-56 环境数据采集器 图4-57 计算机远程监控设备

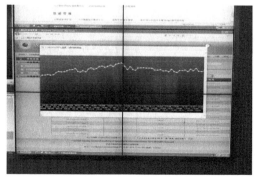

图4-58 大屏幕显示空气温度曲线 图4-59 大屏幕显示作物生长情况

第五节　水肥一体化

水肥一体化技术是将灌溉与施肥融为一体的农业新技术。其突出优点表现为：① 节水。水肥一体化技术可减少水分的下渗和蒸发，提高水分利用率。② 节肥。水肥一体化技术实现了平衡施肥和集中施肥，减少了肥料挥发和流失，以及养分过剩造成的损失，具有施肥简便、供肥及时、作物易于吸收、提高肥料利用率等优点。在作物产量相近或相同的情况下，水肥一体化与传统技术施肥相比节省化肥40%～50%。③ 改善微生态环境。④ 减轻病虫害发生。⑤ 增加产量，改善品质。

图4-60　滴灌

水肥一体化是借助压力灌溉系统，将可溶性固体肥料或液体肥料配兑而成的肥液与灌溉水一起，均匀、准确地输送到作物根部土壤。采用灌溉施肥技术，可按照作物生长需求，进行全生育期需求设计，把水分和养分定量、定时，按比例直接提供给作物。压力灌溉有喷灌和微灌等形式，目前常用形式是微灌与施肥的结合，且以滴灌、微喷与施肥的结合居多。微灌施肥系统由水源、首部枢纽、输配水管道、灌水器四部分组成。水源有：河流、水库、机井、池塘等；首部枢纽包括电机、水泵、过滤器、施肥器、控制和量测设备、保护装置；输配水管道包括主、干、支、毛管道及管道控制阀门；灌水器包括滴头或喷头、滴灌带。

图4-61　文丘里施肥器

一、施肥系统的选择

根据水源、地形、种植面积、作物种类，选择不同的施肥系统。棚室栽培一般选择滴灌施肥系统，施肥装置一般选择文丘里施肥器、压差式施肥罐或注肥泵，也可以使用自动化水肥一体机。见图4-60～图4-64。

图4-62　压差式施肥罐

图4-63　注肥泵　　　　　　　　　　图4-64　自动化水肥一体机

二、制定微灌施肥方案

（一）微灌制度的确定

根据种植作物的需水量确定灌水定额。灌溉定额确定后，依据作物的需水规律及土壤墒情确定灌水时期、次数和每次的灌水量。

（二）施肥制度的确定

微灌施肥技术和传统施肥技术存在显著的差别。合理的微灌施肥制度，应首先根据种植作物的需肥规律、地块的肥力水平及目标产量确定总施肥量、氮磷钾比例及底、追肥的比例。作底肥的肥料在整地前施入，追肥则按照不同作物生长期的需肥特性，确定其次数和数量。实施微灌施肥技术可使肥料利用率提高40%～50%，故微灌施肥的用肥量为常规施肥的50%～60%。以棚室栽培番茄为例，目标产量为10000千克/亩，每生产1000千克番茄吸收N：3.18千克、P_2O_5：0.74千克、K_2O：4.83千克，养分总需求量是N：31.8千克、P_2O_5：7.4千克、K_2O：48.3千克；棚室栽培条件下当季氮肥利用率57%～65%，磷肥为35%～42%，钾肥为70%～80%；实现上述产量应亩施N：53.12千克、P_2O_5：18.5千克，K_2O：60.38千克，合计132千克（未计算土壤养分含量）。再以番茄营养特点为依据，拟定番茄各生育期施肥方案。

（三）肥料的选择

微灌施肥系统施用底肥与传统施肥相同，可包括多种有机肥和多种化肥，但微灌追肥的肥料品种必须是可溶性肥料。符合国家标准或行业标准的尿素、碳酸氢铵、氯化铵、硫酸铵、硫酸钾、氯化钾等肥料，纯度较高，杂质较少，溶于水后不会产生沉淀，均可用作追肥。为方便使用，常使用复合肥料，如大量元素水溶肥、含腐植酸有机水溶肥料等，见图4-65～图4-67。

图4-65　大量元素水溶肥　　　　图4-66　含腐植酸有机水溶肥料　　　　图4-67　果力宝

补充磷素一般采用磷酸二氢钾等可溶性肥料作追肥。追肥补充微量元素肥料，一般不能与磷素追肥同时使用，以免形成不溶性磷酸盐沉淀，堵塞滴头或喷头。

（四）配套技术

实施水肥一体化技术要配套应用作物良种、病虫害防治和田间管理技术，还可因作物制宜，采用地膜覆盖技术，形成膜下滴灌等形式，充分发挥节水节肥优势，达到提高作物产量、改善作物品质，增加效益的目的。见图4-68。

图4-68　膜下滴灌

第六节　反光幕与遮阳网的使用

光照是蔬菜作物光合作用的能源，光照条件的好坏直接影响到光合作用的强弱，从而明显影响到产量的高低。温室大棚的光照条件，主要包括光照强度、光照时数、光照分布和光质等四个方面，这四个因素相互联系，相互影响，构成了复杂的光照条件。棚室的光照条件主要受纬度、季节、天气情况、覆盖材料和结构性能的影响。在北方地区，冬季温室处在光照强度弱和日照时间短的季节。加之透明覆盖材料的反射、吸收和折射引起光照强度的损失，保温覆盖又减少了光照时数，光照条件很差。而在夏季，光照强度大、光照时数长，导致棚室内气温很高，也会影响光合作用。这两种情况下都需要对棚室内的光照条件进行调节，

图4-69　反光幕

最简单有效的办法就是使用反光幕与遮阳网。

一、反光幕

在纬度较高的地区，冬季太阳高度角小，太阳光能照射到日光温室后墙内侧面上2米多高处。于靠近后墙内侧或于后墙内侧面上张挂反光幕，对后墙以南0～3米宽的地面和空间有显著的补光和增光作用，这是日光温室越冬茬蔬菜栽培或冬季蔬菜育苗事半功倍的辅助设施。见图4-69。

（一）安装的时间、方法

反光幕的安装时间、方法一定要准确。一般按有效栽培面积1亩的日光温室用镀铝聚酯膜反光幕200米^2。张挂反光幕的方法有单幅纵向粘接垂直悬挂法、单幅垂直悬挂法、横幅粘接垂直悬挂法、后墙板条固定法四种。生产上多随日光温室走向，面朝南，东西延长，垂直悬挂。张挂时间一般在11月末至翌年3月，最多提早于10月下旬和延后至4月中旬。

以横幅粘接垂直悬挂法为例，张挂步骤如下：使用反光幕应按日光温室内的长度，用透明胶带将幅宽50厘米的3幅镀铝聚酯膜粘接为一体。在日光温室中柱上由东向西拉铁丝固定，将幕膜上方折回，包住铁丝，然后用透明胶布固定，将幕膜挂在铁丝横线上。使幕膜自然下垂，再将幕膜下方折回3～9厘米，固定在衬绳上，将绳的东西两端各绑竹棍一根，固定在地表，可随太阳照射角度水平北移，使其幕膜前倾75°～85°。也可将幅宽50厘米的镀铝聚酯膜按中柱高度剪裁，一幅幅紧密地排列并固定在铁丝横线上。幅宽150厘米的镀铝聚酯膜可直接张挂。

（二）使用时的注意事项

1.注意浇水及无后坡日光温室反光幕的使用

定植初期，靠近反光幕处要注意浇水，水分要充足，以免强光高温造成烧苗。

使用的有效时间一般为11月份至翌年4月份。对无后坡日光温室，需要将反光幕挂在北墙上，要把镀铝膜的正面朝阳，否则膜面离墙太近，易因潮湿造成铝膜脱落。每年用后最好经过晾晒再放于通风干燥处保管，以备再用。

2.反光幕必须在达到光合温度的日光温室才能应用

如果温室保温不好，白天靠反光幕来提高温室内的气温和地温虽然有效，但夜间难免受到低温的损害。因为反光幕的主要作用是增加温室后部的光照强度和白天温度，扩大后部昼夜温差，从而挖掘后部作物的增产潜力。

3.反光幕的角度、高度需要随季节、作物生长情况等进行适当调节

日光温室蔬菜秋冬茬栽培后期、越冬茬栽培、冬春茬栽培期间都宜使用反光幕，并依季节变换对反光幕进行调节。

① 冬季太阳高度角小，反光幕悬挂的高度一般偏矮，尤其是栽培矮秆作物，反光幕的下边应近地面或贴近株顶，并且以垂直悬挂或上边略向南倾斜为宜。在黄瓜等瓜类和番茄等茄果类高秆蔬菜的结果期，植株高大，叶片对光照的要求增加，尤其在早、晚光照较强时，反光幕的悬挂高度应适当提升，以底边位置提高到高秆作物的株顶附近为宜，角度以底部略向南倾斜为主。

② 到春季，太阳高度自己增大，要将反光幕上边往北倾斜，调节为反光幕与地平面保持75º～85º角，以使日出后的两个小时内和日落前的两个小时内的反射光线基本与地面保持水平为好。进入4月份以后，随着气温回升，光照已充足，制约蔬菜生长发育的弱光、地温因素已不存在，此时反光幕已完成了其作用，应及时撤去。

二、遮阳网

遮阳网是采用高密度聚乙烯（HDPE）、聚乙烯（PE）、聚氯乙烯（PVC）、回收料、全新料、聚乙丙等为原材料，经紫外线稳定剂及防氧化处理，具有抗拉力强、耐老化、耐腐蚀、耐辐射、轻便等特点。主要用于棚室蔬菜的保护性栽培，对提高产量和品质等有明显的效果。见图4-70、图4-71。

（一）棚室遮阳覆盖的作用

1.遮光作用

遮阳网，使棚内光照强度显著降低，密度规格越大，遮阳效果越好，同样规格黑色比银灰色遮阳效果好。一般黑色的遮光率为42%～65%，银灰色为30%～42%。

图4-70　使用遮阳网的日光温室（外部）

2.降温作用

棚内温度因遮阳网覆盖有所下降，特别是地表和土壤耕作层降温幅度最大，上午10时～下午2时，大棚上部温度高达37～40℃，而地表植株周围温度在22～26℃之间，土壤温度在18～22℃之间，适宜作物生长。

3.保墒防暴雨

棚内蒸发减少，土壤含水量比露地高，

图4-71　使用遮阳网的塑料大棚（内部）

表土湿润。由于遮阳网有一定的机械强度，且较密，能把暴雨分解成细雨，避免菜叶被暴雨打伤，且土壤不易板结，空隙度大，通气性好，在大棚塑料膜外包盖遮阳网，效果更好。

（二）遮阳覆盖栽培注意事项

1.根据蔬菜种类选用规格合适的遮阳网

通常夏秋绿叶菜类栽培短期覆盖选用黑色遮阳网，秋冬蔬菜夏季育苗选用银灰色遮阳网，且可避蚜。茄果类留种或延后栽培，最好网膜并用。

2.覆盖时期

一般7～8月覆盖，其他时间光照强度适宜蔬菜生长，如无大暴雨则不必遮盖。

3.遮光管理

遮阳网不能长期盖在棚架上，特别是黑色遮阳网，只是在夏秋烈日晴天中午，其网下才会达到近饱和的光照强度，最好上午10～11时盖，下午4～5时揭网。揭网前3～4天，要逐渐缩短盖网时间，使秧苗、植株逐渐适应露地环境。

第二篇　各论

第五章
Chapter 5

棚室白菜类蔬菜栽培技术

白菜类蔬菜主要包括大白菜、苗用型大白菜、不结球白菜、菜薹和乌塌菜，它们都同属于十字花科芸薹属芸薹种，都是我国原产的蔬菜，在老百姓的餐桌上有着重要地位。

第一节　大白菜

我国大白菜多在秋季露地栽培，随着人民生活水平的日益提高，蔬菜种类日趋丰富，市场对大白菜产品提出了新的要求：供应上要求四季有大白菜，特别是春季、夏季等反季节有大白菜供应；产品质量要求营养保健；商品性要求小型化适应、彩色化；食用性上要求生食、熟食兼备。

近年来，我国春季和夏季棚室大白菜生产有了很大发展，有地膜小拱棚栽培、塑料小棚栽培和塑料大棚栽培等多种形式。商品菜从 4 月中旬供应到 7 月中旬。栽培棚室大白菜的经济效益也十分可观，成为农民致富的好途径。

春季棚室栽培大白菜，前期温度低，后期温度高，与秋季栽培气候条件相反。生产中前期采取保护措施，提高温度，后期气温逐渐上升，有利于大白菜生长，在炎热夏季到来前，大白菜叶球已长成。相对于夏季栽培来说，春季气候条件要优越得多。

一、特征特性

（一）植物学特征

1. 根

大白菜的根是吸收水分和养分的器官，也是对植株起支持作用的器官。大白菜的根分为主根和侧根，主根基部肥大，根端可深扎 1.7 米左右，主根上生有大量侧根，侧根分为一级、二级乃至六七级，根的吸收表面积比叶面积大几倍。根是作物生长好坏的关键，所以人们常说："根深叶茂"。

2. 茎

大白菜的茎，是支持叶片、花的生长及运输水分和养分的渠道。根据生长发育阶段的不同，又分为幼茎、短缩茎及花茎。幼茎即幼苗时期的茎，指的是幼苗出土后，子叶以下的下胚轴。短缩茎是营养生长时期着生叶片的茎，由于叶片不断分化，叶数增加，叶序排列紧密，节间甚短且粗，所以称之为短缩茎。花茎即翌年春天从短缩茎上长出的花薹，不仅茎顶端可抽出主薹，叶腋间也可抽出侧薹。

3. 叶

大白菜的叶分为子叶、基生叶、中生叶、顶生叶（球叶）、茎生叶5种，为异形变态叶。子叶两枚对生，呈肾形；基生叶两枚对生呈长椭圆形，有明显的叶柄，无叶翅；中生叶着生于短缩茎中部，互生，每株有2（早熟种）～3（晚熟种）叶环，构成植株的莲座。早熟种为2/5叶环，即5片叶绕短缩茎2周为一叶环；晚熟种为3/8叶环，即8片叶绕短缩茎3周为一叶环。中生叶无明显的叶柄，有明显的叶翅。基生叶、中生叶也叫功能叶，是制造养分的叶。顶生叶着生于短缩茎的顶端，互生，构成顶芽，其叶环排列如中生叶，以拧抱、褶抱、叠抱等方式抱合成不同类型的叶球，顶生叶是贮藏养分的叶。茎生叶则是着生在花茎和花枝上的叶，互生，花茎基部叶片大，上部渐小，叶柄扁阔，基部抱茎。

4. 花、果实与种子

大白菜的花为总状花序，十字花形，异花授粉，但蕾期自花授粉也可孕。果实为长角果，成熟后纵裂为二。种子圆或微扁，呈红褐或灰褐色，无胚乳，千粒重2.5克左右，寿命5～6年。

（二）生长发育周期

大白菜从播种到收获种子为一个生长世代，这个世代包括营养生长和生殖生长两个时期，每个时期又包括若干分期。在正常的栽培条件下，一个生长世代需跨年度，即第一年秋季完成营养生长，翌年春完成生殖生长。

1. 营养生长时期

这一时期是营养器官生长阶段，末尾还孕育着生殖生长的雏体。包括发芽期、幼苗期、莲座期和结球期。

（1）发芽期　种胚生成幼芽的过程。从播种开始，经过种子萌动，拱土到子叶展开为止，约需3～4天。此期主要消耗种子中贮藏的养分，称做"异养"。因此，种子质量好坏直接影响到发芽、幼苗生长，对于大白菜的结球状况也有强烈的后效应。

（2）幼苗期　从"破心"，即基生叶出现开始，到完成第一叶环止。两片基生叶展开后与子叶交叉成十字形，即所谓"拉十字"，然后再形成8片中生叶，即第一叶环。该叶环形成后幼苗呈圆盘状，称做"团棵"。从"破心"到"团棵"，早熟种需15～17天，晚熟种约需20天。大白菜进入幼苗期后，由"异养"过渡到"自养"，即靠自己制造的养分生长。此期生长量不大，但生长速度却相当快。

（3）莲座期 从"团棵"开始到出现包心长相止。该期要形成中生叶的第二和第三两个叶环。早熟种需21～22天，晚熟种需25～27天。据调查，莲座期是营养生长阶段最活跃的时期。该期既是外叶形成最多时期，又是球叶分化最快时期；既是叶（功能叶）面积增加最快时期，又是单株重增加最快时期。因此，莲座期也是大白菜生长的关键时期。

（4）结球期 顶生叶生长形成叶球的过程。这一时期很长，早熟种需25～30天，晚熟种约需45天。该期又分为前中后三期：前期外层球叶生长构成叶球的轮廓，称为"抽桶"或"长框"，约15天（以下指晚熟白菜）；中期内层球叶生长以充实叶球，称为"灌心"，约10天；后期外叶养分向球叶转移，叶球体积不再扩大，只是继续充实叶球内部，约10天。结球期是产品器官形成时期，从生长时间看，约占全生长期的1/2；从生长量看，约占单株总量的2/3，特别是结球前中期，是大白菜生长最快的时期。

2.生殖生长时期

大白菜在莲座后期或结球前期已分化出花原基和幼小花芽，但此时以叶球生长为主，且温度渐低，光照时间渐短，不利于花薹抽出。北方在长达100余天的贮藏期内，依靠叶球内的水分和养分，形成了花芽甚至花器完备的幼小花蕾，翌年春定植于露地，完成抽薹、开花、结荚3个阶段。南方则无需经过休眠期，而将刚收获的种株进行割球处理，定植露地，完成生殖生长3个阶段。

大白菜的生长时期和各个分期是人为划分的，其生长是连续的，每一时期都是在前一时期的基础上进行的，并为后一时期准备营养基础和孕育新的器官。因此，每一时期生长的好坏都会影响到下一时期，但苗期是基础，是关键。见图5-1。

二、对环境条件的要求

大白菜生产的特点，就是要在较短的时间内来取得较高的产量，所以在生长期内，哪怕是几天短暂的气象条件，都对它的生长起着重要作用。而且从播种到收获的各个生长阶段，要求的气象有着千差万别的变化。因此，在栽培中要依据大白菜的特性，根据当地气候条件给予适当的时间安排，这是取得大白菜丰产的重要措施。

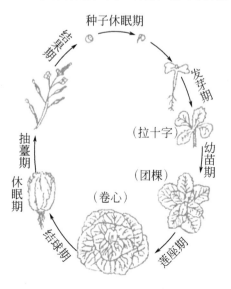

图5-1 大白菜的生育周期

（一）温度

大白菜是半耐寒性蔬菜作物，其生长要求温和冷凉的气候。生长期间的适温在10～22℃的范围内。它的耐热力不强，当温度达到25℃以上时生长不良，达30℃以上时则不能适应。短期–2～0℃尚能恢复，–5～–2℃则受冻害，耐凉爽但不耐严霜。在它的不同发育时期对温度有不同的要求：

1. 发芽期

发芽的温度范围为4～35℃，在发芽的温度范围内，温度低时发芽所需的天数较长，温度高时发芽天数较短。种子在8～10℃即能缓慢发芽，但发芽势较弱。在20～25℃发芽迅速而且幼苗强壮，出苗时间短，为发芽适温。温度达26～30℃时发芽更快，但幼芽虚弱，高于40℃发芽率明显下降，而且发芽时间延长。

2. 幼苗期

幼苗期对温度变化有较强的适应性，既可耐高温，又可忍耐一定的低温，适宜温度为20～25℃，可耐–2℃的低温和28℃左右的高温。因此它既可秋季栽培，又可夏季栽培，但当温度过高时生长不良，易发生病毒病。

3. 莲座期

该期是形成同化器官的时期，要求较严格的温度，适温范围为17～22℃。过高，莲座叶生长快但不健壮，容易发生病害；温度过低，则生长迟缓而延迟收获。

4. 结球期

结球期是产品形成期，对温度的要求最严格，适宜温度为12～22℃，昼夜温差以8～12℃为宜。北方这一时期月均温为12～16℃，此间日间温度较高，为16～25℃，光合作用强，夜间温度在5～15℃，有利于养分的积累。

5. 抽薹期

虽然12～22℃最适于花薹的生长，但为了避免花薹徒长而发根缓慢造成的生长不平衡现象，以12～18℃为宜。温度高，地上部发育迅速，而根部生长缓慢，不易获得种子的高产。温度低于10℃时抽薹速度显著推迟，低于5℃时花茎则难以生长。

6. 开花期和结荚期

要求较高的温度，以月均气温17～20℃最为适宜，月均气温在17℃以下时，常有日间15℃以下的低温而不能正常开花和授粉、受精，月均气温在22℃以上，日间常有30℃或以上的高温，将使植株迅速衰老，不能充分长成饱满的种子，在高温时还可能出现畸形花而不能结实。气温维持在20～25℃，有利于花粉成熟和雌蕊授粉、受精和结实。

（二）光照

大白菜的生长发育需要中等强度的光照，其光合作用光的补偿点较低，适于密植。但植株过密，光照不足，则会造成叶片变黄，叶肉薄，叶片趋于直立生长，大幅度减产。

1.大白菜的光合能力

大白菜种子发芽在黑暗与有光条件下都可，但在有光条件下发芽良好，因此不宜深播。当子叶随着胚轴伸长将其推出土面，子叶平展后，第一片真叶开始吐心时，就有一定的光合能力，随子叶面积的迅速扩展，光合能力也随之加强，在出土后8～13天达最高。在不同的生育期白菜的光合强度不同，幼苗期光合速率较低，莲座期光合速率较高，结球期最高。

2.光照对产量形成的影响

光是光合作用的能源，光照不足就减少大白菜光合物的形成，减少有机物的积累，也降低大白菜生理上的抗性。莲座期间，光照时间在8～8.5小时可正常生长。如果光照时间每日不足8小时，就会影响外叶的健全发育，此时如果叶片发育达不到正常指标，就必然影响到下一阶段的结球性状。在结球期日照强而且时间长有利于叶片的分化、发育和叶面积的扩大，形成强大的外叶而对内部叶片起到遮光作用，从而形成有力的结球条件。

（三）水分

水分对大白菜的生长是十分重要的，它可以使植株直立，有支撑大白菜形态的作用，同时也是大白菜进行光合作用时的重要原料。

1.水分对大白菜各生育期的影响

大白菜所需要的各种营养物质，需要在水溶液中形成离子状态而被吸收；而且大白菜从根部吸收的营养，以及叶片光合作用形成的各种有机物质的运输、转移，都需要水分的参与；同时还要通过水分的蒸发来调节白菜的体内温度。所以在生长发育的各生育期都离不开水，特别是在大白菜的结球期，水分决定着大白菜的产量和质量。

2.土壤水分对白菜生长发育的影响

在田间条件下，土壤含水量在不断变化，对种子的发芽、出苗都会产生影响。种子吸涨时要求的土壤重量含水率为6%左右，发芽、出苗时需达到8%以上，在幼苗期，土壤相对湿度在40%～100%的范围内，大白菜的叶面积随水分的增加而明显增加。在莲座期，正是大白菜4～5级侧根生长发育的旺盛时期，此时土壤水分过多，根系浅而且增长量小，水分缺乏，也不能正常发育。结球期是大白菜需水量最高的时期，是决定质量和产量的关键时期，因此必须保持土壤的湿润状态和充足的水分供应，但水分过多易造成植株的早衰、脱帮多和软腐病的发生。土壤含水量的大小还影响到白菜叶片中水分状况及叶片的光合作用和对营养物质的吸收，当水分不足时对氮、磷、钾的吸收能力急剧下降而造成白菜生长不良。

3.栽培大白菜对水分的要求

大白菜叶面积大，蒸腾耗水多，但根系较浅，不能充分利用土壤深层的水分。在不同的生育时期、栽培方法和自然条件下，所需的水分情况是不同的，因此，生育期应供应充足的水分。幼苗期应经常浇水，保持土壤湿润，土壤干旱，极易因高温干旱而发生病毒病。在无雨的情况下，应当采取各种保墒措施，并及时浇水降温，加速出苗；莲座期应当适当控水，浇水过多易引起徒长，影响包心。此外要使土壤疏松，含水量比较稳定，具有良好的透水和透气性能，保证地上部叶面积扩大的同时，根系能够顺利向土壤深处发展；结球期应大量浇水，保证球叶迅速生长，缺水会造成大量的减产；但浇水量过大也会造成叶片的提早衰老与软腐病的危害；在结球后期应少浇水，以免叶球开裂和便于贮藏。

（四）矿质营养

大白菜是主要以叶为产品器官的蔬菜，对氮的要求最敏感，氮素供应充足可以增加大白菜叶绿素含量，提高光合作用能力，促进叶片肥厚，有利于外叶的扩大和叶球的充实。追施速效氮肥，对大白菜的生产具有重要意义，可促进叶球的生长而提高产量。

但是氮肥过多而磷、钾肥不足时，白菜植株易徒长，叶大而薄，结球不紧，而且含水量很多，品质下降，抗病力也有所减弱。磷能促进叶原基的分化，使外叶发生快，球叶的分化增加，而且促进养分向球叶运输，促进根系的发育。在生殖生长时期，使用磷肥可明显增加种子产量。充分供给钾肥，大白菜的含糖量增加，叶球充实，结球速度加快，产量增加。由于大白菜的个体和群体生长量很大，因而需要大量的氮、磷、钾等营养元素，每亩产5000千克大白菜，大约需要氮7.5千克、磷3.5千克、钾10千克，三种元素需要量的比例大体是2∶1∶3。大白菜对营养元素的吸收量，莲座期以前占总吸收量的20%，结球期占总吸收量的80%。各生育期对营养元素的吸收比例也不同，莲座期前吸收氮肥最多，钾次之，磷最少。适当配合磷、钾肥，有提高抗病能力、改善大白菜品质的功效。

在生长期间如缺乏矿质元素会影响植株正常生长，缺氮时全株叶片淡绿色，严重时叶黄绿色，植株停止生长。缺磷时植株叶色变深，叶小而厚，毛刺变硬，其后叶色变黄，植株矮小。缺钾时外叶边缘先出现黄色，渐向内发展，然后叶缘枯脆易碎，这种现象在结球中后期发生最多。缺铁心叶显著变黄，株形变小，根系生长受阻。此外，大白菜对钙素反应敏感，土壤中缺乏可供吸收的钙，则会诱发白菜的干烧心病害。

（五）土壤条件

大白菜对土壤的适应性较强，但对土壤的物理化学特性都有一定的要求，以土层深厚、疏松肥沃、富含有机质的土壤为宜，尤其适应于中性偏酸的土壤。在疏松的沙壤土中根系发展快，幼苗及莲座生长迅速，但因保水保肥能力弱，在大白菜结球期需要大量养分和水分时因供应不充分而生长不良，结球不坚实，产量低；在黏重的土壤中根系发展缓慢，幼苗及莲座叶生长缓慢，但到结球期因为土壤肥沃及保水能力强容易获得高产，不过产品的含水量大，品质较差，并且往往软腐病严重。最适宜的土壤是肥沃而物理性良好的粉沙壤土、壤土及轻黏土，这样的土壤耕作便利，保肥、保水良好，幼苗和莲座叶生长好，结球坚实产量高，品质优良。

三、品种选择

大白菜是春性作物，在种子萌动和幼苗期处于低温条件下，可使植株通过春化阶段，提前进入生殖生长时期，引起抽薹开花。春季适合大白菜生长的时间（日均温10～22℃）较短，播种早，前期遇到低温通过春化，后期遇到高温长日照而抽薹，不能形成叶球，而且春播大白菜生长后期常遇到高温、多雨等恶劣天气，软腐病、霜霉病及蚜虫、小菜蛾、菜青虫等严重发生，导致大白菜减产或绝收。因此，要种好春大白菜，就要选用生长期为50～60天，冬性强、耐低温而抗早期抽薹的早熟类型品种。另外一些秋播中早熟品种，只要叶球生长速度快，有较强的冬性，适当晚播，也可作春白菜栽培。目前市场上春大白菜品种主要来源于韩国，如金峰、强势、春夏王、阳春等，其存在抗病毒病和抗干烧心的能力较差，且生长期较长的不足，但其耐抽薹性强；近年来我国育成的春大白菜品种，如京春99、改良京春绿、改良京春白、京春黄等，才陆续上市，在晚抽薹性和产量方面参差不齐，急待进一步提高。主要品种有：

（一）京春99

北京蔬菜中心选育的极早熟春大白菜一代杂交种，定植后45～50天收获。晚抽薹性较强，抗病毒病、霜霉病和软腐病，品质好。外叶绿，叶球中桩合抱，球高24厘米，球最大直径16.4厘米，球形指数1.5，单球重2.1千克，平均产量5500～6000千克/亩。该品种株型紧凑，适宜密植。见图5-2。

（二）改良京春绿

北京蔬菜中心选育的春大白菜一代杂交种，定植后60天左右收获。晚抽薹性强，抗病毒病、霜霉病和软腐病，品质佳。外叶深绿色，叶球合抱，球内叶浅黄色，球高27.3厘米，球最大直径19.8厘米，球形指数1.4，单球重2～3千克，平均产量5500～7000千克/亩。见图5-3。

（三）改良京春白

北京蔬菜中心选育的春大白菜一代杂交种，定植后60天左右收获。晚抽薹性强，抗病毒病、霜霉病和软腐病，品质佳。外叶深绿色，稍皱，叶球合抱，球内叶浅黄色，球高29.3厘米，球最大直径20.3厘米，球形指数1.4，单球重2.5～3.5千克，平均产量6500～8000千克/亩。见图5-4。

图5-2　京春99　　　　图5-3　改良京春绿　　　　图5-4　改良京春白

（四）京春黄

北京蔬菜中心选育的春大白菜一代杂交种，定植后60天左右收获。晚抽薹性强，抗病毒病、霜霉病和软腐病，品质佳。外叶深绿色，叶皱，球内叶黄色，叶球合抱，单球重2.5～3.5千克，平均产量6500～8000千克/亩。见图5-5。

（五）陕春白1号

西北农林科技大学园艺学院选育的春大白菜杂交一代品种，叠抱，保护地栽培从定植到收获45～50天。外叶翠绿，叶柄白色；球叶白色，球形指数1.1；球小，极紧实，单球质量1.5～2.0千克，净菜率75%左右，软叶率60%以上；球叶含糖量高，粗纤维少，品质优。抗病毒病、霜霉病和软腐病，平均亩产净菜4000～6000千克。见图5-6。

 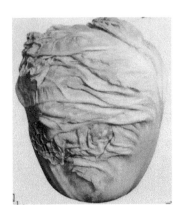

图5-5　京春黄　　　　　　　　　图5-6　陕春白1号

（六）金峰

又名春黄大白菜，是由韩国兴农种苗株式会社（1998年被圣尼斯收购）与东亚种子集团公司合作育成黄心大白菜新品种。该品种突出优点是：① 适应性强，播期范围广：抗寒性极强，早春种植不易抽薹，春栽最低温度高于10℃即可定植，在夏季凉爽的山区及寒带区，5～6月份可夏播；在冬季常温10℃左右的地区可四季种植，高抗软腐病及病毒病。② 棵大高产：一般单株重3～5千克，亩产量高达6000～8000千克。③ 品质优、产值高：外叶绿色，净菜上市时叶球呈金黄色，太阳晒后，又变成橘红色，十分艳丽、美观。生食脆嫩爽口，熟食细嫩，形如蛋黄。定植后55天便可上市。见图5-7。

（七）春夏王

兴农种子（北京）有限公司（1998年被圣尼斯收购）1984年育成，又名春夏旺，可春季大面积种植，定植后63天左右成熟，外叶深绿，叶球圆柱矮桩形，叶片合抱，结球紧实，球重3千克左右，不易裂球，抗霜霉病、病毒病、黑腐病。在短时高温和低温影响下，不易引起结球不良或抽薹现象，适于春夏季栽培。见图5-8。

图5-7　金峰　　　　　　　　图5-8　春夏王

（八）金福来

沈阳市皇姑种苗有限公司选育的春白菜杂交种。定植后55～60天可收获，较耐根肿病。外叶浓绿，内叶鲜黄，叶球直筒形，叶片合抱，品质高。黄心度高，较耐抽薹，结球紧实，商品性好。良好肥水条件下，单球重可达3千克以上。见图5-9。

（九）春光

沈阳市皇姑种苗有限公司选育的春白菜杂交种。对根肿病抗性特强，对病毒病、软腐病、霜霉病和缺钙症有较强的抗性，是栽培比较稳定的品种。外叶深绿色，内叶黄色的半包合型白菜。炮弹球形，抽薹特晚，产量特高。见图5-10。

（十）金碧春

沈阳市皇姑种苗有限公司选育的春白菜杂交种。长势强，晚抽薹，定植后52天左右成熟，单球重2.8～3.5千克。外叶浓绿，内叶嫩黄，叶球为半叠抱筒状。高产，品味极美，后期特别抗病毒及软腐病。干旱栽培时会导致缺钙现象，需保持土壤水分或定期施钙肥。见图5-11。

（十一）珠峰

沈阳市皇姑种苗有限公司选育的春白菜杂交种。早熟、耐抽薹，适宜春秋及夏季高冷地栽培。定植后55～60天收获，球高28厘米，球径22厘米，球重3.5～4.5千克。叶球合抱形，外叶深绿，内叶深黄，结球紧实，耐贮运，商品性好。抗病性（霜霉病、软腐病、病毒病）强，易栽培。见图5-12。

图5-9 金福来　　　图5-10 春光　　　图5-11 金碧春　　　图5-12 珠峰

四、栽培关键技术

大白菜属于春化敏感型的作物，萌动的种芽在3～13℃的低温下，经过10～30天即可完成春化阶段，温度愈低，愈能促使其花芽分化，加快抽薹开花。春季适合大白菜生长的时间（日均温10～22℃）较短，播种早，前期遇到低温通过春化，后期遇到高温长日照而未熟抽薹，不能形成叶球，而且春栽大白菜生长后期常遇到高温、多雨等恶劣天气，软腐病、霜霉病及蚜虫、小菜蛾、菜青虫等严重发生，导致大白菜减产或绝收；播种晚，结球期如遇到25℃以上的高温，又不易形成叶球，从而影响生产。因此棚室大白菜在生长过程中最低温度不宜低于13℃，而且要适当选择栽培方式及播种时期，播种时间选择寒尾暖头为宜，以利大白菜早出苗。

（一）大棚栽培

利用单膜塑料大棚对大白菜进行反季节种植，既可填补大白菜初夏供应淡

图5-13 大白菜穴盘育苗

图5-14 大白菜未熟抽薹

季，又可获取经济效益。一般采用大棚内套小拱棚育苗，定植于大棚的栽培方式。育苗畦宽1.5米，采用营养土方、营养钵（直径8厘米）或50孔穴盘育苗，见图5-13。东北地区育苗时间为3月上中旬；黄河中下游地区为2月中旬；西北地区为2月上旬；长江中下游为1月下旬至2月上旬；华南地区为1月上中旬。幼苗期应注意保温，如果幼苗在5℃以下持续4天就可能完成春化，如果在13℃以下持续20天左右，也可能造成春化，不要低温炼苗。适时定植，苗龄25～50天，5～6片真叶，棚内温度稳定在10℃以上时定植于大棚内，行株距60厘米×（30～40）厘米，垄上覆盖地膜。棚内白天气温保持在20～25℃，温度超过时应及时放风降温。夜间气温12～20℃，避免温度过低通过春化引起先期抽薹，见图5-14。

在肥水管理上要一促到底，一般于缓苗后浇第一次水，在晴天上午浇，水量不可过大。植株进入莲座期时浇第二次水，每亩随水冲施尿素20～25千克，氮、磷、钾三元复合肥40～50千克。生长中后期大棚内应注意通风，适当增加浇水次数，以充分供给包心时对水分的吸收，但浇水不可过多，水到垄头就可。结球期每亩还应补充氮、磷、钾三元复合肥30～40千克。大棚栽培，播种期早，可提早上市。

（二）小拱棚育苗露地栽培

一般在播种前7～10天挖好育苗畦，采用营养钵育苗，播种前育苗畦要浇透水。春季大白菜对播期要求较为严格，播种过早易春化，晚则病害严重、产量低下。因此适期播种是获得高产、优质的基础。由于全国气候条件差异较大，适宜播期也各不相同，全国主要城市的育苗期如表5-1所示。

表5-1　春季小拱棚育苗露地大白菜栽培季节

城市	播种期/（旬/月）	定植期/（旬/月）	收获期/（旬/月）
哈尔滨	上中/4	上/5	上中/7
沈阳	上中/3	中下/4	上/6～上/7

续表

城市	播种期/（旬/月）	定植期/（旬/月）	收获期/（旬/月）
北京	上/3	上中/4	下/5～下/6
天津	初/3	中/4	下/5～下/6
济南	下/2～上/3	下/3～上/4	中/5～中/6
郑州	中/2	中/3	下/4～上/6
兰州	下/2～上/3	中/4	下/5～上/6
西安	中下/2	下/3～上/4	上/5～上/6
南京	中下/2	中下/3	5
上海	中/2	中下/3	下/4～中/5
武汉	上中/2	中下/3	4～5
长沙	上/2	中下/3	4～5
重庆	2～3	—	4～6
福州	中/1～中/2	下/2～上/3	上中/5
广州	12月～翌年1月	1～2	3～4
昆明	2～3	3～4	5～6

育苗播种采用点播的方式，播种前一周准备好育苗畦，并浇透水，覆盖小拱棚提高地温。播种时再用喷壶喷30℃左右的温水补充水分。水渗下后，点播种子，播后覆1厘米厚细土，加盖棚架后覆盖薄膜，夜间加盖草帘保温。从播种到出苗，应将温度控制在20～25℃，以利发芽。从第一片真叶展开至幼苗长成，应使棚内温度白天保持在20～25℃，夜间12～20℃，要根据天气变化揭盖草帘，一般不通风，既要防止高温造成幼苗徒长，又要避免温度过低通过春化引起先期抽薹。在保证温度的前提下，要使苗子多见光，防止因光照不足而造成幼苗细弱。中后期逐步拆开地膜通风，进行炼苗，以利培育壮苗。育苗期间要间苗1～2次。

当幼苗长至4～5片真叶时定植，由于定植时温度尚低，因此应选择晴天进行，以利缓苗。定植时先将苗子从育苗畦中带土起出，放在垄间，要注意轻拿轻放，避免弄碎土坨，损坏根系。然后按株行距挖穴浇水，待水渗下以后，将苗放入穴内，立即覆土并平整垄面，覆土深度以不埋住幼苗子叶为宜。

春大白菜定植时温度较低，缓苗前一般不浇水或少浇水，以利提高地温，促进缓苗。缓苗以后温度渐高，植株对肥水需求量越来越多，此后应一促到底，采用肥水齐攻，直至收获。

五、采收贮藏

春夏季大白菜成熟后要及时采收，不要延误，以减少腐烂损失。采后及时放入冷库预冷，随后投放市场。

六、病虫害防治

棚室大白菜病害种类较复杂，分为侵染性病害和生理性病害二类，其中侵染性病害按照引起发病的病原种类又可分为三种：① 由病毒引起的大白菜病毒病；② 由真菌引起的真菌性病害，包括大白菜霜霉病、大白菜黑斑病、大白菜白斑病、大白菜炭疽病、大白菜根肿病；③ 由细菌引起的细菌性病害，包括大白菜软腐病、大白菜黑腐病、大白菜细菌性叶斑病。生理性病害主要是大白菜干烧心病。棚室大白菜的虫害包括昆虫类和腹足类二大种类，昆虫类主要是小菜蛾、菜青虫、萝卜地种蝇、甜菜夜蛾、斜纹夜蛾、甘蓝夜蛾、蚜虫、黄条跳甲等；腹足类主要是野蛞蝓、灰巴蜗牛。

（一）主要病害

1.大白菜病毒病

【症状】整个生育期均可发病，幼苗期最严重。在幼苗期发病，往往先由心叶开始出现明脉，随后即表现为沿脉褪绿，叶片逐渐出现黄绿相间的花叶。叶片常皱缩不平，质脆，心叶常扭曲畸形，有时叶脉出现坏死的褐斑、条斑或橡皮斑。叶片往往由中脉向一边扭曲。成株期发病，叶片变硬变脆，外叶往往表现为花叶、坏死环斑、沿脉坏死斑或外叶黄化，严重者不能包心。受害晚的植株仍可以包心，但在叶帮、叶脉及叶片上出现很多大小不等的褐色点或黑灰色星状小点，往往使植株半边抽缩、矮化而歪向一边。参见图3-3大白菜病毒病（褪色）。

【传播途径和发病条件】冬季不种十字花科蔬菜的地区，病毒在窖藏的大白菜、甘蓝、萝卜或越冬菠菜上越冬。冬季如栽植十字花科蔬菜，病毒则在寄主体内越冬，翌年春天由蚜虫把毒源从越冬寄主上传到春季甘蓝、水萝卜、油菜、青菜或小白菜等十字花科蔬菜以及野油菜上。南方由于终年长有上述十字花科植物，则无明显越冬现象，感病的十字花科蔬菜、野泊菜等十字花科杂草都是重要初侵染源。十字花科蔬菜种株采收后，桃蚜、萝卜蚜、甘蓝蚜等迁飞到夏季生长的小白菜、油菜、菜薹、萝卜等十字花科蔬菜上，又把毒源传到秋菜上，如此循环，周而复始。此外，病毒汁液接触也能传毒。新近研究指出，TuMV 和 CMV 除蚜虫传毒外，还发现有自然非蚜传株系存在，给防治带来困难，但又为研究植物病毒开拓了新领域。

我国大白菜种植区，播种后遇高温干旱，地温高或持续时间长，根系生长发育受抑，地上部杵住不长，寄主抗病力下降。此外，高温还会缩短病毒潜育期，28℃芜菁花叶病毒潜育期3～14天，18℃则为25～30天或不显症。本病春秋两季蚜虫发生高峰期与白菜感病期吻合，并遇有气温15～20℃，相对湿度75%以下易发病。

大白菜病毒病发病程度与大白菜发育阶段有关。苗期，特别是7叶前是易感病期，侵染越早发病越重，7叶后受害明显减轻。此外，播种早，毒源或蚜虫多，再加上菜地管理粗放，地势低不通风或土壤干燥、缺水、缺肥时发病重。

【防治方法】

（1）农业综合防治　①选种抗病品种。②调整蔬菜布局，合理间、套、轮作，发现病株及时拔除。③苗期防蚜至关重要，要尽一切可能把传毒蚜虫消灭在毒源植物上，尤其春季气温升高后对采种株及春播十字花科蔬菜的蚜虫更要早防。

（2）生物防治　发病初期开始喷洒0.5%菇类蛋白多糖水剂300倍液、2%宁南霉素（菌克毒克）水剂500倍液。

（3）化学防治　发病初期开始喷洒24%混脂酸·铜（毒消）水剂800倍液或7.5%菌毒·吗啉胍（克毒灵）水剂500倍液、31%吗啉胍·三氮唑核苷（病毒康）可溶性粉剂800～1000倍液、20%吗啉胍·乙铜（灭毒灵、病毒清、克毒宁、拔毒宝、病毒散）可湿性粉剂500倍液。隔10天防治1次，连续防治2次。

2.大白菜霜霉病

【症状】在幼苗期即可被害，在子叶上形成褐色小点或凹陷斑，潮湿时子叶及子茎上有时出现白色的霉层。真叶期发病，在叶正面出现多角形的黄色病斑，潮湿时在叶背面可生出白色霉层。病斑多时，相互连接可引起叶片大面积的枯死。病叶从外向内发展，严重时能造成植株不能包心。参见图3-21大白菜霜霉病叶片正面，图3-22大白菜霜霉病叶片背面（霜霉）。

【传播途径和发病条件】北方寒冷或海拔高的地区，病菌主要以卵孢子在病残体或土壤中，或以菌丝体在采种母根或窖贮白菜上越冬。翌年卵孢子萌发产出芽管，从幼苗胚茎处侵入。菌丝体向上蔓延至第一片真叶，并在幼茎和叶片上产出孢子囊形成有限的系统侵染。本病经风雨传播蔓延，先侵染普通白菜或其他十字花科蔬菜。此外，病菌还可附着在种子上越冬，播种带菌种子直接侵染幼苗，引起苗期发病。病菌在菜株病部越冬的，越冬后产生孢子囊。孢子囊成熟后脱落，借气流传播，在寄主表面产生芽管，由气孔或从细胞间隙处侵入，经3～5天潜育又在病部产生孢子囊进行再侵染。如此经多次再侵染，直到秋末冬初条件恶劣时，才在寄主组织内产出卵孢子越冬，并经1～2个月休眠后又可萌发，成为下年初侵染源。温暖地区，特别是南方终年种植各种十字花科蔬菜的地区，病菌以孢子囊及游动孢子进行初侵染和再侵染，致该病周而复始，终年不断，不存在越冬问题。霜霉病的发病条件各地基本相同，平均温度16℃左右，相对湿度高于70%，有连续5天以上的连阴雨天气1次或多于1次，有感病品种和菌源，该病即能迅速蔓延。我国各地气候条件不同，发生期差别较大，华南、华中及长江流域多发生于春、秋两季，内蒙古、辽宁、吉林、黑龙江、云南7～8月间开始发生，华北一带则多发生于4～5月及8～9月间。

大白菜发育阶段不同，对霜霉病抵抗力不同，苗期子叶最感病，真叶较抗病，但进入包心期后，随着菜株加速生长，外叶开始衰老，进入感病阶段，因此本病多在生长中后期发生。此外，还与播期迟早、品种抗病程度、田间管理状况及病毒病、黑腐病等发生情况有关。

【防治方法】

（1）农业综合防治　① 精选种子，无病株留种。② 适时追肥，定期喷施增产菌，每亩使用增产菌30毫升对水75升。

（2）生物防治　在中短期测报基础上掌握，在发现中心病株后开始喷洒抗生素2507液体发酵产生菌丝体提取的油状物，稀释1500倍液。

（3）化学防治　① 种子消毒，播种前用种子重量0.3%的25%甲霜灵可湿性粉剂拌种。② 喷施药剂，70%锰锌·乙铝可湿性粉剂500倍液、72%锰锌·霜脲（霜消、霜克、疫菌净、富特、克菌宝、无霜等）可湿性粉剂600倍液、55%福·烯酰（霜尽）可湿性粉剂700倍液、69%锰锌·烯酰（安克锰锌）可湿性粉剂600倍液、60%氟吗·锰锌（灭克）可湿性粉剂700～800倍液、52.5%抑快净水分散粒剂2000倍液、25%烯肟菌酯（佳斯奇）乳油1000倍液、70%丙森锌（安泰生）可湿性粉剂700倍液。每亩喷兑好的药液70升，隔7～10天喷1次，连防2～3次。上述混配剂中含有锰锌的可兼治大白菜黑斑病。棚室大白菜霜霉病、白斑病混发地区可选用60%乙磷铝·多菌灵可湿性粉剂600倍液兼治两病，效果明显。

3.大白菜黑斑病

【症状】主要为害子叶、真叶的叶片及叶柄。初生近圆形褪绿斑，后逐渐扩大，边缘淡绿色至暗褐色，几天后病斑直径扩大至5～10毫米，且有明显的同心轮纹。有的病斑具黄色晕圈，在高温高湿条件下病部穿孔。发病严重的，病斑汇合成大的斑块，致半叶或整叶枯死，全株叶片由外向内干枯。茎或叶柄上病斑长梭形，呈暗褐色条状凹陷。参见图3-53大白菜黑斑病病叶。

【传播途径和发病条件】在北方主要以菌丝体在病残体或种子及冬贮菜上越冬，翌年产生出孢子从气孔或直接穿透表皮侵入，潜育期3～5天。在春夏季，本病辗转侵害当地油菜、菜心、小白菜、甘蓝等十字花科蔬菜，并在病斑上产生分生孢子，进行再侵染，使病害不断扩展蔓延。秋季传播到大白菜上为害或形成灾害。在我国南方的一些地区周年均可发生，辗转为害，无明显越冬期。本病发生轻重及早晚与连阴雨持续的时间长短及品种抗性有关，多雨高湿及温度偏低发病早而重。发病温度范围11～24℃，适宜温度11.8～19.2℃，相对湿度72%～85%；品种间抗性有差异，但未见免疫品种。

【防治方法】

（1）农业综合防治　① 尽可能选用适合当地的抗黑斑病品种。② 种子如带菌可用50℃温水浸种25分钟，冷却晾干后播种，③ 与非十字花科蔬菜轮作2～3年。④ 施足腐熟有机肥或有机活性肥，增施磷钾肥，有条件的采用配方施肥，提高菜株抗病力。

（2）化学防治 ① 药剂拌种，用种子重量0.4%的50%福美双可湿性粉剂拌种，或用种子重量0.2%～0.3%的50%异菌脲可湿性粉剂拌种。② 发现病株及时喷洒3%多氧清水剂700～800倍液或50%福·异菌（灭霉灵）可湿性粉剂700倍液、10%恶醚唑（世高）水分散粒剂1500倍液、75%百菌清可湿性粉剂500～600倍液、70%丙森锌（安泰生）可湿性粉剂700倍液、50%异菌脲可湿性粉剂1000倍液。在黑斑病与霜霉病混发时，可选用70%锰锌·乙铝可湿性粉剂500倍液，或58%甲霜灵·锰锌可湿性粉剂500倍液，每亩喷兑好的药液60～70升，隔7天左右1次，连续防治3～4次。

4.大白菜白斑病

【症状】叶片上初生灰褐色近圆形小斑，后扩大为直径6～18毫米不等的浅灰色至白色不定形病斑，外围有污绿色晕圈或斑边缘呈湿润状，潮湿时斑面现暗灰色霉状物，即分生孢子梗和分生孢子。病组织变薄稍近透明，有的破裂或成穿孔，严重时病斑连合成斑块，终致整叶干枯。大白菜病株叶片从外向内一层层干枯，似火烤状，致全田呈现一片枯黄。参见图3-51大白菜白斑病典型症状。

【传播途径和发病条件】主要以分生孢子梗基部的菌丝或菌丝块附着在地表的病叶上生存或以分生孢子黏附在种子上越冬，翌年借雨水飞溅传播到白菜叶片上，孢子发芽后从气孔侵入，引致初侵染。病斑形成后又产生分生孢子，借风雨传播进行多次再侵染。此病对温度要求不大严格，5～28℃均可发病，适温11～23℃。旬均温23℃，相对湿度高于62%，降雨16毫米以上，雨后12～16天开始发病，此为越冬病菌的初侵染，病情不重。当白菜生育后期，气温降低，旬均温11～20℃，最低5℃，温差大于12℃，遇雨或暴雨，旬均相对湿度60%以上，经过再侵染，病害扩展开来，连续降雨可促进病害流行。白斑病流行的气温偏低，属低温型病害。在北方菜区，本病盛发于8～10月。在长江中下游及湖泊附近菜区，春、秋两季均可发生，尤以多雨的秋季发病重。此外，还与品种、播期、连作年限、地势等因子有关，一般播种早、连作年限长、下水头、缺少氮肥或基肥不足，植株长势弱的发病重。

【防治方法】

（1）农业综合防治 ① 因地制宜选用抗病品种。② 实行3年以上轮作，注意平整土地，减少田间积水。③ 适期播种，增施腐熟有机肥或酵素菌沤制的堆肥，中熟品种以适期早播为宜。

（2）化学防治 发病初期喷洒40%多·硫悬浮剂600倍液或50%多·霉威（万霉敌）可湿性粉剂800倍液、65%甲硫·霉威（克得灵）可湿性粉剂1000倍液、50%多菌灵可湿性粉剂500倍液、50%多菌灵磺酸盐（溶菌灵）可湿性粉剂800倍液、70%锰锌·乙铝（菜霉清）可湿性粉剂500倍液，每亩喷药液50～60升，间隔15天左右1次，共防2～3次。

5.大白菜炭疽病

【症状】主要危害叶片、叶柄、叶脉，有时也侵害花梗和种荚。叶片上病斑细小、圆形，直径约1～2毫米，初为苍白色水浸状小点，后扩大呈灰褐色，稍凹陷，周围有褐色边缘，微隆起。后期病斑中央部褪成灰白至白色，极薄，半透明，易穿孔。在叶脉、叶柄和茎上的病斑，多为长椭圆形或纺锤形，淡褐色至灰褐色，凹陷较深。严重时，病斑连合，叶片枯黄。潮湿时，病斑上产生淡红色黏质物。参见图3-52大白菜炭疽病。

【传播途径和发病条件】炭疽病病菌主要以菌丝体在病残体内或以分生孢子黏附种子表面越冬。越冬菌源借风雨传播，有多次再侵染。高温多雨、湿度大、早播病害易于发生。白帮品种较青帮品种发病重。

【防治方法】发病初期可用：50%多菌灵600倍液；80%炭疽福美500倍液；农抗120的100单位液；50%托布津500倍液；抗菌剂"401"800～1000倍液；大生M—45的400～600倍液，上述药之一，或交替应用，每5～7天一次，连喷3～4次。

6.大白菜根肿病

【症状】根肿病是芸薹根肿菌引致的病害，仅危害根部。根部发病后可影响地上部分的生长，初发病时叶色变淡，生长迟缓，矮化，发病严重时出现萎蔫症状，以晴天中午明显，起初夜间可恢复，后来则使整株死亡。检查病株根部，形成形状和大小不同的肿瘤，主根肿瘤大而量少，而侧根发病时肿瘤小而量多。见图5-15。

【传播途径和发病条件】病菌以休眠孢子囊随病根遗留在土壤里或黏附在种子上越冬，病菌在土中能存活6年左右。如果病株（包括病根）用来沤肥，未经高温腐熟处理，那粪肥也可带菌。第二年，田间可通过土壤、肥料、种子、雨水、灌溉水、昆虫、农具等传播。远距离还可通过带菌的种子和病苗调运传播。在适宜的条件下，休眠孢子囊萌发，产生游动孢子，从白菜的幼根或根毛穿透表皮侵入寄主细胞内，以后病菌经过一系列的演变和扩展，由根部皮层进入形成层，激发寄主薄壁细胞分裂和膨大，而在根部形成形状、大小不一的肿瘤。最后，在肿瘤内的病菌又形成许多休眠孢子囊，根肿瘤腐烂之后孢子囊又落入土中越冬。

发病条件与温湿度、土壤含水量、土壤酸碱度、栽培均有关。①发病与温湿度的关系：病菌适应温

图5-15　大白菜根肿病病根

度范围较广，9～30℃都能发病，但发病适宜的温度为19～25℃，适宜的相对湿度为50%～98%。② 发病与土壤含水量的关系：土壤含水量达70%～90%时，最利于休眠孢子囊的萌发和游动孢子活动及侵入寄主。如果土壤含水量在45%以下时，很少发病。③ 发病与土壤酸碱度的关系：土壤酸性，pH5.4～6.5时，利于发病；若土壤偏碱性，pH7以上时，则不利于发病。④ 发病与栽培的关系：病地连作、低洼地和水田改旱作地会使病害加重。

【防治方法】

（1）农业综合防治 ① 选用抗病品种。② 实行检疫，封锁病区，禁止从疫区调运种苗至无病区，建立无病留种田，留用无病种子。③ 合理轮作、减少病菌，进行4～5年与非十字花科作物轮作。在春夏季可种植茄科类、豆类等；秋冬季可与大葱轮作。有条件的地区可以与水稻、玉米、小麦、蚕豆等粮食作物轮作。④ 调节土壤酸碱度。增施腐熟农家肥、草木灰、石灰（亩施100～150千克），使其土壤呈微碱性，减轻病害发生。对已成型的病根勿随意丢弃，集中销毁。⑤ 加强栽培管理，坚持深沟高畦。控制病区排水，防止病区大水漫灌。病区中耕后，对中耕工具、人员所穿鞋子进行消毒。

（2）生物防治 使用云南农大FX-1菌剂加米汤拌种。

（3）化学防治 ① 土壤消毒：病田亩用50%福帅得悬浮剂300毫升，500倍液播前喷于地表，旋耕混土后播种。② 病区可使用毒土法防治：播种期使用科佳与1000倍细土（体积比）混匀，与大白菜种子同播。③ 灌根法防治：预防性防治可用敌克松70%可湿性粉剂800～1000倍液，或多菌灵50%可湿性粉剂800倍液，或百菌清75%可湿性粉剂1000倍液灌根1次，每株0.2～0.3千克，防效可达70%～80%，或小苗期用10%科佳悬浮剂1000～1500倍液灌根，一株需要0.4升药液，间隔7天再灌一次。

7.大白菜软腐病

【症状】大白菜软腐病，从莲座期到包心期都有发生。常见有3种类型：① 外叶呈萎蔫状，莲座期可见菜株于晴天中午萎蔫，但早晚恢复，持续几天后，病株外叶平贴地面，心部或叶球外露，叶柄茎或根茎处髓组织溃烂，流出灰褐色黏稠状物，轻碰病株即倒折溃烂；② 病菌由菜帮基部伤口侵入，形成水浸状浸润区，逐渐扩大后变为淡灰褐色，病组织呈黏滑软腐状；③ 病菌由叶柄或外部叶片边缘，或叶球顶端伤口侵入，引起腐烂。上述3类症状在干燥条件下，腐烂的病叶经日晒逐渐失水变干，呈薄纸状，紧贴叶球。病烂处均产出硫化氢恶臭味，成为本病重要特征，别于黑腐病。软腐病在贮藏期可继续扩展，造成烂窖。窖藏的大白菜带菌种株，定植后也发病，致采种株提前枯死。参见图3-10大白菜软腐病（软腐）。

【传播途径和发病条件】该菌在南方温暖地区，无明显越冬期，在田间周而复始、辗转传播蔓延。在北方则主要在田间病株、窖藏种株或土中未腐烂的病残体及害虫体内越冬，通过雨水、灌溉水、带菌肥料、昆虫等传播，从菜株的伤口侵入。此外，有报道，软腐病菌从大白菜幼芽阶段起，在整个生育期内均可由根毛区侵入，潜伏在维管束中或通过维管束传到地上各部位，在遇厌气性条件时才大量繁殖引起发病，称之为潜伏侵染。大白菜潜伏带菌率有时高达95%。由于软腐病菌寄主广，经潜伏繁殖后，引起生育期或贮藏期发病。该病从春到秋在田间辗转为害，其发生与田间害虫和人为或自然造成伤口多少及黑腐病等有关。大白菜的伤口主要分自然裂口、虫伤、病痕及机械伤等，其中叶柄上自然裂口以纵裂居多，是该病侵入的主要途径。生产上久旱遇雨，或蹲苗过度、浇水过量都会造成伤口而发病。地表积水，土壤中缺少氧气，不利于白菜根系发育或伤口木栓化则发病重。此外，还与大白菜品种、茬口、播期有关。一般白帮系统、连作地或低洼地及播种早的发病重。

【防治方法】

（1）农业综合防治　避免与茄科、瓜类及其他十字花科蔬菜连作。

（2）化学防治　喷洒50%氯溴异氰尿酸可溶性粉剂1200倍液，或25%络氨铜·锌水剂500倍液、47%春·王铜（加瑞农）可湿性粉剂750倍液，隔10天防治1次，连续防治2～3次，还可兼治黑腐病、细菌性角斑病、黑斑病等。但对铜剂敏感的品种须慎用。

8.大白菜黑腐病

【症状】幼苗出土前受害不能出土，或出土后枯死。成株期发病，叶部病斑多从叶缘向内发展，形成"V"字形的黄褐色枯斑，病斑周围淡黄色，病菌从气孔侵入，则在叶片上形成不正形淡黄褐色病斑，有时病斑沿叶脉向下发展成网状黄脉，叶中肋呈淡褐色，病部干腐，叶片向一边歪扭，半边叶片或植株发黄，部分外叶干枯、脱落，严重时植株倒瘫，湿度大时病部产生黄褐色菌溢或油浸状湿腐，干后似透明薄纸。茎基腐烂，植株萎蔫，纵切可见髓中空。种株发病，叶片脱落，花薹髓部暗褐色，最后枯死，叶部病斑"V"字形。黑腐病病株无臭味，有梅菜干味，可区别于软腐病。被黑腐病为害的大白菜易受软腐病菌的感染，从而加重了白菜的受害程度。见图5-16。

图5-16　大白菜黑腐病病叶

【传播途径和发病条件】病菌随种子、种株或病残体在土壤中越冬，成为第二年的初侵染源。播种带病种子，病菌从幼苗子叶边缘的水孔侵入而引起幼苗发病，土壤中的病菌靠雨水、灌溉水、农事操作和昆虫进行传播，病菌多从叶缘水孔或虫咬伤口侵入。带病种株病菌进入种荚和种皮，使种子带病，种子带病率可高达100%。带病种子是黑腐病远距离传播的主要途径。高温多雨，早播，与十字花科作物连作，管理粗放，虫害严重的地块，病害重。

【防治方法】

（1）农业综合防治　① 温汤浸种：用50℃温水浸种20分钟，用冷水降温。② 轮作：与非十字花科作物实行2～3年轮作。③ 加强田间管理：适时播种，苗期适时浇水，合理蹲苗，及时拔除田间病株并带出田外深埋，并对病穴撒石灰消毒。

（2）化学防治　① 种子消毒，可用45%代森铵水剂200～400倍液浸种20分钟，洗净晾干后播种，或用种子重量0.3%的50%福美双可湿性粉剂拌种。② 发病初期及时喷药，47%加瑞农可湿性粉剂600～800倍液或70%敌克松可溶性粉剂1000倍液喷雾。

9.大白菜干烧心病

大白菜干烧心也称夹皮烂，是一种生理病害，多于莲座期和包心期开始发病，受害叶片多在叶球中部，往往隔几层健壮叶片出现一片病叶，严重影响大白菜的品质。大白菜干烧心病各地都有不同程度的发生，在贮运期间还会发展，同样造成较大损失。近年来，南方由于菜地污染严重，发病也日趋严重。现将其发病规律及防治措施介绍如下。

【症状】大白菜莲座期即可发病，发病时边缘干枯、向内卷、生长受到抑制，包心不紧实；结球初期，球叶边缘出现水渍状，并呈黄色透明，逐渐发展成黄褐色焦叶，向内卷曲，结球后期发病株外表未见异常，剖视其内部叶片可见其黄化，叶脉呈暗褐色，叶内干纸状、叶片组织水渍状，具有发黏的汁液，但不出现软腐，也不发臭，反而有一定的韧性。病健组织间具有明晰的界线。干烧心病影响大白菜品质，病叶有苦味，不宜食用，且叶球不耐贮藏。见图5-17。

【发病条件】大白菜干烧心病是由于某些不良环境条件造成植株体内生理缺钙而引起的生理性病害。它不仅在酸性缺钙的土壤中形成，也会在石灰性富含钙素的土壤中形成。诱导干烧心病发生的因素多与以下条件有关：① 气候条件，空气湿度与干烧心病关系密切，其次是降水量，既影响空气湿度，又增加土壤的含水量，也影响着土壤溶液浓度的变化。在大白菜莲座期，干旱少雨的年份发病较重。② 土壤通透性差，土壤水分供应不均匀，土壤本身的原因，如低洼盐碱地，因植株吸收钠离子过多，抑制了钙的吸收；土壤中大量硫酸根的存在，制约了钙元素的吸收。或因长期施用化肥，或垃圾中炉渣灰过多，污水灌溉等，造成土壤板结、盐渍化，破坏了土壤结构，降低渗透力，使植株根系吸收不

图5-17　大白菜干烧心病

到足够的钙素。另外，天气干燥时土表累积的盐分，使根区盐分浓度增大，而使钙的比例减少，在水分过多时钙又被淋溶出根区，而产生缺钙。③ 灌水量及水质，苗期、莲座期适当多灌水的地块发病轻，反之则发病重。在海水倒灌菜区，当灌水中氯化物含量高于600毫克/升时，干烧心发病率高。④ 氮肥施用，偏施氮肥对钙的吸收产生不良影响而引起干烧心病。大量地施用氮素肥料，土壤又很干燥时，一方面会增加土壤溶液浓度，另一方面也因为土壤中微生物活动被抑制，部分铵态氮被根直接吸收，使钙氮比例失调，抑制了钙的吸收。

【防治方法】应该掌握干烧心病的发生规律，采取相应措施，以避免或减轻干烧心病的发生和危害。其措施为：① 合理施肥，底肥以有机肥为主、化肥为辅。增施优质有机肥作基肥，使土壤的有机质含量保持在2.5% ～ 3%为宜，减少化肥用量。每亩施农家肥5000千克、过磷酸钙50千克、硫酸钾15千克及少量的尿素，以改善土壤结构，促使植株健壮生长。同时要求土壤平整，浇水均匀，土壤含盐量低于0.2%，水质无污染，避免使用污水灌溉，从而改善土壤的团粒结构，增强土壤的通透性，氯化物含量应低于500毫克/升。酸性土壤应增施石灰，调整土壤酸碱度。② 加强田间管理，苗期及时中耕，促进根系发育，适期晚播的不再蹲苗，应肥水猛攻，一促到底，田间始终保持湿润状态，防止干旱，及时防治病虫害。莲座初期及包心前期分别喷洒0.7%氯化钙或1%过磷酸钙溶液，7 ～ 10天后再喷洒一次0.7%硫酸锰溶液。③ 直接补钙，向易发生病害的部位直接补钙有明显效果。比较易于掌握的是自莲座中期开始，每7 ～ 10天向心叶喷洒0.7%氯化钙和适当比例的萘乙酸混合液，共喷3 ～ 5次，其相对防治效果可达80%以上。施用时要注意集中向心叶喷洒，并要避免踩伤植株。④ 注意茬口选择，在易发生干烧心病的病区种植大白菜时，应避免与吸钙量大的甘蓝、番茄等作物连作。如果在番茄结果期发现脐腐病严重时，说明该地区缺钙严重，秋茬最好不要种植大白菜。⑤ 降温处理，气温高时，包心期开始折外叶覆盖叶球，减少白天过量蒸腾作用；夜间沟灌"跑马水"提供足够水分保证根系正常吸收养分及体内养分的正常运转。

（二）主要虫害

1. 小菜蛾

【为害特点】初龄幼虫仅能取食叶肉，留下表皮，在菜叶上形成一个个透明的斑，农民称为"开天窗"。3 ～ 4龄幼虫可将菜叶食成孔洞和缺刻，严重时全叶被吃成网状。在苗期常集中心叶为害，影响包心。成虫昼伏夜出，白天仅在受惊扰时，在株间作短距离飞行。成虫产卵期可达10天，平均每雌产卵100 ～ 200粒，卵散产或数粒在一起，多产于叶背脉间凹陷处，卵期3 ～ 11天。初孵幼虫潜入叶肉取食，2龄初从隧道中退出，取食下表皮和叶肉，留下上表皮呈"开天窗"。3龄后可将叶片吃成孔洞，严重时仅留叶脉。幼虫很活跃，遇惊扰即扭动、倒退或翻滚落下。

【形态特征】成虫：为灰褐色小蛾，体长6～7毫米，翅展12～15毫米，翅狭长，前翅后缘呈黄白色三度曲折的波纹，两翅合拢时呈三个接连的菱形斑。前翅缘毛长并翘起如鸡尾。卵：扁平，椭圆状，约0.5毫米×0.3毫米，黄绿色。老熟幼虫：体长约10毫米，黄绿色，体节明显，两头尖细，腹部第4～5节膨大，故整个虫体呈纺锤形，并且臀足向后伸长。蛹：长5～8毫米，黄绿色至灰褐色，肛门周缘有钩刺3对，腹末有小钩4对。茧薄如网。参见图3-71小菜蛾幼虫和蛹。

【生活习性】内蒙古及华北年发生4～6代，南京10～11代，杭州11～13代，广东20代，台湾22代。长江及其以南地区无越冬、越夏现象，北方以蛹越冬，翌春5月羽化，成虫昼伏夜出，白天仅在受惊扰时，在株间作短距离飞行。成虫产卵期可达10天，平均每雌产卵100～200粒，卵散产或数粒在一起，多产于叶背脉间凹陷处，卵期3～11天。初孵幼虫潜入叶肉取食，2龄初从隧道中退出，取食下表皮和叶肉，留下上表皮呈"开天窗"。3龄后可将叶片吃成孔洞，严重时仅留叶脉。幼虫很活跃，遇惊扰即扭动、倒退或翻滚落下。幼虫共4龄，发育历期12～27天。老熟幼虫在叶脉附近结薄茧化蛹，蛹期约9天。小菜蛾的发育适温为20～30℃，因此在北方，于5～6月及8月（也正是十字花科蔬菜大面积栽培季节）呈两个发生高峰，以春季为害重。长江流域和华南各省以3～6月和8～11月为两次高峰期，秋季重于春季。

【防治方法】

（1）农业综合防治　合理布局，尽量避免小范围内十字花科蔬菜周年连作，以免虫源周而复始。对苗田加强管理，及时防治，避免将虫源带入本田。蔬菜收获后，要及时处理残株败叶或立即翻耕，可消灭大量虫源。

（2）物理防治　小菜蛾有趋光性，在成虫发生期，每亩设置一盏黑光灯，可诱杀大量小菜蛾，减少虫源。

（3）生物防治　① 提倡用苏云金杆菌防治小菜蛾：于幼虫3龄前（菜田要掌握该虫发育进程以确定防治适期，于卵盛期后7～15天，即卵孵化盛期至1.2龄幼虫高峰期）喷洒Bt，即含活芽孢100亿/克或150亿/克的苏云金杆菌可湿性粉剂或悬浮剂，每亩用100～300克，稀释500～1000倍液喷雾。② HD-1制剂（苏云金杆菌的一个变种，即库尔斯泰克）：该制剂含活孢子数为129亿/克，1：1000倍液，每亩喷75升，气温25℃，48小时防效90%。③ 用性诱剂防治小菜蛾：把性诱剂放在诱芯里，利用诱捕器诱捕小菜蛾。诱芯是含有人工合成性诱剂的小橡皮塞，把诱芯放到菜田中，性信息素便缓慢挥发扩散，诱集附近小菜蛾雄虫。④ 用小菜蛾绒茧蜂防治小菜蛾：在小菜蛾危害的菜田，释放绒茧蜂，可发挥天敌控制的效果。⑤ 掌握在卵孵盛期至2龄幼虫发生期，往叶背或心叶喷洒0.2%苦皮藤素乳油1000倍液或0.5%藜芦碱醇溶液800倍液、0.3%印棟素乳油1000倍液、0.6%清源保（苦参碱、苦内酯）水剂300倍液、25%灭幼脲悬浮剂1000倍液。

（4）化学防治　3%啶虫脒（莫比朗）乳油1500倍液、2.5%多杀菌素（菜喜）

悬浮剂1500倍液、10%虫螨腈（除尽）悬浮剂1200～1500倍液。

防治小菜蛾切忌单一种类的农药常年连续地使用，特别应该注意提倡生物防治，减少对化学农药的依赖性。必须用化学农药时，一定做到交替使用或混用，以减缓抗药性产生。

2.菜青虫

【为害特点】幼虫食叶。2龄前只能啃食叶肉，留下一层透明的表皮。3龄后可蚕食整个叶片，轻则虫口累累，重则仅剩叶脉，影响植株生长发育和包心，造成减产。同时虫口还能导致软腐病。

【形态特征】成虫：体长12～20毫米，翅展45～55毫米。体灰黑色，翅白色，顶角灰黑色，雌蝶前翅有2个显著的黑色圆斑，雄蝶仅有1个显著的黑斑。卵：瓶状，高约1毫米，宽约0.4毫米，表面具纵脊与横格，初产乳白色，后变橙黄色。幼虫：体青绿色，背线淡黄色，腹面绿白色，体表密布细小黑色毛瘤，沿气门线有黄斑。共5龄，各龄头宽体长如表5-2：

表5-2 菜青虫发育特点

虫龄	1	2	3	4	5
头宽/毫米	0.3	0.5～0.6	0.9～1.0	1.4～1.5	2.0
体长/毫米	2.3	3.6	5～10	8～12	15～20

蛹：长18～21毫米，纺锤形，中间膨大而有棱角状突起，体绿色或棕褐色。参见图3-70菜青虫幼虫。

【生活习性】各地发生代数、历期不同，内蒙古、辽宁、河北年发生4～5代，上海5～6代，南京7代，武汉、杭州8代，长沙8～9代。各地均以蛹越冬，大多在菜地附近的墙壁屋檐下或篱笆、树干、杂草残株等处，一般选在背阳的一面。翌春4月初开始陆续羽化，边吸食花蜜边产卵，以晴暖的中午活动最盛。卵散产，多产于叶背，平均每雌产卵120粒左右。卵的发育起点温度8.4℃，有效积温56.4日度，发育历期4～8天。幼虫的发育起点温度6℃，有效积温217日度，发育历期11～22天。蛹的发育起点温度7℃，有效积温150.1日度，发育历期（越冬蛹除外）5～16天。成虫寿命5天左右。菜青虫发育的最适温度为20～25℃，相对湿度76%左右。

【防治方法】

（1）物理防治 提倡采用防虫网。

（2）生物防治 ① 提倡保护菜青虫的天敌昆虫，保护天敌对菜青虫数量控制十分重要，利用菜青虫的天敌，可以把菜青虫长期控制在一个低水平，不引起经济损失，不造成危害的状态。重点保护利用凤蝶金小蜂、微红绒茧蜂、广赤眼蜂、澳洲赤眼蜂等天敌。② 用菜青虫颗粒体病毒防治菜青虫。每亩用染有此病毒的五龄幼虫尸体10～30条，约3～5克，捣烂后对水40～50升，于1～3龄幼虫期、百株有虫10～100头时，喷洒到叶片两面。从定苗至收获共喷1～2次。③ 提倡喷洒1%苦参碱醇溶液800倍液、0.2%苦皮藤素乳油1000倍液或5%黎芦碱醇（虫螨灵）溶液800倍液、2.5%鱼藤酮乳油100倍液。也可喷洒青虫菌6号悬浮剂800倍液、绿盾高效Bt 8000IU/毫克可湿性粉剂600倍液、0.5%楝素杀虫乳油800倍液。④ 提倡采用昆虫生长调节剂，如20%灭幼脲1号（除虫脲）或25%灭幼脲3号（苏脲1号）悬浮剂600～1000倍液，这类药一般作用缓慢，通常在虫龄变更时才使害虫死亡，因此应提前几天喷洒，药效可持续15天左右。

（3）化学防治　15%安打悬浮剂3000倍液、20%抑食肼（虫死净）可湿性粉剂1000倍液、10%氯氰菊酯乳油2000倍液。采收前3天停止用药。

3.萝卜地种蝇

【为害特点】分布于我国北方地区，是棚室大白菜主要害虫。蝇蛆蛀食菜株根部及周围菜帮，受害株在强日照下，老叶呈萎垂状。受害轻的，菜株发育不良，呈畸形或外帮脱落，产量降低，品质变劣，不耐贮藏。受害重的，蝇蛆蛀入菜心，不堪食用，甚至因根部完全被蛀而枯死。此外，蛆害造成的大量伤口，导致软腐病的侵染与流行。

【形态特征】成虫：体长约7毫米。雄蝇暗褐色，后足腿节外下方生有一列稀疏长毛，腹部扁平。雌蝇黄褐色，胸、腹背面无斑纹。雌、雄蝇前翅基背毛与盾间沟后背中毛大致相等。卵乳白色，长椭圆形，长1.3毫米。幼虫：腹部末端有6对突起，第5对显著大于其他突起，并且分成很深的两叉。蛹：长约7毫米，椭圆形，红褐或黄褐色，尾端可见6对突起。

【生活习性】一年1代，以蛹越冬。成虫于8月中下旬羽化，产卵于菜苗周围地面上或心叶及叶腋上，经5～14天孵化为蝇蛆，迅速钻入叶柄基部，而后向茎中钻蛀，幼虫期35～40天，9月下旬开始化蛹，10月下旬全部化蛹越冬。8月份多雨潮湿有助于成虫的羽化及幼虫的孵化，发生较重。

【防治方法】

（1）预测预报　地蛆孵化后即钻入菜株，不易防治，因此，加强测报，抓住成虫产卵高峰及地蛆孵化盛期，及时防治是关键。通常采用诱测成虫的方法，诱剂的配方是：1份糖、1份醋、2.5份水，加少量敌百虫拌匀。诱蝇器用大碗或小盆，先放入少许锯末，然后倒入适量诱剂，加盖。每天在成虫活动时间开盖，及时检查诱杀效果和补充或更换诱剂。当盆内诱蝇数量突增或雌雄比近1：1时，即为成虫发生盛期，应立即防治。

（2）农业综合防治　① 种蝇对生粪有趋性，因此禁止使用生粪做肥料。即使使用充分腐熟的有机肥，也要做到均匀、深施（最好做底肥），种子与肥料要隔开，可在粪肥上覆一层毒土。地蛆严重地块，应尽可能改用活性有机肥或酵素菌沤制的堆肥。② 在地蛆已发生的地块，要勤灌溉，必要时可大水漫灌，能阻止种蝇产卵、抑制地蛆活动及淹死部分幼虫。

（3）化学防治 ① 在成虫发生期，喷洒75%灭蝇胺可湿性粉剂5000倍液或10%灭蝇胺悬浮剂1000倍液，隔7天1次，连续喷2～3次。② 已发生地蛆的菜田可用50%辛硫磷乳油1000倍液、90%敌百虫晶体1000倍液或50%乐果乳油1000倍液灌根。每亩用药0.5～1千克。

4.甜菜夜蛾

俗称白菜褐夜蛾，隶属于鳞翅目、夜蛾科，是一种世界性分布、间歇性大发生的以危害蔬菜为主的杂食性害虫。对大葱、甘蓝、大白菜、芹菜、菜花、胡萝卜、芦笋、蕹菜、苋菜、辣椒、豇豆、花椰菜、茄子、芥蓝、番茄、菜心、小白菜、青花菜、菠菜、萝卜等蔬菜都有危害。

【为害特点】初孵幼虫群集叶背，吐丝结网，在其内取食叶肉，留下表皮，成透明的小孔。3龄后可将叶片吃成孔洞或缺刻，严重时仅余叶脉和叶柄，致使菜苗死亡，造成缺苗断垄，甚至毁种。参见图3-66甜菜夜蛾（a）幼虫，图3-66甜菜夜蛾（b）成虫。

【形态特征】成虫：体长8～10毫米，翅展19～25毫米。灰褐色，头、胸有黑点。前翅灰褐色，基线仅前段可见双黑纹。内横线双线黑色，波浪形外斜。剑纹为一黑条。环纹粉黄色，黑边。肾纹粉黄色，中央褐色，黑边。中横线黑色，波浪形。外横线双线黑色，锯齿形，前、后端的线间白色。亚缘线白色，锯齿形，两侧有黑点，外侧在M1处有一个较大的黑点。缘线为一列黑点，各点内侧均衬白色。后翅白色，翅脉及缘线黑褐色。卵：圆球状，白色，成块产于叶面或叶背，8～100粒不等，排为1～3层，外面覆有雌蛾脱落的白色绒毛，因此不能直接看到卵粒。老熟幼虫：体长约22毫米。体色变化很大，由绿色、暗绿色、黄褐色、褐色至黑褐色，背线有或无，颜色亦各异。较明显的特征是腹部气门下线为明显的黄白色纵带，有时带粉红色，此带的末端直达腹部末端，不弯到臀足上去（甘蓝夜蛾老熟幼虫此纵带通到臀足上）。各节气门后上方具一明显的白点。此种幼虫在田间常易与菜青虫、甘蓝夜蛾幼虫混淆。蛹：体长约10毫米，黄褐色。中胸气门显著外突。臀棘上有刚毛2根，其腹面基部亦有2根极短的刚毛。

【生活习性】山东、江苏及陕西关中地区，一年发生4～5代，北京年发生5代，深圳年发生10～11代。江苏北部地区以蛹在土室内越冬，在亚热带和热带地区全年可生长繁殖，在广州、深圳无明显越冬现象，终年繁殖为害。成虫夜间活动，最适宜的温度20～23℃、相对湿度50%～75%。有趋光性。成虫产卵期3～5天，每雌可产100～600粒，卵期2～6天。幼虫共5龄（少数6龄），3龄前群集为害，但食量小。4龄后，食量大增，昼伏夜出，有假死性。虫口过大时，幼虫可互相残杀。幼虫发育历期11～39天。老熟幼虫入土，吐丝筑室化蛹，蛹发育历期7～11天。（越冬蛹发育起点温度为10℃，有效发育积温为220日·度）。甜菜夜蛾是一种间歇性大发生的害虫，不同年份发生量差异很大。一年之中，在华北地区以 7～8 月为害较重。山东已连续发生 7 年，可能是从南方迁飞而来。近年该虫为害蔬菜十分猖獗。

【防治方法】

（1）生物防治　① 用赤眼蜂防治甜菜夜蛾。产卵初期亩释放拟澳洲赤眼蜂 1.5 万头，放蜂后 7 天，卵寄生率 80% 左右。② 提倡用灭幼脲防治甜菜夜蛾。用 20% 灭幼脲 1 号胶悬剂 200 毫克/升和 25% 灭幼脲 3 号胶悬剂 200 毫克/升等量混合液，防效 90% 以上。③ 喷洒 Bt 乳剂 300 倍液加 50% 辛硫磷乳油 2000 倍液，或 0.5% 印楝素乳油 800 倍液，或 2.5% 多杀菌素（菜喜）悬浮剂 1300 倍液。

（2）人工采卵和捕捉幼虫　甜菜夜蛾的卵块在叶背，且卵块上有黄白色鳞毛，易于识别，3 龄以前的幼虫多集中在心叶上，比较集中。有条件的地方，可以采取这项措施。

（3）化学防治　幼虫 3 龄前，选晴天于日落时喷洒 30% 安打悬浮剂 3500～4500 倍液、30% 蛾螨灵乳油 1500 倍液或 10% 高效氯氰菊酯（歼灭）乳油 1500 倍液、5% 顺式氯氰菊酯（快杀敌）乳油 3000 倍液、39% 辛硫磷·阿维乳油 1000 倍液、20% 虫酰肼（米满）悬浮剂 1000 倍液、1% 阿维菌素乳油 1500 倍液。该虫有假死性、避光性，喜在叶背为害，喷药时要均匀，采用"三绕一扣，四面打透"的方法，并注意轮换交替用药，防止产生抗药性。

5.斜纹夜蛾

它是一种杂食性害虫，在蔬菜中对白菜、甘蓝、花椰菜、马铃薯、茄子、番茄、辣椒以及藜科、百合科等多种作物都能进行为害。在分类中属于鳞翅目夜蛾科。

【为害特点】它主要以幼虫为害全株，小龄时群集叶背啃食，取食叶肉，留下叶脉和上表皮，稍遇惊动，就四处爬散或吐丝飘散。3 龄后分散为害叶片、嫩茎、老龄幼虫可蛀食果实。其食性既杂又危害各器官，老龄时形成暴食，是一种危害性很大的害虫。参见图 3-67 斜纹夜蛾（a）卵，图 3-67 斜纹夜蛾（b）幼虫，图 3-67 斜纹夜蛾（c）成虫。

【形态特征】成虫体长 16 毫米，褐色。前翅外线为灰色波浪形纹，肾形斑黑褐色。在环形斑与肾形斑之间有 3 条黄白色的斜线。后翅白色，微有闪光。卵半球形，黄绿色，卵块上有覆盖着的黄色绒毛。幼虫体长为 48 毫米，体色多变，有黄绿色、褐色等。老熟幼虫体背有灰色斑纹，体侧有灰白色的横线。蛹纺锤形、棕红色。

【生活习性】该虫在我国南、北方发生代数有很大差异，每年可发生 3～8 代，多以蛹过冬。华北地区每年发生 4～5 代，云南、广东、台湾等地一年发生 8 代。无滞育现象，可终年发生为害。该虫每年 6～9 月为害严重。成虫昼伏夜出，有补充营养的习性。由于地区不同、季节不同，卵期为 2～12 天。成虫对黑光灯和糖醋味有较强的趋性。幼虫一般 6 龄，少数 8 龄。有假死性，老熟后即入土造蛹室，在其中化蛹。

【防治方法】

（1）物理防治　诱杀成虫，在成虫阶段，用黑光灯、糖醋液或捆成把的杨树枝诱杀。

（2）生物防治　利用天敌。斜纹夜蛾的天敌种类较多，如瓢虫、蜘蛛、寄生蜂、病原菌及捕食性昆虫。

（3）化学防治　在幼虫3龄前喷药防治，如50%辛硫磷乳油1500倍液、15%菜虫净乳油1500倍液、2.5%敌杀死乳油3000倍液等。4龄后幼虫具有夜间危害特性，施药应在傍晚进行。

6. 甘蓝夜蛾

甘蓝夜蛾又称为甘蓝夜盗虫，广泛分布于各地，是一种杂食性害虫，除大田作物、果树、野生植物外，对蔬菜也是一种主要害虫，它可为害甘蓝、白菜、萝卜、菠菜、胡萝卜等多种蔬菜。在昆虫分类中属于鳞翅目的夜蛾科。

【为害特点】它主要是以幼虫危害作物的叶片，初孵化时的幼虫围在一起于叶片背面进行为害。白天不动，夜晚活动啃食叶片，而残留下表皮，到大龄（4龄以后）时，白天潜伏在叶片下、菜心、地表或根周围的土壤中，夜间出来活动，形成暴食。严重时，往往能把叶肉吃光，仅剩叶脉和叶柄，吃完一处再成群结队迁移为害，包心菜类常常有幼虫钻入叶球并留了不少粪便，污染叶球，还易引起腐烂。参见图3-68甘蓝夜蛾成虫。

【形态特征】成虫体长20毫米，翅展45毫米，棕褐色，前翅具明显的肾形纹和环形纹，后翅外缘有一小黑点。老熟幼虫体长50毫米，头部褐色，腹部淡绿色，背面颜色多变，从浅蓝绿色、黄绿色、黄褐色至黑褐色，体色深的个体，各节中央两侧具八字形的黑斑。蛹长20毫米，棕红色。卵淡黄色。

【生活习性】在华北地区每年发生3代，以蛹在土中越冬。越冬代成虫在气温15～16℃时羽化出土，6～7月份是幼虫为害严重期。成虫对糖蜜有很强的趋性。平均气温18～25℃，相对湿度在70%～80%时对生长发育最为有利。

【防治方法】

（1）农业综合防治　进行秋耕、冬耕可杀死部分越冬蛹。利用成虫对糖蜜的趋性，在成虫盛发期用糖醋液诱杀。

（2）化学防治　低龄幼虫抗药力差，可于3龄以前选用40%菊杀乳油2000倍液，或20%灭扫利乳油3000倍液、2.5%功夫乳油4000倍液，或20%灭幼脲3号胶悬剂1000倍液，或50%辛硫磷浮油1000倍液，或40%菊马乳油2000～3000倍液，或10%氯氰菊酯乳油2000～3000倍液，或5%农梦特乳油3000倍液，或10%天王星乳油8000～10000倍液，或20%马扑立克乳油3000倍液，或21%灭杀毙乳油4000～5000倍液等药剂喷雾，每10～15天喷1次，连续防治2～3次即可。

7.蚜虫

危害棚室大白菜类的蚜虫主要有两种：桃蚜和菜缢管蚜（又称萝卜蚜），此外在我国北方局部地区还有少量的甘蓝蚜。参见图3-72蚜虫。

【为害特点】在蔬菜叶背或留种株的嫩梢、嫩叶上为害，成虫及若虫在菜叶上刺吸汁液，造成节间变短、弯曲，幼叶向下畸形卷缩，使植株矮小，影响包心或结球，造成减产。同时传播病毒病，造成的危害远远大于蚜害本身。

【防治方法】防治蚜虫宜尽早用药，将其控制在点片发生阶段。

（1）农业综合防治 蔬菜收获后及时清理田间残株败叶，铲除杂草；菜地周围种植玉米屏障，可阻止蚜虫迁入。

（2）物理防治 ① 利用蚜虫对黄色有较强趋性的原理，在田间设置黄板，上涂机油或其他黏性剂诱杀蚜虫。② 还可利用蚜虫对银灰色有负趋性的原理，在田间悬挂或覆盖银灰膜，每亩用膜5千克，在大棚周围挂银灰色薄膜条（10～15厘米宽），每亩用膜1.5千克，可驱避蚜虫。③ 提倡采用防虫纱网，主防蚜虫，兼防小菜蛾、菜青虫、甘蓝夜蛾、斜纹夜蛾、猿叶虫、黄条跳甲等。全棚覆盖有困难时，在棚室入口或通风口处，安装防虫网也有效。

（3）化学防治 由于蚜虫繁殖快，蔓延迅速，多在心叶及叶背皱缩处，药剂难于全面喷到。所以，除要求在喷药时要周到细致之外，在用药上应尽量选择兼有触杀、内吸、熏蒸三重作用的农药，如国产50%高渗抗蚜威或抗蚜威，或英国的辟蚜雾（成分为抗蚜威）50%可湿性粉剂1000倍液有效。这些药剂选择性强，仅对蚜虫有效，对天敌昆虫及桑蚕、蜜蜂等益虫无害，有助于田间的生态平衡。其他可选用10%吡虫啉（蚜克西、一片青、蚜虱净、广克净、蚜虱必净）可湿性粉剂1500倍液或20%氰戊菊酯乳油2000倍液、25%吡·辛（一击）乳油1500倍液、5%吡·丁（马灵）乳油1500倍液、50%辛硫磷乳油1000倍液。亩喷对好的药液70升。使用抗蚜威的采收前11天停止用药。使用氰戊菊酯的，采收前10天停止用药。

8.黄条跳甲

黄条跳甲是黄条跳甲属昆虫的总称，鞘翅目、叶甲科，主要包括黄曲条跳甲、黄宽条跳甲和黄狭条跳甲。

【为害特点】成虫食叶，以幼苗期危害最严重。可将叶片咬成许多小孔，严重时，叶片成筛网状；刚出苗的幼苗子叶被害后，整株死亡，造成缺苗断垄。成虫也为害种株花蕾和嫩种荚。幼虫只食菜根，蛀食根皮，咬断须根，造成植株萎蔫甚至死亡。

【黄曲条跳甲形态特征】成虫：体长1.8～2.4毫米，为黑色小甲虫，鞘翅上各有一条黄色纵斑，中部狭而弯曲。后足腿节膨大，因此善跳，胫节、跗节黄褐色。老熟幼虫：体长约4毫米，长圆筒形，黄白色，各节具不显著肉瘤，生有细毛。卵：长约0.3毫米，椭圆形，淡黄色，半透明。蛹：长约2毫米，椭圆形，

图5-18 黄曲条跳甲

乳白色，头部隐于前胸下面；翅芽和足达第5腹节，胸部背面有稀疏的褐色刚毛。腹末有一对叉状突起，叉端褐色。见图5-18。

【黄曲条跳甲生活习性】在黑龙江年发生2代，我国华北地区4～5代，上海、杭州4～6代，南昌5～7代，广州7～8代。以成虫在落叶、杂草中潜伏越冬。翌春气温达10℃以上开始取食，达20℃时食量大增。成虫善跳跃，高温时还能飞翔，以中午前后活动最盛。有趋光性，对黑光灯敏感。成虫寿命长，产卵期可延续1个月以上，因此世代重叠，发生不整齐。卵散产于植株周围湿润的土隙中或细根上，平均每雌产卵200粒左右。20℃下卵发育历期4～9天。幼虫需在高湿情况下才能孵化，因而近沟边的地里多。幼虫孵化后在3～5厘米的表土层啃食根皮，幼虫发育历期11～16天，共3龄。老熟幼虫在3～7厘米深的土中作土室化蛹，蛹期约20天。全年以春、秋两季发生严重，并且秋季重于春季，湿度高的菜田重于湿度低的菜田。

【防治方法】

(1) 农业综合防治 ① 选用抗虫品种。② 清除菜地残株落叶，铲除杂草，消灭其越冬场所和食料基地。③ 播前深耕晒土，造成不利于幼虫生活的环境并消灭部分蛹。

(2) 物理防治 ① 提倡采用防虫网，防治跳甲，兼治其他害虫。② 铺设地膜，避免成虫把卵产在根上。

(3) 化学防治 可用2.5%鱼藤酮乳油500倍液、0.5%川楝素杀虫乳油800倍液、1%苦参碱醇溶液500倍液、10%高效氯氰菊酯乳油2000倍液、90%敌百虫晶体800倍液，或50%辛硫磷乳油3000倍液，20%杀灭菊酯乳油3000倍液、50%马拉硫磷乳油800倍液或50%敌敌畏乳油800倍液等喷雾防治成虫。

9.野蛞蝓

俗名无壳蜒蚰螺、鼻涕虫。

【为害特点】取食大白菜叶片成孔洞，尤以幼苗、嫩叶受害最烈。野蛞蝓怕光，强日照下2～3小时即死亡，因此均夜间活动，从傍晚开始出动，晚上10～11时达高峰，清晨之前又陆续潜入土中或隐蔽处。耐饥力强，在食物缺乏或不良环境条件下能不吃不动。阴暗潮湿的环境易于大发生，当气温11.5～18.5℃、土壤含水量20%～30%时对其生长发育最为有利。

【形态特征】成虫伸直时体长30～60毫米，体宽4～6毫米，内壳长4毫米，宽2.3毫米。长梭形，柔软，光滑而无外壳，体表暗黑色或暗灰色。触角

2对，暗黑色，下边一对短，称前触角，有感觉作用；上边一对较长，称后触角，端部具眼。口腔内有角质齿舌，体背前端具有外套膜，为体长的1/3，边缘卷起，其内有退化的贝壳，上有明显的同心圆线。脊钝，黏液无色。卵椭圆形，韧而富有弹性，白色透明可见卵核，近孵化时颜色变深。见图5-19。

【生活习性】华北一年1代，云南2～6代，一年四季都能产卵繁殖、孵化为害，但以春、秋两季繁殖旺盛，为害重。以成体或幼体在作物根部湿土下越冬。5～7月在田间大量活

图5-19　野蛞蝓

动为害，入夏气温升高，活动减弱，秋季气候凉爽后又活动为害。完成一个世代约250天，5～7月产卵，卵期16～17天，从孵化至成贝性成熟约55天，成贝产卵期可达160天。野蛞蝓雌雄同体，异体受精，亦可同体受精繁殖。卵产于湿度大、有隐蔽的土缝中，隔1～2天产1次，约1～32粒，每处产卵10例左右，平均产卵量为400余粒。野蛞蝓怕光，强日照下2～3小时即死亡，因此均夜间活动，从傍晚开始出动，晚上10～11时达高峰，清晨之前又陆续潜入土中或隐蔽处。耐饥力强，在食物缺乏或不良环境条件下能不吃不动。阴暗潮湿的环境易于大发生，当气温11.5～18.5℃、土壤含水量20%～30%时对其生长发育最为有利。

【防治方法】

（1）农业综合防治　①在沟边、地头或行间撒石灰带保苗，每亩用生石灰5～7千克。②还可以用树叶、杂草、菜叶等在蔬菜田做诱集堆，天亮前集中人工捕捉。③采取清洁田园、铲除杂草、及时中耕、排干积水、秋冬翻耕等田间措施，造成对其不利的田间环境条件。④采用地膜覆盖栽培，也可减轻野蛞蝓的为害。

（2）化学防治　每亩用6%嘧哒颗粒剂425克或5%梅塔颗粒剂425～600克撒施，撒在其为害集中的菜田地面和作物上进行诱杀，掌握在傍晚撒施。因此药是饵料型杀螺剂，不能采用兑水喷雾。

10.灰巴蜗牛

又名蜒蚰螺、水牛。

【为害特点】灰巴蜗牛取食作物的幼茎、幼苗、叶片，形成大的缺刻和孔洞，亦可造成缺苗断垄。灰巴蜗牛主要在土壤耕作层内越冬或越夏，亦可在土缝或较隐蔽的场所越冬或越夏。菜田、农田、庭院、公园、林边杂草丛中及乱石堆内均可发生，一年繁殖1～3次，卵产于草根及作物根部土壤中、石块下或土缝内，每头可产卵50～300粒。喜温暖潮湿，常在多雨季节形成为害高峰。在疏松的

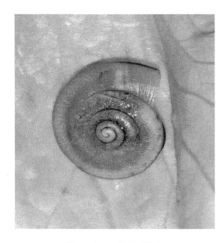

图5-20　灰巴蜗牛

土层中可随温度变化上下移动。

【形态特征】贝壳中等大小，壳质较厚，坚硬，呈圆球形。壳高18～21毫米，宽20～23毫米，有5.5～6个螺层，顶部几个螺层增长缓慢，略膨胀，体螺层急剧增长膨大。壳面黄褐色或琥珀色，常分布暗色不规则形斑点，并具有细致而稠密的生长线和螺纹。壳顶尖，缝合线深。壳口呈椭圆形，口缘完整，略外折，锋利，易碎。轴缘在脐孔处外折，略遮盖脐孔。脐孔狭小，呈缝隙状。个体大小、颜色变异较大。卵为圆球形，白色。见图5-20。

【生活习性】灰巴蜗牛主要在土壤耕作层内越冬或越夏，亦可在土缝或较隐蔽的场所越冬或越夏。菜田、农田、庭院、公园、林边杂草丛中及乱石堆内均可发生，一年繁殖1～3次，卵产于草根及作物根部土壤中、石块下或土缝内，每头可产卵50～300粒。喜温暖潮湿，常在多雨季节形成为害高峰。在疏松的土层中可随温度变化上下移动。

【防治方法】① 种植前彻底清除田间及邻近杂草，耕翻晒地。② 发生期进行药剂防治。可选用2%灭旱螺毒饵0.4～0.5千克/亩，或6%密达杀螺颗粒剂0.5～0.6千克/亩，或8%灭蜗灵颗粒剂、10%多聚乙醛颗粒剂0.8～1千克/亩均匀撒施或间隙性条施。

第二节　娃娃菜

娃娃菜是一种袖珍型小株白菜。它的株形小巧玲珑，帮薄脆嫩，口感清香，营养丰富，深受消费者的喜爱。它的生长期仅45～55天，商品球高20厘米，直径8～9厘米，净菜重150～200克。因适合小包装净菜上市及长途运输而受到市场的欢迎，种植经济效益较高，有望成为推广前景看好的名优特菜品种。

一、生产中出现的问题

（一）种植密度不当，产量较低

目前娃娃菜的栽培还比较少，栽培技术还不完全成熟。娃娃菜株型小，叶球直筒形，生产中要注意适当密植。而许多农户在种植娃娃菜时没有按照品种要求的密度种植，仍与种植普通白菜一样间苗、定苗，造成单位面积上大白菜株数减少，最终产量下降，经济效益降低。

（二）不顾市场，盲目种植

娃娃菜的特殊性在于它的外形娇小，风味优良，而其他性状如营养价值等都与普通白菜差别不大，娃娃菜的销售一般面向饭店、超市等比较高级的市场。尽管销售价格很高，但需求量不大。许多农户种植时，没有考虑到这些问题，看别人种就盲目跟随种植，前期种子投入很大，后期有菜卖不出去或价格与普通白菜没有差别甚至更低，造成经济效益不高。

二、对环境条件的要求

娃娃菜喜冷凉的生长环境条件，气候温和的季节种植品质最佳。它的发芽适温25℃左右，幼苗期能耐一定的高温。叶片和叶球生长适宜温度15～25℃，5℃以下则易受冻害，低于10℃则生长缓慢，包球松散或无法包球，高于25℃则易染病毒病。播种和定植时气温必须高于13℃，否则容易抽薹。棚室内，可全年排开播种，分期采收，均衡上市。早春要注意防止低温抽薹，夏季要用遮阳网、防虫网，遮强光降高温，防止蚜虫传播病毒。在营养生长期间喜欢较湿润的环境，由于其根系较弱，所以，如果水分不足则生长不良，组织硬化，纤维增多，品质差。

三、主要栽培季节

娃娃菜适宜春秋冬棚室种植，应排开播种，分期采收，均衡上市。以北方地区栽培为例，主要栽培季节有：

（一）春温室

1月中旬育苗，2月中、下旬定植，也可2月初直接播种，4月中、下旬采收。

（二）春大棚

2月上旬温室育苗，3月上旬定植（或3月初直接播种），4月底～5月初采收。

（三）秋冬温室

9月下旬～11月上旬直接播种，11月～次年2月采收。

四、品种选择

要选择个体小、叶球匀称、色泽鲜艳、叶质脆嫩、品质优良，适宜密植、便于包装的极早熟一代杂交种。此外，冬、春季种植的娃娃菜品种必须具有一定的耐抽薹能力，夏季种植的娃娃菜品种必须具备较强的耐热性和抗病毒病能力。

（一）春晓黄

北京中宏润禾种业有限公司研发的娃娃菜新品种，成熟期快，生长期45天左右，有利于密植。外叶绿色，芯叶鲜黄。商品性好，口味佳。抗抽薹性稳定，适合春秋季节栽培。见图5-21。

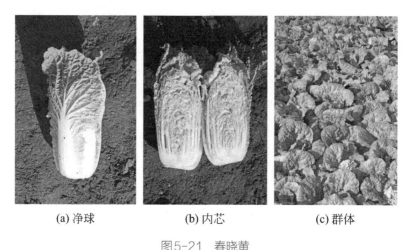

(a) 净球   (b) 内芯   (c) 群体

图5-21 春晓黄

（二）黄芯娃娃菜

韩国引进的早熟黄芯娃娃菜品种。该品种种植后48～52天左右可收获。外形美观，结球紧实，抗病性好，可以适当密植。内叶嫩黄，外叶深绿。适时栽培，定植后最低温度要持续在13℃以上；合理密植，株行距25厘米×25厘米左右；注意排水，在渗水不良的土地栽培易发生底部腐烂。见图5-22。

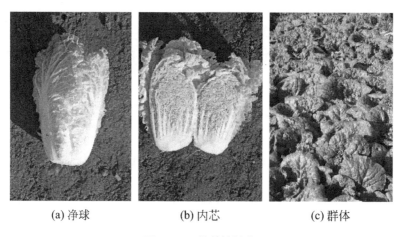

(a) 净球   (b) 内芯   (c) 群体

图5-22 黄芯娃娃菜

（三）金星娃娃菜

小株型高山娃娃菜类型白菜，全生育期50天左右，开展度小，外叶少，株形直立，结球紧密，内叶金黄艳丽，富含多种维生素。适宜密植，球高20厘米左右，直径8～9厘米，品质优良，高产，帮薄甜嫩，味道鲜美柔嫩，风味独特，抗逆性较强，耐抽薹，适应性广。适宜春秋两季露地、保护地栽培，垄作畦作均可，以垄作更佳，株行距20厘米×30厘米，可强水肥管理。见图5-23。

(a) 净球　　　　　　(b) 内芯　　　　　　(c) 群体

图5-23　金星娃娃菜

（四）芭比

韩系娃娃菜新品种，株型紧凑H型，叶球叠抱，播种后52～58天可以采收。外叶深绿，芯叶鲜黄，叶脉细少。水分含量少，口感好，品质佳。稳定性强，较适合春秋及夏季高海拔地区栽培。见图5-24。

（五）CRW

青岛市农科院选育的娃娃菜新品种，叶色深，叶面皱；叶球扣抱，短直筒形，球内鲜黄色；播种到成熟60天，抗根肿病，风味品质好，冬性强，耐贮运。见图5-25。

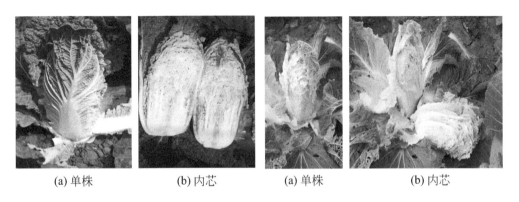

(a) 单株　　　　(b) 内芯　　　　(a) 单株　　　　(b) 内芯

图5-24　芭比　　　　　　　　　　图5-25　CRW

（六）潍白小宝

生长速度快，叶球充心快。株高23厘米，开展度30厘米×30厘米，外叶深绿，帮白而薄。叶球合抱炮弹形，平均球高20厘米，球径13厘米。芯叶浅黄色，单株重0.5～0.8千克，亩产量2000～2500千克。生长期50天左右，高抗病毒病，兼抗霜霉病和软腐病，抗逆性强。见图5-26。

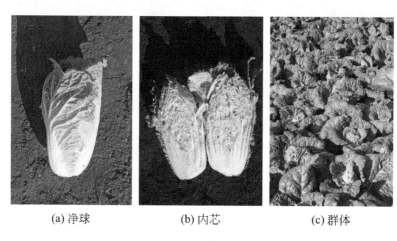

| (a) 净球 | (b) 内芯 | (c) 群体 |

图5-26 潍白小宝

五、栽培关键技术

（一）整地作畦

娃娃菜因地上部分较小，所以根系比一般白菜要小，应选择土壤肥沃，排灌方便的沙质壤土至黏质壤土为宜。因生育期较短，要注重基肥的使用，应全面施足腐熟有机肥，每亩施10～15千克复合肥做底肥。缺钙或者土质较碱的地区可增施15～20千克的过磷酸钙以保证钙的吸收，深翻耙平。

娃娃菜可垄栽，也可畦栽。春秋两季宜畦栽，省工省时；夏季宜垄栽，利于排水，畦宽1～1.2米。

（二）播种定植

在棚室内，可全年排开播种。但春天要注意低温抽薹的危险；夏季要用遮阳网，遮强光降高温，利用防虫网防止蚜虫传播的病毒病。娃娃菜可直播，也可育苗移栽。在气候较为适宜的春秋两季，可以精量播种，即每穴点播1～2粒或者1穴2粒、1穴1粒进行交叉点播，每亩用种量100～150克。育苗移栽的要在3叶期带土坨，尽量早定植以缩短缓苗期，株行距20～30厘米，亩保苗8000～10000株。

（三）田间管理

娃娃菜的管理较为简单，播种后2周要及时间苗、定苗、补苗、拔除杂草。可不蹲苗或者只进行1周时间蹲苗，便可加强肥水管理促进生长。要保持土壤湿润，但不要积水，在植株迅速膨大期（结球期）每亩追施尿素10千克即可。

六、采收

当全株高30～35厘米，心叶长满抱球结实后，便可收获。采收时应全株拔掉，去除多余外叶，削平基部，用保鲜膜打包后即可上市。

七、病虫害防治

娃娃菜生育期短，抗性较强，一般无病虫害。如果发病可参照当地大白菜病虫害防治方法进行防治。

第三节　苗用型大白菜

苗用型大白菜是指以大白菜作为绿叶菜予以栽培，以生长30～35天左右的大白菜苗作为上市产品的大白菜，本文称"苗用型大白菜"。见图5-27。

苗用型大白菜是典型绿叶菜，其速生耐热、种植简单、成本低、风险小、效益好、食用品质好、价格低、可周年供应。尽管苗用型大白菜是以功能叶为产品主体，但因它是大苗态的功能叶，其粗纤维结构还未大量形成，所以，它与食用主体为硕大叶球的结球大白菜相比食用品质并不逊色，且风味更佳。

图5-27　苗用型大白菜

随着人们生活水平的提高、种植业结构的调整等，棚室蔬菜栽培面积越来越大、周年供应程度越来越高、绿色产品要求越来越强、效益追求越来越甚，均使得棚室苗用型大白菜的逐渐扩大种植变为可能与必然。近年来，棚室苗用型大白菜面积不断扩大，而且逐渐形成规模，苗用型大白菜从品种到生产、到市场、到消费，可谓形成规模，形成体系。苗用型大白菜在茬口衔接期的插茬栽培中能起良好的作用，可提高土地利用率、增加经济效益。见

图5-28　日光温室生产苗用型大白菜

图5-29　浙白6号

图5-30　四季快菜一号

图5-31　速生快绿

图5-28。

一、品种选择

根据生产与消费的需求，北方苗用型大白菜以青帮、绿叶，叶冠较圆，叶片长，少茸毛类型为主。南方以色浅、叶面无毛或少毛的早熟类型为主。无论南方和北方都要具备鲜嫩，味美，生长速度快，株型直立、整齐，容易捆扎，耐揉、抗病、丰产、耐寒或耐热，适应性广等特点。主要品种有：

（一）浙白6号

耐寒专用型。速生强势，叶片光滑、无毛、翠绿、全缘、较长型，株型美观、品质优良，较耐寒，适应性广，综合抗病性强。见图5-29。

（二）四季快菜一号

适合四季栽培的苗用大白菜一代杂种。生长速度快，叶色翠绿，无毛，叶柄绿色。商品性、口感品质极佳。抗病、抗逆性强，适应性广。见图5-30。

（三）速生快绿

天津科润农业科技股份有限公司蔬菜研究所选育的苗用型大白菜一代杂种。株型美观，叶色鲜绿亮泽，叶面平，叶柄宽厚，颜色浅绿，抗病性强，商品性状好，口感细嫩，食用品质及风味品质极佳。株高18厘米，开展度16厘米，叶片数达到8～9片时开始采收。适宜全国各地种植。见图5-31。

（四）双耐

生长迅速，株型美观、较直立，心叶发育快、叶面光滑无毛、叶色淡绿、全缘、宽白帮，软叶率很高、品质特优，耐热性和综合抗病性均强。见图5-32。

（五）绿冠王

长势块，青帮绿叶，叶冠较圆，无毛、鲜嫩、味美、食用广泛。全年均可种植，商品性极佳。抗病毒病、霜霉病，适应性较强。见图5-33。

（六）黄火青

浙江省农业科学院蔬菜研究所育成的苗用白菜专用品种。生长势强，生长速度快，植株直立性好，易于密植，叶片光滑、无毛，叶色黄绿，叶柄较长，柄色白；叶质糯，叶柄清新爽口，风味浓郁；耐热性和抗病性强，产量高，适宜我国长江流域及以南地区做苗用白菜栽培。见图5-34。

（七）绿盈

长势快，青帮绿叶，叶冠较圆，无毛，鲜嫩，味美，食用广泛。全年均可种植，冬季和早春保护地种植，亩播种量1千克左右，行株距7～9厘米，播后25～30天左右收获，亩产2500千克左右，商品性极佳，很受消费者欢迎。见图5-35。

图5-32　双耐　　　　图5-33　绿冠王　　　　图5-34　黄火青　　　　图5-35　绿盈

二、栽培关键技术

（一）栽培季节

棚室苗用型大白菜栽培，一年四季均可播种。北方以11月～次年5月上市效益较好，南方以5～9月效益最好。

（二）整地做畦

土壤要疏松肥沃、排灌方便、上茬未种过叶菜类蔬菜、黏土种植。播种前每亩施充分腐熟的优质厩肥3000千克或复合肥50千克，深耕，耙平作畦，见图5-36。

棚室内栽培多采用平畦。做成畦宽1.5米，畦四周要稍高些的平畦，便于蓄水，南方一般多采用高垄栽培，见图5-37。

图5-36 耙平地块   图5-37 平畦

（三）播种

一般在做好的畦上划2～3厘米深的小沟，沟距15厘米，一般1.5米宽的平畦划7条沟，见图5-38。在沟内均匀撒上种子，按1克/米²撒播，一般每亩用种400～500克，见图5-39。

播种后薄薄覆盖一层细土，适当镇压，可以用一根直杆抚平，土不宜覆得太厚，否则影响出苗，见图5-40。然后浇水，注意浇水可以用喷头喷洒，或者是慢慢阴湿土壤，不能直接用大水冲刷，否则种子会被冲出。

图5-38 平畦开沟   图5-39 播种   图5-40 覆土

夏季温度较高，可在平畦表面覆一层遮阳网，降低温度，保持水分。若冬季温度低，播种后可覆盖薄膜提高温度，确保种子发芽。

（四）田间管理

1. 间苗、定苗

一般播种三天后苗出土，见图5-41。平畦栽培的苗用型大白菜一般播种后生长比较密集，植株过密，苗会徒长，叶片细长，长势纤细、弱，降低产量。要合理密植，及时间苗。

二叶一心时进行第一次间苗，见图5-42，去除密苗、病苗、弱苗、残缺苗，拔除杂草。

3～4叶时定苗，株距8～10厘米。畦宽一般1.2米，宽畦可播种7行，每亩种植35000～40000株，见图5-43。

图5-41　苗出土　　　　　图5-42　第一次间苗　　　　　图5-43　定苗期

2.温度

苗用型大白菜喜冷凉，生长期间适宜温度在20～25℃。在夏季种植注意高温季节，采用遮阳网遮阳，定期洒水降温，保持一定湿度。冬季温度低，适合在温室中生产栽培。冬季温度过低，要覆盖草苫、保温被等保温。

3.肥水管理

苗用型大白菜生长期短，追肥视土壤肥力而定，一般施足底肥后无需再施用其他肥料，完全可以满足整个生长期的需要。及时灌水，见干见湿。棚室内一定要控制好湿度，如果湿度过大，苗容易发病。一般在晴天上午10时以后浇水，阴雨天不要浇水，不要大水漫灌，一次浇水土壤完全渗透即可。

三、采收

播种后25天左右，或菜苗20～25厘米高时即可一次采收，将菜苗捆成250～500克的把，用清水冲洗干净，即可上市销售。见图5-44。

四、病虫害防治

苗用型大白菜生长时间短，一般病害较少，虫害主要有蚜虫、菜青虫、小菜蛾，以上虫害的为害特点、形态特征、生活习性、防治方法请参考大白菜虫害防治。

图5-44　采收包装

第四节　小白菜

小白菜又名不结球白菜、白菜、青菜、小油菜，常作一年生栽培。小白菜原产于我国，南北各地均有分布，在我国栽培十分广泛。小白菜具有适应性广，生长期短，栽培简易，类型、品种多样，品质鲜嫩，营养丰富，食用方法多样的特点。小白菜的茎叶均可食用，植株较矮小，浅根系，须根发达。叶色淡绿至墨绿，叶片倒卵形或椭圆形，光滑或褶缩，少数有绒毛。叶柄肥厚，白色或绿色，不结球，花黄色，种子近圆形。据测定，小白菜是蔬菜中含矿物质和维生素最丰富的菜。在小白菜生产过程中，由于夏季高温、高湿、多暴雨，秋季白菜病毒病、霜霉病等病害危害严重，以及冬季气候寒冷等条件的影响，露地小白菜的生产和供应不够稳定。因此，近年来随着棚室蔬菜的发展，棚室小白菜的栽培面积不断扩大。

一、特征特性

（一）植物学特征

1. 根

小白菜的根系属于直根系、浅根系，须根较发达。根系再生能力略强于大白菜，比大白菜适于育苗移栽。根系分布在表土层10～13厘米处。

2. 茎

小白菜的茎在营养生长期内短缩，短缩茎的直径为1～3厘米。遇到高温或过分密植时，短缩茎也会伸长。进入生殖生长期，茎伸长为花茎，花茎上常有2～3次分枝。

3. 叶

小白菜的叶包括莲座叶和花茎叶。莲座叶着生在短缩茎上，为主要食用部分，又是同化器官。莲座叶多直立，为2/5或3/8叶序，一般有3个叶环。莲座叶呈倒卵圆形至阔倒卵圆形，亦有圆形、卵圆形等，叶长15～30厘米，叶片绿色至深绿色，叶片厚，多不皱缩，叶全缘或波状，光滑无毛，少数有绒毛。叶柄肥厚，横切面呈扁平、半圆或扁圆形，一般无叶翼，白、绿白、浅绿或绿色。单株叶数一般十几片。花茎下部的茎生叶，叶柄有边缘；花茎上部的茎生叶倒卵圆形至椭圆形，叶基部成耳状抱茎或半抱茎。

4. 花、果实、种子

小白菜的花为复总状花序，完全花，花冠黄色，花瓣4片，十字形排列，雄蕊6个，花丝4长2短，雌蕊1，位于花的中央。异花授粉，虫媒花。果为角果，角长而细瘦，有棱角，红褐或黄褐色，千粒重1.5～2.2克。

（二）生育周期

小白菜生育周期分为营养生长期和生殖生长期。营养生长期包括：① 发芽期，从种子萌发到子叶展开，真叶显露。② 幼苗期，从真叶显露到形成一个叶序。③ 莲座期，植株再长出1～2个叶序，是个体产量形成的主要时期。生殖生长期包括：① 抽薹孕蕾期，抽生花薹，发出花枝，主花茎和侧花枝上长出茎生叶，顶端形成花蕾。② 开花结果期，花蕾长大，陆续开花、结实。

小白菜以莲座叶为产品。秋播小白菜一般1.5～2天分化一片新叶。幼苗期叶面积增长速度比叶重增长快；莲座期则叶重速度增长快。到生长后期，叶重增长主要是叶柄的增长，叶柄重常占叶总重的75%～80%，为营养贮藏器官。小白菜的多数品种为叶重型。

二、对环境条件的要求

（一）温度

小白菜较耐寒，发芽适温为20～25℃，生长适温15～20℃。适于春秋栽培的品种，较耐寒，栽培期间的月均温为10～25℃，春季低于0～5℃时，须稍加保护。夏季超过25℃时，生长不良，品质亦差，虽有较耐热的品种，但产量较低。小白菜要求低温春化阶段，发芽期、幼苗期、莲座期均能接受低温影响而通过春化阶段。通过春化的最适低温是2～10℃，经15～30天即完成春化阶段。

（二）光照

小白菜以绿叶为产品，产品形成要求较强的光照。小白菜虽能耐一定的弱光，但长时间光照不足，会引起徒长，降低产量和品质。小白菜的株型紧凑，合理密植是获得丰产的重要措施。小白菜属长日照作物，通过春化阶段后，日照时间12～14小时和较高的温度（18～30℃）有利于抽薹开花。

（三）水分

小白菜叶片柔嫩，蒸腾作用强，而根系分布较浅，所以需要较高的土壤湿度和空气湿度。在干旱的条件下，叶片小，品质差，产量低。小白菜在不同的生长时期，对水分的要求不同。发芽期要求土壤湿润，以促进发芽和幼苗出土，但需要水量不大。幼苗期叶面积较小，蒸腾耗水少，但根系尚弱，需要供给适当的水分，防止高温灼根和病毒病发生。莲座期是产品形成期，应供给充足的水分。

（四）土壤和矿质营养

小白菜喜疏松、肥沃、保水、保肥的土壤或砂壤土。生长期需要氮肥较多，磷较少。氮肥充足，植株旺盛，产量提高，品质改善。

三、品种选择

同大白菜一样，如果小白菜苗期遭遇低温，很容易造成抽薹开花。2010年，全国大部分地区早春茬小白菜发生了大面积未熟抽薹的现象，其中以东北、华北地区最为严重，部分地区抽薹率竟达20%～80%之高，最主要的原因就是苗期温度过低，导致度过春化，发生抽薹现象。选用棚室栽培小白菜，成败的关键就是一定要选用冬性强、抽薹迟、耐寒、丰产的品种。另外，值得注意的是，青梗菜是小白菜中一类叶片亮绿、束腰、品质优良的品种类型，在我国南北各地已经得到广泛种植，较一般性的小白菜经济价值高。

（一）京绿7号

北京市农林科学院蔬菜研究中心选育，适于冬季和早春在保护地栽培的小白菜新品种，晚抽薹性极强，且低温生长速度快。植株半直立、整齐一致，叶深绿色、有光泽，叶面稍皱，叶柄绿色、有光泽，株重0.25千克左右，每亩产量2400千克左右。高抗黑斑病，适应性广，品质佳，商品性好。见图5-45。

（二）春油一号

北京市农林科学院蔬菜研究中心选育的杂交一代冬春用新品种，晚抽薹性较强，束腰美观，丰产稳定，定植后20～25天开始采收，株型半直立，株高17厘米，开展度25厘米，叶色浅绿有光泽，叶面较平，心叶稍皱，叶柄宽绿，柄宽5.3厘米，厚0.9厘米，单株重0.22千克，亩产2500千克。抗病，丰产，产品商品性好。见图5-46。

图5-45　京绿7号

图5-46　春油一号

（三）春油二号

北京市农林科学院蔬菜研究中心选育的杂交一代冬春用新品种，晚抽薹性较强，低温生长势强，株型半直立，束腰，株高15厘米，开展度26厘米，叶色深绿有光泽，叶面较平，叶柄绿，叶柄宽5厘米，叶柄厚0.9厘米，单株重0.23千克，亩产2700千克。抗病，高产，品质好。见图5-47。

（四）春油三号

北京市农林科学院蔬菜研究中心选育的杂交一代冬春用新品种，晚抽薹性较强，束腰美观，株型半直立，株高20厘米，开展度25厘米，叶色绿、有光泽，叶面稍皱，叶柄绿，叶柄宽5厘米、厚0.85厘米，单株重0.2千克，亩产2300千克，产品商品性好。见图5-48。

（五）沈农青梗菜1号

沈阳农业大学蔬菜育种课题组育成的青梗菜杂交新品种，叶片卵圆形、绿色、有光泽、束腰、耐寒、抗病力强、品质优良，高抗霜霉病，抗病毒病、黑斑病，适应性广，商品性好，适于全国露地与保护地栽培。可以全年多茬栽培，畦播和垄播均可，也可与其他农作物间种或套种，在用作冬春茬栽培时，苗期最低温度应高于13℃，以避免抽薹开花。见图5-49。

（六）华王青梗菜

从日本引进的杂交一代耐热青梗菜品种，近年来栽培面积逐渐扩大，部分地方已实现周年栽培，华王青梗菜是以中棵菜上市为主，株型矮，叶片鸭舌形，叶柄青绿色，单株重38～82克。茎基宽，束腰明显。耐热性强，适应性广，产量高，品质极好，纤维含量少，口感佳，无苦味，深受市民的喜爱。在辽宁省用于冬春茬茬口时，应注意苗期保温。见图5-50。

图5-47　春油二号

图5-48　春油三号

图5-49　沈农青梗菜1号

图5-50 华王青梗菜

图5-51 荣臻

图5-52 耀华

（七）荣臻

沈阳市皇姑种苗有限公司选育的青梗菜品种，直立性强，株高29厘米，叶色鲜绿，叶卵形，最大叶长29厘米，叶宽14厘米，叶柄长9厘米，叶柄基部瓢匙形，叶柄亮绿无蜡粉，叶数10～12片，单株重160克左右。从播种至收获早春大棚35天左右，夏露地30天左右，秋大棚35天左右，越冬温室40天左右，每667米^{2}产量4200千克左右。生长速度快，耐低温、抗抽薹能力强，抗病毒病、霜霉病、软腐病。适宜辽宁地区早春大棚、夏露地、秋延晚大棚、越冬温室栽培。见图5-51。

（八）耀华

沈阳市皇姑种苗有限公司选育的青梗菜品种，植株直立性强、束腰、大头，株高25厘米，叶色亮绿，叶椭圆形，最大叶长22厘米、宽11.5厘米，叶柄长8厘米、绿色无蜡粉，叶柄基部瓢匙形，叶数11～12片，单株重140克。该品种在沈阳地区，从播种到采收春大棚需45天左右，春末夏初露地需35天左右，秋露地及秋大棚需40天左右。667米^{2}平均产3500千克左右。抗病毒病、霜霉病、软腐病。适合辽宁地区春大棚、春末夏初露地、秋露地、秋大棚种植。见图5-52。

四、栽培关键技术

（一）播种育苗

小白菜可以育苗，也可以直播，为提高其商品性，棚室栽培一般采用育苗移栽的方式。因其苗期营养体较小，可直接撒播育苗，也可以穴盘育苗。

1.撒播育苗

平畦长按南北向5～6米，宽1.2～

1.5米。每畦内施足腐熟农家肥100千克，另加多元复合肥1千克，深刨使土肥混合均匀。在平畦上开2～3厘米深的小沟，沟距8～10厘米，将种子均匀撒入沟中，见图5-53，覆薄薄一层土，将种子覆盖上，然后用水阴湿土壤或用喷头喷洒。若棚室温度较高，覆遮阳网，若温度低，可以覆上塑料薄膜，保水保温。

2.穴盘育苗

夏季育苗用基质配比为草碳∶蛭石∶珍珠岩＝2∶1∶1，冬季育苗基质配比草碳∶蛭石∶珍珠岩＝6∶1∶3。将基质拌好，若基质较干，一般先用水喷洒，基质最适宜的湿度是用手攥土成坨不散。见图5-54。

图5-53　条播

图5-54　配制育苗基质

将穴盘整齐平铺在地上，一次性装得多且快，见图5-55。将拌好的基质装入穴盘，抚平表面，尽量装实，见图5-56。

图5-55　装盘

图5-56　铺穴盘

然后用喷头浇透水，见图5-57，将穴盘罗列起来，轻轻按压，在每个穴盘孔中央压出一个小坑，便于放种子，见图5-58。

图5-57 浇水

图5-58 压实

将种子播入盘中，一般每孔播2～3粒种子，见图5-59。

最后薄薄覆上一层疏松细土，覆土要均匀，不宜过厚，见图5-60。

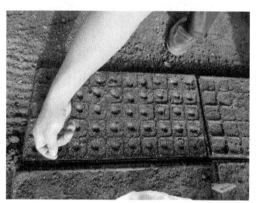

图5-59 穴盘播种

图5-60 覆土

夏季温度高时，采用遮阳网覆盖，见图5-61。冬季温度低用塑料薄膜覆盖苗盘，保水保温，见图5-62。

图5-61 穴盘遮阳

图5-62 穴盘覆膜

（二）苗床管理

播种后至幼芽拱土注意保持苗床温度20℃左右，播种后3～5天出苗，立即揭去塑料薄膜，防止烧苗。苗床育苗种子密集，出苗密度大，见图5-63。穴盘苗精度高，见图5-64。

图5-63 苗床苗

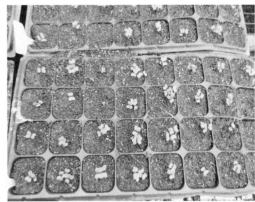

图5-64 穴盘苗

苗出土后，苗床温度白天控制在15～20℃，夜间10～15℃。间苗2次，第1次在幼苗出土7天左右，有1～2片真叶时，拔除密生苗，除去杂草。留苗距1～2厘米，见图5-65。穴盘苗留双棵苗，见图5-66。这时苗根浅，吸收力弱，忌旱，每2～3天洒水一次，保持畦面湿润。

图5-65 苗床间苗

图5-66 穴盘双苗

第二次定苗，苗长至3叶1心时，拔除从生苗、弱苗、病苗，留苗距3～4厘米，并结合浇水施肥一次，见图5-67。穴盘苗定单棵，见图5-68。

图5-67 苗床定苗

图5-68 穴盘单棵

（三）整地做畦

定植前对温室土壤耕翻晒垡，每亩施1500～2000千克腐熟农家肥做基肥，精细整地作畦。一般棚室栽培小白菜采用平畦，也可小高垄双行定植。定植的株行距按品种类型、土壤肥力不同灵活掌握，一般12厘米×15厘米或12厘米×18厘米。

（四）定植

苗长到5～6片真叶时即可移栽定植，见图5-69。定植前，苗床要先浇湿，便于起苗，不伤根系，但也不能浇得太湿。穴盘苗一般土成坨不散为湿度正好。

苗床苗起苗用小铲切坨，尽量多带些土，不伤根系，成活率高，见图5-70。穴盘苗将苗带土坨同时取出。

图5-69 定植苗

图5-70 起苗

移栽时，边起苗，边移栽，边浇定根水。先用小锄刨5～10厘米深的小坑，一般穴盘苗土坨较大，需要坑深些。将苗根系全部放入坑中，覆土，不要埋住苗心为宜，栽完一个畦子马上浇定根水，见图5-71。浇水要用缓水浇灌，防止根系被冲出，见图5-72。

图5-71　移栽

图5-72　浇定根水

（五）田间管理

定植后3～5天内不可缺水，特别是夏季和早秋，定植后须连续3～4天每天早晚浇水，缓苗后根据土壤墒情适当浇水，保持土壤湿润，秧苗缓苗，见图5-73。

小白菜生长前期，应在浇水后中耕1～2次，浅铲土壤表面，促进根系透气生长。小白菜生育期短，在施足基肥基础上，旺盛生长期间追肥一般以勤施、轻施为佳，视小白菜长势用尿素或人粪尿作追肥，前淡后浓，每隔6～9天施1次。见图5-74。

图5-73　定植缓苗

图5-74　生长旺盛期

五、采收和运输

小白菜生长期的长短，视气候条件和消费习惯而定。从4～5片叶的幼苗到

(a)

(b)

图5-75 采收

图5-76 小白菜褐腐病

成长的植株都可陆续采收。秋延晚、冬季生产和春提早棚室栽培的可在直播后45～90天，植株达到5～6片叶时采收；或定植后30～60天，植株达到8～9片叶时采收。

小白菜采收后，要随即削根，剥掉老叶，剔除幼小或感病的植株，扎成把或整齐摆放，分级装箱或塑袋中运输，不宜挤压。见图5-75。

六、病虫害防治

小白菜的主要病害有小白菜褐腐病、小白菜白锈病、小白菜软腐病、小白菜霜霉病、小白菜病毒病，主要虫害有菜青虫、小菜蛾、甜菜夜蛾、蚜虫。

（一）主要病害

1. 小白菜褐腐病

【症状】主要为害菜株外叶，多是接近地面的菜帮发病。病斑呈不规则形，周缘不大明显，褐色或黑褐色凹陷。湿度大时病斑出现淡褐色蛛网状菌丝及菌核。发病严重时叶柄基部腐烂，造成叶片黄枯、脱落，见图5-76。

【传播途径和发病条件】土壤传播病害。病原主要以菌核随病残体在土中越冬。可在土壤中营腐生生活，可存活2～3年。菌核萌发后产生菌丝，与白菜受害部接触后引起发病，主要借雨水、灌溉水、农具及农家肥传播。菜地积水或湿度大，通透性差，栽植过深，培土过多过湿，施用未充分腐熟的有机肥发病重。

【防治方法】

（1）农业防治 选择抗病品种并进行种子消毒（用0.1%～0.3%高锰酸钾）；加强田间管理，避免发芽期高温影响，苗床育苗采用遮阳降温或套种，幼苗期及时拔除病苗，结合农事操作及时拔除病株，摘除近地面的病叶，携出田外深埋或销毁，防止蔓延。合理的浇水降地温也可减少病毒病；及时防治蚜虫，因为蚜虫传播病毒。

（2）药剂防治　发病初期喷50%甲基托布津1000倍液、70%代森锰锌可湿性粉剂500倍液、14%络氨铜400倍液、40%双效灵500倍液、20%利克菌1500倍液、15%恶霉灵500倍液、30%苯噻氰（倍生）乳油1300倍液、35%福·甲（立枯净）可湿性粉剂900倍液、50%农利灵或50%扑海因或5%井冈霉素600～800倍液。每隔5～7天喷施1次，连喷2～3次。

2.小白菜白锈病

【症状】白锈病主要为害叶片。发病初期在叶背面生稍隆起的白色近圆形至不规则形疱斑，即孢子堆。见图5-77。

【传播途径和发病条件】在寒冷地区病菌以菌丝体在留种株或病残组织中或以卵孢子随同病残体在土壤中越冬。翌年，卵孢子萌发，产生孢子囊和游动孢子，游动孢子借雨水溅射到白菜下部叶片上，从气孔侵入，完成初侵染，后病部不断产生孢子囊和游动孢子，进行再侵染，病害蔓延

图5-77　小白菜白锈病病叶

扩大，后期病菌在病组织里产生卵孢子越冬。在温暖地区，寄主全年存在，病菌可以孢子囊借气流传播，完成其周年循环。白锈菌在0～25℃均可萌发，潜育期7～10天。低温多雨，昼夜温差大露水重，连作或偏施氮肥，植株过密，通风不好及地势低排水不良田块发病重。

【防治方法】

（1）农业综合防治　与非十字花科蔬菜进行隔年轮作。蔬菜收获后，清除田间病残体，以减少菌源。

（2）化学防治　发病初期喷洒25%甲霜灵可湿性粉剂800倍液，或50%甲霜铜可湿性粉剂600倍液，或58%甲霜灵·锰锌可湿性粉剂500倍液，或64%杀毒矾可湿性粉剂500倍液，每亩喷药液50～60升，隔10～15天1次，防治1至2次。

3.小白菜软腐病

【症状】主要危害叶片、柔嫩多汁组织及茎或根部。初呈水渍状或水渍半透明，后变褐软化腐烂，有的从茎基部或肥厚叶柄处发病，致全株萎蔫。

【传播途径和发病条件】该菌在南方温暖地区，无明显越冬期，在田间周而复始、辗转传播蔓延。在北方则主要在田间病株、窖藏种株或土中未腐烂的病残体及害虫体内越冬，通过雨水、灌溉水、带菌肥料、昆虫等传播，从菜株的伤口侵入。该病从春到秋在田间辗转为害，其发生与田间害虫和人为或自然造成伤口多少及黑腐病等有关。小白菜的伤口主要分自然裂口、虫伤、病痕及机械伤等，其中叶柄上自然裂口以纵裂居多，是该病侵入主要途径。生产上久旱遇雨，或蹲

苗过度、浇水过量都会造成伤口而发病。地表积水，土壤中缺少氧气，不利于白菜根系发育或伤口木栓化则发病重。此外，还与小白菜品种、茬口、播期有关。一般白帮系统、连作地或低洼地及播种早的发病重。

【防治方法】

（1）农业综合防治　①品种选择，在小白菜品种中，株型高而直立，叶帮趋于青帮，较抗病毒病和霜霉病者，对软腐病抗性也加强。如高脚白、四月慢、青梗白等。②加强栽培管理，在播前选晴天净地晒垄灭菌或覆盖地膜高温灭菌，不与重病田的十字花科重茬，避免黏重土壤栽培和黏土地加炉灰，洒石灰改良土质。在整地作畦时，底肥要增施磷钾肥，畦面要整平整细，还应做窄畦和高畦进行播种和移栽。雨后要搞好清沟排水，防积水，忌施生粪或浓肥及氮素过多，并在高温多雨季节及时采收上市。

（2）化学防治　噻菌铜（龙克菌）20%噻菌铜悬浮剂75～100克喷雾、氯溴异氰尿酸（消菌灵、菌毒清）50%可溶性粉剂、敌克松500～1000倍液或150倍的农抗120液喷雾，7～10天一次，防治效果也较好。在始发病菜田中心病株周围撒熟石灰，每亩用量为60千克，效果也较好。

4.小白菜霜霉病

【症状】叶面出现不规则形块状黄褐色枯斑；相应的叶背出现稀疏白霉，严重时病斑连合为大小不等的斑块，致叶片干枯。

【防治方法】同大白菜霜霉病。

5.小白菜黑斑病

【症状】幼苗发病先是下胚轴，继而子叶上出现直径1～2毫米的黑褐色小斑点。叶片初生黑褐色隆起小斑，后扩大为直径2～6毫米黑褐色圆形病斑，常有同心轮纹，外周有黄白色晕圈。空气潮湿时，病斑上长出黑褐色霉状物，可致叶片枯死。

【防治方法】同大白菜黑斑病。

6.小白菜病毒病

【症状】主要危害叶片、柔嫩多汁组织及茎或根部。除呈水渍状或水渍半透明，后变褐软化腐烂，有的从茎基部或肥厚叶柄处发病，致全株萎蔫。

【传播途径和发病条件】同大白菜软腐病。

【防治方法】同大白菜软腐病。

（二）主要虫害

小白菜的主要虫害有菜青虫、小菜蛾、甜菜夜蛾、蚜虫等，它们的形态特征、生活习性、防治方法均可参考大白菜相关虫害的介绍。

第五节　菜薹

十字花科芸薹属白菜亚种中以花薹为食用器官的蔬菜有两个变种，一个是菜薹，又称菜心；另一个是紫菜薹，别名为红菜薹。为了叙述的方便，在本节中统称为菜薹。

菜薹是一、二年生草本植物，主要分布在我国的广东、广西、湖北、武汉、台湾、香港、澳门等地，20世纪日本引种成功。菜薹是华南地区的特产蔬菜，品质柔嫩、风味可口，并能周年栽培，故而在广东、广西、湖北等地作为大路性蔬菜，周年运销香港、澳门等地，成为出口的主要蔬菜。还有少量的远销欧美，视为名贵蔬菜。近年来，菜薹在北京、上海、杭州、济南、沈阳等北方地区均有栽培，面积逐渐扩大，受到广大消费者的欢迎。在北方利用中小拱棚等保护设施，可使菜薹在春季早播种，早上市；在南方的7～9月，正值高温多雨，利用遮阳棚等设施，可进行反季节生产。上述的棚室菜薹生产，都会取得较好的经济效益。

一、特征特性

（一）植物学特征

菜薹是十字花科芸薹属芸薹种白菜亚种中以花薹为产品的蔬菜品种，为一、二年生草本植物。其根为浅根系，根群主要分布于3～10厘米、水平直径10～20厘米的表层土中。须根多，再生能力较强，适于移栽。菜薹的茎在抽薹前短缩、绿色，抽生后花薹圆柱形，黄绿或绿色。菜薹的叶宽卵圆形或椭圆形，绿色或黄绿色，叶缘波状，基部具有裂片或无，或叶翼延伸，叶脉明显。叶柄狭长，有浅沟，横切面为半月形，浅绿色。花茎上的叶片较小，卵形或披针形，下部的叶柄短，上部无叶柄。花为总状花序，完全花，有分枝。花冠黄色，4个花瓣，"十"字形，四强雄蕊，1个雌蕊。果实为长角果，两室，成熟时黄褐色。种子近圆球形，褐色或黑褐色、细小，千粒重1.3～1.7克，种子使用年限3～4年。

（二）开花结实习性

菜薹对温度的适应范围广，在满足正常生长条件下就可抽薹开花。早、中熟品种对温度反应敏感，而晚熟品种对温度要求严格，在较高温度条件下花芽虽然能分化，但分化延迟，抽薹晚。开花的适宜温度为15～20℃，气温高于30℃时花粉发芽率降低，结实率下降。在0℃以下落花，0～10℃开花减少。菜薹自初花到种子成熟历时50～60天，千粒重为1.24克。

菜心和紫菜薹在分枝习性上有所不同，菜心种株主花茎生长势强，一、二级分枝较少。而紫菜薹主花茎生长势较弱，因主花茎腋芽发达，一级分枝较多，一般有8～20根。菜薹开花的顺序为主花茎先开放，一、二级花茎的花后开放，每个花序自下而上陆续开放，整个花序为无限生长，陆续开花。花期约30天左右。

（三）生长发育周期

菜薹的生长发育分为发芽期、幼苗期、叶片生长期、菜薹形成期和开花结果期。不同品种的生长期长短不同，早、中熟品种生育期为40～50天，晚熟品种为50～70天。各品种的生育期还因栽培季节和栽培条件不同而异。

1.发芽期

自种子萌动至子叶展开为发芽期，一般5～7天。种子萌动时受温度的影响，缩短或延长生长发育周期，如种子萌发后遇3～15℃低温，就能很快通过春化而提早抽薹。所以，冬春播种后应注意防寒保温，避免早抽薹。

2.幼苗生长期

第1片真叶开始生长至第5片真叶为幼苗期，约14～18天。幼苗长至2～3片真叶时开始花芽分化。现蕾以前以叶片生长为主，菜薹发育缓慢；现蕾后菜薹迅速生长。

3.叶片生长期

第6片真叶至植株现蕾为叶片生长期，菜薹发育缓慢，历时7～21天。此时期主要表现为叶片数和叶面积的增长，叶数形成因品种和栽培季节而不同。

4.菜薹形成期

现蕾至主薹采收为菜薹形成期，历时14～18天。菜薹形成初期仍以叶片生长为主，逐渐为菜薹生长所取代。此期内植株生长量、叶面积大小直接影响菜薹产量，在适宜条件下，主薹采收后还抽生侧薹，侧薹多少因品种、栽培季节及栽培条件不同而异。

5.开花结果期

初花至种子成熟为开花结果期，历时50～60天。初花后花茎开始迅速生长，并从腋芽由下而上相继抽生侧花茎，同时自下而上开花结实直至种子成熟。

二、对环境条件的要求

（一）温度

菜薹喜冷凉气候，为半耐寒性蔬菜，适应温和而凉爽的气候，不耐高温和冰冻，生长发育的适温为15～25℃。不同生长期对温度的要求不同，种子发芽和幼苗生长适温为25～30℃；叶片生长期需要的温度稍低，适温为15～20℃，

20℃以上生长缓慢，30℃以上生长较困难。菜薹形成期适温为15～20℃。在昼温为20℃，夜温为15℃时，菜薹发育良好，约20～30天可形成质量好、产量高的菜薹。在20～25℃时，菜薹发育较快，只需10～15天便可收获，但菜薹细小，质量不佳，在25℃以上发育的菜薹质量更差。菜薹生长进入霜降季节后较大的昼夜温差有利于养分的积累和输送，菜薹粗壮，品质好。

（二）光照

菜薹属长日照植物，但多数品种对光周期要求不严格，在幼苗期和莲座期，要求充足的光照时数和强度，营养生长才能旺盛，否则影响光合作用和根系生长，莲座期和抽薹期晴天多能获得较高产量。

（三）土壤条件

适宜在土层深厚、保水、排水良好、肥沃松软、通气、有机质含量高的中性或弱酸性壤土或黏壤土生长，土层厚度要求50厘米以上，pH值6.5～7。不同的品种对土壤要求有所不一样，如湖北圆叶品种大股子在土层深厚、肥沃松软的黏壤土中生长时具有更好的品质和更高的产量，而湖北尖叶品种佳红更适于在排水良好、有机质含量高的壤土中生长。

（四）水分条件

菜薹根系较弱，吸收水分能力弱，而且叶片数目较多，蒸腾面积较大，叶面角质层薄，消耗水分多，所以在幼苗期、莲座期需要较多的水分。早熟品种遭受夏秋干旱时易生长不良，容易发生病毒病，应经常保持土壤潮湿，且应小水勤浇，切忌大水漫灌，避免水分过多，导致根系生长不良，易得软腐病、黑腐病及菌核病。寒冬季节注意控制肥水，以免生长过旺而遭受冻害。

（五）养分

菜薹较耐肥，为获得丰产，应施有机肥作基肥，并增施钾肥。菜薹形成时吸收氮、磷、钾比例约为1：0.3：1。幼苗期需氮肥较多，可追施速效氮肥；莲座期、抽薹期需磷、钾较多，应追施磷、钾肥；在抽薹期还需适当增施硼肥，提高菜薹品质。

三、品种选择

根据植株颜色的不同可以将菜薹分为两个类型：菜心和紫菜薹。

（一）菜心

菜心又名广东菜薹、菜尖、广东菜等，植株绿色，主要分布于广东、广西、海南、台湾、香港和澳门等地，是我国华南地区周年生产、四季供应市场的主要蔬菜。其类型和品种资源丰富，栽培历史悠久。

图5-78　四九菜心

目前栽培较多的品种有：

1.四九菜心

广州地方品种，早熟类型。植株直立。叶片长椭圆形，黄绿色，叶柄浅绿色。主薹高约22厘米，横径1.5～2厘米，黄绿色，侧薹少，早抽薹。品质中等。耐热、耐湿、抗病，适于高温多雨季节栽培。播种至初收需28～38天，连续收获10天左右。在此基础上，广州市农业科学研究所蔬菜室通过单株选择，选育出四九菜心-19号、四九菜心-20号等品种。见图5-78。

2.湘薹1号

该品种为杂交一代，早熟性好，生长势强，侧薹能力强，主侧薹均匀一致，薹茎嫩白，薹叶嫩黄色，品质佳。耐高温，产量高。见图5-79。

3.碧清甜菜心

早熟，株型矮壮，叶柄短，基叶叶片中等，椭圆形，油绿色，菜薹较粗，油绿有光泽，纤维少，品质优良。抽薹整齐一致，收获期短。薹高约22厘米，横径1.5～2.2厘米，节间中等。耐炭疽病及霜霉病，是出口和内销市场的优良品种。见图5-80。

4.三月青菜心

广州地方品种。晚熟品种。植株直立，叶片宽卵形，青绿色，叶柄绿白色。抽薹慢，主薹高30厘米，横径1.2～1.5厘米，侧薹少。品质中等。该种冬性强，不耐热。播种至初收需50～55天，连续收获10～15天。一般亩产750～1000千克。见图5-81。

图5-79　湘薹1号

图5-80　碧清甜菜心

图5-81　三月青菜心

（二）紫菜薹

紫菜薹又叫红菜薹、红油菜薹等，植株紫红色，主要分布在长江流域，以四川、湖北、湖南、广东等地栽培较多。主要的栽培品种有：

1.武昌红叶大股子

早熟品种，植株高大，开展度大，基叶椭圆，叶柄和叶脉均为紫红色，主薹高约50厘米，薹横径2厘米，皮紫红色，肉白色，腋芽萌发力强，每株可收侧薹20多根，单株薹重约0.5千克，从定植至初收约40～50天。亩产菜薹1500千克，品质好。见图5-82。

2.湘红一号

极早熟，从播种到始采收45天左右，耐热，抗病性强。见图5-83。

3.十月红1号

早熟品种，比红叶大股子的植株略矮小和早熟，腋芽萌发力强，侧花薹多。品质细嫩，甜脆。株型中等，高50厘米左右，10片叶即开始抽薹，薹紫色，具浓厚腊粉，子薹每根平均重50～100克，薹叶少而小，种子圆形，绛红色，千粒重1.2克。定植后40天左右开始采收。基叶近披针形，顶端稍尖，深绿色，叶柄和叶脉紫色。播后60天左右开始采收，一般亩产750～1000千克。

4.十月红2号

薹深紫色，无蜡粉，千粒重1.9克，其余性状与"十月红1号"相同。

图5-82　武昌红叶大股子

图5-83　湘红一号

四、栽培关键技术

（一）北方温室、拱棚栽培

1.栽培季节

以山东为例，春季棚室栽培时，先育苗，再移栽。播种期要根据棚室的条件来确定，如用小拱棚加草苫覆盖，可在2月上、中旬定植；只用小拱棚覆盖，定植期在2月下旬至3月上旬。育苗苗龄为20～30天，播种期在1月上旬至2月上旬。

2.育苗或直播

春季育苗可达到早熟目的。首先在大棚或温室中做好育苗床，施入优质腐熟的有机肥，使粪土混合，插上拱架，覆盖塑料薄膜，四周压严，密闭烤床，提高床内的温度。同时浸种催芽，待种子萌动时播种。一般采用穴盘育苗或营养钵育苗，每亩需种子0.5千克。播种后覆盖细土0.5～1厘米厚，在苗床上覆盖地膜，保持土壤湿度，在拱架上再覆盖棚膜，提高床温，促进出苗。幼苗80%拱土后，揭去地膜。幼苗出齐后，适当放小风，防止幼苗徒长。苗期床温白天保持20～25℃，夜间10～15℃；出苗后及时间苗，在第一片真叶展平时追肥，幼苗4～5叶时定植。定植前3～4天开始炼苗。见图5-84～图5-86。

 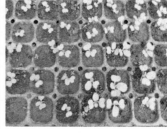 

图5-84 穴盘苗出土　　　　图5-85 穴盘单棵　　　　图5-86 穴盘苗

菜薹也可直播，多采用均匀撒播，也可按预定的行距开沟条播，每亩用种0.5千克左右。气候、土壤条件差时应加大播种量。幼苗出土后及时间苗，使苗距保持在6～7厘米，4～5片叶时定苗。

3.定植

春季中、小拱棚栽培多采用平畦或半高畦定植。畦宽1米左右，长10米左右。定植或直播前每亩施用腐熟的有机肥3000千克、过磷酸钙25千克作基肥。栽培密度要根据栽培目的确定。只采收主薹的早熟品种可适当密植，主薹、侧薹兼收或主薹采收后侧薹多次采收的中、晚熟品种要适当稀植。早熟品种株、行距为18厘米×22厘米。直播者按上述间距留苗。见图5-87～图5-89。

图5-87 定植苗　　　　图5-88 移栽　　　　图5-89 平畦定植

4.田间管理

定植后或定苗后，应多次中耕划锄，疏松土壤，铲除杂草，促进根系生长。在肥水管理上，幼苗期应以见干见湿为度；现蕾至采薹期间，为加速花薹的生长，扩大植株的叶面积，提高产量和品质，应充足供水，保持土壤湿润。施肥常结合浇水进行，可分别于缓苗后及现蕾后追肥，每次每亩施用尿素10～15千克，磷酸二铵10千克，硫酸钾10～15千克。如采收侧薹，则在植株大部分主薹采收后且侧薹发生期内进行第三次追肥。施肥数量和种类可根据植株生长情况而定。植株生长细弱时，可增加施肥数量；在生长势强时，可适当减少追肥数量。见图5-90、图5-91。

同时还要加强温度的管理。定植后，要根据不同的生长阶段，合理调节中、小拱棚内的温度。缓苗后，白天温度维持在22～25℃，夜间12～15℃；花薹形成时白天温度维持在15～20℃，超过22℃时要进行通风。较低的温度有利于花薹的形成，温度过高会造成减产或品质变劣。

图5-90 缓苗

图5-91 现蕾期

（二）南方反季节栽培

南方7～9月份，正值高温多雨季节，环境条件不利于菜薹生长，如想进行菜薹生产，就要进行反季节栽培。作为反季节栽培的菜心，应选择生长速度快，耐湿，抗热、病性强的早熟品种，如四九菜心-19号、四九菜心-20号、早优1号、早优2号等。

1.建立遮阳网覆盖平棚

菜心反季节栽培应选择遮光率为60%～70%的黑色遮阳网。在拟栽菜心地块的四周每隔5米竖1根高2.5～3米的水泥柱、铁柱或木柱，用铁丝或尼龙绳连接各柱顶端，将遮阳网覆盖其上即可。遮阳网覆盖平棚，可使地面温度降低4～6℃。

2.整地筑畦、施足基肥

反季节栽培的菜薹宜选择前茬为瓜、豆、茄的田块。田块选定后，深耕耙平，每亩施1000～1500千克腐熟粪肥和叶菜类蔬菜专用BB肥7.5千克作基肥，而后筑畦。畦宽60～100厘米，畦面做成龟背形，畦沟深35～40厘米，以利排水和灌溉。

3.适量播种、及时间苗

反季节栽培的菜薹一般采用直播，每亩播种量0.75千克左右。在子叶展开时便开始间苗，共间苗2～3次，当植株长到5厘米时即可定苗，株行距为12厘米×12厘米。

4.肥水管理

菜薹根系较浅，吸肥水能力较差，生长迅速，生长量大，一般种植又较密，对肥水要求非常严格。除施足基肥外，在整个生长过程中要多次追施以速效氮肥为主的混合肥。一般在第一片真叶展开时，施1次浓度为10%的腐熟粪肥。以后每隔5天追1次腐熟粪肥，浓度可逐步提高，并每亩配合施用10～20千克BB肥。菜心生长期正值高温和多雨季节，应及时排灌，以保持土壤湿润为原则。

五、采收

收获菜心要适时，收获过早，菜薹产量低，收获偏晚，则菜薹老化、品质降低。一般当菜薹开放1～5朵小花、高度与植株叶片顶端高度齐平（俗称"齐口花"）或接近时为适宜的收获期，其收获标准依不同市场和需求而定。一般早熟菜心抽薹较快，生育期短，植株细小，收获后不易发生侧薹，故只收主薹；而中、晚熟菜心可以在收获主薹后发生侧薹，主侧薹兼收。春季气候温和，昼夜温差大，光照充足，植株生长健壮，有利于营养物质的积累及侧薹的发育，可主侧薹兼收。收获时可在主薹基部留2～3节进行采摘，使其发生侧薹。留叶过多，侧薹发生多而细，质量不高。夏季高温多雨，植株生长发育快，抽薹快，菜薹组织不充实，且易发生病害，故多数只收主薹。见图5-92、图5-93。

图5-92　齐口花期

图5-93　采收

六、病虫害防治

菜薹的病害主要有：病毒病、霜霉病、炭疽病、软腐病、根肿病、黑斑病、猝倒病。菜薹的虫害主要有黄曲条跳甲、菜青虫。

（一）病害

1. 菜薹病毒病

【症状】各生育期均可发病。发病初，心叶出现叶脉色淡而呈半透明的明脉状，随即沿叶脉褪绿，成为淡绿与浓绿相间的花叶。叶片皱缩不平，有时叶脉上产生褐色的斑点或条斑。后期叶片变硬而脆，渐变黄。严重时，病株矮化，停止生长。根系不发达，切面呈黄褐色。种株发病，花梗畸形，花叶、种荚瘦小，结籽少。

【传播途径和发病条件】同大白菜病病毒病。

【防治方法】

（1）农业综合防治　①抗病品种，国内各育种单位培育出的杂交种多数较抗病。②选留无病种株，秋冬收获时，严格挑选无病种株，这样可减少翌年的病毒源，并减少种子带毒。③合理安排茬口，十字花科蔬菜应避免连作或邻作，减少传毒源。④秋冬栽培应适时晚播，使苗期躲避高温、干旱的季节，待不宜发病的冷凉季节播种，可减轻病害的发生。⑤苗期避蚜，苗期是病毒病易感病时期，应及时喷药防治，避免蚜虫传播。⑥田间管理，深耕细作，消灭杂草，减少传染源，增施有机肥，配合磷、钾肥，促进植株健壮生长，提高抗病力；加强水分管理，避免干旱现象；及时拔除弱苗、病苗。

（2）药剂防治　发病前可用下列药剂：高脂膜的200～500倍液；83增抗剂原液的10倍液；病毒宁500倍液；20%病毒净400～600倍液；抗毒剂1号300～400倍液，上述药之一，在苗期每7～10天一次，连喷3～4次。

2. 菜薹霜霉病

【症状】发病先从下部叶片开始，病斑初为褪绿斑点，扩大后由黄色变为褐色，并受叶脉限制呈现多角形。潮湿时，叶背出现浓霉霜层，发病后期，叶片枯黄至死。

【传播途径和发病条件】同大白菜病霜霉病。

【防治方法】

（1）农业综合防治　①种子消毒，用福美双可湿性粉剂或75%百菌清可湿粉剂拌种。②深沟高畦，1.2米作畦，有利于排灌，不适宜于平畦栽培。③合理密植。有些菜薹品种开展度大，如果密度大了，易引起发病。以每畦二行，株距40厘米，亩定植3000株为宜。④合理灌溉，灌溉以浸灌为主，切勿大水浸灌和渍水。⑤施足底肥。增施磷钾肥、有机复合肥、生物肥。

（2）化学防治　64%杀毒矾500倍液，或70%代森锰锌500倍液，或乙磷铝2000倍液，或75%百菌清600倍液，或75%敌克松500倍液，或10%科佳2000倍液，或53%金雷多米尔600倍液，或58%甲霜灵锰锌600倍液，或霜脲锰锌600倍液等，发现病株即开始喷雾，注意重点打叶片的背面，交替使用，隔5～7天一次，共喷雾2～3次，注意安全间隔期7天。

3.菜薹炭疽病

【症状】主要危害叶片、叶柄、叶脉，有时也侵害花梗和种荚。叶片上病斑细小、圆形，直径1～2毫米，初为苍白色水浸状小点，后扩大呈灰褐色，稍凹陷，周围有褐色边缘，微隆起。后期病斑中央部褪成灰白至白色，极薄，半透明，易穿孔。在叶脉、叶柄和茎上的病斑，多为长椭圆形或纺锤形，淡褐色至灰褐色，凹陷较深。严重时，病斑连合，叶片枯黄。潮湿时，病斑上产生淡红色黏质物。

【传播途径和发病条件】同大白菜病炭疽病。

【防治方法】

（1）农业综合防治　① 整地，选用地势高燥、易灌能排的地块，忌低洼地、积水地。整地应精细，尽量采用高畦栽培，雨季及时排水。② 轮作，与非十字花科作物实行2年以上的轮作。③ 品种，选用抗病的品种。④ 种子处理，在无病区、无病株上留种，防止种子带菌，带菌种子可用温汤浸种法消毒。⑤ 田间管理，适期晚播，避开发病季节。及时清除田间杂株，减少病源。

（2）生物防治　在病害发生初期，用农抗120的2%水剂150～200倍液或4%水剂300～400倍液喷雾，每隔7～10天喷1次，连喷2～3次。

（3）化学防治　① 播种前用种子重量0.3%的50%的多菌灵或福美双拌种。② 发病初期可用：50%多菌灵600倍液；80%炭疽福美500倍液；50%托布津500倍液；大生M-45的400～600倍液，上述药之一，或交替应用，每5～7天一次，连喷3～4次。

4.菜薹软腐病

【症状】多发生在成株期，易从叶柄基部伤口处侵入，初呈半透明水浸状，扩展后常变成浅灰褐色，造成叶柄组织呈黏滑软腐状，并散发出硫化氢臭味。此病向叶柄基部扩展，造成组织腐烂，引起植株中午萎蔫，起初早晚尚可恢复，病情严重时不再恢复，瘫倒在地。

【传播途径和发病条件】同大白菜病软腐病。

【防治方法】

（1）农业综合防治　① 选用抗软腐病的菜心、紫菜薹品种，如五彩紫薹2号。② 及早腾地、翻地，促进病残体腐烂分解。③ 仔细平整土地，整治排灌系统，非干旱地区采用高畦直播，南方深沟高厢种植。④ 实行沟灌或喷灌，严防大水漫灌。⑤ 适期播种，大力推广带状种植，避免施肥打药等农事操作造成人为伤口。

（2）药剂防治　① 种子药剂处理，用"丰灵"50～100克拌菜心种子150克后播种，或采用2%中生菌素，按种子重量的1%～1.5%拌种。② 苗期预防，苗期喷洒3%中生菌素可湿性粉剂800倍液或"丰灵"每亩100～150克，加水50升。③ 灌根，用"丰灵"150～250克对水100升，沿菜根挖穴灌入，或在浇水时随水滴入3%中生菌素，每亩2.5～5升。由于该病苗期侵染期长，侵染部位多，在间苗或二次定苗时再防1次，有利于提高防效。④ 喷洒药剂，3%中生菌素可湿性粉剂800倍液或噻菌铜（龙克菌）20%悬浮剂75～100克/亩、50%氯溴异氰尿酸可溶性粉剂1200倍液、或25%络氨铜·锌水剂500倍液、20%噻森铜悬浮剂300～500倍液喷雾，隔10天1次，连续防治2～3次，还可兼治黑腐病、细菌性角斑病、黑斑病等。但对铜剂敏感的品种须慎用。

5.菜薹根肿病

【症状】菜心根肿病多发生在主根或侧根上，产生纺锤形或指形、不规则形肿瘤，大小不一，造成地上部植株朽住不长，植株矮小，叶萎蔫。发病轻的地上部症状不明显，重病株可引致死亡。

【传播途径和发病条件】同大白菜根肿病。

【防治方法】

（1）农业综合防治　防治根肿病应采用综合治理的方法，增施石灰、有机肥，并施用适量微量元素，实行深耕轮作，改善土壤物理性质和微生物结构，降低危害严重度。① 轮作可使病情明显减轻，有条件的地区提倡进行水旱轮作，也可与大葱、韭菜、辣椒等抗耐病蔬菜轮作。② 选用无病土育苗，生产上育苗时要选择未受侵染的地块作苗床，将苗床土消毒后育苗，或用草炭、塘泥、稻田土等无病土育苗。③ 加强田间管理。根肿菌适宜在偏酸性土壤中生长，可施用消石灰提高土壤的pH值至中性，降低根肿病发病率。雨后及时排出田间积水，发现病株及时拔除并携出田外烧毁，病穴四周撒消石灰灭菌。

（2）化学防治　① 病区播种前用种子重量0.3%的40%拌种双粉剂拌种。每亩也可用药3～4千克，对40～50千克细土，定植时把药土撒入定植穴内。② 发病初期浇灌15%恶霉灵水剂500倍液或70%甲基硫菌灵可湿性粉剂600倍液，隔7天1次，连灌2～3次。

6.菜薹黑斑病

黑斑病为紫菜薹的主要病害，分布广泛，发生普遍。多在春秋两季发生，通常病情较轻，对生产无明显影响。病害严重时，使植株部分下部叶片黄化坏死，明显影响产量和质量。

【症状】此病全生育期都可发生，主要为害叶片，在叶面初生黑褐色至黄褐色稍隆起小圆斑，以后扩大成边缘为苍白色、中心部淡褐至灰褐色病斑，直径3～6毫米，同心轮纹不明显，湿度大时病斑上产生稀疏灰黑色霉状物，即病菌分生孢子梗和分生孢子。空气湿度较低时，病斑发脆易破裂，严重时多个病斑汇合致叶片局部枯死。茎和花梗染病，病斑多为黑褐色椭圆形斑块。

【传播途径和发病条件】同大白菜病黑斑病。

【防治方法】

（1）农业综合防治　收获后彻底清除病残落叶，减少田间菌源。重病地区实行与非十字花科蔬菜轮作。

（2）化学防治 ① 种子消毒灭菌，可选用种子重量0.4%的50%扑海因可湿性粉剂或80%大生可湿性粉剂拌种。② 发病初期可选用50%扑海因可湿性粉剂1200倍液，或65%多果定可湿性粉剂1000倍液，或50%农利灵可湿性粉剂1500倍液，或50%敌菌灵可湿性粉剂500倍液，或2%农抗120水剂200倍液，或50%克菌丹可湿性粉剂400倍液，或80%大生可湿性粉剂800倍液，或70%代森锰锌可湿性粉剂600倍液，结合防治细菌性病害，还可选用47%加瑞农可湿性粉剂600 ～ 800倍液喷雾，10 ～ 15天防治1次，根据病情防治1 ～ 3次。

7.菜薹猝倒病

【症状】该病为真菌性病害，幼苗期发生比较普遍，对生产影响较大。一般从幼苗出土到第一片真叶出现前后最易发病。最初，苗床中仅有少数苗倒在地上，第二天突然成片死亡，损失很大。猝倒病大部分发生在幼苗长至2片真叶前。幼苗受害后，茎基部先产生水浸状暗色病斑，病斑绕茎扩展，茎缢缩成线状，使幼苗倒伏。该病来势猛，从发病至倒苗仅需20小时。地面潮湿时，病部及其附近床面长出一层像棉絮的白色菌丝。

【传播途径和发病条件】引起猝倒病的病原菌包括瓜果腐霉、异丝腐霉、宽雄腐霉、畸雌腐霉、刺腐霉，均属鞭毛菌亚门真菌。此外还有甘蓝链格孢也会引起猝倒病。瓜果腐霉等腐霉菌引起的猝倒病，病菌以卵孢子在12 ～ 18厘米表土层越冬，并在土中长期存活。翌春，遇适宜条件萌发产生孢子囊，以游动孢子或直接长出芽管侵入寄主。此外，在土中营腐生生活的菌丝也可产生孢子囊，以游动孢子侵染幼苗引起猝倒。田间的再侵染主要靠病苗上产出孢子囊及游动孢子，借灌溉水或雨水溅附到贴近地面的根茎上引致更严重的损失。病菌侵入后，在皮层薄壁细胞中扩展，菌丝蔓延于细胞间或细胞内，后在病组织内形成卵孢子越冬。甘蓝链格孢是由带菌种子传播的，种子发芽后引致幼苗染病，一般本田期不产生明显的症状，但种子上的病菌可在植株上增殖或群集，引起菜薹等十字花科蔬菜生长后期或采种株爆发严重的病害，尤其是在南方气温高、雨量多的地区或反季节栽培时该病易流行。

【防治方法】

（1）农业综合防治 ① 苗床选择：要避风、向阳，排水良好，不要在重茬地上做苗床。② 苗床消毒：撒硫黄粉和草木灰，大约10米²的苗床，撒100克硫黄粉＋草木灰，与土混匀；播种后在覆盖种子用的盖土中加硫黄粉，每床20 ～ 50克。③ 加强管理：播种量不要太大，注意及时间苗。连续阴雨时，加强通风、光照、降湿，覆盖干细土或草木灰，降低床土湿度，抑制病害蔓延。

（2）化学防治 ① 种子消毒。播种时，用50%福美双或65%代森锌或50%敌克松等量混合，每平方米用8 ～ 9克；也可用50%多菌灵或70%甲基托布津，每平方米用1 ～ 2克，与10 ～ 15千克干细土拌匀做床土和盖籽土。② 药剂喷施。苗期喷施0.1% ～ 0.2%磷酸二氢钾、0.05% ～ 0.1%氯化钙等进行预防，发病后将病苗拔除，每平方米代森锌2.5克加水1.5升，喷到病部周围土中，然后用清水冲淡。也可用75%百菌清1000倍液，或普力克水剂400倍液喷施，或58%瑞毒霉锰锌500倍液，或64%杀毒矾500倍液，每平方米喷2～3升。

（二）虫害

1.黄条跳甲

黄条跳甲又名狗虱虫，简称跳甲，是危害菜薹的主要害虫之一。

【为害特点】黄条跳甲的幼虫和成虫都能危害菜心植株。幼虫在地下3～5毫米处危害，蛀食菜根和咬断须根，导致植株萎蔫。成虫对菜心幼苗的危害最为严重，可将刚出土的幼苗叶片吃光。

【形态特征】【生活习性】同大白菜黄条跳甲。

【防治方法】由于黄条跳甲幼虫和成虫都能危害菜心植株，且幼虫在土壤中不断被孵化变为成虫，成虫又会跳跃飞翔，因此给防治工作带来极大的困难，采用药剂防治时应注意标本兼治、适时巧施，才能获得较好的防治效果。① 标本兼治。防治黄条跳甲要做到标本兼治，既要杀死成虫，又要杀死土中的幼虫。在整地时及时铲除田间周围的杂草，深翻晒土，亩施石灰75千克、敌百虫0.5千克，杀死土壤中的虫卵、幼虫和蛹。另外，喷雾防治和淋根防治相结合：用乐斯本1000倍喷杀成虫，同时用杀虫双1000倍灌根毒杀地下幼虫。幼苗期每亩撒施乐斯本1.5千克可同时兼治成虫和幼虫。用跳甲净、跳甲绝1500倍或50%辛硫磷乳油2500倍喷杀或灌根。② 适时巧施。由于黄条跳甲成虫会跳跃飞翔，且在强光时聚集于菜心基部及土表中，因此要掌握好喷药时间和喷药技巧。一般掌握上午10时前或下午4时后喷药，喷药要连片同时进行，由四周向田中间喷洒，以防成虫逃遁和留下虫源。

2.菜青虫

【为害特点】以幼虫为害菜心秧苗和成株，2龄前的幼虫只啃食叶肉，留下透明表皮，3龄后连表皮都吃掉，轻者把叶吃成许多孔洞，重者只剩叶脉。

【形态特征】【生活习性】同大白菜菜青虫。

【防治方法】

（1）农业综合防治　适期播种，合理密植；科学肥水管理，培育壮苗；收获后深翻整地，杀死一部分越冬蛹。

（2）生物防治　青虫菌和杀螟杆菌等生物杀虫剂，有良好的防治效果，每克含活孢子数1000亿以上的原菌粉，可兑水1000倍喷洒。青虫菌粉剂喷粉，每亩每次喷100～150千克，效果更好。

（3）化学防治　抓住幼虫3龄前进行喷药防治。常用的农药有：80%敌敌畏800～1000倍液，50%辛硫磷1000倍液，或5%高效氯氰菊酯乳油1500倍液，或21%的灭杀毙乳油4000倍液喷雾防治。

第六节　乌塌菜

乌塌菜又名塌菜、塌棵菜、塌地松、黑菜等，为十字花科芸薹属芸薹种白菜亚种的一个变种，以墨绿色叶片供食，原产中国，主要分布在长江流域。乌塌菜的叶片肥嫩，可炒食、作汤、凉拌，色美味鲜，营养丰富。

乌塌菜在长江流域是大路蔬菜，以其耐寒、色浓绿，而在冬季深受人们喜爱。而在北方栽培甚少，仅在大城市近郊有零星栽培，一直为稀特蔬菜。近年来，北方棚室栽培迅速发展，乌塌菜可以利用较简陋、保温性能稍差的温室或大棚进行越冬栽培，在冬季随时供应叶色浓绿的产品。这为乌塌菜的发展创造了极大的有利条件。在冬季和早春，北方绿色蔬菜上市较少。随着人们生活水平的提高，南方流入北方人员增多，对绿色蔬菜的需求越来越多，乌塌菜以其浓绿的颜色，自然会得到人们特别的青睐。由于上述原因，目前冬季市场上乌塌菜的供应量有上升趋势。

一、特征特性

（一）植物学特征

二年生草本植物，植株开展度大，莲座叶塌地或半塌地生长。叶圆形、椭圆形或倒卵圆形；浓绿色至墨绿色。乌塌菜一般分为两种类型：一是塌地型，其株型扁平。叶片椭圆或倒卵形，墨绿色，叶面皱缩，有光泽，全绿，四周向外翻卷；叶柄浅绿色，扁平；单株重约400克；二是半塌地型，叶丛半直立，叶片圆形、墨绿色；叶面皱褶，叶脉细稀、全绿；叶柄扁平微凹、光滑、白色。另外，有的品种半结球、叶尖外翻、翻卷部分黄色，故有菊花心塌菜之称。乌塌菜须根发达，分布较浅。茎短缩，花芽分化后抽薹伸长。叶腋间抽生总状花序，这些花序再分枝1～3次而形成复总状花序，花黄色。果实长角形，成熟时易开裂。种子圆形，红色或黄褐色。

（二）生育周期

乌塌菜的生育周期包括发芽期、幼苗期、莲座期、抽薹孕蕾期和开花结果期。从种子萌动到子叶展开为发芽期；子叶展开到形成一个叶环为幼苗期；随后进入莲座期，在莲座期植株再展出1～2个叶环，是产量形成的主要时期，也是产品采收期。抽薹孕蕾期和开花结果期属生殖生长阶段，此期植株抽薹、开花、结实。

（三）阶段发育

乌塌菜在种子萌动及绿体植株阶段，均可接受低温感应而完成春化。通过春化的最适温度为2～10℃，在此温度下15～30天，春化阶段完成。完成春化后，长日照及较高的温度条件有利于抽薹开花。

二、对环境条件的要求

（一）温度

乌塌菜性喜冷凉，不耐高温，种子在15～30℃下经1～3天发芽，发芽适温为20～25℃，生长发育适温15～20℃，能耐–8～–10℃低温，在25℃以上的温度及干燥条件下，生长衰弱、易感病毒病，品质明显下降。

（二）水分

乌塌菜喜湿但不耐涝，生长季节应小水勤浇，保持土壤湿润。

（三）光照

乌塌菜对光照要求较强，阴雨弱光易引起徒长、茎节伸长、品质下降。在长日照及较高的温度条件下易抽薹开花。

（四）土壤与肥料

乌塌菜对土壤的适应性较强，但以富含有机质、保水、保肥力强的壤土最为适宜，较耐酸性土壤。在生长盛期要求肥水充足，需氮肥较多，钾肥次之，磷肥最少。

三、品种选择

按其株型分为塌地与半塌地型。塌地类型代表品种有常州乌塌菜、上海小八叶、中八叶、大八叶、油塌菜等。半塌地类型代表品种有南京飘儿菜、黑心乌、成都乌脚白菜等。另外，菊花心塌菜代表品种有合肥黄心乌。

（一）上海乌塌菜

是上海著名的春节吉祥蔬菜，已有上百年栽培历史。株型塌地，植株矮，叶簇紧密，层层平卧。叶片近圆形，全缘略向外卷，深绿色，叶面有光泽皱缩。叶柄浅绿色，扁平。较耐寒，经霜雪后品质更好，纤维少，柔嫩味甜。依植株大小及外形可分为3个品系：小八叶、中八叶、大八叶。以小八叶菊花心为最优，其品质柔嫩，菜心菊黄，每年春节远销香港。见图5-94。

图5-94 上海乌塌菜

图5-95　南京瓢儿菜

图5-96　黄心乌

图5-97　黑心乌

图5-98　京绿乌塌菜

（二）南京瓢儿菜

南京瓢儿菜是南京著名的地方品种。耐寒力较强，能耐-10～-8℃的低温。经霜雪后味更鲜美，株型美观，商品性好。其代表品种有菊花心瓢儿菜。菊花心瓢儿菜依外叶颜色可分为两种：一种外叶深绿，心叶黄色，长成大株抱心。株型多高大，单产较高，较抗病，品种有六合菊花心；另一种外叶绿，心叶黄色，长成大株抱心，生长速度较快，单产较高，抗病性较差，如徐州菊花菜。此外，还有黑心瓢儿菜、普通瓢儿菜、高淳瓢儿菜等品种。见图5-95。

（三）黄心乌

黄心乌有外叶10～20片，暗绿色，叶塌地，心叶成熟时变黄，有10～20层，卷为圆柱，坚硬如石。单株重1千克左右，品质嫩，十分美观，品质极佳。见图5-96。

（四）黑心乌

本品种系安徽淮南特产，早熟、高产、耐寒、抗病。株高20厘米，叶肥厚卵圆状，叶面呈泡状皱褶。外叶墨绿色，心叶半包合。单株重1.5千克左右，成熟时心叶不变黄，品质较优。见图5-97。

（五）京绿乌塌菜

乌塌菜一代杂种，生长期56～60天，叶片小，近圆形，叶数多，簇生，叶色翠绿，叶片皱缩，有光泽，叶柄较长，扁平，浅绿色。株高19厘米，开展度35厘米，单株重0.15千克，亩产1600千克左右，商品性好，抗抽薹性较强。见图5-98。

四、栽培关键技术

（一）栽培季节

乌塌菜在不同的季节选用适宜的品种可基本实现周年生产。冬春栽培可选用冬性强晚抽薹品种；春季可选用冬性弱的品种；高温多雨季节可选用多抗性、适应性广的品种；秋冬栽培可选用耐低温的塌地型品种栽培。本节仅介绍北方棚室的乌塌菜栽培技术。

北方地区（东北、西北、华北）乌塌菜越冬栽培时，因利用的设施不同而季节不同。由于上市期能从元旦前持续至春节前后，正值绿叶菜稀缺的淡季，因而经济效益很高。近年来种植面积逐渐发展扩大。

在华北地区（如山西、河北）冷棚栽培，可于9月中、下旬播种育苗，10月中、下旬定植于冷棚内，于新年至春节期间随时收获上市。其他北方地区可根据当地的气候条件和棚室条件，适当调整育苗时间和定植时间。

（二）育苗

利用塑料大、中、小棚栽培时，育苗播种期多为9月。此期外界气温尚高，可在露地建床育苗。利用日光温室栽培时，育苗播种期为10月。如果播种育苗较早，可用露地育苗法。如果育苗在10月下旬，幼苗生长后期外界温度较低时，应在棚室中建育苗床。在棚室中育苗时，前期应加强通风降温。进入11月中下旬，随着外界气温下降，在白天逐渐减少通风口，夜间密闭塑料薄膜。尽量保持白天18～20℃，夜间10～12℃。防止25℃以上的高温造成幼苗徒长，降低定植后的抗寒力。

（三）定植及田间管理

利用棚室进行越冬栽培时的定植期多为10月中下旬至11月下旬。此时外界气温逐渐降低，为提高定植成活率，应选晴暖天气，气温较高时定植。定植深度应稍深些，以土埋住第一片真叶以下为度。定植后，根据外界气温情况，夜间扣严塑料薄膜保温，白天进行通风，保持设施内温度白天18～20℃，夜间10～15℃。白天勿使棚室内超过25℃，以防降低产品质量。12月后，外界气温较低，应减少通风口，夜间加盖草苫子保温，防止降到0℃以下。定植后，土壤蒸发量较小，可适当少浇水，只要土壤能保持湿润，就不浇水。一般11月7～10天一水，12月15～20天一水。1月可不用浇水。追肥宜用尿素，少用或不用人粪尿。1月因不浇水，即停止追肥。

五、采收

乌塌菜没有严格的采收期，可根据品种特性、市场需求而定。一般定植后40～50天在田间拔大留小，随时采收上市，每亩产量1500～2000千克。见图5-99。

图5-99 采收

图5-100 乌塌菜黑斑病病叶

六、病虫害防治

乌塌菜的主要病害有：黑斑病、根肿病、病毒病、霜霉病、软腐病、核菌病。乌塌菜很少发生虫害。

1.乌塌菜黑斑病

【症状】乌塌菜生长后期易发病，主要为害叶、叶柄、茎、角果等，叶片染病初生灰褐色至黑褐色稍隆起的小斑，扩大后变为黑褐色圆形斑，直径2～6毫米，具明显同心轮纹，四周干燥，有黄白色晕圈；湿度大时，病斑上长出黑色霉，即病菌分生孢子梗和分生孢子；叶柄、茎染病产生椭圆形或成纵行的黑色条斑。见图5-100。

【传播途径和发病条件】同大白菜黑斑病。

【防治方法】

（1）农业综合防治 ① 大面积轮作，收获后及时翻晒土地清洁田园，减少田间菌源。② 施用日本酵素菌沤制的堆肥或采用猪粪堆肥，培养拮抗菌，加强田间管理，提高抗病力和耐病性。③ 选用抗病品种。

（2）化学防治 ① 种子消毒，可用种子重量0.4%的50%扑海因可湿性粉剂或75%百菌清可湿性粉剂拌种。② 发病前开始喷洒64%杀毒矾可湿性粉剂500倍液或75%百菌清可湿性粉剂500～600倍液、70%代森锰锌可湿粉500倍液、58%甲霜灵锰锌可湿性粉剂500倍液、40%灭菌丹可湿性粉剂400倍液、50%扑海因可湿性粉剂或其复配剂1000倍液。在黑斑病与霜霉病混发时，可选用70%乙膦·锰锌可湿性粉剂500倍液或60%琥·乙磷铝（DT米）可湿性粉剂500倍液、72%霜脲锰锌（克抗灵）可湿性粉剂800倍液、或69%安克锰锌可湿性粉剂1000倍液，每亩喷对好的药液60～70升，隔7～10天一次，连续防治3～4次。采收前7天停止用药。

2.乌塌菜根肿病

【症状】病菌从菜苗的幼根或根毛侵入，并刺激根部细胞加速分裂，造成根部畸形肿大，导致植株输导组织受阻，地上部生长缓慢，叶片萎蔫，重者根部腐烂，植株死亡。见图5-101。

【传播途径和发病条件】同大白菜根肿病。

图5-101 乌塌菜根肿病病根

【防治方法】

（1）农业综合防治　选用抗病良种，采取种子、苗床、定植穴消毒，实行轮作，避开病田栽种，增施有机肥，施用石灰调节酸碱度，雨季深沟高畦栽培。

（2）化学防治　于两片真叶和定植成活后用以下药剂灌根：① 75%百菌清可湿性粉剂800～1000倍液；② 50%多菌灵可湿性粉剂800～1000倍液；③ 30%恶霉灵水剂800～1000倍液；④ 70%甲基托布津可湿性粉剂1000～1200倍液。

3.乌塌菜病毒病

【症状】病毒病一旦发病，植株畸形，停止生长。若食用则口感很差。

【传播途径和发病条件】同大白菜病毒病。

【防治方法】

（1）农业综合防治　① 要把周围杂草清除干净，在田间若发现个别病株应及时拔除。② 另外，在生长期间应及时防治蚜虫、白粉虱等害虫，控制危害。

（2）化学防治　如果发病初期发现个别病株拔除后要进行喷药防治。药剂可用20%病毒A可湿性粉剂600倍液。另外，如果要增加抗性，可以用N83增抗剂100倍液喷雾。

4.乌塌菜霜霉病

【症状】霜霉病是一种真菌性病害。特点是：叶背面发生病斑，且传播快。

【传播途径和发病条件】同大白菜霜霉病。

【防治方法】发病初期，可以选用25%甲霜灵可湿性粉剂750倍液，或69%安克锰锌可湿性粉剂1000～1200倍液，或69%霜脲锰锌可湿性粉剂600～750倍液喷雾防治。以上农药可以交替、轮换使用，一般7～10天防治一次，连续防治2～3次。

5.乌塌菜软腐病

【症状】软腐病是一种细菌性病害。特点是：基部叶片首先腐烂，并有臭味。

【传播途径和发病条件】同大白菜软腐病。

【防治方法】① 一般应注意在生育期间避免大水漫灌。② 另外，播种前软腐病发病严重地块强调要进行拌种，可以避免种子带菌，幼苗感病。③ 发病初期用每亩用20%噻菌铜（龙克菌）悬浮剂75～100克喷雾，或50%氯溴异氰尿酸（消菌灵、菌毒清）可溶性粉剂1000～1500倍液喷雾防治。

6.乌塌菜核菌病

【症状】在生育期各阶段均可发病，生产上以生长后期和采种株上发生较多，苗期染病多在近地面处形成黄褐色水浸状病变，后致病部湿腐，长满白色棉絮状菌丝，形成叶腐，或茎腐致幼苗腐烂或枯死，病部现黑色鼠粪状菌核。

【传播途径和发病条件】病菌主要以菌核混在土壤中或附着在采种株上，混杂在种子间越冬或越夏，春、秋两季多雨潮湿，菌核萌发，产生子囊盘放射出子囊孢子，借气流传播，子囊孢子在衰老的叶片上，进行初侵染引起发病，后病部长出菌丝和菌核，在田间主要以菌丝通过病健株或病健组织的接触进行再侵染，到生长后期又形成菌核越冬。白菜菌核病属于囊孢子气传病害类型，其特点是气传的子囊孢子致病力强，从寄主的花、衰老叶或伤口侵入，以病健组织接触进行再侵染。菌丝生长发育和菌核形成适温0～30℃，最适温度20℃，最适相对湿度85%以上，菌核可不休眠，5～20℃及较高的土壤湿度即可萌发，其中以15℃最适。在潮湿土壤中菌核能存活1年，干燥土中可存活3年。子囊孢子0～35℃均可萌发，但以5～10℃为适，萌发经48小时完成。

【防治方法】

（1）农业综合防治　① 种植乌塌菜的地块要与水稻、大麦、小麦、玉米等禾本科作物进行2年以上轮作。② 菜畦宽不要大于2米，畦面做成龟背形，畦沟、围沟深应大于30厘米，开花前及时清沟，做到雨后能及时排灌，确保田间不积水，防止湿气滞留。③ 选用抗病品种。

（2）化学防治　① 播种前用种子重量0.2%～0.5%的50%速克灵或扑海因可湿性粉剂拌种。② 在发病前或发病始期喷洒50%速克灵可湿性粉剂2000倍液或50%扑海因可湿性粉剂1500倍液、50%苯菌灵可湿性粉剂1500倍液、60%防霉宝超微可湿性粉剂800倍液，隔7～10天1次，连续防治2～3次。采收前3天停止用药。

第六章

Chapter

棚室甘蓝类蔬菜栽培技术

甘蓝类蔬菜是十字花科芸薹属甘蓝种中的一、二年生蔬菜的统称。包括结球甘蓝、抱子甘蓝、羽衣甘蓝、球茎甘蓝、花椰菜、青花菜和芥蓝等（见图6-1～图6-7）。除芥蓝外均原产地中海沿岸。都具有肥厚、呈蓝绿色、被蜡粉的叶片，叶脉明显，花及种子较白菜的大。属低温长日照作物，绿体春化型。冬春季栽培，要防止先期抽薹。喜冷凉湿润气候，不耐高温干旱，适应性较强，易栽培。产品耐贮运。周年可

图6-1　结球甘蓝

栽2～3茬。营养丰富，尤其富含维生素C及钙，供应期长，可供生食、炒食或盐渍加工。

甘蓝类蔬菜在世界各地广泛栽培，以结球甘蓝栽培面积最大。芥蓝在中国广东、广西、福建、台湾等省（自治区）广为种植。本章介绍结球甘蓝、花椰菜、青花菜和芥蓝的棚室栽培技术。

图6-2　抱子甘蓝

图6-3　羽衣甘蓝

图6-4　球茎甘蓝

图6-5 花椰菜　　　　　　　图6-6 青花菜　　　　　　　图6-7 芥蓝

第一节 结球甘蓝

　　结球甘蓝属十字花科芸薹属甘蓝种的一个变种，其适应性广，抗逆性强，容易栽培，稳产，耐运输，若采用分批分期栽培，结合贮藏，很容易达到周年供应的目的，所以我国结球甘蓝栽培面积发展较快。近年来随着棚室蔬菜的发展，甘蓝已成为我国北方春季和夏季的重要蔬菜作物，种植面积呈逐年扩大的趋势。结球甘蓝原产于地中海沿岸，是由不结球的一年生野生甘蓝，经长期栽培演化而来。结球甘蓝于16世纪传入我国。结球甘蓝依叶球形状和色泽的不同，可分为普通甘蓝、皱叶甘蓝、紫甘蓝等。见图6-8～图6-10。

(a) 整株　　　　　　　　(b) 叶球外部　　　　　　　(c) 叶球内部

图6-8 普通甘蓝（圆头类型）

(a) 整株　　　　　　　　(b) 叶球外部　　　　　　　(c) 叶球内部

图6-9 皱叶甘蓝

(a) 整株　　　　　　　　(b) 叶球外部　　　　　　　　(c) 叶球内部

图6-10　紫甘蓝

我国以栽培普通甘蓝为主。普通甘蓝依其叶球形状又可分为三个类型，分别为：

（1）尖头类型　植株较小，叶球小而尖，呈心脏形，叶片长卵形，中肋粗，内径长，多为早熟的小型品种。见图6-11。

(a) 整株　　　　　(b) 叶球外部　　　　　(c) 叶球内部

图6-11　尖头类型甘蓝

（2）圆头类型　叶球圆球形，多为早熟或中熟的中型品种，包心紧实，球形整齐，成熟期集中，栽培较普遍。参见图6-8。

（3）平头类型　植株较大，叶球为扁圆球形，多为晚熟的大型或中熟的中型品种，叶球较大，结球紧实，耐贮藏运输，为我国西北地区的主要栽培类型。见图6-12。

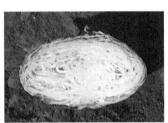

(a) 整株　　　　　　　　(b) 叶球外部　　　　　　　　(c) 叶球内部

图6-12　平头类型甘蓝

一、特征特性

（一）植物学特征

结球甘蓝根系主要分布在60厘米以内的土层中，但以30厘米以内土层的根系最密集，根群横向伸展半径可达80厘米左右，所以能大量吸收耕作层中的养分。但因根系入土不深，故抗旱能力较差，要求比较湿润的栽培环境。

叶片多为绿色，叶肉肥厚，叶面光滑。少数品种叶色紫红或叶面皱缩。叶面覆有灰白色蜡粉，是叶表皮细胞的分泌物，有减少水分蒸发的作用。当外界环境干燥时，蜡粉增多，所以比大白菜的抗旱性稍强。初生的6～7片叶较小，以后长出宽大叶片。分别以2/5、3/8的叶序着生在短缩茎上，形成莲座叶丛。早熟品种约有10～16片，晚熟品种约有24～32片叶。构成很大的同化基础以后，心叶开始抱合生长而形成叶球。叶球内中心柱，也称短缩内茎，食用时常常弃去，故短缩内茎越短，食用价值越高；而且短缩茎节间短时，则叶片着生密，结球紧，产量高，是生产上鉴定品种优劣的依据之一。结球甘蓝的侧芽在营养生长阶段一般不萌发，保持休眠状态。当植株过早地通过春化阶段，发生"未熟抽薹"时，侧芽才萌发生长；当顶芽折断或叶球收获而失去顶端优势之后，侧芽也会萌发生长。所以一年一作地区，可以利用叶球收割后老根上的侧芽进行二次结球。同样道理，在未熟抽薹时，也可以摘除花茎，促进侧芽萌发和结球。此外，为了进行品种的选纯复壮，还可以利用春甘蓝收球后长出的侧芽扦插繁殖或用春老根采种。

（二）生长发育特性

结球甘蓝为二年生植物，在它的生长期中明显分为营养生长和生殖生长两个阶段，一般在秋季播种后，历经发芽期、幼苗期、莲座期、结球期，形成营养体，在冬季长期低温的作用下完成发育，通过春化阶段，进行花芽分化，然后在春季抽薹开花结籽。

结球甘蓝是绿体春化型作物，植株达到一定大小，才能接受低温诱导。春化温度要求0～12℃，以2～4℃最适宜，春化时间为30～40天，经过春化的植株在长日而温暖的条件下抽薹开花。结球甘蓝接受春化诱导的植株大小，因品种不同而有差异，有的4～5片真叶，茎粗0.6厘米左右即可通过春化阶段。如金早生。有的需要7～8片真叶，茎粗1厘米以上才能接受春化诱导，如牛心甘蓝。相同品种在相同低温条件下，植株大，春化时间短。

光照对结球甘蓝抽薹开花有作用，总的来讲，长日照和充足的阳光有利结球甘蓝的抽薹开花。已经抽薹开花的圆球型甘蓝种株，如果移至30℃以上的高温条件下，花茎顶端就不再现蕾开花，而出现绿色的叶子，这就是所谓的营养逆转现象。

二、对环境条件的基本要求

对于生活条件的要求，结球甘蓝对于外界环境条件的要求与结球白菜相似，不过前者适应性较广，抵抗不良环境的能力较强。

（一）温度条件

结球甘蓝喜温和气候，比较耐寒，其生长温度范围较宽，一般在月平均温度7～25℃的条件下都能正常生长与结球。但它在生长发育不同阶段对温度的要求有所差异。种子在2～30℃时就能缓慢发芽，发芽适温为18～20℃。刚出土的幼苗抗寒能力稍弱，幼苗稍大时，耐寒能力增强，能忍受较长期的−1～−2℃及较短期−3～−5℃的低温。经过低温锻炼的幼苗，则可以忍受短期−8℃甚至−12℃的寒冻。叶球生长适温为17～20℃，在昼夜温差明显的条件下，有利于积累养分，结球紧实。气温在25℃以上时，特别在高温干旱下，同化作用效果降低，呼吸消耗增加，影响物质积累，致使生长不良，叶片呈船底形，叶面蜡粉增加，叶球小，包心不紧，从而降低产量和品质。叶球较耐低温，能在5～10℃的条件下缓慢生长，但成熟的叶球抗寒能力不强，如遇−2～−3℃的低温易受冻害，而其中晚熟品种的抗寒能力较早、中熟品种强，可耐短期−5～−8℃的低温。如北京栽培的秋甘蓝可延至小雪节气以后收获。南方冬季可就地贮放延长供应期。

（二）湿度条件

结球甘蓝的组织中含水量在90%以上，它的根系分布较浅，且叶片大，蒸发量多，所以要求比较湿润的栽培环境，在80%～90%的空气相对湿度和70%～80%的土壤湿度中生长良好。其中尤以对土壤湿度的要求比较严格。倘若保证了土壤水分的需要，即使空气湿度较低，植株也能生长良好；如果土壤水分不足再加空气干燥，则容易引起基部叶片脱落，叶球小而疏松，严重时甚至不能结球。因此，结球期的及时灌溉，供给充足的水分是争取甘蓝丰产的关键之一。

（三）光照条件

结球甘蓝属于长日照作物。在植株没有完成春化过程的情况下长日照条件有利于生长。但它对于光照强度的要求，不如一些果菜类要求那样严格。故在阴雨天多光照弱的南方和光照强的北方都能良好生长。在高温季节常与玉米等高秆作物进行遮阳间作，同样可获得较为良好的栽培效果。

（四）土壤营养条件

结球甘蓝对土壤的适应性较强，以中性和微酸性土壤较好，且可忍耐一定的盐碱性。结球甘蓝是喜肥和耐肥作物。对于土壤营养元素的吸收量比一般蔬菜作物要多，栽培上除选择保肥保水性能较好的肥沃土壤外，在生长期间还应施用大量的肥料。甘蓝在不同生育阶段中对各种营养元素的要求也不同。早期消耗氮素较多；到莲座期对氮素的需要量达到最高峰；叶球形成期则消耗磷、钾较多。整个生长期吸收氮、磷、钾的比例为3：1：4。试验表明：在施氮肥的基础上，配合磷、钾肥的施用效果好，净菜率高。

三、品种选择

北方棚室栽培的甘蓝多选用中早熟、抗病、丰产、耐抽的品种。主要有：

（一）8398

中国农科院蔬菜花卉所于1991年育成的甘蓝一代杂种。为早熟春甘蓝品种。植株开展度40～50厘米，叶色浅绿，蜡粉较少。叶球圆球形，紧实度0.54～0.60，中心柱长低于球高一半。冬性强，叶质脆嫩，风味品质优良。未发现未熟抽薹及干烧心病。从定植到成熟50天左右，平均单球重0.8～1千克。一般亩产3000～4000千克。见图6-13。

（二）中甘11

中国农业科学院蔬菜花卉研究所育成的甘蓝杂交种。植株幼苗期真叶呈卵圆形，深绿色，蜡粉中等。收获期植株开展度46～52厘米，卵圆形。叶球近圆形，球内中心柱长6～7厘米。单球重0.75～0.85千克。种子黑褐色，千粒重3～4克。早熟品种，在北京定植50天左右可收获。每亩产3000～3500千克。球叶质地脆嫩，风味品质优良。抗寒性较强，不容易先期抽薹，抗干烧心病。在肥水条件好的地方，更能发挥其早熟、丰产的优良特性。见图6-14。

图6-13 8398

图6-14 中甘11

（三）中甘15号

中国农业科学院蔬菜花卉研究所选育的中早熟春甘蓝一代杂种。定植后约55天可收获。植株开展度42～45厘米，外叶数14～16片，叶色浅绿，叶面蜡粉较少。叶球圆球形，紧实度0.6～0.62，中心柱长低于球高的一半，叶质脆嫩，品质优良。冬性强，不易未熟抽薹，平均单球重1.36～1.46千克，每亩产

4000千克左右。见图6-15。

（四）中甘21号

中国农业科学院蔬菜花卉研究所选育的早熟春甘蓝一代杂种。植株开展度约为52厘米，外叶色绿，叶面蜡粉少，叶球紧实，叶球外观美观，圆球形，叶质脆嫩，品质优，球内中心柱长约6厘米，定植到收获约50天，单球重约1～1.5千克，每亩产约4000千克。抗逆性强，耐裂球，不易未熟抽薹。见图6-16。

图6-15　中甘15号　　　　　　　　　　　图6-16　中甘21号

（五）青杂甘蓝1号

青岛国际种苗有限公司选育的早熟甘蓝品种。植株开展度35～40厘米，外叶数10片，叶色绿，蜡粉少；叶球圆球形，绿色，球高15.8厘米，直径15.6厘米，单球重0.8～1.1千克，每亩产3800千克左右。极早熟，定植到收获48天，适于春秋两季种植，生长整齐，成熟一致，包球紧，不易裂球，品质优良，抗病性强。见图6-17。

四、栽培关键技术

（一）播种育苗

1.种子处理

图6-17　青杂甘蓝1号

早春棚室甘蓝用种量为50～75克/亩，先将种子放在50℃温水中浸种20分钟，并不停搅拌，捞出后晾干播种，或用种子量0.3%的35%瑞毒霉可湿性粉剂或50%福美双可湿性粉剂拌种。

2.苗床准备

选地势高燥、排灌方便、土壤肥沃且近3年未种过十字花科蔬菜的田块作苗床。将该种土壤与优质有机肥混合，有机肥比例不少于30%。用50%多菌灵可湿性粉剂与50%福美双可湿性粉剂按1∶1混合，按1米²床土用药8～10克与15～30千克细土混合，播种时2/3铺于床面，1/3盖在种子上面。

如果有条件也可采用穴盘育苗，营养基质可采用草炭、蛭石和珍珠岩以3∶2∶1比例混合，1立方米加入腐熟粉碎的鸡粪干10～15千克，尿素500克，磷酸二铵600克，多菌灵50%可湿性粉剂200克或甲基托布津70%可湿性粉剂拌匀。播种前1～2天将基质用水淋湿，然后装盘。根据栽培季节和品种的不同，可以采用32孔、50孔或72孔的穴盘。

3.播种

在沈阳棚室春甘蓝播种期为上年12月下旬至次年1月中旬，温室或阳畦育苗，苗床采用条播或穴播，覆土1～1.2厘米压实。最好选用穴盘或营养钵育苗，种子上面覆盖基质和珍珠岩。见图6-18。

（二）幼苗管理

幼苗出齐至第一片真叶展开，白天保持18～20℃，高于20℃时，中午要放小风。三叶期以前，促壮苗防徒长，白天保持20～25℃，夜间不低于2～3℃。土壤湿度以保持湿润、不裂缝为宜。幼苗长到二叶一心时进行定苗，每穴仅留1株。三叶期后增温保温，防先期抽薹，白天保持23～25℃，夜间不低于12℃，以后逐步放风，使温度保持18℃，当植株长到4～6片叶时，即可定植。见图6-19。

图6-18 播种

（三）定植前的准备

如采用4米中棚覆盖栽培，一般棚长为20～30米，跨度2.5～2.8米，畦宽0.9～1米，4米竹片做拱架，4.5米的塑料薄膜，两根竹片之间距离62～80厘米。定植前深翻整地、按50厘米的行距开沟，4米中棚栽6行，提前3～5天插好竹片、盖好薄膜，进行烤地。也可采用2米小拱棚覆盖栽培。

（四）定植

图6-19 幼苗管理

采用4米中棚覆盖栽培，日平

均气温达到6℃时为定植适期，一般在3月上旬定植。采用2米小拱棚覆盖栽培，因甘蓝成熟期较短，一般在3月下旬定植。应施足底肥，每亩施有机肥3000～4000千克，撒可富50～60千克，株、行距为40～50厘米，每亩栽3300～3500株，定植后立即浇水，使土壤洇透，浇水后立即盖上薄膜。以防冻害，有利于缓苗。

（五）定植后的管理

定植后的10天内为缓苗期，当棚内温度超过25℃时开始通风炼苗，莲座期中耕1～2次。4月上旬撤膜，撤膜前浇一次水，并在包心期结合浇水，追肥两次，每次每亩追尿素20～30千克。以后5～7天浇一水。5月初即可收获上市。

五、采收

结球甘蓝一经结球形成，很快就转入到叶球的充实阶段。棚室甘蓝一般多为中早熟品种，为了提早上市供应市场，只要叶球达到一定的大小和相当的充实程度，就要及早开始分期收获。一般开始时3～4天收割一次，以后每隔1～2天收割一次，共约收割4～5次。收割时可用镰刀或菜刀保留一部分外叶将主茎切断即可。如不及时采收，由于叶球组织脆嫩，细胞柔韧性小，一旦土壤水分过多，就易造成叶球开裂。如图6-20。

图6-20　甘蓝裂球

六、病虫害防治

（一）病害

1.甘蓝软腐病

【症状】甘蓝软腐病，一般始于结球期，初发在外叶或叶球基部出现水浸状斑，植株外层包叶中午萎蔫，早晚恢复，数天后外层叶片不再恢复，病部开始腐烂，叶球外露或植株基部逐渐腐烂成泥状，或塌倒溃烂，叶柄或根茎基部的组织呈灰褐色软腐，严重的全株腐烂，病部散发出恶臭味，别于黑腐病。见图6-21。

【传播途径和发病条件】甘蓝软腐病属细菌性病害。病菌在南方温暖地

图6-21　甘蓝软腐病

区，没有明显的越冬期，在田间循环传播蔓延。在北方病菌随带菌的病残体、土壤、未腐熟的农家肥越冬，成为重要的初侵染菌源。通过雨水、灌溉水、肥料、土壤、昆虫等多种途径传播，由伤口或自然裂口侵入，不断发生再侵染。高温多雨有利于软腐病发生。高垄栽培不易积水，土壤中氧气充足，有利于根系和叶柄基部愈伤组织形成，可减少病菌侵染。生产上重茬严重、地势低洼、土壤黏重、蹲苗过度、氮肥施用过多、植株徒长、旺长、栽培密度过大、田间郁闭通透性差、经常大水漫灌或长期干旱突遇大雨、叶面结露时间较长、地下害虫多等发病较重。

【防治方法】

（1）农业综合防治　加强栽培管理，避免在菜株上造成伤口；避免连作；实行深沟窄畦栽培，注意排水。早期发现病株，连根拔除，将其深埋，病穴用石灰消毒。及早彻底治虫。

（2）化学防治　发病初期可用敌克松原粉0.5千克浇根，或每亩用20%噻菌铜（龙克菌）悬浮剂75～100克喷雾。后期可选用77%氢氧化铜（可杀得）可湿性粉剂2000倍液灌根、氯溴异氰尿酸（消菌灵、菌毒清）2000～2500倍液喷雾或灌根。

2.甘蓝黑腐病

【症状】外叶或叶球基部先发病，病部初呈水渍状，后软化腐烂，产生恶臭味。田间主要症状有多种：有茎基部先腐烂，外叶萎蔫，叶球外露；也有外叶边缘枯焦，心叶顶部或外叶全面腐烂，当天气转晴干燥时，腐烂的叶片失水呈薄纸状。高温多雨，地势低洼，排水不良，或偏施、过施氮肥，有利于该病的发生和流行。见图6-22。

【传播途径和发病条件】甘蓝黑腐病属细菌性病害。病菌可在种子内或随病残体遗留在土壤中越冬，从幼苗子叶或真叶的叶缘水孔侵入，引致发病。成株期除水孔外，还可通过伤口侵入，迅速进入维管束，引起叶片基部发病，并从叶片维管束蔓延到茎部维管束引起系统侵染。采种株上，病菌由果荚柄维管束进入果荚，致种子表面带菌。如从种脐侵入致种皮内带菌，能进行远距离传播。此外，带菌菜苗、农具及暴风雨也可传播。高温、高湿，连作地或偏施氮肥发病重。

【防治方法】① 治虫防病：早期注意防治地下害虫，减少虫伤。② 合理轮作，整治排灌系统，深沟高畦种植，实行配方施肥，忌偏施过施氮肥。③ 20%噻唑锌悬浮剂稀释500～800倍液喷雾。发病严重加大稀释倍数。间隔7天左右连续防治2～3次为宜，注

图6-22　甘蓝黑腐病

意二次稀释喷雾。或50%代森铵水剂800～1000倍液喷雾，或20%噻菌铜悬浮剂75～100克/亩喷雾。药剂交替使用，隔7～10天喷1次，连施3～4次。

3.甘蓝病毒病

【症状】苗期染病，叶片产生褪绿近圆形斑点，直径2～3毫米，后整个叶片颜色变淡或变为浓淡相间绿色斑驳。成株染病除嫩叶现浓淡不均斑驳外，老叶背面生有黑色坏死斑点，病株结球晚且松散。种株染病、叶片上现出斑驳，并伴有叶脉轻度坏死。见图6-23。

【传播途径和发病条件】病毒可在寄主体内越冬，翌年春天由蚜虫把毒源从越冬寄主上传到水萝卜、油菜、青菜或小白菜等十字花科蔬菜上。感病的十字花科蔬菜、野油菜等十字花科杂草都是重要初侵染源。十字花科蔬菜种株采收后，桃蚜、菜缢管蚜、甘蓝蚜等迁飞到夏季生长的小白菜、油菜、菜薹、萝卜等十字花科蔬菜上，又把毒源传到秋菜上，如此循环，周而复始，此外病毒汁液接触也能传毒。甘蓝播种后遇高温干旱，地温高或持续时间长，根系生长发育受抑，地上部朽住不长，寄主抗病力下降。此外，高温还会缩短病毒潜育期，28℃芜菁花叶病毒潜育期3～14天，10℃则为25～30天或不显症。播种早，毒源或蚜虫多，再加上菜地管理粗放，地势低不通风或土壤干燥，缺水、缺肥时发病重。

【防治方法】前期注意防治虫害传播病毒病，感染病毒病初期可喷施20%病毒K500倍液，或用1.5%植病灵乳剂800～1000倍液、83增抗剂100倍液防治，每隔7～10天喷一次，连续喷2～3次，可控制或减轻病害发生。

图6-23　甘蓝病毒病

4.甘蓝缺钙病

【症状】表现为叶边缘变黄褐色至黄白色，严重时致叶缘干枯。

【发病原因】甘蓝缺钙属生理性病害即非传染性病害。造成缺钙的原因：① 土壤中钙素不足；② 高温多湿天气影响植株对钙素的吸收、利用；③ 长期施用硫酸铵和其他酸性肥料，特别是土壤偏酸或土质砂性大或土质过黏，均易产生缺钙症。见图6-24。

【防治方法】① 根据土壤酸度情况，施用石灰800～150千克/亩，中和土壤酸性，尽量深施，使其分布于植株根层，以利吸收。② 喷施0.3%氯

图6-24　甘蓝缺钙病

化钙水溶液，或2%过磷酸钙浸出液，5～7天一次，连喷2～3次。

（二）虫害

棚室甘蓝的虫害主要有小菜蛾、甘蓝夜蛾、斜纹夜蛾、菜青虫，其为害特点、形态特征、生活习性，防治方法均与大白菜相关虫害的防治方法一致，只是上述虫害更喜食甘蓝类蔬菜，因而，防控任务更重，要坚持预防为主，物理防治、生物防治、化学防治相结合的原则。这里仅介绍上述虫害的防治方法。

1. 小菜蛾

（1）物理防治　小菜蛾有趋光性，在成虫发生期，每10亩设置一盏黑光灯，可诱杀大量小菜蛾，减少虫源。

（2）生物防治　采用细菌杀虫剂如Bt，可使小菜蛾大量感病死亡。也可用25%（或30%）灭幼脲1号（或3号）500～1000倍液喷雾。

（3）化学防治　应在发生初期进行，并要喷到叶背面或新叶上，可用5%氯虫苯甲酰胺（普尊）悬浮剂1000倍液喷雾防治，每隔15～20天一次，喷2～3次。或5%抑太保乳油2000倍液、5%卡死克乳油2000倍液喷雾，每隔5～7天一次，连续喷3～5次。

2. 甜菜夜蛾

（1）物理防治　成虫有较强的趋光性，可在田间设置频振式杀虫灯诱杀。

（2）化学防治　24%美满悬浮剂2000～3000倍；15%安打悬浮剂2000～3000倍；防治应掌握在幼虫盛孵期和一龄幼虫高峰期施药。施药时间应为早晨和傍晚，喷药要均匀周到，植物叶正反面要充分着药。该虫抗药性强，因此注意轮换或交替用药，夜蛾具有杂食性和暴食性，施药时应均匀周到，重点喷叶背及心叶。夜蛾具有昼伏夜出习性，防治应在傍晚进行。高温干旱季节防治夜蛾应加大用水量，交替用药，有利于提高防治效果。

3. 斜纹夜蛾

（1）诱杀　频振式杀虫灯、性信息素和黑光灯或糖醋盆诱杀成虫。

（2）化学防治　施药应在傍晚进行，可选用10%除尽悬浮液1000～1500倍、15%安打悬浮液5000倍，5%抑太保或5%卡死克1000～1500倍喷雾防治。

4. 菜青虫

（1）生物防治　可采用细菌杀虫剂，如国产Bt和青虫菌六号液剂，通常采用500～800倍稀释浓度。

（2）药剂防治　可采用2.5%的保得乳油2000倍液，也可采用灭幼脲一号或三号20%或25%的胶悬剂500～1000倍液。但此类药剂作用效果较慢，通常在虫龄变更时才使害虫致死，应提早喷洒。

第二节　花椰菜

花椰菜，又称花菜、菜花，属十字花科芸薹属甘蓝种，原产于地中海东部海岸，约在19世纪初清光绪年间引进我国。花椰菜虽在我国广泛栽培，但栽培历史较短，进入20世纪90年代，随着我国棚室蔬菜产业的发展，花椰菜种植面积也进入快速增长时期，棚室花椰菜种植面积不断扩大，农民获得了较好的经济效益。

值得一提的是最近几年各地流行吃"有机菜花"，实际上"有机菜花"的真实名称叫松花菜，全称是松花型花椰菜，和我们平时吃的紧花型花椰菜同属于十字花科芸薹属甘蓝种。其实，这种松花型花椰菜应该算做今天我们吃的紧花型花椰菜的演进祖先。早期花椰菜刚刚被人们驯化为蔬菜的时候，花蕾都是松散的，后来人们通过不断进行人工选择，才培育出了今天我们普遍看到的花球洁白紧实的花椰菜。其演化过程，大致是野生甘蓝—芥蓝—松花菜—紧花菜这样一条路径。如今人们又盛行吃松花菜，算是一种复古了。根据典籍记载，花椰菜于清末传入中国时，便以紧花椰菜的面貌出现。而后来中国人自己在种植的过程中，也是不断地往花球结实的方向培育。花蕾结球是否紧密，不仅成为研究者人工选择的一个质量标准，而且也成为老百姓购买花椰菜时的挑选依据。

所以说松花菜，不过是花椰菜驯化史上被遗忘的一条分支路径罢了。被遗忘的原因第一是卖相不好；第二是产量不如普通的花椰菜高，松花菜的产量一般亩产2400～3000千克，最多只能达到紧花菜的2/3；第三是运输问题，它的花球松散，不如紧花菜耐贮存。

松花菜最大的优点是"好吃"，因为松花菜梗多，而且花梗很细，呈绿色，含大量膳食纤维，所以做菜时加热时间短，容易入味，颜色翠绿，口感更好，吃起来香、甜、松、脆、有嚼头。

松花菜被发现后，从南到北的流行速度非常快，国内最早种松花菜的地方，大致在福建漳州、厦门到广东汕头一带，5年前发展到浙江的台州、温州、杭州，最近二年开始在东北流行。

整体上说花椰菜在中国的流行，不过30年，松花菜被发掘出来，不过10年。松花菜品种的原始来源是台湾，目前全国各地都在选育不同的松花菜品种。

一、特征特性

（一）植物学特征

1.根

主根基部粗大，根系发达，主要根群分布在30厘米耕作层内，能大量吸收土壤中的水和养分。但由于根系分布较浅，抗旱能力较差，需要湿润的土壤环境条件。

2.茎

营养生长期茎稍短缩，茎上腋芽不萌发，一般不能食用。阶段发育完成后抽生花茎。

3.叶

花椰菜的叶片狭长，披针形或长卵形，营养生长期具有叶柄，并具有裂叶，叶色浅蓝绿，叶片较厚，不很光滑，无毛，表面有蜡粉，可起减少水分蒸发的作用。一般单株有20多片叶子，构成叶丛。在显花球时，心叶向中心自然卷曲或扭转，可保护花球免受日射和霜冻的为害。

4.花

花球由肥嫩的主轴和50～60个肉质花梗组成。一个肉质花梗具有若干个5级花枝，组成小花球体。花球球面呈左旋辐射轮纹排列，轮数为5。正常花球呈半球形，表面呈颗粒状，质地紧密。花枝顶端继续分化形成正常花蕾，各级花梗伸长，抽薹开花。复总状花序，完全花。花萼绿或黄绿色，花冠黄色，十字形。

5.果实

果实为长角果，成熟后爆裂。每角果含种子十余粒。种子圆球形，紫褐色，千粒重3～4克。

（二）生育周期

花椰菜为一年或二年生蔬菜，其营养生长期与生殖生长期两个阶段不如其他十字花科蔬菜明显。其发育过程如下：

1.营养生长期

营养生长期主要是营养器官的形成，可分为3个时期。

（1）发芽期　从种子萌动至子叶展开，真叶显露为花芽期，历时7天左右。

（2）幼苗期　从真叶显露至第一叶序5个叶片展开，形成团棵，为幼苗期，需20～30天。

（3）莲座期　从第一叶序展开到莲座叶全部展开，需20～45天。此期形成强大的莲座叶。后期顶芽分化，花芽形成花球。心叶自然向内卷曲和旋拧，是发生花芽的先兆。

2.生殖生长期

生殖生长期为开花结实阶段，又分为4个时期。

（1）花球生长期　由花球初显到花球充实为花球生长期。此期花薹、花枝短缩，与花蕾聚合转变为贮藏营养的器官，形成洁白而肥嫩的花球。此期亦为食用采收期。

（2）抽薹期　花球边缘开始松散到花茎伸长显蕾为抽薹期，需6～10天。

（3）开花期　自初花到全株花谢为开花期，需25～30天。

（4）结荚期　从花谢到角果黄熟为结荚期，需20～40天。

（三）开花、授粉习性

花椰菜属半耐寒性蔬菜，为低温长日照和绿体春化型植物。和甘蓝不同的是，花椰菜可在5～20℃的较宽温度范围内通过春化，播种当年能形成花球。品种不同，春化时对低温的要求也不相同，早熟品种可在较高的温度和较短的时间内通过春化，晚熟种则要求较低的温度和较长的时间，早熟品种在17～20℃下，经15～20天通过春化；中熟品种最适温度为12℃，经15～20天通过春化；晚熟品种在5℃下，经30天就可通过春化。

花芽分化后20天左右出现花球，再经过10天左右花球开始膨大，15～18℃是花球发育的适宜温度，10℃以下花球发育缓慢，0℃以下低温常使花球受冻腐烂。在花球肥大过程中，若遇到24℃以上的连续高温，花枝逐渐伸长，会使紧实的花球松散开来。

花椰菜从花枝伸长到开花，在适宜温度下需要20天左右。花椰菜为总状花序，每花序每日开花4～5朵，由基部向花序稍依次开放。发育成熟的花蕾多从下午4～5时起渐渐开放，到次晨达盛开状态，成"十"字形。花椰菜花器构造、授粉受精习性与甘蓝相同，但开花集中，花期较短。一般始花期2～3天，盛花期也只有15～20天。开花期间对气候条件十分敏感，旬平均温度在15～19℃之间是开花结实的最适温度，平均温度高于25℃或低于13℃，开花结实不良，常形成无籽角果。花椰菜授粉后45～50天种子成熟，成熟的种子成灰褐色或黑褐色，圆球形，种皮上有网状斑纹，千粒重3～4克，在室温下种子发芽力可保持3～4年。

二、对环境条件的要求

（一）温度

花椰菜生长发育喜冷凉温和的气候，属半耐寒性蔬菜，不耐炎热干旱，又不耐霜冻。它的生育适温范围比较窄，是甘蓝类蔬菜中对外界环境条件要求比较严格的一种作物。

种子发芽的最低温度为2～3℃，25℃发芽最快。营养生长的适温范围为8～24℃，花球生长的适温为15～18℃，8℃以下时生长缓慢，0℃以下，花球易受冻害。在−1～−2℃时叶片受冻。气温在24～25℃以上时花球小，品质差，产量下降。温度过高，则发育受影响，花薹、花枝迅速伸长，花球松散，花粉丧失发芽力，不能获得种子。

花椰菜的生育适温范围之所以较窄，主要原因为产品是花球。花球由花的各部分组成，又转变为贮藏营养的器官。因此，气温过低满足不了贮藏营养的要求，不易形成花球；气温过高，花薹迅速伸长，又失去食用价值。所以栽培中一定注意安排适宜的季节。

花椰菜从种子发芽到幼苗期均可接受低温影响而通过春化阶段。通过春化阶段的温度较高，在5～20℃的温度范围内均可通过春化阶段，以10～17℃，幼苗较大时通过最快。在2～5℃的低温条件下，或20～30℃的高温条件下不易通过春化阶段，因而不能形成花球，或形成小花球并很快解体。通过春化阶段的温度因熟性而异，极早熟种在21～23℃；早熟种在17～20℃；中熟种15～17℃；晚熟种15℃以下。通过春化阶段的日数，早熟种短，而晚熟种长。

（二）水分

花椰菜喜湿润环境，不耐干旱，耐涝能力也较弱，对水分供应要求比较严格。整个生育期都需要水分供应，特别是蹲苗以后到花球形成期需要大量的水分。如水分供应不足，或气候过于干旱，常常抑制营养生长，促使生殖生长加快，提早形成花球，花球小且质量差。但水分过多，土壤通透性降低，含氧量下降，也会影响根系的生长，严重时可造成植株凋萎。适宜的土壤湿度为最大持水量的70%～80%，空气相对湿度为80%～90%。

图6-25 花球变黄

（三）光照

花椰菜属长日照作物。日照长短对生殖生长影响不大，但在营养生长期时，较长的日照时间有利于生长旺盛，提高产量。结球期花球不宜接受强光照射，否则花球易变色而降低品质。见图6-25。

（四）土壤和营养

花椰菜对土壤营养条件要求较严格，只有栽培在土壤疏松、耕作层深厚、富含有机质、保水排水性好、肥沃的土壤中才能获得高产。土质贫瘠，施肥不足时，植株生长弱小，花球也小。花椰菜整个生育期要求有充足的氮肥供应，如缺少氮肥会影响生长发育的顺利进行，降低产量。对钾的吸收也较多，缺钾易发生黑心病。供应充足的磷，可促进花球的形成。土壤中缺硼，易造成花球内部开裂，出现褐色斑点并带苦味。土壤中缺镁，老叶易变黄，降低或丧失光合作用能力。栽培中除了保证大量元素外，还应注意增施微量元素。

三、品种选择

（一）早春棚室栽培花椰菜品种选择

花椰菜属绿体春化型植物，只有通过春化阶段后才能形成花球，但花椰菜与甘蓝不同，通过春化阶段对低温的要求差别很大。因此，栽培春花椰菜一定要选用适合春季栽培的品种，同时在栽培管理上要人为地进行控制，使其在分化足够的叶片后，再通过阶段发育。因为只有分化出足够的叶片后才能产生大量同化物，满足花球生长发育的需要，获得优质高产。适合春花椰菜栽培品种，紧花类型可选津雪88，津品60等；松花类型可选银冠松花80，农乐85天F1青梗花椰菜、南台湾松花70等。

（二）秋季棚室栽培花椰菜品种选择

秋季延晚棚室花椰菜栽培，宜选用苗期耐热品种，选用不同生育期品种可分期上市。中早熟品种紧花类型可选用津雪88，银冠70等；松花类型可选XL松花55天、XL松花80天、银冠松花65、银冠松花80。

（三）主要的棚室紧花类型花椰菜品种

1.津雪88

天津市蔬菜研究所选育的紧花类型花椰菜一代杂种。成熟期70天左右，植株生长势较强，株型直立紧凑，叶片灰绿色，蜡质多，内叶向内抱合护球，花球雪白，极紧实，单球重1.06～1.85千克，每亩产量2700～4300千克。花球肥嫩，质地致密，口感、风味及品质均优良，维生素C含量较高，每100克鲜重维生素C含量84.3毫克。具有较强的适应性，属秋中熟品种，部分地区亦可春露地栽培或春保护地栽培；该品种抗逆性较强，高抗芜菁花叶病毒病和黑腐病。见图6-26。

图6-26 津雪88

2.津品60

天津市蔬菜研究所选育的紧花类型花椰菜一代杂种。植株生长势强，直立紧凑，内叶护球。株高75厘米，开展度70厘米，叶片披针形，深绿色，有蜡粉。花球半球形，每亩产量2700千克。田间表现抗黑腐病兼抗芜菁花叶病毒病，耐0～5℃的低温和高湿环境，为理想的春季保护地专用品种。见图6-27。

（四）主要的棚室松花类型花椰菜品种

1.农乐85天F₁青梗花椰菜

中生，耐寒耐湿，生长强健，根系旺，

图6-27 津品60

特抗病，容易栽培管理，定植后约70～85天采收，单球重2000克，产量高，花球大，雪白美观。花梗浅绿，花型圆整，成熟整齐，商品性高，品质细嫩。口感佳，是松花型花椰菜新主力。见图6-28。

2.XL松花55天

温州市农科院生物所选育的松花类型花椰菜品种，秋播定植到采收55天，叶片色深，蜡中；花球圆整、洁白、松而不散，梗绿、脆、甜，商品性好，口感佳。单球重1.5千克左右。见图6-29。

图6-28　农乐85天F₁青梗花椰菜

图6-29　XL松花55天

3.XL松花80天

温州市农科院生物所选育的松花类型花椰菜品种，秋播定植到采收80天，叶片深绿，蜡厚；花球圆整、洁白、松而不散，梗绿、脆、甜，商品性好，口感佳。单球重1.9千克左右。见图6-30。

4.银冠松花65

上海银冠花椰菜研究所选育的松花类型花椰菜品种，耐高温，生长势较强。球洁白松散，梗浅绿，单球重1千克左右。见图6-31。

图6-30　XL松花80天

图6-31　银冠松花65

5.南台湾松花70

优秀的春秋两用型松花新品种，春季定植后50天左右收获，秋季定植后70～80天收获。花球松、大、白，花梗青绿，品质优秀，适应性广泛。秋季栽培，单球重2千克左右，产量高。见图6-32。

6.银冠松花80

上海银冠花椰菜研究所选育的松花类型花椰菜品种，球面洁白、松脆，梗浅绿。球重2千克左右，春秋两季均可栽培。高抗霜霉病、黑斑病。见图6-33。

图6-32 南台湾松花70

图6-33 银冠松花80

四、栽培关键技术

（一）春季棚室花椰菜栽培

1.适期播种

为使春花椰菜能在高温到来之前形成花球，提高品质和产量，必须根据品种特性及当地育苗条件和气候条件合理安排播种期。如播期太早，管理费工，幼苗生长过大，过早的通过阶段发育，定植后易造成先期现球，影响品质和产量。但播期过晚，使秧体不能正常感应低温，完成阶段发育，因为春季型花椰菜栽培，花球形成要求冷凉的气候，适温为14～18℃，在这种温度情况下，花球组织致密、紧实，品质优良。否则，现球时处于高温季节，就会出现短缩茎伸长，容易形成"散花""毛花"畸形花现象，而且高温多雨天气，雨水过多，容易发生烂球，产量和品质没有保证。

过去老农常说，春花椰菜早播种，可以提高叶片的抗寒性，这种说法没有科学依据。播种期选定必须根据品种特性和不同品种对低温感应程度以及不同的育苗方式，气候条件合理确定。如苗龄过长，不但费工，而且控制不当，容易造成小老苗，或徒长大龄苗。所以春栽花椰菜一定要通过温度控制培育壮苗，达到早熟丰产的目的。

在京津地区温室或大棚内扣小拱棚育苗，在1月下旬至2月初播种为宜，早熟品种对低温比较敏感，幼苗易通过春化阶段，要适当晚播，温室一般2月初。

2.培育壮苗

培育壮苗是夺取优质高产的关键，所以必须确保万无一失。

（1）营养土的配制 配制的营养土必须肥沃，具有良好的物理性状，保水力强，空气通透性好。营养土的优劣直接影响幼苗的生长发育和花椰菜的最终品质和产量。营养土的配制比例一般为：壤土3份、蛭石2份、充分腐熟过筛的马粪（或大粪或鸡粪）1份；或壤土2份、堆肥（草木灰等）1份、充分腐熟过筛的粪（马粪、大粪、鸡粪）1份。配制用的土一定要打碎过筛，各种成分均匀混合。这种营养土不仅肥沃、通透性好，而且病原菌少，有利于培育壮苗。

（2）播种 ① 晒种：为使种子发芽整齐一致。应进行种子的精选和晾晒。在精选种子时将杂物和瘪子剔除，在播种前将种子均匀晒2～3天。② 打底水：苗床含有充足的水分才有利于种子发芽、出苗及幼苗正常生长。播种前将营养钵（或穴盘）浇透为宜。③ 播种方法：灌水的次日即可进行播种，播种前在营养钵（穴盘）中间扎0.5厘米左右深的穴，然后每穴点播2～3粒种子。播后随即覆土，盖膜，封严。

（3）苗期管理 ① 揭膜：苗出齐后，要及时揭去地膜，以防烤苗。② 覆土：在苗出齐后选晴暖无风的中午，覆一次0.3～0.5厘米厚的过筛细土，既防止畦面龟裂，又可保墒。在幼苗子叶展开第一片真叶吐心时，选晴天无风中午，间去拥挤的幼苗，然后再覆一层0.5厘米厚的过筛细土，以助幼苗扎根，降低苗床湿度，防止猝倒病等病害发生。注意覆土后要立即盖上塑料薄膜以防闪苗。③ 间苗：在子叶充分展开第一片真叶吐心时进行间苗，以间开为宜。间苗前适当放风，以增加幼苗对外界环境的适应性，并选在晴暖天气时进行。

3.温度管理

（1）从播种至出苗 从播种至出苗期间，为了提高畦内气温和地温，促使幼苗迅速出土，应加强保温措施。播种后的温室和电热温床，白天温度应控制在20～25℃，夜间温度在10℃左右；冷床在播种后要立即扣严塑料薄膜，四周封严。草苫（覆盖物）要早拉早盖，一般下午畦温降至16～18℃时盖苫，早上揭苫温度以6～8℃为宜，经7天即可出苗，10天左右即可出齐苗。

（2）齐苗到第一片真叶展开 齐苗到第一片真叶展开阶段开始通风，可适当降低畦内温度，以防幼苗徒长，白天温度控制在15～20℃，夜间温度在5℃左右，揭苫时的最低温度在5℃左右，这段时间天气变化较大。随天气变化掌握好温度是培育壮苗的关键。由于这段时间气温较低，如果不通风降温，造成幼苗徒长，长成节间长的高脚苗，这种苗很难获得早熟丰产，所以无论阴天或刮风天气都要每天按时通风，以降低苗床内的温湿度，注意放风时间要短，风口要小。放风口的大小应以开始小些、少些，逐渐增加为原则，但应注意晴天则大些，阴天或刮风时小些，尽量避免不放风。放风口一般从冷床的上口（北边）放起。这是一个循序渐进的过程，切不可急于求成，骤然加大加多风口。

（3）第一片真叶展开到定苗　第一片真叶展开到定苗，正处于严寒季节，这段时间最高温度掌握在5～18℃左右。最高不超过20℃，最低温度控制在3～5℃，下午畦温降至12℃时盖苫，揭苫最低温度为2～3℃，定苗前的7～8天内要逐渐加大通风量，这一时期为了尽量延长日照时数，给予幼苗最大限度的延长光合作用的时间，揭苫时间要适当提早，盖苫时间要适当推迟。

经过控温育苗和低温锻炼的幼苗表现为茎粗壮，节间短，叶片肥厚，深绿色，叶柄短，叶丛紧凑，植株大小均匀，根系发达。这种壮苗定植后缓苗和恢复生长快，对不良环境和病害的抵抗能力强，是夺取早熟丰产的基础。

4.定植前准备

（1）整地做畦　由于花椰菜在耕作层有发达的侧根和不定根，形成强大的网状根群，如进行深耕，加厚耕作层，则根群可以生长得更深，并在深层发生很多分根，使根群深入发展，这样一方面可以扩大吸收养分和水分的范围，另一方面可以在生长过程中均衡地得到养分和水分的供应，这对于地上部的生长和产量的增加有极大的好处。倘若根群很浅，则灌水后因水分的迅速下降和蒸发，浅层土壤水分不稳定，水分供应不能均衡，施肥后养分受灌水而渗入深层，也不能充分被花椰菜所利用。因此，平整土地，按每亩施优质农家肥5000～6000千克、磷肥50千克。翻土掺匀后作畦，一般采用半高畦，畦长8～10米，宽1.0～1.5米。做到畦平、上细、粪土混匀，在上面覆盖地膜。

（2）棚室防病虫消毒　①设防虫网阻虫：在棚室通风口用20～30目尼龙纱网密封，阻止蚜虫迁入。②铺设银灰膜驱避蚜虫：覆银灰色地膜避蚜虫。③棚室防虫杀菌：每亩用硫黄粉2千克加80%敌敌畏乳油0.25千克拌上锯末，分堆点燃，密封24小时，放风至无味后定植。

5.定植

春花椰菜的适时定植很重要。定植过晚，成熟期推迟，形成花球时正处高温，会使花球品质变劣，产值低；定植过早会造成先期显球，影响产量，一般在日平均气温稳定在6℃以上时才适宜定植。天津市郊区多在3月初定植。

合理密植是争取丰产的技术措施之一。不同的品种定植密度不同，一般早熟品种每亩定植3300～3600株，株行距40厘米×40厘米，中熟品种3000株，株行距50厘米×45厘米，而中晚熟品种2700株左右为宜，株行距55厘米×50厘米。同时土壤肥力的高低也是确定种植密度的因素，土壤肥力高，植株开展度较大，就适当稀些，反之就应稍密一些，以便获得较高的产量。

定植时在起苗、运苗和定植过程中必须十分仔细，不能散坨，以保证幼苗定植后缓苗快，从而促进早熟。定植土坨栽得不要过浅，以浇水后土坨与地面平为宜。

6.定植后田间管理

（1）蹲苗　春花椰菜定植后影响生长的主要矛盾是地温低，造成根系生长缓慢。不要急于浇缓苗水，以借助地膜升高地温，促使发根。根据品种特性合理掌握蹲苗时间，不仅能使营养体健壮生长，同时也为花球发育打下良好的基础。花椰菜的花球发育主要借贮藏在茎叶及根中的营养而进行。因此，在花球生长之前要有一个健壮而硕大的营养体，才能结出硕大的花球；反之，如果叶丛太小或植株徒长都将直接影响花球的大小和品质。一般春早熟品种适当蹲苗，以促为主，以促进根系发育；中晚熟品种一般蹲苗7～8天为宜。

（2）水肥管理　花椰菜的花球主要借助于贮藏在短缩茎中的养分及叶片光合作用形成的营养物质来生长的，因此，在花球形成之前必须有一个大而健壮的营养体，才能结出硕大的花球；肥力不足或施肥不当，植株发育不良，花球也必然小。因此在施足基肥的基础上，要强调早期追施氮肥和一定量的磷钾肥，促其营养生长，保证花球的发育。花椰菜在生长过程中植株不断增长，对于养分的需要量也随着增加，但是各个时期的生长量不同，对养分和水分的需求也有不同，在栽培中要根据各个时期的增长量来适时、适量地进行追肥和浇水，合理地满足花椰菜在各个时期中所需要的养分和水分。为了促使缓苗，在定植后的5天左右可结合浇缓苗水每亩施尿素10千克或硫酸铵15千克；在墒情适宜时进行适当蹲苗，蹲苗后要浇一次透水，并每亩施尿素15千克或硫酸铵20千克，有条件的地方还应浇腐熟的粪稀水，以使植株生长健壮，获得强大的叶簇，有利于花球的发育；在蹲苗结束至显花球阶段，外界气温逐渐增高，光照增强，蒸发量大，应大水大肥，促进秧体的生长，结合土壤墒情4～5天浇1次水，做到畦面见干见湿，保持土壤相对湿度在70%～80%；现球后再追施尿素10千克和适量的钾肥，花球直径达9～10厘米时进入结球中后期，整个植株处于生长量最高峰，这时要进行第4次追肥，以满足形成硕大花球的需要。以后每隔3～4天浇一次水，直至收获。春栽花椰菜前期浇水最好选择上午。春棚室花椰菜的栽培要根据各地的天气、土壤、苗情、品种等不同情况，因地制宜进行合理的肥水管理，切不可机械地按一个模式来管理。

（二）秋冬季棚室花椰菜栽培

1.育苗

培育壮苗是花椰菜高产的基础，秋冬季棚室花椰菜播种育苗期间，正值秋初、高温炎热又多阵雨等不良气候条件，育苗难度较大。一般采用露地遮阳方式进行育苗，要防止床土过干，同时防暴雨冲刷苗床，及时排出苗床积水。

（1）种子筛选、消毒　花椰菜每亩大田用种量50克，需播种面积10平方米左右。种子筛选晾晒后，播种前采用温汤浸种法，用50～55℃热水浸种20～30分钟（不适宜高温浸种的品种除外），再用25℃温水浸种2～3小时，晾干后即可播种。

（2）育苗地选择　应选择地势高燥、通风凉爽、排水方便，前作未种过甘蓝类作物，土质肥沃的壤土或沙壤土的棚室内育苗，棚周围设有防虫网。见

图6-34。

（3）苗床准备　播前结合翻地，每平方米苗床施腐熟过筛的农家肥20千克，磷酸二铵25克，并用50%甲基托布津5克或50%多菌灵10克加50%辛硫磷1000倍喷施，预防病害和地下害虫。花椰菜种子小，畦面要土细平整，按南北方向作畦宽1米左右，排水通畅便于管理。

（4）适期播种　沈阳地区津雪88、银冠70、XL松花55天、XL松花80天、银冠松花65、银冠松花80等品种可在7月中旬至8月上旬育苗。播种前浇足底水，待水渗下后覆一层细干土和2/3的药土，将种子均匀撒播于苗床内，然后均匀铺撒1厘米厚的营养土（营养土配制：用1份过筛腐熟的农家肥与2份过筛的未种过十字花科蔬菜的肥沃园土混合，每立方米营养土再加过磷酸钙1千克，鸡粪2～3千克拌匀后使用）和1/3的药土（药土配制：50%多菌灵可湿性粉剂与50%福美霜可湿性粉剂按1∶1比例混合，按1米³用药8～10克与4～5千克细土混合配制成药土）。播种后在育苗畦周围撒毒饵（尽胜或敌敌畏拌麸皮）杀死蝼蛄等地下害虫。待幼苗长到4～6片叶时（20～25天）及时定植。见图6-35。

（5）苗期管理　苗期要严把三关，一是要及时揭网。遮阳网晴天上午9时至下午5时盖，其余时间揭，阴天不盖，雨天加盖薄膜防雨水冲刷；二是要适时适量灌水。苗期应保持土壤湿润状态，防止过湿或干旱，一般幼苗出土，子叶展开后适当控制水分，防止苗子徒长；三是预防病虫害。出齐苗后喷施BT乳剂（或除尽）加多菌灵等，防治苗期病害和菜青虫、小菜蛾等害虫。

图6-34　育苗场地

图6-35　幼苗

2.定植

（1）整地施肥　定植前要施足底肥，每亩施腐熟有机肥4000～5000千克，三元复合肥或磷酸二铵25～30千克，然后翻耕均匀整平后作畦，畦宽70～80厘米，沟宽30厘米，畦高20厘米。

（2）定植　定植前两天浇透水，切块起苗移栽，减少根系损伤。按行距50～60厘米，株距40～45厘米移栽，定植后立即浇搭根水，隔天复水，要求在凉水凉土时浇，复水要二次以上，以提高秧苗成活率。二周内要求干湿间隔，以促进根系生长。

图6-36　花球膨大期的植株

3.定植后田间管理

（1）追肥　定植缓苗后追施1次提苗肥，每亩追尿素10～15千克；开花结球期结合浇水追第2次肥，每亩施三元复合肥25～30千克作花球肥。花球膨大期叶面喷施0.1%的硼砂溶液，以提高花球质量（见图6-36）。

（2）浇水　秋花椰菜在生长过程中需要水分较多，在叶簇旺盛生长和花球形成两个时期，尤其需要大量的水分，浇水次数的多少，看天、看地、看苗情而定。每次追肥后应及时灌水，莲坐期后适当控制灌水，花球直径2～3厘米后及时灌水，保持见干见湿。

（3）中耕、松土　暴雨致土壤严重板结时要及时中耕松土。一般中耕、除草2～3次。

（4）束叶遮阳　花椰菜在始花后7～10天即要束叶或摘叶覆盖花球，以保持花球洁白。

五、采收

适时采收是保证花椰菜优良品质的一项重要措施。采收过早，则花球小，影响产量；采收过晚，花球变松散，品质差，不耐贮运。适宜采收的标准是：花球充分长大，色洁白，表面平整，边缘尚未开散，花球下带几片叶子，以保护花球。采收前7～10天禁止喷施化学药剂。

六、病虫害防治

（一）病害

图6-37　毛球

花椰菜的主要病害既有生理性病害，又有侵染性病害。生理性病害包括毛球、散花、茎部中空、叶尖干枯、叶梗开裂、花球褐色腐败、花球异样、先期抽薹、早花、紫花、红花、无花（无生长点）等；侵染性病害包括根肿病、霜霉病、黑斑病、黑腐病等。

1.毛球

【症状】花椰菜毛花球是指花球表面出现毛状物。见图6-37。

【病因】这些毛状物是由花柄伸长器官分化和萼片形成的，一般为黄绿色或紫色。花椰菜发生毛球后商品质量下降，严重的失去商品价值。花椰菜芽分化早，在幼苗有3～4片真叶时就开始分化。花芽分化后，植株对温度和水分比较敏感，如果遇高温天气，以及土壤忽干忽湿，就容易形成毛球。

【防治措施】花椰菜出现毛球后没有措施可以补救，立足预防。防花椰菜发生毛球，一是适期播种，定植时苗龄不宜过大，以5～6片真叶、苗龄25天左右为宜，忌用弱苗和"小老苗"。同时，勤中耕松土，促进缓苗。早施肥，以促为主，在现蕾期和花球膨大期各施一次复合肥，避免偏施氮肥。干旱缺水时适时浇水，保持土壤湿润。

2.散花

【症状】花球过早的出现松散，个别花蕊突起。见图6-38。

【病因】主要是由于苗期缺水、定植时伤根过重、莲座期缺氮、结球期水肥供应不均、土壤缺硼、收获不适时。

【防治措施】

（1）依品种蹲苗　对于60～80天的早熟品种，因生育期短，苗期不应太长，定植后一般不进行蹲苗。80天以上的中晚熟品种，可适当蹲苗，以促进根系伸长和植株健壮。

（2）巧浇水　①浇好苗水。花椰菜苗期对水反应敏感，水分供应状况直接影响着花芽分化，在浇足

图6-38　散花

底水的情况下，苗子出土或长出1片真叶时浇水，以后每隔2～3天浇一次水，经常保持苗床湿润。苗子达二叶一心时，开始拉长浇水间隔时间，使苗床表面见湿见干，苗子长出4～5片真叶时，连浇两次大水，然后准备起苗定植。②看"火候"浇水。花椰菜要形成大而肥的花球，必须有肥大的莲座叶，对于早熟种，要一促到底。晚熟品种在蹲苗后，花球直径2～3厘米时要适时浇水。此次水浇早了，多了，会使叶片徒长，引起疯秧水窜，使花球推迟出现或散花，但浇水不足或延迟，会出现早窜而散花，收获前5～7天要停水。

（3）大土坨移苗　花椰菜苗很怕伤根。因此，在移苗时要带大土坨，尽量少伤根，一般土坨不得小于5厘米见方。

（4）合理施肥　花椰菜对肥料要求严格，除施足有机底肥外，追肥很重要，并要注意氮、磷、钾和各种肥料的配合。追肥一般进行三次，第一次在莲座期，此期是花椰菜叶簇生长盛期，需肥量大，一旦缺肥，营养体生长不良，极易造成花球早现散花。因此莲座期后要亩追尿素20千克，并撒施草木灰100千克；第二次在花球出现初期，亩追氮、磷、钾复合肥20千克或饼肥75千克；第三次在第二次后的10～15天进行，亩施20千克碳酸氢铵或复合肥。

（5）叶面补硼　对于地力薄、施用有机肥少的地块，要进行叶面补硼，方法是：在莲座期叶面喷0.3%～0.5%的硼酸溶液，每隔7天喷一次，连喷二次，即可防病，又可提高花球质量。

（6）适时收获　花椰菜收获早晚非常关键。收获过早产量低，过晚则易散花，花球质量下降，收获适宜期是：花球边缘的花码开始向下翻卷，集标志花球已充分长大，此时要及时收获。

3.茎部中空

【症状】茎部或花梗内部空洞、开裂，导致花球生长不良（图6-39）。

图6-39　茎部中空

【病因】① 土壤中缺硼元素。

【防治方法】① 注意调节土壤pH，不可过多偏施碱性肥料；② 适时适期播种，尽量避开长期低温时节；③ 整地时可每亩补施硼肥1千克；④ 多施农家肥与有机肥。对于茎部中空的缺素症预防为主。

4.叶尖干枯，叶梗开裂，花球褐色腐败

【症状】冬季种植花椰菜，由于低温和干旱，花椰菜更易缺钙和硼，易出现新生叶叶尖和叶缘干枯，叶梗开裂，植株矮化，叶片色浅，花球出现水晶状慢慢变为褐色腐败。一般露地发生比大棚重，大棚两边和门头比中间重。见图6-40。

图6-40　叶尖干枯，叶梗开裂，花球褐色腐败

【病因】冬季种植花椰菜，由于低温和干旱，花椰菜更易缺钙和硼。

【防治方法】对冬季花椰菜在现蕾前或出现上述症状的田块，每周用0.2%氯化钙+0.2%硼沙叶面追施，一般2～3次。

5.花球异样

【症状】花球发育期间，花球表面出现部分或全部花球生长异常的现象。见图6-41。

图6-41　花球异样

【病因】多为药害，过量施农药或误施、飘移等因素造成的生长异常等现象

【防治方法】① 正确选择和使用除草剂是预防的关键；② 调节好用药量，正确掌握使用时期。对于花球异样的现象预防为主。

6.先期抽薹

【症状】早春栽培的花椰菜出现未结球而直接开花或花球未完全长成就开始抽薹开花的现象。见图6-42。

图6-42　先期抽薹

【病因】不同品种间存在较大的差异；同一品种播种期越早，抽薹的概率越大；早春早熟栽培时，定植过早，定植后遇倒春寒；育苗期间遇连续低温天气，易造成幼苗先期抽薹。

【防治方法】① 选择冬性较强的品种进行栽培；② 适期播种，早春早熟栽培的应在温度能够人为控制的棚室内进行育苗，遇低温时期应注意保暖，避免温度过低。

7.早花

【症状】植株较小，仅有几张叶片，就长出花球，且花球特别小。见图6-43。

图6-43　早花

图6-44　紫花，红花

图6-45　无花（无生长点）

【病因】① 播种过迟，尤其是早熟品种迟播；② 天气干旱，土壤严重缺水，肥水不足，营养生长不良；③ 营养生长缓慢，遇低温刺激，易出现早花。

【防治方法】① 适期播种，及时移栽；② 加强肥水管理，增施磷肥，满足植株生长对肥水的需求。

8.紫花，红花

【症状】花球发育期间，花球表面变为紫色或紫黄色的现象。见图6-44。

【病因】① 花球迅速发育期温度突然降低；② 秋季定植较晚结球期温度较低也容易出现紫球；③ 有些品种在结球后期容易出现紫花球现象。

【防治方法】① 适期播种，早春栽培注意预防倒春寒，晚秋栽培不可播种过晚以免晚秋低温影响花球正常发育。② 折叶盖花，防冻保温或大棚内种植；③ 因地制宜地调整播种期。

9.无花（无生长点）

【症状】植株徒长，只长叶不显花球或植株苗期及定制期无心单叶上冲生长。见图6-45。

【病因】① 除虫、治病、施肥不慎，尤其是把刺激性强的化肥、农药施在花球生长点上；② 小菜蛾等害虫吃掉生长点；③ 花球形成期遇上下雪，出现严重冻害；④ 春花椰菜苗期及生长期遇到该种极端低温及缺微量元素硼，植株变无规则单叶上冲无心的伸长。

【防治方法】① 花球形成期避免使用刺激性极强的化肥、农药；② 喷药、施肥时先折叶盖住花球；③ 遇下雪结冰天气需保温防冻；④ 春播苗期保持适当温度，盖地膜定植及增施硼肥。

10.花椰菜根肿病

【症状】因根部受害，发病后根部肿大，呈肿瘤状，一般主根染病后呈块状，细根、支根、侧根、须根染病后局部多肿大畸形。见图6-46。

【病因】该病是由一种称为芸薹根肿菌的真菌侵染引起的。这些休眠孢子囊随病根或病残体在土壤中越冬。该病菌喜欢酸性土壤，pH5.4～6.5最适合。土壤温度18～25℃最适合此病发生。低洼地、连作地也有利于发病。

【防治方法】① 老菜地要彻底清除病残体，翻晒土壤，增施腐熟的有机肥，搞好田间灌排设施，生长季节发现病株要立即拔出销毁，撒少量石灰消毒以防向邻近

图6-46　花椰菜根肿病病根

扩散。② 适当增施石灰降低土壤酸度，一般每亩施75～100千克。③ 发病初期可选用下列药剂喷根或淋浇：40%五氯硝基苯粉剂500倍液、50%多菌灵可湿性粉剂500倍液或70%甲基托布津可湿性粉剂800倍液，每株0.3～0.5千克，防效可达80%。

11. 花椰菜霜霉病

【症状】同大白菜霜霉病。

【传播途径和发病条件】同大白菜霜霉病。

【防治方法】

（1）熏蒸　在棚室内每用45%百菌清烟剂，110～180克，傍晚密闭烟熏。隔7天熏1次，连熏3～4次。

（2）喷雾　发现中心病株后用40%三乙膦酸铝可湿性粉剂150～200倍液，或72.2%普力克水剂600～800倍液，或75%百菌清可湿性粉剂500倍液喷雾，交替、轮换使用，7～10天1次，连喷2～3次。

12. 花椰菜黑斑病

【症状】同大白菜黑斑病。

【传播途径和发病条件】同大白菜黑斑病。

【防治方法】发病初期用75%百菌清可湿粉500～600倍液，或50%扑海因可湿性粉剂1500倍液，7～10天1次，连喷2～3次。

13. 花椰菜黑腐病

【症状】同大白菜黑腐病。

【传播途径和发病条件】同大白菜黑腐病。

【防治方法】发病初期用14%络氨铜水剂600倍液，或77%可杀得可湿性粉剂1500倍液，或20%噻菌铜（龙克菌）悬浮剂75～100克/亩，7～10天喷1次，连喷2～3次。

（二）虫害

花椰菜的虫害主要有菜青虫、小菜蛾、蚜虫、甜菜夜蛾、斜纹夜蛾、甘蓝夜蛾，这些害虫的为害特点、形态特征、生活习性、防治方法与大白菜上的菜青虫、小菜蛾、蚜虫、甜菜夜蛾、斜纹夜蛾、甘蓝夜蛾完全一致，在此不再赘述。

第三节 青花菜

青花菜，又名绿菜花、茎椰菜、意大利芥蓝、木立花椰菜、西兰花等，是十字花科芸薹属甘蓝种中以绿色花球为产品的一个变种，为一、二年生草本植物。其食用部分为绿色幼嫩花茎和花蕾，富含蛋白质、糖、脂肪、维生素和胡萝卜素，营养成分位居同类蔬菜之首。其所含有的硫葡萄糖苷、抗坏血酸、纤维和类黄酮物质等成分具有较高的保健效果，长期食用可减少乳腺癌、直肠癌及胃癌等癌症和糖尿病的发病概率，同时能增强肝脏的解毒能力，提高机体免疫力，对高血压、心脏病有调节和预防的功用，是一种新型的保健型蔬菜。青花菜原产于西欧沿海一带，是意大利重要蔬菜之一，在英国、法国、荷兰等国家广为种植，是西餐中的重要蔬菜。19世纪传入美国，后传到日本，19世纪末或20世纪初传入中国，在台湾地区栽培较为普遍，云南、广东、福建、辽宁、北京、上海等省市也有种植。因其营养价值高，鲜绿脆嫩的质地，清爽适口的风味，已为广大城乡消费者所认识，消费势头日益上升，栽培面积越来越大。

一、特征特性

（一）植物学特征

青花菜植株高大，生长旺盛，节间较长，主根明显，须根发达，根系主要分布在45厘米以内的土层中。根系再生能力强，可发生不定根，适合于移栽和扦插繁殖。青花菜幼苗子叶呈肾形，叶片有阔叶形和长叶形两种，光滑无毛，有蜡粉。叶色绿或深绿，叶柄长，有1～2对叶翼。叶形有椭圆、卵圆、倒卵形等。叶缘波状，叶互生，主茎上多有分枝。

青花菜产品是花球，植株一般在15～20片叶时出现花球，主花茎上顶生花球比较大，约重400克左右；而侧枝顶生的花球较小，约20克左右。花球颜色绿或浓绿，球形扁圆、半圆或扁平形等。青花菜的花为雌雄同花，复总状花序，花期30天左右，开花后45～60天种子成熟，种子千粒重3.5～4克，室温条件下种子寿命3～4年。

（二）生长与发育周期

青花菜的整个生长发育过程可分为发芽期、幼苗期、叶簇生长和花序分化期、花球形成期和开花结子期5个时期。

1.发芽期

从种子萌动到子叶充分展开，第一片真叶刚露出为发芽期。种子发芽的最低温度为4～8℃，适温为15～30℃，最高35℃。发芽期通常需7天左右，发芽靠种子自身贮存的营养，因此需选择充实饱满的种子精细播种，保证良好的水分、温度和通气条件，利于发芽整齐。

2.幼苗期

从第一片真叶露出至第五、六片真叶展开，达到团棵为幼苗期，约需30天。幼苗期适宜的温度为20～25℃，在一定的温度条件下，幼苗期即可开始花芽分化。通常早熟和中熟品种花序分化对低温条件要求不严格，而晚熟品种则要求低温春化。幼苗期的长短与环境条件和管理水平有关，一般地，冬、春季育苗，幼苗期长，而夏、秋育苗，幼苗期短。

3.叶簇生长和花序分化期

从第五至第八片真叶展开到植株出现0.5厘米的花球，俗称"现蕾"，为叶簇生长和花序分化期，约需30～60天。生长适宜温度18～22℃，诱导花芽分化的温度为：早熟品种在10～17℃下，20天左右；中熟品种在5～10℃下20天；晚熟品种在2～5℃下，30天才能诱导花序分化。花芽分化后，植株叶片数量不再增加，主要是叶面积增大。

4.花球形成期

从植株出现小花球到花球采收，约需20～30天。该时期出现花球后，花蕾和花茎不断发育、生长，成为由若干短缩的肉质花茎和花蕾组成的花球，达到商品采收标准。适宜生长温度为16～22℃，适宜的气温和较低的夜温，充足的光照会使花球紧密、颜色鲜绿，花球重。而温度过低，花茎不能伸长，导致花原基萎缩而不能形成花球；温度过高尤其是遭遇30℃以上的高夜温，使花茎过快伸长，导致花球松散，花蕾枯黄。

5.开花结子期

花球形成之后，花茎散开和伸长，花蕾膨大开花到种子收获称为开花结子期，需90天左右。

二、对环境条件的要求

（一）温度

青花菜性喜温暖湿润的气候，耐热、耐寒性较强，适应性广。生长发育适温15～20℃，5℃以下的低温使生长受到抑制，植株能短期忍耐-3℃左右的低温，

25℃以上的高温则易徒长。从不同生长时期来看，种子发芽的适温为20～25℃，幼苗、叶簇生长和花芽分化的适温为15～22℃，花球形成的适温为15～18℃，30℃以上的高温易使花球出现柳状细叶，且花茎迅速伸长，商品性差。

青花菜属低温长日照作物，从营养生长转向生殖生长需经低温春化阶段，但对春化所需温度条件要求不严。青花菜通过春化所需温度因品种而不同，从叶片生长转变为生殖生长需要有相当大小的植株和一定的低温。早、中熟品种的花芽分化及花球形成不需经过低温春化，而晚熟品种需经4.5～10℃低温春化，在8周内可完成花芽的分化。

（二）光照

青花菜为低温、长日照、喜光作物，但对光照强度要求不严，对光周期反应不敏感。长日照能促进花芽分化和花球形成，光照充足促进植株旺盛生长及光合产物的累积，能提高花球产量和品质。若日照过短，会推迟花芽分化，延长花芽分化期，花芽分化不充分。若光照不足，容易引致幼苗徒长，定植后缓苗慢，缓苗后植株徒长，花茎伸长得长，蕾球不发达，颜色发黄，影响产量和品质的提高。

（三）水分

青花菜不耐干旱，在湿润的条件下生长良好，适宜生长的相对空气湿度为80%～90%，土壤湿度为70%～80%。气候干燥，土壤水分不足，导致植株生长缓慢，长势弱，花球小而松散，品质差。青花菜在不同生育期对水分要求不同，苗期需要湿润的土壤，但出苗后水分不宜过多；营养生长期由于叶簇旺盛生长，叶面积迅速扩大，叶的蒸腾作用加强，需水量增大；花球形成期叶面积达到最大，花球生长需充足的养分和水分，该时期需水最多，应保持土壤经常湿润，而过分潮湿会导致根的腐烂和花球的霉烂。

（四）土壤营养

青花菜适应性广，只要土壤肥力较强，施、追肥适当，在不同类型的土壤中均能良好生长。对土壤酸碱度的适应范围为pH5.5～8.0，最适生长为pH6.0～7.5。在生长发育过程中，需充足的氮、磷、钾营养，以促进叶簇的生长和花球的发育。在幼苗期、花芽分化期应多施钾肥，在花球形成期减少钾肥的施用量，增施氮肥。对钙的吸收量比氮、钾少，比磷多，对镁的吸收量最少。在生长中后期，对钙、硼、钼等微量元素的需要量较大，缺少这些元素易导致茎叶开裂，花球中部或边缘花蕾水浸状坏死。

三、分类与品种选择

（一）分类

青花菜按照花球颜色，有青花与紫花类型；按成熟期可分为早、中、晚熟等类型。

1.早熟种群

从播种到收获需100天左右，适合于春、夏、初秋收获种植。

2.中熟种群

从播种到收获需110～120天，适合于春、秋收获种植。

3.晚熟种群

从播种到收获需130～150天，适合于冬、初春收获种植。

另据品种特性，又分为主花球型（无侧花球或侧花球极少）和主、侧花球兼收型两大类，早熟种群属前一种类型，后一种类型早、中、晚熟种群都有。

（二）品种选择

棚室青花菜为提前采收，实现高产高效益栽培，一般多选用中早熟、丰产、抗病的品种。

1.绿辉

由日本引进的优良品种，为中早熟品种，全生育期105天。叶片浓绿色。植株根系发达，生长旺盛；花球形状好，呈丰球形，紧实，侧花球发育好，主花球收获后，可以收获侧花球。抗霜霉病和黑腐病。该品种适应性广，可春秋季栽培。见图6-47。

图6-47　绿辉

2.绿岭

由日本引进的一代杂交种，为中早熟品种，全生育期100～105天。生长势旺盛，植株较高大；叶色较浓绿，侧枝生长中等；花球紧密，花蕾小，颜色绿，质量好，花球大；单球重300～500克，最大可达750克。每亩产量为600～700千克，生产适应性广，耐寒性好，适合于春秋露地种植和日光温室栽培。见图6-48。

3.哈依兹

由日本引进的一代杂交种。植株生长势强，适应性广，可春秋两季栽培。属中早熟品种，定植后65天左右可以收获，并且可以兼收侧花枝。花球丰正、整齐、鲜绿色，花蕾紧密中

图6-48　绿岭

图6-49　哈依兹

图6-50　青山秀

图6-51　优秀

细。耐热、耐寒，栽培容易，适宜在全国各地种植。见图6-49。

4.青山秀

沈阳市皇姑种苗有限公司研发的青花菜新品种，适合夏秋收获栽培的品种。耐热耐寒性强，即使遇高温低温，花蕾也着生漂亮。由于该品种栽培容易，耐温性强，对土壤适应性广。对立枯病、黑腐病等抗性强。株型为半直立型，叶柄短，可密植。专用顶花蕾的品种，可密植，播种后90天、定植后60天收获。花球重450克。花球紧密细致，品质优质，亩产可达900～1000千克。见图6-50。

5.优秀

播种后90～95天可以收获的早熟青花菜品种，植株的形态稍微直立，大小适中，侧枝少，单个花球重350～400克，花蕾小粒。栽培适应性广，春夏秋均可栽培，适宜栽培密度为2300～2500株/亩。见图6-51。

四、栽培关键技术

（一）栽培季节

以东北地区的沈阳为例，春茬温室或大棚栽培，一般在上一年的12月到次年的2月份育苗，2～4月定值，4～6月采收；秋冬茬一般采用日光温室栽培，9月份育苗，10～11月份定植，12月～次年1月采收。其他地区可参照并适当调整。

（二）播种育苗

1.育苗场所

不同月份应用的育苗场所不同，根据青花菜发芽期和幼苗期对温度的要求来区分，4～10月份即春夏秋三季可进行露地育苗；11～3月份即冬季，需分别采用改良阳畦、日光温室或加温温室等保护地育苗。当前青花菜的育苗技术以常规的苗床育苗为主，可用于改良阳畦、日光温室或加温温室以及大棚等任何一种育苗场所。但若使用进口种子，价格较高，建议以穴盘或营养钵育苗，不仅起到护根作用，而且节约用种量，可降低生产成本，同时省去分苗的过程。见图6-52。

图6-52　育苗温室

2.播种前准备

育苗床应设在保护地内光线充足的部位，种植亩地需4米²的苗床。青花菜可采用营养钵、穴盘或苗床播种育苗。穴盘育苗最好选用72孔的盘，营养钵育苗选8～10厘米的营养钵较为合适。填充物配之草炭：蛭石＝1：1或园土：堆肥：草炭＝1：1：1。每穴或每钵播种2粒，覆细土，再盖塑料小拱棚。此方法播种不用分苗。用苗床育苗的，选择排灌方便壤土，起成畦宽1.7～1.8米，畦高20～25厘米的高畦作苗床，按10～15千克/米²施入腐熟有机肥，并施入一定量的磷肥和钾肥后，把肥与泥土混匀，耙碎整平播种用。

图6-53　手工播种

3.播种

营养钵播种的，播前将营养土淋湿，每钵播种1粒，播后盖上薄土，喷都尔除草剂；苗床播种，播前将种子与一定量的细砂混匀再播种，播种量4～5克/米²，5平方米的苗可供1亩田种植。播后盖上0.5～1厘米薄土，淋湿喷都尔除草剂，然后盖上地膜。穴盘育苗的，穴盘装好基质后，通过叠压穴盘，在基质上压出小的凹陷，多采用手工播种，每穴播1～2粒种子，之后覆盖珍珠岩，最后喷淋清水。见图6-53～图6-55。

图6-54　覆盖珍珠岩

4.播种后苗期管理

（1）采用营养钵、穴盘育苗的播种后

图6-55　喷淋清水

图6-56 幼苗（二片子叶）

图6-57 幼苗（拉十字）

图6-58 间苗

苗期管理 一般3天开始出苗，大约7天可齐苗，出苗时期土壤相对湿度保持在70%～80%。齐苗后酌情补充水分。苗期要特别注意防治黄条跳甲和蛞蝓为害。青花菜壮苗标准：株高15厘米左右，茎粗0.6～0.8厘米，叶片数4～5片。见图6-56～图6-58。

（2）采用苗床播种育苗的分苗前后的管理 ①分苗前的管理：播种后苗床的温度最好保持在20～25℃，促进小苗出土。待大部分幼苗出土后，撤去薄膜，待苗上无水气时再上1次细土。此后苗床温度要适当降低，主要是夜间温度要低些，维持在10～12℃之间，以防徒长，白天15～20℃之间，适当通风换气。②分苗：幼苗生长到2～3片真叶时，进行分苗。要提前准备好分苗床，每亩地需20～25平方米。分苗床要增施肥料，每10平方米施腐熟过筛的圈肥80～100千克，粪土掺匀后整平畦面。分苗前在播种床浇1次小水，分苗时选用大苗、壮苗，按8～10厘米见方分苗，1个苗床分完后即可浇水，在气温偏低时，要在分苗床上覆盖薄膜。③分苗后的管理：分苗3～4天后浇缓苗水，并撤去薄膜。2～3天后苗床松土。从分苗到缓苗期间，苗床温度应适当提高，白天维持在20～25℃，夜间15℃左右；缓苗浇水后逐渐降低温度，白天保持在15～20℃，夜间10℃左右；定植前进行炼苗，以适应定植场所的温度条件。定植前4～5天苗床浇1次透水，第二天进行挖苗、囤苗。

（三）定植及田间管理

1.定植

定植前必须整好地施足基肥。青花菜植株高大，生长量大，对土壤营养条件要求较高，要选择排灌方便，并施足基肥，每亩施腐熟农家肥2000～2500千克，适当施入硼肥和钙肥，基肥要均匀混埋在土中。定植选择晴天下午，采取双行植，株距30～40厘米，早熟种一般亩栽3000株，中熟种2000～2500株。定植方法以5～6片叶定植为宜，按上述密度栽在小高畦的两侧，深度以土坨与畦面平或低1厘米，覆盖地膜的，定植后要用土把戳开的薄膜破口盖严。定植后要及时浇缓苗水。见图6-59、图6-60。

图6-59　壮苗标准

图6-60　准备定植的青花菜苗

2. 温度管理

要根据季节变化进行保温、防寒、通风等日常管理，覆盖蒲席的温室和盖草帘的改良阳畦，每天早晚进行揭盖并要根据外界气候条件掌握揭盖的时间。白天要根据温室的变化和青花菜生长的要求掌握通风的时间和通风量的大小。没有覆盖草帘的大棚、小拱棚以及简易覆盖的薄膜也有通风时间长短和通风量大小的问题和防风、防寒的管理工作。各种棚室栽培方式不同，管理也有较大差别，但管理的原则是根据青花菜生长的要求得出的：① 定植到缓苗期间要保温、保湿，白天温度以25℃为宜，不宜超过30℃，夜间温度保持在15～20℃。② 缓苗后到长出小花球期间为青花菜的叶簇生长期，白天温度保持在20～25℃，夜间温度在15℃左右。③ 花球形成期要求凉爽的气候条件，白天温度20～22℃，夜间10～15℃。

3. 光照管理

在保证适宜温度的条件下，温室和改良阳畦上覆盖的草苫要及时揭盖，尽可能延长光照时间。同时，所有棚室覆盖的薄膜要经常清除膜上的灰尘，保持清洁，提高透光率，以增强植株的光合作用。

4. 肥水管理

青花菜花球生长的大小即产量的高低与植株的生长和叶面积的大小有密切关系，在现蕾时营养生长旺盛，叶面积越大，花球的产量就越高。因此，定植缓苗后不宜长时间蹲苗，早熟品种轻蹲或不蹲，中晚熟品种蹲苗7～10天。在现蕾以前要供给充足的水肥，对促进植株的生长是非常重要的。春季种植追肥分两次进行，定植后20天左右追第1次肥，每亩追施复合肥25千克。穴施，然后浇水；第2次追肥在现花球时进行，追施15千克左右的复合肥，加适量镁、钙、硫、硼肥等，并结合中耕培土，以促进花球的生长。秋季种植分3次追肥，前两次追肥时间和追肥量与春季相同，第3次追肥在主花球收获后进行，每亩追复合肥10～15千克，以促进侧花球生长。

青花菜需水量较多，浇水除随两次追肥进行外，视苗情而定，一般7～10天浇1次水。尤其在花球形成期要及时灌水，保持土壤湿润。在雨季应及时排水，以免引起沤根。

五、采收

青花菜植株的顶端花球已充分彭大，在花蕾尚未开放时，应及时采收，避免采收过晚造成散球或开花。采收时，将花球下部带花茎10厘米左右一起割下。顶球采收后，植株的腋芽萌发，并迅速长出侧枝，于侧枝的顶端又形成花球，即侧花球。当侧花球长到一定大小，花蕾尚未开放时，可再进行采收，这样可陆续采收2～3次。

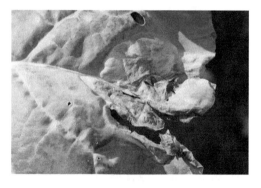

图6-61　青花菜黑腐病病叶

六、病虫害防治

青花菜常见的主要病害有青花菜黑腐病（见图6-61）、青花菜黑斑病、青花菜霜霉病；主要虫害有蚜虫、菜青虫、菜蛾、黄条跳甲、甘蓝夜蛾、斜纹夜蛾等，这些病虫害的特点和防治方法均与大白菜相同，可参考大白菜的防治方法进行防控。

第四节　芥蓝

芥蓝，别名白花芥蓝，十字花科芸薹属，一二年生草本植物，原产于我国广东、广西和台湾等南方地区。主要食用肥嫩的花薹及嫩叶，品质脆嫩，清甜爽口，风味别致，营养丰富。食用方法多样，既可炒食、汤食，又可作配菜，是我国的名优特产菜之一。芥蓝在南方地区广泛栽培，既是宾馆、饭店筵席上的名菜，又是普通家庭的家常菜。北方地区仅在华北地区有少量栽培，近年来随着北方日光温室、塑料大棚等保护地设施的发展，芥蓝栽培面积逐渐扩大。利用塑料大棚、日光温室生产芥蓝，可调节冬、春季节棚室蔬菜栽培茬口，同时可增加蔬菜市场的花色品种，丰富市场蔬菜供应。尤其是在多年栽培瓜果类蔬菜的情况下改种一茬芥蓝，不仅可以减轻病虫害的发生，而且能够增加棚室蔬菜的栽培效益。见图6-62。

图6-62 芥蓝

一、特征特性

（一）植物学特征

芥蓝的根系为浅根系，主要根群分布在15～20厘米的耕层内，根的再生能力强。茎直立，绿色，较短缩。单叶互生，卵形、椭圆形或近圆形，叶面光滑或皱缩，浓绿色，被蜡粉。叶柄青绿色。初生花茎肉质，节间较长，称为菜薹，绿色，供食用；中后期花茎伸长和分枝，形成复总状花序。花为完全花，花冠白色或黄色。雄蕊6枚，为4强雄蕊；雌蕊1枚，位于花的中央。异花授粉，虫媒花，见图6-63。角果，含多粒种子。种子近圆形，褐色至深褐色，千粒重3.5～4克。

图6-63 芥蓝的花

（二）生育周期

芥蓝的生育周期可分为发芽期、幼苗期、叶丛生长期、菜薹形成期和开花结实期。在较适宜的温度条件下从种子发芽到产品器官形成，需70～90天。发芽期为播种至子叶展开，需7～10天。幼苗期为第一真叶显露至第五真叶显露，需15～25天。植株现蕾至菜薹形成为菜薹形成期。开花结实期持续30天左右。

二、对环境条件的要求

（一）温度

芥蓝喜温和的气候，耐热性强，其耐高温的能力是甘蓝类蔬菜中最强者。种子发芽和幼苗生长适温为25～30℃，20℃以下时生长缓慢，叶丛生长和菜薹形成适温为15～25℃，喜较大的昼夜温差。30℃以上的高温对菜薹发育不利，15℃以下时生长缓慢，不同熟性的品种其耐热性及花芽分化对温度的要求有差别。早中熟品种较耐热，在27～28℃的较高温度下花芽能迅速分化，降低温度对花芽分化没有明显的促进作用。晚熟品种对温度要求较严格，在较高温度下虽能进行花芽分化，但时间延迟，较低温度及延长低温时间，能促进花芽分化。

（二）日照

芥蓝属长日照作物，但现有品种对日照时间的长短要求不严格，其全生长发育过程均需要良好的光照，不耐阴。

（三）水分

芥蓝喜湿润的土壤环境，以土壤最大持水量80%～90%为适。不耐干旱，耐涝力较其他甘蓝类蔬菜稍强，但土壤湿度过大或田间积水将影响根系生长。

（四）土壤及养分

芥蓝对土壤的适应性较广，而以壤土和沙壤土为宜。对氮磷钾的吸收以钾最多，磷最少，其比例为N：P：K＝5.2：1：5.4。幼苗期吸肥量较少，生长较缓慢，菜薹形成期吸肥量最多。生长各期对氮磷钾吸收量不同，应着重有机肥的施用，并适当追肥。

三、品种选择

北方地区日光温室和塑料大棚芥蓝栽培茬口一般安排在春秋两季，春茬于11月下旬到翌年2月上旬播种育苗，1月至3月上旬定植，定植后60天可陆续采收；秋茬于8月中下旬播种育苗，9月中下旬定植，11月上旬开始陆续采收。品种宜选用耐寒、冬性较强的晚熟品种或抗寒性较强的中熟品种，如"客村铜壳叶"芥蓝、"三元里迟花"芥蓝、迟花芥蓝、荷塘芥蓝、福建芥蓝、登峰芥蓝、佛山中迟芥蓝、台湾中花芥蓝。

（一）晚熟品种

1."客村铜壳叶"芥蓝

植株较高大粗壮，生长旺盛。叶片近圆形，质地较薄，蜡粉少。叶面稍皱，叶缘略向内弯，形如壳状。叶基部深裂成耳状裂片。主花苔重约100克，质脆嫩，少纤维，侧花枝萌发力强。从播种至初收70～80天，延续采收侧花苔50天。在保护地栽培表现良好，一般亩产2500千克。

2."三元里迟花"芥蓝

植株生长势强，茎粗壮，叶片大，近圆形，叶面平滑，少蜡粉。主花苔长，平均单重150克，质脆嫩，风味好。分枝力中等。从播种至初收约80天，加强水肥管理可延续收获60天，亩产2500千克左右。

3.皱叶迟芥蓝

植株高大，叶片大而厚，近圆形，浓绿色，叶面皱缩，蜡粉较少，基部有裂片。主薹高30～35厘米，横径3～4厘米，节间密，薹叶卵形，有皱，品质好。主薹重200～300克。侧薹萌发力中等。

4.迟花芥蓝

叶片近圆形，浓绿色，叶面平滑，蜡粉少，基部有裂片。主薹高30～35厘米，横径3～3.5厘米。薹叶卵形或长卵形，品质好。主薹重150～200克。侧薹萌发力中等。

（二）中熟品种

1.荷塘芥蓝

广东新会县地方品种。叶片卵圆形，绿色，叶面平滑，蜡粉较少，基部有裂片。主薹高30～35厘米，横径2～2.5厘米，节间疏，薹叶狭卵形，白花，品质优良，皮薄，纤维少，味甜。主薹重100～150克，侧薹萌发力中等。

2.福建芥蓝

植株开展，株高30～37厘米，宽48～56厘米。叶片椭圆形，长30～34厘米，宽10～13厘米，暗绿色，表面有蜡粉。叶柄绿白色，叶缘锯齿状。菜薹细小，高25～32厘米，横径1.2～1.5厘米，薹叶狭卵形。菜薹重50～80克，以食嫩叶为主。

3.登峰芥蓝

广州引进品种。栽培适应性广，菜薹品质好，外观整齐，主苔节间疏，皮薄肉厚且脆嫩，很受消费者欢迎，一般主花苔重50～70克，分枝力强，抽薹一致。由播种至初收65～70天，延续收获达50天。第一侧蕾品质更优于主苔。

4.佛山中迟芥蓝

广州引进品种。植株较高，生长势强，分枝力强，叶片椭圆形，平滑。主苔较长而肥大，花球较大，主花薹重50～200克，质脆嫩纤维少。从播种至初收约70天，延续采收侧花苔可达70天。

5.台湾中花芥蓝

株高30～35厘米。基叶卵圆形，有蜡粉。主苔茎粗，茎叶长卵圆形，主花苔重80～150克。侧花苔萌发力中等。

四、栽培关键技术

（一）培育壮苗

采用平畦、营养钵或穴盘育苗方式培育壮苗。选择排水良好、土质疏松肥沃的壤土，前茬不是十字花科蔬菜的地块做育苗床，春茬育苗应在温室内进行。按6份壤土加4份充分腐熟的农家肥的比例配制营养土，按2千克/米³加三元复合肥充分混匀后平铺在育苗畦中或分装营养钵中。平畦育苗可采用条播或撒播的方式播种，而营养钵或穴盘育苗每钵1粒种子精量点播，每亩棚室需育苗5000株左右，用种量约70克。播种前苗床浇足底水，水渗后铺0.1厘米厚的苗菌敌药土，然后播种,再覆1厘米厚细土,并覆盖地膜保湿。播种3～4天出苗后揭去地膜,幼苗长至2片真叶以后间苗1～2次,留强去弱,并按6～8厘米的间距定苗。及时中耕除草和追肥浇水,用0.2%尿素水溶液和0.2%磷酸二氢钾水溶液混合喷叶2次,整个苗期保持土壤湿润,播种后25～30天,幼苗长至4～6片真叶时即可定植。见图6-64～图6-67。

图6-64　平畦点播

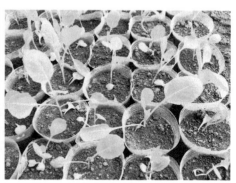

图6-65　营养钵育苗

图6-66　穴盘育苗

图6-67　幼苗期植株

图6-68　定植苗

（二）定植

前茬作物收获后及时清除残株和杂草,每亩施用腐熟优质有机肥2500～3000千克,并撒施过磷酸钙50千克、硫酸钾25千克,深犁耙平,做成1.3～1.5米宽的平畦,然后按30厘米行距开定植沟。育苗畦在定植前一天浇水,起苗时带土坨,防止定植时散坨。定植时可采用坐水移栽即先放水再栽苗的方法进行,株距20～30厘米,待明水渗干后向茎基部培土。见图6-68～图6-70。

图6-69　坐水移栽　　　　　　　图6-70　平畦移栽

（三）田间管理

芥蓝适宜的生长温度为20～25℃，秋季当外界最高气温低于20℃时应及时扣棚膜，以防早期花芽分化，提前现蕾，影响生长和降低产量。进入叶丛生长阶段，白天温室内温度保持18～20℃，夜间10～15℃。当外界温度低于6℃时，应覆盖草苫保持芥蓝生长适温。

肥水管理上以促为主，在施足基肥的情况下，应多次追肥。分别于定植缓苗后和植株现蕾后，结合浇水每亩施尿素15千克和硫酸钾10千克，或稀薄人粪尿300～500千克；在大部分主薹采收后为促进侧薹的迅速生长，要连续追2～3次肥，每亩可施尿素10千克和磷、钾复合肥7～8千克，追肥后适当培土并浇水防止烧苗。

芥蓝喜欢湿润的土壤条件，但不耐涝，定植时必须浇透水，促生新根使幼苗迅速恢复生长，缓苗后应经常浇水，保持田间土壤相对湿度80%～90%。水分充足时，芥蓝叶色鲜绿、油润，蜡质较少。而缺水时叶小、颜色暗淡、蜡粉多。每次浇水后，应及时中耕以保湿并提高地温。见图6-71、图6-72。

图6-71　叶丛生长期　　　　　　图6-72　菜薹形成期

五、采收与贮藏

（一）采收

芥蓝的菜薹包括薹叶和薹茎，薹茎较粗大，节间较疏，薹叶少而细嫩，为优质菜薹。为保证质量，必须适时采收。采收的标准是芥蓝的花茎与基部叶片大致在同一高度，花球欲开而又未开的时候（齐口花期）采收，质量最佳。采收过早过迟均不宜。采收方法是从主薹植株基部5～7片叶处切下；而侧薹是在第1.2叶处切摘，基部留2片叶子，促其发生适量的粗壮侧薹。芥蓝采收后可分扎成整齐的小捆用保鲜膜包装。见图6-73～图6-75。

图6-73 齐口花期　　　图6-74 采收后分生侧枝　　　图6-75 芥蓝采收

（二）贮藏

芥蓝在贮运过程中最容易出现的问题是肉质硬化与开花落蕾。这也是一种老化的表现。最有效的办法是降低温度，不让花薹在贮运过程中继续生长。芥蓝不怕冷，因此适合用低温保鲜而不需用药剂防腐。作为贮藏或外销的芥蓝，加工操作流程如下：

采收时带幼嫩的小花蕾，但是花苔高度不能超过叶片的高度。

清晨采收，手套铁指甲，或用小刀切断菜薹，轻轻放入箩筐，运回加工场，需要预冷但不能浸水冷却。最理想的方法是真空冷却，出口芥蓝常用真空预冷，保鲜效果最好。这样做又可以先包装后预冷，方便操作。

如果没有预冷设备，也可以把芥蓝放入冷库，库温定在0℃，连续开机，次日菜温降下来后再用箩筐包装，内垫0.03毫米的薄膜，或者用防水纸箱包装。温度控制在1～2℃，相对湿度95%～98%。

如果芥蓝的质量好，贮运期一个月，除稍有轻耗外，商品率100%，不开花，不落蕾，风味正常。

值得注意的问题：① 采后的芥蓝不要过水。这是保持菜薹柔软爽口的关键；② 芥蓝的叶片有特殊蜡层，田间要防好病虫，采后不需进行防腐处理；③ 短途运输最好加碎冰降低菜温，但是碎冰千万别直接与叶片接触，否则叶片将被"烫伤"，变软，容易腐烂，失去商品价值。

六、病虫害防治

棚室栽培芥蓝主要病害有芥蓝霜霉病、芥蓝软腐病和芥蓝菌核病，虫害以蚜虫为主。在防治上以预防为主，及时通风、清理病株黄叶，病虫害发生后及时喷药防治。芥蓝霜霉病发病初期喷洒75%百菌清或64%杀毒矾可湿性粉剂500～800倍液，隔7天1次，连续2～3次。芥蓝软腐病发病初期，可选用20%噻菌铜（龙克菌）悬浮剂75～100克/亩喷雾或50%氯溴异氰尿酸（消菌灵、菌毒清）可溶性粉剂2000～2500倍液喷雾防治，并结合浇水灌根。芥蓝菌核病发病初期可选用50%速克灵可湿性粉剂或50%扑海因可湿性粉剂对水1000～2000倍喷雾防治，喷药时着重喷洒在植株茎的基部、老叶和地面上，每隔5～7天1次，连喷3～4次。

蚜虫多为越冬桃蚜，定植前清除残株病叶，并用硫黄或敌敌畏熏蒸，定植后每亩可悬黄板20块左右诱杀预防，虫量较多时可用10%一遍净（吡虫啉）1000倍液喷雾防治，喷药时以叶片背面和花序为主，每7天一次，连续即可。

第七章
Chapter 7

棚室根菜类与薯芋类蔬菜栽培技术

本章介绍大型萝卜、樱桃萝卜、马铃薯棚室栽培技术。

第一节　大型萝卜

萝卜又名莱菔，为十字花科萝卜属，一、二年生植物。原产我国，品种极多，常见的有红萝卜、青萝卜、白萝卜、紫萝卜和心里美萝卜等，见图7-1～图7-8，在分类上称为中国萝卜，属于大型萝卜。另外还有欧洲、美洲栽培的小型萝卜，分类上称为四季萝卜，常见的四季萝卜包括水萝卜、樱桃萝卜、彩色萝卜等，见图7-9～图7-11。萝卜根供食用，为我国主要蔬菜之一，具有多种菜用和药用价值。萝卜在我国栽培历史悠久，有文字记载的就有2700多年历史了，分布极广，全国各地均有种植。可四季栽培，周年供应，产销量也很大。随着人民生活水平的提高，日光温室和塑料大、中、小棚配套栽培，实现了萝卜超时令上市，很受广大消费者欢迎。

图7-1　红萝卜

图7-2　青萝卜

图7-3　白萝卜

图7-4　四川泡菜专用加工型白萝卜外部

图7-5　四川泡菜专用加工型白萝卜内部

图7-6　紫皮白肉萝卜

图7-7　紫皮紫肉萝卜

图7-8　心里美萝卜

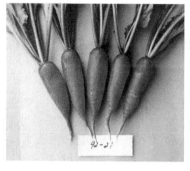  

图7-9　水萝卜　　　　图7-10　樱桃萝卜　　　　图7-11　彩色萝卜

　　萝卜的营养比较丰富，据分析，每100克可食部分，含碳水化合物6克、蛋白质0.6克、钙49毫克、磷34毫克、铁0.5毫克、无机盐0.8克、维生素C30毫克。萝卜及秧苗和种子，在预防和治疗流行脑炎、煤气中毒、暑热、痢疾、腹泻、热咳带血等病方面，有较好的药效。

　　萝卜品种很多，食用方法多样，既可作菜用、又可作水果生食、还可加工腌渍；营养丰富，富含淀粉酶等多种酶，有良好的食疗保健和药用价值；价格便宜，并可长期贮藏，为广大人民所喜爱。

一、特征特性

（一）植物学特征

　　萝卜的子叶二片，肾形。第一片真叶呈匙形，称为"初生叶"，见图7-12；以后在营养生长期内长出的叶子统称"莲座叶"，见图7-13。叶形有板叶（全缘叶）、裂刻叶（花叶）之分，见图7-14、图7-15。裂片多少及裂刻的深浅，因品种不同而差异较大。叶丛伸展方式有直立、半直立和平展三种类型。叶片有淡绿色、深绿色等，叶柄有绿色、红色、紫色。叶片和叶柄上多茸毛。

图7-12　初生叶　　　　　　　　　　　图7-13　莲座叶

| 图7-14　板叶 | 图7-15　裂刻叶 |

萝卜营养生长时期茎短缩，进入生殖生长期抽生花茎。总状花序，顶生及腋生，完全花。主枝上的花先开，每枝自下而上逐渐开放。全株花期30～35天，每朵花开放期为5～6天。萝卜为虫媒花，天然异交作物，采种栽培时，品种之间需隔离2000米，有树林、建筑物遮挡地区，也要间隔1000米，见图7-16。花淡粉红色或白色。长角果，不开裂，近圆锥形，直或稍弯，种子间缢缩成串珠状，先端具长喙，喙长2.5～5厘米，果壁海绵质，见图7-17。种子1～6粒，红褐色，圆形，有细网纹。种子千粒重7～13.8克。种子发芽力可保持5年，但生产上宜用1～2年的新鲜种子。

| 图7-16　盛花期的植株 | 图7-17　种荚 |

肉质根既是产品器官，又是贮藏器官。萝卜的肉质根由根头部、根颈部和真根部三个部分组成，见图7-18。肉质根既是萝卜的产品器官，又是营养物质的贮藏器官。根头部是由子叶以上的上胚轴发育而成的，也称为短缩茎，是节间很短的颈部，上面着生芽和叶片。肉质根膨大的同时，根头部也随着膨大。根头部的大小与品种有关。根颈部是由子叶以下的下胚轴发育而成，为肉质根的主要组成部分。根颈部一般不着生侧根，表面光滑，是主要的可食部分。真根部是由幼苗的初生根发育而成。上面着生两行侧根，萝卜的根系是深根性的。小型的主根深

约60～150厘米，大型的深达180厘米，根系主要分布在20～45厘米的土层中。不同的萝卜类型和品种，其根系的发育状况也有区别。品种不同，肉质根在形状、皮色及大小上也不同，形状有长圆筒形、圆锥形、圆形、扁圆形等，皮色有白、绿、红、紫等颜色，肉色有白、红、紫、绿等。肉质根入土多少也因品种而异，真根部分为主要入土部分。有些品种肉质根少量露出土面，见图7-19；而像心里美、露八分等品种肉质根大部分露出土面，见图7-20。

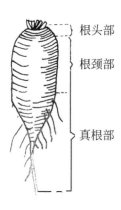

图7-18　萝卜肉质根的组成部分（摘自周长久《萝卜高产栽培》）

图7-19　肉质根少量露出土面

图7-20　肉质根大部分露出土面

（二）生长发育周期

萝卜为一、二年生蔬菜，第一年为营养生长阶段，形成叶簇和肥大的肉质根。第二年进入生殖生长阶段，抽薹开花、结实，完成由种子播种到种子成熟的生长周期。如果春季提早播种，萝卜在一年内也能完成整个生育期。

1.营养生长期

从种子萌动、出苗到肉质根肥大的整个过程为萝卜的营养生长期。根据生长特点的变化，又分为发芽期、幼苗期、叶生长盛期和肉质根膨大盛期。

（1）发芽期　由种子开始萌动到2片基生叶展开，排列呈十字形（即"拉十字"）为发芽期，见图7-21。在适宜的温度和水

图7-21　发芽期

分条件下，需5～7天。这个时期主要靠种子内部贮藏的营养物质进行"异养生活"，使其萌动，子叶出土，种子大小及贮藏条件和年限，都会对种子发芽率、苗期生长及后期生长产生一定影响。此期要求充足的水分和适宜的温度。

（2）幼苗期　幼苗第一片真叶展开到形成5～7片真叶，见图7-22。在适宜条件下，需15天左右，此期逐步转入依靠光合作用的"自养生活"。肉质根主要以延长生长为主，后逐渐加粗生长。由于肉质根的次生生长使其不断加粗，而肉质根外部的出生皮层和表皮不能相应膨大，造成出生皮层的破裂，就是所谓的"破肚"，见图7-23，这也标志着肉质根进入加粗生长阶段。

图7-22　幼苗期　　　　　　　　　　　　图7-23　萝卜"破肚"

（3）叶生长盛期　又称莲座期，肉质根生长前期。从肉质根破肚到"露肩"为叶生长盛期，见图7-24，为20～30天。露肩是肉质根的根头部分生长变宽如人肩，此期叶数不断增加，叶面积迅速扩大，整个叶器官生长旺盛，地上部分生长量仍超过地下部分的生长量。这个时期在管理上要注意肥水适当，促进叶片增长，还要适当控制浇水，避免叶片旺长，使肉质根膨大盛期适时到来。

（4）肉质根膨大盛期　从"露肩"到肉质根形成、收获，见图7-25。是肉质

图7-24　叶生长盛期　　　　　　图7-25　肉质根膨大盛期

根生长最快的时期，约为40～50天。地上部生长逐渐缓慢。大量的同化部的薄壁细胞继续不断地膨大，细胞间隙也继续增大。此外，肉质根的生长在品种之间也有很大差异。像露八分、心里美，肉质根大部分露出土面；农大红主要在土内；而石白和美浓早生则介于二者之间。基于上述肉质根生长特点，在耕作与田间管理上须加以注意。

2. 生殖生长期

萝卜为低温感应型蔬菜，其萌动的种子，或幼苗期、肉质根生长期以及贮藏期，可以通过感受低温影响完成春化阶段，然后在长日照和较高的温度条件下，抽薹、开花、结籽，完成一个生育周期。萝卜经冬季低温完成春化，从种株定植到种子成熟可以分为4个时期：

（1）返青期　从种株定植到开始抽薹，15～20天。此期花茎生长缓慢，主要是发根，花蕾迅速分化。见图7-26、图7-27。

（2）抽薹期　从开始抽薹到开花前，一般需要10～15天。这个时期花薹生长迅速，莲座叶和茎生叶生长也较快，在主茎生长的同时，一次分枝也开始伸长。见图7-28。

图7-26　返青期（定植初期）　　图7-27　返青期（即将抽薹）　　图7-28　抽薹期

（3）开花期　从开始开花到植株基本谢花，一般需要20～25天。见图7-29。

（4）结荚期　从终花期到果荚生长、种子成熟，一般需要25～30天。花期的变化极大，一般30天左右，长的达40天，到种子成熟，还需要30天左右。自抽薹开花，同化器官制造的养分及肉质根贮藏的养分都向花薹中运转，供给抽薹开花结实之用。抽薹开花后，萝卜的肉质根变成空心，失去食用的价值。为了留好种子，这时期需要供给充足的水肥，当种子接近成熟时期又需要干燥，以利种子成熟。见图7-30。

图7-29　开花期　　　　　　　　　　　　　图7-30　结荚期

二、对环境条件的要求

（一）温度

萝卜种子发芽最适宜的温度20～25℃，开始发芽温度为2～3℃。幼苗期可耐25℃的较高温度，也能忍耐短时间-2～-3℃的较低温度。叶片生长的适宜温度为18～22℃，肉质根最适生长的温度为15～18℃。高于25℃植株生长弱、产品质量差，所以萝卜生长的适宜温度是前期高后期低。夏秋季白天温度高，晚上温度低，也有利于营养积累和肉质根的膨大。

（二）光照

在阳光充足的环境中，植株生长健壮，产品质量好。光照不足则生长衰弱，叶片薄而色淡，肉质根形小、质劣。

（三）水分

在萝卜生长过程中，如水分不足，不仅产量降低，而且肉质根容易糠心、味苦、味辣、品质粗糙；水分过多，土壤透气性差，影响肉质根膨大，并易烂根；水分供应不均，又常导致根部开裂，只有在土壤最大持水量65%～80%，空气湿度80%～90%的条件下，才易获得优质高产的产品。

（四）土壤和营养

萝卜适宜于土层深厚，富含有机质，保水和排水良好，疏松肥沃的砂壤土中生长。土层过浅，心土紧实，易引起直根分歧；土壤过于黏重或排水不良，都会影响萝卜的品质。萝卜吸肥能力强，施肥应以迟效性有机肥为主，并注意氮、磷、钾的配合。特别是肉质根生长盛期，增施钾肥能显著提高品质，除了肥料三要素外，多施有机肥，补充微肥是萝卜必要的营养成分。

三、品种选择

棚室春提早大型萝卜一般要选择冬性强，不易抽薹，耐寒、耐热、抗病性强的品种，根据市场的需求，选择适当的皮色和肉色。从抗抽薹的程度比较来看：白萝卜抗抽薹能力最强、青萝卜和心里美萝卜次之，红皮萝卜抗抽薹能力最弱。从品种来看，目前有很多专用的春季耐抽薹白萝卜品种，有少量耐抽薹绿萝卜品种，而心里美萝卜、红皮萝卜目前尚无专用的耐抽薹品种，多是兼用耐抽薹性稍好一些的秋季品种，主要依靠栽培技术来调节，但栽培难度并不是很大，只要技术措施得当，各种皮色都可栽培成功，都可获得高产高效益。

（一）白萝卜品种

耐抽薹白萝卜按照皮色划分，还可以分为：青首类型、全白类型二种。

1.青首类型

（1）春美丽　北京捷利亚种苗有限公司研发的适宜冬春季栽培的青首萝卜品种。抽薹晚，低温下根部肥大，收尾好，须根少；整齐度高，根肩部为青色，整体肥大，高产优质；根径7～8厘米，根长33～38厘米，根重约1.2千克；极少发生空心、低温红心的症状，糠心晚，抗黄萎病；顶部植株叶色浓绿，叶形小叶到中等。暖地、中间地12～翌年3月份播种，冷凉地、高冷地3～5月份播种；生长中期要注意通风，高温，过湿不宜生长。见图7-31。

（2）青光春

北京世农种苗有限公司研发的适于保鲜或加工出口青首春萝卜品种。长圆柱形，稍带绿肩，低温条件下生长快；根皮特光滑，有光泽，曲根少，糠心晚，商品性好；耐抽薹，较抗细菌性黑斑病及病毒病；根长35～38厘米，根径6～8厘米，根重1～1.5千克。适宜大棚、春季露地栽培，育苗温度保持13℃以上；应深耕后栽培，氮肥施用量应减半。见图7-32。

（3）青春

北京世农种苗有限公司研发的耐抽薹青首白萝卜品种。叶片半直立，低温条件下肉质根生长速度快，耐抽薹；圆筒形，根首部绿色，根皮光滑，有光泽，商品性优秀；肉质致密，口感好，糠心晚；根长25～27厘米，根径8～12厘米，根重1千克左右。适宜大棚、春季露地栽培，育苗温度保持13℃以上；生育后期雨水过多可能出现裂根，注意水分管理。见图7-33。

（4）招福

北京大一国际种苗有限公司研发的青首白萝卜品种。播种后65～70天可收获，不易抽薹。肉质致密，糠心晚，青头部位肉浅绿色，商品性好。根长25～27厘米，根径8.4～8.8厘米，根重1.1～1.3千克。适合北方地区春夏栽培。见图7-34。

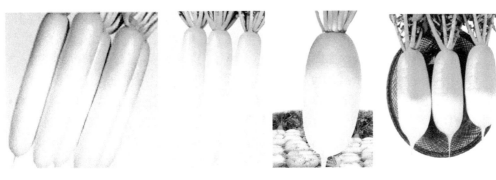

图7-31　春美丽　　　图7-32　青光春　　图7-33　青春　　　图7-34　招福

（5）桓玉1号

桓仁大玉科技种业有限公司选育的青首耐抽薹白萝卜新品种。生长期65天左右。株态半直立，开张度59.5厘米，最大叶片长度41.66厘米，最大叶片宽度14.31厘米，主脉色泽白绿色，叶色绿，叶柄绿色，叶缘缺刻浅，叶面稍皱；有叶刺，短且少；叶茸毛疏、软、短；肉质根长圆柱形，根首部绿色，皮白色，肉白色，肉质根长37.5厘米，肉质根粗9.7厘米，表皮光滑。平均单株重2.03千克，肉质根重1.5千克。抽薹率0.5%。风味品质中等，商品品质一般。高抗霜霉病、软腐病，中抗病毒病。平均亩产6200千克。适宜地区：适宜辽宁地区种植。见图7-35。

2.全白类型

（1）亚美白春　北京捷利亚种苗有限公司研发的耐抽薹白萝卜品种。低温条件下生长快，播后60天左右可收获；肉质根长圆筒形，白色，表面光滑，曲根、裂根少；肉质白，味道好，品质优秀，适于腌渍加工；根长40厘米，根径粗7～8厘米，根重1.2～1.5千克。选土壤疏松、土层深厚的地深耕后栽培；应避免湿度过大，以防止裂根现象的发生。见图7-36。

图7-35　桓玉1号　　　　　　　图7-36　亚美白春

（2）YR幸运　北京世农种苗有限公司研发的耐抽薹白萝卜品种。叶数多，低温条件下生长快，播种后60天左右可收获；根形为长圆筒形，根部白色，歧根、裂根少；肉质白，品质优秀，抗病性强，易栽培。生育初期，注意保持10℃以上温度；氮肥过多或湿度变化过大，可能出现根肥不良现象。见图7-37。

（3）YR新白玉春　北京世农种苗有限公司研发的适合于早春保护地和露地栽培的白萝卜品种。叶片平展，抽薹稳定，播种后60天左右可收获；长圆筒形，根部全白，有光泽，商品性好；肉质致密，糠心晚，歧根、裂根少；根长30～35厘米，根径7～10厘米，根重1.3千克左右。生长初期注意保持10℃以上温度；选择土壤疏松、土层深厚的地深耕后栽培。见图7-38。

（4）春雪莲　北京大一国际种苗有限公司研发的白萝卜品种。耐抽薹，抗病性好，肉质致密；早熟品种，播种后55天开始收获，可延期收获；叶姿开展，根皮洁白，须根和裂根发生很少；根长33～36厘米，根径8.6～8.8厘米，根重1.2～1.6千克。见图7-39。

（5）翠白玉2号　北京大一国际种苗有限公司研发的适宜春季保护地和露地栽培的白萝卜品种。抗性强，肉质致密，整齐度好；中早熟品种，播种后60天可收获，产量高；根部纯白，外形美观，商品性好；根长33～36厘米，根径8.6～8.8厘米，根重1.2～1.6千克。见图7-40。

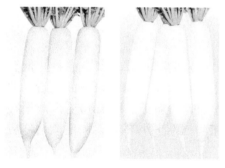  

图7-37　YR幸运　　图7-38　YR新白玉春　　　图7-39　春雪莲　　　图7-40　翠白玉2号

（二）青萝卜品种

1.卫青

天津市郊区农家品种，叶簇平展而先端略向下倾，花叶，羽状全裂，叶色绿，叶柄及中肋浅绿。肉质根细长筒形，尾部稍弯，长20厘米，横径约5厘米，重250～750克。约4/5露出地面，外表皮灰绿色，入土部分白色，肉色翠绿。干香、甜、脆、嫩中略带辣味，吃起来清凉爽口；根为圆柱形，全身绿色、皮薄、光滑、肉质紧密、细嫩、酥脆、味浓多汁、耐储藏。最宜生食，可凉拌，可雕花，可腌制。卫青属秋冬萝卜，中熟，生长期80～90天。较耐热、耐涝、耐藏，不易糠心，但病毒病较重。亩产2500千克左右。见图7-41。

2.沈青一号

沈阳市农业科学院育成。植株生长势较强，叶丛半直立，羽状裂叶，叶色深绿。肉质根圆筒形，根长25～30厘米，横径8厘米，皮深绿色，大约四分之三露出地面，入土部分皮白色，表皮光滑。肉淡绿，脆甜稍辣，品质好，耐贮藏。抗病毒病及霜霉病。适于生食、熟食、腌渍和干制。见图7-42。

3.丹尊

丹东农业科学院选育的杂交一代水果型萝卜，生育期71天，株态开张，开张度57.2厘米；叶片长度37.8厘米，叶片宽度19.1厘米，主脉白绿色，叶片绿色，叶柄绿，叶缘缺刻深，叶面稍皱，有叶刺，短且少；叶茸毛疏、软、短；肉质根短圆柱形，皮色绿，肉色淡绿，肉质根长度18.7厘米，肉质根粗度10.8厘米，表皮较粗糙。平均单株重1.11千克，肉质根重0.9千克，平均亩产3615.9千克。抗病毒病、霜霉病和软腐病。风味品质优，商品品质好，适于辽宁省种植。见图7-43。

图7-41　卫青　　　　　　图7-42　沈青1号　　　　　　图7-43　丹尊

4.青丰2号

沈阳市农业科学院选育的杂交一代青萝卜品种。生育期74天，株态半开张，开张度65.9厘米；叶片长度44.6厘米，叶片宽度20.2厘米，主脉白绿色，叶片深绿色，叶柄绿，叶缘缺刻深，叶面皱，有叶刺，短且少；叶茸毛密、软、短；肉质根长圆柱形，皮色绿，肉色淡绿，肉质根长度27.3厘米，肉质根粗度10.5厘米，表皮较粗糙。平均单株重1.45千克，肉质根重1.5千克，平均亩产5388.8千克。抗病毒病、霜霉病和软腐病。风味品质优，商品品质好，适于辽宁省种植。见图7-44。

图7-44　青丰2号

图7-45　青丰3号

图7-46　满堂红心里美91-1

5.青丰3号

生育期75天，株态半开张，开张度73.6厘米；叶片长度43.5厘米，叶片宽度19.4厘米，主脉白绿色，叶片绿色，叶柄绿，叶缘缺刻深，叶面皱，有叶刺，短且少；叶茸毛疏、软、短；肉质根长圆柱形，皮色绿，肉色淡绿，肉质根长度25.6厘米，肉质根粗度10.3厘米，表皮光滑。平均单株重1.44千克，肉质根重1.3千克，平均亩产5692.4千克。抗病毒病、霜霉病和软腐病。风味品质优，商品品质一般，适于辽宁省种植。见图7-45。

（三）心里美品种

1.满堂红心里美91-1

北京市农林科学院蔬菜研究中心于1990年育成的心里美萝卜一代杂交种。亲本为8505-16和8237-39。生育期75～80天，植株生长势强，叶簇直立，叶型板叶，叶片、叶柄均为绿色。肉质根短圆形，平均横径12厘米，纵径15厘米。单株根重0.8千克左右，根皮绿色，根肉鲜红色。肉质致密，脆嫩，味甜。血红瓤比例100%。耐贮藏。抗芜菁花叶病毒、霜霉病。亩产可达4500千克。见图7-46。

2.心里美

北京市农家品种。有裂叶及板叶两种类型。裂叶型的肉质根短圆柱形，上部略小，长11厘米左右，横径约10厘米。单根重600克左右。板叶型的叶簇直立性较强，肉质根略长，上部小，单根重700克左右。肉质根外皮细，出土部分为浅绿色，入土部分为黄白色，根尾部为浅粉红色。肉色鲜艳，可分为血红瓤和草白瓤两种，板叶型以草白瓤为多。肉质脆，味甜，口感好，可供生食。耐贮藏。抗病。适于秋季露地栽培。每亩产量为3000～3500千克。见图7-47、图7-48。

3.天正红心

山东省农业科学院蔬菜研究所育成的心里美萝卜品种。叶簇半直立，羽状裂叶，叶绿色。肉质根圆柱形，出土部分占2/3，皮绿色，入土部分皮黄白色。肉质鲜紫红色，较紧实，味甜，水少。基本不辣。耐贮藏，生长期80天左右，单株根重500～700克。亩平均产3500千克。干物质含量较高，品质较好。较抗病。见图7-49、图7-50。

图7-47　心里美萝卜肉质根外部

图7-48　心里美萝卜肉质根内部

图7-49　天正红心肉质根外部

图7-50　天正红心肉质根内部

（四）红萝卜品种

1.绿星大红

沈阳市绿星大白菜研究所选育的红萝卜品种。肉质根圆形，根皮全红色，光滑亮丽。根肉白色。肉质细腻，外形美观，小顶小根，须根少，不裂果根，叶簇半直立，花叶，叶色深绿，抗病毒病、霜霉病、软腐病、黑腐病。抗逆性强，风味品质优。生长速度快，肉质根膨大迅速，长势强盛，在水肥地力等条件允许的情况下60天即可抢早上市，可获得高产值；延后生长至85天左右，可获得更高产量。单根重1千克～3.5千克。一般亩产5000千克。适合春秋二季栽培。见图7-51。

2.福娃1号

沈阳市农业科学院选育的红萝卜品种。生长期

图7-51　绿星大红

76天左右。株态半开张，开张度73.8厘米，叶片阔倒卵形，长44.7厘米、宽19.43厘米，叶绿色，主脉色泽红色，叶柄色泽绿，叶缘缺刻深，叶面平展，叶刺短、多，叶茸毛疏、软、短。肉质根扁圆形、长13.28厘米、粗16.6厘米，皮色鲜红，肉白色，表皮光滑。平均单株重1.83千克，肉质根重1.4千克。抗病毒病、霜霉病、软腐病。商品品质好，风味品质优，亩产量4200千克左右。见图7-52。

3.红胜

沈阳嘉禾种子有限公司选育的红萝卜一代杂交种。生长期78天，株态开张，开张度81.63厘米；叶片长度46.98厘米，叶片宽度20.68厘米，主脉色泽红色，叶深绿色，叶柄浅紫色，叶缘深缺刻，叶面稍皱，有叶刺，短且少；叶茸毛密、软、短；肉质根圆形，皮色鲜红，肉色白色，肉质根长21.4厘米，肉质根粗15.7厘米，表皮光滑。平均单株重2.22千克，肉质根重1.72千克。风味品质优，商品品质好。高抗霜霉病、软腐病，抗病毒病。平均亩产4850千克。适宜辽宁地区种植。见图7-53。

图7-52　福娃1号　　　　　　　　　　图7-53　红胜

4.益农大红

沈阳市益农白菜研究所选育的红萝卜一代杂交种。生长期77天，株态开张，开张度81.78厘米；叶片长度48.2厘米，叶片宽度21.08厘米，主脉色泽红色，叶深绿色，叶柄浅紫色，叶缘深缺刻，叶面稍皱，有叶刺，短且少；叶茸毛密、硬、短；肉质根圆形，皮色鲜红，肉色白色，肉质根长22.1厘米，肉质根粗15.7厘米，表皮光滑。平均单株重2.22千克，肉质根重1.61千克。风味品质优，商品品质好。抗病毒病、霜霉病、软腐病。平均亩产4900千克。适宜辽宁地区种植。见图7-54。

5.红运1号

沈阳市皇姑种苗有限公司选育的红萝卜一代杂交种。生长期78天，株态半开张，开张度81.53厘米；叶片长度48.1厘米，叶片宽度20.23厘米，主脉色泽红色，叶深绿色，叶柄浅紫色，叶缘深缺刻，叶面稍皱，有叶刺，短且少；叶茸毛疏、软、短；肉质根圆形，皮色鲜红，肉色白色，肉质根长23.8厘米，肉质根粗17.15厘米，表皮光滑。平均单株重2.22千克，肉质根重1.86千克。风味品质优，商品品质好。高抗霜霉病，抗软腐病、病毒病。平均亩产5340千克。适宜辽宁地区种植。见图7-55。

图7-54　益农大红　　　　　　　　　　图7-55　红运1号

四、栽培关键技术

（一）整地、作畦、施基肥

1.地块选择

萝卜对土壤的适应性一般来说较广。不过为了获得高产、优质的产品，仍以土层深厚、疏松、排水良好、比较肥沃的沙壤土为佳。栽培在适合的土壤里，肉质根的生长才能更加肥大，形状端正，外皮光洁、色泽美观、品质良好。而种在低洼、雨涝、排水不良或土壤黏重的地方，只能是徒长叶而不发根。沙砾过多的土壤中，则肉质根也生长不良。这些土壤需要改良才能产出优质高产的萝卜。

2.对于整地的要求

萝卜对于整地的要求是：深耕、晒土、平整、细致、施肥均匀，见图7-56。这样才能促进土壤中有效养分和有益微生物的增加，并能蓄水保肥，有利于根对水分和养分的吸收，从而使叶面积迅速扩大，肉质根加速膨大。萝卜的吸收根系在土壤中分布较结球白菜为深，主根可以深达1.5～2米。下层

图7-56　播前利用旋耕机整地

图7-57 施用有机肥-1

图7-58 施用有机肥-2

图7-59 施用基肥、作垄

土壤坚实，通气不良，不利于根系吸收，并且肉质容易发生叉根和弯曲。加深耕作层可以促使萝卜根系向四周和深层发展，充分利用外围和下层的水分和养分，从而达到丰产。因此，种植萝卜的土壤要求深耕。一般深耕到20～30厘米。土壤耕翻的深度，还应当看栽培的品种而定。大型、入土深的品种宜深些，反之可以稍浅。翻耕时期，前茬收获后应及时早耕、晒土，改善土壤理化性状，减少病虫为害。

3.基肥的施用与做畦

深耕必须与增施基肥相结合，才能达到预期的增产效果。萝卜是以基肥为主、追肥为辅。一般每亩施厩肥2500～5000千克。见图7-57、图7-58。厩肥必须充分腐熟，新鲜厩肥或者施肥不均匀容易造成肉质叉根。为了促进幼苗健壮生长，根系发达，播种时可以施用过磷酸钙7.5～10千克做种肥。整地前将肥料一次性施入，然后翻耕整地。① 畦作。畦面做成龟背形，畦高25～30厘米，宽100厘米，每畦种两行，株距为20～30厘米，行距为40厘米。② 垄作。垄高25～30厘米，宽40～50厘米，每垄种1行，株距为20～30厘米，行距为60厘米。见图7-59。

（二）播种、定苗及田间管理

1.种子质量的检查

播种前需注意种子的质量检查。要去杂去劣，选品种纯正、粒大饱满的种子。萝卜种子的新陈，不仅对发芽出苗有影响，对产量和质量也有一定的影响。在贮藏过程中，尤其是在高温、潮湿条件下贮藏的陈种子，胚根的根尖容易破坏。播种后发芽率低，出苗慢，肉质根叉根率高。萝卜种子的大小对生长和产量也有一定的影响，凡是千粒重较重的种子，子叶大、真叶出现早、生长快，一直到收获始终维持较强的生长势。有明显的增产效果。

2.适期播种

栽培棚室春萝卜应严格控制播种期，播种过早易抽薹；播种过晚，病虫害严重，经济效益差。一般情况下，应在地表土壤温度达到10℃以上时播种。在实际生产中，可根据栽培设施及选用的品种灵活掌握。沈阳地区大棚栽培，一般在3月中下旬播种，5月下旬开始采收；小拱棚加地膜覆盖栽培可在4月上中旬播种，6月中下旬采收。

3.播种方式

通常温室、大棚栽培为抢早，可育苗栽培，用直径8～10厘米的营养钵育苗。见图7-60、图7-61。为降低成本和避免岐根，小拱棚加地膜覆

图7-60 萝卜育苗（1）

图7-61 萝卜育苗（2）

盖栽培可采用精量穴播，每穴播1～2粒种子，亩播量为100～200克。播后覆盖0.5厘米厚的细土，然后覆盖地膜。覆土不宜过深或过浅，如果播种过深，势必在种子出土以前消耗种子内所贮藏的物质。反之，覆土过浅，种子容易干燥，影响出苗，即使能够出土，幼苗也容易倒伏，胚轴弯曲，以致影响肉质根的生长。

4.田间管理

（1）幼苗期管理 播后4～5天即可出苗，出苗后要及时分期分批破膜引苗，萝卜出土后，子叶展开，幼苗即进行旺盛生长，因此须及时间苗，保证幼苗有一定的营养面积，促进幼苗苗壮生长。尤其是穴播萝卜根须早间苗。间苗应掌握早间苗、分次间苗、适时定苗的原则，以保证苗齐、苗壮。一般间苗2～3次，第一次间苗在子叶展开时就必须及时进行，过晚时幼苗拥挤，胚轴部分延长而倒伏，幼苗生长不良。第二次和第三次分别在2～3片真叶和3～4片真叶时进行。

图7-62 撤掉小拱棚之后的萝卜生长状况

图7-63 生长中的白萝卜

图7-64 生长中的红萝卜（1）

图7-65 生长中的红萝卜（2）

定苗后，育苗栽培的要及时定植。

（2）肉质根生长期管理 播后20天左右萝卜肉质根开始膨大，此时应用泥块压住薄膜破口处，防止薄膜被顶起。春萝卜的生长适温为12℃以上。生长前期的管理应以保温为主，适当提高棚内温度，促进莲座叶生长，遇强冷空气需加盖防寒物。生长后期气温回升时应及时通风降温，白天将棚内的温度控制在20～25℃，夜间将棚内的温度控制在15℃左右，视天气情况逐步揭除小棚膜、大棚裙膜。4月中旬以后即可撤除棚膜，进行露地栽培。见图7-62～图7-65。

（3）水分管理 萝卜的田间管理中能否控制地上部和地下部的平衡生长，是影响产量的重要因素之一。如果吸收器官不发达，则同化器官不能良好的生长，也不可能有很多的同化物质向肉质根积累。但另一方面，地上部如不加以控制，生长过旺时，也同样不能有同化物质贮藏于根内使之肥大。因此，在田间管理上须注意茎叶与肉质根的生长。首先注意追肥和浇水。追肥和浇水不但是决定萝卜产量的重要因素，而且与肉质根的质量有密切关系。定苗（定植）后浇1次定苗水。天气炎热可浇小水降温，进入莲座期控水蹲苗，促使叶片与肉质根协调生长。5月中旬肉质根进入旺盛生长期，需勤浇水，每5～7天浇1次。最好采用滴灌。若采用沟灌，应在晴天中午进行，灌半沟水，灌后2小时即排干。

（4）合理追肥 根据萝卜需肥规律、土壤养分状况和肥料效应，通过土壤测试，确定相应的施肥量和施肥方法，按照有机与无机相结合、基肥与追肥相结合的原则，实行平衡施肥。春萝卜从播种到收获需要60～80天，生长期较长，产量也比较高，根和叶一起计算，每亩产量约在5000千克以上，萝卜生长初期氮磷钾的吸收较慢，随着生长而加快。到肉质根生长盛期，对氮磷钾的吸收最多。不同的生长时期对于这三种营养元素吸收量也有差别。幼苗期和莲座期是细胞分裂、吸收根生长和叶面积扩大时期，需要氮素比磷、钾多。当肉质根生长盛期，进入养分贮藏积累时期，则磷钾需要量增多。萝卜生长前期短时间缺少氮素营养，对根部有很大的影响，随着萝卜的生长，缺氮对根部的影响逐渐减小。除了前述由于生长前期是细胞分裂和器官建成时期之外，它也是生理活动能力较强的时期。这一时期所制造的产物比后期多几倍（相对生长量）。另外，前期缺氮后，后期虽然供给氮素，也难以消除前期的不良影响。因此，生长前期施用数量不多的速效氮肥，尤其是对地力差、基肥不足而质量又不十分好，或播种晚等情况有较好的改善效果；同时，还能增强前期的抗病能力。萝卜施肥不仅考虑氮肥的使用，还要注意磷、钾肥的配合使用。一般播后30天进行第一次追肥，45天左右进行第二次追肥。追肥时每亩可用25千克复合肥对成浓度为0.5%的液肥灌根，若土壤湿度较大时，可在距萝卜根部10厘米处穴施。

（三）防止萝卜品质低劣的栽培措施

1.糠心

又叫空心。肉质根的木质部中心部分发生空洞现象。糠心的肉质根重量轻、质量差、不耐贮藏。在肉质根的生长后期，由于肉质根迅速膨大、肉质部的一些远离输导组织的薄壁细胞，缺乏营养物质的供应而呈"饥饿"状态。细胞内开始时出现气泡，逐渐形成群，同时还产生细胞间隙，最后造成萝卜的糠心。糠心与品种、栽培条件有关。薄壁细胞大、肉质软、淀粉和糖的含量少，肉质根肥大早的品种，容易产生糠心。另外，播种早，营养面积过大等也易造成糠心。因而在生产中应注意品种选择和栽培管理。见图7-66。

图7-66　糠心

2.叉根

肉质根分叉现象。主要是主根生长点破坏或主根生长受阻而造成侧根膨大，成为分叉的肉质根。造成叉根的原因有：种子贮藏过久，胚根被破坏；移植；试用未熟的新鲜厩肥；施肥不均匀或种子播在粪块上，破坏了主根的生长点；土壤耕层太浅、坚硬或石砾、瓦块阻碍肉质根生长，也会产生叉根。见图7-67。

图7-67　叉根

图7-68 裂根

3.裂根

肉质根裂开。主要由土壤水分供应不均匀造成的。一般生长初期肉质根生长不良，根组织老化早，以后水分等营养条件改善，木质部细胞迅速膨大，根的内部压力增加，致使皮层和韧皮部不能相应地生长而裂开。在管理上，须注意比较均匀地供应水分。见图7-68。

五、采收

萝卜的收获期依品种、栽培季节、用途和供应要求而定。一般以肉质根充分肥大后为收获期。如果苗期遇低温，后期发生抽薹现象，见图7-101，则要在抽薹现象刚出现时及早采收上市。采收时叶柄留3～5厘米切断，清洗后上市，如果进行远距离运输则不要清洗。见图7-69～图7-75。

图7-69 未熟
抽薹

图7-70 割去叶片

图7-71 割去顶部叶片的白萝卜

图7-72 利用浴缸清洗白萝卜

图7-73 清洗后的白萝卜

图7-74 采收后的红萝卜

图7-75 装车后的心里美萝卜

六、病虫害防治

萝卜在其生长发育过程中可能发生多种病虫为害，严重影响产量和品质。据不完全统计，萝卜的主要病害和经常发生的虫害各有20余种。病虫害已成为制约棚室萝卜丰产、稳产的重要因素。

（一）病害识别及其防治技术

1.萝卜病毒病

【症状】花叶型多整株发病，叶片出现叶绿素不均，深绿色和浅绿色相间，有时发生畸形，有的沿叶脉产生耳状突起的现象。见图7-76。

【传播途径和发病条件】病毒均可通过摩织方式汁液传毒。另外，萝卜耳突花叶病毒可由黄条跳甲、黄瓜11星叶甲传毒。黄瓜花叶病毒和芜菁花叶病毒由桃蚜、萝卜蚜传毒。田间管理粗放，高温干旱年份，蚜虫、跳甲发生量大，或植株抗病力差发病重。

【防治方法】

（1）农业综合防治 ① 选用抗病品种。② 加强栽培管理，适期播种。③ 防治蚜虫和跳甲，防止传毒。

（2）物理防治 苗期用银灰膜或塑料反光膜、铝光纸反光避蚜。

（3）生物防治 发病初期喷洒0.5%菇类蛋白多糖水剂250～300倍液或2%宁南霉素水剂500倍液，隔10天左右1次，连续防治3～4次。

（4）化学防治 发病初期喷洒3.85%三氮唑

图7-76 萝卜病毒病病叶

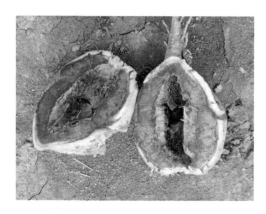

图7-77 萝卜黑腐病病根

核苷·铜·锌（病毒必克）水乳剂600倍液或25%盐酸吗啉胍·锌（病毒净）可溶性粉剂500倍液（北京市顺义农药厂）、24%混脂酸·铜（毒消）水乳剂800倍液，隔10天左右1次，连续防治3～4次。

2.萝卜黑腐病

【症状】主要为害叶和根。叶片染病：叶缘现出"V"字形病斑，叶脉变黑，叶缘变黄，后扩及全叶。根部染病：导管变黑，内部组织干腐，外观往往看不出明显症状，但髓部多成黑色干腐状，后形成空洞。田间多并发软腐病，终成腐烂状。见图7-77。

【传播途径和发病条件】病菌在种子或土壤里及病残体上越冬。播种带菌种子，病株在地下即染病，致幼苗不能出土，有的虽能出土，但出苗后不久即死亡。在田间通过灌溉水、雨水及虫伤或农事操作造成的伤口传播蔓延。病菌从叶缘处水孔或叶面伤口侵入，先侵害少数薄壁细胞，后进入维管束向上下扩展，形成系统侵染。在发病的种株上，病菌从果柄维管束侵入，使种子表面带菌。也可从种脐侵入，使种皮带菌。带菌种子成为此病远距离传播的主要途径。适温25～30℃、高温多雨、连作或早播、地势低洼、灌水过量、排水不良、肥料少或未腐熟及人为伤口和虫伤多发病重。

【防治方法】

（1）农业综合防治 ① 轮作倒茬，采用配方施肥技术。② 适时播种，不宜过早。③ 选用耐病品种。④ 加强管理，及时间苗、定苗。

（2）物理防治 种子处理。50℃温水浸种30分钟或60℃干热灭菌6小时。

（3）化学防治 ① 种子处理。用种子重量0.4%的50%琥胶肥酸铜可湿性粉剂拌种，用清水冲洗后晾干播种；也可用种子重量0.2%的50%福美双可湿性粉剂或35%甲霜灵拌种剂拌种。② 处理土壤。播种前每亩穴施50%福美双可湿性粉剂750克，方法是取上述杀菌剂750克对水10毫升，拌入100千克细土后撒入穴中。③ 发病初期开始喷洒47%春·王铜（加瑞农）可湿性粉剂700倍液、12%松脂酸铜乳油600倍液或14%络氨铜水剂300倍液，隔7～10天1次，连续防治3～4次。

3.萝卜软腐病

【症状】主要为害根茎、叶柄或叶片。根部染病常始于根尖，初呈褐色水浸状软腐，后逐渐向上蔓延，使心部软腐溃烂成一团。叶柄或叶片染病，亦先呈水浸状软腐。遇干旱后停止扩展，根头簇生新叶。病健部界限分明，常有褐色汁液渗出，致整个萝卜变褐软腐。采种株染病，外表趋于正常，但心髓部溃烂或仅剩空壳。见图7-78。

【传播途径和发病条件】病原细菌主要在土壤中生存，经伤口侵入发病。该菌发育温度范围2～41℃，适温25～30℃，50℃经10分钟致死，耐酸碱度范围pH5.3～9.2，适宜pH7.2。

【防治方法】

图7-78 萝卜软腐病病根

（1）农业综合防治 选择无病地种植，与非十字花科蔬菜进行3年以上轮作。提倡垄作。

（2）生物防治 用农抗七五一按种子重量的1%～1.5%拌种。也可在播种时，将丰灵置于萝卜种子周围，使其在根围形成群落，拮抗软腐病菌。方法：每亩用丰灵1包（每包重50克，每克含菌量15亿以上）与先浸湿的种子拌匀，晾干后播种。苗期用农抗七五一150毫克/升喷淋或浇灌2～3次；或用丰灵50克对水50毫升，沿菜根侧挖穴灌入或喷淋。于发病初期开始喷洒3%中生菌素可湿性粉剂800倍液，隔10天左右1次，防治2～3次。

（3）化学防治 12%松脂酸铜乳油600倍液或20%噻菌铜（龙克菌）悬浮剂500倍液，隔10天左右1次，防治1次或2次。

4.萝卜霜霉病

【症状】苗期至采种期均可发生。病害从植株下部向上扩展。叶面初现不规则褪绿黄斑，后渐扩大为多角形黄褐色病斑，大小3～7毫米。湿度大时，叶背或叶两面长出白霉，即病原菌繁殖体，严重的病斑连片致叶干枯。茎部染病，现黑褐色不规则状斑点。种株染病，种荚多受害，病部淡褐色不规则斑，生白色霉状物。参见图3-44。

【传播途径和发病条件】病菌主要以卵孢子在病残体或土壤中，或以菌丝体在采种母根或窖贮萝卜上越冬。翌年卵孢子萌发产出芽管，从幼苗胚茎处侵入。菌丝体向上蔓延至第一片真叶，并在幼茎和叶片上产出孢子囊形成有限的系统侵染。本病经风雨传播蔓延。此外，病菌还可附着在种子上越冬，播种带菌种子直接侵染幼苗，引起苗期发病。病菌在菜株病部越冬的，越冬后产生孢子囊。孢子囊成熟后脱落，借气流传播，在寄主表面产生芽管，由气孔或从细胞间隙处侵入，经3～5天潜育又在病部产生孢子囊进行再侵染。如此经多次再侵染，直到秋末冬初条件恶劣时，才在寄主组织内产出卵孢子越冬，并经1～2个月休眠后又可萌发，成为下年初侵染源。霜霉病的发病条件各地基本相同，平均温度16℃左右，相对湿度高于70%，有连续5天以上的连阴雨天气1次或多于1次，有感病品种和菌源，该病即能迅速蔓延。

【防治方法】

（1）农业综合防治　① 精选种子及种子消毒。无病株留种。② 适期适时早播。③ 实行2年以上轮作。④ 前茬收获后清除病叶，及时深翻。⑤ 合理密植，加强田间管理，平整土地，施足腐熟有机肥，早间苗，晚定苗，适期蹲苗。⑥ 适时追肥，定期喷施增产菌每亩30毫升对水75升。

（2）生物防治　在中短期测报基础上掌握，在发现中心病株后开始喷洒抗生素2507液体发酵产生菌丝体提取的油状物，稀释1500倍液。

（3）化学防治　① 播种前用种子重量0.3%的25%甲霜灵可湿性粉剂拌种。② 发病初期可使用70%锰锌·乙铝可湿性粉剂500倍液、72%锰锌·霜脲（霜消、霜克、疫菌净、富特、克菌宝、无霜等）可湿性粉剂600倍液、55%福·烯酰（霜尽）可湿性粉剂700倍液、69%锰锌·烯酰（安克锰锌）可湿性粉剂600倍液、60%氟吗·锰锌（灭克）可湿性粉剂700～800倍液、52.5%抑快净水分散粒剂2000倍液、25%烯肟菌酯（佳斯奇）乳油1000倍液、70%丙森锌（安泰生）可湿性粉剂700倍液。每亩喷对好的药液70升，隔7～10天1次，连防2～3次。上述混配剂中含有锰锌的可兼治萝卜黑斑病。萝卜霜霉病、白斑病混发地区可选用60%乙磷铝·多菌灵可湿性粉剂600倍液兼治两病，效果明显。

5.萝卜黑斑病

【症状】主要为害叶片。叶面初生黑褐色至黑色稍隆起小圆斑，后扩大边缘呈苍白色，中心部淡褐至灰褐色病斑，直径3～6毫米，同心轮纹不明显。湿度大时，病斑上生淡黑色霉状物，即病原菌分生孢子梗和分生孢子。病部发脆易破碎。发病重的，病斑汇合致叶片局部枯死。采种株叶、茎、荚均可发病。茎及花梗上病斑多为黑褐色椭圆形斑块。见图7-79。

【传播途径和发病条件】病菌以菌丝或分生孢子在病叶上存活，是全年发病的初侵染源。此外，带病的萝卜种子的胚叶组织内也有菌丝潜伏，借种子发芽时侵入根部。该病发病适温25℃，最高40℃，最低15℃。

【防治方法】

（1）农业综合防治　① 选择抗黑斑病品种。② 大面积轮作，收获后及时翻晒土地，清洁田园，减少田间菌源。③ 增施充分腐熟的有机肥，加强管理，提高萝卜抗病力和耐病性。

（2）化学防治　① 种子消毒，用种子重量0.4%的50%福美双可湿性粉剂或75%达科宁可湿性粉剂、或50%异菌脲可湿性粉剂拌种。② 喷雾，可用75%百菌清（达科宁）可湿性粉剂

图7-79　萝卜黑斑病病叶

500～600倍液，50%异菌脲可湿性粉剂1000倍液，50%腐霉利可湿性粉剂1500倍液，58%甲霜灵·锰锌可湿性粉剂500倍液，抑快净水分散粒剂1000倍液，80%代森锰锌可湿性粉剂600倍液。防治该病最好的时期为发病前开始用药。隔7～10天1次，连续防治3～4次。使用代森锰锌的每个生长季节只能喷1次，防止锰离子超标。

6.萝卜白锈病

【症状】仅见叶两面受害。发病初期，叶片两面现边缘不明显的淡黄色斑，后病斑现白色稍隆起的小疱，大小为1～5毫米，成熟后表皮破裂，散出白色粉状物，即病原菌的孢子囊。病斑多时，病叶枯黄。种株的花梗染病，花轴肿大，歪曲畸形。参见图3-43。

【传播途径和发病条件】病菌以菌丝体在种株或病残组织中越冬，也可以卵孢子在土壤中越冬或越夏。卵孢子萌发长出芽管或产生孢子囊及游动孢子，侵入寄主引致初侵染，后病部又产生孢子囊和游动孢子，通过气流传播进行再侵染，使病害蔓延扩大。后期，病菌在病组织内产生卵孢子越冬。白锈菌在0～25℃均可萌发，以10℃为适。该病多在纬度、海拔高的低温地区发生，低温年份或雨后发病重。

【防治方法】

（1）农业综合防治 ① 与非十字花科蔬菜进行隔年轮作。② 前茬收获后，消除田间病残体，以减少田间菌源。

（2）化学防治 发病初期开始喷洒25%甲霜灵可湿性粉剂800倍液或58%甲霜灵·锰锌可湿性粉剂500倍液、72%锰锌·霜脲（双克菌、胜利宝、克菌宝）可湿性粉剂600倍液、40%甲霜铜可湿性粉剂600倍液。

7.萝卜根肿病

【症状】症状发病初期，地上部看不出异常。病害扩展后，根部形成肿瘤并逐渐膨大，致地上部生长变缓、矮小，或叶片中午打蔫，时间长了植株变黄后枯萎而死。肿瘤形状不定，主要生在侧根上。主根不变形，但体形较小。见图7-80。

【传播途径和发病条件】病菌能在土中存活5～6年，由土壤、肥料、农具或种子传播。土壤偏酸pH5.4～6.5，土壤含水率70%～90%，气温19～25℃有利发病；9℃以下，30℃以上很少发病。在适宜条件下，经18小时，病菌即可完成侵入。低洼及水改旱菜地，发病常较重。

【防治方法】

（1）农业综合防治 ① 目前，根

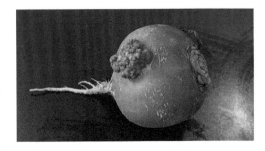

图7-80 萝卜根肿病病根

肿病虽有发病，但我国大部分地区尚未发现，因此要严格检疫。② 实行6年以上轮作。③ 改良土壤酸度，整地时施入石灰100千克或更多，使其调到微碱性。④ 选择无病地育苗，移栽或定植时要淘汰病苗。⑤ 加强田间管理，低洼地及时排除积水，施用生物有机复合肥或腐熟的有机肥。

（2）化学防治　病区播前用种子重量0.3%的35%福·甲（立枯净）可湿性粉剂拌种，也可用50%氯溴异氰尿酸可溶性粉剂，每亩3～4千克拌细干土40～50千克，于播种时将药土撒在播种沟或定植穴中；苗床或大田采用增施石灰加立枯净处理土壤效果更好。必要时也可用上述杀菌剂800倍液灌淋根部，每株灌对好的药液0.4～0.5毫升，也可收效。

（二）虫害识别及其防治技术

由于全球气候变暖，蔬菜种植茬次增多，危害萝卜的害虫种类、数量也越来越多，加上长期药剂使用方法不当，害虫抗药能力逐渐增强，加大了防治害虫的难度。萝卜的虫害种类较多，已知的有100种以上。有昆虫类和腹足类两类，昆虫类包括菜蛾、菜粉蝶、菜螟、萝卜地种蝇、甜菜叶蛾、黄曲条跳甲、蚜虫等，腹足类包括灰巴蜗牛、野蛞蝓等，这些害虫的为害特点、形态特征、生活习性、防治方法均与大白菜上相应害虫一致，在此不再赘述。

第二节　樱桃萝卜

樱桃萝卜是一种小型萝卜，为四季萝卜中的一种，十字花科萝卜属，一二年生草本。因其外貌与樱桃相似，故取名为樱桃萝卜。樱桃萝卜具有品质细嫩，生长迅速，外形、色泽美观等特点，适于生吃。国内的栽培品种大多从日本、德国等国引进。

近年来，小型萝卜在发达的欧美国家广为流行，成为袖珍蔬菜家族中重要的一员。一些樱桃萝卜品种逐渐被我国引进和推广，成为消费者餐桌上的新宠。

一、特征特性

樱桃萝卜属小型萝卜类，品质细嫩，生长迅速，色泽美观，肉质根圆形，直径2～3厘米，单株重15～20克，根皮红色，瓤肉白色，生长期30～40天，适应性强，喜温和气候条件，不耐炎热。樱桃萝卜为直根系，主根入土深约60～150厘米，主要根群分布在20～45厘米的土层中。其下胚轴与主根上部膨大形成肉质根。肉质根有球形、扁圆形、卵圆形、纺锤形、圆锥形等。皮色有全红、白和上红下白三种颜色，肉色多为白色，单根重由十几克至几十克。子叶

2片，肾形。第一对叶匙形，称初生叶。以后在营养生长期内长出的叶子统称为莲座叶。樱桃萝卜的叶在营养生长时期丛生于短缩茎上，叶型有板叶型和花叶型，深绿色或绿色。叶柄与叶脉多为绿色，个别有紫红色，上有茸毛。植株通过温、光周期后，由顶芽抽生主花茎，主花茎叶腋间发生侧花枝。为总状花序，花瓣4片成十字形排列。花色有白色和淡紫色。果实为角果，成熟时不开裂，种子扁圆形，浅黄色或暗褐色。

二、对环境条件的要求

樱桃萝卜对环境条件的要求不严格，适应性很强。

1.温度

樱桃萝卜起源于温带地区，为半耐寒蔬菜。生长适宜的温度范围为5～25℃。种子发芽的适温为20～25℃，肉质根膨大期的适温稍低于生长盛期，为6～20℃。6℃以下生长缓慢，易通过春化阶段，造成未熟抽薹。0℃以下肉质根遭受冻害。高于25℃，呼吸作用消耗增多，有机物积累少，植株生长衰弱，易生病害，肉质根纤维增加，品质变劣。开花适温为16～22℃。

2.光照

樱桃萝卜对光照要求较严格。在生育过程中，要求充足的光照，光照不足影响光合产物的积累，肉质根膨大缓慢，品质变差。樱桃萝卜属长日照作物，在12小时以上日照下能进入开花期。

3.水分

樱桃萝卜生长过程要求均匀的水分供应。在发芽期和幼苗期需水不多，只需保证种子发芽对水分的要求和土壤湿度即可。应小水勤浇，萝卜生长盛期，叶片大、蒸腾作用旺盛，不耐干旱，要求土壤湿度为最大持水量的60%～80%。如果水分不足，肉质根内含水量少，易糠心，维生素C的含量降低。长期干旱，肉质根生长缓慢，须根增加，品质粗糙，味辣。土壤水分过多，通气不良，肉质根表皮粗糙，亦影响品质。

4.土壤

樱桃萝卜对土壤条件要求不严格。但以土层深厚，保水，排水良好，疏松透气的砂质壤土为宜。萝卜喜钾肥，增施钾肥，配合氮、磷肥，可优质增产。喜保水和排水良好、疏松通气的砂质壤土，土壤含水量以20%为宜。土壤水分是影响樱桃萝卜产量和品质的重要因素之一。尤其在肉质根形成期土壤缺水，影响肉质根的膨大，须根增加，外皮粗糙，辣味增加，糖和维生素C含量下降，易空心。若土壤含水量偏高，土壤通气不良，肉质根皮孔加大也变粗糙。若干湿不匀，则易裂根。

三、品种选择

（一）亲亲小萝卜

北京大一国际种苗有限公司研发的耐抽薹小型萝卜。抗病性强。早熟，播种后35～40天可采收。根形美观、独特，品质佳，商品性好。根长9～11厘米，根径4.5～4.8厘米，根重90～110克。南北四季皆可栽培。见图7-81。

（二）昆优萝卜

北京捷利亚种业有限公司研发的早熟樱桃萝卜杂交种。肉质根圆球形，根径2厘米左右，色泽好，外皮呈鲜红色；叶浓绿色，小叶，根部叶片全生，株型平衡感好；肉质致密，生食最佳，市场性好，整齐度好；耐暑性强，四季均可播种。注意事项：株距7～85厘米，液肥追肥。收获期早，适时采收。见图7-82。

（三）昆优2号

北京捷利亚种业有限公司研发的早熟樱桃萝卜杂交种。肉质根圆球形，根径3厘米左右，色泽好，外皮呈亮红色；叶色浓绿，缨小，适宜密植；肉质致密，耐糠心，耐裂，生食最佳，商品性好；适应性广泛，中间地和暖地可周年栽培。栽培要点：以基肥为主，叶面追肥为辅。收获期早，适时采收。见图7-83。

图7-81　亲亲小萝卜　　　　图7-82　昆优萝卜　　　　图7-83　昆优2号

（四）昆优3号

北京捷利亚种业有限公司研发的早熟樱桃萝卜杂交种。肉质根圆球形，根径3厘米左右，根红色，色泽好；肉质致密，耐糠心，生食佳，商品性好；叶色浓绿，长势旺盛，适宜密植；适应性广泛，适合春秋栽培。栽培要点：株距7～85厘米，液肥追肥。生育期短，要及时采收，避免影响商品性。见图7-84。

（五）昆优5号

肉质根球圆形，根径3厘米左右，根红色，色泽好；肉质致密，耐糠心能力较好；叶色浓绿，长势旺盛，产量高；适应性广泛，适合春秋栽培。栽培要点：株距4～5厘米，液肥追肥。生育期短，要及时采收，避免影响商品性。见图7-85。

（六）法国早餐

肉质根手指形，长2～3厘米，直径0.8～1厘米，上部鲜红色，下部白色，肉嫩，脆甜，萝卜味道浓烈，水分多。还具有保健功能。其耐低温，抗病性强。富含钙、铁、钾、烟酸和维生素B1、维生素B2，适于生吃，具有爆炒、烹饪或雕花配菜等多种用途。见图7-86。

图7-84　昆优3号　　　　　图7-85　昆优5号　　　　　图7-86　法国早餐

四、栽培关键技术

樱桃萝卜棚室栽培时间一般为10月上旬至次年3月上旬。包括越冬栽培和春提早栽培。

（一）越冬栽培

樱桃萝卜越冬栽培是在棚室设施中，于初冬播种，至元旦或春节前后上市的一种栽培方式。由于它的生长期在严寒的冬季，需要较好的保温设施。随着人们生活水平的提高，深冬时节，绿叶、红肉质根、色泽鲜艳的萝卜深受人们的欢迎，其上市时间正值元旦、春节的蔬菜大淡季，经济效益较可观。另外萝卜具有耐寒、生育期短、风险小等特点，广大菜农也都喜欢栽培。因此，利用温室、大棚、阳畦等越冬栽培樱桃萝卜的面积逐年增大。

1.栽培设施及时间

樱桃萝卜的生长温度是5～25℃，在华北地区冬季必须有保温性能良好的设施才能进行栽培。一般用保温性能稍差的日光温室，或有草苫子覆盖塑料大、中、小棚及风障阳畦进行栽培。在东北地区要在保温良好的日光温室中栽培。在日光温室或有草苫子覆盖的塑料大、中、小棚及风障阳畦中栽培时，可于10～12月份随时播种，于元旦前后、春节前后陆续上市。如果没有草苫子覆盖，保温条件较差时，应在10月上中旬播种，12月中下旬收获。

2. 播种

越冬栽培中，樱桃萝卜的生长期短，浇水较少，不宜多追肥，故应选择土壤疏松、肥沃、透气性好的砂壤土栽培。冬前早整地，每亩施腐熟的有机肥3000～4000千克，深翻做成平畦。在播种前15～20天，把棚室设施建造好。扣严塑料薄膜，夜间加盖草苫子，尽量提高设施内的地温。保证设施内最低气温不低于5℃。选晴暖天气的上午播种。一般采用畦作直播，在栽培畦干旱时，应先浇水，待水渗下再撒种，覆土1～1.5厘米。如果土壤墒情较好，可开沟条播。行距20厘米，开沟深0.8～1厘米，撒种，覆土1厘米，轻轻镇压一下。也可起垄种植，垄宽40厘米，上开沟种3行。每亩用种量750～1000克。见图7-87～图7-92。

图7-87　平整土地

图7-88　做畦

图7-89　开沟

图7-90　播前浇水

图7-91　播种

图7-92　覆土

3. 田间管理

播种后立即盖严塑料棚膜，夜间加盖草苫子保温。保持栽培畦内白天温度达到25℃，夜间最低温度不低于7～8℃。约7～10天苗可出齐。齐苗后，白天适宜温度为18～20℃，夜间8～12℃，在0℃的条件下，肉质根即遭受冻害。在华北、东北地区冬季严寒，大部分时间棚室设施内的温度达不到上述适宜温度的要求，为此，应加强保温防冻措施。早晨适当晚揭草苫子，下午适当早盖草苫子，在寒流侵袭或连续阴雪天时，应增加覆盖物。有条件时，在栽培畦上加设塑料小拱棚。幼苗出齐后，在晴暖天气上午进行第一次间苗。在2～3叶期进行第二次间苗。间除并生、拥挤、病、残、弱苗。4～5叶时定苗，株距10～15厘米。自播种至幼苗4～5叶时尽量不浇水，可及时划锄1～2次，以疏松土壤，提高地温，保证墒情，若此期浇水过多，不仅降低地温，还有造成叶丛徒长的可能。在直根破肚时，根据墒情浇1次破肚水。在肉质根膨大时，适当多浇水保持土壤湿润，促进肉质根生长。在寒冷的冬季，温室、大棚中塑料薄膜密闭，温度低，蒸发量小，土壤不易干旱。所以，只要土壤湿润即不用浇水。保水力强的土壤，可1次水也不浇。浇水过多，降低地温，反而有害。如果土壤缺肥，在破肚时、肉质根膨大时可结合浇水各追1次肥，每亩施10～15千克复合肥。如果不浇水，就不用追肥。见图7-93～图7-100。

图7-93　幼苗出土

图7-94　划锄

图7-95   进入破肚期

图7-96   浇"破肚水"

图7-97   浇水后的植株

图7-98   叶生长盛期植株

图7-99   质根膨大期的植株群体

图7-100   旺盛生长期植株和露出土面的肉质根

4.收获

棚室中温度条件适宜，樱桃萝卜在播种后30天左右即可收获。如果温度较低，则需50～60天才能收获。收获时拔掉充分长大的植株，留下较小的和未长成的植株继续生长。越冬栽培中，以元旦前和春节前上市价格最高，因此，应集中在此期多采收。由于保护设施中温度较低，湿度大，不易糠心，所以适当晚采收有利于提高产量。每收获1次，应浇1次水，以填补拔萝卜出现的空洞，促进未熟的继续生长。见图7-101。

图7-101　采收后捆成把准备销售

（二）春提早栽培

春提早栽培是指冬季或早春在棚室设施里播种，于早春收获上市的栽培方式。它在春季以鲜菜供应市场，经济效益很高。在早春，适值夏菜未熟，而冬贮菜已尽的蔬菜供应淡季，对解决淡季供应问题有较大的作用。

1.栽培方式

樱桃萝卜春提早栽培主要有以下几种方式：

（1）大棚内部扣塑料小棚栽培　华北地区在2月上中旬土壤化冻前15天左右，在阳畦或塑料小棚播种。在3月下旬或4月上旬采收供应市场。东北地区在3月上中旬土壤化冻前15天左右，在阳畦或塑料小棚播种。在4月下旬或5月上旬采收供应市场。

（2）大棚栽培　华北地区在塑料大棚里，于3月上中旬播种，4月下旬上市供应；东北地区在塑料大棚里，于3月下旬～4月上旬播种，5月上旬～中旬上市供应。

2.整地做畦

春早熟栽培的樱桃萝卜生长迅速，因此，要求土壤以疏松、肥沃、通透性好的砂壤土为佳。整地前一定施足有机基肥，一般每亩施2000千克腐熟的鸡粪或其他厩肥。如果肥料不足，则萝卜生长缓慢，肉质根小，而且先期抽薹现象严重。一般是平畦播种。播前15～30天整畦，并尽量早扣塑料薄膜提高地温。

3.播种

樱桃萝卜比较耐寒，气温稳定在8℃以上时就可播种，春季上市越早，经济效益越高。所以在可能的条件下，应尽量早播种。播种时，催芽播种或干籽直播均可。催芽时用25℃的水浸种1小时左右，在18～20℃条件下催芽，约1～2天种子即白。在平畦播种时，先浇水，水量以湿透10厘米土层为准。待水渗下，然后撒播种子，一般每亩播量为1.5千克。撒后覆盖细土1～1.5厘米。撒时注意均匀，覆土厚度应一致。

4.田间管理

① 播种后栽培设施应立即盖严塑料薄膜，夜间要盖草苫子保温。保证苗床内白天温度达到25℃，夜间最低温不低于7～8℃。每天上午9时，揭开草苫子，下午4时盖上，经10余天即可出齐苗。

② 齐苗后除阴天外，均应在白天适当通风，控制白天温度为18～20℃，夜间温度为8～12℃。

③ 在幼苗2叶1心时加大通风量，控制叶丛生长，促进直根膨大。播种期早的萝卜应注意防寒。防止畦内降温至0℃以下，发生冻害。更应防止长期处在8℃以下的低温环境中，通过春化阶段，而发生先期抽薹现象，降低产品的品质。在管理上应及时揭盖草苫子，在寒流侵袭或连续阴雪天时应增加覆盖物。

④ 播种期较晚的樱桃萝卜，后期外界气温升高，阳畦或大棚内温度过高，应及时通风降温，保证气温不超过20℃。如果长期处在高温环境中，萝卜易糠心，粗纤维增多，降低产品品质。

⑤ 幼苗出齐后要间苗2次。在子叶期和2～3片真叶期各间苗1次，4～5片真叶时定苗，株行距10～15厘米。自播种到幼苗4～5片叶时，只要土壤不十分干旱，尽量不浇水。

⑥ 出土时如地面有干裂缝，可覆0.5厘米厚的细土。以后划锄1～2次，以疏松土壤，提高地温，保证墒情。直到直根破肚时，浇破肚水。7～10天后再浇2次水。早播的樱桃萝卜在收获前可不用再浇水。晚播的樱桃萝卜棚内气温较高，蒸发量较大，在肉质根膨大时，应及时浇水，保持土壤湿润。一般5～7天浇水1次，如果水分不足，萝卜质硬、味辣、易糠心。但也不要浇水过多。

⑦ 樱桃萝卜生长期短，所以追肥应尽量提早。一般定苗后即应追施1次化肥。每亩施尿素10千克。肉质根膨大期再追1次，用量同第一次。

5.收获

播种后约30～55天即可收获。收获应选充分长大的植株拔收，留下较小的和未长成的植株继续生长。收获过晚，易发生糠心，降低品质。每收获1次，应浇一水，以弥补拔萝卜出现的空洞，促进未熟者迅速生长。

五、病虫害防治

樱桃萝卜的病害主要有病毒病和白锈病，其症状、传播途径和发病条件、防治方法与大型萝卜相同。樱桃萝卜生长期较短，很少有虫害发生。

第三节 马铃薯

马铃薯属于茄科，茄属，为一年生草本植物。马铃薯在我国别名多达20余种，如南方称为荷兰薯、洋芋、洋山芋、番芋等；北方叫土豆、山药蛋、地蛋、山药等。

棚室栽培马铃薯不仅可以提高间作、套种、复种的指数，提高产量，增加农民收入，而且可以满足城乡居民的菜篮子，延长加工原料薯的供应，促进区域农村经济的发展。目前，棚室栽培效益是普通大田栽培方式的2～5培，在我国种植结构调整中发挥了积极而重要的作用。预计未来一段时期，随着我国国民经济的快速发展，人民生活水平的提高，东部经济发达地区对马铃薯及其制品的消费将会有较大的提高，因此，东部地区的二季作区和冬作区的马铃薯棚室栽培仍将会有较大的发展空间。

一、特征特性

（一）形态特征

马铃薯的形态特征与它的经济性状是密不可分的。一株马铃薯由根、茎（地上茎、地下茎、匍匐茎、块茎）、叶、花和果实组成。

1.根系的形态特征

马铃薯的根是吸收营养和水分的器官，同时还有固定植株的作用。

生产上一般是用薯块种植，用薯块进行无性繁殖生的根，呈须根状态，称为须根系。须根系分为两类：一类是初生长芽的基部靠种薯处，在3～4节上密集长出的不定根，叫做芽眼根。它们生长得早，分枝能力强，分布广，是马铃薯的主体根系。虽然是先出芽后生根，但根比芽长得快，在薯苗出土前就能形成大量的根群，靠这些根的根毛吸收养分和水分。另一类是在地下茎的中上部节上长出的不定根，叫做匍匐根。有的在幼苗出土前就生成了，也有的在幼苗生长过程中培土后陆续生长出来。匍匐根都在土壤表层，很短并很少有分枝，但吸收磷素的能力很强，并能在很短时间内把吸收的磷素输送到地上部的茎叶中去。

马铃薯的根系是白色的，老化时变为浅褐色。大量根系斜着向下，大都在30厘米左右的表层。一般早熟品种的根比晚熟品种的根长势弱，数量少，入土浅。

2.茎的形态特征

马铃薯的茎分为地上茎、地下茎、匍匐茎和块茎4种。

（1）地上茎 马铃薯地上茎的作用，一是支撑植株上的分枝和叶片；更重要的是把根系吸收来的无机营养物质和水分，运送到叶片里，再把叶片光合作用制造成的有机营养物质，向下运输到块茎中。从地面向上的主干和分枝，统称为地上茎，是由种薯芽眼萌发的幼芽发育成的枝条。茎上有节，节部着生枝、叶。地上茎的分枝是从节部的叶腋伸出。多数品种的茎上有翼棱。翼棱的曲直、大小因品种而异。茎上的节大部分坚实而膨大，节间大多为中空。有的茎为绿色，有的茎带紫褐色斑纹，因品种而异。其高度一般是30～100厘米，早熟品种的地上茎比晚熟品种的矮。在栽培品种中，一般地上茎都是直立型或半直立型，很少见到匍匐型，只是在生长后期，因茎秆长高而会出现蔓状倾倒。

（2）地下茎　地下茎是种薯发芽生长的枝条埋在土里的部分，下部茎为白色，靠近地表处稍有绿色或褐色，老时多变为褐色。地下茎节间非常短，一般有6～8个节，在节上长有匍匐根和匍匐茎。地下茎长度因播种深度和生长期培土厚度的不同而有所不同。一般10厘米左右。如果播种深度和培土厚度增加，地下茎的长度也随着增加。

（3）匍匐茎　马铃薯的匍匐茎是生长块茎的地方，它的尖端膨大就长成了块茎。叶子制造的有机物质通过匍匐茎输送到块茎里。匍匐茎是由地下茎的节上腋芽长成的，实际是茎在土壤里的分枝，所以也有人管它叫匍匐枝。一般是白色，在地下土壤表层水平方向生长。早熟品种当幼苗长到5～7片叶时，晚熟品种当幼苗长到8～10片叶时，地下茎节就开始生长匍匐茎。匍匐茎的长度一般为3～10厘米。匍匐茎短的结薯集中，过长的结薯分散。它的长短因品种不同而异，早熟品种的匍匐茎短于晚熟品种的匍匐茎。一般1个主茎上能长出4～8个匍匐茎。

（4）块茎　马铃薯的块茎就是通常所说的薯块。它是马铃薯的营养器官，叶片所制造的有机营养物质，绝大部分都贮藏在块茎里。它是贮存营养物质的"仓库"，我们种植马铃薯的最终目标就是要收获高产量的块茎。同时块茎又能以无性繁殖的方式繁衍后代，所以人们在生产上使用块茎作为播种材料，把用作播种的块茎叫做种薯。马铃薯的块茎，是由匍匐茎尖端膨大形成的一个短缩而肥大的变态茎，具有地上茎的各种特征。但块茎没有叶绿体，表皮有白、黄、红、紫、褐等不同颜色。皮里边是薯肉，营养物质就贮存在这里，薯肉因品种不同而有白色或黄色之分。块茎上有芽眼，相当于地上茎节上的腋芽，芽眼由芽眉和1个主芽及两个以上副芽组成。

3. 叶的形态特征

马铃薯的第一、第二个初生叶片是单叶，叶缘完整、平滑。以后生长的叶子是不完全复叶和复叶，叶片着生在复叶的叶轴上（也叫中肋），顶端一片小叶，叶片大于其他小叶，叫顶小叶；其余小叶都对生在复叶叶轴上，一般有3～4对，叫侧小叶，整个叶子呈羽毛状，叫羽状复叶。在侧生小叶叶柄上，还长着数量不等的小型叶片，叫小裂叶，复叶叶柄基部与地上茎连接处有一对小叶，名叫托叶。不同品种马铃薯的叶子，其生长有不同的特点，是区别品种的标志。

4. 花的形态特征

马铃薯的花序是聚伞花序。花序主干叫花序总梗，也叫花序轴，它着生在地上主茎和分枝最顶端的叶腋和叶枝上。花冠是五瓣连接轮状，有外重瓣、内重瓣之分；不同品种的马铃薯花冠颜色不同，有白、浅红、浅粉、浅紫、紫、蓝等色。花冠中心有5个雄蕊围着1个雌蕊。

马铃薯花的开放，有明显的昼夜周期性。它们都是白天开放，从上午5～7时开始；傍晚和夜间闭合，一般在下午17～19时开始，到第二天再开。每朵花开放3～5天就落了。如遇阴天，马铃薯花则开得晚，闭合得早。有的品种对光照和温度敏感，如光照、温度发生变化就不开花。特别是北方品种调到南方，往往见不到开花，主要原因是光照不足。马铃薯不开花并不影响地下块茎的生长。对生产来讲，这并不是坏事，因为它减少了营养的消耗。有的品种花多果实多，会大量消耗营养，因此在生产上采取摘蕾、摘花的措施，有一定的增产作用。

5. 果实与种子的形态特征

马铃薯的果实是开花授粉后由子房膨大而形成的浆果。果实有圆形、椭圆形，皮色绿色、褐色或紫色，里面含有100～250粒种子。坐果1个多月后，果皮有绿色变成黄白色或白色。果实由硬变软时就成熟了。马铃薯果实中的种子很小，一般千粒重只有0.3～0.6克。种子的休眠期很长，一般长达6个月。这里我们将果实里的种子叫实生种子，用实生种子种出的幼苗叫实生苗，结的块茎叫实生薯。马铃薯的果实与种子是马铃薯进行有性繁殖的唯一特有器官。由于实生种子在有性繁殖过程中，能够排除一些病毒，所以在有保护措施的条件下，用实生种子继代繁殖的种薯可以不带病毒。20世纪90年代以来，利用实生种子生产种薯已经成为防止马铃薯退化的一项有效措施。

（二）生长发育特性

1. 喜凉特性

马铃薯植株的生长及块茎的膨大，有喜欢冷凉的特性。由于马铃薯的原产地南美洲安第斯山为高山气候冷凉区，年平均气温为5～10℃，最高月平均气温为21℃左右，所以，马铃薯植株和块茎在生物学上就形成了只有在冷凉气候条件下才能很好生长的自然特性。特别是在结薯期，叶片中的有机营养，只有在夜间温度低的情况下才能输送到块茎里。因此，马铃薯非常适合在高寒冷凉的地带种植。

2. 分枝特性

马铃薯的地上茎和地下茎、匍匐茎、块茎都有分枝的能力。地上茎分枝长成枝杈，不同品种马铃薯的分枝多少和早晚不一样。一般早熟品种分枝晚，分枝数少，而且大多是上部分枝；晚熟品种分枝早，分枝数量多，多为下部分枝。地下茎的分枝，在地下的环境中形成了匍匐茎，其尖端膨大就长成了块茎。匍匐茎的节上有时也长出分枝，只不过它尖端结的块茎不如原匍匐茎结的块茎大。块茎在生长过程中，如果遇到特殊情况，它的分枝就形成了畸形的薯块。

3. 再生特性

如果把马铃薯的主茎或分枝从植株上取下来，给它一定的条件，满足它对水分、温度和空气的要求，下部节上就能长出新根（实际是不定根），上部节的腋芽也能长成新的植株。如果植株地上茎的上部遭到破坏，其下部很快就能从叶腋长出新的枝条，来接替被损坏部分的制造营养和上下输送营养的功能，使下部薯块继续生长。

4.休眠特性

新收获的块茎，如果放在最适宜的发芽条件下，即20℃的温度、90%的湿度、20%氧气浓度的环境中，几十天也不会发芽，如同睡觉休息一样，这种现象叫块茎的休眠。这是马铃薯在发育过程中，为抵御不良环境而形成的一种适应性。休眠的块茎，呼吸微弱，维持着最低的生命活动，经过一定的贮藏时间，"睡醒"了才能发芽。马铃薯从收获到萌芽所经历的时间叫休眠期。休眠期的长短和品种有很大关系。有的品种休眠期很短，有的品种休眠期则很长。一般早熟品种比晚熟品种休眠时间长。同一品种，如果贮藏条件不同，则休眠期长短也不一样，即贮藏温度高的休眠期缩短，贮藏温度低的休眠期会延长。另外，由于块茎的成熟度不同，块茎休眠期的长短也有很大的差别。幼嫩块茎的休眠期比完全成熟块茎的长，微型种薯比同一品种的大种薯休眠期长。

二、对环境条件的要求

（一）温度

1.发芽期

马铃薯是喜低温耐寒作物，不适宜太高的气温和地温。在发芽期芽苗生长所需的水分、营养都由种薯供给，这时的关键是温度。当10厘米土层的温度稳定在5～7℃时，种薯的幼芽在土壤中就可以缓慢地萌发和伸长。当温度上升到10～12℃时，幼芽生长健壮，并且长得很快。达到13～18℃时，是马铃薯幼芽生长最理想的温度。温度过高，则不发芽，有的还会造成种薯腐烂；温度低于4℃，种薯也不能发芽。

2.苗期和发棵期

在苗期和发棵期，是茎叶生长和进行光合作用制造营养的阶段。这时适宜的温度范围是16～20℃。当遇到-2～-1℃的低温时幼苗会受冻，低于-4℃植株就会死亡。不过，即使马铃薯地上部分茎叶冻死，也不用毁种，由于马铃薯具有分枝特性，马铃薯的侧芽可重新萌发出新的幼苗来。如果气温过高，光照又不足，叶片就会长得又大又薄，茎间伸长变细，出现徒长倒伏，影响产量。

3.结薯期

结薯期的温度对块茎形成和干物质积累影响很大，所以马铃薯在这个时期对温度要求比较严格。以16～18℃的土温、18～21℃的气温对块茎的形成和膨大最为有利。如果气温超过21℃时，马铃薯生长就会受到抑制，生长速度就会明显下降。土温超过25℃，块茎便基本停止生长。同时，结薯期对昼夜温差的要求是越大越好。只有在夜温低的情况下，叶子制造的有机物才能由茎秆中的输导组织运送到块茎积累起来。如果夜间温度不低于白天的温度，或低得很少，有机营养向下输送的活动就会停止，块茎体积和重量也就不能很快地增加。

（二）水分

1.对水分需求的特点

马铃薯是需水量较多的作物，它的茎叶含水量约占90%，块茎中含水量也达80%左右。水能把土壤中的无机盐营养溶解，使马铃薯的根把它们吸收到体内利用。水也是马铃薯进行光合作用、制造有机营养的主要原料之一，而且制造成的有机营养，也必须依靠水作为载体输送到块茎中进行贮藏。据测定，每生产1千克鲜马铃薯块茎，需要从地里吸收100～150升水。所以，要想获得理想的产量，在马铃薯的生长过程中，必须要有足够的水分供应。

（1）发芽期　马铃薯发芽期所需的水分和养分，主要靠种薯自身供应。如芽块大一点（达到30～40克），土壤墒情只要能保持"潮黄墒"（土壤的含水量达到14%左右），就可以保证出苗，这个时期抗旱能力较强。

（2）幼苗期　在幼苗期，由于苗小、叶面积小，加之气温不高，蒸腾量也不大，所以耗水量比较少，但土壤也应该保持一定的含水量，满足幼苗生长的需要。一般幼苗期耗水量占全生长期总耗水量的10%。如果这个时期水分太多，反而会妨碍根系的发育，降低后期的抗旱能力；如果水分不足，地上部分的发育受到阻碍，植株就会生长缓慢，发棵不旺，植株矮，叶子小，花蕾易脱落。

（3）块茎形成期　块茎形成期，马铃薯植株的地上茎叶逐渐开始旺盛生长，根系和叶面积生长逐日激增，植株蒸腾量迅速增大。此时，植株需要充足的水分和营养，以保证植株各器官的迅速形成，从而为块茎的增长打好基础，这一时期耗水量占全生长期总耗水量的30%左右。该期如果水分不足，会导致植株生长迟缓，块茎数减少，严重影响产量。

（4）块茎膨大期　块茎膨大期，即从开始开花到落花后1周，是马铃薯需水最敏感的时期，也是需水量最多的时期。这一时期，植株体内的营养分配由供应茎叶迅速生长为主，转变为以满足块茎迅速膨大为主，这时茎叶的生长速度明显减缓。据测定，这个阶段的需水量占全生长期需水总量的一半以上。如果这个时期缺水干旱，块茎就会停止生长。以后即使再降雨或有水分供应，植株和块茎恢复生长后，块茎容易出现2次生长，形成串薯等畸形薯块，降低产品质量。但水分也不能过大，如果水分过大，茎叶就易出现疯长的现象。这不仅大量消耗了营养，而且会使茎叶细嫩倒伏，为病害的侵染造成了有利的条件。

（5）淀粉积累期　淀粉积累期，需要适量的水分供应，以保证植株叶面积的寿命和养分向块茎转移，该期耗水量约占全生长期需水量的10%左右。切忌水分过多。因为如果水分太大，土壤过于潮湿，块茎的气孔开裂外翻，就会造成薯皮粗糙。有的地方把这种现象叫"起泡"。这种薯皮易被病菌侵入，对贮藏不利。如造成田间烂薯，将严重减产。在棚室马铃薯栽培中，沟灌是目前常用的灌溉方式，滴灌和喷灌等节水灌溉方法是今后发展的方向。

2.马铃薯生长适宜的湿度

空气湿度的大小，对马铃薯生长也有很重要的作用。空气湿度小时，会影响植株体内水分的平衡，减弱光合作用，使马铃薯的生长受到阻碍。而空气湿度过大，又会造成茎叶疯长，特别是叶子晚间结露，很容易引起晚疫病等病害的发生和流行。在马铃薯塑料大、中、小棚棚室栽培中，由于灌溉和昼夜温差等原因，棚室内容易出现湿度过大现象，因此，在白天的中午要注意放风降湿。目前采取地膜覆盖与膜下滴灌的方式是降低棚室内湿度的有效措施。

（三）养分

马铃薯所需肥料中的营养元素种类，与其他作物大体一样，主要是氮素、磷素和钾素，其比例是吸收钾素的量最多，氮素次之，吸收量最少的是磷素。

1.氮素

马铃薯吸收氮素，主要用于植株茎秆的生长和叶片的扩大。叶片是进行光合作用制造有机物质的关键部位。所以，有适量的氮素，就能使马铃薯植株枝叶繁茂、叶片墨绿，为有机营养的制造和积累创造有利的条件。适量的氮素还能增加块茎中的蛋白质含量，提高块茎的产量。在马铃薯的生长期中，块茎形成期到膨大期吸收的氮素最多，约占全生长期总吸收量的50%以上。研究表明，每生产1000千克块茎，需从土壤中吸收4.5～6千克的纯氮。据实践经验，在当前施肥水平的条件下，中等以上肥力的田地，每亩施氮素量（N）应控制在4～6千克为宜。

2.磷素

马铃薯吸收的磷肥，在前期主要用于根系的生长发育和匍匐茎的形成，使幼苗健壮，提高抗旱、抗寒能力；在后期主要用于干物质和淀粉的积累，促进早熟，增进品质，增加耐贮性。同时，磷肥的施用还能增强氮肥的增产效应。研究表明，每生产1000千克块茎，需从土壤中吸收P_2O_5 1.66～1.85千克。给缺磷的土壤增施磷肥时，要考虑到磷肥被农作物吸收利用率较低，仅有20%～30%，因而应适当增加施用的数量。目前，许多肥力高的地块，磷肥含量比较充足，只需适量补充即可。缺磷的地块，每亩施用磷素（P_2O_5）4.5千克。

3.钾素

马铃薯吸收钾素主要用于茎秆和块茎的生长发育。充足的钾肥，可以使马铃薯植株生长健壮，茎秆粗壮坚韧，增强抗倒伏、抗寒和抗病能力，并使薯块变大，蛋白质、淀粉、纤维素等含量增加，减少空心，从而使产量和质量都得到提高。钾肥在马铃薯体内具有延缓叶片衰老，增加光合作用时间和有机物制造、运输强度等显著作用。研究表明，每生产1000千克块茎，需从土壤中吸收K_2O 8～10千克。

因马铃薯吸收钾肥量最大，即使是土壤中富含钾素的地块，种植马铃薯时也要补充一定数量的钾肥，才能满足马铃薯植株生长的需要。实践表明，按目前我国施肥水平，每亩应施用全钾（K$_2$O）6～8千克。

马铃薯生长除需上述三大要素外，还需要中量元素和微量元素。这些元素虽然被吸收的数量相对较小，可是它们的作用很大，微量元素不足，也会引发一些生理病害，降低马铃薯的产量和质量。所需的中量元素主要有钙、镁、硫，所需的微量元素有锌、铜、钼、铁、锰、硼等。一般土壤中都含有这些元素，基本可以满足马铃薯植株生长的需要。如果经土壤化验，已知当地缺少哪种元素，可在施肥时适当增加一点含有这种元素的肥料，就能起到很好的作用。

（四）光照

马铃薯是喜光作物，其植株的生长、形态结构的形成和产量的多少，与光照强度及日照时间的长短有密切关系。马铃薯在幼苗期、发棵期和结薯期，都需要有较强的光照。只要有足够的强光照，并在其他条件能得到满足的情况下，马铃薯就会茎秆粗壮，枝叶茂密，容易开花结果，并且薯块结得大，产量高；而在弱光条件下，则只会得到相反的效果。比如在树荫下种植的马铃薯，由于光照不足，就长得茎秆细瘦，节间很长，分枝少，叶片小而且稀，结薯小，产量低。

在日照时间方面，马铃薯植株在各生长期的要求不一样。在发棵期喜欢长日照。在结薯期要求白天的光照强度要大，但光照时间要短一点，并最好有较长的夜间和较大的温差，这样才有利于结薯和养分的积累，使块茎个大、干物质多、产量高。在田间栽培中，可根据不同品种的植株高矮、分枝多少、叶片大小和稀密程度等情况，调整种植的垄距和株距，使它们的密度合理，各植株间不相互拥挤，避免枝叶纵横重叠，使底部的叶片也能见到阳光，又能通风透气等，这样就可最大限度地保证叶片都能接受到强光的照射，从而有利于光合作用的进行和有机物的制造。

（五）土壤

1.对土壤性质的要求

马铃薯的根系分布较浅，块茎生长需要有足够的空气。最适合种植马铃薯的土壤是含有机质较多、土层深厚、组织疏松和排灌条件好的壤土或沙壤土。虽然如此，但毕竟马铃薯对土壤的适应性较广，只要注意栽培、管理，一般都能获得较好的收成。

2.对土壤酸碱度（pH值）的要求

马铃薯是喜欢偏酸性土壤的作物。在pH值4.8～7.0的土壤上种植马铃薯，生长都比较正常。最适合马铃薯生长的土壤pH值是5～5.5。pH值在4.8以下的强酸性土壤上有些品种表现植株早衰减产。多数品种在pH值5.64～6.05之间的土壤上生长良好，而且在酸性土壤上块茎淀粉含量有增加的趋势。如pH值高于7产量就会下降。

3.对土壤含氧量的要求

马铃薯地下部分对氧气的需要是较高的，是其他作物耗氧量的5～100倍。

在块茎形成与膨大期，马铃薯根际对氧的消耗量会更大。而当氧的浓度降低时，匍匐茎和块茎发育受到抑制，发生生理上的变态，而且变态的程度与氧气缺乏的严重程度有关。研究表明，虽然土壤的构成对植株的地下部分会产生各种压力，但氧气不足可能是植株发生变态的最重要因素之一。这是因为它导致植株出苗延缓，所以，严重地造成植株产量降低。在生产上通过选择沙性土壤、多施有机肥、多次中耕等措施，可改良土壤孔隙度，提高土壤内氧气的含量，从而促进根的分布和增加薯块产量。但在栽培中造成薯块形状变态的因素不仅仅只有氧气。

三、品种选择

当前推广应用的马铃薯品种，按从出苗至成熟的天数多少，可以分为极早熟品种（60天以内），早熟品种（61～70天），中早熟品种（71～85天），中熟品种（86～105天），中晚熟品种（106～120天）和晚熟品种（120天以上）。棚室栽培马铃薯多选用极早熟品种，早熟品种，中早熟品种和中熟品种。

（一）极早熟品种

1.东农303

属极早熟菜用型和鲜薯出口型品种，由东北农业大学育成。株型直立，分枝中等，株高50厘米左右，茎绿色，生长势强，花白色，不能天然结实。块茎扁卵圆形，黄皮黄肉，表皮光滑，大小中等，整齐，芽眼多而浅，结薯集中，休眠期70天左右，耐贮藏。薯块含淀粉13.1%～14%，还原糖0.41%。植株中感晚疫病，块茎抗环腐病、退化慢、怕干旱、耐涝。一般每亩产薯块1500～2000千克。东北、华北、江苏、广东和上海等地均有种植，综合经济性状良好。见图7-102。

图7-102　东农303薯块

2.早大白

属极早熟菜用型品种，由辽宁省本溪市马铃薯研究所育成。株型直立，分枝性中等，株高50厘米左右。叶片绿色，花白色。薯块扁圆，大而整齐，大薯率达90%，白皮白肉，表皮光滑，芽眼较浅，休眠期中等。薯块含淀粉11%～13%，结薯集中、整齐，薯块膨大快。一般亩产为2000千克左右，肥水好的地块产量可达3000千克。适宜于二季作及一季作的早熟栽培，目前在山东、辽宁、河北和江苏等地均有种植。见图7-103。

图7-103　早大白薯块

3.费乌瑞它

费乌瑞它（Favorita）属极早熟菜用型品种，也适合鲜薯出口，由国家种子管理局从荷兰引进，又名津引薯8号、鲁引1号和荷兰15等多个名称。株型直立，茎紫褐色，分枝少，生长势强，株高65厘米左右。叶绿色，花蓝紫色。块茎长椭圆形，浅黄色皮鲜黄色肉，表皮光滑，芽眼浅而少，块茎大而整齐，结薯集中，块茎膨大较快。休眠期较短。食用品质优，薯块含淀粉12.4%～14%，还原糖0.3%。植株易感晚疫病。块茎易感环腐病。轻感青枯病。退化快。每亩产1700千克，肥水好的地块产量可达3000千克。该品种适宜性较广，在黑龙江、河北、北京、山东、江苏和广东等地均有种植，是目前山东和广东省等作为出口商品薯生产的主栽品种，也是国内目前最主要的鲜薯出口品种。见图7-104。

图7-104 费乌瑞它薯块

（二）早熟品种

1.辽薯6号

属早熟菜用型品种，由辽宁省农业科学院作物研究所选育。株高50厘米，株型直立，茎绿色，叶绿色，复叶橄榄形、侧叶4对，茸毛少，花冠白色，无自然结实，块茎扁圆形，淡黄皮，淡黄肉，表皮略麻，芽眼浅。生长期70天，早熟，大、中薯比率75%左右，休眠期80天，耐贮性较好，块茎干物质含量18.5%，蛋白质1.88%，淀粉13.5%，还原糖0.11%，维生素C含量29.2毫克/100克鲜薯，蒸食品味好。中抗马铃薯X病毒，抗马铃薯Y病毒。平均亩产2250千克，肥水好的高产田可达5000千克。适于在辽宁沈阳、大连、铁岭、阜新、葫芦岛等二季作地区种植。见图7-105。

图7-105 辽薯6号单株

2.超白

属早熟菜用型品种，由辽宁省大连市农业科学研究所育成。植株生育茂盛，长势强，株高40厘米左右。茎绿色粗壮，叶片肥大平展，叶色浓绿。花白色。结薯集中，块茎圆形，白皮白肉，大而整齐，大中薯率为70%以上，表皮光滑。食用品质较好，淀粉含量为12.5%～13.4%，平均亩产量为1500千克左右，肥水好的高产田可达2500千克。适宜于辽宁、河北、江苏和安徽等地二季作区及城

图7-106　超白薯块

图7-107　尤金薯块

郊种植。见图7-106。

3.尤金

属早熟菜用型品种，由辽宁省本溪市马铃薯研究所育成。株型直立，分枝较少，株高60厘米左右。茎紫褐色，叶片小而密，叶色深绿，表面有蜡质光泽，花白色。块茎椭圆形，黄皮黄肉，芽眼少而浅，两端丰满。结薯集中。块茎大而整齐，大薯率达90%，休眠期短，较耐贮藏，含淀粉14.5%，还原糖0.02%。植株较抗晚疫病。耐涝。一般每亩产量为2000千克左右。适宜于二季作区种植。目前在辽宁省已大面积推广。见图7-107。

（三）中早熟品种

1.郑薯4号

属中早熟菜用型品种，由河南省郑州市蔬菜研究所育成。株型开展，株高60厘米左右。茎绿色，长势较强，叶绿色，花白色。块茎圆形，黄皮黄肉，表皮粗糙。块茎大而整齐，结薯集中。块茎休眠期短，耐贮性中等。生育日数为75天左右。薯块含淀粉13%，还原糖0.1%。较抗晚疫病和环腐病，感疮痂病。一般每亩产量为1700千克左右。适合二季作地区栽培，主要分布于河南、山东和安徽等省。

2.东农304

属中早熟菜用型品种，由黑龙江省东北农业大学育成。株型直立，茎绿色，枝叶繁茂，长势强，株高55厘米左右。叶色浓绿，花白色。块茎圆形，黄皮黄肉，芽眼深度中等。结薯集中，单株结薯7～8个。块茎休眠期长，耐贮藏。薯块含淀粉14%左右。抗晚疫病。一般每亩产量为2000千克。该品种在黑龙江省南部已推广种植。

（四）中熟品种

1.大西洋

大西洋（Atlantic）中熟品种，由中国农业科学院从美国引进。是目前国内外最好的薯片加工专用品种。出苗到收获70～75天。株型直立，茎秆粗壮，茎基部紫褐色，叶绿色，复叶肥大，株高50厘米左右，生长势较强，花冠浅紫色。块茎介于圆形和长圆形之间，顶部平，结薯集中，块茎大小中等而整齐，薯皮浅黄有网纹，薯肉白色，芽眼较浅。淀粉含量16%左右，还原糖含量

0.03%～0.15%。块茎休眠期中等，耐贮藏。一般亩产量2000千克左右，肥水好的地块可达2500千克。该品种适应性广，目前，全国各地均有种植。见图7-108。

图7-108　大西洋

2.斯诺登

斯诺登（Snowden）中熟品种，由美国威斯康星大学育成，由中国农业科学院蔬菜花卉所引进试种，是较理想的炸片专用品种。生长期从出苗到成熟95天左右。株型直立，株高45厘米，生长势较强。茎、叶均为淡绿色。花冠白色。块茎圆形，白皮白肉，表皮有浅度网纹，芽眼浅而少。块茎较大，结薯集中，大小中等，单株结薯数4～5个。耐贮藏。鲜薯干物质含量21%～22%，淀粉含量16%左右，还原糖含量极低，低温贮藏期还原糖含量增加缓慢。植株易感晚疫病。一般亩产量1500千克左右。该品种分枝较少，结薯较集中，且炸片原料要求薯块不用太大，宜密植。

3.夏波蒂

夏波蒂（Shepody）中熟品种，由加拿大福瑞克通农业试验站育成，1987年引入我国试种，未经审定或认定，但被辛普劳公司作为炸条品种在各地种植。炸条品质和食用品质优良。生长期从出苗到收获95天左右。株型开展，株高60～80厘米，主茎绿色、粗壮，分枝数多。复叶较大，叶色浅绿。花冠浅紫色，花期长。块茎长椭圆形，白皮白肉，芽眼浅，表皮光滑，薯块大而整齐，结薯集中。鲜薯干物质含量19%～23%，还原糖含量0.2%。该品种对栽培条件要求严格，不抗旱、不抗涝，田间不抗晚疫病、早疫病，易感马铃薯花叶病毒病、卷叶病毒病和疮痂病。一般亩产量1500～3000千克。适合于北部、西北部高海拔冷凉干旱一作区种植。

4.克新1号

中熟品种，由黑龙江省农业科学院马铃薯研究所育成。株型直立，分枝数量中等，茎粗壮，叶片肥大。株高70厘米左右。块茎椭圆形，大而整齐，白皮，白肉，芽眼深浅中等。结薯早而集中，块茎膨大快。食用品质中等，高抗环腐病、卷叶病和Y病毒；植株抗晚疫病，耐束顶病。较耐涝，较耐贮藏。从出苗至收获95天左右。亩产1600千克，高产者可达2600千克。适于黑、吉、辽、冀、内蒙古、晋、陕、甘等省（区）。南方有些省也有种植。

四、栽培关键技术

（一）塑料棚马铃薯栽培技术

马铃薯采用塑料棚栽培，虽然成本投入比露地多，但能使春马铃薯早播、早上市20～30天左右；秋马铃薯则可推迟收获，延长时间上市。因此，产量高，效益好，经济收入比露地栽培增加3倍以上，深受各地农民欢迎。

1.大棚地膜覆盖马铃薯栽培技术要点

（1）选地 ① 马铃薯受多种病害侵染，有不少病害是通过土壤传病的。因此，马铃薯是忌连作的作物，喜欢轮作倒茬。如果不实行轮作倒茬，有的病菌在马铃薯连作的情况下会在土壤中潜存量愈来愈多，导致马铃薯发病愈来愈重，甚至造成毁灭性灾害。特别是癌肿病的病菌孢子在土壤中潜存疮痂病等孢子，带病后通过根系传染给健株。轮作可减少病害，抗病品种结合轮作，对防止癌肿病、线虫病尤为必要。研究发现，连作8年的马铃薯地块，疮痂病发病率为96%，而中间接种一茬萝卜，再种马铃薯的，疮痂病的发生率则显著下降，只有28%。青枯病和黑胫病的病菌，在土壤里都能存活，土壤是它的传播途径之一，连作田发病显著高于换茬的地块。② 连作的马铃薯，由于营养吸收单一，可使土壤中钾肥含量很快下降，影响土壤肥力和下一茬产量，对种地养地、培肥地力大为不利。应选择土质疏松、肥沃、土层深厚、灌水方便的地块，忌重茬。③ 大田栽培时，前茬以豆类、小麦、玉米等茬口为佳。在菜田栽培时，前茬作物以葱、蒜、萝卜等为好，这样既有利于把病害发病率压到最低限度，同时马铃薯生长期间茎叶覆盖地面，多数一年生杂草受到抑制或不能结子，对减少草害有重要作用。最好不以茄科作物作前茬，如番茄、茄子、辣椒等，同时，白菜、甘蓝也不是理想的前茬作物，因为它们与马铃薯有相同的病害。由于我国人多地少，每一户的耕地非常有限，没有办法倒茬，只好对它进行连作。因此，土壤中病害积累非常严重，一些地方的疮痂病发生率达到了80%左右，严重影响了产量和质量。俗话说"换茬如上粪"，这是很有道理的。

（2）整地 前茬作物收获后，伏天深耕晒垡，接纳降水，熟化土壤。秋季深耕，耕后打糖收墒，要求达到地面平整，土壤细绵，无前作根茬，并在土壤封冻前搭好大棚骨架。

（3）施肥马铃薯棚室栽培施肥要注意"一要足量，二要得法"。①"一要足量"，即由于马铃薯是高产喜肥作物，但植株在田间的生育期较短，种植密度大，以及地膜覆盖等影响，不易进行追肥，因此，提倡一次性施足基肥，在整个生长期不再进行土壤追肥，许多农民形象地称为"一炮轰"。高产地块每亩要施腐熟农家有机肥5000千克左右，一般也应施入3000千克。此外，马铃薯对钾肥的需求量最大，每亩还应再施入钾肥30～50千克，增产效果才比较明显。施足基肥有利于前期根系发育和幼苗健康生长。基肥又分有机肥和化肥，作基肥施用的化肥最好和有机肥料混合后施用，特别是播种时施肥，把化肥和有机肥料混合施用比较安全，不致产生烧根等不良影响。②"二要得法"，是指马铃薯施肥有原则：应以农家肥为主，化肥为辅；以基肥为主，叶面追肥为辅。在施肥方法上，基肥以集中施用为宜，集中施肥能使较少的肥料发挥较大的作用。尤其在沙性大的土壤上，肥料养分容易流失，集中施肥有利于马铃薯根系发育过程把肥料网络包围起来，减少养分流失。特别是硝酸铵类的化肥，其中硝态氮在沙土中不易被吸附，容易流失，集中施用效果更好。农家肥料包括圈粪、堆肥、土杂肥、厩肥等，施肥前应使肥料充分腐熟，有的施用饼肥更应发酵腐熟后才能施用。只有完全腐熟的有机肥料才能当年发挥肥效，有利于增产。未腐熟的有机肥，不能在短期内被微生物分解，肥效（养分）释放不出来，当年很难被作物吸收利用，而且还容易滋生地下害虫。施肥量要根据土壤肥力高低和种植的品种等，参照配方施肥确定适宜的品种和数量。马铃薯生长需要的钾肥最多，氮肥次之，磷肥较少。但有的地方土壤不缺钾而缺磷，这就要因地制宜地施肥。氮肥过多容易造成植株徒长，而过少或不足又不能达到高产的目的。总之，只要合理施肥，有机肥（农家肥）和化肥相结合，既可达到马铃薯高产，又可对土壤培肥和改良土壤结构起重要作用。只施化肥不施有机肥会造成土壤板结、物理性质恶化等不良后果。

（4）品种选择　大棚马铃薯棚室栽培一般为早春促早熟栽培，因此，品种必须具有早熟、高产、结薯集中、块薯大小适中、综合抗病性较强等特性，最好选用东北繁育基地繁殖的脱毒2～3代种薯，如脱毒早大白、费乌瑞它、中薯1号、中薯5号等，它们都具有产量高、品质好、商品性好、早熟的特点。

（5）催芽　① 种薯催芽，提高产量。催芽的块茎因幼芽已生长2～3厘米时播种，芽基根点早已突出，播种后须根很快即可伸长。由于根系形成得快而早，幼苗得到水分和养分后也会很快出土。在幼苗健壮生长的同时，匍匐茎的生长和块茎的形成时期也会相对的提前。而未催芽的块茎，播种后从幼芽萌动、生长到出土，最少比催芽的块茎晚10～15天。而且催芽的块茎播种后出苗整齐、苗壮、苗全，未催芽的块茎除出苗不整齐，单株间产量差异较大外，块茎潜伏的病害未暴露，播种后因烂种常造成缺苗断垄。特别是患晚疫病和细菌病害的块茎在低温贮藏过程中，病斑发展慢，播种时可能病症很轻，播种后随着田间的温、湿度升高，种薯很容易在病菌发展后腐烂或造成缺苗或形成病株。催芽的块茎由于在催芽过程把病薯和不健康的块茎基本完全消除，所以苗全、苗壮能得到保证。由于以上原因，催芽的块茎生长的植株无论在整齐度上，健康状态上和生育期上均占有优势，结果必然比未催芽的种薯产量高。② 种薯催芽的主要方法与特点。目前马铃薯的催芽方法很多，归纳起来主要有3种方式：a.先整薯切块，再覆土催大芽，然后播种；b.先整薯直接催大芽，再带芽切块、播种；c.前两个方法结合起来，先整薯催小芽，切块，再覆土催大芽，播种。第二种方法比较简单，与晒种方法相近，一般在室内可进行，把未切的种薯铺在有充足阳光的室内、温室、塑料大棚的地上，铺2～3层，经常翻动，让每个块茎都充分见光，经过40天左右，当芽长到1～1.5厘米，芽短而粗，节间短缩，色深发紫，基部有根点时，就可切芽播种，但切芽时要小心，别损伤幼芽。由于顶端优势作用，顶芽长势非常快，而侧芽很慢，往往顶芽有2厘米长，而侧芽只有0.5厘米左右，顶芽和侧芽的长势明显不同。因此，在切块和播种时最好将顶芽和侧芽分开存放并播种，这样可保证田间出苗率比较整齐一致，否则，田间出苗率整齐度差异较大。一些品种休眠期比较短，贮存期间温度较高，出窖时已发芽的也可采用此方法。第一种方法催芽过程中常常出现烂薯现象，发芽率一般只有90%左右。但发的芽质量较好，有须根系长出，田间出苗率较好。第三种方法催芽效果最好，粗壮芽率可达100%，须根系发育较多，并且一些匍匐茎也已长出，田间出苗率整齐度好，增产和早熟效果明显。此外，各地根据不同的气候等实际情况，还创造出箱式催芽、育芽移栽等多种方法。③ 困种和晒种催芽方法。把出窖后经过严格挑选的种薯，装在麻袋、塑料网袋里，或用席帘等围起来，还可以堆放于空房子、日光温室和仓库等处，使温度保持在10～15℃，有散射光线即可。经过15天左右，当芽眼刚刚萌动见到小白芽锥时，就可以切芽播种了。以上称为困种。如果种薯数量少，又有方便地方，可把种薯摊开为2～3层，摆放在光线充足的房间或日光温室内，使温度保持在10～15℃，让阳光晒着，并经常翻动，当薯皮发绿，芽眼睁眼（萌动）时，就可以切芽播种了，这称为晒种。困种和晒种的主要作用是提高种薯体温，促使解除休眠，促进发芽，以统一发芽进度，进一步淘汰病劣薯块，使出苗整齐一致，不缺苗，出壮苗。④ 种薯正确切块的方法。比较好的切块方法是根据薯顶部芽眼出芽快而整齐的特性（即顶芽优势），较小薯块由顶端向基部纵切为二；中等薯块纵切为四；大薯块先从基部按芽眼顺序切块，到薯块上部再纵切为四，使顶部芽眼均匀地分布在切块上。每个芽块的重量最好达到50克，最小不能低于30克。大芽块是丰产种植技术的主要内容之一。切芽，要把薯肉都切到芽块上，不要留"薯楔子"，不能只把芽眼附近的薯肉带上，而把其余薯肉留下，更不能把芽块挖成小薄片或小锥体等。具体说，50克左右的薯块不用切，可以用整薯做种；60～100克的种薯，可以从顶芽顺劈一刀，切成两块；110～150克的种薯，先将尾部切下1/3，然后再从顶芽劈开，这样就切成3块；160～200克的种薯，先顺顶芽劈开后，再从中间横切一刀，共切成4块；更大的种薯，可先从尾部切下1/4，然后将余下部分从顶芽顺切一刀，再在中间横切一刀，共切成5块。这种切法，芽块都能达到标准，而且省工，切得快。通过切芽块，还可对种薯作进一步的挑选，发现老龄薯，畸形薯、不同肉色薯（杂薯），可随切随挑出去，病薯更应坚决去除。凡发现块茎表皮有病症的，应随时剔除。感染了青枯病、环腐病的种薯从表皮上是不易识别的，要在切开后才能发现病症。病薯一般是沿着维管束形成黄圈并有锈点，薯尾较明显，严重时可挤出乳白色或乳黄色的菌脓，遇这类病害的薯块时一定要把使用过的切刀进行消毒。若不消毒切刀，继续切块就会造成病菌大量传染，切刀成为青枯病、环腐病传染的主要媒介物。故在切块时要多准备几把刀，以利于在切薯消毒时轮流使用。切刀消毒方法有以下几种：用0.2%的升汞水，浸刀10分钟即可达到灭菌效果；切块时烧一锅开水，并在开水中撒一把食盐，将切刀在沸水中消毒8～10分钟；切块时遇病薯后，把切刀插入炉火中消毒；用瓶装酒精，把切刀插入瓶中消毒，一般浸3～5分钟将刀拿出，待酒精挥发后再切块。根据生产实践，芽块最好随切随播种，不要堆积时间太长。如果切后堆积几天再播，往往造成芽块堆内发热，使幼芽伤热。这种芽块播种后出苗不旺，细弱发黄，易感病毒病，而且容易烂掉，影响苗全。见图7-109、图7-110。

图7-109 马铃薯催大芽-1

图7-110 马铃薯催大芽-2

（6）播种 ① 适时早播。适时早播可以早收早上市，获得较高的收益。适时早种需要根据土壤温度和种薯质量而定。一般10厘米深的土壤温度稳定在5～7℃时播种比较安全。因马铃薯通过休眠后，在7℃的条件下即可发芽和缓慢地生长，土温上升到12℃左右幼芽可迅速生长。早播比一般的播期早结薯，也可以提前收获，避开各地的后期高温。而且田间烂薯少，退化现象轻，种性好。一般来说，在当地晚霜期前20～30天，气温稳定在5℃以上时即可播种。河南、山东等地二季作区的春播适期在2月下旬至3月上旬，山区高寒地带一季作区的适宜播期应从4月上旬到5月上旬。城市郊区的早熟栽培，由于采用早熟品种催大芽，且在播后盖地膜，播期可以提早10～15天，但在出苗后要注意防止霜冻。适期早播，实际上应当以当地终霜日期为界，并向前推30～40天为正确播种期。因为春播日期关系到收获期的早晚和产量的多少。从中原二季作区的情况来看，5～6月的气温达到或超过马铃薯生长适温的高限，且很快又到雨季，若在3月播种，4月齐苗，实际见光生长日数也不超过70天。因此，春季栽培的各项技术措施应在"早"字上下功夫，一定要做到在当地断霜时齐苗，炎热雨季到来时保产量。经验证明，离播种适期每推迟5天，减产10%～20%。华北区在播种前使芽条经受低温锻炼，即使播后遇有轻霜冻，也无关紧要，有时冻坏了顶部，下部又会发生新枝，产量还可以有一定保证；当然就处理出芽的情况来看，已出芽的可适当晚播，未出芽的要早播。② 合理密植。马铃薯促早熟棚室栽培的栽植密度宜因品种制宜、因时制宜、因地制宜。促早熟棚室栽培由于植株的生育期比较短、植株长得比较矮小，因此，与露地比较，大多宜密植。极早熟品种比中早熟品种密度大。植株矮小品种比植株较高品种密度要大。管理水平高的种植能手一般栽培密度较稀，整薯播种要稀，大薯播种要比切块稀植。根据不同的品种和收获日期，一般亩栽4500～6500株。③ 大垄双行栽培。大棚地膜覆盖栽培，栽培过程中一般不培土，因此宜选择起大垄、深开沟、厚培土一次性完成覆土技术。选择幅宽为1米左右的地膜，实行大垄双行的模式，一般大行距60～70厘米，小行距20～30厘米，株距20～25厘米。薯块播种后覆土厚度以10厘米左右为佳，太浅和太深均不利后期的生长。大垄双行与单垄单行相比，尽管平均行距差不多，实际密度还是有所增加，同时由于行距增大，通风透光比较好，光照面积增大，所以，大垄双行一般可增产10%以上。

（7）水分管理　① 马铃薯的水分需求特点。马铃薯是需水较多的农作物，水分占植株鲜重的90%，占块茎鲜重的80%左右。据测定，每生产1千克鲜马铃薯块茎，需要从地里吸收140升水。所以，在马铃薯的生长过程中，必须有足够的水分才能获得较高的产量。马铃薯发芽期所需的水分，主要靠种薯自身中的水分来供应，所以水分需求量小。在幼苗期和发棵期，是马铃薯需水由少到多的时期，一般保持土壤中含水量达14%～16%就可以了。这个时期的需水量，占全生育期需水总量的1/3。结薯期的前段，即从开始开花到落花后1周，是马铃薯需水最敏感的时期，也是需水数量最多的时期。这个阶段的需水量占全生育期需水总量的50%以上，土壤含水量要达到70%左右。如果这个时期缺水干旱，块茎就会停止生长。结薯后期，水分需求量比较小，约占全生育期需水总量的10%以上。切忌水分过多。因为如果水分太大，土壤过于潮湿，块茎的气孔开裂外翻，就会造成薯皮粗糙，易被病菌侵入，不利贮藏。严重者造成烂薯，导致丰产不丰收。② 马铃薯的灌水方法及特点。灌水方法对于用水量有很大的影响。目前，沟灌是世界上大多数国家采取的马铃薯灌溉方法。这种方法的主要优点是低投入，不打湿植株叶片，与喷灌相比，更有利于防止茎叶病害的发生。缺点是需较多的劳力，水损失严重，大约只有50%～70%的水为植株所利用，易引起水涝和促使土传病害和烂薯的发生。喷灌在农业机械化程度较高的国家广泛应用，可有效用水，但因植株茎叶被打湿而易导致病害的发生。滴灌不常用于马铃薯生产，这种系统的水分利用率高但投资大，在缺水或盐碱地有较高的利用价值。在棚室栽培中，滴灌在有些地区也开始使用。

（8）温度与光照管理　出苗前，一般不通风，棚内温度保持在25～30℃。出苗后中午通小风，排废气。3月中下旬，每天上午9时打开棚的两端通风，若温度还高，可在棚的中间通风，使白天棚内温度控制在22～28℃，夜温12～14℃，下午3时封口。大风天气注意背风通风。4月上旬，视温度变化，适当揭膜，前3～4天，昼揭夜盖以炼苗，到终霜期视天气状况及时撤棚，此时平均气温达17℃左右，最高达25℃以上，是马铃薯生长的最佳时期。棚体材料，应全部仔细收存，以备再用。马铃薯喜光，光照充足利生长发育。棚膜上的水滴，反射、吸收光能，因此应经常用竹竿振动棚膜，使膜上水滴落地，增加透光性。也可于扣膜前用豆汁喷洒棚膜或选用高效弥雾无滴膜。

（9）化学调控　马铃薯徒长现象多半出现在肥水好的高产田块。徒长的原因主要是施肥量大，特别是氮素太多，加上种植的密度大，植株生长期间严重拥挤和枝叶互相遮阳造成的。控制植株徒长的办法，一是控制浇水，二是喷施抑制剂。实践证明，控制浇水只能是暂时的，否则会减产；喷用抑制剂既不减产，又可调节植株的生理机制，效果比较好。目前应用的抑制剂有多效唑、矮壮素、膨大素等。对于徒长的植株，喷施100毫克/升左右的多效唑或1～6毫克/升的矮壮素都有明显的抑制作用，对茎叶中的养分向块茎中运转则有良好的促进作用。但在喷施多效唑或矮壮素时要注意植株的生长量。如果发现植株出现徒长现象，但尚未达到足够的生长量，可实行控制浇水，使植株比较缓慢地生长。待植株生长达到较丰满时再喷施抑制剂。因为早喷施抑制剂，植株生长量小，可以控制徒长，但达不到高产的要求。在植株生长量大时喷施抑制剂，茎叶中养分向块茎中运转的量也大，能获得高产。一般喷施多效唑宜在大现蕾至开花期进行。

（10）病虫害防治　春提早大、中、小棚设施马铃薯栽培，由于外界大气温度低，主要病虫害还没有出现，因此，在北方地区，早春马铃薯设施栽培病虫害很少；而在南方雨水多的地区，主要是后期防治早疫病、晚疫病。目前常用农药有：克露、大生、银法利、科佳、福帅得杀毒矾、普力克等液喷雾防治。

2.双膜覆盖（中小拱棚地膜覆盖）马铃薯栽培技术

（1）双膜覆盖的优点　① 能提高土壤温度和棚内气温，同时发挥中小拱棚和地膜覆盖的双重增温作用。② 比露地栽培成熟期提前25～30天，对调节市场供应、提高经济效益有显著作用。③ 能防止早春风、霜、冻害及其寒流的侵袭。④ 能保墒、提墒，提高马铃薯的产量与品质，增产35%以上。

（2）主要栽培技术

① 施足基肥，翻耕打垄马铃薯主要根群分布在33厘米深的土层中，因此需深耕。时间最好在头一年秋季，结合深耕，亩施腐熟农家肥5000千克、过磷酸钙30千克、草木灰300千克，然后耕平耙细打垄，垄沟中再施入生物钾肥4千克/亩。垄宽60厘米，高10厘米。见图7-111、图7-112。

图7-111　整地前施肥

图7-112　整地

图7-113 双膜覆盖马铃薯播种

图7-114 准备盖二层膜

图7-115 覆盖好中拱棚，四周压实

② 品种选择，选用早熟、高产、株矮、结薯集中及脱毒种薯，如鲁引1号、辽薯6号、早大白、克新4号、东农303等品种。

③ 切块与催芽，在播种前20～25天进行切块催芽。每千克种薯切成40～50块，每个切块须带有1～2个芽眼，小于50克的种薯可直播，大种薯可由基部按芽眼排列顺序，呈螺旋形向顶部斜切，最后把芽眼集中的顶部纵切成3～4块，充分发挥顶芽优势，亩用种量100～120千克。切块后进行种薯消毒，将切块置于500倍多菌灵溶液中浸20～30分钟捞出后置于阴凉通风处晾4～8小时。然后采取温床进行催芽，温度15～18℃，相对湿度60%～70%，保持黑暗。芽长1.5～2厘米并发生幼根时，即可栽种。

④ 播种与覆膜，在播种前5～7天，先搭中小拱棚，用0.05毫米厚的农膜覆盖，棚中央高70～150厘米，宽为2～3个畦面，目的是提高土壤温度，待土温达到10℃左右时，揭去中小拱棚的农膜，进行挖窝播种。播种期一般可比露地栽培提早20天左右。行距为25厘米，株距17～20厘米，深10厘米左右，亩播种4500～5000株。播种后覆盖0.007毫米厚的地膜，拉平扯紧，紧贴垄面，两边压实封严，再覆盖好中小拱棚，四周压实。见图7-113～图7-115。

⑤ 播种后管理　发芽期控制10厘米土层温度13～15℃，晚间棚上加盖草帘保温。待出苗后5～7天，开孔破地膜，引苗出孔，幼苗期及时喷施尿素和磷酸二氢钾液各一次。棚内气温控制在18～21℃。发棵期生长旺盛，耗水量大，应及时垄灌，结合灌水每亩加尿素2.5～3千克。发棵终止时，喷施1～2次100毫克/升多效唑，可有效地控制旺长。开花期喷一次硼、铜混合肥，有利于防病治病和增产。结薯前要适当控制水

分，结薯期是需水最多的时期，土壤湿度保持在80%～85%。结薯后期要控制水分。外界气温上升到15℃左右时，可以拆除拱棚。见图7-116～图7-119。

3.三膜覆盖（地膜＋小拱棚＋大拱棚）栽培技术的要点

中原地区由于春季寒冷，采用小拱棚内地膜覆盖栽培容易引起冻害，造成马铃薯产量严重下降，给农民带来重大的经济损失。为此，近年来三膜（地膜＋小拱棚＋大拱棚）栽培技术的应用，较好地解决了以上问题。主要栽培技术要点如下：

（1）选地与整地　要求地势平坦，土层深厚，富含有机质的轻质壤土。马铃薯栽培整地要深耕，结合整地施入基肥，每亩施有机粪肥1000～1500千克。

（2）品种选择　选用丰产性能好、市场销售对路的早熟脱毒品种，如早大白、辽薯6号、费乌瑞它、中薯2号、郑薯5号等。

（3）种薯处理与催芽　先将备好的种薯进行切块，一般切40块/千克为宜，然后放在室内催芽。催芽温度15～20℃，催芽时间一般在1月10日至25日。当薯块芽长1～2厘米时，将薯块取出移至10～15℃有散射光的室内进行绿化处理，提高幼芽抗寒能力。

（4）播种与合理密植　实行双行起垄种植，垄宽80厘米，每垄种2行，2行间距15～20厘米，株距20～25厘米，密度7000株/亩，施肥量每亩施硫酸钾型氮、磷、钾复合肥50～70千克、硫酸钾20千克、锌肥千克、硼肥0.5千克作种肥。播种期一般可比露地栽培提早30天左右。

（5）覆盖地膜与扣棚播种　用90厘米宽的地膜进行覆盖，覆膜前喷乙草胺除草

图7-116　双膜覆盖马铃薯出苗

图7-117　双膜覆盖马铃薯植株

图7-118　双膜覆盖马铃薯追肥

图7-119　双膜覆盖马铃薯花期

图7-120　马铃薯三膜覆盖种植

图7-121　大棚揭二层膜

图7-122　小拱棚全部撤掉

剂，用量60～80毫升/亩。覆膜后立即扣棚，一般以5垄为一小拱棚，两小拱棚上再覆一大拱棚。小拱棚选用4米宽的农膜覆盖，大拱棚用两块对接成8米宽的农膜进行覆盖。小拱棚用较少的竹竿能撑起农膜即可，要求不严格，并且一边农膜可自由活动。大拱棚要求严格，拱高要求便于进出操作，棚两边每隔1.5米打桩，用压膜线固棚防止大风刮棚。见图7-120。

（6）田间管理　①出苗期的管理，当有50%的苗子出土时应破膜，以防烧芽。此后每隔4～5天破膜一次，连续2～3次破膜，苗子出齐。②肥水管理，播种前，一次施足底肥，生育期间不单独追肥。在薯块膨大期叶面喷施膨大素、钾宝或0.2%的KH_2PO_4可提高产量。全生育期一般可浇水3次，第一次在苗期，第二次在初花期，第三次在盛花期。③温度控制，当苗子出齐后可把小拱棚白天撤掉晚上盖上，见图7-121。到马铃薯团棵期把小拱棚全部撤掉。见图7-122。3月中旬气温在20℃以上时，每天上午9点打开大拱棚两端通风，下午3点左右封口，将温度控制在白天22～28℃，夜间12～14℃范围内。进入4月上旬，视气温变化把大拱棚全打开通风。全打开前3～4天，要白天打开，晚上盖上炼苗。

（二）日光温室马铃薯栽培技术

利用冬暖日光温室进行马铃薯冬春茬栽培，不仅可以进行日光温室多茬次栽培、轮作换茬，有效地减轻病虫害发生，而且产量效益可观，调剂了市场，丰富了市民的菜篮子。改以往直播为育苗后定植，既可节约种薯又能延长日光温室秋冬茬蔬菜收获期，从而提高日光温室的利用率，增加单位面积经济效益。

1.育苗

（1）品种选择 日光温室冬春茬马铃薯栽培应选用早熟、耐低温、耐弱光的脱毒种薯，如"鲁引1号""冬农303"等品种。

（2）催芽 播种前30天左右，将种薯放在12～15℃无直射光环境中暖种，促进种薯内营养物质转化和芽子萌动。等种薯萌动幼芽时，将种薯平摊于光亮的室内，使之均匀见光，暖种可在室内也可在阳畦、温床或日光温室内进行。温度保持在15～20℃，大约5天左右，自芽变浓绿色或紫色即可。

（3）苗床准备 在阳畦、温床或日光温室内挖宽1～1.2米，长10米左右，深10厘米的低畦作苗床，床底铺5厘米厚沙土，浇足水待播种。

（4）种块处理 晒好的种薯分级切块，选留壮芽，除去尾芽、病弱芽，块应切成立体三角形，芽眼靠近刀口，4芽块大小25克以上，种薯切块40～60块/千克，切到病薯要随时剔除，同时将刀片用75%酒精或3%来苏尔液消毒，切完后种块刀口处蘸草木灰待播种。

图7-123 翻地整地

（5）播种 育苗时间安排在11月下旬～翌年1月上旬。将处理好的芽块均匀摆布在床上，然后盖2～3厘米厚的沙土，并用铁锹轻拍覆土一遍。喷水使床面达到湿润即可，土壤温度保持在16～22℃，经过20天左右，当幼苗长到2～3片叶，株高6～8厘米时，即可定植。定植前3～4天适当炼苗。

图7-124 开沟

2.定植

（1）定植前的准备 前茬蔬菜作物拉秧后及时清理残株、杂草等。同时结合整地，每亩施腐熟鸡粪3000～5000千克，硫酸钾三元复合肥50～80千克，过磷酸钙50千克。以上肥料在整地时撒施，在定植时开沟施。深翻土壤20～30厘米，并耙平整细。按大小行80厘米×60厘米开沟施肥，沟深10～15厘米，沟上起垄，垄高15～20厘米，准备定植。见图7-123～图7-125。

（2）定植 按株距16～18厘米起

图7-125 施肥

苗定植，每亩栽植5000～6000株。见图7-126、图7-127。

图7-126 摆种薯

图7-127 覆土

3.定植后的管理

（1）结薯期前管理 缓苗期温室内气温白天22～26℃，夜间12～14℃。缓苗后，白天气温保持在18～24℃，夜间8～12℃，缓苗后适当控制浇水。苗高30厘米左右，根据植株长势，每亩随水冲施尿素15千克，磷酸二氢钾10千克，以促进发棵。现蕾前适当蹲苗，注意通风排湿、控温，气温超过24℃时开始通风，地温保持在15～18℃，以便植株生长健壮。见图7-128～图7-131。

图7-128 铲地

图7-129 培土

图7-130 追肥

图7-131 适时浇水

（2）结薯期管理 进入结薯阶段，需肥水量应加大，每次浇水，每亩随水冲施尿素10千克，钾肥10千克。白天气温不超过24℃，夜间最低温度保持在10℃以上，地温15～20℃。高温容易造成徒长。见图7-132、图7-133。

图7-132　生长良好的植株

图7-133　高温造成徒长的植株

五、采收

一般植株达到生理成熟期，即可采收。要根据市场行情，应以当地的价格为准，决不能以单纯产量或产品的成熟度来确定收获期。早收虽低产但产值可能大于晚收丰产的。视市场行情，集中人力物力一次性收获，分一、二、三等上市，确保优质优价，增加效益。这样既有利于马铃薯抢早上市，提高价格，又利于早让茬，提高全田的经济效益。见图7-134～图7-136。

图7-134　大棚马铃薯收获（1）

图7-135　大棚马铃薯收获（2）

图7-136　大棚三膜覆盖测产

六、病虫害防治

(一) 病害的识别及防治

1.马铃薯块茎空心病

【症状】把马铃薯块茎切开，有时会见到在块茎中心附近有一个空腔，腔的边缘角状，整个空腔呈放射的星状，空腔壁为白色或浅棕色。空腔附近淀粉含量少，煮熟吃时会感到发硬发脆，这种现象就叫空心。空心病多发生于块茎的髓部，外部无任何症状。一般个大的块茎容易发生空心。空心块茎表面和它所生长的植株上都没有任何症状。大垄深培与小垄浅培对质量有很大影响，特别是用以炸条、炸片的块茎，如果出现空心，会使薯条的长度变短，薯片不整齐，颜色不正常。见图7-137。

【发生原因】块茎的空心，主要是其生长条件突然过于优越造成的。在马铃薯生长期，突然遇到极其优越的生长条件，使块茎极度快速地膨大，内部营养转化再利用，逐步使中间干物质越来越少，组织被吸收，从而在中间形成了空洞。一般来说，在马铃薯生长速度比较平稳的地块里，空心现象比马铃薯生长速度上下波动的地块比例要小。在种植密度结构不合理的地块，比如种得太稀，或缺苗太多，造成生长空间太大，都会使空心率增高。钾肥供应不足，也是导致空心率增高的一个因素。另外，空心率高低也与品种的特性有一定关系。空心主要是块茎的膨大速度过快造成的。

图7-137 马铃薯块茎空心病

【防治对策】为防止马铃薯空心病的发生，应选择空心发病率低的品种；适当调整密度，缩小株距，减少缺苗率；使植株营养面积均匀，保证群体结构的良好状态；在管理上保持田间水肥条件平稳；增施钾肥等。

2.马铃薯块茎畸形

【症状】在收获马铃薯时，经常可以看到与正常块茎不一样的奇形怪状的薯块，比如有的薯块顶端或侧面长出一个小脑袋，有的呈哑铃状，有的在原块茎前端又长出1段匍匐茎，茎端又膨大成块茎形成串薯，也有的在原块茎上长出几个小块茎呈瘤状，还有的在块茎上裂出1条或几条沟，这些奇形怪状的块茎叫畸形薯，或称为二次生长薯或次生薯。见图7-138。

图7-138 马铃薯块茎畸形

【发生原因】畸形薯主要是块茎的生长条件发生变化造成的。薯块在生长时条件发生了变化，生长受到抑制，暂时停止了生长。畸形块茎比如遇到高温和干旱，地温过高或严重缺水。后来，生长条件得到恢复，块茎也恢复了生长。这时进入块茎的有机营养，又重新开辟贮存场所，就形成了明显的二次生长，出现了畸形块茎。总之，不均衡的营养或水分，极端的温度，以及冰雹、霜冻等灾害，都可导致块茎的二次生长。但在同一条件下，也有的品种不出现畸形，这就是品种本身特性的缘故。

【防治对策】上述问题容易出现在田间高温和干旱的条件下，所以，在生产管理上，要特别注意尽量保持生产条件的稳定，适时灌溉，保持适量的土壤水分和较低的地温。同时注意不选用二次生长严重的品种。

3.马铃薯病毒病

【症状】常见的马铃薯病毒病有3种类型。花叶型：叶面叶绿素分布不均，呈浓淡绿相间或黄绿相间斑驳花叶，严重时叶片皱缩，全株矮化，有时伴有叶脉透明；坏死型：叶、叶脉、叶柄及枝条、茎部都可出现褐色坏死斑，病斑发展连接成坏死条斑，严重时全叶枯死或萎蔫脱落；卷叶型：叶片沿主脉或自边缘向内翻转，变硬、革质化，严重时每张小叶呈筒状。此外还有复合侵染，引致马铃薯发生条斑坏死。见图7-139。

图7-139　马铃薯病毒病

【传播途径和发病条件】病原为马铃薯X病毒、马铃薯S病毒、马铃薯A病毒、马铃薯Y病毒、马铃薯卷叶病毒病。以上几种病毒除马铃薯X病毒外，都可通过蚜虫及汁液摩擦传毒。马铃薯病毒病田间管理条件差，蚜虫发生量大，发病重。此外，25℃以上高温会降低寄主对病毒的抵抗力，也有利于传毒媒介蚜虫的繁殖、迁飞或传病，从而利于该病扩展，加重受害程度，故一般冷凉山区栽植的马铃薯发病轻。品种抗病性及栽培措施都会影响本病的发生程度。

【防治方法】

（1）农业综合防治　①选用抗病品种。马铃薯病毒病的种类很多，要选育兼抗品种很不容易。②加强栽培管理。主要目的是促进早熟，保证增产，并避免在高温天气下结薯。因此，须因地制宜，适时播种，高畦栽培，合理用肥，拔除病株等。③选用无病毒种薯。Ⅰ茎尖组织培养法：带毒薯块生出的芽尖端约0.1毫米内的组织绝大多数无毒，可通过组织培养繁殖无毒苗，进一步培育和繁殖无毒种薯。见图7-140～图7-142。Ⅱ热处理消毒：带毒种薯经35℃、56天或36℃、39天的处理可钝化种薯所带病毒。另外，变温处理法亦可消除卷叶病毒，即把种薯切成块，每天在40℃下处理4小时，随即在16～20℃下处理20小时，

图7-140　马铃薯脱毒苗培养

图7-141　马铃薯脱毒苗

图7-142　脱毒原原种

连续处理42天。Ⅲ病毒检验：肉眼检验，首先检查种薯，有马铃薯纺锤块茎病的薯块为纺锤形，有卷叶病的薯块切面有网状坏死斑，但感病轻的症状不明显。其次检验田间植株。田间感病的植株多数可以识别，可根据生长势和症状彻底消除种子田中的病株和劣株。④ 建立健全无毒良种繁殖体系。在大面积种植马铃薯的地区都应有一套完整的无毒种薯繁殖体系，建立从原种场到一般生产用种的各级种子田。原种场地点最好设置在高纬度或高海拔地区，如黑龙江省和南方高山区。这些生态环境不利于病毒增殖，蚜虫发生极少，有利种薯正常生长。种子田地点与生产田和蚜虫寄主作物有50米以上的隔离区。播期选择应避开蚜虫活动高峰期，使蚜虫活动高峰与马铃薯感病敏感期错开，并经常施药治蚜。

（2）化学防治　防病毒病可用20%病毒A可湿性粉剂500倍液；32%核苷溴吗啉胍30～50毫升兑水30千克，病菌速灭13毫升/亩，1.5%植病灵K号乳剂1000倍液、15%病毒必克可湿性粉剂500～700倍液等杀菌农药。防治蚜虫可用氧化乐果和吡虫啉类杀虫剂。

4. 马铃薯黑痣病

马铃薯黑痣病又称"黑色粗皮病""茎溃疡病"，是一种重要的土传真菌性病害。主要表现在马铃薯的表皮上形成黑色或暗褐色的斑块，即黑痣病菌核。近年来，随着马铃薯产业的迅猛发展，马铃薯种植面积逐渐扩大，重迎茬问题较为普遍，在马铃薯种植区黑痣病日趋加重，且发病较为普遍，一般可造成马铃薯减产15%左右，个别年份可达全田毁灭，严重影响着马铃薯的产量与品质，阻碍了马铃薯产业的发展。

【症状】马铃薯黑痣病因受害部位不同而表现多样，主要表现在块茎上。当马铃薯幼芽被侵染后，在幼芽上会出现黑褐色病斑或斑纹，致使组织生长点坏死，阻滞了幼苗生长发育，有时也从基部节上再长出芽条，造成田间缺苗或出苗较晚，幼苗长势弱等。苗期主要侵染地下茎，在地下茎上出现指印状或环剥的黑褐色溃疡面（即病斑），使植株生长受阻，长得比较矮小、顶部丛生，严重时植株顶部叶片向上卷曲，并褪绿；还有的由于溃疡面环削伤及导管系统，使地上部枯萎或形成气生薯，在近地表的地上茎表面，往往产生蛛丝状的白霉，溃疡严重时，阻滞了养分向块茎的运输，而在地上茎中积累，使茎变粗而植株矮化或产生许多气生薯。溃疡病感染匍匐茎，出现淡褐色病斑，使匍匐茎顶端不再膨大，不能形成薯块，感病轻者可长成薯块，但结薯非常小；也可引起匍匐茎乱长，影响结薯或结薯畸形，受侵染的植株，根量减少，形成稀少的枝条，若病斑绕匍匐茎一周，易引起新生小薯的脱落。匍匐茎中后期发病的导致块茎畸形，停止发育，当病斑绕茎一周时，叶片变黄、变紫，向上翻卷，并产生气生薯。在成熟的块茎表面形成大小不一、数量不等、形状各异、坚硬的、颗粒状的黑褐色或暗褐色的斑块，也就是病原菌的菌核，不容易冲洗掉，而菌核下边的组织保持完好。也有的块茎因受侵染而导致破裂、锈斑和末端坏死等。见图7-143。

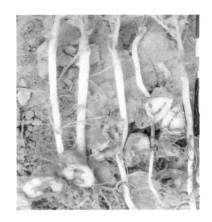

图7-143　马铃薯黑痣病

【传播途径和发病条件】马铃薯黑痣病是马铃薯丝核菌溃疡病的病原菌侵染所致，是一种真菌性病害，其无性繁殖阶段是立枯丝核菌，有性世代为兼性寄生菌。该菌有多个株系，寄主范围非常广泛，至少能侵染43科263种植物。该病菌以菌丝体的形式可随植物残体在土壤中越冬，也可以菌核形式在块茎上或土壤里存活过冬。第二年当马铃薯播种后，在适宜的温湿度下，病菌侵染幼芽，并迅速在细胞内扩散，进入皮层和导管组织，从芽条基部产生的侧枝也可被病菌侵染。在生长季节又可侵染近地表的茎、地下茎、匍匐茎和块茎。该病菌能在较大温度范围内生长，菌核在8～30℃之间皆可萌发，担孢子萌发的最适温度为23℃，低温潮湿的环境利于该病的发生，最适宜该病害发展的土壤温度为18℃。当外界条件不适宜快速出苗时，如低温和土壤过湿，会对幼芽产生极大的危害。

【防治方法】

（1）农业综合防治　选用无病种薯，培育无病壮苗，建立无病留种田。由于菌核能长期在土壤中越冬存活，可与小麦、玉米、大豆等作物倒茬，实行三年以上轮作制，避免重迎茬。注意地块的选择，应选择地势平坦，易排涝的地块，以降低土壤湿度。适时晚播和浅播，以提高地温，促进早出苗，减少幼芽在土壤中的时间，减少病菌的侵染。一旦田间发现病株，应及时拔除，在远离种植地块处深埋，病穴内撒入生石灰等消毒。

（2）生物防治　用木霉菌和双核丝核菌作为生物防治可减轻此病害。

（3）化学防治　① 药剂拌种，为防种薯带病和土壤传染，栽种时薯块用多菌灵等内吸性杀菌剂稀释液浸种或2.5%适乐时等药剂稀释后拌种。② 垄沟药剂喷雾，用25%的阿米西达悬浮剂等，在种薯播种到垄沟后马上进行沟内喷药，使药物均匀喷到土壤和芽块上，然后覆土。③ 土壤消毒，用土壤消毒剂PCNB（五氯硝基苯）混合在种植带上，可降低该病害的发生。

5.马铃薯疮痂病

疮痂病被视为马铃薯生产中的世界性病害，在我国许多马铃薯主产区普遍存在，连作地、偏碱地及栽培管理不当的情况下发生程度更为严重。

图7-144 马铃薯疮痂病

【症状】疮痂病主要危害块茎。开始在块茎表皮发生褐色斑点，以后逐渐扩大，破坏表皮组织，病斑中部下凹，形成疮痂状褐斑。病菌主要从皮孔侵入，表皮组织被破坏后，易被软腐病菌入侵，造成块茎腐烂。见图7-144。

【传播途径和发病条件】马铃薯疮痂病为细菌性病害，病原菌是链霉菌，在适宜土壤中可永久存活。病菌侵入植株后，地上部分看不到症状，但薯块表面会出现疮痂。土壤干燥、通气性好、中性或碱性的地块易发病，随着土壤pH降低，病害严重度也在降低，且在pH5.0以下时疮痂病就不再发生。因此栽培马铃薯应选择偏酸性土壤。在其他条件相同的情况下，浇灌时间间隔越长，病害发生越严重。发病后病菌能在土中长期残存。块茎膨大期连续阴雨，土壤湿度大易引起发病。

【防治方法】

（1）农业综合防治 ① 在块茎生长期间，保持土壤湿度，防止干旱。② 实行轮作，在易感疮痂病的红甜菜叶、甜菜、萝卜、甘蓝、胡萝卜、欧洲萝卜等块根作物地块上不种植马铃薯。③ 种植马铃薯地块上，避免施用石灰，保持土壤pH值在5～5.2之间。④ 选用黄麻子、豫薯1号、榆薯1号、鲁引1号等高抗疮痂病的品种。

（2）化学防治 种薯可用0.1%对苯二酚浸种30分钟，或0.2%甲醛溶液浸种10～15分钟，或0.1%对苯酚溶液浸种15分钟，或0.2%福尔马林溶液浸种15分钟防治疮痂病。在微型薯生产上，可用必速灭（棉隆）颗粒剂处理育苗土，用量为30克/米^2。在大田生产中，可用五氯硝基苯进行防治。马铃薯贮存期采用百菌清烟雾剂进行熏蒸也可以较好地防治疮痂病。

6.马铃薯环腐病

【症状】为害马铃薯的维管束组织，造成死曲、死株，甚至引起烂窖。受害植株生长迟缓，节间缩短，瘦弱，分枝减少，叶片变小；受害较晚的植株，症状不明显，仅顶部叶片变小，不表现萎蔫。病株萎蔫症状一般在生长后期才显著，自下而上发展，首先下部叶片萎蔫下垂而枯死，上部叶片沿中脉向内卷曲，失水萎蔫。叶色灰绿，植株早枯，叶片不脱落；如切断茎秆，用手挤压，可见有乳白色黏性的细菌自维管束溢出。病薯块经过贮藏后，薯皮变为褐色，病株薯尾（脐）部皱缩凹陷，剖视内部，维管束环变黄褐色，环腐部分也有黄色菌脓溢出。薯块皮层与髓部易分离，外部表

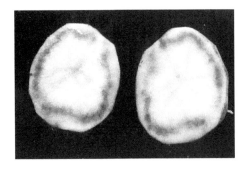

图7-145 马铃薯环腐病侵染块茎

皮常出现龟裂，常致软腐病菌二次侵染，使薯块迅速腐烂。见图7-145。

【传播途径和发病条件】是由密执安棒杆菌马铃薯环腐致病变种或称环腐棒杆菌引起的细菌性维管束病害。病薯是环腐病的初侵染来源。播种病薯，重者芽眼腐烂，不能发芽出土，轻者出苗后，病菌沿维管束扩展，向上侵害茎基部和叶柄，向下沿匍匐茎侵害新结薯块。病菌在浇水或降雨时，可随流水传播，可从马铃薯伤口侵入，但侵染概率很低。病菌进入土壤中很容易死亡，故土壤传病的可能性很小。本病发病适温一般偏低，在18～24℃之间，土温超过31℃时，病害发生受到抑制。故此病多发生在北方马铃薯产区，在马铃薯生育期间干热缺雨，有利病情扩展和显现症状。切块种植时，病菌能借切刀传播，成为环腐病传播蔓延的重要途径。

【防治方法】

防治环腐病也要采用综合防治的办法。① 选购脱毒种薯，引种调种要经过检疫部门严格检疫。② 提倡用小整薯播种，不用刀切，避免切刀传病。③ 播前进行晒种催芽等，对种薯进行处理，可以提前发现病薯，坚决予以淘汰。④ 对切刀和装种薯器具进行消毒。对库、筐、篓、袋、箱等存放种薯和芽块的设备、家具，都要事先用次氯酸钠、漂白粉、硫黄等杀菌剂进行处理。在分切芽块时，每人用两把刀，轮换使用，这样，总是有一把刀泡在75%的酒精或5%来苏儿等药液中，或开水锅内消毒。⑤ 选用抗病品种，如东农303、克新1号、坝薯8号和乌盟601等。

7. 马铃薯黑胫病

【症状】黑胫病也叫黑脚病。马铃薯被侵染植株茎的基部形成墨黑色有臭味的腐烂部分，这是典型的症状，因此而得名。此病可以发生在植株生长的任何阶段。如发芽期被侵染，有可能在出苗前就死亡，造成缺苗；在生长期被侵染，叶片褪绿变黄，小叶边缘向上卷，植株硬直萎蔫，基部变黑，非常容易被拔出。以后慢慢枯死。病株的块茎，先从块茎脐部发生病变，症状轻的匍匐茎末端变色，然后从脐向里腐烂，症状重的块茎全部烂掉，并发出恶臭气味。见图7-146、图7-147。

图7-146 马铃薯黑胫病（1）

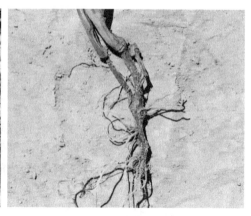

图7-147 马铃薯黑胫病（2）

【传播途径和发病条件】胡萝卜软腐欧文菌马铃薯黑胫亚种引起的细菌病害。主要是病薯带菌，病菌通过切薯传给种薯，造成母薯腐烂，并从母薯进入植株地上茎。田间病菌还可通过灌溉水、雨水或昆虫传播，从伤口再侵染健株。雨水多、低洼地发病重。贮藏期和窖内通气不良，温度高、湿度大，容易造成烂窖。病害发生程度与温湿度有密切关系。气温较高时发病重，高温高湿，有利于细菌繁殖和危害。土壤黏重而排水不良的土壤对发病有利，黏重土壤往往土温低，植株生长缓慢，不利于寄主组织木栓化的形成，降低了抗侵入的能力；黏重土壤含水量大，有利于细菌繁殖、传播和侵入，因此黏重土壤、低洼地块发病严重。播种前，种薯切块堆放在一起，不利于切面伤口迅速形成木栓层，也会使发病率增高。

【防治方法】目前对马铃薯黑胫病还没有有效的治疗药剂，主要防治措施是预防和减轻病菌的侵染，降低发病率。① 选购脱毒优质种薯。② 播前进行种薯处理。可以进行催芽，淘汰病薯，或用杀菌剂浸种，杀死芽块或小种薯上带的病菌。其具体方法是：用0.01%～0.05%的溴硝丙二醇溶液浸15～20分钟，或用0.05%～0.1%的春雷霉素溶液浸种30分钟，或用0.2%高锰酸钾溶液浸种20～30分钟。浸后晾干用以播种。③ 对芽块装载器具及播种工具，经常进行清洁和消毒。④ 田间发现病株后，应及时拔除销毁，防止再侵染。⑤ 选用抗病耐病品种，如克新1号、克新4号、郑薯2号、郑薯3号、高原7号和丰收白等品种。

8.马铃薯早疫病

【症状】叶片上的症状最明显，叶柄、茎、块茎、果实等部位也都可发病。叶片上初生黑褐色、形状不规则的小病斑，直径1～2毫米，以后发展为暗褐色至黑色，直径3～12毫米，有明显的同心轮纹的近圆形病斑，有时病斑周围褪绿。潮湿时，病斑上生出黑色霉层。通常植株下部较老叶片先发病，逐渐向上部叶片蔓延。严重发生时大量叶片枯死，全株变褐死亡。发病块茎上产生黑褐色的近圆形或不规则形病斑，大小不一，大的直径可达2厘米。病斑略微下陷，边缘略突起，有的老病斑表面出现裂缝。病斑下面的薯肉变紫褐色，木栓化干腐，深度可达5毫米。见图7-148。

【传播途径和发病条件】病原菌随病株残体、病薯越冬，或度过不种植马铃薯的季节。在温湿条件适宜时，产生分生孢子，侵染下一茬马铃薯幼苗，引起田间发病。病原菌还可以危害大棚和

图7-148　马铃薯早疫病病叶

温室栽培的番茄、辣椒等蔬菜，度过冬季，侵害春、夏季的大田马铃薯。在生长季节，马铃薯叶上病斑产生的孢子，可由风、雨、昆虫等分散传播，侵染四周的健康植株。叶面湿润时，降落在叶片上的孢子萌发，由气孔和伤口侵入，几天后就形成新的病斑，病斑上又产生孢子，分散传播。在一个生长季节里，可以反复发生多次侵染，以致造成全田发病。

【防治方法】

（1）农业综合防治　①培育壮苗：要调节好苗床的温度和湿度，在苗子长到两叶一心时进行分苗，谨防苗子徒长。苗期喷施奥力克-霜贝尔500倍液，可防止苗期患病。②轮作倒茬：番茄应实行与非茄科作物三年轮作制。③加强田间管理：要实行高垄栽培，合理施肥，定植缓苗后要及时封垄，促进新根发生。温室内要控制好温度和湿度，加强通风透光管理。结果期要定期摘除下部病叶，深埋或烧毁，以减少传病的机会。

（2）化学防治　①预防用药：在预期发病时，采用奥力克-霜贝尔500倍液喷施或采用霜贝尔30毫升+金贝40毫升兑水15千克，每7～10天1次。②治疗用药：Ⅰ发病初期，及时摘除病叶、病果及严重病枝，然后根据作物该时期并发病害情况，采用霜贝尔50毫升+金贝40毫升或霜贝尔50毫升+霉止30毫升或霜贝尔50毫升+青枯立克30毫升，对水15千克，5～7天用药1次，连用2～3次。Ⅱ发病较重时，清除中心病株、病叶等，及时采用中西医结合的防治方法，如：霜贝尔50毫升+氰·霜唑25克或霜霉威·盐酸盐20克，3天用药1次，连用2～3次，即可有效治疗。

9.马铃薯晚疫病

【症状】主要侵害叶、茎和薯块。叶片染病，先在叶尖或叶缘生水浸状绿褐色斑点，病斑周围具浅绿色晕圈。湿度大时病斑迅速扩大，呈褐色，并产生一圈白霉，即孢囊梗和孢子囊，尤以叶背最为明显，干燥时病斑变褐干枯，质脆易裂，不见白霉，且扩展速度减慢。茎部或叶柄染病，现褐色条斑。发病严重的叶片萎垂，卷缩，终致全株黑腐，全田一片枯焦，散发出腐败气味。块茎染病，

图7-149 马铃薯晚疫病侵染叶片

图7-150 马铃薯晚疫病侵染块茎

初生褐色或紫褐色大块病斑，稍凹陷，病部皮下薯肉亦呈褐色，慢慢向四周扩大或烂掉。见图7-149、图7-150。

【传播途径和发病条件】病菌主要以菌丝体在薯块中越冬，播种带菌薯块，导致不发芽或发芽后出土即死去。有的出土后成为中心病株，病部产生孢子囊借气流传播进行再侵染，形成发病中心，致该病由点到面，迅速蔓延扩大；病叶上的孢子囊还可随雨水或灌溉水渗入土中侵染薯块，即形成病薯，成为翌年主要侵染源。病菌喜日暖夜凉高湿条件，相对湿度95%以上，18～22℃条件下，有利孢子囊的形成，冷凉（10～13℃，保持1～2小时）又有水滴存在，有利孢子囊萌发产生游动孢子，温暖（24～25℃，持续5～8小时）有水滴存在，有利孢子囊直接产出芽管，因此多雨年份，空气潮湿，或温暖多雾条件下发病重。

【防治方法】

（1）农业综合防治　①选用抗病品种。②选用无病种薯，减少初侵染源。做到秋收入窖、冬藏查窖、出窖、切块、春化等过程中，每次都要严格剔除病薯，有条件的要建立无病留种地，进行无病留种。③加强栽培管理，适期早播，选土质疏松、排水良好的田块栽植，降低田间湿度，促进植株健壮生长，增强抗病力。

（2）化学防治　发病初期开始喷洒72%克露或克霜氰或霜霸可湿性粉剂700倍液或69%安克·锰锌可湿性粉剂900～1000倍液、90%三乙膦酸铝可湿性粉剂400倍液、38%恶霜菌酯或64%杀毒矾可湿性粉剂500倍液、60%琥·乙磷铝可湿性粉剂500倍液、50%甲霜铜可湿性粉剂700～800倍液、4%嘧啶核苷类抗菌素水剂800倍液、1∶1∶200倍式波尔多液，隔7～10天1次，连续防治2～3次。

（二）主要虫害的识别及其防治

1.蝼蛄

蝼蛄是多种地栖性节肢动物门昆虫纲直翅目蝼蛄科昆虫的总称。蝼蛄，大型、土栖。触角短于体长，前足开掘式，缺产卵器。俗名拉拉蛄、土狗。全世界已知约50种。中国已知4种：华北蝼蛄、东方蝼蛄、欧洲蝼蛄和台湾蝼蛄。

【为害特点】蝼蛄的成虫（翅已长全的）、若虫（翅未长全的）都对马铃薯形成危害。它们用口器和前边的大爪子（前足）把马铃薯的地下茎或根子撕成乱丝状，使地上部萎蔫或死亡，也有时咬食芽块，使芽子不能生长，造成缺苗。害虫在土中串掘隧道，使幼根与土壤分离，透风，造成失水，影响苗子生长，甚至死亡。害虫在秋季咬食块茎，使其形成孔洞，或使其易感染腐烂菌造成腐烂。

【形态特征】

（1）华北蝼蛄　又名单刺蝼蛄。① 成虫：雌成虫体长45～50毫米，雄成虫体长39～45毫米。形似非洲蝼蛄，但体黄褐至暗褐色，前胸背板中央有1心脏形红色斑点。后足胫节背侧内缘有棘1个或消失。腹部近圆筒形，背面黑褐色，腹面黄褐色，尾须一对。② 卵：椭圆形。初产时长1.6～1.8毫米，宽1.1～1.3毫米，孵化前长2.4～2.8毫米，宽1.5～1.7毫米。初产时黄白色，后变黄褐色，孵化前呈深灰色。③ 若虫：形似成虫，体较小，初孵时体乳白色，二龄以后变为黄褐色，五六龄后基本与成虫同色。见图7-151。

（2）东方蝼蛄　又名非洲蝼蛄，成虫体长30～35毫米，灰褐色，腹部色较浅，全身密布细毛。头圆锥形，触角丝状。前胸背板卵圆形，中间具一明显的暗红色长心脏形凹陷斑。前翅灰褐色，较短，仅达腹部中部；后翅扇形，较长，超过腹部末端。腹末具1对尾须。前足为开掘足，后足胫节背面内侧有4个距。雄成虫体长28～32毫米；雌32～34毫米。身体灰褐色，密被黄色细毛。头小狭长，触角丝状。前胸背板盾形，中央有由微细毛组成的纺锤形区。前翅黄褐色，无发音器，后翅褶叠成条状，长度略伸出腹部末端。前足扁平，善于掘土，后足胫节背侧内缘有7～4个能运动的棘刺。见图7-152。

图7-151　华北蝼蛄

【生活习性】我国马铃薯上发生较普遍的为华北蝼蛄，另一种是东方蝼蛄。东方蝼蛄2～3年完成1代，在盐碱地和沙壤地危害最重。在3～4月开始活动，昼伏夜出，在土表下潜行，咬食马铃薯幼根或把嫩茎咬断，造成幼苗枯死，缺株断垄。成虫于4～5月在土深10～15厘米处产卵，每次可产卵120～160粒。卵经25天孵化成若虫。成虫和若虫均在土壤中越冬，洞深可达1.5米。蝼蛄喜在温暖湿润的土壤中活动，并有趋粪肥的习性。夜间出来活动危害，雨后活动更甚。成虫有趋光性，特别是非洲蝼蛄能飞翔。

【防治方法】

（1）农业综合防治　① 灯光诱捕：蝼蛄具有很

图7-152　东方蝼蛄

强的趋光性,在危害盛期的晚间8～10点用黑光灯或其他灯光诱捕。② 人工捕捉:春季挖窝灭成虫,夏季挖窝灭卵。

(2)化学防治 ① 毒饵诱杀:用90%的敌百虫0.5千克,豆饼粉、秕谷、麦麸等饵料等50千克,加水适量,充分拌匀,将毒饵埋入沟内或撒入地边道内,盖土压实,夜间蝼蛄取食毒饵即中毒死亡。每亩用量2千克。② 药剂防治:使用3%呋喃丹颗粒剂,每亩用量1.5～2千克,顺垄撒于沟内或中耕时撒于苗根部,毒杀蝼蛄。

2.蛴螬

【为害特点】蛴螬是鞘翅目金龟甲科各种金龟子幼虫的统称,俗名白地蚕、白土蚕、蛭虫等。菜田中发生的约30种,常见的有大黑鳃金龟子、铜绿丽金龟子等。蛴螬在国内广泛分布,但以北方发生普遍,马铃薯块茎被钻成孔眼,当植株枯黄而死时,它又转移到别的植株继续危害。此外,因蛴螬造成的伤口还可诱发病害。见图7-153。

【形态特征】以大黑鳃金龟子为例。成虫体长16～22毫米,身体黑褐色至黑色,有光泽。鞘翅长椭圆形,每侧有4条明显的纵隆线。前足胫节外侧有3个齿,内侧有1个距。老熟幼虫体长35～45毫米,体乳白色、多皱纹,静止时弯成"C"型。头部黄褐色或橙黄色。蛹体长21～23毫米,为裸蛹,头小、体稍弯曲,由黄白色渐变为橙黄色。见图7-154。

图7-153 蛴螬危害马铃薯　　　　　图7-154 蛴螬

【生活习性】蛴螬一到两年1代,幼虫和成虫在土中越冬,成虫即金龟子,白天藏在土中,晚上8～9时进行取食等活动。蛴螬有假死和负趋光性,并对未腐熟的粪肥有趋性。幼虫蛴螬始终在地下活动,与土壤温湿度关系密切。当10厘米土温达5℃时开始上升土表,13～18℃时活动最盛,23℃以上则往深土中移动,至秋季土温下降到其活动适宜范围时,再移向土壤上层。

【防治方法】

(1)农业综合防治 如不施未腐熟肥料,人工捕杀、用黑光灯诱杀成虫等。

（2）化学防治 主要是防治幼虫，可用50%辛硫磷、水和种子的比例为1∶50∶600，拌种后晾干播种。或用80%敌百虫可湿性粉剂加细土15～20千克，制成药土撒在播种沟里。

3.地老虎

【为害特点】地老虎俗称切根虫、土蚕。危害马铃薯的地老虎主要有：小地老虎、黄地老虎和白边地老虎。小地老虎属于世界性害虫，可危害茄科、豆科、十字花科、葫芦科等多种蔬菜，还可危害多种粮食作物和多种杂草。地老虎主要危害马铃薯的幼苗，在贴近地面的地方把幼苗咬断，使整棵幼苗死亡，并常把咬断的苗拖进虫洞。幼虫低龄时，咬食嫩叶，使叶片出现缺刻和孔洞，也咬食块茎，咬出的孔洞比蛴螬小些，影响产量和品质。

【形态特征】地老虎的一生分为卵、幼虫、蛹和成虫（蛾子）4个阶段。成虫体翅暗褐色。小地老虎前翅有两道暗色双线夹一白线的波状线，翅上有两个暗褐色的肾状纹与环状纹，肾状纹外侧有1条尖三角形的黑色纵线；黄地老虎前翅仅有肾状纹和环状纹。卵均为半圆球形，初产时黄色，以后变暗。小地老虎幼虫身体表面布满黑色圆形小颗粒；而黄地老虎幼虫体表没有显著颗粒。蛹的区别在于腹部第五至第七节背面的点刻，小地老虎背面的点刻比侧面的大，第四节上也有点刻；而黄地老虎背面与侧面点刻相同，第四节上很少有点刻。见图7-155。

图7-155 地老虎

【生活习性】地老虎一般以第一代幼虫为害严重，各龄幼虫的生活和为害习性不同。一、二龄幼虫昼夜活动，啃食心叶或嫩叶；三龄后白天躲在土壤中，夜出活动为害，咬断幼苗基部嫩茎，造成缺苗；四龄后幼虫抗药性大大增强，因此，药剂防治应把幼虫消灭在三龄以前。地老虎成虫日伏夜出，具有较强的趋光和趋化性，特别对短波光的黑光灯趋性最强，对发酵而有酸甜气味的物质和枯萎的杨树枝有很强的趋性。这就是黑光灯和糖醋液能诱杀害虫的原因。地老虎由北向南1年可发生2～7个世代。小地老虎以幼虫和蛹在土中越冬；黄地老虎以幼虫在麦地、菜地及杂草地的土中越冬。两种地老虎虽然1年发生多代，但均以第一代数量最多，为害也最重。其他世代发生数量很少，没有显著为害。所以测报和防治都应以第一代为重点。

【防治方法】

（1）农业综合防治 早春及时铲除地头、田边、路边的杂草，集中运到田外沤肥或烧毁，以消灭草上的虫卵。秋翻地可杀死部分越冬幼虫或蛹，减少第二年虫量；春季精耕细耙土地，可消灭地面上的卵粒。

（2）物理防治　在田间安装频振式杀虫灯、黑光灯（每盏灯控制面积为2～4公顷），或放置装有糖醋诱杀剂（诱剂配法：糖3份，醋4份，水2份，酒1份；并按总量加入0.2%的90%晶体敌百虫）的盆诱杀小地老虎成虫。也可根据小地老虎幼虫三龄前不入土的习性，清晨在断株或叶片上有小孔或缺刻的植株处进行人工捕杀。

（3）化学防治　幼虫三龄前，可用2.5%敌杀死乳油2000倍液，或20%氰戊菊酯乳油1500倍液，或2.5%高效氯氰氟菊酯乳油2000倍液喷施玉米植株下部。还可于傍晚时分洒于玉米地行间。在虫龄较大的地里，可用50%辛硫磷乳油1000倍液，或48%乐斯本乳油1000～1500倍液灌根。

4.金针虫

【为害特点】金针虫是鞘翅目叩头虫科幼虫的总称，为重要的地下害虫。在我国，金针虫从南到北分布广泛，为害的作物种类也较多。在土中活动常咬食马铃薯的根和幼苗，并钻进块茎中取食，使块茎丧失商品价值，同时还可传播病害或造成块茎腐烂。东北地区中国的主要种类有沟金针虫、细胸金针虫、兴安金针虫等。

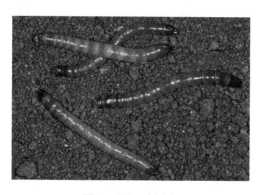

图7-156　金针虫

【形态特征】成虫为褐色或灰褐色甲虫，体形较长扁平，胸部着生3对细长足，前胸腹板具1个突起，头部生有1对触角，头部可上、下活动似叩头状，故俗称"叩头虫"。幼虫圆筒形，体长13～20毫米，末端有两对附肢，体表坚硬，蜡黄色或褐色，有光泽，故名"金针虫"。见图7-156。

【生活习性】① 发生时代：金针虫的生活史很长，因不同种类而不同，常需3～5年才能完成一代，其中以幼虫期最长。② 产卵习性：成虫于土壤3～5厘米深处产卵，每只可产卵100粒左右。35～40天孵化为幼虫，刚孵化的幼虫为白色，而后变黄。③ 越冬习性：以幼虫或成虫在地下越冬，越冬深度约在20～85厘米间。④ 昼伏夜出习性：成虫白天躲在麦田或田边杂草中和土块下，夜晚活动。⑤ 雌虫习性：雌性成虫不能飞翔，行动迟缓，有假死性，没有趋光性，雄虫飞翔较强，卵产于土中3～7厘米深处，卵孵化后，幼虫直接为害作物。

【防治方法】

（1）农业综合防治　秋季深翻种植前要深耕多耙，收获后及时深翻。

（2）化学防治　① 土壤处理，可用辛硫磷拌细土撒在种植沟内，也可将农药与农家肥拌匀施入。（使用剂量见购买产品说明书）。② 药剂拌种，用辛硫磷拌种，比例为药剂：水：种子＝1：30～40：400～500。③ 施用毒土，用辛硫磷乳油加水喷于细土上拌匀制成毒土，顺垄条施，随即浅锄。

5.马铃薯瓢虫

马铃薯瓢虫又叫二十八星瓢虫、花大姐等。属鞘翅目、瓢虫科昆虫。除危害马铃薯外，还危害其他茄科或豆科植物，如茄子、番茄及菜豆等。

【为害特点】马铃薯瓢虫的成虫、幼虫都能为害，它们聚集在叶子背面咬食叶肉，最后只剩下叶脉，形成网状，使叶片和植株干枯呈黄褐色。这种害虫大发生时，会导致全田薯苗干枯，远看田里一片红褐色。危害轻的可减产10%左右，重的可减产30%以上。

【形态特征】成虫体长7～8毫米，半球形，赤褐色，体背密生短毛，并有白色反光。前胸背板中央有一个较大的剑状纹，两侧各有2个黑色小斑（有时合并成1个）。两鞘翅各有14个黑色斑，鞘翅基部3个黑斑后面的4个斑不在一条直线上；两鞘翅合缝处有1～2对黑斑相连。卵子弹形，长约1.4毫米，初产时鲜黄色，后变黄褐色，卵块中卵粒排列较松散。幼虫老熟后体长9毫米，黄色，纺锤形，背面隆起，体背各节有黑色枝刺，枝刺基部有淡黑色环状纹。蛹长6毫米，椭圆形，淡黄色，背面有稀疏细毛及黑色斑纹，尾端包被着幼虫末次蜕的皮壳。见图7-157。

图7-157　马铃薯瓢虫

【生活习性】一般在山区和半山区，特别是有石质山的地方危害较重，因为马铃薯瓢虫多在背风向阳的石缝中以成虫聚集在一起越冬。如遇暖冬，成虫越冬成活率高，容易出现严重危害。一般夏秋之交，瓢虫危害严重。此时成虫、幼虫（刺狗子）和卵同时出现，世代重叠，很难防治。马铃薯瓢虫在东北、华北、山东等地每年发生2代，江苏发生3代。均以成虫在发生地附近的背风向阳的各种缝隙或隐蔽处群集越冬，树缝、树洞、石洞、篱笆下也都是良好的越冬场所。越冬成虫一般在日平均气温达16℃以上时即开始活动，20℃则进入活动盛期。初活动成虫，一般不飞翔，只在附近杂草上取食，到5～6天才开始飞翔到周围马铃薯田间。成虫产卵于叶背，有假死性，受惊扰时常假死坠地，并分泌有特殊臭味的黄色液体，幼虫共4龄，老熟的幼虫在原株的叶背、茎或附近杂草上化蛹。马铃薯瓢虫对马铃薯有较强的依赖性，其成虫不取食马铃薯，便不能正常地发育和繁殖，幼虫也如此。

【防治方法】

（1）农业综合防治　① 及时清除田园的杂草和残株，降低越冬虫源基数。

②人工防治。根据成虫的假死性，可以折打植株，捕捉成虫；用人工摘除叶背上的卵块和植株上的蛹，并集中杀灭。

（2）化学防治 药剂防治应掌握在马铃薯瓢虫幼虫分散之前用药，效果最好。①80%敌敌畏乳油或90%晶体敌百虫或50%马拉硫磷1000倍液；②50%辛硫磷乳油1500～2000倍液；③2.5%溴氰菊酯乳油或20%氰戊菊酯或40%菊杂乳油或菊马乳油3000倍液；④21%灭杀毙乳油6000倍液喷雾。也可用40%的辛硫磷混4%高效氯氰菊酯各1000倍；或用2.5%敌杀死、5%来福灵、2.5%功夫等菊酯或拟菊酯类制剂分别混80%敌敌畏800倍，亩用药水100千克以上进行田间喷雾，如使用两次以上，则最好轮换用药，防止瓢虫产生抗药性。

6.螨虫

螨虫即红蜘蛛，极小，一般用放大镜才能看见，以叶片的细胞物质为食。

【为害特点】为害部位从植株下部向上蔓延。虫子过多时，常在叶端群集成

图7-158 螨虫

团，滚落地面，被风刮走，向四周爬行扩散。马铃薯受红蜘蛛为害后，螨虫危害可使叶片出现棕褐色而导致失绿斑块，侵染严重时将导致叶片和植株萎蔫。

【形态特征】红蜘蛛为螨类害虫。雄螨椭圆形，锈红色或深红色；雄螨体色变深，体侧出现明显的块状色斑；卵圆球形，黄绿色至橙红色，有光泽。见图7-158。

【生活习性】春天气温达10℃以上时开始大量繁殖，3～4月先在杂草或其他作物上取食，4月下旬至5月上旬迁入瓜田，先是点片发生，而后扩散全田。

【防治方法】避免温暖、干燥、灌溉不足和过度使用杀虫剂杀死螨虫天敌。螨虫危害严重时（每叶达2～3头）需用杀螨剂，如用40%螨克（双甲脒）乳油加水1000～2000倍，或红白螨死1000倍，或扫螨净800倍液喷施叶片，重点喷施叶片背面。

7.白粉虱及其他粉虱

细小的成年白粉虱生活在叶片的下表皮，通过吸食植株的汁液而使植株变弱。植物受白粉虱侵害往往是过度使用杀虫剂杀死其天敌而使生态不平衡所形成的恶果。

【为害特点】别名小白蛾子。该虫分布广泛，为害严重。该虫为害时，一般群集在上部嫩叶背面，刺吸汁液为害，致使叶片发黄变形，萎蔫，甚至全株枯死。此虫由夏至冬不断发生，并分泌大量蜜液，严重污染叶片，常引起煤污病的

发生。

【特征特性】成虫体长1～1.5毫米。翅及胸背披白色粉，停息时翅合拢成屋脊状，翅脉简单。卵长0.2毫米，长椭圆，基部有柄，初产淡绿，披有白色粉，近孵化时变褐。若虫体长0.8毫米，淡绿，体背有长短不齐的蜡丝。见图7-159、图7-160。

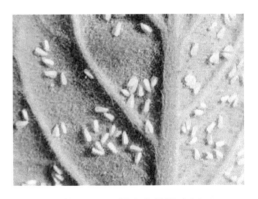

图7-159　温室白粉虱（1）

【防治方法】防治措施应当着眼于恢复生态平衡和培育白粉虱的有效天敌，因此，应当避免不必要地使用杀虫剂。建议在田块的边缘种植玉米或高粱或交替休闲以促进生物防治的天敌的发育。

（1）物理防治　①上防虫网。②成虫对黄色有较强的趋性，可用黄色板诱捕成虫并涂以粘虫胶杀死成虫，但不能杀卵，易复发。

（2）生物防治　在温室内可引入蚜小蜂。

图7-160　温室白粉虱（2）

（3）化学防治　如果必须打药，可使用10%扑虱灵乳油1000倍液、2.5%灭螨猛乳油1000倍液、21%灭杀毙乳油4000倍液、2.5%天王星乳油4000倍液、2.5%功夫乳油5000倍液以及20%灭扫利乳油2000倍液等药剂，它们均可有效地消除粉虱的危害。

第八章
Chapter 8

棚室绿叶蔬菜栽培技术

本章介绍生菜、芹菜、菠菜、茼蒿、香菜和苋菜的棚室栽培技术。

第一节 生菜

生菜属菊科生菜属。为一年生或二年生草本作物。生菜原产地在欧洲地中海沿岸，过去生菜在中国栽培不多，多在南方种植。随着改革开放，对外交往频繁，近十多年来在一些大城市及沿海一些开放城市，生菜的种植面积逐渐多起来，继而内地的许多城市，也引入试种，受到消费者欢迎。日前生菜已成为我国发展较快的绿叶蔬菜。

一、特征特性

（一）植物学特征

生菜是菊科的一年或二年生蔬菜，原产地在地中海沿岸，性喜冷凉湿润的气候条件。其根为直根系，侧根少，经育苗移栽后主根折断，可发生很多侧根。根系浅而密集，多分布在20～30厘米土层内，成为浅根性植物。茎为短缩茎，抽薹时随着生殖生长时间的增长，茎也逐渐伸长和加粗。叶互生于短缩茎上，叶全缘、有锯齿，叶面光滑或微皱缩，莲座叶因种类不同，叶面或平滑或皱缩，叶全缘或有缺刻，叶色因品种不同有深绿、浅绿、黄绿、紫红和淡紫等颜色。见图8-1～图8-5。按叶片抱合形式划分，主要包括散叶生菜和结球生菜两种类型，见图8-6、图8-7。结球生菜的顶生叶随不同品种抱合成不同形状的叶球，如圆形、扁圆形、圆锥形、圆筒形。嫩叶或叶球是质地柔嫩、口味鲜美的食用部分。

图8-1 深绿色生菜

图8-2 浅绿色生菜

图8-3 黄绿色生菜

图8-4 紫红色生菜

图8-5 淡紫色生菜

图8-6 散叶生菜

图8-7 结球生菜

（二）开花、结果习性

生菜不论通过春化与否，在长日照条件下，当有效积温达到1500～1700℃后，白昼20～22℃温度时诱导并促进花芽分化。花芽分化后高温和长日照都会促进花蕾的形成和抽薹，且温度的作用比日照长度大，尤其是中、晚熟品种。据

图8-8 淡黄色生菜花

图8-9 白色生菜花

图8-10 生菜种子

日本岩问（1954）试验，花芽分化后抽薹速度与平均气温高低呈正相关，生产上要求抽薹时的日平均气温在20℃以上。白昼高温的时间越长促进的效果越好，若夜间低温时间比白昼高温的时间长，则高温对花芽形成的刺激效果会被夜间的低温所抵消，不仅抑制花蕾的形成也抑制抽薹，所以，高夜温和长日照都会促进抽薹开花。花淡黄色或白色，花冠及雄蕊呈筒状将雌蕊包在中间，头状花序，自花授粉（偶尔也少量异花授粉）。见图8-8、图8-9。每一花序有小花20朵左右，全株花期较长，子房单室，自花授粉，有昆虫时也可异花授粉。生菜的花在日出后1～2小时开放，花开后1～1.5小时闭花，当雌蕊柱头从花药中伸出时即授粉，授粉后3小时授精，6小时完成。在自然条件下，雄蕊比雌蕊早成熟，自然杂交率为5%～13%，因此，采种地需要有一定的隔离区。开花后11～15天种子成熟。种子为瘦果，小而细长，菱形，银白色或黑褐色，种子成熟后顶端有伞状白色冠毛，可使种子随风飞散。采种应在种子未飞散之前进行，以免减产。种子千粒重为0.8～1.2克。见图8-10。种子成熟后有休眠期，经一年左右贮藏可以提高发芽率。

二、对环境条件的要求

（一）温度

生菜属耐寒性蔬菜，喜冷凉气候，稍耐霜冻，不耐高温。夏季生长慢，品质也差。在长江以南地区能露地越冬。耐寒力随植株的长大而逐渐下降。生菜种子在4℃以上就可以发芽，但发芽时间较长。发芽的最适温度为15～20℃，在此温度下只需3～4天就可以基本出齐，幼苗也健壮。温度达到30℃以上时，种子处于休眠状态，抑制了发芽，因此高温季节播种生菜时，需要提前将种子进行低温处理，才能提高发芽率。

长大的生菜耐寒力差，在0℃以下时易受冻害。喜昼夜温差大，生长期适温为11～18℃（白天15～20℃，夜间10～15℃）。如果日平均气温超过24℃，夜间超过19℃，则呼吸强度太大，消耗养分太多，营养物质积累少，植株容易徒长，抽薹减产。生菜开花期间适宜温度为22～28℃，这时如果温度下降到10～15℃以下，虽能开花，但结实率太低。结球生菜在结球期生长的适温为17～18℃。此期对温度要求较严，如果温度上升到21℃以上时，一般不能形成叶球。高温还能引起心叶腐烂坏死，失去食用价值。相对来看，散叶生菜对温度要求不太严格。

（二）光照

生菜是喜阳性作物，日照充足，生长才会健壮，叶片肥厚；长期阴雨，遮阳密闭，会影响生菜的发育。生菜是长日照植物，在春夏长日照情况下抽薹开花，生育速度也随温度上升而加快，早熟品种较敏感，中熟品种一般，晚熟品种反应迟钝。生菜种子喜光，在发芽时给予散射光，能促其发芽。播种以后给予适宜温度、水分和氧气，不覆土或浅覆土时，均比覆土较厚的种子提早发芽。

（三）水分

生菜对土壤表层水分状态反应极为敏感。栽培上需不断地供给水分。保持土壤湿润。尤其产品器官形成期更不能使土壤干燥。缺水时，叶球或茎长得小，味苦，水多时，则易发生裂球或裂茎。

（四）土壤和矿质营养

生菜宜在有机质丰富、保水、保肥的黏质壤土或壤土中生长。生菜喜欢微酸性土壤。适宜土壤pH值为6.0左右。生菜需肥量较大。在施用有机肥作基肥的基础上，追施速效氮肥，不仅能提高产量，也可增进品质。

三、品种选择

生菜有两个类型：第一类为散叶生菜（参见图8-6），散叶生菜又可分为皱叶生菜和直立生菜。见图8-11、图8-12。皱叶生菜其特征是叶片深裂，叶面皱缩，不结球；直立生菜叶狭长直立，叶片全缘或锯齿状，一般不结球或有松散的圆筒形或圆锥形叶球；第二类是结球生菜（参见图8-7），其主要特征是叶片全缘、有锯齿或深裂，页面平滑或皱缩，顶生叶形成叶球，叶球呈圆形或扁圆形。结球生菜又分为皱叶结球生菜和光叶结球生菜两种。从叶球大小、质地来分，可分为软叶和脆叶两种。软叶类型球小、松散、生长期短，需要肥水少，较耐低温，在高温长日照下易抽薹。脆叶类型结球坚实，球大，质地脆嫩，生长期长，需肥水多，产量高，不易抽薹，适合贮运。

图8-11 皱叶生菜

图8-12 直立生菜

图8-13 大速生

图8-14 绿菊

（一）散叶生菜

1.大速生

散叶品种，植株生长速度快，生长期45天左右。植株中等大小，叶形大，有褶皱，叶缘波状，叶色浅绿，商品性好。抗叶灼病、耐寒性强，亩产3000～4000千克。适于春秋季露地及秋冬季保护地栽培。见图8-13。

2.绿菊

辽宁园艺种苗有限公司研发的生菜新品种。散叶类型生菜，株形似菊花，叶圆形，叶面有皱褶，叶色深绿光亮。株高25厘米，株幅40～50厘米，最大叶长25厘米，宽20厘米，每株叶片数50～60片，单株重500～1000克，一般每亩产2500千克，生长期60～80天，定植后一个月即可陆续上市；清香脆嫩，风味佳，抗病虫，极耐寒，是低温专用品种，最适宜秋冬季及早春保护地栽培和露地栽培。见图8-14。

3.软尾生菜

广东省地方品种。株高25厘米，开展度35厘米，叶近圆形，较薄，长24厘米，宽19厘米，黄绿色，有光泽，叶缘波状，叶面皱褶，疏心旋迭，心叶抱合，蓬松。中肋扁宽，长15厘米，宽2.3厘米，厚0.5厘米，浅白绿色，茎部乳汁较多。成株叶片28片左右。叶肉薄，脆嫩多汁、味清香，微苦，品质好。生、熟食皆宜。早熟，越冬栽培生长期150～170天。耐热性弱，较耐寒，过湿易感染软腐病。亩产1500～1800千克。见图8-15。

4.玻璃生菜

广州市地方品种。不结球，叶片簇生，株高25厘米。叶片近圆形，较薄，长18厘米，宽17厘米，黄绿色，有光泽。叶缘波状，叶面皱缩，心叶抱合，叶柄扁宽，白色。单球重200～300克。不耐热，耐寒。一般亩产量2000～3000千克。见图8-16。

图8-15 软尾生菜

图8-16 玻璃生菜

5.紫晶

辽宁园艺种苗有限公司研发的生菜新品种。植株直立，叶片平滑全缘，长卵圆形，色泽光亮，随光照增强色彩逐渐加深变成紫红色；株高30厘米，开展度45厘米，单株重300克以上，定植后30天可采收，亩产1500千克左右；风味好，无纤维，耐寒、耐热性均较强，春秋露地及冬季保护地均可栽培，见图8-17。

6.紫菊

植株直立，叶片深裂，呈花叶形，色

图8-17 紫晶

泽光亮，随光照增强色彩逐渐加深变成紫红色；株高25厘米，开展度45厘米，单株重200克以上，定植后30天可采收，亩产1200千克；风味好，无纤维，耐

图8-18 紫菊

寒、耐热性均较强，春秋露地及冬季保护地均可栽培，见图8-18。

（二）结球生菜

1.皇帝生菜

1989年由美国佛里摩斯公司引进。早熟品种，叶片中等绿色，外叶小，叶面微皱，叶缘缺刻中等，叶球中等大小，很紧密，球的顶部较平。单球平均重500克左右，品质优良，质地脆嫩，耐热性好，种植范围广，生长期85～90天，可做越夏遮阳栽培。见图8-19。

2.萨林娜斯

1987年从美国引进的结球生菜品种。中早熟品种，生育期85天左右，从定植至收获约50天。植株生长旺盛，整齐一致。外叶深绿色，叶缘缺刻小，叶片内合，外叶较少，叶球为圆球形，绿色，结球紧实，外表光滑。单球重500克左右。品质好，成熟期一致。较耐热，耐运输。亩产3000～3500千克。抗霜霉病和顶端灼烧病。适合于春秋栽培。春季2～4月可陆续播种，秋季7月中下旬至12月均可播种。适宜全国各地春秋保护地和露地及夏季遮阳栽培。见图8-20。

3.奥林匹亚

从日本引进，耐热性强，抽薹极晚。植株外叶叶片浅绿色，较小且少，叶缘缺刻多。叶球浅绿色略带黄色，较紧实。单球重400～500克，品质脆嫩，口感好。生育期65～70天，适宜于晚春早夏、夏季和早秋栽培。播种期4～7月，收获期为6月中旬至10月，每亩产量32000～4000千克。见图8-21。

图8-19 皇帝生菜

图8-20 萨林娜斯

图8-21 奥林匹亚

四、栽培关键技术

(一)种子处理

夏秋季节播种时温度尚高,种子发芽困难,宜浸种催芽后播种。即先将种子用冷水浸泡5～8小时,然后搓洗晾干后用湿纱布包好,每天用清水冲洗1次,并置于15～18℃环境下催芽,2～3天后即可播种;或置于冰箱中,在5～6℃条件下存放24小时,再将种子置于阴凉处保湿催芽(见图8-22)。

图8-22　催芽

冬春季节播种前一般不需要对种子进行处理,可以干籽直播。播种前用75%百菌清可湿性粉剂拌种,拌种后立即播种,包衣的商品种可以直接播种(见图8-23)。

(二)播种育苗

采用平畦育苗或穴盘育苗。

1.平畦育苗

(1)消毒　每立方米床土用50%多菌灵可湿性粉剂与50%福美双可湿性粉剂按1∶1混合8～10克,或绿亨一号1克与15～30千克干细土混匀制成药土撒在畦面上,见图8-24。

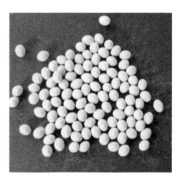

图8-23　包衣的种子

(2)播种　苗床浇透水,水下渗后撒0.5厘米厚的细土,随后播种。一般每平方米苗床播种量为2～3克,播后盖细土0.5厘米(见图8-25),夏季炎热,覆遮阳网保湿,冬季可以覆上塑料薄膜,保温保湿。

图8-24　拌制药土

图8-25　撒播

2.穴盘育苗

育苗基质选用蔬菜专用育苗基质或自己配制。基质含水量达到手握成团、松手即散时即可，及时填装穴盘。播种不宜深，播深不超过1厘米。播后上面盖薄薄一层蛭石，浇水后种子不露出即可（见图8-26）。温度低覆上塑料薄膜，保温保湿，若温度较高可覆遮阳网降温（见图8-27）。

图8-26 穴盘播种   图8-27 遮阳网覆盖

（三）苗期管理

一般播种后保持床温20～25℃，畦面湿润，3～5天可齐苗。如果温度过高，应适度遮光，创造一个阴冷湿润的环境，以利幼苗健壮生长。幼苗刚出土时，应及时撤除畦面的覆盖物，以防形成胚轴过分伸长的高脚苗。出苗后白天18～20℃，夜间8～10℃。出苗后7～10天，当小苗长有二叶一心时，要及时分苗或定苗，平畦育苗的苗距3～5厘米；穴盘育苗的定单株。分苗或定苗后，须用500倍液的磷酸二氢钾溶液喷洒或随水浇灌。苗期还须喷1～2次75%百菌清可湿性粉剂或70%甲基托布津可湿性粉剂600～800倍液，防治苗期病害。苗龄25～35天，长有4～5片真叶时即可定植。见图8-28～图8-31。

图8-28 幼苗出土   图8-29 子叶展开

图8-30　间苗适期

图8-31　穴盘单棵

（四）定植及田间管理

1.定植

当小苗具有5～6片真叶时即可定植，见图8-32，株行距一般为（25～30）厘米×（25～30）厘米。定植时要尽量保护幼苗根系，可大大缩短缓苗期，提高成活率。定植可以采用垄作也可以采用畦作。垄作通常采用"坐水栽"，即先在垄台上按行距打孔，然后浇水，随后摆上生菜苗，待水完全渗下去以后，用周边的土将根部完全盖住，见图8-33。畦作即先在畦内按行距开定植沟，按株距摆苗后浅覆土将苗稳住，在沟中灌水，然后覆土将土坨埋住。这样可避免全面灌水后降低地温给缓苗造成不利影响，见图8-34。

图8-32　定植苗

图8-33　垄作

图8-34　畦作

2.田间管理

（1）浇水　浇缓苗水后要看土壤墒情和生长情况掌握浇水的次数。一般5～7天浇一水。春季气温较低时，水量宜小，浇水间隔的日期长；生长盛期需水量多，要保持土壤湿润；叶球形成后，要控制浇水，防止水分不均造成裂球和烂心；保护地栽培开始结球时，浇水既要保证植株对水分的需要，又不能过量，控制田间湿度不宜过大，以防病害发生。

（2）中耕除草　定植缓苗后，应进行中耕除草，增强土壤通透性，促进根系发育。

（3）追肥　以底肥为主，底肥足时生长前期可不追肥，至开始结球初期，随水追一次氮素化肥促使叶片生长；15～20天追第二次肥，以氮磷钾复合肥较好，每亩用15～20千克；心叶开始向内卷曲时，再追施一次复合肥，每亩用20千克左右。

五、采收、规格和包装

（一）采收

散叶生菜的采收期比较灵活，采收规格无严格要求，可根据市场需要而定。结球生菜的采收要及时，根据不同的品种及不同的栽培季节，一般定植后40～70天，叶球形成，用手轻压有实感即可采收。收获时用小刀自地面割下，剥除外部老叶，除去泥土，保持叶球清洁。见图8-35、图8-36。

图8-35　进入采收期的皱叶生菜　　　　图8-36　进入采收期的结球生菜

（二）品质规格

1.品质

以棵体整齐，叶质鲜嫩，无病斑，无虫害，无干叶，不烂者为佳。

2.规格

（1）皱叶生菜　无黄叶、烂叶，单棵重0.5千克以上。见图8-37。

（2）结球生菜 不出苔，不破肚，单球重0.3千克以上。见图8-38。

图8-37 采收后的皱叶生菜　　　　　　　图8-38 采收后的结球生菜

（三）包装

将叶球修整后用0.03～0.05毫米的低密聚乙烯薄膜袋单个包装，塑料袋上要打6～8个孔，以利通气，包装好的叶球可放入瓦楞纸箱，视纸箱大小定量装入，放入冷库存放。也可用竹筐或塑料筐包装，产品在包装容器内应装满，但不要过满、过紧，以免造成压伤或碰伤。

六、病虫害防治

病害主要有生菜锈病、生菜白粉病、生菜霜霉病、生菜灰霉病、生菜菌核病、生菜茎腐病、生菜顶烧病等；虫害主要有白粉虱、莴苣冬夜蛾等。生菜大都用于生吃，病虫害应以预防为主。加强田间管理等综合措施，化学防治应选用低毒、高效、低残留农药。

（一）生菜病害

1.生菜霜霉病

【症状】在生菜生长幼苗期、成株期均可发病，以成株期受害最为严重，一般主要危害叶片，病叶由植株下部向上蔓延，最初叶上生淡黄色近圆形多角形病斑，潮湿时，叶背病斑长出白霉即病菌的孢囊梗及孢子囊，有时蔓延到叶片正面，后期病斑枯死变为黄褐色并连接成片，致全叶干枯，见图8-39。

图8-39 生菜霜霉病病叶

【传播途径和发病条件】病菌以菌丝在种子或秋冬季生菜、莴笋、菊苣上为害越冬，也可以卵孢子在病残体上越冬。在南方一些温暖地区无明显越冬现象。越冬病菌在翌年春产生孢子囊，通过气流、浇水、农事及昆虫传播。田间孢子囊常间接萌发，产生游动孢子，部分直接萌发产生芽管，从寄主的表皮或气孔侵入。病菌孢子囊萌发适宜温度为 6 ～ 10℃，适宜侵染温度为 15 ～ 17℃。田间种植过密、定植后浇水过早或过大、田间积水、空气湿度大、夜间结露时间长或春末夏初或秋季连续阴雨天气，病害发生严重。

【防治方法】

（1）农业综合防治　采用高畦、高垄或地膜覆盖栽培，实行 2 ～ 3 年轮作，播种时应选用抗病性强良种，播种前应用新高脂膜 800 倍液拌种，播种时应在种子掺入少量细潮土，混匀，再均匀撒播，并覆盖 0.5 厘米厚的细土，并喷施新高脂膜保温保墒增肥效促出苗。加强栽培管理，合理密植，适度增加中耕次数，降低田间湿度；防止田间积水，适时浇水追肥；并在生菜生长阶段喷施壮茎灵，可使生菜叶片肥厚、叶色鲜嫩，同时可提升抗灾害能力，减少农药化肥用量，降低残毒，提高生菜天然品味。

（2）生物防治　① 预防方案：将霜贝尔按 500 倍液稀释喷施，7 天用药 1 次，连用 2 ～ 3 次。② 治疗方案：将霜贝尔按 300 ～ 500 倍液＋大蒜油 15 ～ 20 毫升喷雾，3 天 2 次，连喷 2 ～ 3 次（喷药次数视病情而定）。③ 施药时间：避开高温时间段，最佳施药温度为 20 ～ 30℃。

（3）化学防治　应以预防为主，若发现病株及时拔除并带出集中烧毁，同时应根据植保要求喷施 50% 安克可湿性粉剂、72.2% 普力克液剂等针对性药剂进行防治，并配合喷施新高脂膜 800 倍液增强药效，提高药剂有效成分利用率，巩固防治效果。

2. 生菜灰霉病

【症状】苗期染病，受害茎、叶呈水浸状腐烂；成株染病，始于近地表的叶片，初呈水浸状，后迅速扩大，茎基腐烂，疮面上生灰褐色霉层，天气干燥，病株逐渐干枯死亡，霉层由白变绿，湿度大时从基部向上溃烂，叶柄呈深褐色。在土壤中越冬借气流传播，寄生衰弱或受低温侵袭，相对湿度高于 94% 及适温易发病。发病适温为 20 ～ 25℃，见图 8-40。

图8-40　生菜灰霉病

【传播途径和发病条件】病原菌生长发育的温度范围是 4 ～ 32℃，适温 15 ～ 25℃。在植株衰弱或受低温侵袭、相对湿度高于90%、温度适宜时容易发病。此外，植株叶面有水滴、农事操作不当等造成伤口，特别是春末夏初，植株受较高温影响或早春受低温侵袭后，植株生长衰弱，相对湿度达94%以上，发病普遍而严重。

【防治方法】

（1）农业综合防治　①选健康植株留种，播种前用盐水选种、清除与种子混杂的菌核。②摘除老叶，改善通风条件，加强换气，减轻病害。③地膜覆盖栽培，合理施肥，增施磷、钾肥，清洁田园，拔除中心病株。

（2）化学防治　可喷施以下几种药剂，50%多霉灵可湿性粉剂1000～1500倍液；或50%甲霉灵可湿性粉剂1000～1500倍液；或50%利得可湿性粉剂800～1000倍液。

3.生菜菌核病

【症状】主要为害茎基部。最初病部为黄褐色水渍状，逐渐扩展至整个茎部发病，使其腐烂或沿叶帮向上发展引起烂帮和烂叶，最后植株萎蔫死亡。保护地内湿度偏高时，病部产生浓密絮状菌丝团，后期转变成黑色鼠粪状菌核。见图8-41。

【传播途径和发病条件】病菌以菌核或病残体遗留在土壤中越冬。北方地区3～4月气温回升到5～30℃，只要土壤湿润，菌核就萌发产生子囊盘和子囊孢子。子囊盘开放后，子囊

图8-41　生菜菌核病

孢子成熟即喷出，形成初次侵染。子囊孢子萌发先侵害植株根茎部或基部叶片。受害病叶与邻近健株接触即可传病。菌核本身也可以产生菌丝直接侵入茎基部或近地面的叶片。发病中期，病部长出白色絮状菌丝，形成的新菌核萌发后，进行再次侵染。发病后期产生的菌核则随病残体落入土中越冬。土壤中有效菌核数量对病害发生程度影响很大。新建保护地或轮作棚室土中残存菌核少，发病轻，反之发病重。菌核形成和萌发适宜温度分别为20℃和10℃左右，并要求土壤湿润。空气湿度达85%以上，病害发生重，在65%以下则病害轻或不发病。

【防治方法】

（1）农业综合防治　①栽培防病。收获后彻底清理病残落叶，并进行50～60厘米深翻，将病菌埋入土壤深层，使其不能萌发或子囊盘不能出土。还可覆盖阻隔紫外线透过的地膜，使菌核不能萌发，或阻隔子囊孢子飘逸飞散，减少初侵染源。②土壤处理。即春茬结束后，将病残落叶清理干净，每亩撒施生石灰200～300千克和碎稻草或小麦秸秆400～500千克，然后翻地、做埂、浇

水，最后盖严地膜，关闭棚室闷7～15天，使土壤温度长时间达60℃以上，杀死有害病菌。

（2）化学防治 定植前在苗床用可湿性粉剂40%新星乳油8000倍液，或25%粉锈宁可湿性粉剂4000倍液喷洒。发病初期，先清除病株病叶，再选用65%甲霉灵可湿性粉剂600倍液，或50%多霉灵可湿性粉剂600倍液，或40%菌核净可湿性粉剂1200倍液，或40%菌核利可湿性粉剂500倍液，或45%特克多悬乳剂800倍液喷雾。重点喷洒茎基和基部叶片。有条件的地区最好选用粉尘剂。

4.生菜软腐病

【症状】此病常在生菜生长中后期或结球期开始发生。多从植株基部伤口处开始侵染。初呈浸润半透明状，以后病部扩大成不规则形，水渍状，充满浅灰褐色黏稠物，并释放出恶臭气味。随病情发展，病害沿基部向上快速扩展，使菜球腐烂。有时，病菌也从外叶叶缘和叶球的顶部开始腐烂，图8-42。

图8-42 生菜软腐病

【传播途径和发病条件】病菌主要在病株及土壤肥料中的病残体上越冬，或在其他蔬菜上继续为害过冬。通过浇水、施肥或昆虫传播。由植株的伤口、生理裂口侵入。病菌生长温度4～39℃，最适温度25～30℃。田间水肥管理不当、害虫数量多或因农事操作等造成的伤口多时发病严重。

【防治方法】

① 尽早腾茬，及时翻耕整地，使前茬作物残体在生菜种植前充分腐烂分解。重病地块实行小高垄或高畦栽培。

② 施用充分腐熟的农家肥。适期播种，使感病期避开高温和雨季。高温季节种植选用遮阳网或无纺布遮阳防雨。浇水后或降雨后注意随时排水，避免田间积水。发现病株及早清除。

③ 发病初期喷药。可选用47%加瑞农可湿性粉剂800倍液，或50%可杀得可湿性粉剂500倍液，或20%噻菌铜（龙克菌）悬浮剂75～100克/亩喷雾。根据病情，7～10天防治1次，视病情防治1～3次。

（二）生菜虫害

1.白粉虱

【为害特点】别名小白蛾子。[参见图3-74（a）白粉虱成虫]，该虫分布广泛，为害严重。该虫为害时，一般群集在上部嫩叶背面，刺吸汁液为害，致使叶片发黄变形，萎蔫，甚至全株枯死。此虫由夏至冬不断发生，并分泌大量蜜液，严重污染叶片，常引起煤污病的发生。

【特征特性】成虫体长1～1.5毫米。翅及胸背披白色粉，停息时翅合拢成屋脊状，翅脉简单。卵长0.2毫米，长椭圆，基部有柄，初产淡绿，披有白色粉，近孵化时变褐。若虫体长0.8毫米，淡绿，体背有长短不齐的蜡丝。

【防治方法】

（1）物理防治　① 上防虫网。② 成虫对黄色有较强的趋性，可用黄色板诱捕成虫并涂以粘虫胶杀死成虫，但不能杀卵，易复发。

（2）生物防治　在温室内可引入蚜小蜂。

（3）化学防治　600～800倍蓟虱净、啶虫脒、0.30%苦参碱、噻虫嗪、烯啶虫胺、菊马乳油、氯氰锌乳油、灭扫利、功夫菊酯或天王星等。

2.莴苣冬夜蛾

【为害特点】莴苣冬夜蛾主要为害生菜。幼虫食害嫩叶及留种生菜花序。严重危害生菜，导致生菜减产减质。

【特征特性】老幼虫体长约45毫米，头黑色有光泽，具灰白色倒"Y"字形纹。体黄色，各节间及体两侧有黑白相间斑纹。见图8-43。

【防治方法】田间发现该虫后，可用90%晶体敌百虫1500～2000倍液，或50%辛硫磷乳油500倍液，或5%抑太保乳油1500倍，或20%除尽悬浮剂1000倍液等药剂喷雾防治。

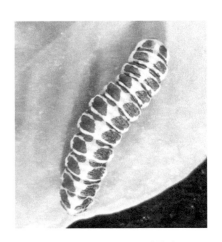

图8-43　莴苣冬夜蛾幼虫

第二节　芹菜

芹菜又叫旱芹、蒲芹。原产地中海沿岸。我国各地均有栽培。以鲜嫩的叶柄作蔬菜，富含维生素、矿物质和挥发性芳香油，具有特殊风味，可促进食欲，并具有降血压、健脑作用。如果用不同栽培方式分期播种，可周年供应。芹菜是喜冷凉湿润的作物，炎热、干旱对其生长不利。所以芹菜的设施栽培对其正常生长很重要，提高栽培技术环境，有利于提高芹菜产量、改善芹菜品质，同时增加了农民的收入。

一、生物学特性

（一）形态特征

伞形科一二年生植物。株高60～100厘米。根系较浅，叶直立簇生于短缩茎上，二回羽状复叶，叶柄发达，中空或实，色深绿，黄绿或白色，其上有数条纵棱纹，有特殊香气。花为复伞形花序，花形小，淡黄色或白色，常异花授粉。果实二室、成熟时裂成两半，有香气，果皮为革质，又有油腺，发芽较慢，千粒重0.4克。见图8-44、图8-45。

图8-44　芹菜叶片　　　　　　　　图8-45　芹菜种子

（二）生长习性

性喜冷凉和湿润气候，较耐阴湿，生长适温为15～20℃，耐寒，成棵能忍受-8℃低温。南方可露地越冬，但不耐热，在26℃以上，生长受阻，品质变劣，纤维多而空心。芹菜要以一定大小的幼苗，在低温（2～5℃）条件下通过春化阶段，在长日照下通过光照阶段而抽薹开花。

二、对环境条件的要求

（一）温度

芹菜喜冷凉温和的气候。种子发芽适温18～25℃，最低温4～6℃；幼苗期宜15～20℃，可耐短时间-4～-5℃低温和30℃左右高温，根系则可于-15℃左右低温下越冬，营养生长期适宜温度为16～20℃，高于20℃生长不良，且易发生病害，品质下降。

（二）光照

低温和长日照可促进苗端分化花芽，故春播易未熟抽薹；芹菜营养生长期高温强光会使纤维增多，品质恶劣。因此芹菜适宜的保护地环境，尤以春提前，秋延后栽培最佳。

（三）水分

芹菜根系分布浅，多在12～18厘米，故不耐干旱，需湿润的土壤和空气条件。尤其在生长盛期，地表布满白色须根更需充足的水分，否则生长停滞，叶柄中机械组织发达，产量、品质降低。

（四）土壤营养

芹菜适宜富含有机质，保水、保肥力强的壤土或黏壤土。每生产100千克芹菜，需氮40克，磷14克，钾60克，缺氮植株矮小，叶柄易老化空心，尤以前后期缺氮影响最大。此外，芹菜对硼需要较强，缺硼时，芹菜叶柄易发生劈裂，可每亩施0.5～0.75千克硼砂。

三、品种选择

芹菜可分为本芹（中国类型）和西芹（欧洲类型）两种。本芹是我国栽培的芹菜类型，植株较矮，菜根大，空心，叶柄细长，柄呈绿色或紫色，纤维较粗，香味浓；西芹又称美国芹菜、实心芹，个体一般较大，根小，棵高，叶柄肥厚宽大实心，纤维少，品质佳，香味较淡，菜质脆嫩，可食部分多，产量高，抗寒性较强，经济效益高，近年来栽培面积不断扩大。一般棚室生产要选择较抗寒、冬性强、抽薹迟的芹菜品种。

图8-46　津南实芹1号

（一）本芹

1.津南实芹1号

天津市津南区双港镇农科站选育。该品种生长势强，抽薹晚，分枝少。叶柄实心，品质好，抗病，适应性广。平均单株重0.5千克，平均亩产5000～10000千克，适合全国各地春秋露地及保护设施栽培。见图8-46。

2.津南冬芹

天津市宏程芹菜研究所1995年推出芹菜新品种。该品种叶柄较粗，淡绿色，香味适口。株高90厘米，单株重0.25千克，分枝极少，最适于冬季保护地生产使用。见图8-47。

图8-47　津南冬芹

3. 铁杆芹菜

植株高大，叶色深绿，有光泽，叶柄绿色，实心或半实心，单株重0.25千克，亩产5000千克左右。见图8-48。

（二）西芹

1. 意大利冬芹

植株长势强，株高85厘米，叶柄粗大，实心，叶柄基部宽1.2厘米，厚0.95厘米，质地脆嫩，纤维少，药香味浓，单株平均重250克左右。可耐-10℃短期低温和35℃短期高温。为南北各地主栽西芹品种，特别适合北方地区中小拱棚，改良阳畦及日光温室冬、春及秋延后栽培。见图8-49。

图8-48 铁杆芹菜　　　　　图8-49 意大利冬芹

2. 美芹

美国引进西芹品种，株高90厘米左右，开展度42厘米×34厘米，叶柄绿色，长达44厘米，宽2.38厘米，厚1.65厘米，叶鞘基部宽3.92厘米，实心，质地嫩脆，纤维极少。平均单株重1千克左右，生熟均适。晚熟，生长期100～120天，耐寒又耐热，且耐贮藏。轻微感染黑心病，不易抽薹。株行距略大于本芹，以25厘米×25厘米为宜，亩栽8000～9000株。见图8-50。

3. 加州王（文图拉）

植株高大，生长旺盛，株高80厘米以上。对枯萎病、缺硼症抗性较强。定植后80天可上市，单株重1千克以上，亩产达7500千克以上。见图8-51。

4. 高犹它52-70R

株形较高大，株高70厘米以上。呈圆柱形，易软化。对芹菜病毒病和缺硼症抗性较强。定植后90天左右可上市，亩产可达7000千克以上，单株重一般为1千克以上。见图8-52。

图8-50　美芹

图8-51　加州王（文图拉）

图8-52　高犹它52-70R

5. 嫩脆

株形高大，达75厘米以上。植株紧凑，抗病性中等。定植后90天可上市，单株重1千克以上，亩产7000千克以上。见图8-53。

6. 佛罗里达683

株形高大，高75厘米以上，生长势强，味甜。对缺硼症有抗性。定植后90天可上市，单株重1千克以上，亩产达7000千克以上。见图8-54。

7. 美国白芹

植株较直立，株形较紧凑，株高60厘米以上。单株重0.8～1千克。保护地栽培时易自然形成软化栽培，收获时植株下部叶柄乳白色，亩产5000～7000千克。见图8-55。

图8-53　嫩脆

图8-54　佛罗里达683

图8-55　美国白芹

四、栽培关键技术

大棚、温室栽培芹菜一般茬口为早春茬、秋冬茬、越冬茬、冬春茬。随着设施园艺的发展，实现了芹菜的反季节栽培，采用合理的覆盖措施，也能实现夏季栽培芹菜。

（一）早春茬栽培技术

1. 品种选择

早春栽培芹菜宜选用冬性强、不易抽薹，且有较强抗病性、耐热性、高产、优质的品种。如美国西芹、意大利冬芹、嫩脆、加州王、文图拉、双港速生等品种。可在大棚或温室内种植。

2.播种育苗

早春育苗没有高温，有时会遇低温，播种育苗一般在温室内进行。时间一般在2月上、中旬播种，4月上中旬定植，6月上旬至7月中旬收获供应。

（1）种子处理 芹菜的种皮厚而坚，并有油腺，难透水，发芽困难，而且是双悬果，有刺毛。所以，育苗可用厚布鞋底或厚皮手套或用砖石等将双悬果搓擦分开，除去刺毛，然后再浸种催芽。

可先用50℃热水搅拌烫种10分钟，再用清水浸种，接着用冷凉清水浸泡12～14小时，然后揉搓，用清水淘洗干净，待种子表面湿而无水时，与等量湿沙均匀搅拌（也可不掺细沙），尔后放在15～20℃冷凉环境条件下保湿催芽。随后每4～6小时，用清水淘洗1次。要在弱光下催芽，在湿布上平铺5厘米厚种子，通过喷水保湿，经常翻动淘洗，经7～8天即可出芽。待60%以上种子萌动后，即可播种。

（2）平畦育苗 畦播育苗需制作苗床，在苗床上浅翻，施足底肥后，再平整做畦。苗床宽度1.5～1.8米，畦埂高度25～30厘米。配制床土，多用肥沃的田园土6份，加腐熟有机肥3份，分别过筛后混匀撒施。

播种前先浇足苗床水，撒0.5厘米厚床土，然后再播种。每平方米苗床播种1克左右，播种后覆盖1/3床土或细潮土（0.5～0.8厘米厚）。为了保持18～20℃的气温，同时保持一定的湿度，可覆盖塑料膜或湿草帘。

（3）平盘育苗 一般将拌好的育苗土装在平盘中，打透水，将芹菜种子均匀地撒播到平盘上，然后再覆一层过筛土或者细沙，早春温度较低时，可以覆盖一层塑料薄膜保水保温。等种子出土时撒去薄膜。待苗长到1～2片真叶时再分苗。

3.苗期管理

（1）发芽期 从种子萌动到子叶展平，真叶顶心，需要10～15天。这期间需要保证适宜的温度、水分和气体条件。播种后，为了保湿和保温，可在苗床上覆盖一层塑料薄膜。温度保持在20～25℃，7～10天出苗（见图8-56）。出苗后，立即揭开塑料薄膜，降温降湿，以防徒长，进行炼苗。

（2）幼苗期 出苗以后，白天温度保持在18～20℃，夜间13～15℃，地温13～23℃。芹菜苗要小水勤浇，保持畦面见干见湿。西芹苗期较长，为防止草害，可于播种后苗前用60%丁草胺1000倍液畦面喷雾。

图8-56 平盘育苗

采用平盘育苗，当幼苗长到1～2片

叶时，可进行分苗，见图8-57、图8-58。

采用平畦育苗，一般进行间苗，苗距3厘米即可。或在幼苗2～4片真叶时，采用开沟贴苗法进行分苗，分苗后保持苗床土湿润，每隔7～10天浇一次水肥。水肥的配制方法是用尿素350克、过磷酸钙800克、氯化钾100克、加水100千克搅匀即可。定植前左右加强通风炼苗壮根，长成壮苗（壮苗标准为苗龄45～70天，株高7～10厘米，有3～5片真叶，叶色浓绿，根系较多，无病虫害，无机械损伤）。当生产田土温稳定在12℃左右，即可定植。

4.整地做畦

定植前每亩施优质的腐熟农家肥5000千克，过磷酸钙或钙镁磷肥50千克，碳酸铵25～30千克，钾肥5～7千克，硼砂1～1.5千克，或复合肥75千克做基肥，保持pH值6.0～7.5。将肥施匀后要深翻20～30厘米，爬平起垄或做畦。起垄高度为10～12厘米，垄面宽50～60厘米。畦宽1米即可。

5.定植

定植密度依品种本身的大小和对商品大小的要求而定。一般以生产单株重在700～1000克的产品为目的的，可以大垄双行栽，株行距应为30厘米×40厘米；单株重在300～600克的产品为目的的，株行距应为20厘米×25厘米；单株重在250～300克的产品为目的的，株行距应为10厘米×15厘米，见图8-59。

定植选在"冷尾暖头"的晴天上午进行，西芹定植采用小垄单株定植。定植前，先将苗床淋透水，起苗时尽量多带土，若使用营养钵育苗则应栽后浇水。定植时按苗大小分级，去除病苗、劣苗、弱苗，先选壮苗、大苗定植，以不埋没生长点为准。随定植随浇水，苗的心或叶淤于泥中时，及时冲洗。浇遍水后封掩。

6.田间管理

（1）温度　定植后密闭棚室，升温缓苗，

图8-57　分苗前

图8-58　用穴盘分苗后

图8-59　平畦移栽

如果外界有寒流降温，要增加保温设施。缓苗后，白天保持20～25℃，夜间10～15℃。以后随温度增高，光照增强，应及时通风，进入6月份可逐渐加大通风量，直至昼夜通风。

（2）肥水管理　芹菜产量高需肥量大，尤其是西芹，但吸肥力低，耐肥力高。芹菜喜湿润环境，定植初期需水量不大，新叶展开后，要加大肥水供应。此时如果水不足，将抑制生长，纤维增多，品质变劣，产量降低。

芹菜前期追肥以氮肥为主，磷、钾肥为辅，后期追肥以氮、钾肥为主，磷肥为辅。磷肥利于叶柄伸长，钾肥利于增粗、增重、叶片叶柄上有光泽、纤维少。而且在整个生育期中，还要追施适量的钙达灵和硼砂，每亩施500～700克，以补充钙元素和硼元素。芹菜缺钙，易发生心腐病；缺硼，早期外叶易出现肉刺，后期叶柄易发生劈裂。会引起植株腐烂、叶柄开裂、长刺、空心等现象。

定植后7～10天，施优质腐熟畜粪500千克＋水500千克，或用1%尿素与5%过磷酸钙浸出液浇施，有利于根系生长；20～30天，心叶生长期，施尿素10千克、硫酸钾2～3千克；40～50天施尿素10千克、硫酸钾4千克。前期叶面喷0.1%～0.2%磷酸二氢钾1～2次。收获前7～10天停止灌水。

（3）除草除蘖　可采用人工除草，也可在定植前每亩用50%扑草净可湿性粉剂100克对水60千克喷地表，或每亩用50%的扑草净100克对水60千克喷雾土表。生长期间每亩用25%除草醚500克对水100千克喷雾土表，植株封行后以人工拔草为主。芹菜生长前期叶腋间会长出侧芽形成分蘖，不利于商品器官的形成，要及时去掉，以减少养分的消耗。

（二）秋冬茬、越冬栽培技术

秋冬茬、越冬茬芹菜生产，是夏季在露地育苗、晚秋定植于大棚或温室、霜冻前覆盖棚膜、于新年和春节上市的栽培方式。

1. 品种选择

秋冬、越冬栽培芹菜应选择耐寒性强、品质好、产量高、抽薹晚的品种。如：开封玻璃脆、实心芹、津南实芹1号、春丰、天津黄苗、潍坊青苗等优良中国芹菜品种。西芹则可选用意大利冬芹、高犹它52-70R、佛罗里达683、美国西芹、文图拉等品种。

2. 播种育苗

育苗期的时间根据各地区纬度不同略有差异，一般于7月下旬～9月上中旬分期播种，11月～翌年3月分批采收。北纬40度以北地区多在7月中下旬播种，9月中下旬定植，苗龄60天左右。秋冬茬在播种育苗期间可能会遇到高温天气，注意降温，冬季会遇到低温天气，注意防寒。

（1）浸种催芽　由于芹菜是喜凉作物，高温季节播种须低温催芽。方法同前面介绍，将种子放入20～25℃水中浸种16～24小时。将浸好的种子搓洗干净，摊开稍加风干后，用湿布包好放在15～20℃处催芽，每天用凉水冲洗1次，4～5天后，当有60%的种子萌芽时即可播种。

（2）播种育苗　育苗期正值夏季高温季节，因此需要精细管理。苗床地应选择既能排水又能灌水，土质疏松肥沃，通风良好的地块。播前床土要深耕晒垡，并结合整地每亩施入充分腐熟的有机肥3000千克作基肥，地要整细整平，做成1.2米宽的高畦。

苗床浇透底水后，适墒播种，播种要匀，盖土要细，以不见种子为度。每亩苗床撒种子0.5～1千克，苗床与定植田面积比为1∶（8～10）（中国芹）或1∶（15～20）（西芹）。因夏季高温多雨，所以要做好防雨降温，加盖必要的遮阳设备。

3.苗期管理

（1）发芽期　播种后到苗出土期间要注意遮阳：播种床采用防雨棚（一网一膜覆盖），以防止暴雨冲刷，操作也方便。播种后出苗前，苗床上要覆盖稻草、青草、水浮莲等降温保湿防暴晒，并经常洒水，保持床土湿润，以利幼芽生长。出苗后，揭去地面覆盖，无防雨棚架苗床要搭1～1.2米高凉棚遮阳，用竹帘、芦帘或遮阳网覆盖，要盖晴不盖阴，盖昼不盖夜，大雨时也要盖上。

（2）幼苗期　间苗：出苗后及苗高2.5厘米时（约1～2片真叶）要及时间苗。西芹苗高10厘米时（3～4片真叶）可移苗假植一次，苗距10厘米×8厘米。由于种子出苗不齐，移苗时应注意大小苗分开栽，以便于管理，假植苗床同样需要遮阳降温保湿。播种较晚的可不必遮阳。

除草：芹菜幼苗生长缓慢，要及时拔除杂草，防止草害，可在播种后出苗前每亩用50%扑草净可湿性粉剂100～150克或48%氟乐灵乳油150～175克或48%地乐胺乳油200克对水60～70千克均匀喷洒土面，化学除草省时省工价廉，效果也较好。

肥水管理：在整个育苗期间，都要注意浇水，经常保持土壤湿润。浇水要小水勤浇，且应在早晚进行，午间浇水会造成畦表面温差，以致死苗。齐苗后可叶面喷0.3%磷酸二氢钾与0.2%尿素混合液，促进幼苗生长。定植前7天左右控制浇水，炼苗壮根，以利于定植后的缓苗活棵。

4.整地做畦

一般每亩施优质腐熟有机肥3000～5000千克、过磷酸钙25～30千克、硫酸钾20千克，或草木灰100千克、尿素10千克作基肥，深翻后做成1.2～1.5米宽的平畦。

5.定植

起苗前苗床浇透水，连根起苗，主根留4厘米剪断，以促发侧根。把苗按大、小分级，分畦栽植。栽苗时，本芹按株行距15厘米见方，西芹按株行距30厘米见方定植，单株栽植。栽时要掌握深浅适宜，以"浅不露根，深不于心"为度。栽完苗后立即浇一次大水。

6.田间管理

（1）外叶生长期 从第一叶环形成至心叶开始直立生长为外叶生长期，需 20 ～ 40 天。这时期主要是根系恢复生长。随着根系恢复生长和新根的发生，植株陆续长出新叶。由于定植后营养面积扩大，受光状况改善，新叶呈倾斜状态生长。此期间应保持土壤湿润，满足养分供应。

温度调节，温室秋冬茬芹菜缓苗后，气温逐渐下降。一般初霜前后，日温降到10℃，夜温低于5℃时，将温室前屋面扣上塑料薄膜。盖膜初期，光照强，温度高，要注意通风降温。日温控制在18 ～ 20℃，超过25℃应及时通风。夜温13 ～ 18℃，土温15 ～ 20℃，促进地上部与地下部同时迅速生长。

水肥管理，从定植到缓苗约15天，需小水勤浇，保持土壤湿润，促进缓苗。缓苗后及时控制浇水，中耕松土，蹲苗7 ～ 10天，促进根系发育。

图8-60 加盖草苫

图8-61 温室栽培

（2）心叶肥大期 从心叶开始直立生长至产品器官形成，需30 ～ 60天。该期植株生长速度加快，陆续生长新叶，叶柄积累营养而肥大，是产量形成的关键时期。同时发生大量侧根，主根也贮存养分而肥大。

温光调节，随外界温度下降逐渐减少放风，并根据天气加盖草苫、纸被等保温覆盖物（见图8-60）。严寒冬季2 ～ 3天通一次风，夜间温度要保持在5℃以上，确保芹菜不受冻。芹菜在营养生长期对光照要求不太严格，适宜的光照强度可满足芹菜生长的需求。

水肥管理，适宜的土壤相对含水量为60% ～ 80%，空气相对湿度为60% ～ 70%。水分不足则品质和产量下降。当心叶开始直立向上生长，地下长出大量根系时，标志着植株已进入旺盛生长时期，应结束蹲苗。

加强肥水管理，结合浇水每6亩追施尿素10千克，当内层叶开始旺盛生长时，应追肥2 ～ 3次，每次每亩追施饼肥100千克或尿素10千克，硫酸钾15千克，生长期间保持土壤湿润，见图8-61。

本芹掰收后1周之内不浇水，以利伤口愈合（见图8-62）。以后心叶开始生长，伤口已经愈合时，再进行施肥灌水。收获前20天禁止施用速效氮肥，以免叶柄中硝酸盐含量超标。

中耕除草，中耕芹菜前期生长较慢，常有杂草危害，要及时中耕除草，中后期地下根群扩展、地上部植株长大时，停止中耕，以免伤及根系影响芹菜生长。

图8-62　掰收

（三）夏季栽培技术

夏季气温高，光照强，不利于芹菜生长，产出的芹菜纤维多，口感较差。如果在此时能采取一定的栽培管理措施，如荫棚、遮阳网覆盖等措施，就可达到既提高产量，又改善品质的目的，经济效益好。

1.品种选择

夏栽芹菜的整个生育期都在最炎热的季节，此时雨水多，病害较重，生产上要选用耐热、抗病、品质好的品种，如津南实芹、平度大叶黄、玻璃脆芹菜、溢香伏芹和正大黄心芹等。

2.播种育苗

夏季栽培一般在6月上旬播种育苗，充分利用夏季闲置的棚架作支架，采用膜网结合的方法，为夏季芹菜生长创造良好的环境条件，9月份芹菜上市时正值市场淡季，生产出的芹菜优质、脆嫩，深受消费者青睐，经济效益较为显著。

（1）浸种催芽　由于芹菜是喜凉作物，高温季节播种应低温催芽，催芽方法见前节介绍。为防止种子带菌传播早疫病和斑枯病，应用50℃的温水浸种半小时，然后再进行催芽。可将处理好的种子置于冰箱冷藏室中催芽或用绳子吊挂在深井中离水面约40厘米处催芽，其间每天翻动冲洗1～2次，以增强通气性。经7天左右，当60%以上种子露白后即可播种。

（2）苗床准备　应选择通风透光、保肥保水、透气性好、便于灌排的田块作苗床，苗床应设在棚顶有塑料薄膜覆盖的大棚内。播种前，苗床要重施底肥，熟化培肥土壤，底肥以充分发酵腐熟有机肥为主，每亩苗床施入腐熟圈肥3000千克、硫酸钾100千克，深耕细耙，使土肥相融，然后筑畦宽2米、畦高0.25米，沟宽0.3米、沟深0.25米的高畦。

播种前，苗床浇足水，待水渗下后，畦面喷雾96%金都尔芽前除草剂2000倍液，封除杂草；用50%辛氰乳油10毫升＋绿亨一号5克浇施苗床，可预防土传病害，并可防治地下害虫。

（3）播种育苗　采用湿播法播种，每亩用种量0.2千克左右。为达到一播全苗的目的，畦面要一次性浇透底水，待水充分渗入土壤后再均匀撒播，播后覆盖0.5厘米厚过筛干细土，然后覆盖遮阳网遮光降温。适时浇水，保持畦面湿润，直至出苗。

3.苗期管理

（1）发芽期　芹菜出芽较慢，幼苗期很长，为防止因气温高、干热风多而晒干种子，也为了降低地温，促进出苗和防止大雨冲苗，应在苗畦上覆盖草帘、旧塑料薄膜、防虫网等进行遮阴。播种至出苗前每隔1～2天浇1次小水，保持畦面湿润。因芹菜种子细小，顶土力极弱，土面稍微干燥板结就不能出苗，出苗前如遇热雨，应及时用冷凉的井水喷灌降温，以免幼苗因缺氧而窒息，同时防止高温抑制发芽出苗。

图8-63　温室遮阳

（2）幼苗期　约60%幼苗出土时，应立即揭开遮阳网等覆盖物，在温室顶膜上覆盖遮阳网遮阳降温（见图8-63）。苗期应及时防除草害，防止发生"草欺苗"现象。及时间苗，间去弱苗和过密苗，确保秧苗健壮生长。保持苗床湿润，掌握见干见湿、小水勤浇的原则，促进根系深扎，培育壮苗。齐苗后追1次肥，可选用绿芬威2号、磷酸二氢钾等，以后每隔7天追肥1次。

4.整地做畦

定植田应选择土壤有机质含量丰富，保水保肥力强，通透性好，便于灌排，前茬未种过芹菜，棚顶有塑料薄膜覆盖的大棚。定植前，利用原有的大棚西甜瓜、茄果类等蔬菜清茬换茬后闲置的棚架，撤去棚四周裙膜，以利通风降温。但要保留顶膜避雨，在顶膜上覆盖遮阳网遮阳降温。深耕细耙土壤，每亩施入充分腐熟鸡粪2000千克、腐熟饼肥50千克、硫酸钾100千克，施后深耕25厘米左右，使土肥充分混匀，整细耙平筑畦。一般采用宽1.5～2米，高0.25米的高畦。

5.定植

待秧苗长到10～13厘米高时，即可选在阴天或晴天傍晚定植。定植前1天，苗床浇足水，选健壮秧苗按大小分级分畦定植。带土移栽，起苗时应带土，尽量避免伤及叶片和根系，定植株行距本芹为10厘米×10厘米，具体栽培密度因土壤肥力和品种而异。定植深度应与幼苗在苗床上的入土深度相同，定植后立即浇足定植水，第2天早晨浇活棵水。

6.田间管理

（1）温光管理　芹菜定植后正值强光、高温、多雨等灾害性天气频发的季节，膜网双重覆盖可有效防止烈日曝晒和阻滞暴雨对畦面的冲击，降低暴雨对芹菜造成的机械损伤和泥沙污染，起到遮阳、降温、避雨三重功效。要灵活掌握遮阳网揭盖技术，应白天盖、晚上揭，晴天盖、阴天揭，切忌一盖到底。

（2）肥水管理　定植后应小水勤浇，保持畦面湿润，切忌大水漫灌，以免畦面板结。浇水以渗透根系周围土壤为宜。要根据土壤墒情和天气预报信息酌情浇水，高温天气水分蒸发量大，应在日出前或日落后浇水。定植活棵后，结合浇水追施充分腐熟稀薄人粪尿1次，每亩施稀薄人粪尿5千克左右。前期追肥以氮肥为主、磷钾肥为辅，中后期要合理施用氮、磷、钾肥。平衡配套施肥，每隔7天追1次肥，薄肥勤施，以利茎叶细嫩。采收前7天应停止追肥，降低硝酸盐含量，有利于贮藏；可浇1次小水，以使叶柄鲜嫩、充实。

（3）中耕除草　芹菜生长期间应及时中耕除草松土2～3次，改善土壤通透性和减少土壤养分消耗，利于根系发育。一般在每次追肥前，结合除草进行中耕。由于芹菜根系分布较浅，中耕宜浅，只要达到除草、培土的目的即可，不能太深，以免伤及根系，反而影响芹菜生长。

图8-64　掰叶采收

五、采收

在北方冷棚、改良阳畦、大棚等地栽培的春芹菜定植后45天左右即可收获，秋芹菜一般在10月下旬开始采收。冬季日光温室芹菜定植后50～60天开始采收。一般分批采收，每隔1月劈收1次，每次劈收不宜太狠，否则芹菜恢复慢，影响产量。劈收后5～7天内不浇水，以免造成伤口感染引起腐烂。以后根据下茬定植需要和市场需求，确定最终采收时间，最后一次采收时连根刨出。采后及时捆扎成把，上市销售。见图8-64、图8-65。

六、病虫害防治

在设施栽培条件下控制好温度和湿度，注意通风，加强管理，芹菜的病虫害可以很好地控制。主要病害有芹菜斑枯病、芹菜叶斑病、芹菜软腐病，虫害主要是蚜虫、菜青虫。

图8-65　采收后打捆

（一）棚室芹菜主要病害

1. 芹菜斑枯病

【症状】主要危害叶片，也能危害叶柄和茎。在叶片上病斑初为淡褐色油渍状小斑点，扩大后，病斑外缘黄褐色，中间黄白色至灰白色，边缘明显，病斑上有许多黑色小粒点（分生孢子器），病斑外常有一圈黄色晕环。在叶柄和茎上，病斑长圆形，稍凹陷。是冬春保护地及采种芹菜的重要病害，发生普遍而又严重，对产量和质量影响较大。见图8-66。

图8-66 芹菜斑枯病

【传播途径和发病条件】主要以菌丝体潜伏在种皮内或病残体上越冬。播种带菌种子，出苗后即发病。在病残体上越冬的病原菌，遇适宜温、湿度条件，产生分生孢子器和分生孢子，借风或雨水飞溅将孢子传到芹菜上。孢子萌发产生芽管，经气孔或穿透表皮侵入，在适宜条件下潜育期8天左右，病部又产生分生孢子进行再侵染。该病在冷凉和高湿条件下易发生，气温20～25℃，连阴雨、湿度大时发病重，此外，白天干燥，夜间有大露，温度过高或过低，植株抵抗力弱时发病重。

【防治方法】

（1）农业综合防治　① 选用无病种子或对带病种子进行消毒。从无病株上采种或采用存放了2年的陈种，如采用新种要进行温汤浸种，即48～49℃温水浸30分钟，边浸边搅拌，后移入冷水中冷却，晾干后播种。② 加强田间管理，施足底肥，看苗追肥，增强植株抗病力。③ 保护地栽培要注意降温排温，白天控温15～20℃，高于20℃要及时放风，夜间控制在10～15℃，缩小日夜温差，减少结露，切忌大小漫灌。

（2）生物防治　① 预防方案：奥力-克速净按500倍液稀释喷施，7天用药1次。② 治疗方案：轻微发病时，奥力-克速净按300～500倍液稀释喷施，5～7天用药1次；病情严重时，按300倍液稀释喷施，3天用药1次，喷药次数视病情而定。

（3）化学防治　棚室芹菜苗高3厘米后有可能发病时，施用45%百菌烟剂熏烟，用量：每亩200～250克/次，或喷撒5%百菌清粉尘剂，每亩1000克/次。露地可选喷75%百菌清湿性粉剂600倍液、60%琥·乙磷铝可湿性粉剂500倍液、64%杀毒矾可湿性粉剂500倍液、40%多·硫悬浮剂500倍液，隔7～10天1次，连续防治2～3次。

2.芹菜叶斑病

【症状】在幼苗期、成株期均可发病，以成株受害较重，主要危害叶片，也能危害叶柄和茎。植株受害时，首先在叶边缘、叶柄处发病，逐步蔓延到整个叶片。叶片被害初呈黄绿色水渍状斑，后发展为圆形或不规则形，病斑大小2～15毫米，中央灰褐色，内部组织坏死后病部变薄呈半透明状，周缘深褐色，稍隆起，外围具黄色晕圈。病斑不受叶脉限制，严重时扩大汇合成斑块，终致整个叶片变黄枯死。叶柄和茎染病，病斑椭

图8-67　芹菜叶斑病

圆形，大小3～23毫米，初始产生水渍状小斑，扩大后成暗褐色稍凹陷条斑，发生严重时，使植株倒伏。田间湿度高时，病部常长出灰白色霉层，即病菌的分生孢子梗及分生孢子。见图8-67。

【传播途径和发病条件】初侵染源主要为种子或残留病株。病菌以附着在种子表面和侵入种皮内的菌丝及残留病株和土壤中菌丝与孢子越冬，在环境条件适宜时，菌丝体产生分生孢子，通过气流传播至寄主植物上，在水滴存在的条件下从寄主表皮直接侵入，引起初次侵染。播种带病种子，出苗后即可染病，并在受害的部位产生新一代分生孢子，借气流风雨传播，进行多次再侵染，周而复始一直延续到秋末，危害逐步加重。病菌喜高温潮湿的环境，发病适温为22～30℃，相对湿度85%～95%，分生孢子形成适温15～25℃，萌发适温28℃。分生孢子发芽最适温度范围为15～20℃，对湿度要求较低，潮湿条件更利于发病。

【防治方法】

（1）农业综合防治　① 种子处理：播种前用50℃的温汤浸种30分钟，晾干后播种，或用50%福美双可湿性粉剂600倍液浸种50分钟，然后用清水冲洗干净或晾干直接播种。② 茬口轮作：重发病田块，提倡与其他蔬菜隔年轮作，减少病源数量。③ 加强管理：培育无病壮苗，适时追肥，提高植株抗病能力，合理灌溉，开好排水沟系，降低田间湿度和地下水位，保护地栽培要注意降温排湿，切忌大水漫灌。④ 清洁田园：收获后及时清洁田园，清除病残体，带出田外销毁，并深翻土壤，加速病残体的腐烂分解。

（2）化学防治　在发病初期开始喷药，每隔7～10天喷1次，连续喷2～3次。药剂可选用75%百菌清可湿性粉剂600倍液，或50%多菌灵可湿性粉剂800倍液。另外，保护地区在发病初期可用25%一熏灵烟熏剂进行闷棚熏蒸或喷撒5%百菌清粉尘剂，每亩每次用药1千克。

3.芹菜软腐病

【症状】芹菜软腐病又称"烂疙瘩"，属细菌性病害，一般在生长中后期封

图8-68 芹菜软腐病

垄遮荫、地面潮湿的情况下易发病。病菌主要在土壤中越冬，通过昆虫、雨水或灌溉水等从伤口侵入，发病后可通过雨水或灌溉水传播蔓延。主要发生于叶柄基部或茎上。一般先从柔嫩多汁的叶柄基部开始发病，发病初期先出现水浸状，形成淡褐色纺锤形或不规则的凹陷斑，后呈湿腐状，变黑发臭，仅残留表皮。见图8-68。

【传播途径和发病条件】此病在4～36℃内均能发生，最适温度为27～30℃。病菌脱离寄主单独存在于土壤中只能存活15天左右，且不耐干燥和日光。发病后易受腐败性细菌的侵染，产生臭味。病菌主要随病残体在土壤中越冬。发病后通过昆虫、雨水和灌溉及各种农事操作等传播，病菌从芹菜的伤口处侵入。由于病菌的寄主很广，所以一年四季均可在各种蔬菜上侵染和繁殖，对各季栽培的芹菜均可造成危害。芹菜软腐病的传播和发生与土壤、植株的伤口及气候条件密切相关，有伤口时病菌易于侵入，高温多雨时植株上的伤口更不易愈合，发病加重，容易蔓延。

【防治方法】

（1）农业综合防治　①合理轮作，实行两年以上轮作。选用抗病品种，无病土育苗，播种前用新高脂膜拌种能驱避地下病虫，隔离病毒感染，提高种子发芽率；并及时清除前茬作物病残体，同时向地面喷施消毒药剂加新高脂膜800倍液对土壤进行消毒处理。②栽培管理，在定植、中耕、除草等各种操作过程中应避免在植株上造成伤口，随后喷施新高脂膜形成一层保护膜，防止病菌借伤口侵入，同时在芹菜生长阶段喷施壮茎灵，可使植物杆茎粗壮、叶片肥厚、叶色鲜嫩、植株茂盛，天然品味浓。

图8-69 芹菜根结线虫

（2）化学防治　在发病初期可用20%噻菌铜（龙克菌）悬浮剂75～100克/亩喷雾。也可用20%噻森铜悬浮剂500～600倍液喷雾，或600～1000倍液浇灌根。

4.芹菜根结线虫

【症状】芹菜根结线虫病害是对芹菜危害很大的虫害，芹菜根结线虫害主要发生在根部，须根或侧根染病后产生瘤状大小不等的根结。地上部发病重时叶片中午萎蔫或逐渐枯黄，植株矮小，发病严重时，全田枯死。见图8-69。

【传播途径和发病条件】根结线虫多以2龄幼虫或卵随病残体遗留在土层5～30厘米中，能够存活1～3年；条件适宜时，越冬卵孵化为幼虫，继续发育后侵入根部为害，刺激根部细胞增生，产生新的根结。在保护地生产中，长年种植单一蔬菜，会促使根结线虫成为优势种。田间发病的初始虫源主要是病土或病苗。南方根结线虫生存最适温度25～30℃，高于40℃，低于5℃都很少活动。常年连作地块、砂质土壤、雨水多发病重。

【防治方法】

① 病田种植大葱、韭菜、辣椒等抗耐病菜类可减少损失，降低土壤中线虫量，减轻下茬受害。提倡采用高温闷棚防治保护地根结线虫和土传病害。

② 根结线虫通常在0～30厘米的土壤中活动，可以在7月或8月采用高温闷棚进行土壤消毒，地表温度可达到70℃以上，地温可达到49℃以上，也可杀死土壤中的根结线虫和土传病害的病原菌。

③ 土壤处理。用0.5%阿维菌素颗粒剂3～4千克/亩或98%棉隆微粒剂2～5千克/亩。

④ 在生长期发病，可用1.8%阿维菌素乳油2000～3000倍液灌根，每株灌250毫升。

（二）棚室芹菜主要虫害

1.蚜虫

【为害特点】【形态特征】【生活习性】同大白菜蚜虫。

【防治方法】

（1）农业综合防治　清理田园，收获后及时处理杂草。

（2）生物防治　保护瓢虫、黄蜂、草蛉等蚜虫的天敌。

（3）化学防治　40%乐果乳油、20%的康福多乳油2000倍液或用50%蚜虱灵乳油、阿维菌素2000倍液，或用10%高效氯氰菊酯乳油，20%速灭杀丁乳油3000倍液，或用10%吡虫啉可湿性粉剂1500倍液喷雾防治。每7天施1次，连续喷2～3次。芹菜抗药性弱，喷药剂一定要严格掌握。

2.菜青虫

【为害特点】【形态特征】【生活习性】同大白菜菜青虫。

【防治方法】可用40%乐果乳油800倍液、速灭杀丁1500倍液及早防治。

第三节　菠菜

菠菜营养丰富，是百姓餐桌上常见的绿叶蔬菜。近年来菠菜栽培面积逐年增加，尤其是在城市郊区棚室栽培菠菜呈发展之势。

图8-70 菠菜的花

图8-71 菠菜种子

一、生物学特性

菠菜又名菠薐、波斯菜、赤根菜。为藜科菠菜属，菠菜为2年生（秋播）或1年生（春播）蔬菜。一年生草本，全体光滑，柔嫩多水分。菠菜主根发达，肉质根红色，幼根也带红色。根群主要分布在25～30厘米的土壤表层。叶簇生或互生，基部叶和茎下部叶较大，茎上部叶渐次变小，戟形或三角状卵形。抽薹前叶柄着生于短缩茎盘上，呈莲座状，深绿色。花序上的叶变为披针形，具长柄。花单性，雌雄异株，两性比约为1∶1，偶尔也有雌雄同株的。雄花排列成穗状花序，顶生或腋生，花被4个，黄绿色，雄蕊4个，伸出；雌花簇生于叶腋，花被坛状，有2齿，花柱4个，线形，细长，下部结合。胞果，每果含1粒种子，果壳坚硬、革质，或有2个角刺。按果实外苞片的构造可分为有刺种和无刺种两个类型。花期夏季。见图8-70、图8-71。

二、对环境条件的要求

（一）温度

菠菜耐寒性强，种子在4℃时即可发芽，15～20℃时发芽最快，20℃以上时对发芽不利。生育适温是15～20℃，21℃以上时生长不良。2～4片真叶时可忍受–6℃的低温，4～6片叶时耐寒力更强。

（二）光照

菠菜属长日照作物，在长日照条件下才能进行花芽分化。在短日照条件下会不断分化叶片，产量高而且品质好，这一点对棚室种植尤为适宜。但必须注意因温度过高而引起的生育不良。

（三）水分

在土壤相对含水量为70%～80%的环境中生长旺盛，适宜的空气相对湿度是80%～90%。湿度过大易得霜霉病，干燥会使茎叶生长受阻，叶组织老化。

（四）土壤

菠菜适应性强，但在弱酸性到中性的土壤中栽培最好，偏酸或偏碱环境均对生长不利。当土壤pH值小于6.5时，菠菜表现为叶柄变细，叶色淡，叶片薄；pH值小于4时，菠菜则长不起来。

三、品种选择

根据不同栽培时期选择不同的菠菜品种。棚室栽培春菠菜以选择不易抽薹或抽薹较晚、优质高产的圆叶品种为宜，夏菠菜和秋菠菜以选择耐热性较强的圆叶菠菜为好，冬菠菜则选用耐寒性相对较强的圆叶菠菜或耐寒性强的尖叶菠菜。

1. 菠杂10号

国家蔬菜工程技术研究中心选育的菠菜品种。耐寒性强，抗病、高产、稳产，适于北方露地越冬根茬和大棚栽培。见图8-72。

图8-72　菠杂10号

2. 京菠700

中熟品种，尖圆叶，叶片平展，叶色深绿有光泽，叶片宽大肥厚；耐抽薹，抗霜霉病；适合春季、秋季及越冬栽培。见图8-73。

3. 京菠186

中早熟品种，株型直立，生长速度快；椭圆叶，叶面平展，叶色深绿；较耐抽薹，抗霜霉病，产量高；适合早春、秋季及越冬栽培。见图8-74。

图8-73　京菠700

4. 京菠5号

植株长势强，叶片宽大深绿，叶柄较短，株型直立，株高30厘米左右。耐热抗抽薹，冷凉地区适合夏季生产，播种后30～40天收获。见图8-75。

5. 京菠1号

株型直立紧凑，叶片平展，叶色深绿有光泽，商品性极好。抽薹早，产量形成快。该品种适于越冬栽培。见图8-76。

图8-74　京菠186

图8-75　京菠5号

图8-76　京菠1号

6.荷兰快速35天

早熟品种，播种后28～35天可采收。戟形叶，叶片较大，叶色深绿，叶肉厚。植株长势旺盛，株型直立，整齐度好，耐抽薹，产量高，抗霜霉病7个生理小种。适合中国大部分地区春、秋及越冬栽培。见图8-77。

7.高松

优良的交配一代品种，中早熟，极抗病，播种后40～45天可收获。植株直立，叶片大呈深绿色，叶肉肥厚，生长旺盛，产量高，商品性极好，尤其适于加工。耐寒及耐热性强，抗寒优势明显，耐抽薹，适合春季、秋季及越冬栽培。见图8-78。

8.耐热先锋

耐热品种，在伏天表现优异，叶片大，尖圆叶，叶肉厚，颜色深绿，株型直立，生长旺盛，生长速度快，产量高，商品性好，适合高温期栽培，抗霜霉病1-7生理小种。见图8-79。

图8-77　荷兰快速35天

图8-78　高松

图8-79　耐热先锋

四、栽培关键技术

（一）日光温室育苗移栽菠菜关键技术

1.育苗

（1）营养土配制和苗床制作　营养土按园土与腐熟有机肥体积3∶1的比例

配制，过筛后充分混匀待用。苗床宽1.2米，床埂宽25～30厘米、高15～20厘米。若采用营养土方育苗，应将床底整平压实，先铺一层0.5～1厘米厚的细河沙，再铺一层6～8厘米厚的营养土，整平压实后浇足底水，水渗下后即可播种。若采用营养钵育苗，可将配制好的营养土分装至营养钵（5厘米×5厘米）中，平整摆放在苗床上，浇底水，待水渗透不沾手即可播种。

（2）播种　采用营养土方育苗的，播种时采用自制的"播种床"（边框木制，底板为塑料板，一般长1.2米，宽0.6米，孔距4厘米，孔径5毫米，以每孔播3～5粒种子为宜），先将适量种子堆放在"播种床"一角，用刷子轻轻地来回刷扫即可。刷扫完一床后，移动"播种床"，继续刷扫下一床，直到将苗床播满为止。最后覆一层1～1.5厘米厚的细营养土，再覆盖薄膜以保墒和提高出苗速度。采用营养钵育苗的，只需将种子点在营养钵内，覆1厘米左右厚的营养土，上覆薄膜即可。

（3）苗期管理　播种后保持5厘米深的地温在22～25℃，气温保持白天25～30℃，夜间12～15℃。3～4天即可出苗。60%幼苗出土后，要及时撤去薄膜，最好在傍晚进行。同时，要适当降低苗床气温，白天保持在20～25℃，夜间10～12℃，以免幼苗徒长。幼苗"破心"后要适当提高苗床气温，白天保持在25～28℃，夜间12～15℃，10厘米深的地温以25℃为宜。苗床空气湿度以60%～70%为好，一般不干不浇水。浇水时应浅浇。苗期一般不施肥。若幼苗表现出缺肥症状，可结合浇水追肥1次。按2份硝酸铵+1份磷酸二氢钾配肥，浓度为0.1%～0.3%，每10米^{2}用喷雾器喷洒2～3千克，喷洒后用清水冲洗叶面，以免烧叶。壮苗指标：苗龄20～25天，幼苗达三叶一心或四叶期，叶片大而有光泽，株高10厘米左右，开展度12厘米左右，根系发达，根粉红色而粗壮，形似鼠尾，无病虫害，幼苗整齐一致。

2.定植

每亩施腐熟农家肥5000千克、尿素30千克、磷肥80千克作基肥，与25厘米内耕层土壤混合均匀，翻耙搂平做畦。畦宽2～2.5米，畦埂宽25～30厘米、高15～20厘米，畦长与温室宽度相同，一般为6.5～7.5米。定植前1天苗床或营养钵浇足水，以防散坨。若栽后30天采收，则株距10厘米，行距12厘米；若栽后20天采收，则株行距为10厘米见方。定植时一般先开5～7厘米深的定植沟，在沟内用洒壶浇水，然后按株距摆放苗坨，最后覆土填平定植沟。

3.田间管理

（1）温湿度管理　定植后以促发新根、促进心叶生长为重点，气温保持在25～30℃。缓苗结束后白天保持在22～25℃，夜间12～15℃。夏季栽培以遮阳降温为主，冬季栽培以保温、排湿为主。

（2）水分管理　定植后全面浇水1次，最好采用韩国S型小微喷（由主闸阀、过滤网、分闸阀、施肥罐、主管、支管等组成，支管上有排状小孔，形成环

图8-80 菠菜扎捆

状水珠，雾化程度高）或浅灌，随后7～10天不再浇水，适当蹲苗，促进根系生长，以后每隔7天浇1次水，采用喷灌的每次喷20分钟，以水分渗透土壤20厘米深为宜，采收前5～7天不再浇水。

（3）施肥 定植7～10天后结合浇水进行追肥，浅水漫灌的每亩追施尿素10千克或硝酸铵10～15千克。采用喷灌的可将肥料溶解在水中，每立方米水中加入硝酸铵0.5千克或尿素0.5千克，同时，每隔10天可叶面喷施0.2%磷酸二氢钾溶液1次。

4. 采收

根据市场行情随时采收上市。一般定植后20～30天即可采收。采收后摘除基部黄叶，捆成0.5～2千克的小捆待售。见图8-80。

（二）大棚秋茬菠菜栽培关键技术

大棚秋菠菜的栽培特点是，生育前期在大棚内可以不扣棚膜生长（即露地生长），霜冻前扣上棚膜在大棚内生长，采收时间为11月上旬。同时也可以扣棚膜栽培。

1. 整地做畦

如果上茬种植的是果菜类，这茬可以不施有机肥，只撒施45%三元复合肥或15%撒可富。具体做法是把畦地翻耙疏松1遍，耧平畦面。若上茬生产蔬菜造成土壤缺肥，每亩施优质农家肥5000千克左右。把有机肥与畦土翻耙混匀，平整畦面等待播种。

2. 播种

一般在8月末至9月上旬播种。播种时在平整的畦面上均匀撒上种子，播种深度在1～1.5厘米，然后再踩1遍，踩后浇透水。最好采用条播。行距为8～10厘米。一般亩播纯净种子4千克左右。如果种子纯净度低、杂质多，可用簸箕去除杂质及瘪种子，剩下饱满的种子播种，确保出苗整齐，长势强。

3. 播种后的管理

下霜前，一般在9月中下旬扣上大棚膜，此时白天温度还较高，白天、晚上棚膜的底脚要揭开，以后随着外界温度的降低，白天底脚揭开，晚上关上。温度再降低时，白天要将底脚封严。如果以后遇到高温可打开大棚门和上风口进行通风。播种后4～5天就要出齐苗，在出苗前土壤表面干了就浇水，出苗后表面也要浇水。总之，要保证畦土表面湿润，以促进菠菜的生长。扣棚膜前2～3天要浇1次水，扣膜后至采收前可不浇水。

4. 采收

在10月末，当株高20厘米时即可采收，到11月上旬采收结束，每5米²的畦可以采收20～30千克。见图8-81。

（三）中原地区塑料拱棚越冬茬菠菜栽培关键技术

1. 适宜播期

菠菜在中原地区越冬塑料拱棚保护地栽培，河南省适宜的播种季节在10月中旬以后，山东省在10月上中旬，其他地区可根据当地的气候条件适当提前或错后。大、中、小拱棚均可种植。

2. 整地施肥

菠菜根系发达，生长速度快，且越冬茬口棚室栽培生育期长，因此要求底肥充足、肥沃。一般亩施腐熟有机肥4000～6000千克、三元复合肥50千克、钙镁磷肥30～35千克。耕地前肥料要撒施均匀，土壤要深翻整细然后用耙子耧成1.5～2米宽的长畦，畦面平整，避免积水，土壤过于潮湿易引发病害。

3. 科学播种

可以催芽播种或干籽直播。催芽即将种子在凉水中浸种6～8小时，捞出沥干后催芽。干籽直播可以撒播或开沟条播。撒播：如果土壤干燥、含水量少，可将种子撒于畦面，再用齿耙轻轻梳耙表土2～3遍，然后踩1遍，踩后浇透水即可。若土壤湿润也可不浇水。根据试验和实践，提倡开沟条播，可节约用种量，且出苗整齐一致，幼苗生长健壮。方法：在整平的畦面中顺畦开沟，沟距12～15厘米，沟深2厘米左右。将种子顺沟均匀播种，用开沟出来的土覆平后，浇透水。如有条件还可以用耧播种，用耧播种出苗整齐均匀。见图8-82～图8-84。

图8-81　采收前的菠菜

图8-82　菠菜催芽

图8-83　撒播

图8-84　条播

4. 田间管理

（1）温度管理 一般在霜降前扣上棚膜，此时气温还高，白天、夜晚都要揭开棚膜的风口。以后，随着外界气温降低，棚膜的风口白天开、夜晚关。气温再降低，白天、夜晚都要关闭棚膜，只留棚口放风用。棚内温度白天保持在15～20℃，高于25℃时要及时放风，以免造成植株生长不良，降低菠菜品质和商品性；夜间温度不低于8℃，当气温低于4～5℃时，中、小拱棚要及时加盖草苫，大棚及时套建小拱棚，或棚四周围草苫，保证菠菜正常生长，不受冻害。

（2）放风排湿 为给菠菜创造良好的生长环境，棚室每天应适时放风，以降低棚内湿度，减少病害发生。放风还可以提高棚内CO_2浓度，同时把有害气体排出棚外。放风时间：选择晴好天气上午10：00后放风，15：00左右及时关闭风口，阴天、气温低时适当减少通风量，缩短通风时间。放风原则：在保证棚内适宜温度的情况下，尽可能多放风。放风位置应选择在背风面，以防止冷风直接吹入棚内，造成骤然降温，影响菠菜生长。

（3）肥水管理 播种下籽后，一定要浇足水。保持土壤湿润，保证出苗整

图8-85 施肥浇水

齐。待幼苗长到3～5片真叶时中耕，使土壤透气，促进根系生长，6～7片真叶时肥水结合，促进菠菜旺盛生长。菠菜生长中后期，由于棚内气温低、蒸发量小，为防止棚内因湿度大而引发病害，应适当控制浇水。整个生长期浇水：视天气情况和棚室内湿度浇水，以保持棚内的土壤湿润为原则。浇水一般应选择晴天中午进行。结合浇水每亩可追施硫酸钾型三元复合肥15～20千克。棚内追肥不宜使用碳铵等铵态氮肥料，以免产生肥害。见图8-85。

（4）异常天气管理 如遇大雪天气，应及时清除棚上积雪，以免棚杆压弯折断。大风天气，棚膜会出现鼓膜现象，应把棚膜四周压死，必要时使用压膜线、竹竿或木杆压膜，避免透风降温。低温天气，遇到寒流强降温，利用草苫、棉被、旧塑料等覆盖棚膜，加强保温，并增加覆盖时间。持续连阴天气，要揭开草苫尽量争取散射光，或将草苫间隔覆盖，以提高棚室内温度。异常天气下菠菜要停止浇水追肥，以免发生病害。此外，要经常检查是否有竹竿折断和棚膜漏洞，注意及时更换和修补。棚膜如有灰尘，要除尘清洗，以免影响透光。

5. 适时采收

当菠菜长到30厘米左右，达到商品要求时，应及时收获。采收时要把枯叶、黄叶和烂叶去掉，提高商品品质。

五、病虫害防治

（一）病害

棚室菠菜主要病害有菠菜霜霉病、菠菜炭疽病、菠菜病毒病。

1.菠菜霜霉病

【症状】病初叶面产生淡绿色小点发展成淡黄色病斑，以后扩大成不规则病斑，叶背病斑着生白色霉层。病斑从植株下部向上扩展，夜间有露水时易发病。干旱时病叶枯黄，多湿时病叶腐烂，严重时叶片全部变黄枯死。在低温高湿环境下发病严重，有时甚至绝收。见图8-86。

图8-86　菠菜霜霉病

【传播途径和发病条件】病菌以菌丝在越冬菜株上和种子上或以卵孢子在病残体内越冬。翌春在适宜环境条件下产出孢子囊，借气流、雨水、农具、昆虫及农事操作传播蔓延。发病适温8～10℃，最高24℃，最低3℃。气温10℃，相对湿度85%的条件下，或种植密度过大、菜田积水及早播发病重。

【防治方法】合理轮作，适当密植。发病初期可用50%霉克特可湿性粉剂800倍液或50%安克可湿性粉剂2500～3000倍液喷雾，每隔7～10天喷1次，连喷2～3次。

2.菠菜炭疽病

【症状】主要危害叶柄，有时也危害花梗和种荚，病害通常从基部叶片开始发生，初产灰白色水渍状小点，后扩大为灰褐色病斑。病斑中部稍凹陷，边缘灰褐色，稍突起，近圆形，最后病斑中央呈灰白色，半透明，易穿孔。叶脉上的病斑多发生在叶背面，病斑褐色，纺锤形为条状，凹陷较深。叶柄与花梗上的病斑长圆形至纺锤形或梭形，凹陷较深，中间灰白色，边缘灰褐色。发病严重时一张叶片上病斑可达700个，病斑可相互融合，形成大而不规则的病斑，叶片因而变黄早枯。在潮湿情况下，病斑上能产生淡红色黏质物。见图8-87。

【传播途径和发病条件】病菌以菌丝体在病残体组织内或附在种子上越冬，成

图8-87　菠菜炭疽病

为第二年初侵染源。春天条件合适时，产生的分生孢子通过风雨、昆虫等传播，由伤口或直接穿透表皮侵入，发病后又产生分生孢子进行再侵染。雨水多、地势低洼、排水不良、密度过大、植株生长差、通风不良、湿度大、浇水多，发病重。

【防治方法】实行轮作，合理密植，注意氮、磷、钾肥配合使用。发病初期，可用80%炭疽福美可湿性粉剂800倍液喷雾，每7～10天喷1次，连喷2～3次。

3.菠菜病毒病

图8-88 菠菜病毒病

【症状】全株发病，苗期至成株均可感染，田间症状表现复杂，类型多样，大体可归纳为丛生型、花叶型、坏死型和黄化型4种，以丛生型和花叶型为主。丛生型病株症状最大特点表现为严重萎缩，叶片皱缩卷曲成团，植株矮化呈丛生状。花叶型病株症状的最大特点是叶片特别是嫩叶呈浓淡不均斑驳、花叶状，叶片皱缩不平展。留种病株结实少，子粒瘦小不充实。见图8-88。

【传播途径和发病条件】病原为病毒，由多种病毒单独或复合侵染所致。菠菜病毒的毒源，在北方菜区，主要来自保护地菠菜病株、田间杂草及多年生木本植物；在南方菜区，田间各种蔬菜和杂草都可成为病害的初侵染毒源，大多数病毒入侵适温为28℃，发病适温为22～30℃，故天气高温干旱，尤其是苗期高温干旱，病毒往往发生得早而重。任何有利于蚜虫繁殖和有翅蚜迁飞活动的天气及田间生态条件，都会促进菠菜病毒病的发生流行。此外，秋冬季菠菜早播比晚播的病重；与白菜、萝卜、辣椒、番茄地邻近的菠菜地发病也较重；播种过稀，苗期受旱，或肥料不足，或杂草滋生的地块均发病较重。

【防治方法】

（1）农业综合防治 ① 选用抗耐病品种。调节播期。秋冬菠菜宜适当迟播，以避过秋季高温季节。② 尽量避免与茄科、十字花科蔬菜地邻作或间套作。③ 施足底肥，适时追肥和喷施叶面肥，促植株早生快发，壮而不过旺，稳生稳长。④ 适度浇水，确保苗期和生长前期田土干湿相宜，不受旱涝危害。⑤ 彻底铲除田间杂草。⑥ 及时拔除发病株。

（2）物理防治 有条件用银灰膜避蚜或黄板诱蚜。

（3）化学防治 播前注意喷杀邻近菜地及杂草上的蚜虫，特别是冬前更为必要。菠菜地掌握蚜虫点片发生阶段及时喷杀。发病初期喷施20%病毒A可湿粉500倍液，或1.5%植病灵乳剂1000倍液，或抗毒剂1号300倍液，连喷2～3次，隔7～10天1次。

（二）虫害

棚室菠菜害虫主要有白粉虱、蚜虫、美洲斑潜蝇，可在棚室入口和放风口张挂防虫网，或用黄色粘虫板诱杀。

1.白粉虱

【为害特点】【形态特征】【生活习性】同生菜白粉虱。

【防治方法】可选用2.5%天王星乳油3000～4000倍和10%扑虱灵乳油1000倍混合液，或1.8%爱福丁乳油3000～4000倍液等进行防治。

2.蚜虫

【为害特点】【形态特征】【生活习性】同大白菜蚜虫。

【防治方法】可选用50%抗蚜威可湿性粉剂2000倍液，或10%吡虫啉可湿性粉剂2500倍液，或2.5%溴灭菊酯乳油2000～2500倍液，或2.5%天王星乳油3000倍液，或20%灭扫利乳油2000倍液等交替防治。

3.美洲斑潜蝇

【为害特点】美洲斑潜蝇是一种为害十分严重的检疫性害虫，分布广、传播快、防治难。1994年由国外传入海南省，现已蔓延到全国28个省市。成虫吸食叶片汁液，造成近圆形刻点状凹陷。幼虫在叶片的上下表皮之间蛀食，造成曲曲弯弯的隧道，隧道相互交叉，逐渐连成一片，导致叶片光合能力锐减，过早脱落或枯死。

【形态特征】成虫是2～2.5毫米的蝇子，背黑色。幼虫是无头蛆，乳白至鹅黄色，长3～4毫米，粗1～1.5毫米。蛹橙黄色至金黄色，长2.5～3.5毫米。

【生活习性】发生期为4～11月，发生盛期有两个，即5月中旬至6月和9月至10月中旬。美洲斑潜蝇为杂食性、危害大。

【防治方法】

（1）农业综合防治　早春和秋季蔬菜种植前，彻底清除菜田内外杂草、残株、败叶，并集中烧毁，减少虫源。种植前深翻菜地，活埋地面上的蛹。发生盛期，中耕松土灭蝇。

（2）物理防治　在田间插立或在植株顶部悬挂黄色诱虫板，进行诱杀。

（3）化学防治　可选用1.8%爱福丁乳油2000～3000倍液，或5%卡死克乳油1500～2000倍液，或20%康福多浓可溶剂400倍液进行防治。

第四节　茼蒿

茼蒿别名蓬蒿、蒿子秆，由于它的花很像野菊，所以又名菊花菜，为1～2年

图8-89　茼蒿茎

图8-90　茼蒿叶

图8-91　茼蒿花

图8-92　茼蒿种子

生蔬菜。茼蒿的茎和叶可以同食，有蒿之清气、菊之甘香、鲜香嫩脆的赞誉。茼蒿是很受人们欢迎的一种叶菜。它生长期短，一般播后40～50天即可收获。适应性强，抗病性强。栽培方法简便，易于掌握。茼蒿性喜冷凉，不耐高温炎热，亦不耐严寒，一般温度低于12℃植株生长明显受阻，低于5℃则导致叶片受冻，造成枯死现象。在棚室内可四季栽培生产，即可作为主栽作物种植，也可以作为主栽作物的前后茬或间套作插空生产。现将茼蒿棚室高效生产技术作一介绍。

一、生物学特性

茼蒿属线根性蔬菜，根系分布在土壤表层。茎圆形，绿色，有蒿味。叶长形，叶缘波状或深裂，叶肉厚。头状花序，花黄色，瘦果，褐色。栽培上所用的种子，在植物学上称瘦果，有棱角，平均千粒重1.85克。见图8-89～图8-92。

二、对环境条件的要求

（一）温度

茼蒿喜冷凉气候，属半耐寒性蔬菜，怕炎热。种子在10℃即正常发芽，生长适温为17～20℃。30℃时长势不良，能忍受短期0℃的低温。

（二）光照

对光照要求不严格，能耐弱光，适合密植。茼蒿为长日性作物。高温长日照可引起抽薹开花，在日光温室冬春季栽培时，一般不易发生抽薹。

（三）水分

茼蒿属浅根性蔬菜。生长速度快，单株叶面积小，要求充足的营养和水分供应。土壤要经常保持湿润，土壤相对湿度要达到70%～80%，空气相对湿度为85%～95%，水分不足会导致品质下降。

（四）土壤肥料

茼蒿对土壤要求不严格，但肥沃土壤有利于生长，适于种植在微酸性的土壤上。由于茼蒿生长期短，以茎叶为商品，需要及时追施速效氮肥。

图8-93　大叶茼蒿

三、品种选择

茼蒿分大叶种和小叶种两大类型。大叶种又叫板叶茼蒿、宽叶茼蒿。叶大呈匙状，缺刻少而浅，叶肉厚。茎短细，品质好，香味浓重，产量高；但耐寒性差，比较耐热，生长较慢，以食叶为主。小叶种又叫花叶茼蒿，细叶茼蒿，叶片为羽状深裂，叶形狭长，叶肉较薄，质地较硬。嫩茎及叶均可食用，但品质不如大叶茼蒿；抗寒性强，生长期短，香味浓。见图8-93、图8-94。

冬季温室栽培茼蒿时，应注意选择产量高、抗寒力强、综合性状好的小叶种品种；秋延晚和春提早的大棚栽培时，既可选用大叶种品种，也可选用小叶种品种。

图8-94　小叶茼蒿

四、栽培关键技术

（一）茬口安排

一般秋播以豆类为前作最理想，早熟的茄果类和瓜类次之。而春播则以莴苣和芹菜为前作，而后种瓜类和豆类蔬菜。可采取间套作方式栽培，如春季大棚茼蒿套种茄果类作物；秋季大棚黄瓜套种茼蒿；番茄、冬瓜、青蒜、茼蒿立体高效种植；马铃薯、甜瓜、糯玉米、大白菜、茼蒿间套种。

（二）科学施肥

茼蒿为速生型蔬菜，需要较多氮肥。主要施肥方法如下：

1.基肥

每亩施腐熟农家肥5000千克、过磷酸钙50千克，并施入尿素15千克。

2.追肥

旺盛生长期追肥以速效氮肥为主，结合浇水，每亩施尿素15千克。以后每采收1次要追肥1次，每次每亩用尿素10～20千克或硫酸铵15～20千克，以勤施薄肥为好。但下一次采收距上一次施肥应有7～10天以上的间隔期，以确保产品质量。

（三）整地

做畦，茼蒿对土壤要求不太严格，但以保水保肥、排灌良好、土质比较疏松的壤土或沙质壤土为好，土壤pH以5.5～6.8为宜。地面耙平做畦，畦宽1～1.5米。

（四）播种

1.种子处理

图8-95 播前浇水造墒

图8-96 撒播

图8-97 出苗

在播种前3～4天。将种子用50～55℃热水浸种15分钟后浸泡12～24小时。置于25℃左右温暖地方催芽，催芽期间每天用清水投洗1次。若是新种子，要提前置于0～5℃下低温处理。7天左右打破休眠。

2.播种技法

茼蒿主要有撒播与条播两种播种方法。春秋露地栽培可采用撒播（亦可条播），播前浇水造墒，水渗下去后均匀撒播，播后覆土1.5厘米左右，耙平镇压。中小拱棚早春栽培，塑料大棚和日光温室秋延后、冬早春栽培时一般采用条播法，即开出1～1.5厘米深的浅沟，行距8～10厘米，沟内撒入种子，覆土后浇水。春播一般在3～4月间，秋种在8～9月间，冬种在11～2月间。小叶品种适于密植，用种量大，每亩用2～2.5千克；大叶种侧枝多，开展度大，用种量小，每亩用1千克左右。见图8-95、图8-96。

（五）田间管理

1.水肥管理

播种后，要保持地面湿润，以利出苗。长出8～10片叶时，选择晴暖天气浇第一次水，结合浇水追一次肥，亩追硫酸铵15～20千克。生长期浇水2～3次，在上午晴暖天气浇水，水量不能过大，湿度控制在95%以下。若湿度大，应选择晴天高温中午放风排湿，以防病害发生。见图8-97。

2.温度控制

出苗后，前期温度比较高，后期温度低，温度控制在17～20℃，超过28℃放风。最低温度应控制在12℃以上，以免受冻害或冻死。

3.间苗除草

当小苗长到10厘米左右时，小叶种按株、行距3～5厘米见方间拔定苗，大叶种按20厘米左右见方间拔定苗，同时铲除杂草。见图8-98。

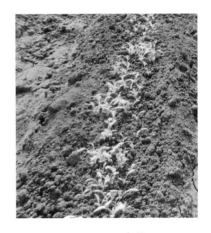

图8-98　定苗

五、采收

分一次性采收和分期采收。一次性采收是在播种后，苗高20厘米左右时，贴地面割收，图8-99。

分期采收有两种方法，一是疏间采收，间大棵苗，留小棵苗。二是保留1～2个侧枝割收。每次采收后浇水追肥1次，以促进侧枝萌发生长。隔20～30天可再割收1次。收获后可用扎绳扎成小捆出售，见图8-100、图8-101。

图8-99　一次性采收

六、病虫害防治

（一）病害

茼蒿的主要病害有：茼蒿猝倒病、茼蒿霜霉病、茼蒿叶枯病、茼蒿病毒病等，生产上注意综合防治。

图8-100　保留侧枝采收

1.茼蒿猝倒病

【症状】主要危害幼苗的嫩茎。子叶展开后即见发病，幼苗茎基部呈浅褐色水渍状，后发生基腐，幼苗尚未凋萎已猝倒，不久全株枯萎死亡。开始苗床上仅见发病中心，低温、湿度大条件下扩展迅速，出现一片片死苗。见图8-102。

【传播途径和发病条件】以菌丝体或菌核在土中越冬，且可在土中腐生2～3年。菌丝能

图8-101　收获后扎捆

图8-102 茼蒿猝倒病

图8-103 茼蒿霜霉病

直接侵入寄主，通过水流、农具传播。病菌发育适温24℃，最高40～42℃，最低13～15℃，适宜pH3～9.5。播种过密、间苗不及时、温度过高易诱发该病。

【防治方法】苗期控制水分，剔除病苗；播种前用40%的福尔马林100倍液浇洒进行土壤消毒；用75%的百菌清600倍液或70%的代森锰锌500倍液等防治，每隔5～7天喷1次，连喷3～4次。

2.茼蒿霜霉病

【症状】主要为害叶片。发病初期，植株下部老叶上产生淡黄色近圆形或多角形病斑，逐渐向中上部蔓延，后期病斑变为黄褐色，病重时多数病斑连成一片，叶片发黄枯死。见图8-103。

【传播途径和发病条件】病原菌为卵菌纲霜霉属莴苣盘霜霉菌。病原菌以菌丝体在种子内或秋播越冬菊科蔬菜及菊科杂草上潜伏越冬，或以卵孢子随病残体在土壤里越冬。翌年春，产生孢子囊，借风、雨、昆虫等传到叶片上。孢子囊多间接萌发，释放出游动孢子，待形成休止孢子后，病部产生大量孢子囊进行重复侵染。病害的发生与气候条件关系密切，尤其是温湿度。病菌侵染适宜温度15～17℃，需要85%以上的相对湿度。秋季昼夜温差大、结霜时间长或雾多、阴雨等，是病害易发生时期。另外，种植过密、群体过大、氮肥施用过多、通风透光不良、淡水过多或排水不良等因素，也会加重病害发生。

【防治方法】可用64%的杀毒矾可湿性粉剂500倍液，或72%克露可湿性粉剂600～700倍液，或用64%安克锰锌可湿性粉剂1000倍液，每5～7天喷药1次，连喷2～3次。也可用45%的百菌清烟熏剂进行防治（每亩每次用量200～250克）。

3.茼蒿叶枯病

【症状】主要为害叶片，多在苗期和生长前期发生。叶片发病先产生灰褐色至深褐色小病斑，后小病斑连接成不规则形大病斑，边缘黄褐色，病斑表面散生小黑点。严重时病叶干枯。见图8-104。

【传播途径和发病条件】病菌以分生孢子器在病叶及病残体上越冬，种子也可带菌。分生孢子借雨水传播，潜育期5～10天。20～24℃，相对湿度85%以上适于发病。

【防治方法】及时清除病株残体，控制湿度，实行轮作；发病初期用70%甲基硫菌灵可湿性粉剂500倍液，或扑海因可湿性粉剂1200～1500倍液，或瑞毒霉可湿性粉剂800～1000倍液防治。交替使用，每隔5～7天喷1次，连喷2～3次。也可用45%的百菌清烟熏剂熏蒸6小时左右，每亩每次用量200～250克。

图8-104　茼蒿叶枯病

4.茼蒿病毒病

【症状】苗期发病，出苗后半个月叶片出现淡绿或黄白色不规则斑驳或褐色坏死斑点及花叶。成株染病症状与苗期相似，严重时叶片皱缩，叶缘下卷成筒状，植株矮化。采种株染病，新生叶出现花叶或浓淡相间绿色斑驳，叶片皱缩变小，叶脉出现褐色坏死斑，病株生长衰弱，结实率下降。见图8-105。

图8-105　茼蒿病毒病

【传播途径和发病条件】毒源来自田间越冬的带毒植株或种子。播种带毒的种子，其幼苗即成病苗，如将病苗移植到田间，即可形成发病中心，在田间通过蚜虫或汁液接触传染，桃蚜传毒率最高，萝卜蚜、棉蚜、大戟长管蚜也可传毒。该病发生和流行与气温有关，旬均温18℃以上，病害扩展迅速。水肥管理不当，生长纤弱，有利于病害的发生。

【防治方法】重在预防。可以用1.5%植病灵乳剂800～1000倍液或20%病毒A可湿性粉剂500倍液防治，每隔7天喷药1次，连喷3次。

（二）防治虫害

茼蒿虫害主要有菜青虫、小菜蛾、甜菜夜蛾、斜纹夜蛾、甘蓝夜蛾、白粉虱、蚜虫等。

1.菜青虫、小菜蛾、甜菜叶蛾、斜纹夜蛾、甘蓝夜蛾

【为害特点】【形态特征】【生活习性】同大白菜菜青虫、小菜蛾、甜菜叶蛾

斜纹夜蛾、甘蓝夜蛾。

【防治方法】可用40%绿菜宝乳油1000～1500倍液，或用5%抑太保乳油2000倍液，或用拟除虫菊酯类农药喷雾防治。

2. 白粉虱

【为害特点】【形态特征】【生活习性】同生菜白粉虱。

【防治方法】发生初期可用25%扑虱灵可湿性粉剂1000～1400倍液喷雾，盛期可用20%灭扫利乳油1700～2000倍液或2.5%天王星乳油1800倍液防治。还可用22%敌敌畏烟剂（每亩用量500克），或30%白粉虱烟剂（每亩用量320克），于傍晚密闭棚室进行熏杀。

3. 蚜虫

【为害特点】【形态特征】【生活习性】同大白菜蚜虫。

【防治方法】可用50%抗蚜威可湿性粉剂4000～6000倍液或10%吡虫啉可湿性粉剂1500～1800倍液防治。每隔7～10天喷药1次，连喷1～2次。

第五节 香菜

香菜为伞形科芫荽属，一年生或两年生草本植物，是人们最熟悉不过的提味蔬菜。北方一带人俗称"芫荽"，状似芹，叶小且嫩，茎纤细，味郁香，是汤、饮中的佳佐。宜在秋季栽培，但经济效益一般。随着设施栽培面积的不断扩大，利用日光温室和塑料大棚在秋冬季和夏季栽培反季节香菜，无疑是增加收入的有效途径。图8-106。

一、植物学特征

一年生或二年生草本，高30～100厘米。全株无毛，有强烈香气。根细长，有多数纤细的支根。茎直立，多分枝，有条纹。基生叶一至二回羽状全裂，叶柄长2～8厘米；叶片广卵形或扇形半裂，长1～2厘米，宽1～1.5厘米，边缘有钝锯齿、缺刻或深裂；上部茎生叶三回至多回羽状分裂，末回裂片狭线形，长5～15毫米，宽0.5～1.5毫米，先端钝，全缘。伞形花序，顶生或与叶对生，花序梗长2～8厘米；无总苞；伞辐3～8；小总苞片2～5个，线形，

图8-106 香菜

全缘；小伞形花序，有花3～10朵，花白色或带淡紫色，萼齿通常大小不等，卵状三角形或长卵形；花瓣倒卵形，长1～1.2毫米，宽约1毫米，先端有内凹的小舌片；辐射瓣通常全缘，有3～5脉；药柱于果成熟时向外反曲。果实近球形，直径约1.5毫米。背面主棱及相邻的次棱明显，胚乳腹面内凹，油管不明显，或有1个位于次棱下方。花果期4～11月。见图8-107～图8-110。

图8-107　根

图8-108　叶

图8-109　花

图8-110　种子

二、对环境条件的要求

香菜属耐寒性蔬菜，要求较冷凉湿润的环境条件，在高温干旱条件下生长不良。香菜属于低温、长日照植物。一般条件下，幼苗在2～5℃低温下，经过10～20天，可完成春化。以后在长日照条件下，通过光周期而抽薹。香菜为浅根系蔬菜，吸收能力弱，所以对土壤水分和养分要求均较严格，保水保肥力强，有机质丰富的土壤最适宜生长。对土壤酸碱度适应范围为pH6.0～7.6。

三、栽培关键技术

（一）冬春茬棚室香菜栽培技术

1.品种选择

选择抗病性强、耐热、高产品种，如四季香芫荽、韩国大棵香菜、泰国大粒香菜等。

2.播种

根据当地气候条件，选择合适的栽培设施和播种期，一般黄淮地区采用日光温室栽培，在10月中旬至11月上旬播种；江浙地区采用大棚或中棚栽培在11月下旬播种。每亩施腐熟的有机肥5000千克，耕耙整平，做成1.3米宽的平畦。播种时把果实搓开，使种子分离。然后通过温汤浸种进行种子消毒，晾干后播种。采用撒播，播后耧平、踩实、浇水，10天左右即可出苗。见图8-111、图8-112。

图8-111　撒播

图8-112　苗出土

3.管理要点

苗高4～5厘米时，及时间苗、除草，剔除并生苗、过密苗及病弱苗，保持苗间距4～5厘米。一般苗期不浇水，进入生长盛期浇水2～3次，宜小水浇，不宜大水漫灌。随水追肥，一般冲施腐熟的人粪尿或有机复合液肥。温度控制，白天室温不超过25℃，温度过高要及时放风，夜间保持在10～15℃，不能低于10℃。见图8-113、图8-114。

图8-113　间苗时期

图8-114　生长盛期

4.收获

当株高约40厘米，具有18～20片叶时，可按需要分批采收，棚室香菜也可一次性收获，收后扎把，装入塑料袋内上市销售，其品质以色泽青绿，香气浓郁，质地脆嫩，无黄叶、烂叶者为佳。见图8-115。

图8-115　香菜扎把

（二）越夏茬棚室香菜栽培技术

1.品种选择

香菜是喜冷冻作物，夏季栽培因气温较高，极易造成生长发育不正常，所以应选用耐湿性，耐热性，耐旱性，抗逆性，抗病性强的品种栽培。

2.种子处理

播前搓开种子，并采用低温催芽，用1%高锰酸钾溶液或50%多菌灵可湿性粉剂300～400倍液浸种，30分钟后捞出并用清水冲净，然后用冷水浸种大约一昼夜，捞出后在20～25℃条件下催芽2～3天，见芽时即可播种。

3.整地施肥

温室、大棚在整地前清除上茬作物残留和地膜，施入腐熟牛粪每亩3000～5000千克，用旋耕机旋地两遍，使土质疏松肥沃，并闷棚2天，高温杀菌。为方便生产应做畦栽培，畦长随温室大棚宽度，畦宽1.2～1.5米，并细致平整畦面，以利出苗整齐和浇水均匀。

4.适时播种

夏季香菜一般在5～8月份栽培，每棚用种量大约2千克，有沟播和撒播两种方式，播种前要施入适量复合肥，每亩15千克。均匀播种后覆盖1～2厘米细土，及时浇足水，并在浇水后，在畦面上覆盖白色地膜或草苫以保墒促苗，1周左右见苗时除去覆盖物。

5.温室大棚的日常管理

（1）温度管理　夏季气温过高，会影响香菜正常生长，因此要在出苗后及时在温室大棚上盖遮阳网，白天一般在上午9时到下午3时拉上遮阳网，并结合放风，使温室大棚内温度控制在25℃左右，阴雨天不用拉上遮阳网。

（2）注意防雨　应做好防雨水措施，夏季雨水过多，一旦淋入或浸入，很容易造成减产或绝收，上下风带阴雨天一定要拉严。

（3）间苗、定苗　一般在齐苗1周后及时间苗、定苗，苗距2～3厘米。

（4）水分管理　一般10天左右浇一次水，并结合浇水冲施碳氨15千克或尿素10～15千克，要控制浇水不能过大，要见干见湿。生产后期如出现徒长可叶面喷施生长调节剂等控制。

6.采收

一般在播种后35～45天，即可达到其商品采收期，应及时收割上市。

四、病虫害防治

冬春茬棚室香菜病害主要有香菜立枯病、香菜叶斑病、香菜灰霉病等，虫害主要是蚜虫。棚室越夏茬香菜病害主要有香菜猝倒病，成株期香菜炭疽病、香菜叶斑病，虫害主要有蚜虫和美洲斑潜蝇。要以生产无公害蔬菜为原则，以防为主，以治为辅，包括实施轮作、倒茬、清除病株、加强肥水管理及播前高温闷棚等措施，发病后要选用无公害农药防治，对蚜虫、美洲斑潜蝇等可用防虫网防止传播，一旦发生虫害也要用无公害农药进行有效防治。

（一）病害

1.香菜立枯病

立枯病又称"死苗"，主要由立枯丝核菌侵染引起。除茄科、瓜类蔬菜外，一些豆科、十字花科、伞形科等蔬菜也能被害。

图8-116　香菜立枯病

【症状】多发生在育苗的中、后期，主要危害幼苗茎基部或地下根部。初为椭圆形或不规则暗褐色病斑，病苗早期白天萎蔫，夜间恢复，病部逐渐凹陷、溢缩，有的渐变为黑褐色，当病斑扩大绕茎一周时，最后干枯死亡，但不倒伏。轻病株仅见褐色凹陷病斑而不枯死。苗床湿度大时，病部可见不甚明显的淡褐色蛛丝状霉。立枯病不产生絮状白霉、不倒伏且病程进展慢，可区别于猝倒病。见图8-116。

【传播途径和发病条件】病菌以菌丝体和菌核在土壤中或病组织上越冬，腐生性较强，一般可在土壤中存活2～3年。通过雨水、流水、带菌的堆肥及农具等传播。病菌发育适温20～24℃。刚出土的幼苗及大苗均能受害，一般多在育苗中后期发生。多在苗期床温较高或育苗后期发生，阴雨多湿、土壤过黏、重茬发病重。播种过密、间苗不及时、温度过高易诱发本病。

【防治方法】

（1）农业综合防治　①实行2～3年以上轮作，不能轮作的重病地应进行深耕改土，以减少该病发生。②种植密度适当，及时摘除下部老叶片，注意通风透光，低洼地应实行高畦栽培，雨后及时排水，收获后及时清园。

（2）化学防治　发病初期开始喷洒50%敌菌灵可湿性粉剂500倍液、20%

甲基立枯磷乳油1200倍液、36%甲基硫菌灵悬浮剂600倍液。此外用30%倍生乳油200～375毫克/升灌根也有一定的防治效果。也可施用移栽灵混剂。

2.香菜叶斑病

【症状】香菜叶斑病主要为害叶片、叶柄和茎，叶片染病初生橄榄色至褐色、不规则形或近圆形小病斑，边缘明显，扩展后中央灰色，病斑上着生黑色小粒点，即病原菌子实体。严重的，病斑融合成片，致叶片干枯。叶柄和茎染病，病斑为条状或长椭圆形褐色斑，稍凹陷。见图8-117。

图8-117　香菜叶斑病

【传播途径和发病条件】病菌主要以菌丝体潜伏在种皮里或随病残体留在土中越冬，病菌借风、雨、农具及农事操作传播蔓延。

【防治方法】

（1）农业综合防治　① 合理轮作，选用无病种子，播种前用清水浸种12～24小时（中间更换一次水），捞出后控出多余水分，装入湿布袋里，然后放入地坑中催芽一昼夜后再喷施新高脂膜800倍液（驱避地下病虫，隔离病毒感染，加强呼吸强度，提高种子发芽率），并在畦面适量播种。② 加强田间管理，及时间苗、锄草，注意通风透光、降低田间湿度，严禁大水漫灌；香菜生长阶段适时喷施壮茎灵，使植物杆茎粗壮、叶片肥大，提高香菜抗病力，减少农药化肥用量，降低残毒，提高菠菜天然品味。

（2）化学防治　发病初期根据植保要求喷施50%利得可湿性粉剂、40%增效瑞毒霉可湿性粉剂、75%百菌清可湿性粉剂等针对性药剂进行防治，并配合喷施新高脂膜800倍液增强药效，提高药剂有效成分利用率，巩固防治效果。

3.香菜灰霉病

【症状】香菜灰霉病病苗色浅，叶片、叶柄发病呈灰白色，水渍状，组织软化至腐烂，高湿时表面生有灰霉。幼茎多在叶柄基部初生不规则水浸斑，很快变软腐烂、缢缩或折倒，最后病苗腐烂枯死。

【传播途径和发病条件】以菌核在土壤或病残体上越冬越夏，温度在20～30℃之间。病菌耐低温，7～20℃大量产生孢子，苗期棚内温度15～23℃。弱光，相对湿度在90%以上或幼苗表面有水膜时易发病。借气流、灌溉及农事操作从伤口、衰老器官侵入。如遇连阴雨或寒流大风天气，放风不及时、密度过大、幼苗徒长，分苗移栽时伤根、伤叶，都会加重病情。

【防治方法】

① 初发时使用植物源中草药杀菌剂奥力克-霉止，按300倍液稀释喷施，

5天用药1次；连续用药2次，即能有效控制病情，使病害症状消失（病部干枯、无霉层），一般7～10天不再表现危害症状，7天后外部侵染源及原残留病菌在条件具备时仍可能繁殖，形成再次病害，此时采用预防方案用药，具体为：使用奥力克-霉止按500倍液稀释喷施，5～7天用药1次，间隔天数及用药次数根据植株长势和预期病情而定。

② 发病中后期，可采用中西医结合的防治方法，如霉止50毫升+40%嘧霉胺悬浮剂10～15克或碧秀丹（氯溴异氰尿酸）30克或丙环唑10毫升或40%腐霉利可湿性粉剂15～20克或乙霉多菌灵20克，兑水15千克，3～5天用药1次。

4. 香菜猝倒病

【症状】【传播途径和发病条件】【防治方法】基本同茼蒿猝倒病。

5. 香菜炭疽病

【症状】【传播途径和发病条件】【防治方法】基本同菠菜炭疽病。

（二）虫害

1. 蚜虫

【为害特点】【形态特征】【生活习性】同大白菜"蚜虫"。

【防治方法】可喷10%的吡虫啉可湿性粉剂1500倍液或20%的杀灭菊酯2000～3000倍液防治。注意采收前7天停止用药。

2. 美洲斑潜蝇

【为害特点】【形态特征】【生活习性】【防治方法】同菠菜美洲斑潜蝇。

第六节　苋菜

苋菜又名苋、米苋、人旱菜、名苋、赤苋、青香苋、彩苋等，属苋科一年生蔬菜，以嫩茎叶为食，炒食或做汤，全株可入药。其品质鲜嫩、营养丰富，深受广大消费者青睐，现已成为市民最受欢迎的蔬菜品种之一，市场行情看好。因其耐热性较强，是夏秋季节主要种植绿叶菜种类之一，在南方春夏季栽培较普遍，尤其在上海、南京、杭州等地，栽培面积较大。但由于苋菜不耐寒，生长过程需要一定的积温，冬季栽培苋菜很困难。近年来，通过采用大棚、遮阳网、电加温等一系列措施来解决夜间低温问题，可使苋菜提前到春节上市，多次采收，每亩的总产量可达3000千克左右，上市期比露地栽培提早2个月，并且具有明显的价格优势，经济效益显著。

一、形态特征

苋菜根较发达，分布深广。茎高80～150厘米，有分枝。叶互生，全缘，卵状椭圆形至披针形，平滑或皱缩，长4～10厘米，宽2～7厘米，有绿、黄绿、紫红色或杂色。花单性或杂性，穗状花序；花小，花被片膜质，3片；雄蕊3枚，雌蕊柱头2～3个，胞果矩圆形，盖裂。种子圆形，紫黑色有光泽，千粒重0.7克。

二、对环境条件的要求

苋菜喜温暖，较耐热，生长适温23～27℃，20℃以下生长缓慢，10℃以下种子发芽困难。种子扁圆形，紫黑色有光泽，成熟易脱落，千粒重0.7克。苋菜属短日照蔬菜，在高温短日照条件下，易抽薹开花。苋菜要求土壤湿润，不耐涝，对空气湿度要求不严。

三、类型和品种

（一）类型

以叶片颜色不同分为3个类型：绿苋、红苋、彩苋。

1.绿苋

叶片绿色，耐热性强，质地较硬。如台湾白苋，广州的柳叶苋及小圆叶苋菜等，见图8-118。

2.红苋

叶片紫红色，耐热性中等，质地较软。品种有重庆的大红袍，广州的红苋，昆明的红苋菜等，见图8-119。

3.彩苋

叶片边缘绿色，叶脉附近紫红色，耐热性较差，质地软，品种有一点红苋菜、金沙圆叶红苋菜、大圆叶红苋菜等，见图8-120。

棚室栽培多选用红苋、彩苋品种，这些品种无论做汤或炒食都味美色红，市场畅销。

图8-118　绿苋

图8-119　红苋

图8-120　彩苋

（二）品种

1.台湾白苋

易栽培，生长速度快，病虫害少，耐热、耐湿性强，叶片呈倒心脏形，叶部绿色，幼叶淡绿，略呈乳黄。茎部大，腋芽发生晚，植株较高，品质极佳，产量高，煮后叶色鲜绿。

2.柳叶苋

该品种早熟，株植高18厘米，开展度25厘米。茎浅绿色，披针形，长18厘米，宽5厘米，浅绿色，单株重15克。播后至初收35～40天，耐肥，抗病，生长较快，产量高，茎叶柔嫩，品质好。

3.小圆叶苋菜

圆叶白苋菜栽培容易，耐热，耐寒，耐旱，耐湿，生长快速，产量高，株高25厘米，卵圆型，播种至初收30～40天。

4.大红袍苋菜

叶片卵圆形，长9～15厘米，宽5厘米左右。叶面微皱、红色，叶背紫红色，叶柄浅紫红色。耐旱力强，早熟。

5.一点红苋菜

株高23厘米左右，叶长宽约9厘米，叶片圆形，全缘；叶片中央鲜紫红色，边缘绿色；叶肉厚，叶柄绿色，从播种到采收40天左右。耐热，适应性广，质柔嫩，味鲜美，品质佳。亩产1500千克左右。

6.金沙圆叶红苋菜

叶面紫红色，边缘绿色，叶圆尾稍尖，叶柄绿色，株高25厘米左右，生长快速，生长期30～40天，耐热抗湿，抗病适应性广，容易栽培，叶肉厚，品质优，亩产2000千克左右。

7.大圆叶红苋菜

耐热耐寒，耐抽薹，叶大圆形，中间呈红色，边青色，茎干肉质，纤维少，不易老，品质鲜嫩，口感软糯，色泽鲜艳，是春夏秋叶菜上品。上海地区1～3月播种，棚室栽培，3月以后可收获，4月后露地栽培，适温下20天就可收获，分几次采收，加强肥水管理，注意防旱防涝，亩产4000千克左右。

四、栽培关键技术

（一）种植时间

由于苋菜生长期短，一般播种后40天就可采收，具备控温条件的温室或大棚全年都可栽培，但以冬季和春播种为好。冬季和春季播种，苋菜抽薹开花迟，品质柔嫩；夏秋季播种，容易抽薹开花，品质下降。可以种子直播，也可育苗移栽。

（二）整地、作畦、扣棚

前茬作物收获后三耕三耙，使耕作层疏松、无块状。根据地形开沟作畦，一般按1.5～2米宽作畦。抢墒扣棚，以利防雨、控湿、增温。

（三）施足底肥

苋菜生育期短，具有极强的吸肥能力。结合整地每亩施腐熟猪粪4000～5000千克，加复合肥25～50千克或复合生物有机肥160千克，猪粪及生物有机肥于播种前10～15天施于土壤中，用旋耕机进行耕作，使肥料与耕作层进行充分混合，复合肥于播种前2～3天施入土壤中。

（四）适时播种

1.播种时间

1月开始抢晴天播种。播种方法：播种前1天浇透底水，第2天用细耙疏松畦面，使其上虚下实，然后播种，播后立即覆盖地膜加盖小拱棚密闭。

2.播量

不同的播种方法其播量不一样。

（1）一次性播种法　每亩播量为2～2.5千克，拌适量的细土一次性撒入田块中。

（2）梯度播种法　第一批种子提前12天浸种催芽，第二批提前5～6天浸种，第三批为干种子，三批种子充分混合同时播种。总播量每亩为1.5～2.0千克，每一批的播量为总播量的1/3。

（3）间播间收播种法　第一次的播量每亩为1.5千克，每采收一次后立即进行补种，补种量每亩为0.5千克，补种次数根据市场的行情和苗情而定，如果行情好可多次补种，如果老苗过多可一次性采收然后重新播种，亩播量为1千克。

（4）穴盘育苗播种法　可采用50孔的穴盘，每穴播种2～3粒，按定植面积计算，每亩播种量为10克。

（五）田间管理

1.温度管理

苋菜是一种喜温耐热的作物，早春栽培保温措施至关重要。从播种到采收，棚内温度要保持在20～25℃，需要用2～3层覆盖，即大棚里面套小棚，特别寒冷时在小棚上再加盖一层薄膜或草包等保温材料。

2.肥水管理

在浇足底水的情况下，出苗前不再浇水；出苗后如遇天气晴好结合追肥进行浇水，如遇低温严禁浇水，以免引起死苗。浇水施肥方法：复合肥均匀撒入厢面，将水抽入沟中并对清粪水用瓢泼浇（在采收后的1～2天进行），每采收一次，泼一次水，追一次肥。复合肥每亩每次用量为 10 ～ 15 千克，稀粪水每亩每次用量为 350 ～ 500 千克，浓度为一担粪对九担水。

3. 通风透光

为了使苋菜长得壮，叶片厚、色泽红、无病害，通风是关键。苋菜在出苗前以保温为主，四周大棚及小拱棚扎紧密闭，苗全后及时揭地膜并通风。通风方法为先小后大，即先将大棚两头打开，内棚关闭，后揭小棚膜，大棚两头关闭。两种方法交替使用，在不使苋菜受冻的情况下让其多见光，当温度稳定在 20 ～ 25℃时，揭去小拱棚，并同时打开大棚的两头。通风时间是晴天的中午，每次 2 小时左右。

4. 及时定植

采用育苗栽培的，当幼苗长出 3 ～ 5 片叶时要及时定植，一般定植的株距为 35 厘米，行距为 20 ～ 30 厘米。为节省人工，可使用定植器定植，参见视频 4-1 定植器的使用方法。

视频 4-1

定植器的使用方法

（六）叶面肥施用

在深冬季节，土壤温度低，根系活力弱，影响土壤中肥料的吸收。另外，棚内苋菜生长快，易出现微量元素缺乏，因此，要注意施用叶面肥。在 2 片叶时喷施植保素 8000 倍液、滴滴神 500 倍液、绿芬威 2 号 1000 倍液等叶面肥，可促进苋菜生长，提高产量和质量，从而获得较高效益。

五、采收和留种

当苋菜长至 5 ～ 6 片真叶时，可陆续采收。第一次采收为间拔采收，洗净根部泥土扎把上市，此时正值"春缺"，价高易售。以后采收均为割收。第一次采收和间苗相结合，要采大留小，留苗均匀。采收及时，有利于后批菜生长，从而增加总产。

苋菜可就地留种，剔除杂株、劣株和杂草，以 25 ～ 35 厘米见方留健壮植株。8 月下旬，种子可成熟采收。

六、病虫害防治

苋菜抗病性较强，在棚室内的生长过程中，病虫害较少。苋菜主要病害是苋菜猝倒病、苋菜白锈病、苋菜病毒病；苋菜主要害虫是小地老虎、蚜虫和夜蛾类害虫。

（一）病害

1. 苋菜猝倒病

【症状】苋菜猝倒病自播种至幼苗出土后均可发生。种子发芽至幼苗出土前染病，可造成烂种烂芽，因病种芽埋在土表下，故通常不会引起人们的注意；幼苗出土后不久染病，茎基部出现水渍状黄褐色病变，后缩成线状，有的表皮脱落，终致病苗尚青绿而倒地，故称猝倒。湿度大时近地际茎部有时会长出一层白色棉絮状菌丝体，此即为本病病征。

【传播途径和发病条件】病菌菌丝体和卵孢子在土壤中或病残体上越冬，可在土中较长时间营腐生生活。条件适宜时，卵孢子直接萌发芽管从伤口或表皮直接侵入致病，也可在芽管顶端膨大形成孢子囊及游动孢子，借助雨水溅射或灌溉水传播侵染致病。发病后病部产生孢子囊及游动孢子作为再次侵染接种体，继续侵染致病，病害得以蔓延。病菌发育温度范围为 $10 \sim 30℃$，并喜高湿，任何不利于菜苗发育的温度兼高湿条件，本病均易于发生。苋菜喜高温，低温高湿的苗床不利于其生长而易染病。播种过密，幼苗纤弱也易染病。

【防治方法】

（1）农业综合防治　搞好床土消毒，按每立方米苗床撒施50%多菌灵8克或用绿亨3号1500倍液或绿亨1号3000倍液喷洒床土。

（2）化学防治　用72.2%普力克 $800 \sim 1000$ 倍液或53%金雷多米尔-锰锌500倍液或绿亨3号1500倍液喷雾防治。

2.苋菜白锈病

【症状】主要危害叶片。发病初期，叶片的正面出现点状病斑，淡黄绿色至黄色点，后渐发展为凹陷小黄斑，不规则形，叶片背面产生白色疱状孢子堆，圆形至不定形，疱状孢子堆破裂散出白色孢子囊。严重时疱斑密布叶上或连合，叶片凹凸不平，易引起叶片脱落。茎秆被害时肿胀畸形，比正常茎增粗 $1 \sim 1.5$ 倍。

【传播途径和发病条件】在寒冷地区，病菌以卵孢子随病残体遗落土中越冬，次年卵孢子萌发产生孢子囊或直接产生芽管侵染，借气流或雨水溅射传播蔓延，完成病害周年循环。孢子囊萌发适宜温度为 $20 \sim 35℃$，最适温度为 $25 \sim 30℃$。病害发生与湿度关系密切，寄主表面有水膜情况下有利于病菌侵入，阴雨连绵的天气及偏施氮肥发病重。寄主叶片生长细嫩阶段有利侵染，栽植密度大、地势低洼均有利于发病。此外，苋菜连作发病早而且重，隔年轮作可减少土壤中的卵孢子数，间隔一年可减少84%。

【防治方法】

（1）农业综合防治　加强肥水管理，适度密植，清沟排渍降湿，避免偏施氮肥。

（2）化学防治　发病初期可用58%雷多米尔·锰锌可湿性粉剂500倍液、50%甲霜铜可湿性粉剂 $600 \sim 700$ 倍液、64%杀毒矾可湿性粉剂500倍液或60%甲霜铝铜可湿性粉剂 $500 \sim 600$ 倍液进行喷雾防治，效果较好。

3.苋菜病毒病

用25%病毒克杀王500倍液加绿丰宝1500倍液混合液，或菌克毒克 $200 \sim 260$ 倍液防治。

（二）苋菜虫害

1.小地老虎

【为害特点】该虫是以幼虫咬食地面处根茎为害，导致缺株，严重影响植株的生长发育。

【形态特征】成虫体长17～23毫米，翅展40～54毫米。全体灰褐色。前翅有两对横纹，翅基部淡黄色，外部黑色，中部灰黄色，并有1圆环，肾纹黑色；后翅灰白色，半透明，翅周围浅褐色。雌虫触角丝状。雄虫触角栉齿状。卵为馒头形，直径0.5毫米，高0.3毫米，表面有纵横隆起纹，初产时乳白色。幼虫老熟时体长37～47毫米，圆筒形，全体黄褐色，表皮粗糙，背面有明显的淡色纵纹，满布黑色小颗粒。蛹长8～24毫米，赤褐色，有光泽。

【生活习性】1～2龄幼虫群集幼苗顶心嫩叶，昼夜取食，3龄后开始分散为害，共6龄。白天潜伏根际表土附近，夜出咬食幼苗，并能把咬断的幼苗拖入土穴内。其他各代发生虫数少。成虫夜间活动，有趋光性，喜吃糖、醋、酒味的发酵物。卵散产于杂草、幼苗、落叶上，而以肥沃湿润的地里卵较多。

【防治方法】

（1）农业综合防治　加强栽培管理，合理施肥灌水，增强植株抵抗力。合理密植，雨季注意排水措施，保持适当的温湿度，及时清园，适时中耕除草，秋末冬初进行深翻土壤，减少虫源。

（2）人工捕杀　清晨在缺苗、缺株的根际附近挖土捕杀幼虫。

（3）生物防治　保护和利用天敌。

（4）物理防治　利用成虫的趋光性，可用黑光灯诱杀。

（5）化学防治　可用90%敌百虫晶体1000倍液或50%辛硫磷1000倍液喷土。

2.蚜虫

【为害特点】【形态特征】【生活习性】同大白菜蚜虫。

【防治方法】可用吡虫啉或避蚜雾喷雾防治。

3.甜菜夜蛾、斜纹夜蛾、甘蓝夜蛾

【为害特点】【形态特征】【生活习性】同大白菜的甜菜夜蛾、斜纹夜蛾、甘蓝夜蛾。

【防治方法】可选用低毒高效农药防治，如10%一遍净3000倍液、5%抑太保1500倍液喷雾，喷药后5～7天方能采收。

棚室葱蒜类蔬菜栽培技术

本章介绍韭菜、蒜苗、香葱、大葱棚室栽培技术。

第一节　韭菜

韭菜为百合科葱属多年生宿根草本蔬菜，为常年的绿叶菜之一。韭菜营养丰富，含有大量的维生素A和纤维素，对于调节人体营养，刺激肠胃，帮助食物消化均有一定的作用，深受广大消费者的喜爱。韭菜适应性强，抗寒耐热，全国各地到处都有栽培。近年来，我国棚室蔬菜面积逐年增加，棚室韭菜种植面积正在逐年扩大，取得了明显的经济效益和社会效益。

我国幅员辽阔，各行政区处于不同的气候带，从而形成了不同的棚室韭菜栽培模式：在冬季寒冷的东北、西北、青藏地区，主要是在日光温室栽培冬春茬韭菜或利用塑料大棚生产早春韭菜；在华中地区可通过日光温室、大棚、中棚、小棚生产冬春茬韭菜；在冬季相对温暖的华东地区，可通过塑料大棚在秋冬生产韭菜。本节主要介绍栽培上比较典型的东北日光温室冬春茬韭菜、东北塑料大棚早春韭菜以及华东地区秋冬塑料大棚韭菜的栽培技术，其他地区可以根据当地的气候条件，参考上述栽培模式，适当安排棚室韭菜生产。

棚室韭菜栽培大致可分为根株培养和扣膜后的管理两个阶段，根株培养阶段的关键是出齐苗，培养出健壮的韭根，为丰产奠定基础。扣膜后的管理主要是水、肥管理。控制好温度、湿度，减轻发病，适时采收。

一、特征特性

（一）植物学特征

多年生宿根草本植物，高20～45厘米，具特殊强烈气味，根茎横卧，鳞茎狭圆锥形，簇生；鳞式外皮黄褐色，网状纤维质；叶基生，条形，扁平，长15～30厘米，宽1.5～7毫米；总苞2裂，比花序短，宿存；伞形花序簇生状或球状，多花；花梗为花被的2～4倍长；具苞片；花白色或微带红色；花被片6，狭卵形至长圆状披针形，长4.5～7毫米；花丝基部合生并与花被贴生，长为花被片的4/5，狭三角状锥形；子房外壁具细的疣状突起。蒴果具倒心形的果瓣。花、果期7～9月。见图9-1～图9-3。

图9-1　韭菜的根、茎、叶　　　　图9-2　韭菜的花序　　　图9-3　韭菜的果实

（二）生物学特性

韭菜根系皮层比较发达，由薄壁细胞和部分厚角组织细胞组成，也具有贮藏营养物质的功能，只是比短缩茎稍弱些，因此在保护地囤韭栽培时，应尽可能保

图9-4　韭菜分蘖与跳根

持根系的完整。由于韭菜具有分蘖和跳根的习性，这一特性对于产量和品质有直接影响。当顶芽长出7～8片叶时，侧芽萌发生长出新的单株。分蘖前肥水充足，温度管理适宜，及时收割，则植株长势旺盛，当年可分2～3次。特别是秋季养根阶段，分蘖数和有效分蘖数增加，有利于韭菜扣棚后，植株不衰，返青快，收获早，产量高。见图9-4。

二、对环境条件的要求

韭菜的耐寒性强，生长适宜温度为12～4℃，根茎能耐-40℃低温，叶片在-6～-7℃低温下只是叶尖紫红，全株并不会冻死。0℃以下低温下，叶片生长缓慢，但叶肉厚。棚室扣韭菜，早春叶片可忍耐短期0～-6℃低温，但叶梢和叶尖黄化，降低商品质量。棚室韭菜栽培，地温高于气温或夜温高于日温，有利于根茎吸收水分，从而可加速叶片生长。韭菜对土壤湿度及空气相对湿度要求较高，这一特性很适宜在棚室中栽培。

三、品种选择

（一）汉中冬韭

叶丛半直立，株高 40 ～ 50 厘米，叶扁平，略呈三棱形，长约 30 ～ 40 厘米，宽 1 厘米，叶尖钝圆。叶鞘粗 0.6 厘米，圆柱形，植株健壮，抗灰霉、霜霉病，耐热、耐寒，休眠期短，冬季地上嫩芽不枯，春芽萌发早，叶鲜嫩、纤维少、品质好，亩产 3500 ～ 5000 千克，适于春早熟覆盖和露地栽培。见图 9-5。

图9-5　汉中冬韭

（二）园艺宽叶 8901

辽宁园艺种苗有限公司选育的韭菜杂交种。植株整齐而健壮，叶片宽大而直立，株高 40 厘米，最宽叶片 1.5 厘米，单株重量 10 克。叶鞘粗壮，生长势旺，分蘖力强，返青较快，在露地栽培条件下比汉中冬韭提早萌发 4 ～ 6 天。有浓郁的辛辣味，品质优良。属休眠型韭菜，抗寒能力很强，在辽宁省境内冬季没有任何覆盖的情况下均能安全越冬。抗灰霉病。在露地栽培条件下平均亩产 5800 千克，在保护地栽培条件下平均亩产 4700 千克。见图 9-6。

图9-6　园艺宽叶 8901

（三）马莲韭

株高 50 厘米以上，株丛直立，植株生长迅速，长势强壮。叶鞘粗而长，叶片绿色，长而宽厚，叶宽 1 厘米左右，最大单株重可达 40 克以上，分蘖力强，抗病，耐热，粗纤维少，商品性好，易销售，抗寒性强，产量高，效益好，适应性广，在我国各地均宜栽培种植。见图 9-7。

图9-7　马莲韭

（四）紫根早春红

株高 50 厘米，株丛直立，叶色深绿，叶肉肥厚宽大，叶鞘较长。辛香味浓，商品性状好。春季早发，抗病、抗寒、优质、高产，夏季无干尖现象，冬季有短期休眠。年亩产鲜韭 11000 千克左右，适宜全国各地栽培，保护地宜冬春茬栽培。见图 9-8。

图9-8 紫根早春红

图9-9 竹杆青

图9-10 791韭菜

图9-11 整地做畦

（五）竹杆青

该品种抗寒性抗病性很强，株型直立，叶色浓绿，叶片宽大肥厚，且具有辛辣味强，粗纤维少，营养高等优点，适应性广泛，全国各地均宜栽培种植。见图9-9。

（六）791韭菜

植株直立性强，生长旺盛，株高50厘米左右，叶鞘粗而长，叶片绿色，宽约1厘米左右，抗寒性极强，耐热抗病，粗纤维少，营养丰富，产量高，一般露地收割6～7茬，适宜全国保护地和露地种植。见图9-10。

四、栽培关键技术

（一）东北地区冬春茬日光温室栽培

在辽宁西部的阜新、朝阳等地多采用日光温室生产冬春茬韭菜。

1.品种选择

日光温室韭菜栽培宜选用品质好、叶子宽、直立性好、产量高、回根晚、生长旺盛、休眠期短和抗病耐低温的品种。目前一般选用"汉中冬韭""园艺宽叶8901""马莲韭""紫根早春红"等品种。

2.播前准备

（1）施底肥以农家肥和磷钾肥为主，亩施8000～9000千克，过磷酸钙100～150千克，腐熟饼肥100～200千克，不施速效氮，否则容易造成徒长、伏天倒伏。

（2）施入底肥后深翻30厘米，打碎土块，反复耙耢整平，使肥料与土壤充分混匀。做成宽100厘米畦，畦埂宽20～25厘米，高15厘米。见图9-11。

3.播种

（1）播种时间 5月上旬左右。

（2）播种方式 采用开沟干籽直播，播

前如土壤干旱，先浇水润土，略干后再开沟播种。按沟距35厘米开沟，沟宽10～15厘米，深10厘米。将种子撒入沟内，覆土厚1～1.5厘米。全部播后用脚踩实，或用磙子镇压一遍，随后浇一次透水。播种量依品种、播期早晚和土壤肥力而定，如果适期播种亩播种量4～5千克，播种偏晚增加1千克播种量，土壤肥力高，播种量少些，否则高些。

4.播种后及苗期管理

（1）保墒 播种后立即浇一次透水，隔3～4天，如果土皮发干再浇第二水，隔3～4天，浇第三水。除第一水宜大，以后各次水可少些。如果播种土壤墒情好，也可播后先闷2～3天，而后再浇透水。也可播后覆膜，但要防止膜下高温造成烧苗现象。出苗后土壤水分过高，容易使苗幼嫩细弱，造成倒伏，一般7～8天浇1水，苗长到15厘米时，适当控水，有利幼苗粗壮，促进根系发育。见图9-12。

图9-12 韭菜刚出苗

（2）除草 防止杂草生长，在韭菜浇第二遍水后2～3天喷除草剂。用33%除草通100～150克/亩对水50千克，或用48%地乐胺乳油。200克/亩对水50千克，均匀喷洒地面。

（3）灭蛆 5月下旬至7月下旬，是韭蛆危害盛期。如果不及时防治，易造成缺苗。

5.越夏管理

韭菜越夏管理是秋季养根、冬季增产的重要时期，必须避免五、六月臭韭菜，不值钱，弃管现象的发生。夏季不管，冬季减产，所以一定要加强夏季管理。

（1）防止倒伏 夏季天气热，雨水多，植株长到20厘米后，容易倒伏，这时可将上部叶片割去1/3或1/2，使底部叶片见光，防止腐烂，或用木棍及钢叉左右翻动，最好将韭菜捆成小把，使根部通风透光。

（2）及时排水防涝 夏季来临之前，每次灌水或降雨后，土壤湿度合适时，把垄台、垄帮锄松。降热雨后，要及时用井水快浇浅灌，降低地温，预防病害发生。

6.秋季管理

韭菜秋季管理是养根的关键时期，也是冬季产量高低的关键。

（1）肥水管理 韭菜休眠后需回根，视土壤墒情适当浇水。8月下旬、9月中旬、9月下旬三次施肥，施磷酸二铵、硝酸铵或三元复合肥30千克/亩，饼肥腐熟随水冲施。施尿素不利回根，因此禁止施用尿素。

（2）及时除掉花蕾 一般来说，当年播种的韭菜不抽薹，只有两年生以上的韭菜进入8月下旬才开始抽薹开花，但是个别当年生满足了春化条件时，也能部分抽薹开花。抽薹开花消耗营养，要及时将花薹摘掉。

（3）灭蛆　8月下旬至9月上旬，是韭蛆大发生时期，要注意观察，加强防治工作。

7. 扣膜前管理

（1）清除枯叶　进入10月份，土表应见湿见干，做到不旱不浇水，防止水肥过大生长过旺，致使回青休眠晚的现象出现。等到地上部养分回到根里，及地上部分萎蔫干枯、韭菜充分休眠后，割去地上部的残叶老叶，清扫畦面。

（2）适时灌冻水、施肥　9月下旬浇水施肥后，一般临近扣膜前不再施用化肥。10月下旬以后，随着气温下降，当地面表土夜冻昼化时，就应灌足封冻水。施腐熟农家肥（也叫蒙头粪）7000～8000千克/亩，浇一次透水（最好连灌两水），使畦面浇足浇透。

8. 扣膜及扣膜后管理

（1）扣膜时间　平均气温1℃左右，土壤结冻10厘米。一般在10月上、中旬～11月上、中旬。

（2）扒土晒根　扣膜3～4天后地面充分解冻，土壤表面渐干，用铁齿耙在韭沟横向扒至"韭葫芦"露出为止，一般扒深8厘米左右，扒土后顺根灌入防治韭蛆的农药，然后填土平沟。覆土前可沟施草木灰，既可防蛆又能丰产。

（3）温度管理　韭菜生长适温12～24℃。在清茬或收割后温度可以提高到25～30℃，促进快速发苗。待韭叶出土后严格控温，白天17～24℃，夜温不低于10℃为宜；收割前3～5天，降温2～3℃，以增进品质，割后不易发蔫。扣棚初期，加强通风换气，草苫适当早揭晚盖。

（4）灌水追肥　扣膜后，灌水不宜过多，10～15天韭苗即可出齐。一直长到10厘米高左右浇第一水，这时因底肥充足，一般不用追肥。第一水过后，韭菜肥水充足生长迅速，第一水过后20天左右浇第二水。浇第二水为第一刀提高产量，同时也为第一刀过后生长奠定基础，所以第二水要冲一些化肥。一般随水冲硝酸铵20～30千克/亩，磷酸二铵20千克/亩，也可用些冲施肥。浇完第二水后5～7天即可收割第一茬。韭菜收割后用铁耙子搂松土粪，露出鳞茎，搂平畦面。有条件的可在每刀韭菜收割清茬后撒一层"蒙头粪"，撒后用耙子搂平。

以后每刀韭菜收割管理与第一刀相同，即收割后新叶长到8～10厘米进行第一次追肥，随之灌水，20天左右即收割前5～7天第二次追肥灌水。追肥量与第一次相同。

（5）培土　每刀韭菜株高达10厘米左右时，在前期松土的基础上开始培土，每次培土3～4厘米（以不超过叶子分权处为宜），苗高20厘米时第二次培土，最后培成高约10厘米的小垄。目的：一是软化假茎，优化品质；二是利于沟灌，水不泄露；三是防叶下披，直立生长；四是可使叶丛聚于垄中，有利通风透光，提高地温，减少病害，植株健壮，收割方便。

9.采收

（1）扣膜后到第一刀收割时间　扣膜后到第一刀韭菜收割，正常管理条件下需55～60天，但如果不能有效控制室内温度，持续高温，会使头刀韭菜在15～20天内长成，此时收割，韭菜鳞茎中消耗的养分不能得到充分补给，影响随后各刀的产量。

（2）收割次数与间隔时间　温室韭菜冬春最多可割3～4刀，即将淘汰换根的韭菜，可多割1～2刀。根据韭菜地上与地下养分运转关系，收割时两刀之间间隔应为一个月左右，植株达到4～5个叶片时，是最佳收割期。收割间隔期太短，会使韭菜长势衰退减产，严重时会被割死。

（3）收割方法　用铲子收割，收割留茬高度要适当，过高影响产量，过低损伤韭菜。一般在鳞茎以上3～5厘米处收割为宜。割茬呈黄白色适当，绿白色太浅，白色太深，带上"马蹄"状就会伤掉韭根。收割时间宜在早晚，早晨未揭草苫前收割最好，韭菜鲜嫩不萎蔫，包装后不易发热变黄。见图9-13。

图9-13　超市柜台上销售的韭菜

（4）短期贮藏　如果收割已到适期，但市场价格低时，可将收割下来的韭菜捆把装入纸箱内，放在0℃左右的地方，可贮藏10～15天。

（5）采后管理　温室韭菜收割结束，4月中旬可揭膜转入露地管理，继续培养根株。4～6月结合浇水追施化肥2次，施尿素或磷酸二氨20千克/亩。夏季还可采收韭薹，但不宜收割青韭。特别要重视秋管养根，为下年生产打好基础。一般连续生产2～3年就需换根。

（二）东北地区大棚韭菜栽培

在黑龙江省、吉林省多采用塑料大棚生产早春韭菜。

1.品种选择

塑料大棚栽培的韭菜品种应选择抗寒性强，较耐高温、高湿，植株直立不倒伏，叶质鲜嫩，生长迅速，抗病的优良品种，如"竹杆青""马莲韭""汉中冬韭""791韭菜"等优良品种。

2.露地培育韭根

（1）施肥与整地　在欲建大棚的地块上，施入腐熟的农家肥5000千克～7000千克/亩、过磷酸钙100千克～150千克/亩、磷酸二铵40千克/亩，扬匀，旋耕，整平做畦，畦宽1～1.2米，畦长为大棚宽度，中间留人行道。

（2）浸种、催芽、播种 ① 浸种、催芽：每亩需种量为10千克左右。将种子放在30～35℃温水中浸泡24小时，搓掉种子表面黏液，放在15～20℃条件下催芽2～4天，每天用清水搓洗2遍。当有三分之一的种子裂嘴或露白后，将种子放到0～2℃条件下蹲芽，待芽出齐后播种。② 播种：播种期一般在4月中下旬至5月上旬。播种时每畦开4～5个沟，沟宽13厘米，沟深6～7厘米，沟间距10厘米。播前沟中浇足底水，水渗下后均匀撒播种芽，播后覆细土1厘米左右，轻轻镇压，然后搂平畦面，并保持土壤湿润，雨季注意排水。

（3）出苗后管理 出苗后的韭菜管理主要是及时清除田间杂草、防治韭蛆和雨季防涝。除草可人工除草或药剂除草。药剂除草每亩用50%扑草净100～150克或敌草隆400克或除草剂一号200克，在播种后的第3天畦面喷雾，喷药后2～5天内不宜灌水。秋季结合灌水，每亩追施腐熟大粪稀500千克一次。封冻前灌足封冻水。当年的韭菜不收割，让叶片的养分回流到韭根。

3. 扣棚及管理

第一年的韭菜一般都生长较慢，根细叶弱，需养根一年。封冻前埋好大棚立柱，第二年春季扣棚生产。韭菜棚的高度不宜太高，以方便割韭菜、除草等作业。烧火盖草苫的大棚可于1月下旬至2月上旬扣棚膜，普通大棚可于3月上旬扣棚膜。扣棚后应封严棚门。烧火盖苫的大棚白天要猛烧火，配合日光能，尽量升温，快速化地。当耕层化透后，用齿耙搂除棚内杂草及残株，露出鳞茎，促进萌发；日温17～21℃，夜温12～17℃，超过24℃应通风换气。头刀韭菜收割前4～5天，和二刀韭菜高10～15厘米时应开天窗放风降温。视土壤墒情，当第一刀韭菜新叶高10～15厘米，二刀韭菜高6～8厘米，三刀韭菜高3～9厘米时各灌一遍水，而且每亩随水施入尿素15千克。

4. 采收及采后管理

当扣棚25～30天时，韭菜长到4～5片叶，株高22厘米以上时，留茬3～4厘米收割第一刀。再经18天左右，当株高25～30厘米时收割第二刀，此时外界气温已高，应增加通风量和灌水量，白天气温控制在25℃以下。第二刀韭菜收割后20～30天可收割第三刀韭菜。三刀韭菜收割后已是5月中、下旬或6月初。这时应撤掉棚膜，不再收割而进行露地养根管理。及时清除田间杂草，掐掉韭蕾、韭花，每亩随水灌大粪稀1000千克，雨季应防涝、防病，秋冬前灌好封冻水。翌春再扣棚生产。

（三）华东地区秋冬大棚韭菜栽培

1. 品种选择

秋冬大棚栽培要选择耐寒、高产的品种。791叶片窄长，叶色深绿，纤维稍多，香味浓，植株直立性强，不易倒伏，耐寒性强，是华东地区秋冬韭菜栽培的首选品种。

2.地块选择

选择3年内未种过葱蒜类、地势平坦、排灌方便、土层深厚、保水保肥的壤土或沙壤地种植。冬前翻耕晾晒，立冬时灌1次封冻水。早春每亩施充分腐熟有机肥5000～8000千克、磷酸二铵20千克，然后深翻30厘米，反复耙耢，使土壤和肥料充分混合，土表疏松绵软。

3.培育壮苗

4月上旬～5月上旬播种，以春播为主。育苗地每亩施用饼肥100千克作基肥，以便培育壮苗。每亩用种量2～3千克，干子播种。一般采用沟播，沟宽、垄宽均为20厘米，垄高10厘米，沟内均匀撒播种子后覆土1～2厘米，用脚踩实，上面再铺细沙1厘米左右，或铺地膜简单覆盖保墒，发芽后要及时撤去地膜。

4.苗期管理

播种后当天灌水，小苗出土前要保持土壤湿润，每隔4～5天浇1次水，一般15～20天即可出苗。在播后浇完第二水的第二天，每亩用33%除草通100克对水50千克均匀喷洒地面，可保持20天无杂草。出苗后，每隔7～8天浇1次水，保持地面不干，及时进行中耕除草。当幼苗长出5片叶后（苗高15～20厘米），可适当控制浇水，防止韭菜苗长得过细而倒伏。

5.定植

定植前每亩施有机肥5000千克、复合肥50千克，深耕细耙，使肥土充分混匀、土地平整。一般苗龄80～90天，苗高18～20厘米，叶数5片左右时定植。采用宽窄行沟栽，沟深10～15厘米，宽行距20厘米，窄行距5～7厘米，株距4～5厘米，每穴2株，每亩栽20万～25万株。栽植深度以将叶鞘埋入土中为宜，同时要尽量保持根系舒展，做到栽齐、栽平、栽实。

6.定植后管理

定植后随即浇水，3～5天后新根扎稳、新叶发出、表土发干时浇第二水。此时心叶尚未转绿的，再隔4～5天浇第二水，此后应适时进行中耕松土除草。伏雨季节，还要做好雨天田间排水防涝工作。

7.覆盖棚膜

10月底～11月初扣棚，扣棚前霜打后，割去地上部分枯黄韭菜带出田外。每亩施尿素7.5千克、饼肥150～200千克、复合肥15千克。肥料下好后覆盖2厘米厚细土。棚高1.8米，外棚用7～8米无滴薄膜，内棚用两块2米宽的中膜搭两个小棚。

8.及时收割

扣棚后第一刀生长期20～25天，可割青韭750～1000千克。第一刀采收结束后亩浇施尿素7.5千克，然后根据风向通风3～4天，待棚内无氨气后闭棚；

第二刀生长期1个月左右，亩产量600～750千克，第二刀管理与第1刀相同；第三刀亩产量500千克以上，三刀大棚韭菜可产青韭1850～2000千克。收割时留茬高度要适度，割口处的叶鞘以黄色为宜。收割后及时整理、扎捆、上市。

9.撤膜后管理

韭菜为多年生蔬菜，一年播种多年生产。每年封冻时覆膜，在棚内收割2～3刀后拆除塑料薄膜，改为露地生长。7～8月份应及时掐去花薹及韭菜花，以节约养分。封冻后再覆膜生产，田间管理又恢复第一年的管理方法，每4～5年需进行更新。

五、病虫害防治

（一）病害

包括生理性病害和侵染性病害。生理性病害主要是韭菜黄叶和干尖；侵染性病害包括：韭菜灰霉病、韭菜疫病、韭菜菌核病。

1.韭菜黄叶和干尖

图9-14　韭菜黄叶

属生理性病害，因发病原因不同，症状和防治方法也不尽相同。见图9-14。

（1）土壤酸性危害　因长期大量施入粪稀、饼肥、化学酸性肥料、生理酸性肥料引起土壤酸化，而造成韭叶生长缓慢、细弱、外叶枯黄。防治应避免偏施化学酸性肥料（如过磷酸钙等）和生理酸性肥料（如硫酸铵等）；大通风后也可用石灰调节土壤酸碱度。

（2）有毒气体危害　扣棚膜前后大量施入碳酸氢铵，或地面撒施尿素，或在含石灰多的土壤中施用硫酸铵，均可造成棚内氨气积累，引起韭菜叶尖枯萎，后逐渐变褐。若土壤已经酸化，还可造成亚硝酸气体积累，引起韭菜叶尖变白枯死。防治应少施化肥，施后马上灌水。

（3）微量元素缺乏或过剩　韭菜缺钙时心叶黄化，部分叶尖枯死；缺镁引起外叶黄化枯死；缺硼引起中心叶黄化。若硼过剩，则从叶尖开始枯死；锰过剩，嫩叶轻微黄化，外部叶片黄化枯死。防治应注意施用充分腐熟的有机肥；避免过量使用含锰农药；补充各种微量元素。

（4）高温危害　韭菜若长时间处在35℃以上，或连阴天后骤晴，或高温后突然有冷风侵入都可造成叶尖枯黄。外叶-叶尖变成茶褐色，然后叶片逐渐枯死，中部的叶子变白，即成高温叶烧病。防治应及时放风降温、浇水，增施氮肥，可增强韭菜的耐热能力。

（5）干旱　土壤中水分不足，常引起韭菜干尖，应适时浇水。

2.韭菜灰霉病

【症状】韭菜灰霉病是棚室韭菜最重要的病害，主要为害叶片。主要症状为病叶有白色或灰白色小点，逐渐发展成椭圆形灰褐斑，干燥时叶片枯焦，潮湿时密生灰色霉层，发黏，伴有霉味。见图9-15。

图9-15　韭菜灰霉病

【传播途径和发病条件】主要以菌核在土壤中的病残体上越冬。第二年春天，在适宜的条件下，菌核萌发产生菌丝体和分生孢子，分生孢子侵染叶片，引起田间最初发病。在发病的部位上又产生大量分生孢子，通过气流传播蔓延。到了夏天，菌核越夏，秋末初冬扣棚后，又侵染发病为害。病菌生长的温度是15～30℃，产生菌核的适温27℃左右，相对湿度75%以上时开始发病，相对湿度93%以上时发病严重。塑料棚栽培，由于通风不良，日夜温差大，容易结露，棚膜滴水、叶面结露有露水，为病菌提供了致病条件。一旦发病，扩展迅速，发病严重。种植抗病品种如铁苗，发病轻；若种的是感病品种如汉中冬韭，发病重。重茬、施肥不足或施氮肥过多，植株生长弱，病势加重；浇水过多，湿度大，通风不良，光照不足，发病也重。

【防治方法】

（1）农业综合防治　选用抗病品种；加强田间管理，预防低温高湿。

（2）化学防治　发现病株后，可选用50%多菌灵可湿性粉剂500倍液或50%甲基托布津可湿性粉剂500倍液，或50%速克灵可湿性粉剂1000倍液喷雾。密闭温室，用速克灵烟剂350～400克/亩熏烟4～6小时，效果最好。

3.韭菜疫病

【症状】主要危害假茎和鳞茎。假茎受害呈水浸状浅褐色软腐，叶鞘易脱落，湿度大时，其上长出白色稀疏霉层。鳞茎被害，根盘部呈水浸状，浅褐至暗褐色腐烂，纵切鳞茎内部组织呈浅褐色。见图9-16。

【传播途径和发病条件】病菌在病株上或随病残体在土壤中越冬。韭菜发病后，在潮湿条件下，病斑上产生大量游动孢子，随风雨和灌溉水传播，着落在韭菜叶片上，在温度适宜并有水滴存在时侵入韭菜，引起再侵染。在生长季节中重复发生多次再侵染，病株不断增

图9-16　韭菜疫病

多。高温高湿有利于疫病发生，发病最适温度为25～32℃，降雨多，高湿闷热时发病重。夏季是露地韭菜疫病的主要流行时期，夏季多雨年份常常发生大流行。重茬地、老病地、土质黏重、排水不畅的低洼积水地块和大水漫灌地块发病重。扣棚韭菜因棚内温、湿条件适宜，发病早，病势发展快，受害重。3月中旬以前棚内温度超过25℃，若放风不及时，浇水过量，湿度增高，韭菜幼嫩徒长，可造成疫病大发生。

【防治方法】用58%甲霜灵·锰锌可湿性粉剂500倍液，或75%百菌清可湿性粉剂500倍液灌根，10天后再灌一次。

4.韭菜菌核病

【症状】主要危害叶片、叶鞘或茎部。被害的叶片、叶鞘或茎基部初变褐色或灰褐色，后腐烂干枯。病部可见棉絮状菌丝缠绕及由菌丝纠结成的黄白色至黄褐色菜子状菌核。

【传播途径和发病条件】同生菜菌核病。

【防治方法】

（1）农业综合防治　防止积水，合理密植，避免偏施氮肥，增施磷钾肥。

（2）化学防治　每次采收后及时喷500～600倍4%农抗120瓜菜烟草型液，每隔10～15天喷一次，连喷2～3次，可有效防止菌核病发生。每次割韭后至新株抽生期75%百菌青可湿性粉剂800倍液加70%甲基硫菌灵可湿性粉剂800倍液喷雾，或40%多·硫悬浮剂500倍液，或5%井冈霉素水剂50～100毫克/升，隔7～10天1次，连续防治3～4次。

（二）虫害

棚室韭菜的主要虫害是韭菜根蛆。

【为害特点】危害韭菜的地下害虫有葱蝇和迟眼蕈蚊。这两种害虫对葱蒜类的气味有明显的趋性，其成虫在韭菜根际产卵，3～5天孵化成幼虫，钻入土壤中咬食韭菜鳞茎。露地养根期间多集中在初夏和中秋之际。

【形态特征】卵长0.25毫米，椭圆形，乳白色，多产于韭菜株丛地下3～4厘米处。幼虫体长6～9毫米，圆筒形，头部黑色，蛆体乳白色，表面光滑，前端较尖，后端稍平。蛹长2.7～3毫米，长椭圆形，裸蛹开始为黄白色，后慢慢变为黄褐色，参见图3-75。最后变为灰黑色。成虫为小型蚊子，体长3～4毫米，黑褐色，头小，常成群聚集，交配后不久即在原地产卵，造成田间点片发生，危害严重。

【生活习性】幼虫在春秋季为害韭株叶鞘、幼茎、芽，引起幼茎腐烂，叶片枯黄，然后把茎咬断蛀入茎内。夏季幼虫向下活动，蛀入鳞茎，造成鳞茎腐烂，引起韭墩死亡。冬季潜入土下3厘米处越冬，韭蛆对温度适应范围较宽，在全国大部分地区都能安全越冬。而在棚室内则无越冬现象，可继续繁殖为害。露地栽培韭菜，一般每年有3个主要为害盛期，4月上旬至5月下旬，6月上中旬，7月上旬至10月下旬，其中以第三次为害最盛。

【防治方法】

（1）农业综合防治　合理轮作：采用与韭蛆不能寄生的韭葱蒜类作物轮作3年以上，有条件的如能进行水旱轮作防效更好。

（2）物理防治　韭蛆成虫对糖醋液有一定趋性，在成虫羽化期可用糖、醋、酒、水按3：3：1：10的比例配液，诱杀成虫，每亩放2～3盆既可减少田间成虫数量，又可测报韭蛆成虫的羽化高峰期。见图9-17。

（3）化学防治　① 用辛硫磷灌根或撒施，一般按每亩用5%辛硫磷颗粒剂2千克，掺些细土撒于韭菜根附近，再覆土，或50%辛硫磷乳油800倍液与BT乳剂400倍液混合灌根均可。先扒开韭菜附近表土，将喷雾器的喷头去掉旋水片后对准韭根喷浇，随即覆土。如需结合灌溉用药，应适当增加用量，将药剂稀释成母液后随灌溉水施入田里。② 在幼虫危害盛期，韭菜叶开始变黄变软出现倒伏时，每亩用康绿功臣（有效成分：1.1%苦参碱）2～3千克对水500千克顺垄灌根。③ 可在成虫羽化盛期采用75%辛硫磷乳油1000倍液，或菊酯乳油2000倍液、50%敌敌畏乳油2000倍液、2.5%溴氰菊酯3000倍液喷雾防治。

第二节　蒜苗

蒜苗是以大蒜长出的嫩叶作为产品的蔬菜，北方冬春季节多在温室中生产，以弥补淡季蔬菜的供应。蒜苗靠蒜瓣贮藏的养分生长，对土壤养分要求不高，生长速度快，无论强光弱光均可生长，且生产设备简单，无需较高技术就可以生产。所以深受广大菜农欢迎，栽培面积逐年扩大，已成为农民致富的好门路，对提高温室的复种指数，提高温室的利用率，增加收入起了重要作用，见图9-17。现介绍温室蒜苗生产技术：

一、苗床准备及栽培时间

温室应建在3千米内无污染源、环境条件良好的地方。为降低成本，一般采用竹木塑料温室，温室跨度5～6米，高度2～2.5米。在室内地面做栽培床，由于温室前脚温度较低，所以栽培床南端不要直达南脚，应留有30～40厘米。栽培床的床面有的铺5～6厘米的特制营养土，其营养土主要是由40%腐熟的畜禽粪便等有

图9-17　冬季利用温室生产蒜苗

机肥加田土，另加复合肥1千克/平方米拌匀配制而成。营养土铺平后要压实、耙平。也有的棚户不特制营养土，而是在整平的床面上施以复合肥，然后摆蒜。为管理方便，可做宽150～200厘米的畦，留过道15～20厘米。温室蒜苗的栽培时间，整个秋冬均可，但一般在11月下旬开始栽蒜，元旦前割一刀蒜苗，到春节前割第二刀，或到春节前割第一刀蒜苗。也可分期栽蒜，重点供应元旦和春节的市场需要。

二、蒜种挑选和处理

应选择蒜瓣干燥、茎盘生长正常、无冻伤和发软黄、直径4～5厘米、大小均匀一致、洁白紧实的蒜头做蒜种。种蒜最好选择蒜头大、分瓣多的品种。可选择山东的白皮蒜或黑龙江的紫皮蒜，这两个品种蒜瓣大，养分足，较抗病，蒜苗长势旺，茎粗白长，优质高产，商品性好。蒜头要挑选，大小分级，先栽培小蒜头，耐储的大蒜头后栽。若同时栽蒜，要在分级后分别栽到不同畦或栽培床的不同部位，以便出苗整齐。把选取好的蒜头放在清水缸中浸泡12～14小时，泡后的蒜皮用手摸有柔软感即可，捞出沥水，再用1%浓度的三十烷醇水溶液浸泡2小时，随后用清水洗一遍，泡好的蒜头捞出来放在篦帘上控水5小时后进行剜蒜。挖掉蒜头上的根盘和抽掉蒜头里的蒜薹梗。剜蒜时可用扁平锥子或用钉头打扁的长钉，插入蒜根里用力一别，根盘和蒜薹梗即可脱出，蒜头也不会散。剜蒜可使蒜头早出苗。处理后即可栽种。

三、栽培方法

栽蒜前要平整床土，并用木板压平。为使土温升高应晒土，所以最好在下午栽蒜。1平方米用种蒜15～17.5千克。将处理过的蒜种一个挨一个地紧密摆在苗床上，空隙用小瓣蒜填满，摆蒜时蒜头大的向下按深一点，蒜头小的按浅一些，让蒜头顶部平齐，以免收割时高矮不齐容易碰伤蒜种。栽完后覆盖2～3厘米细沙，如栽培床土较干燥，栽后应浇透水；如床土较湿润，可晒1天，第二天浇水。为充分利用温室，可搭两层栽培床。栽后4～5天，新根的生长往往把部分蒜头顶出，这时可用宽大木板压住并踩一遍，使其平齐，再适量盖些沙。这样生长的蒜苗嫩绿、白长、质量好。

四、水肥管理

浇水要根据土壤含水量和蒜苗长势灵活掌握。由于蒜苗生长以消耗自身营养为主，水分不宜过大，以防烂根。一般浇3次水，第一次在栽蒜后，浇大水；第二次是在蒜苗出齐长到10厘米时，浇中水；第三次在收割前3～4天浇水。注意每次浇水量要依次减少，水量适当。如发现蒜苗尖端卷曲、叶发黄，则表明缺水，要局部补水，但水量不要太大。为了增加蒜苗的蒜白长度，提高质量和减少水分蒸发，在浇水后，可分次培土2～3次，厚3～7厘米，培土应选取过筛和日晒的细沙土。浇水适宜在早晨或傍晚进行，水温20～30℃。在苗高5厘米后，每隔7天喷1次300倍磷酸二铵水。二茬在蒜苗长齐后，喷1次3%农用硝酸铵水。每次施化肥后都要喷两遍清水，以免发生肥害。

五、温度光照管理

栽后要保持稍高的室内温度，以利蒜出芽和蒜苗生长。蒜苗生长适宜温度为18～22℃。若温度过高，蒜苗生长快，叶纤维细而黄绿，严重时叶失水萎蔫，质量差，产量低，而且影响二刀产量；若温室温度低于15～18℃，蒜苗生长缓慢，影响产量。冬季温室栽培蒜苗以保温为主。出芽前白天室温温度控制在25～27℃，夜间室温温度控制在18～20℃，床温保持20℃左右，出苗后白天室温温度在20～22℃，夜间室温温度在16℃。收获前5天温度可降到18～20℃。整个生长期，昼夜温度不应低于16℃，否则生长缓慢。所以在温度较低的月份，要特别注意温室的保温防寒，必要时可临时取暖加温。

蒜苗出土后要进行遮光处理。白天用草帘或遮阳网遮盖，使少量散射光射入，苗长至15厘米高时，使其逐渐接受阳光。见图9-18。

六、适时收获

在水肥、温度、光照等条件适宜时，栽后23～25天，苗高35～40厘米，叶鞘有倾倒时应及时收获。收割早，产量低，收割晚易倒伏或烂叶。割头刀后，再经20天，蒜苗高达30厘米时割第二刀。1千克种蒜收割两刀，可产蒜苗1～1.2千克。割头刀时，可在离蒜头顶0.5厘米处下刀，以免影响下茬蒜苗生长。蒜苗头刀收割1～2天，待出新芽后再浇水，以便伤口愈合，防止腐烂。割蒜苗时间最好在早晨，早晨割蒜苗产量高，质量好，便于及时供应市场，蒜苗温度低，避免伤热。见图9-19。

图9-18 白天用草帘或遮阳网遮盖

七、主要病害

温室蒜苗经常发生腐烂和黄梢。蒜苗发生腐烂的主要原因是光照太弱或长期无光；温度偏高；床土水分过多等。黄梢原

图9-19 收割蒜苗

因主要是温室取暖加温时跑烟所熏或浇水不当所致。总之，为了避免上述病症的发生，应加强光照、温度、水分等方面的管理。

第三节 香葱

香葱又称细香葱、北葱等，百合科葱属，植株小，叶极细，以嫩叶和假茎供食，产品柔嫩，具有浓烈的特殊香味，微辣，多用于调味。见图9-20。

一、特征特性

株丛直立，生长旺盛，根系发达。一般株高45～55厘米，开展度12厘米×15厘米，分蘖性中等，生长势旺。单株叶5～9片，管状叶长40厘米左右，横径0.6～0.8厘米，绿色，葱白长8～10厘米，横径0.7～0.9厘米，鳞茎不膨大，近地葱白略粗，须根白色。早熟，一般移植或直播后50～80天收获，质地细嫩，香味浓。见图9-21。

图9-20　香葱

图9-21　香葱植株

二、对环境条件要求

香葱喜凉爽的气候，耐寒性和耐热性均较强，发芽适温为13～20℃，茎叶生长适宜温度18～23℃，根系生长适宜地温14～18℃，在气温28℃以上生长速度慢。香葱根系分布较浅，吸收力较弱，不耐旱，在栽培过程中要注意保持土壤湿润。适宜土壤湿度为70%～80%，适宜空气湿度为60%～70%。对光照条件要求中等强度，在强光照条件下组织容易老化，纤维增多，品质变差。香葱对土壤条件要求不严，砂壤土或黏壤土，微酸性或微碱性土壤均可种植。

三、品种选择

宜选用环境适应性强、辛香味浓郁、抗病虫害能力强、长势旺盛、假茎粗7毫米以下的香葱品种。一般紫花香味浓郁，抗性强、品质好，为生产上选用的主要品种类型，目前生产多采用四季小香葱、福建细香葱、鲁葱一号、四川小香葱、日本四季小香葱、德国全绿小香葱等品种。

（一）四季小香葱

株丛直立，一般株高45～55厘米，开展度12厘米×15厘米，分蘖性中等，生长势旺，管状叶长40厘米左右，横径0.6～0.8厘米，绿色，葱白长8～10厘米，横径0.7～0.9厘米，鳞茎不膨大，近地葱白略粗，须根白色。早熟，一般移植或直播后50～80天收获。

（二）日本四季小香葱

该品种由日本引进，经本公司多年精选提纯，株丛直立，分蘖力强。株高20～25厘米，管状，管茎5～6毫米，叶浓绿。葱白长3～3.5厘米，鳞茎不膨大，略粗于葱白。抗热，耐寒，四季常青不调，香味特浓。其品质均优于国内外其他品种。

（三）德国全绿小香葱

植株直立，株高45～50厘米，叶片细长，叶色浓绿，管状叶直径3～5厘米，分蘖力强。较耐热而不耐寒，生长适温为22～24℃，对土壤适应性广，喜湿，不耐旱。质地柔嫩，香味较浓，品质好。在上海年收获4～5茬，亩产1000～1200千克。

四、栽培关键技术

（一）茬口安排

棚室内全年均可种植香葱。春茬11月育苗，翌年1月移栽，3～4月中下旬采收；为提早上市可采取地膜覆盖栽培。夏茬4月下旬～6月初移栽，5～7月底采收。秋茬8月初～9月中旬移栽，9月下旬～10月上市。冬茬10～11月移栽，翌年1～2月采收。

夏茬和秋茬由于外界气温很高，一般可用遮阳网栽培。冬季和春季气温低，香葱生长缓慢，可在温室内或塑料大棚内栽培。

（二）整地施基肥

无论播种育苗或是移栽的地块要精细整地和施足基肥。每亩施用腐熟、细碎有机肥3000千克或膨化腐熟后的鸡粪1000千克以上；做成1.5米宽、8～10米长的畦，夏季和低洼易涝的地块要做成高出地面15～20厘米的高畦，四周有排水沟。

（三）播种育苗

采用条播或撒播的方式，条播间距10厘米，覆土1.5～2厘米厚；有条件的可

图9-22 畦床育苗

图9-23 苗盘育苗

图9-24 穴盘育苗

图9-25 香葱生产田

以采用苗盘或穴盘育苗。每亩用种2～4千克，要防止地下害虫危害，播种前用辛硫磷拌过筛细土撒在床面，也可用敌百虫拌炒香的麦麸制成毒饵，在傍晚撒在播后的苗床上，浇足底墒水。见图9-22～图9-24。

（四）移栽定植

播种后40～50天即可移栽，每8～10株一穴，行距12～20厘米，穴距8～10厘米，宜浅不宜深，以4～6厘米为宜，及时浇定植水。也可播种后不经移栽直接采收。见图9-25。

（五）田间管理

出苗前后与移栽成活后土壤不能干旱，宜小水勤浇，幼苗1～3叶期和移栽缓苗后控制浇水，中耕松土1～2次，以促进根系生长，以后一般7～10天浇水一次。若基肥施用偏少，或采收期过长要追肥1～2次，每亩施用腐熟膨化鸡粪300千克，撒于行间并及时中耕，如开穴施用效果更好。后期根部应培土1～2次。夏季、秋季温度高、光照强，要搭棚架覆盖遮阳网。

五、采收

香葱可四季种植，周年采收，可根据茬口和市场价格及田间长势决定采收期。一般在植株高30～40厘米时收获上市。采收后去除黄叶，洗净后整理成1～2千克小捆上市。见图9-26和图9-27。

六、病虫害防治

细香葱的主要病害有香葱霜霉病和香葱灰霉病。

（一）病害

1.香葱霜霉病

【症状】全株染病的细香葱，停止生长，

株高降低；叶片加厚、黄变而弯曲。春秋阴雨连绵时，可形成白色霉层，黄变枯萎。再感染的大葱，叶片和花梗上出现黄白色长椭圆形大病斑，表面上有白色霉层，后变为绿色或暗紫色。严重时，病株呈淡黄色枯萎。该病斑上生出杂菌后，有时还形成黑绒状霉层。见图9-28。

【传播途径和发病条件】该病菌生成卵孢子和分生孢子。卵孢子在干枯的病叶组织内，而分生孢子在叶表面形成。病菌以卵孢子和菌丝形态附在叶片上越冬，翌年形成分生孢子后，成为初侵染源。分生孢子在夜间形成，白天飞散。孢子从叶片气孔处侵入，经5～10日潜伏期发病，叶表面形成许多分生孢子，成为再侵染源。发病的适宜温度为15℃，要求相对湿度85%以上。连作种植，缩短葱的生长期，进行密植，并提供充足的肥水条件，致使田间湿度大，植株较嫩绿，抗病能力降低，利于发病。

【防治方法】

（1）农业综合防治　①选用无病种子：选无病地块留种，新买的种子用50℃温水浸种25分钟，冷却后播种。②加强园田管理：选地势高，排水好，通风的地块种植。施足肥料，增施磷钾肥。合理灌水，不使葱地过湿。发现病株，及时拔除埋掉。收获后彻底清除病残体，集中处理，并进行深耕，减少菌源。

（2）化学防治　发病初期喷药防治，每隔7～10天喷1次，连喷3～4次，常用的药剂有70%乙磷铝锰锌可湿性粉剂600～800倍，25%甲霜灵霜霉威可湿性粉剂500～1000倍，50%安克可湿性粉剂2500倍，70%品润干悬浮剂500～700倍，72.2%扑霉特700～1000倍液。

图9-26 准备上市

图9-27 超市里销售的香葱

图9-28 香葱霜霉病

2.香葱灰霉病

【症状】叶片最初出现椭圆或近圆形白色斑点，且多数发生于叶尖，以后逐渐向下发展并连成一片，致使葱叶卷曲枯死，当湿度大时，可在枯叶上产生大量灰色霉层（即为分生孢子梗和分生孢子）。"灰霉"为鉴别本病的主要特征。

【传播途径和发病条件】病菌以菌丝体或菌核的形式随病残体在土壤中越冬，但在气候温暖地区，多以分生孢子在病残体上越冬。翌年春天条件适宜时产生分生孢子。分生孢子借气流或雨水反溅传播，病菌从气孔或伤口等侵入叶片，引起初侵染。病部产生的分生孢子随气流、雨水和农事操作等传播，进行再侵染。病菌喜冷凉、高湿环境，发病最适气候条件为温度 $15 \sim 21℃$，相对湿度80%以上。地势低洼、排水不良、种植密度过大、偏施氮肥、生长不良的田块发病重。年度间冬春低温、多雨年份危害严重。

【防治方法】

（1）农业综合防治　①清洁田园：葱收割后，及时清除病残体，并带出田间集中销毁，防止病菌蔓延。②实行轮作：和非韭菜、洋葱、大葱等葱蒜类蔬菜实行3年以上轮作。③加强管理：保护地栽培的应适时通风降湿，发病期间要严格控制浇水，通风量要根据葱长势和天气情况而定；多施有机肥，及时追肥、除草，提高植株抗病力。

（2）化学防治　在发病初期开始喷药保护。药剂可选用50%扑海因可湿性粉剂1000倍液喷雾防治。每隔 $7 \sim 10$ 天1次，连用 $2 \sim 3$ 次，具体视病情发展而定。

（二）虫害

细香葱的虫害主要有葱蓟马、美洲斑潜蝇、蚜虫。

1.葱蓟马

【为害特点】以成虫和若虫挫吸寄主心叶、嫩茎、嫩芽等组织的表皮、吸取汁液。受害部位出现长条状白斑，严重时，葱叶扭曲枯黄，萎缩下垂，并传播多种作物病毒病。在干燥少雨、温暖的环境条件下发生严重。见图9-29。

【形态特征】体长约 $1.2 \sim 1.4$ 毫米，体色自浅黄色至深褐色不等。

【生活习性】葱蓟马为不完全变态昆虫，若虫有4龄，后2龄处于不取食状态，常被称为"前蛹"及"蛹"，其实为3龄、4龄若虫。成虫较活跃，能飞能跳。怕阳光，白天多在叶荫或叶腋处为害，阴天和夜间才到叶面上活动为害。雌虫以产卵器刺入叶内产卵，1次产1粒，每头雌

图9-29　葱蓟马

虫1生可产卵数十粒到近百粒。此外，雌虫还可孤雌生殖。5～6月间卵期6～7天，初孵幼虫群集为害，以后即分散。3～4龄为前蛹，前蛹期1～2天，蛹期4～7天，整个蛹期在土中度过。温度适宜，完成一个世代约需20多天。每年发生8～10代，世代重叠。葱蓟马在温暖、干旱的气候条件下发生严重。在葱上发生的最适条件是气温23～28℃，相对湿度40%～70%。雨季到来，虫口减少。

【防治方法】

（1）农业综合防治　清除残株落叶于田外烧毁，及时深翻土地，减少虫源。小水勤浇，防止干旱，增施磷钾肥。

（2）物理防治　利用蓟马的趋蓝习性，在田间设涂有机油的蓝色板块诱杀。

（3）药剂防治　可交替喷施20%好年冬乳油2000～2500倍液，或2.5%敌杀死乳油，或20%菊马乳油1000～1500倍液，或2.5%功夫乳油3000～5000倍液，或阿克泰1000～15000倍液。隔6～8天再喷1次。

2.美洲斑潜蝇

【为害特点】【形态特征】【生活习性】【防治方法】同菠菜美洲斑潜蝇。

3.蚜虫

【为害特点】【形态特征】【生活习性】【防治方法】同大白菜蚜虫。

第四节　大葱

大葱原产于中国西北部高原和俄罗斯的西伯利亚，在中国已有3000余年的栽培历史，分布遍及全国各地。大葱耐寒抗热，适应性强；高产耐贮，适于排开播种，分期供应。随着人们对蔬菜品质要求的提高，棚室内四季生产青葱呈现面积逐步扩大的趋势。

一、特征特性

（一）植物学特性

1.根

大葱的根为白色弦线状肉质根，着生在短缩茎上，并随短缩茎的缓慢伸长而陆续发出新根，根系再生能力较强，成株根数可达50～100条，平均长度30～45厘米，直径1～2毫米，主要根群分布在30厘米以内的表土层。

2.茎

大葱的茎为变态的短缩茎，也就是所说的茎盘。大葱的营养生长期，茎盘圆锥形，先端为生长点。随着柱龄的增加，短缩茎稍有伸长，花芽分化后，逐步抽生花薹。葱白为多层叶鞘包含而成的假茎，假茎有贮藏养分、水分，保护分生组织和心叶的功能。假茎的高矮、粗细和形态，受品种特性的影响，有圆柱状和鸡腿形等，假茎的高矮还受栽培方式的影响，培土越高假茎越长。通过培土可为假茎创造一个黑暗和湿润的条件，不仅有利用假茎伸长，而且还能软化假茎，提高品质。

3. 叶

大葱的叶包括叶身和叶鞘两部分。叶身顶尖，管状中空，外表绿色或深绿色，有蜡层，叶的中空部分是海绵组织的薄壁细胞逐渐消失所致，但幼嫩的葱叶内部充满白色的薄壁细胞。在葱叶的下表皮及其绿色细胞中间充满油脂状黏液，能分泌辛辣的挥发性物质。叶鞘位于叶身的下部，中空，呈圆柱状，在叶鞘与叶身连接处有出叶口。

图9-30 大葱的花

4. 花

大葱的花是由于茎盘的顶芽在完成阶段发育以后伸长生长成花茎和花苞。由于顶端优势的作用，一株大葱一般抽生一个花茎和花苞。花茎绿色、圆柱形、中空，形似葱叶，其粗度和高度因品种特性和营养状况而异。花茎顶端着生圆球状伞形花序，开花前小花蕾被花序外的白绿色膜质总苞所包被，呈花苞状。开花时，总苞破裂，露出各个小花。每个花序有小花400～600朵，最多的可达1500朵。小花有细长的花梗，花被白色,6枚，长7～8毫米，披针形；雄蕊6枚，长为花被长度的1.5～2倍，基部合生，贴生于花被上，花药矩圆形、黄色；雄蕊1枚，子房倒卵形、3心室，花柱细长、先尖端。见图9-30。

5. 果实和种子

大葱的果实为蒴果，内含种子6枚。蒴果幼嫩时绿色，成熟后自然开裂，散出黑色种子。种子较易脱落，呈盾状稍扁平有棱角，种子中央断面呈三角形，种皮表面有不规则的皱纹，脐部凹陷。种子千粒重在2.6～3.2克，在一般贮藏条件下寿命1～2年，生产上需用当年的新种子播种。见图9-31。

图9-31 大葱的果实（内含种子）

（二）生物学特性

大葱整个生育期分为营养生长阶段和生殖生长阶段，共七个时期，即发芽期、幼苗期、葱白形成期、返青期、抽薹期、开花期、结子期。

1. 发芽期

从播种到第一片真叶出土、子叶直立为发芽期。在适宜条件下，历时 7 ～ 10 天。需要有效积温 140 度左右。

2. 幼苗期

从第一片真叶出现到定植为幼苗期。以沈阳地区秋季白露葱为例，从播种到第二年春、夏季定植，时间长达 8 ～ 9 个月之久，所以幼苗期还可以进一步划分为幼苗前期、休眠期和幼苗生长盛期。

（1）幼苗前期　从第一片真叶出现到越冬前停止生长为幼苗生长前期，需 40 ～ 50 天。温度较低，光照较弱，幼苗生长量较小，在管理上要防止幼苗徒长降低越冬能力。

（2）休眠期　从越冬到返青为休眠期。由于温度较低，根群基本停止生命活动，幼苗停止生长。休眠期的长短因各地寒冬季节长短和品种特性而异。在入冬前要浇封冻水，防止春季苗子风干。

（3）幼苗生长盛期　从返青到定植为幼苗生长盛期，是培育壮苗的关键时期，一般在 70 ～ 100 天。返青后要浇返青水，追施速效肥，间苗和除草，防止幼苗徒长，培育壮苗。大葱的适龄壮苗标准为株高 35 ～ 40 厘米，假茎粗 1.3 ～ 1.5 厘米。

3. 葱白形成期

大葱从定植到收获，称为葱白形成期，一般需要 120 ～ 150 天的时间，又可以细分为缓苗越夏期、葱白形成盛期和葱白充实期。初期生长比较缓慢，秋凉以后进入旺盛生长期。

（1）缓苗越夏期　大葱定植后就进入高温季节，植株生长缓慢，并且高温多雨的环境下土壤通透性差，容易发生生理性病害，原有的根会全部死掉。定植后应加强中耕，促进新根发生，尽快缓苗，恢复生长，雨季要注意排水防涝，这一时期需 60 天左右。

（2）葱白形成盛期　越夏后温度逐渐降低，转凉后大葱进入旺盛生长期，历时 60 ～ 70 天。这个时期大葱发叶速度快。大葱的发叶速度与温度有关，在 20℃ 以上时，3 ～ 4 天发生一片新叶，气温降到 15℃ 时，7 ～ 14 天才能发生一片新叶。白露前后是大葱生长的最适宜时期，进入葱白形成盛期，叶片生长速度快、寿命长，假茎迅速伸长和增粗，植株功能叶片数最多，一般有 6 ～ 8 片，而且，叶片依次增大，制造的养分最多，是肥水管理、培土软化的适宜季节。应分期培土，追施速效性肥料，加强灌水，促进植株生长，增加营养物质积累，使叶身中的营养物质及时向叶鞘转移，加速葱白的形成。

（3）葱白充实期　当平均气温降至4～5℃时，叶身生长趋于停顿，葱白的增长速度减慢，叶身和外层叶鞘的养分继续向内层叶鞘转移，葱白更加充实，而成龄叶趋于衰老和黄化，此为葱白充实期，历时约10天，大葱进入收获期。

4.休眠期

大葱收获后贮藏期间，大葱没有生理休眠期，在冬季低温条件下，是被迫进入休眠状态。秋季不收获的大葱，春季随温度升高萌发生长新叶，由于已经通过春化，很快就会抽生花薹。

5.种株返青期

春季气温达到7℃以上时，植株开始返青生长到花薹露出出叶孔为返青期，历时约30天。

6.抽薹期

从花苞露出最后一片真叶的出叶孔算起，到开始开花为抽薹期，历时约30天。大葱为长日照植物，长日照促进抽薹开花。春化和抽薹都是大葱的发育。大葱的发育要求有顺序地通过春化和光周期阶段，即先通过春化阶段，然后才能通过光周期阶段，只有通过春化后的大葱，才能在长日照条件下抽薹。一般情况，株龄在4片真叶以上，0～7℃的低温条件下，不足70天大葱就可以通过春化阶段。

7.开花结籽期

大葱在越冬后已感应了低温，通过了春化阶段，形成了花芽，遇到高温和长日照条件，就抽薹、开花、受粉，形成种子，完成了整个生育周期。春天播种育苗的大葱当年定植，第二年抽薹开花形成种子；秋季播种育苗，第二年春夏季节定植的大葱，需第三年才抽薹开花结籽。

二、对环境条件的要求

大葱起源地属于中亚高山气候区，全年温差与昼夜温差都很明显的大陆性气候，夏季干旱炎热，冬季严寒多雪，所以大葱的叶片表现出抗旱的特征，根系不发达，要求肥沃、湿润的土壤、凉爽的气候和中等强度的光照条件，一般来说大葱高产、抗病、耐贮藏、既耐热又抗寒，高温炎热干燥季节，以临时休眠状态来适应，是抗逆性最强的蔬菜之一。

（一）温度条件

在不同生长时期，大葱具有较强的适应温度变化的能力，抗寒和耐热能力都较强，但是在营养生长时期，以凉爽的气候条件为适宜。大葱种子最低的发芽温度为4～5℃，在13～20℃的温度条件下发芽迅速，7～10天便可出齐。大葱生长的适宜温度为20～25℃，低于10℃和高于25℃时生长都变缓慢，高温条件下植株细弱，叶身发黄，还容易发生病害。超过35℃，植株呈半休眠状态，外叶枯黄。

大葱的抗寒性极强，地上部在–10℃的低温下也不受冻害。幼苗期和葱白形成期的植株，在土壤和积雪的保护下，可以安全渡过–30℃的严寒季节。因此在高寒地区，不加覆盖能安全越冬。大葱的耐寒能力，取决于品种特性和植株营养物质的积累。幼苗过小，耐寒能力低，经过锻炼或处于休眠状态的植株，耐寒能力显著提高。

大葱属于绿体春化型植物，只有体内积累了足够的营养成分后才能感受低温，通过春化，所以秋播育苗，掌握播种期非常重要。播种偏早，越冬时幼苗较大，容易通过春化，来年抽薹率较高，播种过晚，越冬时幼苗很小，抗寒能力低，容易死苗。一般的经验是，适宜的越冬苗为3片真叶、1片心叶，过大则易发生部分植株的先期抽薹，过小则会发生越冬死苗现象。

（二）光照条件

大葱对光照要求适中，因为筒状叶的叶面积小，在密植的情况下，受光仍然良好，所以不需要较强的光照。大葱的光补偿点为2500勒克斯，光饱和点为25000勒克斯。光照过强，叶片纤维增多，叶身老化，食用价值降低，影响商品质量；光照过弱，光合强度下降，叶身容易黄化，影响营养物质的合成与积累，引起减产。

大葱的叶身生长，需要一定的光照强度和日照时数，日照时数过少，也不利生长；而假茎部分的生长，在不见光的条件下生长良好，所以，生产上普遍采用大垄宽行定植，通过培土或增加设施创造黑暗潮湿的环境，软化葱白，提高产量和商品品质。

大葱由营养生长过渡到生殖生长，与日照时间长短的关系极为密切。长日照是诱导花芽分化必不可少的条件。大葱植株达到一定的大小，一般为横径4～6毫米，营养物质积累到一定程度后，感受低温，通过春化过程，再遇到长日照，才能抽薹开花。不同品种对长日照的要求不同，有些品种通过春化后即使没有长日照也可抽薹开花，这样的品种往往会出现春天播种过早后在极端天气的影响下，定植后容易抽薹开花，影响大葱品质和葱农的收益。

（三）水分条件

大葱由于原产地冬季严寒多雪，在春季化雪后，土壤水分充足时生长。原产地气候虽然温和，但空气比较干燥，所以大葱形成了叶片比较耐旱，而根系喜湿的特征和特性，生长期间要求较高的土壤湿度和较低的空气湿度。

大葱的各个生育阶段对水分的要求是有一定差异的。大葱在发芽期需要潮湿的环境，需水较多，所以必须保持土壤湿润，才能保证苗子出齐出壮；幼苗生长前期，为防止徒长或秋苗过大，应适当控制水分，保持畦面见干见湿；越冬前浇足冻水，防止苗床失水，苗子冻干死掉。春天返青后，为促进幼苗生长要浇返青水；定植后的缓苗阶段，土壤水分不足，缓苗比较慢，但是土壤过湿容易引起烂根、黄叶，影响生长。所以应以中耕保墒为主，促进根系生长。葱白形成期是大葱生长高峰期，需水量较多，生长速度快，温度也已升高，土壤蒸发量大，应增加浇水次数和浇水量，保持土壤湿润。收获前10天，减少灌水，有利于养分回流，提高耐贮性。一般来说，水分不足，植株较小，辛辣味浓，水分过多容易沤根、涝死。总之，大葱适应性强，生育期间土壤水分多一些少一些，对生育并无严重影响，但也要根据不同生育阶段的需水规律和气候特点，进行合理的水分管理，获得大葱的高产、丰收。大葱适宜生长的空气湿度是60%～70%，湿度过大容易导致病害发生。

（四）土壤和营养条件

大葱对土壤条件的适应性较广，由沙壤土到黏壤土都可栽培。沙壤上收获的产品，细胞壁木质化程度高，葱白粗糙松弛，外层叶鞘干，膜层次多，不脆嫩，辛辣味重。在黏质土壤栽培的大葱，生长不良，葱白细长，品质差、产量较低。土质疏松，土层深厚，通透性强，保肥保水能力较强、有机质丰富的肥沃土壤，容易获得高产。

大葱喜肥，每生产500千克大葱，约吸收钾2千克，氮1.5千克，磷0.61千克。施肥应以有机肥料为主，氮、磷、钾齐全。以青葱为产品应多施氮肥。

大葱育苗期间的吸肥量，如果以钾为100，则氮为65～75，磷为13～15。以钾的吸收量最大，磷的吸收量最小。但是缺磷植株长势最差，其次是氮，所以增施磷肥十分重要。另外，钙、锰、硼等矿质元素对大葱生长也有一定的作用。

大葱要求中性土壤，pH7.0左右对大葱生长最为适宜。pH值的范围是5.9～7.4，生育界限是4.5。在酸性土壤中栽葱，应施生石灰进行土壤改良。大葱栽培应避免连作，否则，随着连作年限的增加，病虫害越严重，产量下降、品质降低。

三、品种选择

（一）辽葱1号

辽宁省农业科学院蔬菜研究所选育的大葱新品种。株高110厘米左右，最高可达150厘米，葱白长40～50厘米、葱白横径3～4厘米，叶身颜色深绿，直径3厘米左右，叶肉较厚、表面蜡粉多，叶片上冲，较抗风，生长期间功能叶片（常绿叶片）4～6片。植株不分蘖。平均单株鲜重0.25千克左右，最大单株鲜重可达0.75千克。生长速度快，特别是苗期。生育期较短，定植后90天可收葱冬贮。既可秋播又适宜春播。抗病力较强。冬贮后干葱率较高。含糖量较高，风味佳、品质好。适于辽宁、黑龙江、吉林、河北、河南、甘肃、北京、天津、内蒙古和新疆等省、市自治区露地及棚室栽植。见图9-32。

（二）辽葱2号

辽宁省农业科学院蔬菜研究所选育的大葱新品种。株高115厘米左右，最高可达160厘米，葱白长45～55厘米，横径3～4.5厘米。叶片颜色深绿、叶表蜡粉多、叶片直立、生长期间功能叶（常绿叶片）4～6片。独棵不分蘖。平均单株鲜重250克，最大单株鲜重可达800克。商品葱整齐性好、葱白长、紧实细嫩，横径较粗。对病毒病、紫斑病等抗性较强，一般产量在5000～6000千克。生长速度快，生长势强，可做白露葱及薯、麦茬葱栽培，也可做地膜覆盖葱、倒茬葱等栽培。见图9-33。

（三）辽葱4号

辽宁省农业科学院蔬菜研究所选育的大葱新品种。株高110厘米左右；葱白长45～50厘米，葱白横径4～5厘米。植株开展度较大，叶片颜色深绿、管状叶粗壮、叶表蜡粉多，生长期间功能叶（常绿叶片)5～7片。平均单株质量300克，最大单株质量可达750克。平均产量为5311.44千克/667米^2。适于辽宁、吉林、河北等北方各省区露地及棚室栽植。见图9-34。

（四）辽葱5号

植株生长旺盛，株高110厘米左右，葱白长45～55厘米，葱白粗4～5厘米；叶片颜色浅绿，叶表蜡粉较多，叶片直立，叶管粗壮，抗风性强；独棵不分蘖；整齐性好，耐贮藏。营养生长期间独棵不分蘖。平均单株鲜重350克，一般亩产5400千克。适合辽宁、吉林、河北等北方省区作白露葱、薯麦茬葱、地膜覆盖葱和倒茬葱等栽培。见

图9-32　辽葱1号

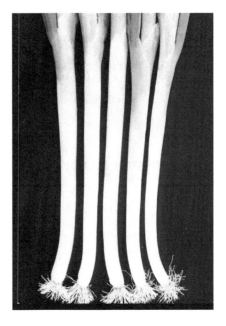

图9-33　辽葱2号

图9-34　辽葱4号

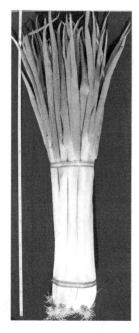

图9-35 辽葱5号

图9-36 辽葱6号

图9-37 盛京2号

图9-35。

（五）辽葱6号

株高120厘米左右，葱白长50～55厘米左右，葱白横径3～4.5厘米，叶片鲜绿、叶表蜡粉较多、叶片直立，生长期间功能叶（常绿叶片）5～6片。植株开展度较小，抗风能力较强。生长速度快，定植后85天就可作为冬贮葱收获。营养生长期间独棵不分蘖。较抗病毒病和紫斑病。冬贮后干葱可食用率在60%左右。出叶孔抱合较紧，葱白紧实、颜色洁白；可溶性糖含量为5.83%，干物质含量为9.82%。平均亩产为5272千克/667米^2。适于东北、华北、西北等各省区露地及棚室种植。见图9-36。

（六）盛京2号

沈阳市农业科学院选育的大葱新品种。株高125厘米左右，葱白长50～55厘米，葱白横径3～4厘米，叶片深绿色、叶表蜡粉多、抗风能力较强。生长期间功能叶4～6片，叶片直立，开展度小，整齐度高。营养生长期间独棵不分蘖。沈阳地区4月上旬育苗，6月中旬定植，10月中下旬收获，定植后125天后可作冬贮葱收获。平均单株鲜重300克左右，平均产量5000千克/亩左右，适合秋大葱生产。盛京2号越冬死亡率较低，小苗和成株在沈阳地区均能安全越冬。较抗灰霉病和紫斑病。冬贮干葱可食用率高。适宜在辽宁、吉林、黑龙江、河北等地区露地及棚室种植。见图9-37。

（七）盛京3号

株高120厘米，葱白长50～55厘米，葱白横径3～4厘米，叶片深绿、抗风能力较强。盛京3号成株功能叶5～6片，生长势强，叶片直立，开展度小，整齐度高。营养生长期间独棵不分蘖，收获时葱白不空，平均单株鲜重300克，一般秋葱产量75000千克/公顷（1公顷＝1×10⁴米²）。盛京3号越冬死亡率低，抗寒性强，小苗和成株在沈阳地区均能安全越冬。较抗灰霉病和紫斑病。冬贮干葱可食用率较高。适宜在辽宁、河北、吉林等地区露地及棚室种植。见图9-38。

图9-38 盛京3号

（八）章丘大梧桐

我国最著名的大葱优良品种，长葱白类型典型的代表品种，山东省章丘市地方品种。目前已在大葱集中生产区得到广泛推广，是国内大葱栽培的主要品种之一。生长势强，植株高大，株高100厘米以上，最高植株可达200厘米，葱白长50～70厘米，葱白横径1～4厘米，不分蘗，少数植株双蘗对生。叶身细长，叶色鲜绿，叶肉较薄，叶直立，叶间距较大。葱白细长，圆柱形，质地细嫩，纤维少，含水分多，味甜，微辣，商品性好。适宜生食、炒食、作馅均可。单株重500克左右，最重者可达1千克。亩产鲜葱3000～5000千克。生长速度快，产量高，品质好。缺点是不抗风，耐贮性较差。该品种适宜全国各地露地及棚室种植。

四、栽培关键技术

（一）合理安排茬口

一般2～3月份用日光温室育苗，苗龄50～60天，定植于拱棚内，8月份收获；或3月底、4月初小拱棚育苗，苗龄60～70天，麦收后定植于露地10月份收获；还可9～10月小拱棚育苗，苗龄50～60天，定植于日光温室或多层覆盖大棚，翌年3～4月收获。

（二）培育壮苗

苗床宜选土质疏松、肥沃、排灌方便的沙壤土，栽植每亩大葱需苗床面积80平方米，用种量为125克。施用充分腐熟的有机肥300～400千克，过磷酸钙3千克。播种前用0.2%高锰酸钾溶液浸种25分钟，再用清水冲净。播前畦内浇足底水，水充分渗完后，种子掺细干土或细沙，撒种，覆土厚度1厘米，保持土壤水分充足。如果有条件的话可以采用基质穴盘育苗。当幼苗具2～3片叶时，结合浇水，追施1～2千克尿素；不间苗。当幼苗长至40厘米，已有6～7片叶时，应停止浇水，适当炼苗，准备定植。见图9-39、图9-40。

图9-39 畦床育苗

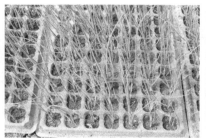

(a) 群体　　　　　　　　(b) 单个穴盘　　　　　　　(c) 单株

图9-40　基质穴盘育苗

（三）整地施肥宽行密植

图9-41　在拱棚内定植大葱

当前茬作物收获后，及时清整田园，每亩施用有机肥5000千克，过磷酸钙50千克、硫酸钾复合肥50千克，硼砂2千克，深翻耙平。采取宽行密植法露地栽培按行距1米，棚室栽培按行距80厘米开深沟，沟深15～20厘米，南北行向。定植前，首先剔除病弱苗，按苗大小分级，分别栽植。见图9-41、9-42。定植时用甲基托布津可湿性粉剂600倍液蘸根。插葱时应垂直，不能弯曲。株距2.5～3厘米，亩栽2.2万～2.5万株。见图9-43。

图9-42　在日光温室内定植大葱

图9-43　用甲基托布津可湿性粉剂600倍液蘸根

（四）加强肥水管理

大葱定植缓苗期一般不浇水，让根系迅速更新，植株返青。葱白生长初期，对水分要求不高，应少浇水，浇水2～3次即可。葱白形成盛期（见图9-44），此时植株生长迅速，需水量大，应结合追肥、培土，每4～5天浇一次大水。葱白充实期，需水量减少，但仍然需要保持较大的土壤湿度，以保证葱白灌浆、葱白鲜嫩肥实。此时浇水2次即可。收获前7～10天停止浇水。适时追肥是满足大葱生长发育，获得高产优质大葱的重要措施。葱白生长初期，以氮肥为主，每亩施尿素20千克或硫酸铵25千克，忌施碳酸氢铵，否则葱白细软。葱白形成盛期氮、磷、钾要配合使用，结合培土，每亩分3次追施三元复合肥50千克，每亩用0.5%硼砂溶液50升叶面喷洒，10天左右1次，连续使用2～3次。

（五）及时培土

培土能够软化葱白，改善品质。一般在追肥浇水后进行，应掌握前松后紧的原则，否则易出现葱白基部过细，中上部变粗的现象，影响质量。过干过湿均不宜培土，且应在午后进行，此时培土不会损伤植株。一般培土4～6次，前2次陆续填平垄沟，以后培土要适当压紧实。每次培土厚约3～5厘米，将土培至叶鞘与叶身的分界处略下，勿埋没叶身，以免引起叶片腐烂和污染葱白。培土时，取土宽度勿超过行距的1/3，以免伤根；培土后及时喷药防病。

图9-44　葱白形成盛期

五、采收、贮藏及运输

（一）采收

作为鲜葱上市，叶片和假茎可同时食用，则在管状叶生长达到顶峰时，是大葱的产量高峰，也是收获合适期。收获大葱时可用长条镐，在大葱的一侧深刨至须根处，把土劈向外侧，露出大葱基部，然后取出大葱。也可以用专用葱叉子挖送大葱附近的土后取出大葱。切记不要猛拉猛拔，以免损伤假茎、拉断茎盘或断根而降低商品葱的质量及耐贮性。图9-45～图9-47。

图9-45　收获合适期

图9-46　精心挑选

图9-47　整理成捆

图9-48　小苗立枯病在
大葱幼苗期的表现

（二）贮藏

鲜葱的叶绿质嫩，含水量高，即购即食，不能久贮。

（三）运输

大葱一般是打捆后码堆运输，天气较炎热且运输量较大时，要留通风道。通风道可以采用专用的通风竹笼，竹笼一般与车同样宽，直径为20厘米左右的方形或圆形，运输时每隔2米左右在葱堆的中部设置一处竹笼通风道。也可以采用另外的码堆的方法留出风道，留风道的地方堆码时应两排葱根相对，间距20厘米左右，上面用葱捆的葱白部分搭桥，形成直径20厘米左右的方形风道，风道设在葱堆的中部，每隔2米左右留一处。若要使用集装箱运输保鲜大葱，一定要先预冷，预冷温度为–1～0℃，预冷时间最好在6小时以上。装箱时一定要上下塞紧包装箱，堆放整齐，防止运输过程中纸箱倾斜和倒塌。运输过程中控制好温度，并注意排湿，保持集装箱内运输温度在1～3℃。

六、病虫害防治

（一）病害防治

1.小苗立枯病

【症状】多发生在发芽后半个月之内。1～2叶期幼苗近地面的部位软化、凹陷缢缩，白色至浅黄色，病株枯黄死亡（见图9-48）。严重的幼苗成片倒伏而死亡。湿度大时，病部及附近地面长出稀疏的褐色蛛丝状菌丝。

【传播途径和发病条件】此病由半知菌亚门的立枯丝核菌侵染所致，以菌丝体或菌核在土中越冬，可在土中腐生2～3年。菌丝通过水流、农具直接侵入寄主。病菌发育适宜温度为24℃，在13～42℃之间均可发生。播种过密、间苗不及时、温度过高容易发病。

【防治方法】

（1）种子处理　可用3.5%咯菌腈·甲霜灵（满地金）悬浮种衣剂拌种。

（2）苗床处理　可用30%多·福（苗菌敌）可湿性粉剂进行药土处理或40%

拌种双粉剂苗床施药。

（3）加强管理　稀播壮苗及时间苗，尽量避免高温高湿环境条件。

（4）苗期药剂防治　苗期喷洒植宝素7500～9000倍液，或喷施0.2%磷酸二氢钾溶液增强抗病力。

（5）发病初期药剂防治　发病初期喷淋20%甲基立枯磷乳油（利克菌）1200倍液或95%恶霉灵原药（绿亨一号）3000倍液、72.2%霜霉威水剂800液加50%福美双可湿性粉剂800倍液、30%苯噻氰（倍生）乳油1200倍液，每平方米1～3毫升。每隔7～10天1次，连续防治2～3次。

2.霜霉病

【症状】此病由鞭毛菌亚门霜霉属葱霜霉菌侵染所致，主要为害叶身及采种株花梗，叶身病斑不规则形，边缘不明显，黄白色或淡黄色。斑面产生稀疏的灰白色霉状物，后变为淡黄色或灰紫色，后期变为暗紫色（见图9-49）。中下部叶片染病，病部以上渐干枯下垂，干燥后病斑枯黄。葱白染病多破裂，弯曲。病株矮缩，叶片畸形或扭曲，湿度大时，表面长出大量霉层。

图9-49　霜霉病在大葱叶片上发病

【传播途径和发病条件】以卵孢子在寄主或种子上或土壤中越冬。春天萌发，气孔侵入。湿度大时，病斑上产生孢子囊，借助风、雨、昆虫或农事操作等传播进行再侵染。一般地势低洼、排水不良、重茬地发病重，阴凉多雨或常有大雾的天气易流行。

【防治方法】

（1）地块选择　选择地势高、易排水的地块种植，并与葱类以外的作物实行2～3年轮作。

（2）选用抗病品种　一般蜡粉层厚重品种较抗病，如掖辐1号、辽葱1号、五叶齐、日本大葱等。

（3）种子处理　用35%雷多米尔拌种，或用50℃温水浸种25分钟，晾干后播种。

（4）清理田园　收获时清理病残株，带出田外深埋或烧毁。

（5）药剂防治　发病初期喷洒78%波·锰锌（科博）可湿性粉剂500倍液或50%多菌灵磺酸盐（溶菌灵）可湿性粉剂800倍液、50%锰锌·乙铝可湿性粉剂500倍液或72%锰锌·霜脲可湿性粉剂600倍液、72.2%霜霉威水剂700倍液、锰锌·烯酰（安克锰锌）可湿性粉剂600倍液、70%丙森锌（安泰生）可湿性粉剂600倍液、60%氟吗啉·锰锌可湿性粉剂750倍液。隔7～10天1次，连续防治

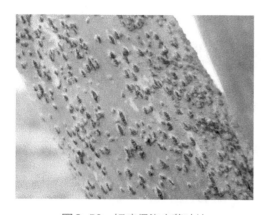

图9-50 锈病侵染大葱叶片

2～3次。

3.锈病

【症状】主要为害叶片。发病初期表皮上产出椭圆形稍隆起的橙黄色疱斑，后表皮破裂散出橙黄色粉末，即病菌夏孢子堆及夏孢子。秋后疱斑变为黑褐色，破裂时散出暗褐色粉末，即冬孢子堆和冬孢子，严重时地面被散落的孢子染成褐色，见图9-50。

【传播途径和发病条件】此病由担子菌亚门葱柄锈菌侵染所致，以孢子形式在病残体或活体上越冬，翌年，孢子随气流传播进行初侵染和再侵染。孢子萌发后从寄主表皮或气孔侵入，萌发适温9～18℃，高于24℃萌发率明显下降，潜育期10天左右。气温低的年份、肥料不足及生长不良株发病重。沈阳地区一般在9月中下旬发病重。

【防治方法】

（1）施足有机肥　增施磷钾肥提高植株抗病力。

（2）药剂防治　发病初期喷洒15%三唑酮可湿性粉剂2000倍液或50%萎锈灵乳油700～800倍液、25%敌力脱乳油2000倍液，隔10天左右1次，连续防治2～3次。采收前7～10天停止用药。

4.紫斑病

【症状】主要为害叶片，初呈水渍状白色小点，后变淡褐色圆形或纺锤形稍凹陷斑。褐色或暗紫色，周围常具黄色晕圈，病部长出深褐色或黑灰色具同心轮纹状排列的黑色霉层（见图9-51）。

【传播途径和发病条件】此病由半知菌亚门葱链格孢菌侵染所致，在南方病菌以分生孢子在葱类植物上辗转为害；在寒冷的北方地区以菌丝体在寄主体内或随病残体在土壤中越冬，翌年产生分生孢子，借助气流或雨水传播，经气孔、伤口或穿透表皮侵入叶片，潜育期1～4天。发病适温25～27℃，低于12℃则不发病。孢子萌发和入侵需有水分存在，温暖多湿的夏季发病重。此外，沙质土壤、老苗、缺肥及蓟马为害重的田块发病严重。

图9-51 紫斑病侵染大葱叶片

【防治方法】

（1）施肥与管理　施足基肥，加强管理，增强植株抗病力。

（2）轮作　与葱类以外的作物实行2年以上轮作。

（3）种子处理　选用无病种子，必要时种子用30%苯噻氰（倍生）乳油1000倍液，浸种6小时，并带药液直播。

（4）药剂防治　发病初期喷洒3%多氧清水剂800倍液或78%科博可湿性粉剂500倍液、41.5%咪酰胺（扑霉灵）乳油1500倍液、15%百菌清可湿性粉剂500～600倍液、50%异菌脲可湿性粉剂1500倍液，隔7～10天1次，连续防治3～4次，采收前7天停止用药。

（5）收获与贮藏　适时收获，低温贮藏，防止病害在贮藏期继续蔓延。

5.黑斑病

【症状】主要为害叶和花茎。叶染病出现褪绿长圆斑，初黄白色，迅速向上下扩展，变为黑褐色，边缘具黄色晕圈。病情扩展，斑与斑连片后仍保持椭圆形，大小（5～18）毫米×（10～58）毫米，病斑上略现轮纹，层次分明。后期病斑上密生黑短绒层，即病菌分生孢子梗和分生孢子（见图9-52）。发病严重的叶片变黄枯死或茎部折断，采种株易发病。

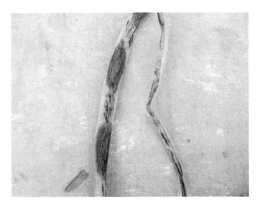

图9-52　黑斑病侵染大葱叶片

【传播途径和发病条件】本病由半知菌亚门总状匍柄霉菌侵染所致，寒冷地区，病菌以子囊座随病残体在土中越冬，以子囊孢子进行初侵染，靠分生孢子进行再侵染，借气流传播蔓延。在温暖地区，靠分生孢子辗转为害。该菌系弱寄生菌，长势弱的植株及冻害或管理不善易发病。

【防治方法】

（1）轮作　与葱类以外的作物实行2年以上轮作。

（2）清理田园　收获时清理病残株，带出田外深埋或烧毁。

（3）药剂防治　发病时可喷洒78%波·锰锌（科博）可湿性粉剂600倍液或80%代森锰锌（喷克、必得利、大生、壮生、新农生、新锰生）可湿性粉剂600倍液、50%腐霉利（速克灵）可湿性粉剂1500倍液或50%异菌脲（扑海因）可湿性粉剂1000倍液、45%咪酰胺（扑霉灵）乳油1000倍液、50%咪酰胺锰络合物（施宝功）可湿性粉剂1200倍液，隔7～10天1次，连续防治3～4次。

6.灰霉病

【症状】初在叶上生白色斑点，椭圆或近圆形，直径1～3毫米，多由叶尖

图9-53 灰霉病为害大葱假茎

向下发展，逐渐连成片，使葱叶卷曲枯死。湿度大时，在枯叶上生出大量灰霉。见图9-53。

【传播途径和发病条件】本病由半知菌亚门葱鳞葡萄孢菌和灰葡萄孢菌侵染所致，病菌以菌丝、分生孢子或菌核越冬，随气流、雨水、灌溉水传播蔓延。较低的温度和较高的湿度宜发病。

【防治措施】

（1）清洁田园　大葱收获后及时清除病残体，防止病菌蔓延。

（2）加强大葱田管理　采用配方施肥技术，增施P、K肥，增强植株抗病力。合理密植，使葱田通风透光，防止高湿低温条件出现。

（3）药剂防治　发病初期喷撒6.5%甲硫·霉威或5%腐霉利粉尘剂、5%异菌脲粉尘剂每亩1千克。此外，也可喷洒65%甲硫·霉威（克得灵）可湿性粉剂1000倍液、25%咪酰胺乳油1000倍液、40%嘧霉胺（施佳乐）悬浮剂1200倍液、28%百·霉威（灰霉克）可湿性粉剂500倍液、50%福·异菌（灭霉灵）可湿性粉剂800倍液，隔10天1次，连续2～3次。由于灰霉病菌易产生抗药性，应尽量减少用药量和施药次数，必须用药时，要注意轮换或交替及混合施用。

7. 疫病

【症状】叶片染病初现青白色不明显斑点，扩大后成为灰白色斑，致叶片枯萎。湿度大时，病部长出白色棉毛状霉；天气干燥时，白霉消失，撕开表皮可见棉毛状白色菌丝体，见图9-54。

【传播途径和发病条件】本病由鞭毛菌亚门疫霉属烟草疫霉菌侵染所致。以卵孢子、厚垣孢子或菌丝体在病残体内越冬，游动孢子借风雨传播。阴雨连绵的雨季易发病。种植密度大、地势低洼、棚室积水、植株徒长的田块发病重。

【防治措施】

（1）轮作　与非葱、蒜类蔬菜实行2年以上轮作。

（2）清洁棚室　彻底清除病残体，减少棚室菌源。

（3）棚室选择与施肥　选择排水良好的棚室进行栽植。采用配方施肥，增强植株抗病力。

（4）药剂防治　发病初期喷洒52.5%噁唑菌酮·霜脲（抑快净）水分

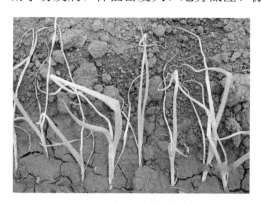

图9-54 疫病侵染葱苗的表现

散粒剂1500倍液或70%锰锌·乙铝可湿性粉剂500倍液、66.8%缬霉威（霉多克）可湿性粉剂700倍液、60%氟吗啉·锰锌可湿性粉剂800倍液、72.2%霜霉威（普力克）水剂700倍液，隔7～10天1次，连续防治2～3次。

（二）虫害防治

1.葱地种蝇

【为害特点】幼虫蛀入葱蒜等鳞茎，引起腐烂，叶片枯黄、萎蔫，甚至成片死亡，见图9-55。

【形态特征】成虫：前翅脊背毛极短小，不及盾间沟后背中毛的1/2长。雄蝇两复眼间额带最狭窄部分比中眼袋狭窄。后足胫节的内下方中央，约为全胫节长度的1/3～1/2部分，具有成列稀疏而大致等长的短毛。雌蝇中足胫节的外上方有两根刚毛。老熟幼虫：腹部末端有7对突起，各突起均不分叉，第1对高于第2对，第6对显著大于第5对。

图9-55 葱地种蝇为害大葱鳞茎

【生活习性】在华北地区年发生3～4代，以蛹在土中或粪堆中越冬。5月上旬成虫盛发，卵成堆产在葱叶（图9-56）或植株周围1厘米深的表土中。卵期3～5天，孵化的幼虫很快钻入茎内为害。幼虫期17～18天。老熟幼虫在被害植株周围的土中化蛹，蛹期14天左右。

【防治方法】

（1）施肥 提倡施用酵素菌沤制的堆肥或充分腐熟有机肥或饼肥，以减少发生。

（2）加强管理 加强水肥管理，控制蛆害。

（3）防治成虫 成虫发生盛期后10天内，进入防治卵和幼虫适期。防治成虫可喷淋90%晶体敌百虫1000倍液或10%灭蝇胺悬浮剂1000倍液。

（4）防治幼虫 棚室发现幼虫时，也可浇灌90%晶体敌百虫1000倍液或50%辛硫磷乳油1000～1500倍液。采收前10天停止用药。

2.葱斑潜蝇

【为害特点】幼虫终生在叶组织内潜食叶肉，叶片上可见其曲折穿行成的隧道，呈曲线

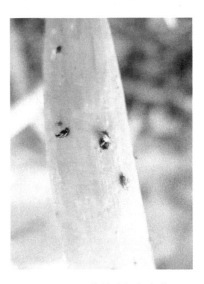

图9-56 葱地种蝇在大葱
叶片上活动

图9-57 葱斑潜蝇为害大葱叶片

状或乱麻状（图9-57）。叶肉被害，只留上下两层白色透明的表皮，严重时，每片叶可遭到十几条幼虫潜食，受害重的葱田有虫株率达40%，严重的达100%，叶片枯萎，影响光合作用和产量。

【形态特征】幼虫长圆筒形，体表光滑，头部黄色。老熟幼虫体长3毫米。蛹长扁椭圆形。

【生活习性】吉林年发生3～4代，以蛹在被害叶内和受害株附近表土中越冬，翌年4月下旬成虫始发，5月上旬进入成虫羽化盛期。葱斑潜蝇卵、幼虫、蛹基本都在叶内生活，对气温敏感，春秋季节为害严重，炎夏减轻。白天交尾产卵，卵散产于大葱叶片组织内，5～6天幼虫孵化并开始为害，幼虫期10～12天。幼虫老熟后入土或在隧道一端化蛹。蛹期12～16天，越冬蛹为7个月。每头雌虫一年可产卵40～116粒。成虫于上午9时到16时取食补充营养，多在15～17时产卵。老熟幼虫清晨4～6时离叶，7～9时为离叶高峰期。

【防治方法】

（1）清洁田园　前茬收获后清除残枝落叶，深翻、冬灌，消灭虫源。及时锄草，与非百合科作物尤其葱蒜类作物轮作，减少虫源。

（2）药剂防治　药剂防治应以产卵前消灭成虫为主。可在成虫盛发期喷洒50%辛硫磷乳油1000～1500倍液或10%灭蝇胺悬浮剂1500倍液、0.9%爱福丁乳油或10%吡虫啉（一遍净）乳油2500倍液。采收前20天停止用药。

3.葱蓟马

【为害特点】成虫、若虫以锉吸式口器吸食寄主的汁液，葱叶上密密麻麻形成许多长约1～2毫米的黄褐色或黄白色斑点（图9-58），严重时，葱叶扭曲枯黄，无法生食。

【形态特征】成虫体长1.2～1.4毫米，淡褐色。

【生活习性】华北地区一年生3～4代，华南地区20代以上。在25～28℃下，卵期5～7天，幼虫期（1～2龄）6～7天，前蛹期2天，蛹期3～5天。成虫寿命8～10天。每雌虫平均产卵约50粒，卵产于叶片组织中。雌虫可以孤雌生殖。以成虫越冬为主，也有若虫在葱叶上、土块下、土

图9-58 葱蓟马为害大葱叶片

缝内或枯枝落叶中越冬，有少数以蛹在土中越冬。在华南无越冬现象。成虫极活跃，能飞能跳，怕阳光，白天多在叶荫或叶腋处为害，早、晚或阴天到叶面上取食。初孵幼虫集中在葱叶基部为害，稍大即分散。在25℃和相对湿度60%以下时，有利于葱蓟马发生。

【防治方法】

（1）农业防治　及时清除杂草，增加灌溉，调节棚室小气候，压低虫头基数。

（2）药剂防治　可喷洒2.5%菜喜悬浮剂1300倍液、50%乐果乳油1000倍液或50%辛硫磷乳油1000倍液、20%菊·杀乳油1500倍液、10%吡虫啉（一遍净、一片青、广克净、广虫立克、大富农、乐山奇、敌虱蚜、蚜虱净、蚜克西、快灭净、蚜虱必净、大功臣、金大地、必林）可湿性粉剂2000倍液、2.5%高效氟氯氰菊酯乳油2000倍液、10%氯氰菊酯（赛波凯）乳油2000倍液。使用辛硫磷的，采收前20天停止用药。

4.甜菜夜蛾

【为害特点】初孵幼虫群集叶片背部，吐丝结网，在叶内取食叶肉（图9-59），留下表皮，成透明的小孔。3龄后可将叶片吃成孔洞或缺刻，严重时仅剩叶脉和叶柄，致使葱苗死亡。

【形态特征】成虫体长8～10毫米，翅展19～25毫米。灰褐色，头胸有黑点。卵圆球状，白色，成块产于叶背，8～100粒不等。老熟幼虫体长22毫米。体色变化很大，由绿色、暗绿色、黄褐色、褐色，至黑褐色。蛹长约10毫米，黄褐色。

图9-59　甜菜夜蛾为害大葱叶片

【生活习性】近年甜菜夜蛾已成为大葱田的主要害虫之一。山东、江苏、陕西地区一年发生4～5代。在胶东半岛年生5代。在广州无明显越冬现象，终年繁殖为害。成虫夜间活动，最适合的温度20～23℃，相对湿度为50%～75%。卵多产在地上。初孵幼虫群居，三龄后分散为害叶上部，啃食表皮，后钻入叶内取食内表皮和叶肉，轻者造成孔洞、缺刻，只剩下干枯的外表皮，影响产量和经济效益。重者吃光叶片，毁产绝收。尤其是7～8月份遇高温天气，则暴发成灾。有转移为害习性，有假死性。幼虫老熟后入土吐丝化蛹。

【防治方法】

（1）农业防治　加强棚室管理，铲除田内外杂草，消除产卵场所，减少虫源。大葱收获后及时将残株落叶收集起来集中处理，并进行深耕翻土，消灭在浅土层内的幼虫和越冬蛹。

（2）诱杀成虫　利用黑光灯、频振式杀虫灯或性诱剂诱杀成虫。也可利用糖、酒、醋混合液或是甘薯、豆饼等发酵液加少量敌百虫诱杀，或用杨（柳）树枝诱集成虫，以5～7根杨（柳）树枝扎成一把，每亩插10余把，于每天早晨露水未干时捕杀诱集成虫，杨（柳）树枝干枯时，可洒清水润湿，10～15天换1次。

（3）摘除卵块和捕捉初孵幼虫　在产卵盛期到卵块孵化前及时摘除卵块，并利用1龄幼虫群集叶背取食的习性，摘除有虫叶片，带出田外处理。

（4）生物防治　用20%灭幼脲1号胶悬剂200毫克/千克和25%灭幼脲3号胶悬剂200毫克/千克等量混合液，防效90%以上。或在产卵初期用赤眼蜂防治。也可用Bt乳剂300倍液加50%辛硫磷乳油2000倍液或0.5%印楝乳油800倍液。

（5）药剂防治　幼虫3龄前，选晴天落日时分或早上8点以前喷洒2.5%多杀菌素（菜喜）悬浮剂1300倍液、15%杜邦安打悬浮剂3500～4500倍液、10%虫螨腈（除尽）悬浮剂500倍液、5%抑太保2000倍液，5%卡死克2000倍液，24%万灵水剂1000倍液。由于长期使用化学农药，加之盲目施农药，增加防治次数，加大农药用量，导致甜菜夜蛾抗药性大增，常规农药防治十分困难，已成为大葱上的主要害虫。为了减轻和延缓甜菜夜蛾抗药性的产生，要注意不同农药轮换和交替使用。

棚室茄果类蔬菜栽培技术

本章介绍番茄、茄子、辣椒棚室栽培技术。

第一节　番茄

番茄在中国大部分地区称西红柿，是茄科茄亚族番茄属的一种植物。番茄原产于中美洲和南美洲，现作为食用蔬果已被全球性广泛种植。番茄营养丰富，富含维生素 C 和番茄红素，经常食用有益身体健康，在中国各地普遍种植。棚室番茄栽培对于菜农来说，是一项投资少、收益大的致富途径。我国棚室番茄栽培技术十分成熟，各地菜农也积累了丰富的生产经验，这对于搞好棚室番茄生产十分有利，现将相关技术经验归纳总结，可供广大菜农借鉴和参考。

一、分类及特征特性

（一）番茄属的分类

根据美国植物学家 Charles Rick 的分类方法，番茄属可以分为以下九个种：普通番茄、醋栗番茄、契斯曼尼番茄、小花番茄、克梅留斯基番茄、多毛番茄、智利番茄、秘鲁番茄、潘那利番茄，其中农业栽培主要为普通番茄。

（二）棚室番茄的分类

按类别分：杂交品种、常规品种；

按果色分：粉果番茄品种、红果番茄品种、黄果番茄品种、绿果番茄品种、紫色番茄品种、多彩番茄品种等；

按果型大小分：大果型番茄品种、中果型番茄品种、樱桃番茄品种等；

按果实形状分：扁圆形番茄品种、圆形番茄品种、高圆形番茄品种、长形番茄品种、桃形番茄品种等；

按果肩有无分：无肩番茄品种、绿肩番茄品种等；

按果实熟性分：早熟番茄品种、中熟番茄品种、晚熟番茄品种等；

按栽培茬口分：早春保护地品种、越夏保护地品种、秋延保护地品种、越冬保护地品种等。

按生长习性分：无限生长品种、有限生长品种（自封顶品种）。

（三）植物学特征

番茄为茄科茄亚族番茄属草本植物，条件适宜时可多年生长。

1.根

番茄为深根性作物。根系发达，分布广而深。在主根不受损的情况下，根系入土1.5米左右，扩展幅度达2.5米以上。育苗移栽时，主根被切断，侧根分枝增多，大部分根群分布在30厘米左右的土层中。根系再生能力很强，不仅易生侧根，在根颈和茎上也容易发生不定根，所以番茄移植和扦插繁殖比较容易成活。

2.茎

番茄茎多为半蔓性和半直立性，少数品种为直立性。分枝形式为假轴分枝，茎端形成花芽。无限生长型的番茄在茎端分化第一个花穗后，其下的一个侧芽生长成强盛的侧枝，与主茎连续而成为假轴，第二穗及以后各穗下的一个侧芽也都如此，故假轴无限生长。有限生长型的番茄，植株则在发生3～5个花穗后，花穗下的侧芽变为花芽，不再长成侧枝，故假轴不再伸长。

3.叶

番茄的叶片呈羽状深裂或全裂，每片叶有小裂片5～9对，小裂片的大小、形状、对数，以及着生部位不同而有很大差别。叶片大小相差悬殊，一般中晚熟品种叶片大，直立性较强，小果品种叶片小。根据叶片形状和裂刻的不同，番茄的叶型分为三种类型：普通叶型、直立叶型和大叶型。叶片及茎绒毛和分泌腺，能分泌出具有特殊气味的液汁以免受虫害。

4.花

番茄的花为完全花，总状花序或聚伞花序。花序着生节间，花黄色。每个花序上着生的花数品种间差异很大，一般5～8朵不等，少数小果型品种可达20～30朵。有限生长型品种一般主茎生长至6～7片真叶时开始着生第一花序，以后每隔1～2叶形成一个花序，通常主茎上发生2～4层花序后，花序下位的侧芽不再抽枝，而发育为一个花序，使植株封顶。无限生长型品种在主茎生长至8～10片叶，出现第一花序，以后每隔2～3片叶着生1个花序，条件适宜可不断着生花序开花结果。番茄为自花授粉作物，天然杂交率低于10%。番茄花柄和花梗连接处有一明显的凹陷圆环，叫"离层"，离层在环境条件不适宜时，便形成断带，引起落花落果。

5.果实及种子

番茄的果实为多汁浆果，果肉由果皮及胎座组织构成，栽培品种一般为多室。果实形状及颜色因品种而异。番茄种子扁平略呈卵圆形，表面有灰色茸毛。种子成熟比果实早，一般授粉后35～40天具有发芽力，40～50天种子完熟。番茄种子发芽年限能保持5～6年，但1～2年的种子发芽率最高。种子千粒重2.7～3.3克。

（四）生育周期

番茄在热带是多年生草本植物，而在温带有霜地区则作为1年生栽培，其生长发育过程有一定的阶段性和周期性，大致可分为发芽期、幼苗期、开花期和结果期4个不同的时期。

1.发芽期

从播种到第一片真叶出现（破心）。在正常温度条件下这一时期为7～9天；从种子吸水萌动到子叶展开、真叶显露，为发芽期。在正常温度下，从播种到真叶破心时一般需要10～14天。如温度过低，出苗就缓慢。种子从开始发芽到子叶展开属于异养生长过程，其生长所需的养分由种子本身来供应，即由发芽期进入幼苗期。

2.幼苗期

是指从第一片真叶出现至第一花序现蕾。此期适宜昼温为25～28℃，夜温为13～17℃。此期地温对幼苗生育有较大的影响，适宜的地温应保持在22～23℃。始花坐果期是指从第一花序现蕾至坐果。这个阶段是番茄从以营养生长为主过渡到生殖生长与营养生长同等发展的转折时期，直接关系到产品器官的形成及产量。

3.开花期

从现花蕾到第1花序果实坐住为开花期，时间上约需15～30天。这一时期的植株除了继续进行花芽和叶芽的分化与发育外，营养生长也十分旺盛，外观上表现为株高增加，叶片不断长大。因此，在这个阶段要调节好营养生长和生殖生长的关系，既要使营养生长充分、叶片肥厚、茎秆粗壮、根深叶茂，又要避免徒长，防止落花和延迟开花结果。

4.结果期

从第一花序坐果到采收结束（拉秧）。这一时期果、秧同时生长，解决好营养生长与生殖生长的矛盾，是这一时期的关键要务。

二、对环境条件的要求

（一）温度

番茄是喜温性的茄果类蔬菜，其对生长环境要求比较高，一般月平均温度为20～25℃的季节为其最佳生长期，低于10℃或高于35℃都将不利于其生长，与此同时，番茄生长的不同阶段对环境温度和湿度的要求也是不相同的。首先，在种子发芽阶段，最佳的温度为28～30℃，最低为11℃，最高35℃，低于11℃容易造成烂种。其次，在幼苗及植株的生长阶段，昼温为24～28℃与夜温为15～18℃为其最佳的生长阶段，若环境温度达不到10℃，幼苗生长量将会下降；若环境温度达到5℃，番茄幼苗和植株将会停止生长。最后，棚室番茄栽培的关键技术是保持一定的昼夜温差，白天适当提高温度，有利于光合作用，增加营养物质的制造；夜间适当降低温度，可减弱呼吸作用，减少养分的损耗，有利于营养物质的积累，从而促进植株和果实的生长发育。

（二）湿度

番茄的生长发育对土壤的湿度和空气的相对湿度要求较高。对土壤湿度方面，番茄的生长发育要求水量充足，但由于其根系发达，吸收能力强，地上部茎叶又属半耐旱性作物，不耐涝，因此，土壤的湿度要保证相对湿度60%～80%，水量过足将会导致番茄根系溃烂。在空气相对湿度方面，要求空气湿度范围仅在40%～50%之间。由此可见，在番茄不同的生产期间一定要注意保持棚室内空气和土壤的湿度，控制不同生产阶段的湿度使其达到适合番茄生产的要求。

（三）土壤及营养

番茄对土壤条件要求不太严格，但为获得丰产，促进根系良好发育，番茄在生育过程中，需从土壤中吸收大量的营养物质。据艾捷里斯坦报道，每生产5000千克果实，需要从土壤中吸收氧化钾33千克，氮10千克，五氧化二磷5千克。

（四）光照

番茄是喜光作物，光饱和点为70000勒克斯，适宜光照强度为30000～50000勒克斯。番茄是短日照植物，在由营养生长转向生殖生长过程中基本要求短日照，但要求并不严格，有些品种在短日照下可提前现蕾开花，多数品种则在11～13小时的日照下开花较早，植株生长健壮。

三、品种选择

（一）粉果型品种

1. L-402番茄

辽宁省农业科学院蔬菜研究所选育而成。植株无限生长类型，成熟果实粉红色，稍有绿果肩，扁圆形，单果重200克左右（见图10-1）。耐低温弱光，抗病毒病、筋腐病等病害。商品性好，适应性强，综合性状优良。中熟，收获集中，一般亩产6500千克，适于棚室和露地兼用栽培。

2.金冠1号

辽宁省农业科学院蔬菜研究所选育而成。植株无限生长类型，成熟果实粉红色，稍有绿果肩，扁圆形，单果重200克左右（见图10-2）。果实风味酸甜适口，品质优，商品性好。抗叶霉病、病毒病、筋腐病等病害。亩产7300千克左右，适于省内外保护地栽培。

3.辽园多丽

辽宁省农业科学院蔬菜研究所选育而成。植株无限生长类型，成熟果实粉红色，有绿果肩，扁圆形，单果重200克左右（见图10-3）。果实风味酸甜适口，品质优，商品性好，优质果率高。抗叶霉病、病毒病、筋腐病等病害，中熟，亩产7000千克左右，适于省内外保护地和露地兼用栽培。

4.金冠5号

辽宁省农业科学院蔬菜研究所选育而成。早熟一代杂种，生育期105天左右，植株无限生长类型，生长势中等，第一雌花着生节位6～7节。成熟果实粉红色，圆形，稍有绿果肩，转红后果肩不明显，平均单果重250克左右，一般亩产7000千克（见图10-4）。该品种抗逆性强，耐低温弱光，抗病毒病、高抗叶霉病，适于保护地及露地栽培。

5.金棚1号

西安皇冠蔬菜研究所选育，属高圆粉红果类型。叶片较稀，叶量中等，光合效率高，坐果能力强，果实膨大快，前期产量较高。果实无绿肩，果型大，果实大小均匀，表面光滑发亮，果形好，基本无畸形果和裂果。单果重200～350克，果肉厚，耐贮运，货架寿命长，口感风味好（见图10-5）。高抗番茄花叶病毒，中抗黄瓜花叶病毒，高抗叶霉病和枯萎病，灰霉病、晚疫病发病率较低，极少发现筋腐病，抗热性好。

图10-1　L-402粉红色果实

图10-2　金冠1号粉红色果实

图10-3　辽园多丽粉红色果实

图10-4　金冠5号成熟果实

图10-5 金棚1号粉红色果实

图10-6 浙粉202果实

图10-7 欧盾果实

图10-8 辽红9号成熟果实果穗

6.浙粉202

特早熟，无限生长类型；高抗叶霉病，兼抗病毒病和枯萎病等多种番茄病害；成熟果粉红色，品质佳，宜生食，色泽鲜亮，商品性好；果实高圆苹果形，单果重300克左右，硬度好，特耐运输；该品种适应性广，稳产高产，特适秋季栽培，适宜日光温室、大棚和露地栽培。见图10-6。

7.欧盾

美国圣尼斯种子公司选育。无限生长型，果色粉红，中早熟，果型高圆略扁形，果皮坚硬，特耐运输，贮藏期可达30天左右，适宜长途运输和贮存。果实大小均匀，平均单果重220～260克。无青皮，无青肩，无畸形，不裂果，不空心，商品果率达到98%以上，商品性优异。植株生长旺盛，连续坐果10～16穗而不早衰，每穗开花平均10个以上。抗病性强，高抗烟草花叶病毒、黄瓜花叶病毒条斑病毒等，抗细菌性叶斑病、溃疡病、早疫病、晚疫病、根腐病、灰霉病等多种病害。适宜秋延迟、深冬、早春保护地栽培。见图10-7。

（二）红果型番茄品种

1.辽红9号

辽宁省农业科学院蔬菜研究所选育而成。无限生长类型，硬肉型红果番茄，早熟，普通叶型，叶量适中，果实圆形，果实艳丽，果型美观，坐果率高，单果重200克左右，硬度好，耐贮运（见图10-8）。抗叶霉病、病毒病等多种病害。留三穗果，亩产6500千克。适宜日光温室、大棚越冬、春提早栽培。见图10-8。

2.合作903

上海市长征良种试验场选育。早熟高产品种，自封顶，生长势强，株高80厘米，

7片叶着生第1花序，以后每隔2～3片叶簇生花序，侧枝少，管理方便；大果型，单果重达350克，亩产7500千克。果色大红，鲜艳夺目，高圆球形，果实整齐，味酸甜可口，不易裂果，商品性极佳，高抗早、晚疫病及病毒病。果皮厚、果肉厚，适合长途运输和贮藏。适应性广，适合春秋大棚和露地栽培，是外调蔬菜生产的理想品种。见图10-9。

图10-9　合作903红色果实

3.倍赢

瑞士先正达种业公司育成。该品种属无限生长型，长势旺盛、中晚熟、丰产性好、果实扁圆形、大红色、口味佳、中大型果、果实大小均匀、平均单果重220～230克，抗叶霉病。见图10-10。

4.百利

荷兰瑞克斯旺公司育成。早熟、生长势旺盛，坐果率高，丰产性好，耐热耐寒性强，果实大红色、果实均匀，圆形、中型果、单果重200克左右，色泽鲜艳，口味佳，无裂纹，无青皮现象，质地硬，耐运输、耐贮藏，适合于出口和外运，抗烟草花叶病毒、筋腐病、枯萎病，适合于早秋、早春、日光温室和越夏栽培。见图10-11。

图10-10　倍赢果实

（三）樱桃番茄品种

1.贝美

荷兰瑞克斯旺公司育成。圆形樱桃番茄，无限生长，极早熟，植株开展，节间短，果实红色、鲜亮，平均单果重15克，果穗排列整齐，口味极佳，适合早春、早秋和秋冬保护地种植（见图10-12）。抗番茄花叶病毒病、叶霉病、枯萎病、黄萎病和线虫病。

图10-11　百利果实

2.曼西娜

荷兰瑞克斯旺公司育成。无限生长鸡尾酒型品种，早熟，植株健壮、开展，果实红色、鲜亮，平均单果重35克以上，果穗排列

图10-12　贝美成熟果穗

图10-13 曼西娜成熟果穗

图10-14 千禧成熟果穗

图10-15 龙女成株及果实

整齐，每穗可留果8～10个，即可单果采收也可成串采收，口味佳，适合早春、早秋和秋冬保护地种植。抗番茄花叶病毒病、叶霉病、枯萎病、根腐病、黄萎病及线虫病。见图10-13。

3. 千禧

台湾农友种苗育成杂交一代。早生，高性，生育强健，抗病性强，果桃红色，椭圆形，重约20克，糖度可达9.6%，风味佳，不易裂果，每穗结14～31果，高产，耐凋萎病，耐贮运（见图10-14）。

4. 龙女

台湾农友种苗育成杂交一代。早生，半停心性，生育强健，抗病性强，较耐热，易栽培，丰产，红色枣形果，果型优美，重约13克，肉厚硬、脆爽多汁，糖度高，营养丰富，不易裂果，耐贮运（见图10-15）。

四、栽培关键技术

（一）棚室番茄栽培茬口

番茄棚室栽培的形式较多，主要有春提早栽培、秋延晚栽培、秋冬茬栽培、冬茬栽培和冬春茬栽培等。因不同地区的气候条件、栽培管理技术水平及市场消费习惯的不同，各茬口类型的栽培季节和所利用的棚室也不同。其中，由于春季气温逐渐回升，光照时间延长、光照强度增加，适于番茄的生长发育，所以各茬口中以春茬和冬春茬栽培效果最好。而秋延后和秋冬茬栽培，由于前期温度较高，后期光照弱、温度低，不适宜番茄的生长发育，栽培中采取合理的棚室内环境条件的调节手段，才能获得优质高产。冬茬栽培，由于整个生长过程都处于低温、弱光条件下，保温、增温和补光是栽培获得成功的重要环节。

1. 冬春茬栽培

10月上旬至11月上旬播种，12月上旬至翌年1月上旬定植，2月下旬至3月下旬开始采收。北方地区需在日光温室内育苗和栽培，而长江以南地区可在大棚内加盖小拱棚育苗和栽培（见图10-16）。

2.秋延后栽培

6月上旬至7月中旬播种，7月上旬至8月中旬定植，9月中旬至10月下旬开始采收。育苗可在大棚或冷床育苗，北方地区立秋可在大棚栽培，长江以南地区可采用中、小棚栽培（见图10-17）。

3.春茬栽培

12月中旬至翌年2月上旬播种，3月上旬至4月中旬定植，5月中旬至6月中旬开始采收。北方地区需在日光温室内育苗，大棚或温室栽培，而长江以南地区可在大棚内加盖小拱棚育苗，大棚栽培（见图10-18）。

4.越冬茬栽培

8月下旬至9月上旬播种，10月下旬至11月下旬定植，12月中旬至翌年1月中旬开始采收。一般在露地或大棚内育苗，温室栽培，采收期可延长至6月（见图10-19）。

5.越夏栽培

3月中下旬播种，5月下旬定植，7月初开始采收。一般适合于夏季较冷凉地区，如内蒙古、东北、冀北和南方高山无霜期较短的地区。

（二）棚室番茄育苗关键技术

1.苗床准备

在棚室内，育苗床选址要利于管理，方便操作。首先是苗床位置的选择，采用东西向，坐北朝南，以便迎受阳光，抵御寒风。以选择地势高燥，背风向阳，阳光充足，排灌方便，交通便利，土壤以富含腐殖质的土壤或砂性土壤为宜。冬春育苗应在温室或温床进行，外界温度较低时还需采取电热线加热等增温保温措施（见图10-20）；夏秋季育苗可在冷床中进行，高温多雨季节还需覆盖遮阳网、防虫

图10-16　日光温室冬春茬茄子栽培

图10-17　连栋温室秋延后栽培

图10-18　大棚春季栽培

图10-19　越冬茬番茄栽培

图10-20　冬季电热温床育苗并
覆盖小拱棚保温

图10-21　工厂化育苗

图10-22　配制营养土、混合杀菌剂

网等设施；有条件的地区可采用穴盘育苗和工厂化育苗（见图10-21）。育苗前对育苗设施进行消毒处理，每平方米苗床用福尔马林30～50毫升，加水3升，喷洒床土，用塑料薄膜闷盖3天后揭膜，待气味散尽后播种。

2.营养土配制

选择疏松通气性好，酸碱度中性，不含病原菌和害虫的肥沃土壤作为营养土。一般由田土、有机肥、化肥按一定的比例混合而成，其配制的比例为：4份肥沃田园土（要求近3年没有种过茄科作物）和3份腐熟的鸡粪或猪粪，再加3份腐熟马粪，充分混合后每立方米加入1千克磷酸二铵和0.5千克的多菌灵，再次混合均匀即可。使用穴盘育苗时可利用草炭、蛭石按2∶1的比例混匀，每立方米再加入氮磷钾复合肥1～2千克。见图10-22、图10-23。

3.育苗方式

（1）苗床营养土育苗　将营养土直接铺入育苗床中，厚度10厘米左右。播种时先将育苗床浇透水，待水渗下后将低洼处用营养土找平，然后将种子均匀撒播在床面上，一般每平方米播25～30克种子，最后覆盖1厘米厚的过筛细土，并覆盖地膜保湿。也可将种子撒播于育苗盘后，待出土生长至1～2片真叶时，分苗至育苗畦（见图10-24）。

图10-23　穴盘填装基质

图10-24　大棚苗床营养土育苗

（2）营养钵（纸袋）育苗　将营养土装入直径8～10厘米的营养钵或纸袋中，装土量以虚土装至与营养钵口齐平，再将营养钵摆放于苗床。播种前浇透水，水渗下后将种子点播于钵中，用药土覆土即可。也可将种子撒播于育苗盘，待出土生长至1～2片真叶时，分苗至营养钵中（见图10-25）。

图10-25　温室营养钵育苗

（3）穴盘无土育苗　将草炭、蛭石按2：1的比例混合均匀配制成育苗基质，再按每立方米基质添加15：15：15的氮、磷、钾复合肥1.5～2千克，再次混合均匀后装入一定规格的育苗穴盘中。先将种子点播于穴孔中，之后覆盖基质，最后将穴盘浇少量水即可（参见图2-37～图2-41）。也可将种子撒播于育苗盘，待出土生长至1～2片真叶时，分苗至营养钵中（见图10-26）。一般冬春季育苗选用50或72孔穴盘，而夏秋季则选取128孔或72孔穴盘。

图10-26　穴盘无土育苗

4.播种育苗

（1）播种期　播种期的确定要依据茬口安排、气候条件、育苗条件等具体情况来定。一般可按计划定植期减去秧苗的苗龄，向前推算出播种期。冬春季番茄从播种到培育成具有5～8片叶，具有大的花蕾的大苗，一般需要60～80天时间，因此播种期应确定在定植前的60～80天。保护地育苗应选择晴天的中午前播种，并提前烤畦，提高地温。秋延后栽培，育苗苗龄30～40天，一般在高温雨季后播种。

（2）种子消毒　在播种前对番茄、茄子种子进行消毒处理可防止猝倒病、叶霉病、病毒病、早疫病、枯萎病、斑枯病、溃疡病等病害由种子传播，目前消毒的方法主要有以下几种：① 温汤浸种。用50～55℃温水浸种20分钟，再用20～30℃的水浸4～6小时，然后进行直播或催芽。② 福尔马林消毒。将番茄种子用清水浸泡6～8小时，然后用1.5%福尔马林溶液中浸种30分钟，取出稍晾干，再用湿毛巾包好，闷30分钟，后用清水洗净，放入52℃温水浸20分钟，取出沥干后催芽或直播。③ 高锰酸钾消毒。用52℃温水浸种20分钟，取出沥干后再放入0.1%的高锰酸钾液浸种15分钟，冲洗净后再用冷水浸泡2小时，取出沥干后催芽或直播。④ 磷酸三钠消毒。用清水浸种6～8小时，捞出沥干后，再放入10%的磷酸三钠溶液中浸泡20分钟，用清水洗净后进行催芽或直播。⑤ 药剂拌种。用种子重量0.1%的50%多菌灵或50%甲基托布津可湿性粉剂，或40%

菌核净可湿性粉剂拌种。

（3）催芽　将处理过的种子用清水漂洗3～4次，捞出种子后应晾干或擦干表面浮水，若种子较少时可将种子用湿布包好进行催芽；若种子量较大，可将种子置于铺好湿布的瓷盘上，上面盖上湿布。番茄催芽初期温度控制在28～30℃，当有种子发芽时，将温度降至20～25℃，一般5～6天便可出齐。茄子宜采用每天30℃、16小时和20℃、8小时的变温催芽，利于种子的发芽。催芽过程中，种子见干时要适当喷水保湿。

（4）播种　播种前为保证种子发芽出苗对水分的需求和幼苗前期生长所需，应在苗床内先灌足底水，营养土或基质的8～10厘米土层含水量达饱和为宜，以免因干旱影响种子发芽出苗和幼苗的生长。播后要立即覆盖过筛的细土，覆土厚度约1厘米，再覆盖地膜或报纸保湿和保温，促使种子出苗迅速整齐。

5.苗期管理

（1）播种到出苗阶段　播种后要维持苗床较高的温度，床土温度控制在22～24℃为宜，白天应保持在25～28℃，夜间保持在20℃左右，保持土壤湿润。育苗环境温度较低发芽慢，温度过低会造成烂种。若温度过高，再加床土干燥，使幼苗根尖变黄，影响根系的发育。冬春季节要保持育苗畦白天充分采光增温，夜间盖好草苫、纸被等加强防寒保温。大部分种子拱土出苗后立即撤下地膜或报纸等覆盖物，在确保秧苗不受冻的情况下，尽可能多见阳光，并适当降低温度，白天16～18℃，夜间12～14℃，控制浇水以降低床土湿度，以避免胚茎过度伸长而形成"高脚苗"或叫"拔脖苗"。出苗前后如土壤发生龟裂，可用细竹松土或撒一薄层细土保湿。见图10-27。

图10-27　播种后覆盖小拱棚，
加盖纸被保温

（2）出苗到分苗阶段　这期间在管理上要控制温度，增强光照。幼苗开始出苗到出齐苗，要逐渐降低苗床温度，保持白天温度20～23℃，夜间10～15℃。当第一片真叶顶心时要进行间苗，拔除病苗及周围的苗，保持苗距2～3厘米，间苗后可覆土弥补因间苗造成的床土缝隙，以保墒壮苗。出苗后到出现2片真叶，此阶段幼苗侧根不断增多，子叶也有所扩展，真叶展开后叶面积不断增加，同时生长点不断分化出叶的原始体。在积累了较丰富的营养物质之后，将开始花芽分化。这一阶段是培育壮苗的关键时期，白天气温保持22～26℃，地温20～23℃，夜间气温13～14℃，地温18～20℃。幼苗长到2片真叶时应进行分苗前锻炼，白天温度保持20～22℃，夜间保持8℃以上，这阶段降低温度，可抑制幼苗的徒长。移苗前苗床一般不浇水，移苗前应加强光照管理。

（3）分苗　随着秧苗的长大，为了防止拥挤、扩大营养面积、使秧苗生长茁壮，要进行移栽，这一措施称"分苗"。番茄分苗最好在第一片真叶破心至充分展开时进行，茄子在幼苗长到2～3片叶时分苗。分苗前一天将苗床浇透水，起苗时尽量不要伤根和茎叶。将起出的苗按8～10厘米苗距移栽至育苗床或营养钵、穴盘中，栽苗时根系要舒展，使根系与土壤完全接触，避免将苗吊死。栽苗后适当覆土并浇透水，保证成活。分苗后苗床内以保温保湿为主，要适当提高温度，保持苗床白天25～30℃，夜间15～18℃，促进根系的恢复，加快缓苗。等秧苗中心的幼叶开始生长时，表明秧苗已经发生新根，这时苗床要适当通风、降温、降湿，保持白天25℃左右，夜间15℃左右，最低温度应高于10℃，以防止秧苗徒长。

（4）分苗到定植前的管理　分苗缓苗后，秧苗生长较快，同时秧苗还要进行花芽分化。为了使营养生长与生殖生长协调进行，分苗缓苗后应采取促控结合的管理措施。主要是提供适宜的温度、较强的光照、充足的水分和养分。温度控制在白天20～24℃，夜间14～15℃；地温为白天16～18℃，夜间12～14℃。这一阶段秧苗对光照要求越来越高，冬春季节应通过早揭晚盖草苫来延长苗床的光照。保证水分和养分供应，一般在正常的晴朗天气，每隔1天喷水一次；即使在低温阴雨天气，也应每隔2～3天喷水一次，以维持床上呈半干半湿状态。在床土缺肥的情况下，可结合浇水喷2～3次0.3%的磷酸二氢钾或尿素溶液。遇秧苗徒长时，可挪动营养钵断根或喷施1000～1500毫克/升的多效唑。

（5）定植前炼苗　定植前为了增强秧苗对棚室环境的适应性和抗逆性，应进行炼苗。一般在定植前7～10天，逐渐加大通风，将白天温度降到15～18℃，夜间温度降低到5～8℃。定植前5天夜间去掉透明覆盖物，到全部揭去覆盖物，使秧苗所处环境同棚室环境。

图10-28　番茄嫁接苗

6.嫁接

番茄在棚室生产中，由于长期在同一地块栽培同一品种，容易发生连作障碍，尤其是土传病害更为严重，通过嫁接就可以防止这些对栽培不利的因素。为预防番茄青枯病、枯萎病、根腐病等病害的发生，解决土传病害的问题，可采取嫁接的方式。见图10-28。

（1）砧木与接穗品种的选择　①砧木选择。高抗青枯病的砧木一号或野生番茄。见图10-29。②接穗选择。适合当地消费习惯、

图10-29　嫁接砧木

适合栽培季节、适合市场销售的品种作接穗。

（2）育苗技术 ① 播种期的确定。首先要掌握每一种砧木的生长发育特性，对确定适宜的播种期是非常重要的。如选用砧木一号，需比接穗早播3～5天。

② 播种育苗。砧木选用营养钵育苗或苗床假植育苗（即幼苗生长到2～3片真叶时，选择晴好天气移到营养钵中，或按15厘米×10厘米规格移栽到育苗床）。接穗可适当稀播，不再进行移苗假植。

（3）嫁接技术 ① 嫁接条件。嫁接应选择阴天或晴天的下午进行，晴天应在遮光条件下进行。② 嫁接工具。刀片、嫁接夹、竹篾、农用塑料膜、遮阳网等。③ 嫁接方法。番茄嫁接主要有劈接、插接和靠接。a.劈接法。砧木比接穗提前5～10天播种。当砧木长到8～10厘米高、茎粗0.5～0.8厘米时即可嫁接。嫁接时，先将砧木留2片真叶平切掉生长点，保留下部，然后用刀片将茎向下劈切1～1.5厘米。接穗在第2片叶处连叶片平切掉，保留上部。用刀片将茎削成1～1.5厘米楔子，再将接穗紧密地插入砧木的劈开部位，然后夹上嫁接夹，遮阳保湿5天左右。嫁接苗成活后即可进入正常苗期管理。b.靠接法。接穗和砧木同时播种。待接穗和砧木长出3片真叶，子叶与第一片真叶间的茎粗为3毫米时进行嫁接。切口选在子叶和第3片真叶之间，先将砧木由上而下斜切1刀，切口长1厘米左右，深度为茎粗的2/5。然后在接穗相应部位由上而下斜切一刀，切口长度与深度同上，将两切口吻合，用特制塑料夹将接口夹住（见图10-30、图10-31）。嫁接后尽快把嫁接苗移栽到大棚或温室内。2～3天内保持较高的温度和湿度，并适当遮光，避免阳光直射。嫁接后7天，将嫁接部位上方砧木的茎及下方接穗的茎切断一半，3天后再将其全部切断。c.插接法。接穗比砧木晚播7～10天，砧木有3片真叶时为嫁接适期。嫁接时在砧木的第一片真叶上

图10-30 靠接操作

图10-31 嫁接好的靠接苗

方横切，除去腋芽，在该处用与接穗粗细相同的竹签向下插一深约3～5毫米的孔。将接穗在第一片真叶下削成楔形，插入孔内。嫁接后的管理条件同靠接法。④ 嫁接苗的管理。白天25～28℃，夜间16～20℃，不能低于15℃；嫁接后的5～7天内空气湿度保持在90%～95%，此外还要遮阳避光5～7天，建议随接随覆盖薄膜和遮阳网。⑤ 嫁接苗的定植。嫁接苗定植时，选择接口愈合良好、生长健壮的苗。定植时接口距地面10厘米以上，中耕培土时不能掩埋嫁接口，避免接穗重新发根入土，降低防病效果。

（4）嫁接栽培注意事项　① 引用适宜的抗病砧木。由于各地青枯病菌存在不同的生理型，在选用抗病砧木时应先做引种试验。② 预防嫁接伤口感染。固定器过紧、湿度过大等都易增加感染病菌的机会。因此，嫁接用具必须严格消毒，刀具锋利，嫁接口一刀成型，并保持嫁接区清洁无菌。③ 防止接穗直接感病。番茄接穗常有自发气生根入土，青枯菌等病菌也会通过接穗气生根感病。所以移栽时不能过深，避免嫁接口被带有病菌的泥土污染而发病。同时，还应该及时削去接穗所产生的气生根。④ 防止嫁接苗传染病毒。烟草花叶病毒是番茄的重要病毒之一，它极易通过接触传染。为防止病毒感染，除对嫁接工具进行消毒外，还要注意选择抗病毒的品种。

7.壮苗标准

壮苗是获得早熟与丰产的基础，壮苗定植后根系的吸收功能恢复快，在较短时间内即能通过缓苗进入正常生长。抗逆性强，表现抗旱、抗寒，对不良环境条件有较强的适应性。

番茄壮苗的标准是幼苗株形匀称，整体轮廓呈长方形或上部（顶部）稍宽的梯形。株高15～18厘米、茎粗0.4～0.6厘米、节间长度2～3厘米、叶龄4叶1心、叶色深绿、叶柄粗短、无病虫害。

8.育苗期间易出现的问题

（1）出苗不良　包括烂种烂芽、出苗率低、出苗不整齐及出苗慢等，其主要原因是种子质量差。种子陈旧、不饱满、有霉烂变质及虫蛀现象造成出芽不良；成熟度不一致，出苗不整齐。其次浸种、催芽操作不当，苗床温度管理不当也会造成出苗不良。

（2）带帽现象　主要由于播种过浅或床土干燥，子叶与种壳粘连而造成（见图10-32）。一般播前要浇足底水以保证床土干湿适当，播种后覆土1～1.2厘米为宜。发现带帽现象后在下午四点以后给苗床喷水，使种壳湿润，夜间脱壳，也可用筛子在苗床上筛厚0.5～1厘米的细湿土，禁止手工去除

图10-32　种壳粘连在子叶顶端

图10-33 徒长苗幼茎细弱、节间较长

种壳。

（3）秧苗徒长 由于光照不足、高温，特别是夜温高，秧苗呼吸作用增强，消耗养分多，积累的干物质减少而徒长，具体表现为苗茎细弱、茎节长、叶薄、色淡、易失水萎蔫、根系小，抗性差，易受冻和发生病害（见图10-33）。由于徒长苗营养不良，花芽分化晚，易落花落果，定植后缓苗慢，成活率低。为此要增强光照和降低温度，及时进行间苗、分苗，要按秧苗各阶段要求的温度，合理通风降温，注意水分管理，适期喷施磷钾肥以防止秧苗徒长。

（4）秧苗僵化 苗龄过长，秧苗长期在低温、干旱环境中生长，造成秧苗矮小、叶小、茎细、根少，不发生新根、易落花落果、定植后缓苗慢的现象称为秧苗僵化。防止秧苗僵化，在管理上不要过度控苗，要给秧苗适宜的温度和水分，注意苗床施肥，已发生僵化的秧苗要适当提高苗床温度，适当浇水、适量追肥，促进正常生长。

（5）寒根、沤根、烧根 寒根是由于苗床地温太低，其根系颜色仍然是白色，主要采取提高地温的措施避免；沤根是由于苗床土壤水分常处于接近饱和状态，湿度过大，缺乏空气，地温低，根系易沤烂，颜色变黄褐色。地上部停止生长，叶片变黄。防止措施为提高地温，控制浇水量，浇水后可用铁丝钩行间中耕松土，既保墒又可疏松土壤，增温通透，发生后要及时通风排湿，中耕松土放湿；烧根由于苗床施肥过多又未腐熟，追肥量过大，使土壤溶液浓度过高造成烧根。表现为根系很弱，颜色变成黄褐色，地上部叶片变小、发皱，叶边缘变黄、干枯，植株矮小。育苗时注意苗床合理施肥和追肥，发生烧根可适当多浇水，降低土壤溶液浓度，并要提高育苗床温度。

（6）灾害天气的管理 在冬春季节，常有寒流侵袭，降温之前会有数天的阴雨（雪）天气，如果白天不揭开草苫，会使秧苗抗寒力大大削弱，由于数天不见太阳，秧苗无法光合作用，将影响秧苗的生长，致使秧苗黄化，营养减少，晴天后骤然揭开草苫，秧苗会发生萎蔫而死亡。所以连续阴天或雨雪天，在保温的基础上，每天一定要揭开草苫，让秧苗见见光或散射光都大有益处。雨、雪停后要及时清扫覆盖物上的积雪、排水，揭开草苫后要观察秧苗情况，发现秧苗萎蔫，应随即覆盖遮阳，待秧苗恢复后再揭开，同时还应适当通风，排出湿气和有机肥腐熟时产生的有害气体。

春季多风，且常有大风天气，要把草苫压好，防止大风吹开（掉）覆盖的草苫，使秧苗受害。冷风会使秧苗受冻害，未经通风锻炼的秧苗，突然遭受大风的吹袭，蒸腾作用突然加大，破坏了根系原来吸收水分和蒸腾作用间的平衡，往往使柔嫩的叶片失水过多，而发生萎蔫，甚至不能复原，呈绿色干死，这种现象称"风干"现象。注意苗床通风时要由小到大，逐渐进行，并要防止大风吹开草苫。另外，秧苗较长时间处在较弱光照以下，突然受到强光照射，也会发生萎蔫，这种症状是叶片向上卷曲，时间过长，叶片呈绿色干死。

9.育苗期间病虫害的防治

育苗期间，秧苗密度大，一旦发生病害，传播扩展较快。但在育苗期防治病虫害，由于苗床面积集中，省工省药，而且定植前做好防治，就可获得壮苗。

育苗期间由于苗床湿度大，有利于病原菌的发生侵染，加之棚室长期的单一栽培，使得棚室及土壤中存在大量的病原菌和虫卵，所以育苗中易发生病虫危害，其中较为常见的病害有猝倒病、立枯病、早疫病等，而蚜虫、白粉虱则是较为常见的虫害，具体危害症状及防治方法详见病虫害防治。

（三）棚室番茄栽培关键技术

1.整地与施肥

（1）棚室准备　不同的茬口应选择适宜的棚室进行栽培，越冬茬与冬春茬番茄生长季节正值寒冷的冬季，栽培上应选择保温、透光性能好的日光温室，春提早和秋延晚可在小拱棚、中棚、大棚内栽培。棚室应尽可能提前清除前茬作物，覆盖并修补薄膜，以利升温烤棚。冬春季节要做好保温、增温准备，选择保温性能好的草苫、棉被等覆盖物，准备好除雪、清洁棚膜的工具。夏秋季节可在上下放风口处扣上防虫网以防虫，并可覆盖适当透光率的遮阳网以遮阳降温。

（2）棚室消毒　棚室栽培病害较为严重，定植前应进行消毒防病。棚室消毒包括棚内设施消毒和土壤消毒，通常采用的方法有高温闷棚、硫黄熏蒸、药剂消毒等。硫黄熏蒸，一般每亩温室用硫黄粉2～3千克加0.25千克敌敌畏，拌上适量锯末分堆点燃，密闭熏蒸一昼夜后通风；高温闷棚一般在夏季7～8月休闲时，在棚室地面铺撒3～5厘米长的秸秆碎段5～10厘米厚，每亩还可撒施腐熟、晾干、碾碎过筛的鸡粪3000千克、石灰200千克，然后深耕30厘米，放大水浇透后用地膜平面覆盖并压实，密闭棚室20～30天即可（见图10-34）；药剂消毒时，每亩可用50%的多菌灵可湿性粉剂2～3千克均

图10-34　放大水后覆盖薄膜密闭温室

图10-35　撒施杀菌剂

匀撒在地上，深翻10～15厘米后，覆盖地膜进行土壤消毒，以杀死土壤中的病菌（见图10-35）。

（3）整地施肥　番茄的生长量大，产量高，因此需肥量较大，应在定植前施足底肥。底肥以有机肥为主，适当加入化肥，一般每亩有机肥用量7000～8000千克，磷酸二铵20千克、尿素10千克、硫酸钾30千克。底肥可撒施也可沟施，撒施后深翻40厘米，再按50～60厘米行距开深10～15厘米的

定植沟，或做成畦底宽1米，高15～20厘米，顶宽70～80厘米的高畦。沟施时按行距0.9～1米，挖埂宽50～60厘米、沟宽40厘米、深20厘米的丰产沟，然后每沟施入复合肥0.15千克，磷酸二铵0.25千克，腐熟优质农家肥0.1立方米，施入后用锹翻两遍，然后将挖出的土回填到丰产沟内，搂平开定植沟或做成50厘米宽、20厘米高的小高畦。

2.定植

（1）定植时期　不同的栽培茬口和棚室定植时期不同，一般棚室10厘米地温稳定在10℃，最低气温0℃以上时定植。日光温室冬春茬1月底至2月底定植，秋冬茬7月底至8月初定植，越冬茬在8月至11月均可定植；塑料大棚早春茬在3月中下旬定植，秋延后在7月上中旬定植，越夏栽培在5月定植；中小拱棚春茬4月下旬定植。

图10-36　铺设滴灌、覆膜、覆土封埯

（2）定植密度　栽培模式不同，定植密度、株距稍有不同。一般长季节中晚熟品种栽培密度为每亩3300～3700株，株距35～40厘米；中短季节早熟栽培，每亩5000～6000株，株距25～30厘米。

（3）定植　高畦栽培时，先在畦面上铺设1道或2道滴灌管并覆盖地膜，再在畦面上按35厘米株距打定植孔，每畦两行（见图10-36）。定植前先将定植孔浇满水，然后将苗坨放入定植孔内，待水完全渗下后覆土，使土坨上表面与畦面相平（见图10-37）。注意放苗时将花序朝畦外侧，以降低果穗环境湿度并增加光照。定植沟栽培时，先按35厘米株距将苗摆放在沟内，然后在两行间开浅沟以覆盖秧苗土坨（见图10-38），随后向定

图10-37　高畦双行覆膜栽培

植沟内浇足定植水（见图10-39），待水渗下后取土封掩培垄，垄高以13～15厘米为宜。定植后第二天在垄面上铺设滴灌管，再用宽1～1.2米地膜覆盖定植垄，并破膜拉苗，垄两侧地膜用土压实。

（四）田间管理关键技术

1.温度、光照的调控

定植后应先创造高温、高湿的环境条件，缩短缓苗时间，一般白天为28～30℃，超过35℃时可适当通风；夜间为20～18℃，10厘米地温20～22℃。如果幼苗在中午出现萎蔫现象，应及时采用回苫或遮阳的方法进行短期遮阳。缓苗后开始通风来降温、降湿，冬春季节一般在晴天的中午进行，以棚室内最高温度不超过30℃为宜，最好控制在25～28℃；夜间气温前半夜应维持在14～16℃，后半夜可降低至8～12℃，促进番茄健壮生长。夏季栽培，通风降温效果较差，可以覆盖遮阳网或向棚膜甩泥以遮阳降温（图10-40）。进入开花结果期，此时保持白天上午温度为25～30℃，下午为23～24℃。夜间前半夜为13～16℃，后半夜为10～12℃，以利开花和果实成熟发育及着色，同时地温应不低于15℃。阴天时温度管理标准可比正常天气温度低3～5℃。低于15℃易落花落果，而高于30℃则会影响养分的积累，温度、光照条件不适宜时，需采取密闭棚室、清洁棚膜、悬挂反光幕、覆盖草苫、覆盖遮阳网、设置补光灯、加温炉等措施，保持棚室内适宜的温度和光照条件（图10-41）。

2.水肥管理

定植时浇足"压根水"，缓苗后适当控水。一般情况下，第一花序开花前不要轻易浇水。待第一穗果长到3厘米左右时浇一次

图10-38 定植沟栽培

图10-39 浇足定植水

图10-40 夏秋季揭去温室
底部薄膜通风降温

图10-41 棚室悬挂补光灯补光

"稳果水"，以保证果实膨大的需要。浇水时水不漫畦，刚好使土壤湿润即可，以减少病害的传染。定植后坐果前主要是促进植株根系生长，这时的重点是以浇水和温度管理来调节底肥的肥效，不追施化肥，尤其施氮素肥料，否则，容易发生徒长现象。坐果以后应逐渐加大浇水、施肥量，一般从第三穗花开始浇膨果水。冬春季一般15～20天浇一次水，后期气温低，要求每25～30天浇一次水；夏秋季一般每周浇一次。结合浇水可随水冲施硝酸钾、磷酸二铵、硫酸钾、三元复合肥等肥料，每次每亩15～20千克。提倡铺设滴灌设施，既能节约大量用水，又有利于番茄的生长发育和控制棚室湿度。结果期除了根系追肥外，还可结合喷药加入适量的叶面肥，常常用0.3%尿素或0.35%磷酸二氢钾进行叶面喷施，喷施于叶面的背面。

3.湿度管理

棚室栽培，空间相对封闭，空气湿度较高，容易发生病害。栽培上湿度管理主要是排湿降湿，在定植时采用地膜覆盖，最好是全棚覆盖以控制地面的水分蒸发，降低棚内空气湿度。定植以后，上午先揭除草帘，待温度升高后，逐渐打开放风口通风来降低湿度；下午则应逐渐关闭放风口，最后加盖草帘。温度较高时若一次性盖好，易形成水滴，加大棚内的湿度。在连续阴雨、雾或下雪时，白天也必须揭开草帘等覆盖物，每天至少1～2小时，降低棚内湿度。冬季坐果后，外界气温逐渐降低，放风排湿基本停止，主要通过合理浇水控湿，减少浇水量和次数，选择晴天采用膜下暗灌，有条件的可以采用滴灌的方法（见图10-42）。

图10-42　地膜覆盖，铺设滴灌

4.植株调整

植株调整包括整枝、打杈、摘心、打叶、吊蔓、疏花疏果等。定植缓苗后要及时吊架引蔓，一般于定植后番茄长出1～2片新叶时开始吊蔓、搭架，将番茄蔓生长点轻松绕在吊蔓绳上或绑在架材上即可，以后随着植株的生长，需及时引蔓上架。

棚室栽培整枝常采用单干整枝，每株只留一个主干，其余侧芽全部去掉，主干也在留足一定数目果穗数时摘心。选留果穗的数目依据温室条件和植株长势而定，全株可留3～9穗果不等。短季节覆盖栽培可留3～4穗果后摘心，中长季节的栽培可留7～9穗果。此外，日光温室越冬一大茬的长季节栽培可采取连续换头的方式整枝，即当主干上第三花穗出现，其上留2片真叶打顶，待第一穗果坐住后，在第二穗果下留一侧枝代替主枝生长，其余侧枝全部去掉，以后这个新生枝出现第三花穗时，再留2片叶打顶，坐果后在中部再培养一侧枝当主枝，如此重复进行，直至栽培结束（见图10-43）。

打杈是对番茄侧枝的处理，有利于植株通风透光，避免养分无谓的消耗。在番茄幼株定植缓苗以后，为促进根系生长和发棵，最初的打杈整枝时期可以适当迟一些，让侧枝长到6～7厘米时再进行，有利于增加叶面积多制造养分，但以后的整枝打杈应在侧枝长到1～2厘米时去掉，以免过多地消耗养分。打杈应在晴天进行，有利于伤口愈合，如果在阴雨天气、露水未干时，伤口易腐烂，招致病原菌感染。对于病毒病等有病植株应单独进行整枝，避免人为传播病害。当每穗果进入绿熟期以后，应摘除该果穗下面的全部叶片，最多保留仅靠果穗下面的一片生长健壮的叶片，改善植株群体下部的光照和通风条件（见图10-44）。

图10-43　摘心后培养侧枝

图10-44　果实进入绿熟期后，
摘除果穗下全部叶片

5. 保花保果与疏花疏果

番茄不同栽培形式及栽培季节其落花落果原因不尽相同。冬春茬番茄栽培中低温和气温骤变是引起落花落果的主要原因，越夏番茄栽培高温和干燥、降雨是引起番茄落花落果的主要原因。栽培密度过大、整枝打杈不及时、植株徒长、管理粗放等也都会引起落花落果。栽培中首先要通过加强管理保花保果，冬春在番茄栽培应注重增温保温，越夏番茄栽培可进行遮阴防雨栽培；开花期土壤不能干燥，要湿润，空气湿度也不能过高或过低；保证肥水充足，使营养生长和生殖生长同时进行；疏花疏果、整枝打杈、摘叶摘心等措施，人为调节其生长发育平衡，以促进保花保果。其次，使用坐果激素或使用番茄授粉器也可保花保果，详见"第四章　棚室蔬菜无公害生产新技术"中的"第二节　保花保果技术"。

棚室栽培的番茄，尤其是冬春季节，由于枝叶养分供应能力所限，并不能使果穗上每个果实都长大，反而易使单果重减轻、碎果率增高、畸形果增多，影响品质和经济效益，所以有必要进行疏花疏果。疏果时，一般大果型品种留2～3个果，中果型品种留3～5个果，小果型品种留4～6个果，而将多余果去掉。番茄一般不进行疏花，但对越冬栽培番茄因为外界温度比较低，花序上第一朵花常常畸形，表现出双柱头、萼片多、花瓣多、花柱短而扁、子房畸形等，这样的花坐果发育后容易形成大果脐或畸形果，所以应及时把这样的花朵摘去。

6. 施用二氧化碳

冬季由于通风换气减少，温室内二氧化碳缺乏，严重影响番茄叶片的光合

图 10-45 装盘即将食用的番茄

图 10-46 市场出售的番茄

图 10-47 病部有蜡样的光泽，
质硬，着色不良

生产能力。可通过化学分解法、燃烧法和二氧化碳发生器施用二氧化碳，以提高产量和果实品质。施用二氧化碳时应在晴天时进行，注意温室夜温管理，保持前半夜温度 $12 \sim 14℃$，后半夜温度 $8 \sim 10℃$，促进光合产物由叶片向根和果实运转。

7. 采收

番茄果实成熟的迟早及采收的日期，视品种的特性及栽培的季节、目的、技术而定。一般果实达到坚熟期即果实已有 3/4 的面积变成红色或黄色时即为采收适期，应及时采收。夏秋番茄较春番茄着色快、易成熟、易软化变质，近地销售的应在果实开始转红后采收；远距离调运的，应在青熟期或转色期采收。见图 10-45、图 10-46。

五、病虫害防治

（一）病害

1. 番茄筋腐病

【症状】筋腐病为生理性病害，主要有两种类型：一种是"褐变型"筋腐病，另一种是"白变型"筋腐病。褐变型筋腐病主要在果实的表面上出现局部的变褐，凹凸不平，果肉僵硬，果皮内的维管束变褐坏死。通常下位花序果实多于上位花序果实。白变型筋腐病多发生于果皮部的组织上，病部有蜡样的光泽，质硬，着色不良（见图 10-47）。

【发生原因】属于生理性病害，主要是由品种抗性差，光照不足，土壤温度过低、湿度过大、氮肥过多、缺少钾肥或土壤板结等因素造成的。这是因为光照不足、低温高湿时二氧化碳不足，易导致番茄植株体内碳水化合物不足；生产上铵态氮过多时又会引起碳水化合物与氮的比值下降，造成植株新陈代谢失常，致使维管束木质化而诱发筋腐病的发生。此外，浇水过量、土壤含水量高或土壤板结，土壤通透性不好，妨碍了根系的吸收，致使植株体内养分失调，妨碍铁的吸收，则发病也较重。

【防治方法】引起番茄筋腐病发病因素较多的，在防治上应采取以推广抗病品种为基础，综合运用各种农业措施，力求减轻发病程度。①选用抗病品种：目前生产上果皮薄、果型中等、植株叶片不太大的品种如：西粉3号、早丰、加茜亚、189等品种较抗病，可因地选用。②轮作换茬：发病重的大棚采用轮作换茬尤为重要，以利于缓和土壤养分失衡的状态。③科学施肥：对于连作多年番茄的冬暖式大棚要测土配方，根据番茄对氮、磷、钾、钙、镁等的吸收比例，控制氮肥特别是铵态氮肥的使用量，防止缺钾、钙等，以保证各元素的比例协调，改善土壤营养状况。果实坐果后15～20天喷施磷酸二氢钾等复合微肥，连喷2～3次，同时增施二氧化碳气肥，可大大减轻发病率。④科学管理：选用透光性好的塑料膜，保持棚面清洁。依据所在品种的特点，合理稀植以增加植株间的透光性。⑤叶面喷肥：果实膨大期，在日照短、气温偏低的1～2月份，可适时喷洒0.2%～0.3%磷酸二氢钾，或促丰宝Ⅱ型600～800倍进行叶面施肥，15～20天1次，连喷2～3次，有较好的预防作用。

2.番茄灰霉病

【症状】叶、花、果等地上部位均可受害，但以果实受害最重。叶片受害发病部位由叶缘向内呈"V"字形扩展，病斑初呈水渍状，边缘不规则，后呈淡褐色至黄褐色。在高温条件下，中后期病叶上可产生灰褐色的霉层。花受害产生灰色霉层，后向柱头、果柄、果面扩展，呈灰白色软腐，并有大量的灰霉产生。花瓣发病，花蕊落在叶面或枝杈上，可形成圆形或梭形病斑，病斑上有浅色的轮纹，病枝易折断，也可形成霉层。果实受害，多由花器侵入，近果蒂、果柄和果脐处先显现症状，病斑呈水渍状软腐，后期病斑表面生有灰色霉层（见图10-48）。有时病菌可直接侵入果实，但不扩展，成熟时果实上形成外缘淡绿色、中央绿白色、直径1厘米的小斑点，严重时果实畸形，果品品质下降。

【传播途径和发病条件】番茄灰霉病是由半知菌亚门真菌灰葡萄孢菌侵染所致。该病菌以菌核在土壤中或以菌丝体及分生孢子在病残体上越冬，条件适宜时，萌发菌丝，产生分生孢子，借气流、雨水和人们生产活动进行传播。其发病适温20～25℃，最高32℃，最低4℃，对湿度要求严格，空气相对湿度达90%时开始发病，高湿维持时间长，发病严重。

【防治方法】①采用通风换气，降低湿度，摘除病叶病果等措施。②在发病初期，每亩用适乐时10～20毫升，或50%速克灵

图10-48　果实上出现水浸状软腐并出现霉层

1500倍，或58%雷多米尔-锰锌500倍液喷雾，50%农利灵1000倍液，65%多霉灵可湿性粉剂1000倍液，每隔7～10天喷一次，连续2～3次。

3.番茄晚疫病

【症状】幼苗、成株均可发病，为害叶、茎、果，但以成株期的叶片和青果受害较重。幼苗感病出现暗绿色水浸状病斑，由叶片向主茎发展，使叶柄和茎变细呈黑褐色而腐烂折倒，全株萎蔫，湿度大时病部产生白霉层。幼茎基部发病，形成水渍状缢缩，幼苗萎蔫或倒伏。成株期叶片染病多从下部叶片发病，形成暗绿色水浸状边缘不明显的病斑，扩大后呈褐色。湿度大时叶背病斑边缘出现白霉，干燥时病部干枯，脆而易破。茎部病斑最初呈黑色凹陷，后变黑褐腐烂，易引起主茎病部以上枝叶萎蔫（见图10-49）。青果染病，病斑呈油浸状暗绿色，后变黑褐色，稍凹陷，病部较硬，边缘呈明显的云纹状。湿度大时生长白霉，迅速腐烂（见图10-50）。

【传播途径和发病条件】番茄晚疫病菌主要以菌丝体随病残体在土壤里越冬，亦可以菌丝体潜伏在马铃薯的薯块上由春播植株上传给番茄。病菌孢子囊通过气流和雨水落到植株上后，在水中萌发，产生游动孢子，游动孢子再萌发，侵入到植物组织中去。当田间形成中心病株后，产生大量繁殖体，再经风雨向四周扩展，慢慢形成普遍发病。晚疫病的发生、流行与气候条件关系密切，发展速度还与番茄的栽培条件和植株本身的抗病性关系密切。① 气候条件：气温在25℃潜育期最短，仅3～4天，过高温度反而不利于病害的流行。病菌对相对湿度的要求较严，75%以上方可发生。② 栽培条件：植株繁茂，地势低洼、排水不良，田间湿度过大时，有利于病害的发生；土壤瘠薄植株衰弱，或偏施氮肥造成植株徒长，以及番茄处于生长的中后期，都有利于病害的发生。③ 品种：抗病性强的番茄品种不易发病。

【防治方法】① 降低湿度，摘除病叶病果。② 栽后早期用达科宁600倍喷雾预防，后期用58%雷多米尔-锰锌500倍液，或安克锰锌500倍液，64%杀毒矾500～800倍液喷雾防治。

图10-49 茎部病斑黑褐腐烂，引起病部以上枝叶萎蔫

图10-50 青果病斑油浸状，边缘呈云纹状，并腐烂生长白霉

4.番茄早疫病

【症状】番茄早疫病在苗期、成株期

均可染病，主要侵害叶、茎、花、果。以叶片和茎叶分枝处最易发病。一般从下部叶片开始发病，逐渐向上扩展。最初，叶片上可见到深褐色小点，扩大发展为圆形至椭圆形病斑，外缘有黄色或黄绿色晕环，病斑灰褐色，有深褐色的同心轮纹，有时多个病斑连在一起，形成大型不规则病斑。棚室湿度大时，病斑上生出黑色霉层（见图10-51）。茎叶分枝处发病，病斑为椭圆形，稍凹陷，也有深褐色同心轮纹，潮湿时，表面生灰黑色霉状物，植株

图10-51　叶片上可见深褐色具同心轮纹圆形病斑，可见黑色霉层

易从病处折断。果实被害先从果蒂裂缝处开始，在果蒂附近形成圆形或椭圆形暗褐色病斑，病斑凹陷，也有同心轮纹，生有黑色霉层。病果易开裂，提早变红，叶柄受害时病斑一般不将叶柄包住。幼苗期茎基部发病，病斑常包围整个幼茎，引起腐烂，幼苗枯倒。

【传播途径和发病条件】早疫病是由半知菌亚门链格孢属茄链格孢菌侵染所致，其主要侵染体是分生孢子。这种棒状的分生孢子晕暗褐色，通过气流、微风、雨水溅流，传染到寄主上，通过气孔、伤口或者从表皮直接侵入。在体内繁殖多量的菌丝，然后产生孢子梗，进而产生分生孢子进行传播。一季作物收获后，病原以形成的菌丝体和分生孢子随病残组织落入土壤中进行越冬。有的分生孢子可残留在种皮上，随种子一起越冬。分生孢子比较顽固，通常条件下可存活1～1.5年。同时产生的活体菌丝可在1～45℃的广泛温度范围中生长，在26～28℃时，生长最快。侵入寄主后，2～3天就可形成病斑。形成病斑后3～4天，在病斑上就可形成大量的分生孢子。由此而进行多次重复再侵染。在发病的各种条件中，主要条件是温度和湿度。从总的情况看，温度偏高、湿度偏大有利于发病。28～30℃时。分生孢子在水滴中35～45分钟的短时间内就可萌芽。除去温、湿度条件外，发病与寄主生育期关系也很密切。当植株进入1～3穗果膨大期时，在下部和中下部较老的叶片上开始发病，并发展迅速，然后随着叶片的向上逐渐老化而向上扩展，大量病斑和病原都存在于下部、中下部和中部植株上。当然，肥力差、管理粗放的地块发病更重。另外土质黏重者比土质砂性强的地块发病重。

【防治方法】发病前或发病初期喷洒50%扑海因可湿性粉剂1000～1500倍液，或75%百菌清可湿性粉剂600倍液、58%甲霜灵锰锌可湿性粉剂500倍液。发病时用世高800～1000倍喷雾或阿米西达1500喷雾防治，2～3次。

5.番茄立枯病

【症状】茄子、番茄、辣椒等蔬菜均可发生，幼苗出土后就可受害，尤以幼

苗的中后期为重。在植株定植5～10天后，病苗茎基部产生椭圆形暗褐色病斑，病株白天萎蔫，晚上和清晨又能恢复。然后病部逐渐凹陷，并继续向两侧扩展，绕茎1周后皮层变色腐烂。在发病后期，茎基部缢缩变细，叶片萎蔫不能复原，植株表现干枯，但根部随之变色腐烂，病苗一般不倒伏。当湿度大时，病斑表面和周围土壤形成蜘蛛网状、淡褐色的霉层即病原菌的菌丝，后期形成菌核。在低温高湿条件下，有利于此病发生。

【传播途径和发病条件】此病由半知菌亚门立枯丝核菌侵染所致。该菌不产生孢子，主要以菌丝体传播繁殖。病菌以菌丝体或菌核在土中越冬。菌丝能直接侵入寄主，通过水流、农具、带菌堆肥等传播。病菌喜高温、高湿环境，发病最适宜的温度为20℃左右。土壤水分多、施用未腐熟的有机肥、播种过密、幼苗生长衰弱、土壤酸性等的田块发病重。育苗期间阴雨天气多的年分发病重。

【防治方法】发病初期，及时用药防治。选用20%的甲基立枯磷1200倍液或50%扑海因可湿性粉剂1000～1500倍液或30%恶霉灵水剂1000倍液或5%井冈霉素水剂1500倍液喷雾+灌根，交替使用，每隔7天用药1次，连施3～4次。

6.番茄叶霉病

【症状】主要危害叶片。发病初期叶背形成近圆形或不规则形浅黄色的褪绿斑，后期病斑扩展并长出灰色至黑褐色的霉层。被害叶片正面随着背面病斑的扩大，逐渐褪绿变黄，直至整张叶片枯黄，严重时正面也长霉斑。叶片发病顺序由下至上，叶片出现卷曲死亡。（见图10-52、图10-53）。

图10-52 番茄叶霉病病叶正面

图10-53 番茄叶霉病病叶背部

【传播途径和发病条件】此病由真菌半知菌亚门的褐孢霉侵染所致。病菌主要以菌丝体或菌丝块在病株残体内越冬，也可以分生孢子附着在种子或以菌丝体在种皮内越冬。翌年环境条件适宜时，产生分生孢子，借气流传播，从叶背的气孔侵入，还可从萼片、花梗等部分侵入，并进入子房，潜伏在种皮上。病菌喜高温、高湿环境，发病最适气候条件为温度20～25℃、相对湿度95%以上。多年连作、排水不畅、通风不良、田间过于郁闭、空气湿度大的田块发病较重。年度间早春低温多雨、连续阴雨或梅雨多雨的年份发病重。秋季晚秋温度偏高、多雨的年份发病重。

【防治方法】可选用10%世高水分散颗粒剂1000倍液、40%杜邦福星6000倍液、60%防霉宝超微粉剂600倍夜、47%加瑞农可湿性粉剂600～800倍液等药剂交替施用，每7～8天防治1次，连喷2～3次。

7.番茄根结线虫

【症状】番茄根结线虫主要侵染番茄根部，尤其是侧根受害严重。根上形成很多近球形瘤状物，似念珠状相互连接，初期表面白色，后期变为褐色或黑色。由于根部受害，影响正常吸收机能，所以地上部生长发育受阻。线虫为害后，刺激植株组织形成根结状肿瘤。发病初期地上部症状不明显，发病中后期地上部分生长不良，植株矮小，叶色暗淡、发黄、呈点片缺肥状，叶片变小，不结实或结实不良。见图10-54。

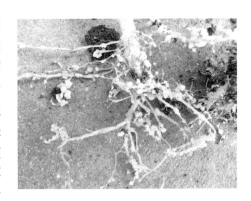

图10-54　根系上产生瘤状物

【传播途径和发病条件】根结线虫常以2龄幼虫或卵随病残体遗留在土壤中越冬，可存活1～3年。翌年若条件适宜，越冬卵孵化为幼虫，继续发育并侵入寄主，刺激根部细胞增生，形成根结。线虫发育至4龄时交尾产卵，雄虫离开寄主进入土中，不久即死亡。卵在根结里孵化发育，2龄后离开卵壳，进入土中进行再侵染或越冬。初侵染源主要是病土、病苗及灌溉水。土温25～30℃，土壤持水量40%左右，病原线虫发育快；10℃以下幼虫停止活动，55℃经10分钟线虫死亡。地势高燥、土壤质地疏松、盐分低的条件适宜线虫活动，有利发病，连作地发病重。

【防治方法】

（1）农业综合防治　①种植抗病品种：抗病性强的品种有仙客1号、金棚百兴、佳红6号、春雪红、FA-593、FA-1420、FA-1415、千禧等。②清洁田园，清除病根，集中销毁，以减少田间线虫密度。选择无病地块或无病土作苗床，培育无病壮苗移栽，与葱、蒜、辣椒等抗病作物实行轮作，可减轻病害发生。③高温闷棚：根结线虫的致死温度为55℃，利用盛夏高温季节，将土壤深翻，棚膜密闭，棚内温度可达60℃以上。每隔10天左右，深耕翻土一次，共翻两次，深度达25厘米以上，利用高温和干燥杀死土表的线虫，减轻为害。

（2）生物防治　①定植前药剂处理土壤：用1.8%阿维菌素乳油2500倍液2.5升/米²喷洒地面，然后将其混入土中，对土壤进行处理。②成株期药剂灌根：成株期发病，可用1.8%阿维菌素乳油1800倍液灌根。

（3）化学防治　①熏蒸杀线虫：每亩用98%棉隆微粒剂6千克拌60千克

细干土，在25厘米深的沟施药，然后覆土压实。土温为15～20℃时，封闭10～15天再播种栽苗。②成株期药剂灌根：成株期发病，可用40%辛硫磷乳油700～800倍液灌根。③石灰氮土壤消毒：定植前，用石灰氮消毒土壤，能收到消毒、杀菌、灭线虫和供肥的综合效果。具体做法是，将约135千克麦草粉碎、浸湿，亩施于地表，然后撒施67～100千克石灰氮，翻耕，浇透水，覆盖地膜，压严，并将棚室膜密闭。20～30天后打开棚膜，揭去地膜，10天后即可定植。

（二）虫害

棚室番茄的虫害主要是蚜虫，其【为害特点】【形态特征】【生活习性】可参考大白菜蚜虫。

【防治方法】

（1）农业综合防治　利用蚜虫的驱避性，挂黄板诱杀（见彩图7-3）或挂银灰膜避蚜。

（2）化学防治　用0.36%世绿（苦参碱）1000～1500倍液，或10%吡虫啉可湿性粉剂2000～3000倍液喷防。

第二节　茄子

茄子别名落苏、酪酥、昆仑瓜等，属于茄属、茄科，以浆果为产品的草本植物。原产东南亚、印度一带，至今已有4000多年的栽培历史。茄子适应性强，在世界各地均有分布，但在亚洲最多。我国的茄子栽培最为广泛，尤其是在广大农村，其种植面积相当大，供应期很长。茄子果实鲜嫩可口，有较高的营养价值，深受消费者喜爱。近年来种植面积不断扩大，特别是棚室栽培的迅速发展，使茄子实现了周年供应。本节详细介绍了东北地区的三种棚室栽培技术：温室茄子老株更新栽培技术、日光温室茄子长季节栽培技术、大棚茄子栽培技术，其他地区可根据当地的气候条件适当调整。

一、特征特性

（一）植物学特征

1.根

茄子的根系发达，主根粗而壮，在不受损害的情况下，能深入土壤达1.3～1.7米，横向伸展达1.2米左右。它的主要根群都分布在35厘米以内的土层中，根木质化较早，再生能力差，不定根的发生能力也弱，故不耐移栽，苗期应做好根系保护。

2.茎

茄子的茎为半直立，茎基部木质化，直立性强，一般栽培不需支架。茄子为"双杈假轴分枝"。主茎的分枝能力很强，生长到一定节位时顶芽分化为花芽，花芽下的两个侧芽生成两个第一级分枝，在分枝上的第二、第三叶后，顶端又形成花芽，下位两个侧芽再以同样的方式形成两个侧枝，如此往复。茄子茎的颜色与果实、叶片的颜色有相关性。

3.叶

茄子的叶为单叶、互生、长柄。叶片肥大，呈羽状深裂或全裂，每片叶有小裂片5～9对，小裂片的大小、形状、对数因叶的着生部位不同而有很大差异。叶形有圆形、长椭圆形和倒卵圆形。一般茄子的叶缘都有波浪式钝缺刻，叶面较粗糙而有茸毛，叶脉和叶柄有刺毛。叶色一般为深绿色或紫绿色，叶的中肋与叶柄的颜色与茎相同。茄子叶龄大小影响光合能力，叶龄在30天前光合能力强，35天后光合作用迅速减退。从全生育期看，15～25天的叶片光合作用最强。因此，生产上要及时摘除下部衰老的叶片。

4.花

茄子为完全花，花多为紫色或淡紫色，也有白色的，一般为单生，但也有2～4朵簇生者。茄子花较大而下垂，由萼片、花冠、雄蕊、雌蕊四大部分组成。茄子开花时雄蕊成熟，花药筒顶孔开裂，散出花粉。茄子花器官的大小与长势和品种特性有密切的关系。茄子第一朵花的着生节位高低与品种的熟性有关，一般早熟的品种在第5～6节就出现第一朵花；晚熟品种出现第一朵花在第10～15节位。

5.果实

茄子的果实为浆果，由果皮、胎座和心髓等组成。胎座特别发达，由海绵组织构成，是人们食用的主要部分。果实的形状有圆球形、倒卵圆形、长圆形、扁圆形等。果皮的颜色有紫色、暗紫色、赤紫色、白色、绿色等。

6.种子

种子一般为鲜黄色，形状扁平而圆，表面光滑，粒小而坚硬，千粒重2.7～3.5克。

（二）生长发育周期

茄子的一个发育周期可分为发芽期、幼苗期、开花坐果期三个时期。

1.发芽期

从种子萌发到第一片真叶出现为发芽期。茄子发芽期较长，一般需要10～12天。发芽期能否顺利完成，主要决定于温度、湿度、通气状况及覆土厚度等。

2.幼苗期

由第一片真叶出现至开始现大蕾为幼苗期，大约需要50～60天。茄子幼苗期经历两个阶段：第一片真叶出现至2～3片真叶展开即花芽分化前为基本营养生长阶段，这个阶段主要为花芽分化及进一步营养生长打下基础；2～3片真叶展开后，花芽开始分化，进入第二阶段，即花芽分化及发育阶段，从这时开始，营养生长与花芽发育同时进行。一般情况下，茄子幼苗长到3～4片真叶、幼茎粗度达到0.2毫米左右时就开始花芽分化；长到5～6片叶时，就可现蕾。

3.开花坐果期

茄子的门茄现蕾后进入开花结果期。茄子开花的早晚与品种和幼苗生长的环境条件密切相关。幼苗在温度较高和光照较强的条件下生长快、苗龄短、开花早，尤其是在地温较高的情况下，茄子开花较早。茄子茎秆上的每个叶腋几乎都潜伏着一个叶芽，条件适宜时，它们就能萌发成侧枝，并能开花结果。茄子的分枝结果习性很有规律，早熟种6～8片叶，晚熟种8～9片叶时，顶芽变成花芽，紧接的腋芽抽生两个势力相当的侧枝代替主枝呈丫状延伸生长。以后每隔一定叶位顶芽又形成一个花，侧枝以同样的方式分枝一次。这样，先后在第1、第2、第3、第4的分枝权口的花形成的果实，分别被称为门茄、对茄、四门斗、八面风，以后植株向上的分权和开花数目增加，结果数较难统计被称为满天星。只要条件适宜，以后仍按同样规律不断地自下而上地分枝、开花、结果，其数目的增加都为几何级数的增加。

二、对环境条件的要求

（一）温度

茄子喜欢较高的温度，怕寒冷，发芽期以25～30℃为适宜；在苗期，白天以25～30℃为宜，夜间以18～25℃为宜；开花结果期则以30℃左右为宜。温度低于15℃，则植株生长衰弱，出现落花落果现象。温度低于10℃，就会引起植株新陈代谢的紊乱，甚至是植株停止生长。若温度低到0℃以下，就会使植株受到冻害。当温度高于35℃时，又会使植株发生生理障碍，严重时会产生僵果。

（二）光照

茄子对光照长度和强度的要求较高。光照强度的补偿点为2000勒克斯，饱和点为40000勒克斯；在自然光照下，日照时间越长，越能促进发育，且花芽分化早、花期提前。如果光照不足，则花芽分化晚，开花迟，甚至长花柱花少，中花柱和短花柱花增多。

（三）水分

茄子在高温高湿环境条件下生长良好，对水分的需要量大。但是，茄子对水分的要求又是随着生育阶段的不同而有所差别，在门茄"瞪眼"以前需要水分较少，对茄收获前后需要水分最多。茄子坐果率和产量与当时的降雨量及空气相对湿度成负相关。空气湿度长期超过80%，容易引起病害的发生。田间最大持水量以保持在60%～80%最好，一般不能低于55%，否则会出现僵苗、僵果。

（四）土壤营养

茄子对土壤要求不太严格，一般以含有机质多、疏松肥沃、排水良好的沙质土壤生长最好，尤以栽培在微酸性至微碱性（pH6.8～7.3）土壤上产量较高。茄子是需肥较多的蔬菜，生育期长，每生产10000千克商品果，大约需吸收氮30千克、磷6.4千克、钾55千克、钙44千克。从肥料吸收的全过程来看，植株对各种肥料成分的吸收量呈抛物线形。尤其是从采收开始，对肥料的吸收变得非常活跃，直到采收盛期，日吸收量达到最大值。在采收期，需要大量的氮和钾。故施肥时可以把总量1/3～1/2的氮肥和钾肥和全部的磷肥作为基肥，其余的作为追肥施入。钙和镁对茄子的发育也是重要的。

三、品种选择

（一）主栽品种

1.辽茄6号

辽宁省农业科学院蔬菜研究所选育而成。紫长茄杂交种，从播种到始收105天，亩产4500～5000千克。商品性好，果实细长，长25厘米，粗4厘米，单果重100～150克（见图10-55）。果皮紫黑色、有光泽，肉质细嫩、不易老化。较耐黄萎病。适于东北喜食紫长茄地区春大棚栽培。

图10-55　辽茄6号成株

2.辽茄7号

辽宁省农业科学院蔬菜研究所选育而成。早熟品种，用营养钵育苗栽培从播种到始收100～105天。植株直立，叶片上冲，适于密植栽培。果实长型，长20厘米，粗5厘米，单果重120～150克，亩产5000千克左右（见图10-56）。果皮紫黑色、有光泽，果肉肉质紧密，耐运输。商

图10-56　辽茄7号果实

图10-57　辽茄8号果实

图10-58　辽茄9号果实

图10-59　辽茄10号成株及果实

品性好，品质佳，口感好。耐低温弱光，在弱光下果实着色良好。适于日光温室、大棚等保护地栽培。

3.辽茄8号

辽宁省农业科学院蔬菜研究所选育而成。紫圆茄杂交种，果实圆形，直径11厘米，单果重300克左右。果皮黑紫色，极亮，商品性好（见图10-57）。果肉白色，质地紧密，耐运输。早熟，生育期110天。产量高，平均亩产5500千克。耐低温弱光，在弱光下果实着色好。适合春提早、露地、秋延晚栽培。

4.辽茄9号

辽宁省农业科学院蔬菜研究所选育而成。早熟品种，利用穴盘育苗生育期100天。果实椭圆形，纵径18厘米，横径9.5厘米，果皮紫黑光亮，商品性极佳（见图10-58）。平均单果重265克左右，亩产4500千克。耐低温弱光，在弱光下果实着色好，仍能保持紫黑光亮。果肉质地紧密，耐运输。耐黄萎病和绵疫病，适合春保护地和露地栽培。

5.辽茄10号

辽宁省农业科学院蔬菜研究所选育而成。中早熟，从播种到始收105天左右。植株长势强，株高70厘米，株幅62厘米；果实长椭圆形，纵径18厘米，横径7厘米，平均单果重280克（见图10-59）；果皮油绿色，有光泽，不易老化；果肉白色，品质好。耐黄萎病和绵疫病，亩产5000千克左右。适合露地和春大棚栽培。

6.布利塔

荷兰瑞克斯旺公司育成。该品种植株开展度大，无限生长，花萼小，叶片中等大小，无刺，早熟，丰产性好，生长速度快，采收期长。适于日光温室、大棚多层覆盖越冬及春提早种植。果实长形，长25～35厘米、直径6～8厘米，单果重400～450克，紫黑色，质地光滑油亮，绿萼，绿把，比重大（见图10-60）。味道鲜美。耐贮存，商品价值高。正常栽培条件下，周年栽培亩产18000千克以上。

图10-60 长季节栽培的布利塔果实

7.东方长茄

荷兰瑞克斯旺公司育成。该品种植株开展度大，花萼中等大小，叶片中等大小，萼片无刺，早熟，丰产性好，生长速度快，采收期长。适合秋冬温室和早春保护地种植。果实长形，果长25～35厘米，直径6～9厘米，单果重400～450克。果实紫黑色，质地光滑油亮，绿把、绿萼，比重大，味道鲜美。货架寿命长，商业价值高。周年栽培亩产18000千克以上。见图10-61。

8.安德烈

荷兰瑞克斯旺公司育成。该品种植株生长旺盛，开展度大，花萼小，叶片中等大小，萼片无刺，早熟，丰产性好，采收期长，可适应不同季节种植。果实灯泡形，直径8～10厘米，长度22～25厘米，单果重400～450克，果实紫黑色，绿把、绿萼（图10-62）。质地光滑油亮，比重大，果实整齐一致，味道鲜美。货架寿命长，商业价值高。周年栽培亩产18000千克以上。

9.安吉拉

荷兰瑞克斯旺公司育成。该品种植株生长旺盛，开展度大，花萼小，叶片小，丰产性好，采收期长，耐低温性好，适合秋冬温室和早春保护地种植。果实长灯泡形，直径6～9厘米，长度22～25厘米，单果重350～400克，果实带紫白相间条纹，绿萼（见图10-63）。质地光滑油亮，果实整齐一致，果肉白，味道鲜美。货架寿命长，商业价值高。周年栽培亩产18000千克以上。

图10-61 东方长茄果实　　　图10-62 安德烈果实　　　图10-63 安吉拉果实

图10-64 紫龙3号果实

图10-65 龙杂茄5号成株及果实

图10-66 农友长茄果实

10.紫龙3号

武汉市蔬菜科学研究所育成。早中熟杂交一代，分枝性强，生长势较强。株高110厘米，开展度70厘米。叶片长卵形，绿色带紫晕，叶脉深紫色。门茄位于第9节，花一般为簇生（2～4朵），少数为单生。商品茄果皮色为黑紫色，果实条形，果顶部钝尖，果柄和萼片均为紫色，果皮光滑油亮，转色快，果肉白绿色，茄眼处有红色斑纹。果长35～40厘米，横径3.5厘米，单果重180～220克（见图10-64）。肉质柔嫩，皮薄，籽少，耐老，耐贮运。耐热能力强。湖北地区一般亩产量为4000千克，高产的超过5000千克。

11.龙杂茄5号

黑龙江农业科学院园艺分院育成。早熟茄子一代杂种，果实长棒形，紫黑色，光泽度好，耐老化，果肉绿白色，细嫩，子少，果纵径25～30厘米，横径5～6厘米。单果质量150～200克，每亩产量4000千克左右，中抗黄萎病，对褐纹病的抗性较对照强，耐低温、弱光，适于黑龙江省保护地栽培（见图10-65）。

12.农友长茄

台湾农友种苗公司育成一代杂交种。植株生长强健旺盛，花穗为多花型，结果性强，为早熟品种。果实艳丽，紫红色有光泽，肉白色，肉质细糯，果皮薄嫩，果实中含籽少，且不易老化。一般果实长30厘米，直径3厘米，单果重100克左右，单株产量达8～10千克（见图10-66）。抗青枯病，耐热，耐温，适宜保护地栽培。

13.西安绿茄

西安地方品种。植株长势较强，门茄着生在7～8节上方。果实卵圆形，果皮油绿色、光泽好，果皮较厚，果肉白色、较紧密，耐运输。单果重300～500克，丰产性较好，亩产

4000千克以上（见图10-67）。抗病性一般，较耐低温，是中早熟品种，适宜北方保护地栽培。

14.白衣天使

安徽省农业科学院园艺研究所育成一代杂种。植株生长势强，株高100～110厘米。早熟性好，第一雌花节位在第8～9节，花白色，平均单株坐果10～15个，果实长20厘米以上，粗5～6厘米，单果质量200克左右，果实粗棒状，果皮薄、白色、光滑有光泽，果肉白色、肉质细糯、无粗纤维、口感佳（见图10-68）。抗枯萎病和绵疫病能力强，早春大棚和春夏高温条件下均易坐果，适宜早春保护地和春夏露地种植。

图10-67　西安绿茄果实

图10-68　白衣天使白色果实

15.齐茄2号

黑龙江省齐齐哈尔市蔬菜研究所以伊春茄为母本，久留米茄分离的后代中选出的77106-3-28为父本配制的杂交种。株高65～70厘米，株幅48～50厘米，开张度中等。茎紫黑色，稍有绿纹。叶长卵圆形，叶缘缺刻浅，8～9叶出现第一朵花。果实长棒形，长25～30厘米，粗5～5.5厘米，果顶渐尖。果皮黑紫色、光泽好，果肉青白色。在齐齐哈尔为早熟品种，生长期110～115天，亩产量为2500千克左右。品质好。较抗黄萎病。后期脱肥易早衰减产，降低品质。

16.齐茄3号

齐齐哈尔市蔬菜研究所从盖县长茄×伊春茄后代系选育而来的品种。植株生长势强，株高75～90厘米，开展度65～70厘米。叶卵圆形，叶色浓绿。茎黑紫色，有绿纹，始花节位9～10节。果实长条形，果尖渐尖，果皮黑紫色、有光泽，标准果长30～35厘米，粗5厘米左右，果肉清白色。种子扁平、圆形、黄色，千粒重3.5～4.0克。在齐齐哈尔属中熟，从播种至第一次收获需118～122天。平均亩产2000千克。果质松软，不易老化，品质优良。较抗黄萎病，不抗绵疫病、褐纹病。适于黑龙江省各地露地栽培。

17.齐杂茄二号

为极早熟品种类型，从出苗到始收110天左右。株高为70～80厘米，株幅55～60厘米，叶卵形，8～9节出现第一朵花，果实黑紫色、长棒形、光泽极好，

图10-69 赤茄成株

图10-70 托鲁巴姆幼苗

果肉为青白色，品质优良，标准果长25～28厘米，粗5厘米，单果重180克。其主要优势为坐果率高，连续结果能力强，其前期产量和果实商品性在目前的茄子品种中堪称榜首。其亩产一般可达3000～3500千克。耐寒，抗病力强，适合黑龙江省种植。

（二）砧木品种选择

1.赤茄

中抗枯萎病、黄萎病，耐低温，茎叶有刺。适合与各种茄子嫁接，亲和力强，长势旺，品质好，产量高（见图10-69）。

2.托鲁巴姆

源于日本，对茄子黄萎病、立枯病、青枯病、根结线虫病等土传病害高抗或免疫，抗根腐病能力强。植株生长势极强，适合各种栽培形式，但种子难发芽，需激素处理。幼苗初期生长速度极慢，茎叶有刺，嫁接成活率高，耐高温、干旱，耐湿，品质好，产量高，生产上应用极为广泛，是理想的砧木材料（见图10-70）。

四、栽培关键技术

（一）主要栽培形式及特点

北方地区棚室茄子主要有日光温室老株更新栽培、日光温室长季节栽培、大棚春提早栽培。

1.日光温室老株更新栽培

茄子具有老株再生新枝的特性，其第1茬可提前生产，果实采收时间在6月中旬至7月上旬；第2茬延后生产，果实采收期在9月上中旬至11月上旬。产品上市时正好错开夏菜上市高峰，填补10月蔬菜短缺的空当，缓解市场供应矛盾，生产者也获得较高的效益。

下面以黑龙江省肇东市为例，介绍日光温室老株更新栽培的特点。

（1）品种选择　选择适宜当地气候、品质优良、抗病力强、适销对路的品种，如齐茄2号、齐茄3号。

（2）定植期　一般在3月末4月初定植。

（3）结果前期温度管理　白天控温在20～28℃，避免35℃以上高温。上午温度超过25℃时开始放风，15:00左右闭风蓄热。门茄开始膨大、果皮鲜艳有光泽时，追尿素5千克/亩、硫酸钾3千克/亩，促进果实迅速膨大。

（4）结果后期温度管理 茄子秋茬生产，气候特点是前期高温多湿、后期低温冷凉。因此，在管理前期要加强通风降温，以人进入大棚不感觉闷热为宜；后期以保温为主，及时修补棚膜，进入10月后，在棚四周围盖草苫子。

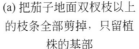

(a) 把茄子地面双杈枝以上的枝条全部剪掉，只留植株的基部　　(b) 留到分杈

图10-71　老株再生方法

（5）老株再生方法　7月末左右，茄子完全采收以后，把茄子地面双杈枝以上的枝条全部剪掉，只留植株的基部或分杈，1周左右可发出新芽，每株选留2～3个健壮幼芽，抹除其余幼芽。每枝留1～2个茄子。割枝后为加速新枝壮长，施二铵10千克/亩、硫酸钾5千克/亩、尿素7.5千克/亩，并及时灌水。见图10-71～图10-73。

2. 日光温室长季节栽培

茄子日光温室长季节栽培是指日光温室内一次定植、周年生产、长期供应的栽培形式。市场供应期长达240～260天，一般产量可达25～30吨/亩，效益非常可观。下面以辽宁省为例，介绍东北地区茄子日光温室长季节栽培技术。见图10-74。

图10-72　发出新芽　　　　图10-73　割枝后新枝　　　　图10-74　日光温室长
　　　　　　　　　　　　　　　　加速壮长　　　　　　　　　季节栽培茄子

（1）品种选择　茄子长季节栽培于6月下旬至7月上旬播种，9月上旬至中旬定植，到翌年6月下旬至7月上旬拉秧。由于整个生长期经历夏、秋、冬、春四季，宜选择生长旺盛、丰产性好、抗逆性强、低温弱光条件下坐果率高、色泽正、品质佳、无限生长型的品种。辽宁南部、东部地区喜欢紫长茄，栽培的主要品种有布利塔、尼罗、东方长茄等。砧木品种选用托鲁巴姆。

（2）苗期管理　苗期正值高温、多雨季节，播种后要注意遮阳、防雨、降温。茄子出苗适宜温度为白天25～30℃，夜间20～22℃，土温16～20℃。50%出苗后要去除覆盖物，使苗床见干，苗出齐后如苗床有些干，再用600倍多菌灵水浇1遍，遇雨支起塑料棚防雨。

（3）定植后管理　由于定植时温度较高，定植后1～2天中午要用草苫或遮阳网遮光，防止萎蔫。

（4）植株调整　长季节栽培的茄子生长期长，需及时整枝，改善通风透光状况。植株长至30～40厘米时用塑料绳或尼龙绳进行吊秧；整枝方式为双干整枝，门茄以上，每个对茄下留1个侧枝，侧枝下各留1个茄子，上面留1片叶掐尖，当2条主干离棚布30厘米或达到人举手高度时掐尖。主干掐尖后，在下部萌发的新枝上均留1个茄子、1片叶掐尖。在整个生长过程中，及时摘除老叶、病叶，除掉砧木上萌发的侧芽。

3.塑料大棚（或连栋温室）春提早栽培

以黑龙江省伊春市为例，介绍东北地区大棚茄子（或连栋温室）栽培技术。见图10-75。

（1）选用优良品种　一般选用齐杂茄二号。

（2）及时播种　温室点火时间在1月中旬左右，一周后开始播种。

（3）苗期管理　大棚茄子育苗期正处于寒冷季节，日光温室外温度比较低，要加强防寒保温。定植前8～10天练苗，以增强抗逆性，白天温度保持在20～25℃，夜间10～14℃。

（4）定植前准备　由于早春地温低，促进提早化冻，定植前一个月扣棚烤地。因为茄子生长期需肥量很大，为了防止后期脱肥，扣棚前必须施足底肥。

（二）育苗技术

1.苗床准备

苗床要选地势较高地块，雨后不存水。床土选用未种过蔬菜的肥沃耕作土和优质腐熟农家肥，过筛后按

图10-75　连栋温室栽培茄子

7：3比例混匀。苗床按照8克/米²用50%多菌灵粉剂掺细土拌匀，2/3药土撒在苗床面上，1/3覆盖在种子上面，用塑料薄膜闷盖3天后即可。有条件的地区可采用穴盘育苗和工厂化育苗，使用穴盘育苗时可利用草炭、蛭石按2：1的比例混匀，每立方米再加入氮磷钾复合肥1～2千克。

2.播种育苗

（1）种子处理　将种子用0.1%高锰酸钾浸种15～20分钟，捞起后用清水冲洗干净，再放入30℃左右的温水中继续浸泡6～8小时，洗净种皮上的黏液，用纱布包好放在25～30℃的黑暗处催芽，待60%左右的种子"裂嘴"时即可播种。

（2）播种　播种前畦内要浇足底水，播种量10克/米²苗床，用种量50克/亩定植田；采用穴盘育苗的，将单粒种子播到穴孔内。播后覆过筛细土0.5厘米，平铺地膜，待50%种子拱土后撤去。

（3）苗期管理　① 温度管理：播种时地温不得低于8℃，气温不低于14℃。白天温度维持在30℃左右，夜间23～25℃。在移栽前10～15天，进行较强的低温锻炼，白天最高温度20℃左右，夜间不高于15℃。逐步降至10～12℃。② 水分管理：以满足秧苗对水分的需求为原则，既不要过量浇水，也不要过分控制水分。当表土已干、中午秧苗有轻度萎蔫时，选晴天上午适当浇水。③ 肥料管理：秧苗生长正常，一般不需追肥，如发现缺肥，可叶喷0.3%磷酸二氢钾500毫升/米²，随后用清水再喷洒1遍，以防烧伤叶片。见图10-76、图10-77。

图10-76　营养钵育苗

3.移栽

（1）营养土配制　取3份过筛土和1份腐熟好的农家肥混拌，每200千克再加二铵2千克、尿素1千克、硫酸钾千克。当幼苗2片真叶展开时，移入大营养钵（高10厘米，直径10厘米），培育壮秧。

（2）壮秧标准　秧龄80天左右，8～9片真叶，根系发达，侧根量多，茎秆粗壮，叶片肥厚，色泽光亮。

（三）定植及定植后管理

1.定植前准备

整地施肥要在定植前7～10天

图10-77　穴盘育苗

进行，一般每亩施腐熟有机肥5000～6000千克、过磷酸钙25～30千克、硫酸钾30～50千克，均匀撒施后进行深翻30～40厘米，耙平，使肥料与土壤混拌均匀。棚室栽培多采用地膜覆盖、膜下浇水的栽培模式，施肥深翻后可按80～90厘米宽、高12～15厘米、畦间距60～70厘米做畦，畦面铺设滴灌管或开浅沟方便浇水，然后覆盖地膜。也可按小行距50厘米，大行距60厘米开5～6厘米深的定植沟，待定植覆土形成垄后，在50厘米小行距上每两垄覆盖一幅地膜。

2. 定植

（1）定植期 冬春茬茄子应在最寒冷的冬季来临前1个月左右定植，争取在最低温来临前完成缓苗生长期，并开始着果。一般都在10月下旬至12月中旬定植；秋冬茬于8月中旬至9月上旬定植；春茬在2月中旬至4月下旬定植。

（2）定植密度 茄子的定植密度根据品种特性而定，一般早熟品种密度应大些，株距30～40厘米，亩定植3000株左右；中晚熟的品种密度应小些，株距40～50厘米，亩定植2000～2500株；根据市场需要，想早上市，就要争取前期产量，密度要大些，不急于上市的，密度可小些而争取中后期产量。

（3）定植方法 开定植沟定植时，先将定植沟浇满水，再将秧苗按35～50厘米的株距摆放定植沟内，待水渗下后覆土成10厘米高的垄台，再按每两垄覆盖一幅地膜，并开口将秧苗从定植处引出。畦栽时按株行距在畦上开孔，然后将穴孔浇满水，将苗放在孔中，待水渗下后覆土，使秧苗土坨和畦面相平。

3. 棚室田间管理关键技术

（1）温度和光照的调控

① 温度。定植后要保持白天28～30℃，夜间15～20℃，地温20℃左右，以促进缓苗。缓苗后温度要适度降低，为促进茄子植株的生长发育，可进行分段管理，正常情况下果实采收前，晴天上午25～30℃，下午20～28℃，前半夜13～20℃，后半夜10～13℃；果实采收期上午26～32℃，下午24～30℃，当高于32℃时即开天窗通上风，适当控制高温和散湿；前半夜18～24℃，后半夜15～18℃；阴天时白天温度不超过20℃，夜间10～13℃。寒冷季节需采取覆盖小拱棚、围盖草苫、增加温室后坡及墙体厚度、及时清扫积雪、清洁棚膜等增温措施提高棚室温度（见图10-78）；炎热季节需覆盖遮阳网、加大通风量、撤去棚膜

图10-78 畦面覆盖地膜增温保湿

等措施降温；夏秋季节可覆盖纱网防雨、防虫栽培（见图10-79、图10-80、图10-81）。

②光照。茄子对光照强度的要求不高，光补偿点也相对较低。但在冬季棚室内的光照条件很难满足茄子正常生长的需要，容易发生茎叶徒长、花器异常、果实畸形或着色不良等现象。因此栽培中要按适宜的密度定植，不可盲目增大密度。尽量选择透光性

图10-79　冬季加盖棚膜和草苫防寒保温

图10-80　炎热季节地面覆盖
遮阳网降低地温

图10-81　夏秋季大棚下部覆
盖纱网，上部覆盖棚膜

图10-82　日光温室后墙悬挂反光膜增光

能好的紫光膜（醋酸乙烯转光膜）和聚乙烯白色无滴膜，并在棚室中悬挂反光幕来增强光照（见图10-82）。同时及时擦洗、清洁棚膜以增强透光。日光温室要在温度条件允许的条件下尽量早揭晚盖草苫，即使阴天也要揭苫见光。

（2）水肥管理　定植水浇足，坐果前不宜浇水，以促根控秧为主。门茄坐住并开始膨大时，开始浇水，但是浇水量要小，提倡在地膜下暗沟灌水或滴灌，随水施磷酸二铵每亩20千克，用容器溶化后，缓缓注入水流中。冬春寒冷季节开始每15～20天浇一

图10-83 雨后积水闷苗，幼苗叶片变黄

图10-84 剪去门茄上部两个向外的侧枝

图10-85 摘除植株下部老叶

次水，进入盛果期每隔10天浇一次，隔一次清水追一次肥。夏秋季节温光条件优越，放风量大，果实发育快，5～7天浇一次水，浇2次清水追一次肥，每次每亩追硫酸铵20千克，保持土壤湿润。暴雨过后及时排水，以免造成涝害（见图10-83）。长季节栽培时还可在盛果期进行叶面追肥，一般每7～10天喷施一次0.3%的尿素和0.3%的磷酸二氢钾混合溶液。

（3）植株调整　植株调整的措施主要有打侧枝、摘老叶、摘心等，同时茄子的分枝结果习性比较规律，原则上按对茄、四门斗的规律留枝，进行双杆整枝。

①整枝。一般门茄采收后，将下部老叶摘除，待对茄形成后剪去上部两个向外的侧枝，形成双杆枝。在第一个分枝以下的主干上，每个叶芽都可能发生侧枝，这些侧枝一般要及时去除，不予保留。植株的叶片从下往上越来越大，侧枝越往上长势越旺，除了留下上部两个侧枝外，主干侧枝及时摘除，每个枝条下边各留一叶片，其余叶片全部打掉（见图10-84）。

②摘叶。在整枝的同时，还可摘除一部分下部老叶片，以减少落花和果实腐烂，并促进果实着色（见图10-85）。但摘叶不能过量，尤其不能把功能叶摘去，否则将会造成整枝营养不良而早衰。一般只是摘除一部分衰老的枯黄叶和病虫害严重的叶片。当对茄直径长到3～4厘米时，摘除门茄下部的老叶；当四母斗茄直径长到3～4厘米时，摘除对茄下部老叶，以后一般不再摘叶。

③摘心。茄子长季栽培时，一般不摘心。在生长期较短的情况下，或棚室栽培空间有限的情况下，可进行摘心。大果型品种在四母斗茄子现蕾后，留1～2片叶摘心，新发侧枝也全部摘除，每株保留7个叶片，使营养集中，加速果实生长，争取早期

产量。小型品种也可以在四母斗以上再留一个枝条，即四母斗茄子现蕾后，要留4个枝条，把侧枝全部摘除，以免枝叶郁蔽影响通风及果实着色。

④ 保花保果。棚室茄子栽培多在不适宜其生长发育的季节进行，不适的温度、光照、水分等环境条件易造成落花落果。实际栽培中除根据茄子不同生长发育时期对环境条件的要求，采取保温、增光、施肥、整枝等栽培措施提供适宜生长条件，促使植株生长良好外，还可采用熊蜂授粉和药剂处理的方式保花保果。熊蜂授粉时，每亩地放置一箱蜂，置于棚室中部距地面1米左右的地方即可。

药剂处理时可用1.25%复合型2,4-D 20～30毫克/升稀释液，在开花前后1～2天，用毛笔蘸花、涂花柄或将花蕾于稀释后的药液中浸2～3秒钟后即取出。或用2.5%坐果灵20～50毫克/升稀释液，在开花后的第二天下午4点钟后，用手持小喷雾器将稀释液对花和幼果一起喷洒，不要喷到植株的生长点（即叶顶）和嫩叶上，每隔5～7天喷一次。或用1%防落素20～30毫克/升稀释液，在盛花前期至幼果期喷花喷果，间隔10～15天喷一次。药剂处理的浓度与棚室温度有关，当气温大于15℃时，使用浓度20毫克/升，当气温小于15℃时，使用浓度30毫克/升。

（四）采收

一般茄子开花后18～25天就可采收，采收的标准是依据果实萼片与果实相连处白色或淡绿色的锯齿形条纹带的宽窄，条纹带越宽，说明果实生长越旺盛。当条带已趋于不明显或正在消失时，表明果实已停止生长，即可采收。如采收过早会影响产量，而采收过晚品质下降，同时还影响植株上部果实的生长。见图10-86。

采收时间最好选择下午或傍晚进行，上午枝条较脆，易折断，中午果实易失水皱缩。采收时最好用剪子剪短果柄，防止拉断枝条或果柄。冬季采收后需覆盖保温，防止果实受冻，夏秋季节防止暴晒。

（五）嫁接技术

随着蔬菜保护地栽培的迅速发展，棚室茄子栽培面积不断增加，随之黄萎病等土传病害越来越严重。为解决温室茄子不能连作的难题，大力推广棚室茄子嫁接技术，同时提高产量、增强作物的抗旱能力、增加经济效益，在茄子嫁接过程中掌握嫁接的几个关键技术环节尤为重要。

1.严格选择砧木和接穗

（1）砧木的选择　选择的砧木必须具备高抗或免疫茄子黄萎病、枯萎病、青枯病和根结线虫等土传病害，并与茄子栽培品种有很强的亲和力，

图10-86　采收后的果实

根系发达，植株生长势强，抗逆性强等特点，才能提高接穗抗病性、质量和品质，提高经济效益。目前生产上常用的砧木为日本引进的茄子嫁接砧木品种——托鲁巴姆。

（2）接穗的选择 砧木对接穗的要求不严格，在温室生产中，应选择丰产性好、商品性高的优良品种。目前生产上选用的多数是荷兰布利塔茄子和安德烈茄子，该品种具有植株开展度大、花萼小、叶片中等大小、无刺早熟、丰产性好、生长速度快、采收期长、货架期长、商品性高等优点。

2.培育健壮砧木苗和接穗苗

茄子砧木苗或接穗如果感染土传病害，嫁接后仍有病害发生，所以茄子育苗时，种子和苗床要严格消毒。

（1）种子消毒 具体做法是：种子在播种前用50～55℃温水烫种15分钟，或用50%多菌灵500倍液浸种2小时。

（2）苗床消毒 苗床土选用非茄科田土5份，草炭土3份，腐熟有机肥2份混合。用30%过氧乙酸500倍液浇透苗床土，经7天后再播种育苗。

（3）错期播种 托鲁巴姆发芽慢，要比接穗早播30～40天。也可根据砧木长势确定接穗播种时间，当砧木幼苗子叶展平、第一片真叶长到1元硬币大小时，为接穗播种时间。幼苗出土后至嫁接前，要随时注意观察砧木与接穗的生长情况，出现差异，可用降温和控水等来调节，使砧木和接穗的生长水平趋向一致。当砧木长出5～6片真叶、接穗长出4～5片叶时，此时第2～3片叶间的茎正处于半木质化程度，在半木质化处切口，亲和性高，伤口愈合能力强，是嫁接的最佳时期。

3.嫁接方法

（1）嫁接前准备工作 嫁接前要搭建好一个足够放得下嫁接苗的小拱棚，并用塑料布封严，盖一层草帘、旧报纸等遮阳备用。嫁接前要进行炼苗，并及时淘汰病毒苗，砧木和接穗都打一次药。嫁接前一天，砧木浇透水，接穗不蔫不浇水。嫁接时间选择光照不足的全天或天气晴好的下午，尽量避开中午高温。嫁接用的刀片要用酒精消毒处理后备用。

（2）嫁接方法 茄子嫁接常用劈接法，该法操作简单、成活率高、发病率低。具体操作：先在砧木高约4厘米处平切，去掉上部，保留2片真叶，然后在砧木茎中间垂直切入1厘米深，留的砧木桩不能过高，也不能过矮，过高嫁接处达不到半木质化，嫁接后易倒伏，过矮砧木已木质化，亲和力差，嫁接成活率低。随后将接穗茄苗拔下，在半木质化处（茎紫黑色与绿色明显相间处）削掉下端，上部保留2叶1心，削成1厘米长的楔形，随即插入砧木的切口内。尽量选择砧穗茎粗细一致的一起嫁接，如果不一致时，要使表皮对齐一面，用嫁接夹子（见图10-87），固定好放入遮阳拱棚内（见图10-88）。

4.嫁接后苗期管理

（1）温度管理 一般嫁接后9～10天为愈合期，是提高嫁接成活率的关键时期，在此期间需要加强温度、湿度和光照管理。嫁接后1～3天，温度白天应保持在25～28℃，夜间20～22℃，4～5天后，温度可逐渐降低，白天23～25℃，夜间15～20℃。

图10-87 嫁接夹子

（2）湿度管理 嫁接后要及时把嫁接好的秧苗摆在小拱棚内，浇足底水。浇水时不要浇到伤口上，影响伤口愈合。要密闭小拱棚保湿，棚内的空气相对湿度应保持在95%以上，每天4～5次换气，每次换气时间5～7分钟为宜。随着伤口愈合逐渐加大通风量，有利排湿。中午叶片萎蔫可叶面喷水，直到嫁接苗不萎蔫时，撤掉小拱棚。

图10-88 用嫁接夹子固定好
放入遮阳拱棚内

（3）光照管理 嫁接后要及时用遮阳网遮光（见图10-89），防止强光照射。3天后逐渐撤掉遮阳网放进弱光（见图10-90）。当嫁接苗萎蔫时，再进行遮光，这样逐渐加大光照强度和延长光照时间。当中午嫁接苗见光不萎蔫时，可撤掉遮阳网，进行正常管理。

图10-89 用遮阳网遮光

图10-90 逐渐撤掉遮阳网放进弱光

5.接口愈合后的管理

接口愈合后要及时除去接口以下砧木萌生的侧芽，以免消耗养分，影响接穗的正常生长。除萌时精心细致、彻底干净，防止触动接穗，严防接口错位。要及时剔除假成活苗和未成活苗，定植后去掉嫁接夹。

五、病虫害防治

（一）病害防治

1.茄子灰霉病

【症状】茄子苗期、成株期均可发生灰霉病。幼苗染病，子叶先端枯死。后扩展到幼茎，幼茎缢缩变细，常自病部折断枯死，真叶染病出现半圆至近圆形淡褐色轮纹斑，后期叶片或茎部均可长出灰霉，致病部腐烂。成株染病，叶缘处先形成水浸状大斑，后变褐，形成椭圆或近圆形浅黄色轮纹斑，直径5～10毫米，密布灰色霉层，严重的大斑连片，致整叶干枯。茎秆、叶柄染病也可产生褐色病斑，湿度大时长出灰霉。果实染病，幼果果蒂周围局部先产生水浸状褐色病斑，扩大后呈暗褐色，凹陷腐烂，表面产生不规则轮状灰色霉状物，失去食用价值。见图10-91。

图10-91 茄子灰霉病

【传播途径和发病条件】病菌主要以菌核在病残体或土壤表层或地表越冬、越夏，病残体内的菌丝也可越冬。冬春之交、温湿度适宜时，菌核产生致密分生孢子梗和分生孢子。发病后，病部的新鲜霉层可扩散再侵染，植株上部的病叶、病花落到健康器官上也可发生侵染。

【防治方法】① 在定植前、缓苗后10天、幼果期、果实膨大期喷洒50%扑海因可湿粉剂1500倍液，或50%速克灵可湿粉剂1500倍液；蘸花期使用防落素加0.1%的50%扑海因可湿粉剂蘸花控病。② 当幼果长到黄豆大小时，应将残余花瓣摘掉，切断病菌侵染途径；发现病叶、病果及时摘除带出棚室深埋或者烧毁。③ 在坐果后，选择晴天中午闷棚2小时，温度控制在33～36℃，不要超过38℃，隔10天闷1天，连续3次，可有效抑制灰霉病发生，且对其他病害也有效。

2.茄子根腐病

【症状】茄子根腐病在茄子定植后始发。初发病时，白天叶片萎蔫，早、晚可复原，反复多日后，叶片逐渐变黄干枯，后整株黄枯而死（见图10-92）。同时根部和根基部表皮呈褐色，初生根或侧根表皮变褐，皮层遭到破坏或腐烂，毛细根腐烂，导致养分供应不足（见图10-93）；下部叶片迅速向上变黄萎蔫脱落，继而根部和根基部表皮呈褐色，根系腐烂。且外皮易剥落致褐色木质部外露，但根基以上的部位以及叶柄内均无病变，叶片上亦无明显病斑，最后植株枯萎而死。

图10-92　叶片萎蔫，逐渐变黄干枯

【传播途径和发病条件】茄子根腐病是一种顽固的土传病害，病菌以菌丝体、厚垣孢子或菌核在土壤中及病残体上越冬，在10～35℃温度条件下均可发病，最适温度为24℃，病菌发病湿度为85%以上。病菌在田间传播主要靠雨水，灌溉水，带菌的粪肥，人、畜的活动及农具。当棚室内的温度、湿度增大时，越冬的菌丝体便形

图10-93　根基部皮层和毛细根腐烂

成分生孢子，分生孢子借雨水传播，从植株根部伤口或者直接从根部侵入，开始为害皮层细胞，而后进入导管中，继而导致毛细根腐烂，养分供应不足。轻微时上部幼嫩叶片呈褪绿色逐渐变黄萎蔫，严重时下部叶片迅速向上变黄脱落，同时在病部产生分生孢子，借雨水或者灌溉水传播，使得病害蔓延直至流行。

【防治方法】

（1）农业防治　首先要合理选择茬口与轮作。选择3年内未种过茄子的砂壤土、前茬为百合科作物最佳，或者与十字花科蔬菜、葱蒜类蔬菜实行2～3年的轮作。同时，采用高畦垄作栽培，移栽前平整土地，地膜覆盖移栽；尽量施用农家肥，减少化肥施用量，可减轻发病；加强水分管理，不要在阴雨、雪天气浇水，防止雨天湿度大，造成根腐病菌的传播。浇水时尽量采用小水，避免出现大水漫灌，浇水后及时通风排湿。

（2）化学防治　可用50%多菌灵可湿性粉剂2千克拌细土30～40千克制成的药土在定植前均匀撒入定植穴中。病死棵要及时拔除并集中烧毁或用生石灰深埋，同时死棵拔苗后在病穴撒生石灰消毒。发病初期用药剂灌根，常用的药剂有50%多菌灵可湿性粉剂500倍液、50%甲基硫菌灵可湿性粉剂500～800倍液，或者用90%敌克松粉剂500～1000倍液等，一般灌药量为每株200～300毫升，每7～10天灌1次，连续灌2～3次。

图10-94 主茎基部出现
白色絮状菌丝

3.茄子菌核病

【症状】茄子菌核病主要危害茄子的茎叶部，苗期发病始于茎基部，病部初期呈浅褐色水浸状，湿度大时，长出白色棉絮状菌丝，呈软腐状。成株期发病，先从主茎基部或侧枝处开始，初期呈淡褐色水浸状病斑，稍凹陷，渐变灰白色，湿度大时也长出白絮状菌丝，皮层霉烂，在病茎表面及髓部形成黑色的菌核（见图10-94）。叶片受害先呈水浸状，后变为褐色圆斑，有时具轮纹，病部长出白色菌丝，干燥后斑面易破裂。

【传播途径和发病条件】病菌以菌核在棚室土壤中越冬，翌春茄子定植后菌核萌发，抽出子囊盘即散发子囊孢子，随气流传到寄主上，由伤口或自然孔口侵入。在棚内病株与健株、病枝与健枝接触，或病花、病果软腐后落在健部均可引致发病，成为再侵染的一个途径。病菌孢子萌发以温度16～20℃，相对湿度95%～100%为适宜。棚内低温、高湿条件下发病重，早春有3天以上连阴雨或低温侵袭，病情加重。

【防治方法】

（1）农业防治 棚室内进行地膜覆盖栽培，以阻止子囊盘出土，减少菌源；结合整地，用药剂处理土壤，每亩用50%多菌灵可湿性粉剂4～5千克，对干土适量充分混匀撒于畦面，然后耙入土中，可减少初侵染源；通风以降低棚内湿度，寒流侵袭时要注意加温防寒以防植株受冻，诱发染病；发现病株及时拔除，带到棚外销毁。

（2）化学防治 可用35%菌核光悬浮剂700倍液，或50%腐霉利·多菌灵可湿性粉剂1000倍液，或50%腐霉利可湿性粉剂1500倍液，或50%异菌脲可湿性粉剂1000倍液，或60%多菌灵盐酸盐可溶性粉剂600倍液，或70%甲基硫菌灵可湿性粉剂800倍液，于盛花期喷雾，每8～9天1次，连续防治3～4次，病情严重时除正常喷雾外，还可把上述杀菌剂兑成50倍液，涂抹茎蔓病部，不仅可控制扩展，还有治疗作用。

4.茄子绵疫病

【症状】茄子绵疫病俗称"掉蛋""水烂"，主要为害果实、叶、茎、花器等部位。幼苗期发病，茎基部呈水浸状，发展很快，常引发猝倒，致使幼苗枯死。成株期叶片感病，产生水浸状不规则形病斑，具有轮纹，褐色或紫褐色，潮湿时病斑上长出少量白霉。茎部受害呈水浸状缢缩，有时折断，并长有白霉。果实受害最重，开始出现水浸状圆形斑点，稍凹，黑褐色。病部果肉呈黑褐色腐烂状，在高湿条件下病部表面长有白色絮状菌丝，病果易脱落或干瘪收缩成僵果（见图10-95）。

【传播途径和发病条件】病菌主要以卵孢子在土壤中病株残留组织上越冬，成为翌年的初侵染源。卵孢子经雨水溅到植株体上后萌发芽管，产生附着器，长出侵入丝，由寄主表皮直接侵入。病部产生的孢子囊所释放出的游动孢子可借助雨水或灌溉水传播，使病害扩大蔓延。高温高湿有利于病害发展。

图10-95 茎部缢缩，果实黑褐色腐烂状，表面长有白色絮状菌丝

一般气温25～35℃，相对湿度85%以上，叶片表面结露等条件下，病害发展迅速而严重。此外，地势低洼、排水不良、土壤黏重、管理粗放、偏施氮肥、过度密植、连茬栽培等，也会加剧病害蔓延。

【防治方法】

（1）农业防治 选用抗病品种，如兴城紫圆茄、贵州冬茄、通选1号、济南早小长茄、竹丝茄、辽茄3号、丰研11号、青选4号、老来黑等。加强管理：与非茄科、葫芦科作物实行2年以上轮作。选择高燥地块种植茄子，深翻土地。采用高畦栽培，覆盖地膜以阻挡土壤中病菌向地上部传播，促进根系发育。雨后及时排除积水。施足腐熟有机肥，预防高温高湿。增施磷、钾肥，促进植株健壮生长，提高植株抗性。及时整枝，适时采收，发现病果、病叶及时摘除，集中深埋。

（2）化学防治 发病初期，用75%百菌清可湿性粉剂500倍液，或58%甲霜灵·锰锌可湿性粉剂500倍液，或72%克露（克霜氰）可湿性粉剂800倍液，或25%甲霜灵可湿性粉剂500倍液，或40%乙磷铝可湿性粉剂250倍液，或30%DT悬浮剂400倍液，或64%杀毒矾可湿性粉剂400倍液喷雾。喷药要均匀周到，重点保护茄子果实。一般每隔7天左右喷1次，连喷2～3次。

5.茄子黄萎病

【症状】该病多在门茄坐住后开始发病。叶片受害最初从植株下部叶片感病，叶片叶脉和近叶柄叶缘发黄，叶缘向上微卷，病斑常出现在叶片半边，引起叶片扭曲，造成叶片光合作用无法正常进行。严重时整株叶片发黄萎蔫，直到枯死脱落。病株表现出矮小、枝叶不舒展的症状，病果多小而弯曲（见图10-96）。

图10-96 茄子黄萎病植株

【传播途径和发病条件】病原菌随病残体在土壤中越冬，也可由种子带菌。土壤中病菌可存活6～8年，越冬病菌由有病残体的肥料和带菌土壤或茄科杂草，借助风、雨、水、种子、农机具等传播。翌年初侵染，主要从植株根部伤口或直接从幼根表皮和根毛侵入，病菌在条件适宜时萌发，在维管束内生长繁殖，并分散至茎、叶和果实。当气温在19～25℃时，土壤潮湿或浇水次数过多的情况下，发病率较高。此外，连作地块、土质黏重、地势低洼、地温偏低（15℃以下）、偏施化肥造成土壤酸化、养分失调等，导致茄子生长发育不良，抗病能力下降，有利于病菌侵染，加速病害的发生和蔓延。当气温达到30℃以上时病害受到抑制。

【防治方法】

（1）农业防治　选用优良抗病力强的品种，如天津大茂、紫光大圆茄等，播种前进行种子和苗床消毒；实行轮作倒茬，切忌与番茄、辣椒、马铃薯等茄科类作物连作；嫁接育苗，用托鲁巴姆、赤茄等材料作砧木，对于防治黄萎病效果较好；加强田间管理，施足腐熟底肥，培育健壮的植株，增强抗病能力。在结果盛期，要增施钾肥和磷肥，增强植株抗病性。

（2）化学防治　发病初期可选用77%的可杀得可湿性粉剂800～1000倍液，或50%的多菌灵500倍液，或90%的恶霉灵可湿性粉剂2000～3000倍液灌根，10天左右一次，连续防治2～3次。

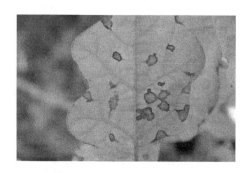

图10-97　叶片苍白色圆形斑点

图10-98　果实出现褐色椭圆形
凹陷斑，布满果面

6.茄子褐纹病

【症状】危害茄子的叶、茎、果实，苗期、成株期均可被害。幼苗受害，茎基部出现凹陷病斑，上生黑色小粒点，条件适宜时，病斑迅速扩展，茎基部缢缩变细，造成幼苗猝倒或立枯。叶片受害，先在下部叶片上出现苍白色圆形斑点，发展扩大后，病斑呈近圆形或不规则形，边缘变褐色，中间浅褐色或灰白色，其上轮生许多小黑粒点，后期病斑扩大连片，常造成干裂、穿孔、脱落（见图10-97）。茎枝发病，病斑梭形，边缘深紫褐色，中间灰白色凹陷，上生许多黑色小粒点。病斑发展后，病组织干腐，皮层脱落，露出木质部，容易折断。病斑多时，可连结成大的坏死区域。果实受害，初期表现为浅褐色椭圆形凹陷斑，上生许多黑色小粒点，病斑不断扩大，可达半个果实，后期病斑发展为灰白色。发病严重的，果实上可布满病斑（见图10-98）。

【传播途径和发病条件】病菌以菌丝体和分生孢子器在土表病残体上或以菌丝体潜伏在种皮内、以分生孢子附着在种子表面越冬，一般病菌在种子上可存活2年，在土表病残体上可存活2年以上，成为来年的初侵染源。播种带病种子，能引起幼苗直接发病，土壤带菌能引起茎基部溃疡。植株感病，病斑上产生分生孢子，通过风雨、昆虫及农事操作进行传播和重复侵染。种子是远距离传播的主要途径之一。

病菌发育最适温度为28～30℃，相对湿度高于80%，连续阴雨条件下，病害容易流行。植株生长衰弱，多年连作，地势低洼，土壤黏重，排水不良，偏施氮肥病害常偏重发生。在山东，七、八月份为危害高峰期。

【防治方法】

（1）农业防治　选用抗病品种。一般长茄较圆茄抗病，白皮茄、绿皮茄较紫皮茄抗病；播种前进行种子温汤浸种消毒，苗床用50%多菌灵可湿性粉剂或50%福美双可湿性粉剂消毒；加强苗期管理，提倡营养钵育苗，有条件的可进行无土育苗。尽可能早播种、早定植，使茄子生育期提前，减少茄子生长后期与褐纹病发生适期重叠的时间；加强栽培管理，要多施腐熟优质有机肥，及时追肥提高植株抗性。夏季高温干旱，适宜傍晚浇水，降低地温。雨季及时排水，防止地面积水，以保护根系。适时采收，发现病果及时摘除。

（2）化学防治　结果期开始喷洒70%代森锰锌可湿性粉剂500倍液，或50%苯菌灵可湿性粉剂800倍液，或75%百菌清可湿性粉剂600倍液，或50%甲霜铜可湿性粉剂500倍液，或58%甲霜灵·锰锌可湿性粉剂400倍液，或64%杀毒矾可湿性粉剂500倍液，隔7～10天喷一次，连喷2～3次。

图10-99　叶背面茶锈色，油渍状

（二）虫害防治

1.茶黄螨

【为害特点】茄子原有的颜色消失，逐渐变为深黄褐色，尤其在果实的端部更为明显。如果严重为害，果实表面变硬，随着茄子生长，果实龟裂，不能食用。茄子受害后，上部叶片僵直，叶缘向下卷曲。叶背呈褐色，具油渍状光泽。如果新芽全部受害，生育也显著衰退。茶黄螨也是杂食性的害螨，茄子是最易受害的作物。见图10-99、图10-100。

图10-100　果面黄褐色粗糙，果皮龟裂，呈馒头开花状

【形态特征】雌成螨：长约0.21毫米，体躯阔卵形，体分节不明显，淡黄至黄绿色，半透明有光泽。足4对，沿背中线有1白色条纹，腹部末端平截。雄成螨：体长约0.19毫米，体躯近六角形，淡黄至黄绿色，腹末有锥台形尾吸盘，足较长且粗壮。卵：长约0.1毫米，椭圆形，灰白色，半透明，卵面有6排纵向排列的泡状突起，底面平整光滑。幼螨：近椭圆形，躯体分3节，足3对。若螨半透明、菱形，是一静止阶段，被幼螨表皮所包围。

【生活习性】成、幼螨集中在寄主幼芽、嫩叶、花、幼果等幼嫩部位刺吸汁液，尤其是尚未展开的芽、叶和花器。被害叶片增厚僵直、变小或变窄，叶背呈黄褐色、油渍状，叶缘向下卷曲。幼茎变褐，丛生或秃尖。花蕾畸形，果实变褐色、粗糙、无光泽，出现裂果，植株矮缩。由于虫体较小，肉眼常难以发现，且危害症状又和病毒病或生理病害相似，生产上要注意辨别。茶黄螨主要靠爬行、风力、农事操作等传播蔓延。幼螨喜温暖潮湿的环境条件。成螨较活跃，且有雄螨负雌螨向植株上部幼嫩部位转移的习性。卵多产在嫩叶背面、果实凹陷处及嫩芽上，经2～3天孵化，幼（若）螨期各2～3天。雌螨以两性生殖为主，也可营孤雌生殖。茶黄螨喜温性害虫，发生危害最适气候条件为温度16～27℃、相对湿度45%～90%。

【防治方法】1.8%阿维菌素乳油3000倍液喷雾，安全间隔期7～10天。20%复方浏阳霉素乳油1000倍液喷雾，间隔期7天。73%克螨特乳油2500倍液喷雾，间隔期7天。15%速螨酮（哒螨净、哒螨灵等）乳油3000倍液喷雾，间隔期40天。

2.白粉虱和烟粉虱

【为害特点】白粉虱和烟粉虱是棚室栽培中极为普遍的害虫，几乎可为害所有蔬菜。以成虫和若虫吸食植物汁液，被害叶片褪绿、变黄、萎蔫，甚至全株死亡（见图10-101）。此外，尚能分泌大量蜜露，污染叶片和果实，导致煤污病的发生，造成减产并降低蔬菜商品价值（见图10-102）。

图10-101 成虫和若虫吸食植物汁液　　图10-102 分泌蜜露引起煤污病

【形态特征】白粉虱成虫体长约0.9～1.4毫米，淡黄白色或白色。雌雄均有翅，全身披有白色蜡粉，雌虫个体大于雄虫，其产卵器为针状。烟粉虱成虫体长1毫米，白色，翅透明具白色细小粉状物。蛹长0.55～0.77毫米，宽0.36～0.53毫米。背刚毛较少，4对，背蜡孔少。头部边缘圆形，且较深弯。胸部气门褶不明显，背中央具疣突2～5个。侧背腹部具乳头状突起8个。侧背区微皱不宽，尾脊变化明显，瓶形孔大小（0.05～0.09）毫米×（0.03～0.04）毫米，唇舌末端大小（0.02～0.05）毫米×（0.02～0.03）毫米。盖瓣近圆形。尾沟0.03～0.06毫米。

【生活习性】在棚室条件下1年可发生10余代，以各虫态在棚室越冬并继续为害。成虫群居于嫩叶叶背并产卵，在寄主植物打顶以前，成虫总是随着植株的生长不断追逐顶部嫩叶，因此在植株上自上而下白粉虱的分布为：新产的绿卵、变黑的卵、幼龄若虫、老龄若虫、伪蛹。新羽化成虫产的卵以卵柄从气孔插入叶片组织中，与寄主植物保持水分平衡，极不易脱落。若虫孵化后3天内在叶背可做短距离游走，当口器插入叶组织后就失去了爬行的机能，开始营固着生活。白粉虱在我国北方冬季野外条件下不能存活，通常要在温室作物上继续繁殖为害，无滞育或休眠现象。白粉虱的种群数量，由春至秋持续发展，夏季的高温多雨抑制作用不明显，到秋季数量达到高峰，集中为害瓜类、豆类和茄果类蔬菜。在北方由于温室和露地蔬菜生产紧密衔接和相互交替，可使白粉虱周年发生。

【防治方法】

（1）农业措施　育苗前彻底熏杀残余的白粉虱，清理杂草和残株，以及在通风口增设尼龙纱等，控制外来虫源，培育出"无虫苗"；设置黄板诱杀成虫；有条件的地区可人工繁殖释放丽蚜小蜂进行生态防治。

（2）化学防治　可用2.5%溴氰菊酯乳油2000～3000倍液，或10%扑虱灵乳油1000倍液，或25%灭螨猛乳油1000倍液，或毙螨灵乳油1500～2000倍液，或2.4%威力特微乳剂1500～2000倍液，或10%蚜虱净可湿性粉剂4000～5000倍液，或15%哒螨灵乳油2500～3500倍液，或4.5%高效氯氰菊酯乳油3000～3500倍液等药剂喷雾防治。

3.蚜虫

【为害特点】为害茄子的蚜虫主要是瓜蚜，以成虫和若虫在叶背面和嫩梢、嫩茎上吸食汁液（见图10-103）。嫩叶及生长点被害后，叶片卷缩，生长停滞，甚至全株萎蔫死亡；老叶受害时不卷缩，但提前干枯。

【形态特征】无翅胎生雌蚜体长不到2毫米，身体有黄、青、深绿、暗绿等色。触角约为身体一半长。复眼暗

图10-103　成虫和若虫在叶背面和嫩梢为害

红色。腹管黑青色，较短。尾片青色。有翅胎生蚜体长不到2毫米，体黄色、浅绿或深绿。触角比身体短。翅透明，中脉三岔。卵初产时橙黄色，6天后变为漆

黑色，有光泽。卵产在越冬寄主的叶芽附近。无翅若蚜与无翅胎生雌蚜相似，但体较小，腹部较瘦。有翅若蚜形状同无翅若蚜，二龄出现翅芽，向两侧后方伸展，端半部灰黄色。

【生活习性】华北地区一年发生10多代，于4月底产生有翅蚜迁飞到露地蔬菜上繁殖为害，直至秋末冬初又产生有翅蚜迁入棚室。北京地区以六七月虫口密度最大，为害严重；7月中旬以后因高温高湿和降雨冲刷，不利于蚜虫生长发育，为害减轻。

【防治方法】

农业防治　合理安排蔬菜茬口可减少蚜虫危害，如韭菜挥发的气味对蚜虫有驱避作用，可与番茄、茄子等搭配种植，能降低蚜虫的密度，减轻蚜虫为害；清除棚室周围的杂草，可用银灰地膜覆盖地面避蚜；设置黄板诱蚜，每30～50米^{2}悬挂一块涂有黄色机油的黄板，诱满蚜后要及时更换（见图10-104）；应选用高效低毒的杀虫剂，并应尽量减少农药的使用次数，保护七星瓢虫、草铃、食蚜蝇等天敌，控制蚜虫数量。

化学防治　喷洒50%灭蚜松乳油2500倍液，或2.5%功夫乳油3000～4000倍液，或10%蚜虱净可湿性粉剂4000～5000倍液，或4.5%高效氯氰菊酯3000～3500倍液。也可每亩用10%杀瓜蚜烟雾剂0.5千克，或用22%敌敌畏烟雾剂0.3千克，或用10%氰戊菊酯烟雾剂0.5千克，傍晚盖草苫前分成堆暗火点燃熏杀，次日早晨通风即可。

4. 红蜘蛛

【为害特点】主要危害茄子的叶、茎、花等，刺吸茎叶，使受害部位水分减少，表现失绿变白，叶表面呈现密集苍白的小斑点，卷曲发黄（见图10-105）。严重时植株发生黄叶、焦叶、卷叶、落叶和死亡等现象。同时，红蜘蛛还是病毒病的传播介体。

图10-104　黄板诱杀有翅蚜虫

图10-105　叶片失绿变白

【形态特征】危害茄子的红蜘蛛主要是朱砂叶螨和二斑叶螨。朱砂叶螨雌成虫：朱砂叶螨结构图体长0.28～0.52毫米，每100头大约2.73毫克，体红至紫红色（有些甚至为黑色），在身体两侧各具一倒"山"字形黑斑，体末端圆，呈卵圆形。雄成虫：体色常为绿色或橙黄色，较雌螨略小，体后部尖削。卵：圆形，初产乳白色，后期呈乳黄色，产于丝网上。二斑叶螨成螨体色多变，有浓绿、褐绿、黑褐、橙红等色，一般常带红或锈红色。雌体长0.42～0.59毫米，椭圆形，多为深红色，也有黄棕色的；越冬螨橙黄色。雄体长0.26毫米，近卵圆形，多呈鲜红色。

【生活习性】红蜘蛛在温度10℃以上就开始大量繁殖，主要为两性生殖，也可营孤雌生殖，雌螨一生只交配一次，雄螨可以多次交配。交配后1～3天，雌螨即可产卵。卵多散产于幼叶面，日产卵量为5～10粒，一生平均可产卵50～100粒，最多达到300多粒。卵孵化时，卵壳裂开，幼螨爬出，先静伏于叶背上，脱皮后为第一若螨；雄螨再脱一次皮即为成螨，雌螨第二次脱皮后即为第二若螨，再经一次脱皮后，方变为成螨。红蜘蛛的寿命与性别有关，雄螨一般在交尾后死亡，雌螨通常可存活2～5周。在不同温度下，红蜘蛛各螨态的发育历期差异较大，在最适温度下，完成一个世代一般只要7～10天。红蜘蛛有爬迁习性，当繁殖数量过多、食料不足和温度过高时，通过爬行扩散或随风扩散。

【防治方法】

（1）农业防治　及时清除棚室内残株败叶、内部及外部周边杂草，来消灭部分虫源和红蜘蛛的中间寄主。合理施肥灌溉，促进植株生长健壮，增强抗虫力。

（2）化学防治　可用1.8%的农克螨乳油2000倍液，或20%螨克乳油2000倍液或40%水胺硫磷乳油2000倍液，每隔7～10天喷1次，连喷2～3次。

5.蓟马

【为害特点】【形态特征】【生活习性】基本同葱蓟马。

【防治方法】

（1）农业综合防治　清除残株落叶于田外烧毁，及时深翻土地，减少虫源。小水勤浇，防止干旱，增施磷钾肥。

（2）物理防治　利用蓟马的趋蓝习性，在田间设涂有机油的蓝色板块诱杀。（见图10-106）。

（3）药剂防治　可交替喷施20%好年冬乳油2000～2500倍液，或2.5%敌杀死乳油，或20%菊马乳油1000～1500倍液，或2.5%功夫乳油3000～5000倍液，或阿克泰1000～15000倍液。隔6～8天再喷1次。

图10-106　蓝板诱杀

第三节　辣椒

辣椒营养丰富，品味鲜美、辛辣，食用方法多样，能促进食欲，帮助消化，是消费者餐桌上不可缺少的蔬菜。近几年棚室辣椒的栽培面积逐年扩大，广大菜农取得了良好的经济效益和社会效益。本节以东北地区的栽培模式为例，介绍辣椒棚室栽培技术。

一、特征特性

（一）植物学特征

辣椒为直根系，与其他茄果类蔬菜相比，主根不发达，根较细，根量小，入土浅，根系集中分布于10～15厘米的耕层内。茎直小，木质化程度较高，主茎较矮，株型较紧凑，茎顶端出现花芽后，以双杈或三杈分枝继续生长。叶色较绿，单叶互生，叶片较小。雌雄同花，花白色单生或丛生。果实为浆果，下垂或介于两者之间，果形有圆形、灯笼形、方形、牛角形、羊角形、线形和樱桃形。种子扁平，近圆形，表皮微皱，淡黄色，千粒重6克左右。见图10-107～图10-109。

图10-107　辣椒茎的二杈分枝

图10-108　辣椒的正常两性花

（二）生育周期

辣椒的生育周期包括发芽期、幼苗期、开花坐果期、结果期四个阶段。

1.发芽期

从种子发芽到第一片真叶出现为发芽期，一般为10天左右。发芽期的养分主要靠种子供给，幼根吸收能力很弱。

2.幼苗期

从第一片真叶出现到第一个花蕾出现为幼苗期。需50～60天时间。幼苗期分为两个阶

图10-109　辣椒种子

段：2～3片真叶以前为基本营养生长阶段，4片真叶以后，营养生长与生殖生长同时进行。

3.开花坐果期

从第一朵花现蕾到第一朵花坐果为开花坐果期，一般10～15天。此期营养生长与生殖生长矛盾特别突出，主要通过水肥等措施调节生长与发育、营养生长与生殖生长、地上部与地下部生长的关系，达到生长与发育均衡。

4.结果期

从第一个辣椒坐果到收获末期属结果期，此期经历时间较长，一般50～120天。结果期以生殖生长为主，并继续进行营养生长，需水需肥量很大。此期要加强水肥管理，创造良好的栽培条件，促进秧果并旺，连续结果，以达到丰收的目的。

二、对环境条件的要求

辣椒原产于中南美洲热带地区，在长期的系统发育中形成了喜温暖而不耐高温，喜光照而不耐强光，喜湿润环境而不耐旱涝，喜肥而耐土壤高盐分浓度等一些重要生物学特性。

（一）温度

种子发芽的适宜温度为20～30℃，低于15℃或高于35℃时都不能发芽。植株生长的适温为20～30℃，开花结果初期稍低，盛花盛果期稍高，夜间适宜温度为15～20℃。

（二）光照

辣椒对光照强度的要求不高，仅是番茄光照强度的一半，在茄果类蔬菜中属于较适宜弱光的作物。辣椒的光补偿点为1500勒克斯，光饱和点为30000勒克斯。光照过强，抑制辣椒的生长，易引起日灼病，光照过弱，易徒长，导致落花落果。辣椒对日照长短的要求也不太严格，但尽量延长棚内光照时间，有利果实生长发育，提高产量。

（三）水分

辣椒的需水量不大，但对土壤水分要求比较严格，既不耐旱又不耐涝，生产中应经常保持土壤湿润，见干见湿。空气湿度保持在60%～80%。土壤水分多，空气湿度高，易发生沤根，叶片、花蕾、果实黄化脱落；若遭水淹没数小时，将导致成片死亡（见图10-110）。

图10-110　水涝后植株大量萎蔫死亡

（四）土壤

以土层深厚、排水良好、疏松肥沃的土壤为好，对氮、磷、钾三要素的需求比例大体为1：0.5：1，且需求量较大。

三、品种选择

适于棚室栽培的辣椒品种应具备耐低温、耐高温、抗病、早熟、高产等特点。此外，由于辣椒在果形、风味上有很大的差别，加之各地消费习惯的不同，在品种选择方面应因地制宜，选择适宜的品种。

（一）圆椒品种

1. 辽椒11号

图 10-111 辽椒11号果实

辽宁省农业科学院蔬菜研究所选育，中早熟品种，生育期103天左右，株高55～60厘米，株幅50～55厘米。植株生长旺盛，坐果率高。果实灯笼形，果色绿，果实纵径10厘米，横径8厘米，果肉厚0.4厘米（见图10-111）。平均单果重160克，平均亩产5000千克。果肉脆嫩，筋辣，果面少有皱褶。耐低温弱光、抗病性突出，适宜露地及保护地栽培。

2. 辽椒15号

辽宁省农业科学院蔬菜研究所选育，早熟品种，连续坐果能力强。果实灯笼形，深绿色，果实纵径10～11厘米，横径8～9厘米，果肉厚0.4厘米左右（见图10-112）。平均单果重150克，平均亩产5500千克。果肉脆嫩，筋辣，果面少有皱褶。耐低温弱光，适宜保护地及早春大棚栽培。

3. 沈椒4号

沈阳市农业科学院选育一代杂交种，株高38厘米左右，株幅36厘米左右。果实长灯笼形，绿色，果长约11厘米，果横径约6厘米，果肉厚0.35厘米左右，果面略有沟纹，单果重60克左右（见图10-113）。果实维生素C含量1.68毫克/100克，可食率85%以上，有辣味。熟性较早，第9～10节着生

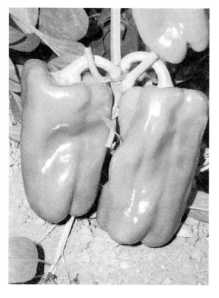

图 10-112 辽椒15号果实

第一花，始花期94天。抗T米V病毒，耐低温性较强。丰产性好，平均亩产3000千克左右，适宜辽宁、甘肃、河南、安徽等省及相似生态区种植。

4.世纪红

由瑞士先正达种子公司选育而成，早熟品种，植株生长健壮，节间较短，果实4或3心室、方形，平均单果重200克以上，大果可达900克，果肉厚，高温下易坐果，连续坐果能力强，成熟时果实由绿转鲜红色，果皮光滑，无纹痕，转色快，抗烟草花叶病毒，耐辣椒中型斑驳病毒。每亩栽培1800～2000株，适合早春、越夏、秋延迟、越冬保护地栽培，正常管理情况下，拱棚种植每亩可产绿果16000千克或红果8000千克，冬暖棚每亩产绿果12500千克以上，红果7500千克以上（见图10-114）。

5.茱迪

瑞士先正达种子公司生产，温室专用红色方椒新品种。植株生长势中等，越冬后植株返头快。坐果率极高，坐果集中，果实大小适中，平均单果重170克；果实方正，果长8.5厘米，果径8厘米，商品率高（见图10-115）。成熟时由绿色转鲜红，果肉厚，味微甜，硬度好，耐贮运。抗病性强，抗烟草花叶病毒生理小种3，适应性广，适宜越冬及早春保护地栽培。

6.布兰妮

瑞士先正达种子公司生产，杂交一代甜椒。中早熟，植株生长势健壮，节间中等，返头快。果实长方形，果形好，四心室比例高，果实大小适中，单果均重220克（见图10-116）。绿椒颜色深，光泽度好，果肉厚，硬度好，耐运输。抗病性强，抗TMV3（烟草花叶病毒）和TSWV（番茄斑萎病毒）。适应性广，适宜早春、秋延及越冬保护地栽培。

图10-113 沈椒4号果实

图10-114 世纪红成熟果实

图10-115 茱迪绿色果实

图10-116 布兰妮果实

图10-117 美梦成熟果实

图10-118 辽椒19号果实

图10-119 陇椒2号果实

7.美梦

瑞士先正达种子公司生产，高档黄色甜椒新品种。植株生长势中等，越冬后植株返头快。果实方正且均匀，平均果长8.5厘米、宽8.5厘米，平均单果重200克（见图10-117）。坐果能力强，商品率高。果肉厚，味微甜，成熟时由绿色转亮黄。硬度好，货架期长，耐运输。抗病性强，适应性广，适宜越冬及早春保护地栽培。

（二）尖椒品种

1.辽椒19号

辽宁省农业科学院蔬菜研究所选育，杂交一代品种。大牛角形，中早熟，果长22～28厘米，横径4.5～5厘米，单果重200克左右（见图10-118）。果色绿，味辣。长势整齐，结果集中，耐低温弱光，抗病性好，亩产4800千克左右。耐贮运。适合南方露地、北方春秋保护地及拱棚栽培。

2.陇椒2号

甘肃省农业科学院蔬菜研究所选育，植株长势旺，抗病能力强，早熟，结果集中，结果多，产量高。果实皱皮，长羊角形，绿色，果长30厘米，果粗3～3.5厘米，单果重65克，纤维细嫩，香味浓，口感好（见图10-119）。一般亩产量4000千克以上，适宜于露地、保护地种植，是理想的鲜食辣椒品种。

3.迅驰

荷兰瑞克斯旺公司育成，杂交一代品种。植株开展度中等，生长旺盛。连续坐果性强，耐寒性好，适合秋冬、早春、早秋保护地种植。果实羊角形，淡绿色。在正常温度下，长度可达20～25厘米，直径4厘米左右。外表光亮，商品性好。单果重80～120克，辣味浓（见图10-120）。抗锈斑病和烟草花叶病毒病。

4.斯丁格

荷兰瑞克斯旺公司育成，杂交一代品种。植株开展度中等，生长旺盛。连续坐果性强，耐寒性好，适合秋冬、早春、早秋日光温室种植。果实羊角形，浓绿色，味辣。在正常栽培条件下，长度20～25厘米，直径4厘米左右。外表光亮，商品性好。单果重80～120克，辣味浓（见图10-121）。抗锈斑病和烟草花叶病毒病。

5.亮剑

荷兰瑞克斯旺公司育成，杂交一代品种。植株开展度中等，生长旺盛。连续坐果性强，产量高，耐寒性好，适合秋冬、早春日光温室种植。果实羊角形，淡绿色。在正常温度下，长度可达23～28厘米左右，直径4厘米左右，外表光亮，商品性好。单果重80～120克，辣味浓（见图10-122）。抗烟草花叶病毒病。

6.中椒6号

中国农科院蔬菜花卉研究所育成一代杂种。株高45～50厘米，开展度50厘米左右，始花节位9～11节，叶色深，果实粗牛角形、绿色，果长12厘米，果粗4厘米，果肉厚0.3～0.4厘米，单果重45～62克（见图10-123）。中早熟一代杂交种，北方地区春季露地种植，定植后30～35天采收，植株生长势强，分枝多，连续结果能力强，苗期接种鉴定，抗TMV，耐CMV，果实微辣，宜鲜食，平均亩产2300千克。

图10-120　迅驰果实

图10-121　斯丁格果实

图10-122　亮剑果实

7. 洛椒4号

洛阳市辣椒研究所育成一代杂种。株高50～60厘米，开展度60厘米，生长势强。第一果着生于主茎10节。果牛角形、青绿色，果长16～18厘米，果粗4～5厘米。味微辣，风味好，单果重60～80克，最大果重120克。极早熟。前期结果集中，果实生长速度快，开花后25天左右即可采收。高抗病毒病。适于保护地早熟栽培和春夏季露地栽培。亩产约4400～5300千克（见图10-124）。

图10-123　中椒6号果实

图10-124　洛椒4号果实

四、栽培关键技术

（一）茬口安排

1. 塑料大棚春提早栽培

一般于12月中旬至1月上旬播种，3月中旬至4月上旬定植，5月上、中旬始收（见图10-125）。

2. 塑料大棚秋延后栽培

一般于6月下旬至8月上旬播种，8月上旬至9月上旬定植，9月下旬至10月中旬始收（见图10-126）。

图10-125　塑料大棚春提早栽培

图10-126　塑料大棚秋延后栽培

3.日光温室早春茬栽培

一般于10月下旬至12月上旬播种，2月上旬至3月上旬定植，3月中旬至4月中旬始收（见图10-127）。

4.日光温室秋冬茬栽培

一般于7月上、中旬播种，9月中、下旬定植，11月上、中旬始收（见图10-128）。

5.日光温室越冬一大茬栽培

一般于8月下旬至9月上旬播种，11月中、下旬定植，翌年1月上、中旬始收（见图10-129）。

图10-127　日光温室早春茬栽培

图10-128　日光温室秋冬茬栽培　　　　图10-129　日光温室越冬一大茬栽培

（二）辣椒育苗技术

1.育苗设施

辣椒育苗设施主要有冷床和温床，冷床是只利用自然阳光不增加其他热源的育苗设施，常见的有温室、塑料大、中、小棚和阳畦。而温床为利用阳光保温和加温设备的设施，常见的有电热温床和酿热温床。

（1）冷床　冷床是在大棚或温室内直接用于育苗的育苗畦，因其仅依靠自然阳光增温育苗而无加温设施，所以称之为冷床（见图10-130）。冷床一般宽1.3米，夏季多为高畦，可在棚室上覆盖遮阳网降温防雨（见

图10-130　温室冷床

图10-131）；而秋冬季节多为平畦，可在棚室内加盖小拱棚保温（见图10-132）。

图10-131 夏季冷床覆盖遮阳网　　　　　　　图10-132 冷床冬季加盖小拱棚

（2）电热温床　冬季在苗床上铺设电热线进行加温育苗，一般苗床宽1.3～1.5米，床底用稻草和床土铺成5～10厘米的隔热层，然后在隔热层上铺电热线（见图10-133～图10-135）。

图10-133 电热温床布线　　　图10-134 电热线上铺盖营养土　　　图10-135 电热温床育苗

（3）酿热温床　酿热温床是利用苗床底部填充的酿热材料放热而进行加温。一般床宽1.2～1.3米，床土厚度20厘米左右。酿热材料主要由稻草和农家肥制成，在填床时均匀地分布在床内，当酿料温度升高到50～60℃时，可铺上营养土播种育苗。

2.育苗方式

（1）营养钵育苗　将营养土装入直径8～10厘米的营养钵或纸袋中，再将营养钵摆放于苗床内（见图10-136）。播种前浇透水，水渗下后将种子点播于钵中，用药土覆土即可。也可将种子撒播于育苗盘，待出土生长至2～3片真叶时，分苗至营养钵中成苗（见图10-137）。

图10-136 营养钵装土后放置于苗床

（2）穴盘育苗　将育苗基质装入一定规格的育苗穴盘中，播种前将穴盘浇透水，再将种子点播于穴孔中，覆盖基质即可。也可将种子播于育苗盘，待第二片真叶展开后再分苗穴盘（见图10-138、图10-139）。一般冬春季育苗选用50或72孔穴盘，而夏秋季则选取128孔或72孔穴盘（见图10-140）。

图10-137　营养钵幼苗

图10-138　育苗盘播种

图10-139　穴盘分苗

图10-140　穴盘幼苗

（3）育苗畦育苗　将营养土平铺在育苗畦内，厚度约10厘米（见图10-141）。播种前浇透10厘米厚的土层，待水渗下后将低洼处用营养土找平，然后将种子均匀撒播或条播在畦面上。一般每平方米播25～30克种子，最后覆盖1厘米厚过筛细土，并覆盖地膜保湿，待第二片真叶展开后再将幼苗分苗至相同育苗畦即可（见图10-142、图10-143）。

图10-141　育苗畦铺装营养土

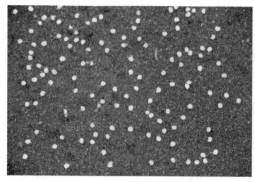
图10-142 育苗畦撒播

图10-143 育苗畦条播幼苗

3.种子处理

种子处理的目的就是杀死种子所带的病菌，增强幼苗的抗性和促进生长发育。常用的消毒方法有温汤浸种、药剂浸种和药剂拌种，种子消毒后进行催芽，可提高出苗率。

（1）温汤浸种　将种子用纱布袋装好置于凉水中浸泡8～10分钟后，然后放入种子质量5倍的55℃温水中完全浸泡，并用木棍不断搅拌。约15分钟后，将种子置于30℃的热水中自然浸5小时左右，捞出沥干即可。

（2）药剂浸种　先将种子用清水浸泡3～4小时，再浸入浓度为10%磷酸三钠水溶液中20～30分钟，捞出用清水冲洗干净，有防治病毒的作用。

（3）药剂拌种　用种子重量0.1%的50%多菌灵或50%甲基托布津可温性粉剂，或40%菌核净可温性粉剂拌种，可防治立枯病、菌核病、炭疽病。

（4）催芽　将处理过的种子用清水漂洗3～4次，捞出后进行催芽。催芽初期温度控制在28～30℃，当有种子发芽时，将温度降至20～25℃，一般5～6天便可出齐。催芽过程中，见干时要适当喷水。

4.营养土的配制

图10-144 配制营养土

营养钵和营养土块育苗时所需的营养土要求由腐熟的农家肥、马粪或草木灰和大田土组成。一般农家肥占20%～30%，大田土占50%，马粪或草木灰占20%～30%，营养土另加0.1%～0.2%氮磷钾复合肥（见图10-144）。穴盘育苗基质由草炭、蛭石按2：1的比例混合均匀配制成，并按每立方米基质添加15：15：15的氮、磷、钾复合肥1.5～2千克，混合均匀即可。为防止土传病害的发生，

还需对营养土和基质进行消毒。可用
70%五氯硝基苯粉剂与50%福美双或
65%代森锌可湿性粉剂等量混合后消
毒，一般每立方米的营养土拌混合药剂
120～150克（见图10-145）。

图10-145 营养土掺和消毒药

5.苗床准备

（1）苗床设置 一般苗床应选择
背风向阳、地势平坦、土层深厚、便
于灌溉、前茬没有种过茄科蔬菜作物
的地块。一般做成深约15厘米，宽
1.2～1.5米，长7～10米的阳畦，并
保持床内地面平整。冬春季节育苗苗床应设置在具有良好保温条件的温室或大棚
内，夏秋季节可设置在露地或大棚中。

（2）苗床消毒 播种前15天，要对苗床及时进行消毒。先将床土耙平耙松，
每平方米床土用福尔马林50毫升加水5千克稀释均匀后，喷洒在苗床土上，用地
膜覆盖4～6天，再揭开覆盖物。耙松处理过的床土，14天左右药物挥发后方可
播种。或每平方米用50%多菌灵10克与干细土拌匀，在播种前撒在苗床上作垫
土，再在药土上铺营养土或营养钵、穴盘等。

6.播种育苗

采用营养钵或穴盘育苗时，将已装好营养土的营养钵或穴盘放置于苗床，浇
透水后即可播种。一般每钵（穴）播2粒种，播种后覆盖0.5厘米厚掺药细土，
并覆盖地膜保湿（见图10-146）。采用育苗畦育苗时，在播种前浇透育苗畦，然
后将种子均匀撒播或条播在畦面上，最后覆盖1厘米厚过筛细土，并覆盖地膜保
湿（见图10-147）。

图10-146 育苗畦条播后覆土

图10-147 播种后覆盖地膜保湿

7.育苗期的管理

（1）幼苗期的管理 出苗前苗床要维持较高的温度和湿度，播种后第5天

起，每天早晚要检查发芽及出苗情况。70%出苗时，揭掉地表覆盖物，小棚育苗的要及时插小拱棚竹弓，覆盖薄膜与草帘保湿促进齐苗。发现戴帽苗，要撒些干细土以利脱壳。幼苗出土后，降温的程度以不妨碍幼苗生长为主。白天床温可降到20℃，夜间15℃，直到露出真叶。视墒情对床土喷水，用喷水壶早晚快速、多次喷水，润湿畦面。当真叶露出后，将床温提高到幼苗生长发育的适宜温度，白天20～25℃，夜间10～15℃。幼苗期缺水浇水，应用喷水壶多次快速适度喷透水，浇水时间以清晨或傍晚为好，浇水水质要干净无污染，并注意虫害，特别是对蚜虫的防治。

（2）分苗　分苗播种后20天左右，2～3片真叶时，在晴天傍晚或阴天移苗，分苗间距7～8厘米。分苗宜浅，子叶必须露出土面，最好采用10厘米直径的营养钵或穴盘分苗。分苗时应先浇湿苗床，起苗后握住子叶，放置于营养钵并覆土，分苗深度以露出子叶1厘米为准。分苗后立即浇压根水，盖严棚膜促缓苗。

（3）分苗后的管理　分苗缓苗期，保证地温达18～20℃、日温25℃，加强覆盖，提高空气相对湿度。缓苗后旺盛生长期，加强薄膜的揭盖，适当降温2～3℃。定植前7天炼苗，夜温降至13～15℃，控制水分和逐步增大通风量。分苗后始终保持床土湿润，避免土壤过干。冬春季节为改善苗床光照条件，育苗设施尽可能采用透光度高的覆盖物。保持覆盖物清洁，注意通风，防止塑料膜上凝有水珠。在保湿的前提下，对覆盖物尽量早揭晚盖，延长光照时间（见图10-148）。而夏秋季节应适当覆盖遮阳网，降低光照以达到降温效果（见图10-149）。分苗后每隔7天结合浇水喷1次0.2%的复合肥营养液，促进壮苗。定植前5～7天，适当通风，逐渐揭去覆盖物炼苗，以适应定植后的环境。

图10-148　大棚内加盖小拱棚保温育苗　　　图10-149　大棚上覆盖遮阳网遮光降温

（4）壮苗标准　苗高15～17厘米，开展度15厘米左右，有6～10片真叶，刚现蕾分杈，叶色深绿，壮而不旺，根系发达，无病虫危害。

8.育苗易出现的问题

（1）不出苗　播种后经过一定时间（冷床15天左右、温床8天左右）仍不出苗，应检查种子。如种胚呈白色且有生气，则可能是由于苗床条件不适造成不出苗。对温度低的要设法提高床温，对床土过干的要适当浇水，对床土过湿的要设法排渍。若种子已死亡，应及时重播。

（2）出苗不齐　表现出苗时间不一致和出苗密度不一致。播种技术和苗床管理不到位是造成出苗不整齐的重要原因，应选用发芽率高、发芽势强的种子播种。床面应平整，做到播种均匀，播后用细孔壶浇水。出苗不一致时，对出苗早、苗较高的地方适当控水，晴天对出苗迟的地方增加浇水次数。

（3）焦芽　辣椒种子在萌芽阶段易发生焦芽，主要原因是床温过高（35℃以上），尤其是床温高、床土又较干燥时，胚根和胚芽易烧坏，产生焦芽，应保持床土湿润。晴天中午前后，床温过高时，应加强通风或在苗床上覆盖遮阳网或草帘遮阳降温。

（4）顶壳　顶壳是指秧苗带着种皮出土的现象，原因是床土湿度低或播种后覆土太薄（见图10-150）。应浇足底水，出苗期间也要保持床土湿润。若遇阴雨天气，可在床面撒一薄层湿润细土。发育不充实或感染病的种子也易造成顶壳，播种时要选用健壮饱满的种子。

（5）秧苗徒长　徒长苗往往茎长，节稀，叶薄、色淡，组织柔嫩，须根少（见图10-151）。原因是光照不足，床温过高，以及氮肥和水分过多。要改善苗床光照条件，增施磷钾肥，适度控制水分，加强通风。育苗过程中，秧苗刚出土的一段时间容易徒长，易出现"软化苗"或"高脚苗"。防治方法是播种间距要大且均匀，及时揭去土面覆盖物。基本出齐苗后降低苗床的温度和湿度，尽早间苗。另一个容易徒长的时期是在定植之前，白天应加强光照，加大放风量以降低床温炼苗防徒长。

图10-150　种皮套在子叶顶端，子叶不伸展　　　图10-151　徒长苗节间较长

（6）秧苗老化　当秧苗生长发育受到过分抑制时，常成为老化的僵苗。这种苗矮小、茎细、节密、叶小、根少，定植后也不容易发棵，常落花落果，产量低（见图10-152）。造成秧苗老化的主要原因是床土过干、床温过低，或床土中养分

图10-152 老化苗幼苗矮小，节间短

缺乏。苗期水分管理中，怕秧苗徒长而过分控制水分，容易造成僵苗。用苗钵育苗的，因地下水被钵隔断，钵土容易干燥，若浇水不及时、不足量，最容易造成僵苗。

（7）发生冻害 当床温下降到秧苗能够忍耐的下限温度时，就会发生冻害。轻微的冻害在形态上没有特殊表现，受害重时苗的顶部嫩梢和嫩叶上常出现坏死的白斑或淡黄色褐色斑。严重时秧苗大部分叶片和茎呈现水渍状，以后慢慢干枯而死。育苗期间，突然来寒流，温度骤然降低很多，秧苗易受冻害。如果温度是缓慢降低，则不易结冰受冻。秧苗受冻害的轻重，还与低温过后气温回升的快慢有关。若气温缓慢回升，秧苗解冻也慢，易恢复生命活力。如果升温和解冻太快，秧苗的细胞组织易脱水干枯，造成死苗。防止冻害要改进育苗方法，利用人工控温育苗方法，如电热温床和工厂化育苗等；或在低温寒流来临之前，应尽量揭去覆盖物，让苗多照光和接受锻炼。在连续低温阴雨期间，要尽可能揭掉草帘，让幼苗见光。雨雪停后猛然转晴时，中午前后要在苗床上盖几块草帘，避免秧苗失水萎蔫。若床内湿度大，可撒一层干草木灰降湿防寒；增施磷钾肥，增强幼苗抗寒力；寒潮期间要严密覆盖苗床，进行短时间通风换气时，要防止冷风直接吹入床内伤苗。夜晚要加盖干燥的草帘。下雪天停雪后，及时将雪清除出育苗场地。

（三）定植前准备

1.棚室覆膜消毒

大、中棚可在定植前3～4周覆膜，小拱棚春辣椒可在定植后再插拱架覆膜，温室多在秋季覆膜。覆膜后及时清除残株杂草，对棚室和土壤进行高温消毒和硫黄熏蒸，以杀菌灭虫。高温消毒一般在棚室夏季高温休闲时期进行，可直接浇透水后用地膜覆盖地面，密闭棚室消毒（见图10-153）。也可先在棚室地面铺撒3～5厘米长的秸秆碎段5～10厘米厚，每亩还可撒施腐熟、晾干、碾碎过筛的鸡粪3000千克、石灰200千克，然后深耕30厘米，放大水浇透后用地膜平面覆盖并压实，密闭棚室即可，一般需20～30天；硫黄熏蒸，一般每亩的

图10-153 地面覆盖薄膜高温消毒

棚室，用硫黄粉2～3千克加0.25千克敌敌畏，拌上适量锯末分堆点燃，密闭熏蒸一昼夜后通风即可；药剂消毒，可用50%多菌灵可湿性粉剂，每平方米1.5克撒施，可防治根腐病、茎腐病、叶枯病、灰斑病等（见图10-154）。

2. 整地施肥

要深耕细耙，施足基肥，以增加土壤的保水、保肥能力。每亩棚室施腐熟农家肥5000千克，过磷酸钙50千克（见图10-155）。均匀撒施后，深翻地面20～30厘米深，耙平地面后起垄或做畦（见图10-156）。冬春季节多用高垄或高畦栽培，而夏秋季节可采用平畦栽培。垄栽一般可采用大小垄的方式，即大行距70厘米，小行距55厘米，并在小行距两垄上覆盖一幅地膜。高畦一般畦宽80～100厘米，沟宽20～30厘米，畦高15～20厘米，畦面上可开小沟或铺设两道滴灌管以浇水，并覆盖地膜。平畦栽培时，一般畦宽120～150厘米，每畦栽4～5行（见图10-157）。

（四）定植

1. 定植时期

辣椒定植时要求棚室内最低气温在5℃以上，10厘米深处的地温稳定在12℃以上一周左右。同时辣椒秧苗应具有10片叶，茎粗0.3厘米左右，80%植株现蕾，高20厘米左右。

2. 定植方法

定植前用打孔器在铺有地膜的垄或畦面上按株距25～30厘米打定植孔或按行距开定植沟。定植时先将定植孔浇满水，再将秧苗放置于定植孔内，待水渗下后，覆土封孔，使苗坨与垄或畦面相平，子叶

图10-154　大棚内撒施药剂消毒

图10-155　翻耕土壤

图10-156　棚室施肥

图10-157　高畦开双行定植沟

图10-158 定植时苗坨与地面相平，
子叶距地面1厘米左右

距地面1厘米左右（见图10-158）。也可先在畦面开定植沟或定植穴，将秧苗按25～30厘米株距摆放在定植沟内，覆土平畦后再浇水（见图10-159、图10-160）。也可先将秧苗摆放在定植沟内，再浇水，待水渗下后覆土即可。

图10-159 定植沟内摆苗

图10-160 覆土后浇定植水

（五）定植后管理

1.春季管理

（1）棚室温度与光照调节 定植后要加强保温。为促进缓苗，定植后一周内可不通风，使棚室温度白天达到28～32℃，夜间18～20℃，大棚栽培时可加盖小拱棚增温。当心叶开始生长、缓苗结束后，要降低温度，使棚室温度达到24～28℃即可，超过30℃需在棚室顶部防风降温，防止高温危害。遇到寒潮时，及时在棚室外覆盖草苫保温（见图10-161）。进入开花期后，棚室白天温度以24～28℃为宜，尽可能不出现30℃以上高温，夜间以17～20℃为宜。若夜间气温高于20℃，秧苗易衰弱，而低于15℃易出现僵果。最好采用四段变温管理，即晴天白天上午23～28℃，下午25～26℃，前半

图10-161 温室前覆盖草苫保温

夜22～23℃，后半夜16～18℃，低温保持在20℃以上。春季前期光照条件较弱，要通过经常清洁棚膜、悬挂反光幕、人工补光、提前和延晚揭盖草苫等措施，增加棚室内的光照，促进辣椒植株生长和开花坐果。

（2）水肥的管理　在定植初期，为确保地温和蹲苗，应尽量少浇水，可根据幼苗长势用0.4%的磷酸二氢钾进行叶面施肥，以促进缓苗。缓苗后可根据土壤墒情，从地膜下暗沟或滴灌浇一次水，直到门椒膨大前不再浇水（见图10-162）。门椒开始膨大后选择晴天上午进行浇水，要小水勤浇，不可大水漫灌。根据植株生长状况随水追肥，每亩可用磷酸二铵10～15千克，或尿素15～20千克加硫酸钾8～10千克。此后每15～30天追肥一次，或每隔2～4水施肥一次，浇水后要及时通风排湿，防止湿度过高发生病害。

（3）植株调整　门椒坐果后向内伸长的长势较弱的分枝要尽早摘除，以增加植株的通风透光。在主要侧枝上的次级侧枝所结幼果在直径达到1厘米左右时，可根据长势，留4～6叶摘心。生长中后期长出的徒长枝也要摘除，以减少养分消耗，增加通风透光，防止植株早衰（见图10-163）。

（4）采收　由于鲜椒对成熟度的要求不十分严格，为了避免前期果实坠棵，要注意及时采收门椒和对椒。一般只要果实充分膨大、果面具有一定的光泽度即可采收，采收后及时浇少量水。通常首先把采下的辣椒放在塑料袋内，然后将辣椒运到棚室附近的荫棚中挑选、重新装袋，运往市场（见图10-164～图10-166）。

图10-162　畦面铺设滴灌管浇水

图10-163　摘除次级侧枝及弱枝

图10-164　把采下的辣椒放在塑料袋内

图10-165 挑选、重新装袋

图10-166 运往市场

2.夏季管理

（1）温度和光照的管理 夏季外界光照强、气温高，棚室栽培的温度和光照管理上以降温遮光为主。夏初要开放棚室两端的放风口昼夜通风，6月中旬以后棚室要加大通风，在棚室顶部覆盖遮阳网，大棚两侧可放裙风，每隔3米左右留1通风口（见图10-167）。温室可拆除前底角棚膜，开放后墙通风口。使白天棚温在25～30℃，夜间20～22℃，保持棚温不超过32℃。

（2）水肥管理 夏季高温高湿易使辣椒感染病毒病，同时大量降水容易产生水涝病害。所以夏季要合理浇水，科学施肥，促进发棵、封垄，使植株生长旺盛。定植时遇高温时节，蒸发量大，除浇足定植水外，还应连浇1～2水，以利迅速缓苗。缓苗后，为促进发棵，可追肥一次，每亩追施尿素10～15千克。门椒坐住后，既要保持植株的营养生长，又要促进开花坐果，需重施追肥，结合在根部培土，可每亩追施氮磷钾复合肥20～25千克，以后每采收1～2次，追肥一次浇水一次，以防植株早衰。6～8月份气温较高，浇水在早晚进行，以降低地温，防止病毒病的发生。暴雨后及时排水，避免棚室积水，产生涝害（见图10-168）。如遇高温降雨需用井水小浇降低土壤温度，随浇随排出棚室外。降雨多时土壤容易缺氧，辣椒表现叶色发黄时，要及时划锄放墒，增加土壤气体交换。同时给植株喷洒磷酸二氢钾，以提高植株的抗逆性。

图10-167 大棚两侧放裙风

图10-168 暴雨淹水后产生涝害

（3）保花保果　门椒、对椒开花结果时正值高温多雨季节，很容易出现落花落果的现象。为此，当有30%的植株开花时，就要用防落素20～30毫克/千克的药液进行喷花或涂抹花，每3～5天处理1次，要防止药液飞溅到幼嫩的茎叶上，产生药害。花期喷施磷酸二氢钾500倍液，也有较好的保花保果作用。

（4）病虫防治　夏季高温多雨，辣椒易发生病毒病和疫病，需及时防治蚜虫，减少病毒的传播，同时注意防治烟青虫、棉铃虫、红蜘蛛等害虫，可在棚室放风口覆盖纱网防止害虫的迁飞（病虫害的具体防治措施见第五节内容）。

3.秋季管理

（1）温度管理　秋季前期棚室内气温偏高，要加强通风或覆盖遮阳网降温，使棚室内温度白天控制在25～30℃，夜间15～18℃，此期若天气阴雨，要盖严棚膜防雨（见图10-169）。9月下旬后天气转凉，要撤去遮阳网，并在夜间关闭通风口棚膜保温。深秋以后，当夜温降到10℃以下时，应加盖草帘保温，使夜间棚室温度不低于15℃，以利于开花、授粉、坐果和植株生长。

（2）肥水管理　秋季定植后要浇足底水，缓苗期不用浇水，以后及时进行中耕。缓苗后出现缺水现象需进行小水浇灌，结合浇水每亩追施硫酸铵10千克促进植株生长。门椒坐果后，适当浇水，经常保持土壤湿润，以后随着气温逐渐降低、通风量减少，土壤水分散失速度慢，浇水间隔适当延长，但仍需保持土壤湿润。在施足基肥的基础上，可在初果期和盛果期各追肥1次，每亩追施氮磷钾复合肥10～15千克。在根际施肥的同时结合除虫灭病进行根外追肥，可喷施0.1%的尿素液、0.5%磷酸二氢钾溶液、微量元素等，促进植株生长和开花结果。

（3）植株调整　秋季棚室中生长的辣椒，生长旺盛、株型高大、枝条易折，为作业方便和便于通风透光，可用塑料绳吊枝或在畦垄外侧用竹竿水平固定植株，防止植株倒伏。对过于细弱的侧枝以及植株下部的老叶及无果侧枝可以疏剪，以节省养分，有利通风透光（见图10-170）。

图10-169　温室覆盖遮阳网降温

图10-170　植株吊蔓，去除下部侧枝及老叶

（4）及时采收　秋季辣椒在条件适宜时每个节都能坐稳果、挂果多。在盛果期，椒果从受精结实始20天就可达到青椒的商品要求，每隔3～5天可采收一批。结果后期温度低，果实需要25天以上才能达到商品要求，每隔7～10天可以采收一批。采收期可延续到11月中旬，要及时采收上市，以利下一批果实膨大，增加收获批数夺取高产。

4.深冬季节管理

（1）温度管理　冬季外界气温逐渐降低，棚室栽培温度的管理主要是进行防寒保温。在11月至12月上旬的冬季前期，草苫早揭晚盖，将白天温度控制在25～28℃、夜间18～20℃为宜，白天温度超过30℃要及时通风换气，夜间温度要保持在14℃以上。进入严寒时期，尤其在12月到翌年1月间，越冬栽培的辣椒正处于开花结果期，若温度过低易引起落花落果，即使坐果，由于温度太低，发育速度较慢，应做好防低温寒流工作，草苫适当晚揭早盖，有条件的地区可设置加热炉等加温（见图10-171）。地温对辣椒植株的生长和开花坐果有重要影响，整个冬季要保持地温在16℃以上。尤其进入1月份以后，植株地上枝叶繁茂，阳光直接照射到地面的数量明显减少，地温上升受到限制。如果遇有连阴天，地中贮热就要大量散失，地温会持续下降，时间一长根系就会变得衰弱，节间变短，不久又会出现结果过度的衰退现象。要通过整枝、摘叶，增加直射到地面的光量及覆盖地膜，适度提高地面温度（见图10-172）。

图10-171　暖气加热设施　　　　图10-172　地膜覆盖畦面提高地温

（2）光照管理　进入12月份以后，随着外界光照时间的缩短，光照强度变弱，有条件的地方可在棚室内张挂反光幕以改善光照，并经常清洁棚膜以增加透光率。连续阴冷天气后骤然转晴，不可急于揭苫，而应分次逐渐揭去草苫，若出现萎蔫，应进行回苫管理，直到植株恢复正常。

（3）水肥管理　冬季棚室内气温较低，蒸发量不大，应尽量少浇水。如干旱，浇水应在晴天上午进行，浇后扣严塑料薄膜，提高地温。下午通风，排出湿气，降低空气湿度。浇水应少，宜采用膜下暗灌或滴灌，不可大水漫灌。尤其在门椒坐住前，尽量不浇水，以免植株徒长，造成落花落果。门椒坐住后，结合浇水追施复合肥，每亩10～15千克。12月至翌年1月份一般不浇水，以保持较高地温和较低的空气湿度。可根据辣椒植株的长势，喷施0.1%的尿素或0.5%磷酸二氢钾溶液及微量元素等进行叶面追肥，促进其不断开花结果，提高结果率和品质，防止落花落果，减少畸形果的发生。

（4）植株调整　冬季棚室内光照较弱，为了增加群体的透光性，对植株要进行必要的调整。将门椒以下发生的侧枝及时打掉，对植株内部的弱枝、徒长枝及一些老叶、病叶及时摘除（见图10-173）。进行吊绳或搭架，将结果主枝吊起来，防止因果实坠秧而倒伏（见图10-174）。

图10-173　摘除下部枝条、老叶增加透光

图10-174　植株吊蔓

（5）采收　冬季辣椒市场价格较高，可适当抢早采收。在采收时，要注意及时摘除部分僵果、畸形果，避免坠秧。

五、病虫害防治

（一）病害

1.辣椒苗期猝倒病

【症状】猝倒病是辣椒苗期主要病害，全国各地均有发生，多是由育苗期管理粗放、温湿度不适引起的，早春育苗发病重。播种后开始发病，可引起烂种，出苗后子叶展平到两片真叶期发病重。开始时少数幼苗发病，幼苗染病，茎基部呈黄绿色水渍状，后很快转黄褐色并发展至绕茎一周，病部凹陷并缢缩干枯呈线状（见图10-175）。病部

图10-175　茎基部凹陷并缢缩干枯呈线状

自下而上扩展，多数幼苗子叶尚未凋萎就猝倒于床面，该病发病后多以病株为中心向外扩展蔓延，发病严重时常造成幼苗成片倒伏死亡。该病除为害辣椒、番茄、茄子等茄科蔬菜外，瓜类、白菜、甘蓝、萝卜、洋葱等蔬菜幼苗均能受害。

【发病规律】病菌以卵孢子随病残体在土壤中越冬，或在土中的病残组织和腐殖质上腐生生活。条件适宜时卵孢子萌发以游动孢子借雨水或灌溉水传播到幼苗上，从茎基部侵入。长期15℃以下低温、高湿、光照不足、通风不良、苗床管理不当等都极易引发猝倒病。在冬春育苗期遇连续阴雨、下雪或夏季播种后遇大雨，会引起猝倒病大发生。

【防治方法】

（1）农业防治　清洁田园，去除棚室内植株残体和杂草。加强苗床管理，选择避风向阳、地下水位高的地块作苗床，使用消毒灭菌的营养土或基质育苗。苗期适量喷施0.2%磷酸二氢钾和0.1%氯化钙等提高抗病力，并适当浇水、放风排湿。

（2）土壤消毒　利用化学药剂杀灭土壤中的病菌，一般在播种前15～20天，每平方米苗床用40%的拌种灵粉剂加50%福美双粉剂1∶1混合，或用40%拌种双粉剂每平方米用药8克，对细干土40千克，充分混匀后备用。播种前先浇透底水，待水渗下后，取1/3拌好的药土撒在床面上，播种后用余下的2/3药土覆盖，厚约1厘米。

（3）化学防治　发病初期及时拔除病苗，喷洒75%百菌清可湿性粉剂400倍液，或甲基托布津可湿性粉剂800～1000倍液，或64%杀毒矾400～500倍液。视病情隔7～10天用药1次，连续防治2～3次。药剂喷洒要在晴天中午进行，药液不要喷得过多以免出现高湿，反而造成病害。

2.辣椒病毒病

辣椒病毒病俗称花叶病，是由病毒引起的辣椒生产上最常见的病害之一，发病时会造成辣椒落花、落叶和落果，导致减产。引起我国辣椒病毒病的主要病毒有如下几种：黄瓜花叶病毒（CMV）、烟草花叶病毒（TMV）、马铃薯Y病毒（PVY）、马铃薯X病毒（PVX）、蚕豆萎蔫病毒（BBWV）、烟草蚀纹病毒（TEV）、番茄斑萎病毒（TSWV）、苜蓿花叶病毒（AMV）等。

【症状】辣椒病毒病田间症状十分复杂，主要表现花叶、黄化、坏死和畸形四种症状，花叶分为轻型和重型。轻型花叶叶片呈现轻微褪绿斑驳，叶片无明显畸形，植株不矮化，无落叶

图10-176　辣椒病毒病在果实呈现
深绿、浅绿或黄绿色花斑

现象；重型花叶叶片除了呈现严重的褪绿斑驳以外，叶片皱缩、凹凸不平、变小、变窄，有时茎丛生呈簇状，节间变短，植株矮化，果实呈现深绿、浅绿或黄绿色花斑，畸形，易造成落花、落果和落叶（见图10-176）；黄化：染病植株叶片明显退绿、黄化，出现枯死脱落。坏死：发病植株部分组织变褐坏死，叶面和茎部出现坏死条斑或环形斑驳，发病严重时，植株生长点坏死，造成枯顶（见图10-177，图10-178），引起落果，甚至造成植株死亡。畸形：发病植株严重变形，表现为节间变短、矮小，茎丛生，叶片扭曲变形，细长或呈线状，叶色多表现深浅相间的退绿斑驳，果实变小畸形，失去商品价值，同一植株常常多种症状并发，引起落花、落叶和落果（见图10-179）。

【发病规律】辣椒病毒病的传播途径主要是昆虫和农事操作中的接触。黄瓜花叶病毒、马铃薯Y病毒及苜蓿花叶病毒主要由蚜虫和蓟马传播。烟草花叶病毒可在干燥的病株残枝内长期生存，带毒卷烟、种子及土壤中带毒寄主的病残体可成为该病的初侵染源，田间农事操作造成的病、健植株接触传染是引起该病流行的重要因素。通常情况下，高温干旱、蚜虫和蓟马危害严重时，黄瓜花叶病毒危害较重，定植较晚，多年连作，低洼地，缺肥或施用未腐熟的有机肥，烟草花叶病毒的危害较重。

【防治措施】

（1）农业防治　选用抗病品种，如长剑、迅驰、37-76、辽椒18、辽椒19、红英达、红罗丹、奥黛丽等；采用护根育苗方法，减少伤根；农事操作时避免伤害植株，接触病株后及时用肥皂水冲洗手和工具；随时清除田间杂草，彻底消灭蚜虫、白粉虱等传毒昆虫，控制切断毒源。

（2）物理防治　晾干的种子置于70℃温

图10-177　辣椒病毒病使生长点坏死，造成枯顶

图10-178　病毒病造成的辣椒茎部条形坏死斑

图10-179　辣椒病毒病造成植株矮小，叶片扭曲变形，茎丛生

箱干热灭毒72小时。

（3）化学防治　种子消毒，用10%的磷酸三钠溶液浸种20分钟后，清水冲洗2～3次后催芽。发现感病立即喷药防治，可喷施20%腐霉利悬浮剂500倍液，或20%吗胍·乙酸铜可湿性粉剂600～700倍液，或38%菇类蛋白多糖可湿性粉剂600～700倍液，或10%三氮唑核苷可湿性粉剂800～1000倍液。以上药剂要交替使用，每6～10天喷1次，连喷4～5次。

3.辣椒疮痂病

图10-180　叶片呈现中间黄褐色，边缘暗绿色稍隆起的斑点

【症状】辣椒疮痂病又称为细菌性斑点病。主要危害叶片和茎，也可危害果实。叶片染病，初期呈现水浸状圆形黄绿色斑点，后呈不规则形，中间黄褐色，边缘暗绿色稍隆起，整个病斑呈疮痂状（见图10-180）。病斑多时融合成较大斑块，受害重的植株，引起叶片脱落；茎部染病，病斑呈水渍状不规则形的条斑或斑块，后木栓化隆起或纵裂呈疮痂状；果实染病，开始为褐色隆起的小黑点，后扩大为稍隆起的圆形或长圆形的墨绿色疮痂病斑。

【发病规律】该病为细菌性病害，病菌发育适温27～30℃，最高40℃，最低5℃。种子带菌是造成此病发生的首要原因，病原菌在种子上越冬，并成为初侵染来源。病菌及病株溢出的菌脓通过雨水飞溅在田间进行辗转传播，并通过寄主叶片上的气孔或伤口侵入，降雨和结露是侵入的条件，该病多发生在7～8月份高温多雨季节，连续阴雨天气条件下，极易暴发流行。潜育期一般为3～5天，种植过密、植株生长过旺地块发病重。该病除危害辣椒以外，还可侵染番茄、茄子等蔬菜作物。

【防治措施】

（1）农业防治　选择抗病品种，与非茄科蔬菜作物实行2～3年轮作。播种前进行种子消毒，可将种子清洗后在清水中浸泡6～8个小时，再用1%硫酸铜溶液浸种5分钟，取出用水洗净后催芽播种。培育壮苗，适时定植，定植后要注意控制氮肥用量，及时整枝防止植株生长过旺，设施内要加强通风降湿，防止棚内温湿度过高。

（2）化学防治　发病初期喷施和降雨后及时喷药防治，可选用20%噻菌铜（龙克菌）悬浮剂75～100克/亩，或3%的中生菌素可湿性粉剂800倍液，或2%春雷霉素液剂500倍液，或60%琥·乙磷铝（DT米）可湿性粉剂500倍液，或53%精甲霜·锰锌水分散粒剂500倍液加2.5%咯菌腈悬浮剂1200倍液，或50%氯溴异氰尿酸可溶性粉剂1200倍液，或60%琥铜·乙铝·锌可湿粉剂500倍液喷雾。每7～10天喷1次，连喷3～4次。

4.辣椒细菌性叶斑病

【症状】该病田间点片发生，以为害叶片为主。成株叶片发病，初生黄绿色不规则似油浸状斑点，病斑扩大后变为红褐色或深褐色至铁锈色，有的病斑呈膜质，大小不等（见图10-181）。干燥时，病斑多呈红褐色。该病在条件适宜条件下，扩展速度很快，一株上个别叶片或多数叶片

图10-181　叶片出现红褐色或深褐色至铁锈色病斑

发病，植株仍可生长，病情严重时植株叶片大部脱落。细菌性叶斑病病斑不规则，病健交界处明显，但不隆起，别于疮痂病。

【发病条件及规律】该病为细菌性病害，病菌生育适温25～28℃，最高35℃，最低5℃。当温度和湿度适宜时，病株大批出现且蔓延迅速，否则很难找到病株，系非连续性为害。棚室栽培若遇高温高湿易导致该病的发生，使辣椒大量落果、落花和落叶，对产量影响很大，该病病菌借风雨或灌溉水传播，从辣椒叶片伤口处侵入。与辣椒及十字花科蔬菜连作地块发病重，雨后易见该病蔓延，东北地区通常6月中旬开始发病，夏季高温多雨季节蔓延速度快，发病重，秋季气温降低，病害发生逐渐减少。

【防治措施】

（1）农业防治　与非十字花科和茄果类蔬菜实行2～3年的轮作；上茬作物收获后及时清除病残体；选用无病优良种子，播种前用种子重量0.3%的50%敌可松可湿性粉剂拌种消毒；定植前深翻土壤，平整土地，采用高垄（畦）栽培；生长过程中及时中耕松土和施肥，随时清除田间杂草；避免大水漫灌和田间积水；防止栽培设施内空气湿度过大，及时清除病叶并深埋或烧毁。

（2）化学防治　发病初期开始喷洒三氯异氰尿酸（治愈、通抑、细条安），每亩使用36%可湿性粉剂60～80克，或42%可湿性粉剂50～70克，或85%可溶性粉剂25～35克，加水30～45升喷雾。或47%春雷·王铜可湿性粉剂600倍液喷雾。

5.辣椒软腐病

【症状】辣椒软腐病主要为害果实，多在近果柄处发生。初生很小的水渍状暗绿色斑，后变褐软腐。果实内部组织腐烂、有异味，呈一大水泡状，俗称"一兜水"。病果多数脱落，少数果皮破裂后，内部液体流出，仅存皱缩的干枯表皮呈白色挂在植株上（见图10-182）。

图10-182　果实内部组织腐烂、有异味，呈水泡状

【发病条件及规律】该病为细菌性病害，病菌生育适温25～30℃，最高40℃，最低2℃。病菌随病残体在土壤内存活，成为翌年的主要初侵染源。在田间通过雨水飞溅和灌溉水进行传播。初染的青果潜伏期可达3天到3周，染病后病菌又可通过棉铃虫、烟青虫及风雨传播，造成病害在田间蔓延，该病在地势低洼，排水不畅、植株过密、氮肥使用量过多、虫害严重、伤口多、连续阴雨天气及棚室内湿度较大时发病重。该病除侵染茄科蔬菜作物以外，还可侵染十字花科蔬菜及葱类、胡萝卜、芹菜等蔬菜作物。

【防治措施】

（1）农业防治　与非茄科及十字花科蔬菜进行3年以上轮作；培育壮苗，适时定植，合理密植；防止田间积水。棚室栽培时要注意通风，降低棚室内空气湿度，及时摘除病果，深埋或烧毁；着重抓好钻蛀虫害防治，减少伤口发生。对于棉铃虫和烟青虫的防治可用5%的天然除虫菊素乳油800倍液或2%甲氨基阿维菌素苯甲酸盐可溶液剂5000倍液或1.8%阿维菌素乳油进行防治；实行配方施肥，合理施用氮肥，配合施用磷、钾肥。

（2）化学防治　辣椒结果期雨前、雨后及时喷药防治，可选用三氯异氰尿酸（治愈、通抑、细条安）36%可湿性粉剂60～80克，或42%可湿性粉剂50～70克，或85%可溶性粉剂25～35克，加水30～45升喷雾，或78%波·锰锌可湿性粉剂500倍液，或30%DT杀菌剂300倍液，或60%琥铜·乙铝·锌可湿粉剂500倍液喷雾进行防治。药剂要交替使用，每隔7～10天1次，连用2～3次。

6.辣椒疫病

【症状】辣椒疫病是辣椒最重要的真菌性病害，我国南北方蔬菜产区均有发生。除危害辣椒的根、茎、叶、花和果实外，还危害茄子、番茄、黄瓜、甜瓜等其他作物，常引起大片植株枯死，辣椒疫病对产量、品质影响极大，一般田块死株率为20%～30%，严重时减产50%以上，甚至造成毁灭性损失。

图10-183　成株分枝处产生黑褐水腐状病斑，全株枯死

幼苗染病嫩茎基部呈似水烫状、多呈暗绿色，逐渐变软腐烂，致上部倒伏，最后猝倒或立枯状死亡。成株染病多从茎基部或分枝处产生水浸状暗绿色病斑，后环绕茎表皮扩展呈黑褐水腐状病斑，稍凹陷，病部以上枝叶凋萎死亡，可造成全株枯死和折倒，湿度大时病部产生白色霉层（见图10-183）；叶部染病，产生暗绿色病斑，叶片软腐脱落；果实染病，多从蒂部发生，初为暗绿色水渍状不规则形病斑，边缘不明显，很快扩展至整

个果实，湿度大时表面产生白色稀疏粉状霉层，部分病果软腐失水干缩后挂在枝上（见图10-184）。

图10-184　果实染病后软腐失水干缩后挂在枝上

【发病条件及规律】该病为真菌病害，病菌生长发育适温24～26℃，最低8℃，最高35℃。病菌以卵孢子、厚垣孢子在病残体和土壤中越冬，其中土壤中病残体带菌率高，病菌可在土壤中存活2～3年，是最主要的初侵染源，种子内、外均可带菌。该病是典型的土传病害，田间传播主要靠灌溉水携带、水滴溅射、流水和接触传染。从气孔、伤口或表皮侵入植株，引起初侵染，温室中频繁浇水有利于病菌增殖和病害的传播。一般情况下，湿度条件是病害流行的限制因子，高温高湿的天气易造成病害流行，东北地区发病高峰期多在7～8月，9月以后随着气温下降病情减缓或停止。长期连作，土壤黏重、地面积水、通风透光差，管理粗放的地块发病重。

【防治措施】

（1）农业防治　选用抗病品种并进行种子消毒。种子消毒可先用清水浸种6小时，再放入1%硫酸铜溶液中浸泡5分钟，或浸在0.1%的高锰酸钾水溶液中5分钟，或浸在100倍福尔马林液中20分钟，然后用清水洗净进行催芽；清洁田园，实行合理轮作，避免与茄果类、瓜类蔬菜连作，尽量与葱、蒜等百合科非寄主作物轮作或间作；加强田间管理，培育无病壮苗，合理密植，高垄（畦）地膜覆盖栽培，遇连阴雨或暴雨时要及时排水，防止田间积水，及时清除杂草和病株。

（2）化学防治　在初花期和雨季到来之前，浇灌68%精甲霜·锰锌水分散粒剂600倍液，或77%硫酸铜钙可湿性粉剂500倍液，或25%甲霜灵可湿性粉剂600倍液，或77%氢氧化铜可湿性粉剂600倍液加70%甲基硫菌灵可湿性粉剂1000倍液进行预防。发病初期尤其是雨后立即喷施25%嘧菌酯悬浮剂1000倍液，或3%中生菌素可湿性粉剂800倍液，或70%丙森锌可湿性粉剂600倍液，或25%烯肟菌酯乳油900倍液。各种药剂交替使用，隔7～10天喷施1次，连续防治2～3次。

7.辣椒霜霉病

【症状】辣椒霜霉病田间症状与白粉病相似，有时需要借助镜检进行区分。该病主要为害叶片、叶柄及嫩茎。叶片染病，叶背有稀疏的白色霉层，正面通常无霉层，呈浅绿色不规则病斑，边缘不清晰，染病叶片稍向上卷，后期叶易脱落（见图10-185）。叶柄、嫩茎染病呈褐色水渍状，病部也现白色稀疏的霉层。

图10-185 叶背有稀疏的白色霉层，正面呈不规则病斑，叶片稍向上卷

【发病条件及规律】病菌以卵孢子越冬。病菌借助叶片表面水滴或水膜侵入寄主，该病菌潜入期较短，借风雨传播，在生长季节可进行反复再侵染，导致大流行。病菌适宜温度为20～24℃，相对湿度要求在85%以上。阴雨天气多，棚室管理粗放、通风不良，灌水过多发病重。

【防治措施】

（1）农业防治　选用抗病品种，实行2年以上的轮作；清洁田园，及时清除病残体；按配方平衡施肥，合理密植，保护地栽培时要注意通风，降低棚室内空气湿度。

（2）化学防治　发病初期开始喷洒25%嘧菌酯悬浮剂1500倍液，或90%三乙膦酸铝可湿性粉剂500倍液，或60%琥·乙磷铝可湿性粉剂500倍液，或60%氟吗·锰锌可湿性粉剂700倍液，防治1～2次。

8.辣椒炭疽病

炭疽病是高温季节辣椒上的常发病害，各地普遍发生，主要危害即将成熟的果实，叶和茎亦可受害。高温期强光下灼伤的辣椒果实极易并发炭疽病，使果实失去商品价值。

【症状】叶片染病，初期呈现水浸状褪绿斑，中央灰白色，边缘褐色，斑面长有轮纹状黑色小点。果实染病，初期呈现水浸状褐色病斑，长圆形或不规则形，病部凹陷，上面常隆起同心轮纹，密生黑色小点。空气湿度高时，病斑表面溢出黏稠物，果实内部半软腐。环境干燥时，病部组织失水变薄，呈膜状，易破裂。茎及果梗受害，生成不规则形褐色凹陷病斑，干燥时表皮易开裂（见图10-186）。

【传播途径和发病条件】病菌以分生孢子附于种子表面或以菌丝潜伏在种子内越冬，播种带菌种子便能引起幼苗发病。病菌还能以菌丝或分生孢子盘随病残体在土壤中越冬，成为下一季发病的初侵染菌源。越冬菌源在适宜条件下产生分生孢子，借助风雨传播，多由寄主伤口和表皮直接侵入，借助气流、昆虫、育苗和农事操作传

图10-186 果实病部凹陷，有隆起的同心轮纹，密生黑色小点

播并在田间反复侵染。调运未消毒的带菌种子，可以远距离传播此病害。

适宜发病温度12～33℃，最适温度27℃。空气相对湿度在87%～95%之间、温度适宜情况下，该病潜伏期3天，空气相对湿度54%以下不发病。高温高湿、地势低洼、土质黏重、定植密度大、通风不良、施肥不足或氮肥过多、管理粗放引起表面伤口，或因果实受日灼及病毒病发生较重的地块，会加重病害的侵染与流行。

【防治方法】

（1）农业防治　发病严重地块应与瓜类和豆类蔬菜实行2～3年轮作；选择抗病品种，采用无病株留种，减少初侵染菌源；播种前进行种子消毒，可用清水浸种6～8小时，放入1%硫酸铜溶液中浸泡5分钟后，用清水洗净再催芽，或者用68%精甲霜·锰锌水分散粒剂600倍液浸种半小时，带药催芽或直接播种；加强栽培管理：合理密植，采用配方施肥技术，适当增施磷、钾肥，促使植株生长健壮，提高抗病力，果实采收后，清除田间病果和病残体，集中烧毁或深埋以减少初侵染源，控制病害的流行；防止果实暴露在强光下，预防日灼。

（2）化学防治　发病初期喷洒咪鲜胺乳油1000倍液，或70%代森锰锌可湿性粉剂500倍液，或25%嘧菌酯悬浮剂1000倍液，或70%甲基托布津可湿性粉剂800倍液，或25%溴菌腈可湿性粉剂800倍液。7～10天1次，连续2～3次。

（二）虫害

1.蚜虫

蚜虫又叫蜜虫、腻虫，有无翅和有翅两种类型。蚜虫不但为害植株，还传播病毒病，是辣椒生长期间的主要害虫之一。近年来，随着设施蔬菜栽培面积不断扩大，蚜虫在辣椒上发生的危害日趋严重，给设施辣椒生产造成严重威胁。为害辣椒的蚜虫种类很多，主要有桃蚜、棉蚜、萝卜蚜、茄无网蚜等，其中桃蚜是辣椒生产中的主要害虫。

【为害特点】以成虫和若虫群集于叶片、嫩茎、花蕾、顶芽等部位，刺吸汁液，使叶片和嫩茎变黄、卷缩、畸形，影响正常开花结实，受害植株变得生长缓慢，矮小，甚至枯萎死亡（见图10-187、图10-188）。蚜虫为害时排出大量水分和蜜露，滴落和覆盖在叶片和果实上，诱发污霉病，使植株正常生理机能受到障碍，严重影响辣椒产量和品质。

图10-187　叶片和嫩茎变黄、卷缩、畸形

【形态特征】同大白菜蚜虫。

图10-188　成虫和若虫群集于叶片、
顶芽等部位，刺吸汁液

图10-189　成虫、若虫群居叶背吸食汁液

图10-190　分泌大量蜜露，容易诱发污霉病

【生活习性】蚜虫的繁殖力很强，一年能繁殖10～30个世代，多的可达40代，世代重叠现象突出。蚜虫主要以卵在越冬作物上越冬，温室等保护地设施内无明显越冬现象，可全年繁殖和为害。蚜虫产生的有翅蚜，在不同地区、不同作物和不同设施间迁飞，传播繁殖速度很快，温暖且较为干燥的季节蚜虫为害重，因此，北方地区常在春末夏初及秋季各有一个为害高峰。蚜虫对黄色、橙色有很强的趋向性，银灰色有避蚜作用。

【防治方法】

（1）农业防治　清除田间及其附近的杂草，减少虫源；采用银灰色地膜覆盖避蚜栽培；悬挂黄板诱杀有翅蚜；棚室栽培时，在风口处增设30目防虫网，主防蚜虫，兼防白粉虱、棉铃虫、甜菜夜蛾等迁飞害虫。

（2）化学防治　在初发阶段，用70%吡虫啉水分散粒剂10000～12000倍液，或20%吡虫啉可湿性粉剂3000～4000倍液，或10%吡虫啉可湿性粉剂1500～2000倍液，或25%噻虫嗪水分散粒剂6000～7000倍液，或25%吡·辛乳油1500倍液，每隔7～10天1次，连续2～3次。

2.温室白粉虱

温室白粉虱俗称小白蛾子，是棚室蔬菜生产上的重要害虫，现为害范围几乎遍布全国，严重发生时可使作物减产40%～60%。

【为害特点】以成虫、若虫群居叶背吸食汁液，被害叶片褪绿、变黄、萎蔫，甚至全株枯死（见图10-189）。由于白粉虱繁殖力强、繁殖速度快，在棚室内如得不到有效控制，种群数量迅速增加，并分泌大量蜜露，容易诱发污霉病大发生，严重污染叶片和果实，使蔬菜失去商品价值（见图10-190）。

【形态特征】见图3-74。

【生活习性】白粉虱一般以卵或成虫在杂草上越冬，繁殖适温18～25℃，在北方冬季室外不能存活。该虫世代重叠严重，在日光温室内可以以各种虫态越冬并持续为害栽培作物，约1个月完成一代，一年可发生10余代。白粉虱对黄色有强烈趋性，成虫有趋嫩性，在寄主植物打顶以前，成虫总是随着植抹的生长不断追逐顶部嫩叶产卵，因此白粉虱在作物上自上而下的分布为：新产的绿卵、变黑的卵、初龄若虫、老龄若虫、伪蛹、新羽化成虫。虫卵多产于叶片背面，以卵柄从气孔插入叶片组织中，与寄主植物保持水分平衡，极不易脱落。在北方由于温室和露地蔬菜生产紧密衔接和相互交替，温室内的白粉虱，通过温室开窗通风或菜苗向露地移植而使粉虱迁入露地，是露地春季蔬菜上的虫源。白粉虱的种群数量，由春至秋持续发展，夏季的高温多雨抑制作用不明显，到秋季数量达高峰，集中为害瓜类、豆类和茄果类蔬菜。

【防治方法】白粉虱繁殖速度快，世代重叠，应以早防为主，采取综合防治的措施。另外，由于白粉虱繁殖速度快，且迁移传播，在整个生产区域内应进行统防统治，以提高总体防治效果。

（1）农业防治　培育无虫苗，育苗前彻底清除棚室内杂草和残株，进行棚室消毒，并利用防虫网进行隔离，控制外来虫源；棚室内不要将辣椒与黄瓜、番茄、茄子、菜豆等作物混栽，防止相互传播蔓延；利用白粉虱强烈趋黄性，全生育期悬挂黄板诱杀成虫；采用人工饲养和释放丽蚜小蜂可防治白粉虱。

（2）化学防治　在白粉虱零星发生时喷洒70%吡虫啉水分散粒剂10000倍液，或20%吡虫啉可湿性粉剂3000倍液，或2.5%溴氰菊酯乳油2000倍液，25%噻嗪酮可湿性粉剂1500倍液，或20%氰戊菊酯乳油2000倍液，或1.8%阿维菌素乳油4000倍液。10天左右1次，连续防治2～3次。

3.棉铃虫和烟青虫

【寄主】棉铃虫和烟青虫食性很杂，寄主很广。在蔬菜上主要为害番茄、辣椒、茄子、南瓜、甜瓜、西瓜、豆类、甘蓝、白菜等。棉铃虫和烟青虫的食性有偏嗜性，棉铃虫为害番茄，不在辣椒上产卵，烟青虫可在番茄上产卵，但幼虫极少存活，幼虫主要为害辣椒。

【形态特征】① 棉铃虫：成虫体长14～18毫米，翅展30～38毫米，灰褐色。卵直径约0.5毫米，半球形，乳白色，具纵横网络。老熟幼虫体长30～42毫米，体色变化很大，由淡绿至淡红至红褐乃至黑紫色。头部黄褐色体表布满小刺，其底座较大。蛹长17～21毫米，黄褐色。② 烟青虫：烟青虫成虫体长15～18毫米，翅长24～33毫米，体色较黄，腹部黄褐色，腹面一般无黑色磷片。老熟幼虫体长40～50毫米，体表密布不规则的小斑块及圆锥状短而钝的小刺。蛹赤褐色，长约17～20毫米。

【为害特点】棉铃虫和烟青虫均以幼虫蛀食蕾、花、果为主，也可为害嫩茎、叶和芽，但主要为害形式是幼虫钻入果内蛀食，蛀孔常因病菌侵入而造成脱落和腐烂，1头幼虫一生可为害3～5个果（见图10-191、图10-192）。花和花蕾受害可引起大量脱落。

图10-191 幼虫蛀食幼果形成蛀孔

图10-192 幼虫钻入果内蛀食

【生活习性】

（1）棉铃虫 在我国由北向南1年发生3～7代，在辽宁、河北北部、内蒙古、新疆等地1年发生3代，华北4代，长江以南5～6代，云南7代，世代重叠，以蛹在寄主植物根际附近的土中越冬。在长江流域5～6月第1代、第2代是主要为害世代。华北地区6月下旬至7月第2代是主要为害世代。东北南部7月、8月上旬至9月上旬的第2代、第3代是主要为害世代。棉铃虫属喜温喜湿性害虫，气温稳定在20℃和5厘米地温稳定在23℃以上时，越冬蛹开始羽化。成虫产卵适温23℃以上，20℃以下很少产卵。幼虫发育以25～28℃和相对湿度75%～90%最为适宜。在北方以湿度对幼虫发育的影响更显著，当月雨量在100毫米以上，相对湿度60%以上时，危害较重；当降雨量在200毫米、相对湿度70%以上，则危害严重。但雨水过多，土壤板结，不利于幼虫入土化蛹并会提高蛹的死亡率。此外，暴雨可冲刷棉铃虫卵，亦有抑制作用。成虫需取食蜜源植物补充营养，第一代成虫发生期与辣椒、番茄、瓜类等作期物花期相遇，加之气温适宜，因此产卵量大增，使第二代棉铃虫成为最严重的世代。棉铃虫成虫昼伏夜出，白天躲藏在隐蔽处，黄昏开始活动。成虫有趋光性和趋化性，对新枯萎的杨树枝叶等有趋性。

（2）烟青虫 生活习性与棉铃虫相似，但发生期略晚于棉铃虫。在各地发生代数也少于棉铃虫，在东北地区1年发生2代，华北2～3代，西北、云贵、华中地区及上海年发生4～5代。

【防治方法】

（1）农业防治 早、中、晚熟品种要搭配开，避开二代棉铃虫的为害；提倡使用防虫网隔离，频震式杀虫灯诱杀成虫，以防止和减少外界成虫到设施内产卵；成虫产卵高峰后3～4天及6～8天喷洒Bt乳剂或苏芸金杆菌或核型多角体病毒，使幼虫感病而死亡，连续2次，防效最佳。

（2）化学防治　关键是要在孵化盛期至2龄高峰期用药，此时，幼虫尚未蛀入果内，能达到较好的防治效果，可选药剂有：5%天然除虫菊素乳油800倍液，或4.5%高效氯氰菊酯1000倍液，或2%甲氨基阿维菌素苯甲酸盐可溶液剂5000倍液，或1.8%阿维菌素乳油5000倍液。

4.甜菜夜蛾

甜菜夜蛾又叫又名贪夜蛾、白菜褐夜蛾、玉米夜蛾，是一种世界性分布、间歇性大发生的以危害蔬菜为主的杂食性害虫。近年来，设施蔬菜面积的迅速发展，为蛹在北方越冬提供了条件，造成该虫南北方全年发生。目前，甜菜夜蛾已成为棚室蔬菜栽培秋季常发的重要害虫，危害日趋严重。

【特征特性】同大白菜甜菜夜蛾。

【为害特点】初孵化的幼虫群集叶背，拉丝结疏松网，在网内咬食叶肉，只留下表皮，受害部位呈网状半透明的窗斑小孔，干枯后纵裂。幼虫稍大后即分散活动，4龄后白天潜于植株下部或土缝，傍晚移出取食为害（见图10-193）。将叶片吃成孔洞或缺刻，严重时，可吃光叶肉，仅留叶脉，甚至剥食茎秆皮层（见图10-194）。幼虫可成群迁移，3龄以上幼虫钻蛀青椒、番茄等果实，造成落果、烂果。

图10-193　大龄幼虫取食　　　　　　图10-194　叶片出现孔洞或缺刻

【生活习性】甜菜夜蛾在我国华北地区一年发生3～4代，长江流域5～6代。长江以北地区以蛹在土中越冬，当土温升至10℃以上时，蛹开始孵化，在长江以南区域无明显越冬现象，可周年繁殖为害。在北方，全年多以7月以后发生严重，辽宁省每年6～7月始见甜菜夜蛾成虫，8～9月发生为害重。成虫昼伏夜出，取食花蜜，具强烈的趋光性。卵产于叶片、叶柄或杂草上，卵块单层或双层，上覆白色毛层，卵期3～6天。幼虫5龄，少数6龄，3龄前群聚为害，3龄以后分散为害。4龄以后昼伏夜出，食量大增，稍受震扰落地，具有假死性。当数量大时，有成群迁移的习性。幼虫当食料缺乏时有自相残杀的习性。老熟后入土作室化蛹。甜菜夜蛾在菜田内的发生情况以卵和幼虫在甘蓝上的数量最多，比较嗜好在甘蓝、白菜等十字花科植物上产卵和取食。

【防治方法】

（1）农业防治　深翻土壤，消灭土壤内越冬蛹；春季虫卵孵化季节清除棚室周围田间杂草，消灭杂草上的低龄幼虫；结合田间管理，摘除虫卵和低龄幼虫群集的叶片。提倡使用防虫网隔离，以防止和减少外界成虫到设施内产卵；可用糖醋液和杨树进行诱蛾后再集中消灭；利用黑光灯诱杀成虫，在起到防治目的的同时，还可根据诱到成虫的数量变化，准确预测田间落卵及幼虫孵化情况，为及时防治提供依据；在成虫产卵盛期至低龄幼虫期喷洒25%灭幼脲3号悬浮剂1000倍液，或喷洒Bt乳剂300倍液，或0.5%印楝素乳油800倍液，或10%虫螨腈悬浮剂1000倍液。有条件的也可释放赤眼蜂防治甜菜夜蛾，在赤眼蜂产卵初期每亩释放澳洲赤眼蜂1.5万头，放蜂7天后卵寄生率在80%左右。

（2）化学防治　药剂防治最好选择在无露水的早上或傍晚进行。幼虫3龄前，选晴天早上或傍晚喷洒0.5%甲胺基阿维菌素苯甲酸盐乳油加水稀释1000倍液，或15%茚虫威悬浮剂3000倍液，或20%虫酰肼悬浮剂1000倍液，或10%溴虫腈悬浮剂3000倍液，或2.5%多杀菌素悬浮剂1000倍液，或20%虫酰肼悬浮剂1500倍液。喷药时应重点喷洒叶片背面，植株下部及地面等容易藏匿害虫的部位，施药要均匀全面，并注意交替使用各种农药，避免产生抗药性。

5.茶黄螨

茶黄螨又名侧多食跗线螨、黄茶螨、茶半跗线螨、茶嫩叶螨，是辣椒栽培中的常见虫害，在全国各地均有发生，其中以华北、长江以南地区受害较重。因其虫体很小，仅为0.2毫米左右，肉眼难以识别，为害植株常被误认为病毒病和激素药害。

【特征特性】同茄子茶黄螨。

【为害特点】以幼螨和成螨集中在寄主的嫩茎部位，尤其是尚未展开的叶、芽和花器上，以刺吸式口器吸取植物汁液为害，可为害叶片、嫩茎、花蕾和果实。叶片受害，变小变窄，叶缘向背面扭曲成畸形，呈僵直状，叶脉呈"之"字形，受害叶片背面呈明显的油脂光泽，幼叶受害，则表现为叶缘向下弯曲，黄褐色至灰褐色，叶片呈纵向卷曲（见图10-195）；花器受害，花蕾畸形，严重时不能开花，造成落花落果；果实受害，果柄及果实无光泽，黄褐色，表皮粗糙、僵硬、木栓化，失去商品价值和食用价值（见图10-196）。受害严重的植株，生长点坏死，顶部干枯。

【生活习性】南方地区及北方日光温室辣椒种植，全年都可发生，但冬季繁殖力较低。在北方，冬季主要在温室内越冬，少数雌成螨可在农作物或杂草根部越冬。以两性生殖为主，也能孤雌生殖，但未受精卵孵化率低，卵散产于辣椒嫩叶背面、幼果凹处，或幼芽上，经2～3天孵化，幼螨期为2～3天，若螨期2～3天。幼螨在脱下的卵壳附近取食，随着个体生长发育，活动能力逐渐增强。

图10-195　叶片背面呈明显的油脂光泽　　图10-196　果柄及果实无光泽，表皮粗糙、僵硬

若螨期停止取食，静止不动。成螨活泼，尤其雄螨，当取食部位变老时，立即向新的幼嫩部位转移，并携带雌若螨，后者在雄螨体上脱一次皮变为成螨后，即与雄螨交配，并在幼嫩叶上定居下来。茶黄螨发育繁殖的最适温度为16～23℃，相对湿度为80%～90%。因此，温暖多湿的环境利于茶黄螨的发生。北方地区在伏天潮湿条件下易发生茶黄螨，而温室中如通风不良、空气潮湿，也会引发茶黄螨危害。

【防治方法】茶黄螨生活周期短、繁殖力强，应特别注意早期防治。辣椒第一次用药时间应选择在每年的5月底到6月初，每隔7～10天防治1次，连续3次，可控制为害。常用药剂及浓度：0.5%印楝素乳油800倍液，或1.8%阿维菌素乳油4000倍液，或0.2%苦参碱水剂400倍液，或25%吡·辛乳油1000倍液，或20%哒·螨醇可湿性粉剂1500倍液。施药重点是嫩茎、嫩叶背面、花和幼果。

第十一章

Chapter

11

棚室瓜类蔬菜栽培技术

本章介绍黄瓜、西瓜、西葫芦、苦瓜棚室栽培技术。

第一节　黄瓜

黄瓜起源于喜马拉雅山南麓的热带雨林地区，为葫芦科黄瓜属1年蔓生草本植物，在我国已有2000多年的栽培历史。黄瓜食用方便，富含维生素A、维生素C以及多种有益矿物质，是我国的主栽蔬菜作物之一。近年来，随着我国农业产业结构调整及经济的快速发展，我国棚室黄瓜的栽培状况也发生了很大的变化，面积迅速扩大，品种更加丰富，栽培茬口划分更加细致，并实现了周年生产。棚室黄瓜已占到了目前黄瓜种植面积的42%左右，其中大棚面积约为23%，节能日光温室面积约为17%，玻璃日光温室约为2%。下面介绍一下我国主要蔬菜产区的棚室黄瓜栽培技术。

一、特征特性

黄瓜原产于热带潮湿森林地带，生长于有机质丰富的土壤和多雨的环境中，形成了根系较浅、叶片较大、喜温、喜湿和耐弱光的特征特性。

（一）形态特征

1.根

黄瓜的根分为主根、侧根和不定根。由于受育苗移栽和栽培条件的影响，主要分布在根际半径30厘米、深20厘米的耕层内，以5厘米土层分布最多。黄瓜根量少、分布浅、木栓化早、再生能力差、对氧要求严格、喜湿怕涝、喜肥而吸肥能力差、不耐低温又怕高温。因此栽培过程中要注意保护根系，保持土壤疏松，不断补充肥水，而且要小水勤灌，不能灌大水，施肥量也不宜过大。

2.茎

茎蔓性，一般长2～2.5米，最长可达7～8米以上，茎粗约1厘米，中空，抗风力差。茎上有卷须，可缠绕。栽培中一般需支架，并及时绑蔓固定。茎的分枝能力因品种而异，多数品种分枝能力弱，一些晚熟品种侧枝较多，需进行植株调整。见图11-1。

3. 叶

叶有子叶和真叶。子叶瓣状，真叶掌状。单叶叶面积较大，一般约400厘米^2，大者可达600厘米^{2}左右。叶片薄而柔嫩，表皮生有刺毛，蒸腾作用强。见图11-2。

4. 花

花生于叶腋间，基本为雌雄异花同株，也有部分雌雄异株类型，偶尔出现两性完全花。雄花多簇生，雌花多单生，也有双生、三生的。通常雌花出现早晚、雌雄花的比例、品种间有差异，更主要是受环境影响。磷充足、夜温低、短日照、高二氧化碳浓度对雌花有利。见图11-3～图11-5。

图11-1　黄瓜茎蔓

图11-2　黄瓜叶片

图11-3　黄瓜两性花

图11-4　盛开的黄瓜雌花

图11-5　盛开的黄瓜雄花

5. 果实和种子

果实为瓠果，长棒形，具有单性结实功能。果面平滑或有棱、瘤、刺，刺有黑白之分。幼果多为绿色，少数品种为黄色或白色。老熟瓜一般黄白色，有的具网纹（见图11-6），有的颜色均匀。果实的生长受环境条件的影响，若条件不适，营养不良会形成大肚、长把、尖嘴、弯曲、留肩等畸形果。

6.种子

一般每个果实内含100～300粒种子。种子扁平，长椭圆形，黄白色，千粒重25～40克，寿命5年，使用年限2～3年。见图11-7。

图11-6 具网纹的成熟果实

图11-7 黄瓜种子

（二）生育周期

黄瓜生育周期包括四个时期，即发芽期、幼苗期、抽蔓期和结果期。

1.发芽期

本期由播种后种子萌动到第一真叶出现，约需5～6天。本期应给予较高的温湿度和充分的光照，同时要及时分苗，以利成活，并防止徒长。见图11-8。

2.幼苗期

从真叶出现到真叶4～5片左右的定植期为止，约30天以上。本期分化大量花芽，为黄瓜的前期产量奠定了基础。本期营养生长与生殖生长同时并进，在温度与水肥管理方面应本着"促""控"结合的原则来进行。从生育诊断的角度来看，叶重/茎重比要大，地上部重/地下部重比要小。由于本期扩大叶面积和促进花芽分化是重点，所以首先要促进根系的发育。见图11-9。

图11-8 种子发芽

图11-9 黄瓜幼苗

3.抽蔓期

定植后到根瓜坐住为抽蔓期,一般10～25天。一般株高0.4～1.2米,已有7～15片真叶(图11-10)。此期根系进一步发展,节间开始加长,叶片变大,有卷须出现,有的品种开始发生侧枝,雄花、雌花先后出现并陆续开花。抽蔓期是以营养生长为主、由营养生长向生殖生长过渡的阶段,栽培上既要促进根系和叶片生长,又要使瓜坐稳,防止徒长和化瓜。

4.结果期

本期由第一果坐住,经过连续不断地开花结果,到植株衰老、开花结实逐渐减少,直至拉秧为止。结果期的长短是产量高低的关键所在,因而应千方百计地延长其结果期。本期由于不断结果、不断采收,对于物质的消耗很多,所以一定要保持最适的叶面积指数,群体要达到最高程度的干物质产量。总之,本着在生育诊断方面,要以瓜秧并茂、久而不衰和立体结果为标准。见图11-11。

图11-10 抽蔓期植株

图11-11 结果期

(三)花芽分化和性型分化

黄瓜的花芽分化开始于发芽后10日左右,当第1叶展开时生长点已分化12节,其中除最上三节外,各叶腋均已花芽分化,但性型尚未决定。当第2叶展开时叶芽已分化至第14～16节,同时第3～5节花的性型已决定。到第7叶展开时,第26节叶芽已分化,花芽分化至第23节,同时第16节花的性型已决定。

1.性型决定的外因

(1)温度与性型决定的关系 温度的作用主要是夜间的低温。在第1叶到第4～5叶,即子叶展开后10～30天中进行低温处理(14～15℃),便可达到增加雌花数目和降低雌花节位的目的。

(2)日照与性型决定的关系 8小时的短日照对雌花的分化最为有利;5～6小时的日照虽有促进雌花发生的效果,但不利于黄瓜的生育;12小时以上的长日照反而有促进雄花发生的作用。短日处理的时间和期限，同低温处理。

（3）水分条件与性型决定的关系　空气湿度和土壤含水量高时，有利于雌花的形成。

（4）施肥与性型决定的关系　氮和磷分期施用有利于雌花的形成，但分期施用钾肥时，反而利于雄花的形成。

（5）气体条件与性型决定的关系　二氧化碳在空气中的含量增加时，可以抑制呼吸作用，促进雌花的分化。二氧化碳含量高时，可提高光合产量，增加雌花的数量。此外乙烯也有增加雌花的功效。

（6）激素与性型决定的关系　2,4-D（100～200毫克/升）、乙烯利（200～500毫克/升）、萘乙酸（10毫克/升）、吲哚乙酸（500毫克/升）、矮壮素（500～2000毫克/升）、氯芬酚（1000毫克/升）、吲哚丁酸（25毫克/升）等激素均能促进雌花的分化。

2. 性型决定的内因

黄瓜雌雄性的决定，除受遗传性支配外，还决定于营养物质累积的多少。当光合还原作用占优势时，呼吸消耗少而光合合成量多，有利于雌花分化；碳氮比率高，或者加强营养生长的激素含量少，营养生长不过盛，生殖生长占优势时也有利于雌花的分化；另外降低酶的水解活动，便可节省大量同化物质，也有利于雌花形成。所以说黄瓜性型决定的内因取决于植株营养状况。

总之，要想多收瓜，首先必须多生雌花。为此，除了选择节成性强的品种外，应根据上述内外因素，并集中于营养物质积累这个中心环节，在苗期从温度、日照、水分、肥料和气体方面进行处理，培育出具有大量雌花的壮苗，为早熟丰产打下良好基础。

二、对生活环境的要求

1. 温度

黄瓜适宜的生长温度是18～30℃，在光照不足、湿度较低、营养不足，尤其是二氧化碳浓度过低时，必须相应地降低温度。黄瓜植株同化产物运转在16～20℃较快，15℃以下停止。地温低于8℃，根系停止生长。气温-1℃以下或45℃以上可致死。

2. 光照

黄瓜属短日照作物，短日照有利于雌花形成，但对光合生产不利，一般以8～11小时为宜。黄瓜比较耐弱光，其光饱和点为5.5万勒克斯，光补偿点为1500勒克斯，但在温度高、二氧化碳浓度也高时，光饱和点会显著提高，2万勒克斯以下光照不利高产。

3. 水分

黄瓜对水分极为敏感，喜湿怕涝，一般要求空气相对湿度85%～95%，土壤含水量达到田间持水量的70% ~ 80%为宜。一味降低湿度对黄瓜的生长是不利的。

4.气体

主要是二氧化碳、氧气和有毒气体。在正常条件下，空气中二氧化碳浓度在50 ~ 1000毫克/升范围内，黄瓜的光合作用随二氧化碳的浓度升高而增强。氧气含量与根系的发育和吸收功能密切相关，土壤空气中含氧量越高，对矿质营养的吸收能力越强。有害气体主要是氨气、亚硝酸气、二氧化硫气等。

三、品种选择

根据当地的消费习惯或生产的黄瓜销往城市居民的消费习惯，选择黄瓜是否密刺、颜色深浅、把柄的长短等特征，选择适销对路的品种；选择黄瓜品种时，最重要的是要考察品种的商品性与适应性。黄瓜商品性状差别较大，有果形瘦长、果色深绿的华北型黄瓜，有果型粗短、果色浅绿的华南型黄瓜，还有光滑无刺、果色亮绿的欧洲类型黄瓜。应选择商品性状符合当地市场需求的品种，才能销售顺畅、售价较高。

根据茬口选择品种的属性，一般越冬茬栽培应选择耐寒性强、早熟、早中后期产量均高的品种，冬春茬栽培应选择苗期耐寒性强、早熟前期产量高的品种，秋冬茬栽培应选择苗期耐热、结瓜期耐低温的中晚熟品种等。

（一）华北类型黄瓜品种

1.津绿3号

由天津市黄瓜研究所育成的一代杂种。植株生长势强，叶片深绿色，主蔓结瓜为主，第一雌花着生在主蔓第4节左右。瓜长棒状，长30厘米左右，单瓜重约150克，瓜皮深绿色，密生白刺，瘤明显，质脆，品质优（图11-12）。耐低温、弱光，抗枯萎病、霜霉病、白粉病。从播种至始收需60 ~ 70天。每亩产量6000千克左右。适宜日光温室越冬茬栽培。

图11-12 黄瓜品种津绿3号

2.中农26

由中国农科院蔬菜花卉研究所选育。中熟，植株生长势强，分枝中等，叶色深绿，主蔓结瓜为主。早春第一雌花着生在主蔓第3 ~ 4节，节成性高。瓜色深绿，有光泽，腰瓜长约30厘米，瓜把短，心腔小，果肉

图11-13 黄瓜品种中农26

图11-14 黄瓜品种津优35

图11-15 黄瓜品种绿园1号

绿色，商品瓜率高，多刺，瘤小，无棱，微纹，质脆味甜（图11-13）。抗白粉病、霜霉病，中抗枯萎病，耐低温弱光，适宜日光温室栽培。越冬温室生产每亩产量10000千克以上。

3. 津优35

由天津科润黄瓜研究所育成的一代杂种。植株生长势较强，叶片中等大小，以主蔓结瓜为主，第1雌花着生在主蔓第4节左右。瓜条顺直，瓜把短，果皮深绿色，有光泽，刺密，瘤中等大，商品瓜长32～34厘米，单瓜重200克左右（图11-14）。中抗霜霉病、白粉病、枯萎病，耐低温、弱光，适于日光温室冬春茬及早春茬栽培。日光温室冬春茬栽培每亩产量10000千克以上。

4. 绿园1号

由辽宁省农科院蔬菜研究所育成的一代杂种。2006年通过辽宁省非主要农作物品种备案办公室备案。植株生长势强，叶片深绿色，主蔓结瓜为主，第一雌花着生在主蔓第3～4节。瓜长棒状，顺直，商品瓜长33厘米左右，刺瘤明显，瓜把中短，瓜皮深绿色，均匀（图11-15）。抗病毒病、枯萎病，中抗霜霉病，耐低温弱光性好。每亩产量6000千克以上。适宜日光温室早春茬、塑料大棚春茬栽培。

5. 津优10

由天津市黄瓜研究所育成的一代杂种。2001年通过天津市科委组织的专家鉴定。植株生长势强，主蔓结瓜为主，第一雌花着生在主蔓第4节左右。瓜棒状，顺直，长36厘米左右，粗3厘米左右，单瓜重约160克，刺瘤中等，口感清香、脆嫩（图11-16）。生长前期耐低温，后期耐高温，抗枯萎病、霜霉病、白粉病。每亩产量7000千克以上。适宜塑料大棚春茬及秋茬栽培。

6.津优1号

由天津市黄瓜研究所育成的一代杂种。1999年获天津市科技进步二等奖。植株生长势强，株型紧凑，叶片深绿色，主蔓结瓜为主，第一雌花着生在主蔓第4～5节，雌花节率25%，回头瓜多。瓜长棒状，顺直，长36厘米左右，瓜把短，单瓜重约250克，多刺，刺瘤显著，瓜肉浅绿色，质脆（图11-17）。耐低温弱光，较抗枯萎病、霜霉病、白粉病。每亩产量5000～6000千克。适宜塑料大棚秋茬及小拱棚栽培。

7.津优48

由天津科润黄瓜研究所育成的一代杂种。植株长势强，叶片中等大小，叶色深绿，主蔓结瓜为主，第一雌花着生在主蔓第4节左右，雌花节率40%左右。瓜条棒状，顺直，瓜色油亮，瓜条长35厘米以上，瓜把短，无黄头，瓜条整齐度好，畸形瓜较少（图11-18）。高抗枯萎病，抗霜霉病、白粉病、病毒病等病害。适宜露地春季及塑料大棚秋季栽培，每亩产量约6000千克。

8.绿园4号

由辽宁省农科院蔬菜所育成的一代杂种。植株生长势强，主蔓结瓜为主，第一雌花着生在主蔓第4～6节，雌花节率30%～40%。商品瓜长30～33厘米，瓜把短，果实亮绿，果色均匀，无黄头，刺瘤显著，无棱，

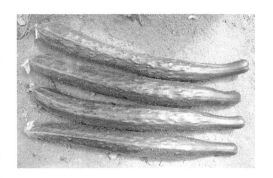

图11-16　黄瓜品种津优10

图11-17　黄瓜品种津优1号

图11-18　黄瓜品种津优48

图11-19　黄瓜品种绿园4号

图11-20　黄瓜品种中农16

图11-21　黄瓜品种京研2366

质脆味甜，风味品质好（图11-19）。抗霜霉病、白粉病、病毒病等病害。性型分化对环境条件不敏感，适宜露地春季、秋季及塑料大棚秋季栽培。早熟性好，春季露地栽培每亩产量6000千克左右。

9. 中农16

由中国农业科学院蔬菜花卉研究所育成的一代杂种。植株生长势强，早熟，从播种到始收52天左右。瓜条长棒形，瓜长28～35厘米，横径3.5厘米，瓜色深绿，有光泽，单瓜质量200克左右，刺瘤较小，刺较少，口感甜脆（图11-20）。抗细菌性角斑病、白粉病、霜霉病、枯萎病、黄瓜花叶病毒病等多种病害。适于塑料大棚春、秋季及露地春季栽培。露地春季栽培每亩产量6000千克左右。

10. 京研2366

由北京农林科学院蔬菜中心选育。雌花节率高，长势强。商品瓜长30厘米以上，瓜把短，果色深绿、有光泽，刺瘤中等，商品性好（图11-21）。耐低温弱光性好，中抗霜霉病、白粉病，适宜温室及塑料大棚春季栽培。

11. 津优30

日光温室越冬品种，抗低温弱光性极强，生长周期长，瓜条顺直，商品性好。瓜长35厘米，重220克左右，即使在严冬季节，长度也在25厘米以上。畸形瓜少，商品性好。果肉淡绿色、质脆、味甜、品质优。叶片大而厚，茎粗壮、节间短。生育期长达9个月，采收期达7个月左右。津优30号具有生长势旺盛、早熟、产量高等优良性状，适合在华北、西北等地区越冬温室栽培，表现优良。

12. 津优2号

该品种植株生长势强，以主蔓结瓜为主。第一雌花着生在3～4节，雌花节率30%以上。瓜条顺直，长35厘米，刺瘤明显，瓜色深绿。耐弱光和低温，高抗枯萎病，较抗霜霉和白粉病。丰产性好，效益高。缺点是管理不当会出现歇茬现象。特别在春节前后，一茬瓜采后间歇10～20天，才开始结瓜。因此在栽培中应加强棚内温度调控。

13. 津优3号

该品种植株生长势强，叶色深绿，以主蔓结瓜为主，第一雌花着生在第4节左右，雌花节率30%左右。瓜把短，瓜色深绿有光泽，瘤明显，密生白刺，果肉绿白色，质脆，品质优，商品性好。春节前产量高出津春3号10%左右，耐低温和弱光。对枯萎病、霜霉病、白粉病抗性强，越冬茬亩产可达8000千克，是目前温室栽培中综合性状最好的品种之一。

（二）华南类型黄瓜品种

1. 绿园30

由辽宁省农科院园艺研究所育成的一代杂种。华南类型黄瓜。植株长势强，叶片平展，第一雌花着生在主蔓第3～5节，主蔓结瓜为主。瓜棒状，瓜长22～25厘米，横径4～6厘米，果皮白绿色，刺瘤稀小，肉质脆嫩，品质佳（图11-22）。适应性强，对霜霉病、白粉病等均有一定抗性。早熟丰产性好，每亩产量5000千克左右。适宜露地春茬和保护地秋延后栽培。

图11-22 黄瓜品种绿园30

2. 绿园31

由辽宁省农科院蔬菜所育成的一代杂种。2005年通过辽宁省非主要农作物品种备案办公室备案。华南类型黄瓜。植株生长势强，主蔓结瓜为主，早熟，第一雌花着生在主蔓第3～5节，以后节节为雌花，春大棚栽培一般每亩产量6000千克。商品瓜白绿色，刺瘤稀小，白刺，瓜长约21厘米，瓜横径约3.5厘米，商品率高，果实耐老性强，不易黄皮，耐贮运（图11-23）。耐低温弱光，适宜日光温室和塑料大棚春季栽培。

（三）欧洲类型黄瓜品种

1. 戴多星

由荷兰瑞克斯旺公司选育的一代

图11-23 黄瓜品种绿园31

图11-24 黄瓜品种戴多星

杂种。欧洲类型黄瓜品种。生长势中等，叶片开张角度大，第一雌花着生在主蔓第4～6节，以后节节为雌花。果实墨绿色，微有棱，无刺，瓜长16～18厘米，风味品质好（图11-24）。品种抗黄瓜花叶病毒、黄脉纹病毒、霜霉病、白粉病，适宜保护地栽培。

2.迷你2号

由北京市农林科学院蔬菜中心选育，2003年通过北京市专家组鉴定。为全雌型品种，植株长势强，每节1～2个瓜。瓜长12～15厘米，亮绿，无刺瘤，瓜形整齐，品质好，味甜（图11-25）。耐霜霉病，抗白粉病和枯萎病，耐寒性较强，保护地可周年生产。

3.迷你5号

由北京市农林科学院蔬菜中心选育，2011年通过北京市专家组鉴定。为全雌型品种，植株长势强，连续坐果能力强。瓜长约15厘米，亮绿，果面光滑，无刺瘤，品质好（图11-26）。抗霜霉病、白粉病，耐枯萎病，耐低温弱光，适宜温室和塑料大棚春季栽培。

4.中农29

由中国农科院蔬菜花卉研究所选育，2010年获得山西省品种审定委员会认定。植株长势强，分枝较多，节间短，茎粗壮，第一雌花着生在主蔓1～2节，以后节节有雌花。瓜短筒型，果色绿、均匀一致，瓜长13～15厘米，果面光滑无刺，单果重80克左右，口感脆甜，商品瓜率高（图11-27）。耐低温性好，抗黑星病、枯萎病、白粉病和霜霉病，适宜保护地栽培。

图11-25 黄瓜品种迷你2号

图11-26 黄瓜品种迷你5号

图11-27 黄瓜品种中农29

四、栽培关键技术

（一）栽培茬口

我国是季风性大陆气候国家，横跨热带、温带和寒带三个气候区，有山区，有高原，这种复杂的气候及地理环境造成了我国棚室黄瓜栽培茬口的地方性和多样性。现我国的黄瓜种植主要有以下5个茬口：春大棚种植黄瓜、秋大棚种植黄瓜、秋延后温室种植黄瓜、越冬日光温室种植黄瓜、早春温室种植黄瓜（包括大棚多层覆盖栽培），并且不同的地区栽培茬口、播种时间及适宜品种也各不相同。根据不同的地理位置及栽培习惯，现在我国大体上可以分为以下5个棚室黄瓜种植区（见表11-1）：

表11-1　棚室黄瓜主要茬口

种植区	茬口	品种	播期
东北种植区	春大棚	津春2号、津优10	2月中旬
	秋大棚	津优1号、津春4号	6月中下旬
	秋冬茬温室	津春3号、津优3号	8月下旬
	早春茬温室	津春3号、津优2号	12月中旬
华北种植区	春大棚	津春2号、津优1号	2月上中旬
	秋大棚	津春5号、津优1号	7月下～8月上旬
	秋冬茬温室	津优2号、津优5号	9月上旬
	越冬茬温室	津春3号、津优3号	10月中旬
	早春茬温室	津优2号	12月下旬
华中种植区	春大棚	津春2号、早丰1号	1月上～2月上旬
	秋大棚	津春2号、津春5号	8月下～9月下旬
西南种植区	春大棚	津优2号、津春4号、中农7号	2月上中旬
	秋大棚	津春4号、中农10	8～9月
西北种植区	春大棚	津优2号、津春3号、长春密刺	2月上中旬
	秋大棚	津春2号、津春3号	7月中～8月上旬
	秋冬茬温室	津优2号、中农13	8月上中旬
	越冬茬温室	津春3号	9月中下旬
	早春茬温室	津优2号、津春3号	1月上中旬

① 东北种植区，主要包括黑龙江省、吉林省、辽宁省北部、内蒙古自治区、新疆的北疆等地区，此区冬季气候严寒，主要是大棚栽培及节能日光温室栽培。大棚多层覆盖栽培在此区应用得比较多。

② 华北种植区，主要包括辽宁省南部、北京市、天津市、河北省、河南省、山东省、山西省、陕西省、江苏省北部。这里是我国栽培茬口最多的一个地区，是我国主要的温室大棚黄瓜种植区。

③ 华中种植区，主要包括江西省、湖北省、浙江省、上海市、江苏省、安徽省，此区主要为大棚黄瓜栽培，近几年来也发展了一些越冬日光大棚，用以冬季栽培黄瓜。

④ 西南种植区，主要包括湖南省、四川省、重庆市、贵州省。此区属于高原地区，此区虽然纬度低，但海拔高，多山，气候及地理环境复杂，栽培茬口比较复杂，主要为大棚黄瓜，近两年在四川、重庆的高山地区节能日光温室黄瓜有了一定的栽培面积。

⑤ 西北种植区，主要包括甘肃省、宁夏回族自治区、新疆南疆。此区黄瓜栽培基础较差，近几年来保护地黄瓜的种植面积有了很大的发展，只是在种植的技术方面与华北地区等黄瓜栽培基础好的地区还有一定的差距。

（二）东北地区日光温室秋冬茬栽培技术

日光温室秋冬茬黄瓜栽培，一般在8月上中旬到9月上旬播种，深秋和初冬开始供应市场。此茬黄瓜栽培苗期处在高温、强光季节，而后温度逐渐降低、光照逐渐转弱，和黄瓜生长发育对温度、光照的需求正好相反，各种病虫害容易发生，采收期短，产量较低。

1.培育壮苗

（1）种子的处理　① 黄瓜种子的处理：将种子放置在50～60℃温水中浸种，边倒水边搅拌使水温降至30℃，放置室内温暖处，浸泡2～3小时，待种子吸足水分后打包催芽。温度以28～30℃为宜，待种子出芽1厘米左右，于8月28日前后播种。② 南瓜种的处理：在黄瓜播种后2～3天，将南瓜种放在28～30℃的温水中浸泡6～8小时后，去掉外皮黏液后打包催芽，保持温度28～30℃，待小芽出齐后，于8月31日播种。见图11-28～图11-30。

（2）控制黄瓜苗、南瓜苗的高矮　① 南瓜苗在茎高2.5～3厘米高时开始放大风；② 如出现黄瓜苗茎短时，应浇1次小水，并且在晚间加盖纸被增温，直到与南瓜苗茎相同时为宜；③ 如出现黄瓜秧高、南瓜秧低的情况，应在早上给南瓜秧浇1次小水，并

图11-28　温汤浸种法消毒种子

图11-29　浸种后催芽

图11-30　出芽后播种

在中午11:30前至下午14:00这段时间将南瓜秧的小拱上加盖草帘遮光，直至与黄瓜秧的高度一致。

（3）控制秧苗长势　如出现秧苗长势弱、茎细长的情况，可采取：① 大放风，降低温度；② 及时喷洒营养液，即每5千克水中放入矮壮素2小支、磷酸二氢钾25克（开水化开）、尿素25克。喷洒时间在太阳落山前半小时为好。

2.苗床和营养土的准备

（1）苗床的准备　苗床具备肥沃性、通气性、保水性。一般每亩用苗需播种床3 ～ 4 米^2、移苗床40 ～ 50 米^2。每平方米苗床施腐熟的猪粪25 ～ 30千克，深翻10厘米整平。

（2）营养土的准备　应选用充分腐熟的有机肥作营养土，土和粪的比例为5 : 1，草木灰的比例为5 : 1。这样配制的营养土呈中性或略酸性，土质肥沃、疏松、保温和通气性佳，有利于幼苗的正常生长。

3.黄瓜嫁接

嫁接可使黄瓜抗低温、抗病、促高产。

（1）嫁接时间　当南瓜幼苗第二片真叶破心前（图11-31），黄瓜幼苗子叶开始展开至展平（图11-32），进行嫁接。

（2）嫁接方法　在嫁接的前1天，黄瓜秧苗要喷洒1次百菌清，以预防霜霉病。南瓜秧喷洒多菌灵，以预防炭疽病。嫁接采用靠接法，先去掉南瓜秧的生长点，并用刀片在南瓜秧茎2/3处，由上向下斜切一口，深度1/2。黄瓜秧1/2处由下向上切3毫米深的切

图11-31　适宜嫁接的幼苗砧木

口，深度2/5，然后将两个切口接合，并用塑料夹固定。见图11-33。

图11-32 适宜嫁接的接穗幼苗

图11-33 将两个切口接合并用塑料夹固定

（3）嫁接苗的管理 ① 温度管理。白天上午25～30℃、下午20～25℃；夜间前半夜15～18℃、后半夜12～15℃。② 湿度管理。嫁接前3天，大棚内湿度为90%～95%，小苗床的湿度为85%～90%，以后每天逐渐减小。③ 通风管理。已接完的小苗在小拱中放置3～4小时，待湿度升高时应在上面拉开10厘米宽的放风带，2～3天后放风口逐渐加大，4～5天后开始逐渐加大放风量。④ 日光管理。嫁接后的小苗从第1天开始见微光30分钟，以后每天逐渐增加见光时间；如发现小苗萎蔫，应及时喷洒清水，并加盖大棚草帘，这样反复多次，10～12天后去掉黄瓜根，即可定植（此时苗龄25～28天）。

4.黄瓜苗期激素处理

小苗使用激素，可以促进结果期多开花、多结果，增加产量，从而提高经济效益。苗期2叶1心时喷浇乙烯利，每1小袋对水3.5千克；苗3叶1心时喷浇增瓜灵，每小袋对水5～6千克。南风时在太阳落山前喷洒，北风时在晚间点灯喷洒。为使植株在结果后期多结瓜，应在8叶1心时在黄瓜秧的生长点上再喷1次增瓜灵。

图11-34 施肥

5.定植

（1）对粪肥的要求 ① 有机肥：有机肥应在定植前2个月施入大棚内并深翻2～3次，鸡粪和猪粪各10车（小四轮）。② 无机化肥：硫酸钾25千克/亩、二铵50千克/亩、尿素15千克/亩、硫酸镁10千克/亩、硫酸锌5千克/亩、硼肥25千克/亩，专用肥25千克/亩。③ 生物化肥：生物钾肥5千克/亩，生物磷肥5千克/亩。见图11-34、图11-35。

（2）定植 当幼苗具2～3片真叶时定植，如果苗子偏大，根系和叶片都较大，定植时伤根明显，定植后蒸腾量大，不利缓苗。定植应选阴天或晴天下午3时以后进行，否则光照太强容易伤害幼苗。一般采用开沟栽培（图11-36），株距25～30厘米，行距50～60厘米。可在株间点施5克左右磷酸二铵或复合肥。开沟后可先将幼苗从育苗容器中取出，按株距在沟内摆好，然后在沟内浇足定植水，水渗下后覆土，覆土与幼苗土坨相平即可。也可以先在沟内浇水，然后按株距栽苗，水渗下后覆土。土坨周围用五指轻轻压实，促进扎根。培完土的秧苗要及时背垄，宽浅以浇水不透水为宜。

图11-35 深翻

（3）定植后的管理 ① 施缓苗水：定植后2～3天如发现小苗萎蔫，应及时浇1次小水，并修好垄，以防高温时浇水透垄，湿度过大造成各种病害的发生。② 湿度管理：为了加快缓苗，定植后2～3天应少放风，以提高地温，温度可控制在25～30℃。③ 中耕：中耕可增加土壤的透气性；控制土壤的湿度；增加土壤的温度。④ 施叶面肥：硫酸锌16.7克开水化开，磷酸二氢钾50克开水化开，在叶面喷施。

图11-36 开沟栽苗

6.结瓜期管理

抽蔓期加大通风量（见图11-37），及时采收根瓜、落秧、打掉病残老叶。前期依土壤情况以磷增氮，中后期以钾增氮。10月30日开始采收黄瓜，此时外界温度高，同时促进花芽分化，

图11-37 秋冬茬抽蔓期加大通风量

所以前期以磷肥增加氮肥。施肥量：二铵1.5千克/亩、尿素5千克/亩。中后期11月中旬至12月初，外界气温低且黄瓜植株花芽分化基本完成，所以中后期应以钾肥增加氮肥。钾肥1千克/亩，尿素2.5～4千克/亩。又因外界气温低，浇

图11-38 为追求前期产量育大苗

水量要适当减小，以防止地温下降。

（三）东北地区春大棚栽培技术

1.培育适龄壮苗

培育无病适龄壮苗是黄瓜丰产的关键，大棚黄瓜适宜的苗龄为40～45天，采用电热温床育苗30天可达到定植标准。为了追求前期产量也可以育成6～7片真叶的大苗，苗龄达60天以上（图11-38），这样定植后不久即可采收果实。大棚一般采用温室育苗，也可采用电热温床或酿热温床育苗。大棚单层薄膜覆盖育苗，播种期为2月中旬，大棚多层覆盖与单斜面大棚可于1月下旬育苗。

（1）苗床营养土配制　将过筛园土（3年内未种过黄瓜）、过筛腐熟厩肥、腐熟马粪按照5：2：3的比例混合均匀，在营养土中掺入腐熟粪干15～20千克/米^3、草木灰10千克/米^3、多菌灵或甲基托布津80克/米^3、敌百虫60克/米^3，再装钵或填入苗床内。

（2）种子处理　用60℃温水浸种，并不断搅拌，待温度降至30℃时，再浸种4小时。浸泡后搓洗种子，以确保种子干净，然后催芽。也可在浸种前，先用福尔马林100倍液浸泡10～20分钟，清洗干净后，再浸种催芽，可预防黄瓜枯萎病；或用50%多菌灵600倍液浸种后催芽。催芽温度25～30℃，1天即可发芽。

（3）播种　选晴天上午播种。播前2～3天浇透底水，播种前再喷水1次。可采用营养钵育苗或划块育苗。营养钵育苗要将土装至营养钵口下2厘米，将营养钵排入畦内，用细土将钵间孔隙填好。划块育苗是在苗床营养土整平压实后灌水，然后用刀切块，株行距为10厘米×10厘米。可在苗床上覆盖地膜或用电热线加温，以提高床温。播种覆土后仍用地膜或电热线增温，保持白天温度28～30℃，夜间18℃，3天即可出苗。出苗后撤掉地膜，在苗床上撒土1次，以保温增温。

（4）苗床管理　黄瓜幼苗根系生长的适宜地温为20～25℃，12℃以下停止生长。黄瓜定植前5～6片真叶时，苗床需10℃以上积温600℃左右。进行分段变温管理，是培育壮苗的有效措施。幼苗期，苗床温度掌握在10:00～14:00为28℃，14:00～20:00为24～26℃，上半夜为18～20℃，下半夜为12～14℃，以促进花芽分化。定植前降温炼苗。苗期喷75%百菌清可湿性粉剂1000倍液1～2次，以防治病害。出现缺肥症状时，可叶面喷施0.3%尿素或0.2%磷酸二氢钾。

2.定植

（1）整地　施基肥：前茬作物收获后，应于秋、冬季施肥整地。基施土杂肥4500～6000千克/亩，配施过磷酸钙100千克/亩、草木灰50千克/亩，同时喷撒多菌灵粉剂1.5千克/亩、敌百虫1千克/亩，再深翻晒垡。定植前1个月扣棚，以提高地温。提前15天整地做畦。平整土地后，按栽培行开沟，后集中条施腐熟圈肥300～400千克/亩，施肥后做高垄，要求垄宽70厘米、沟距90厘米。

（2）定植方法　拱圆形大棚采用单层薄膜覆盖的，在3月中下旬定植；采用大棚内扣小拱棚、盖地膜、小拱棚夜间盖草垫4层覆盖的，在3月上中旬定植；单坡面春用型大棚盖草垫的，可于2月中下旬定植。定植前，10厘米土层地温必须稳定在12℃。要选晴天上午连续定植。定植方法有穴栽暗水定植、开沟明水定植和水稳苗定植。穴栽暗水定植，是在高垄的两侧先开沟，然后在沟内按株距挖穴定植，封沟后再开小沟引水润灌，灌水后下午再封小沟，保持地温。这种定植方法灌水量小，易干旱，应注意适当早浇第一水。开沟明水定植，是在高垄上开深沟，按株距栽苗，少埋土，栽植不可太深。栽好苗后引水灌沟，灌水后第2天下午封沟。这种定植方法用水量大，不必再浇缓苗水，但地温较低，定植后要及时覆盖地膜，提高地温。水稳苗定植，是在高垄上开沟后先浇水，在水中放苗，水渗下后封沟，以提高地温。定植密度约4000株/亩。

3.定植后至缓苗期管理

对于多层覆盖的，定植当天就要插好小拱棚，扣上2层膜，夜间加盖草垫防寒。定植后1周，白天温度不超过35℃，可不揭小拱棚。小拱棚上的覆盖物要早揭晚盖，缓苗后逐渐揭去小棚。定植后10天内一般不放风，以提高气温，促升地温。缓苗后控制浇水，并进行膜下中耕，促根壮秧。白天棚温控制在上午25～30℃，午后20～25℃，20℃时关闭通风口，15℃时覆盖草垫，前半夜保持15℃以上，后半夜保持10～13℃。当苗高30厘米、卷须放开后，及时清除小棚吊蔓。此外，应注重预防寒流。

4.结瓜期管理

在根瓜坐住并已开始伸长时，选晴天随水追施尿素约15千克/亩入沟内，灌水结束后盖严地膜。5～6天灌水1次，隔1次浇水追肥1次，追肥数量、方法同前。保持白天温度25～32℃，超过32℃放风，拱圆形大棚20℃时停止放风，单坡面大棚20℃时覆盖草垫，前半夜保持16～20℃，后半夜保持13～15℃。由于外温已升高，尽量早揭晚盖草垫，以促进光照。当棚外最低温度达15℃以上时，昼夜通风，阴雨天需揭开草垫。黄瓜植株长到25～30片叶时摘心，促进回头瓜的着生，提高采收频率，由原来3天采收1次逐渐提高到每天采收1次。结瓜后期，黄瓜植株摘心后，进入生育盛期。随着温度升高，功能叶数量逐渐减少，寿命也在逐渐缩短。应加强防治病虫害，避免早衰，延长采瓜时间。加大放风量（见图11-39），控制棚内湿度，减少灌水次数，降低温度，控制茎叶生长，

图11-39 当棚外最低温度达15℃以上时，昼夜通风

图11-40 嫁接后的植株（后侧）未发生枯萎病

促使养分回流，多结回头瓜。摘除老叶、病叶、黄叶。

（四）华北地区越冬温室黄瓜高产栽培技术

越冬日光温室黄瓜栽培在华北地区播种期一般在9月中下旬～10月初，至转年5～6月份拉秧，收获期为150～200天，整个生育期长达8个月以上。这一茬口是华北、东北、西北地区栽培面积较大，技术难度最大，也是收益最大的茬口，在此茬口黄瓜亩产量可达1.5万千克以上，这一茬口黄瓜栽培技术非常重要。

1.嫁接育苗合理密植

嫁接育苗是越冬日光温室高产栽培的主要技术措施之一。嫁接可防止土传病害的发生（主要是枯萎病，见图11-40），同时提高黄瓜根系的耐寒性和抗逆性。实践表明此茬黄瓜大部分生育期由于处于光照较少的冬季，过密种植常因通风透光不好而导致病害严重，产量降低。因此，栽培密度宜稀不宜密，生产上合理的栽培密度为3000～3500株/亩。

2.肥水管理

（1）施足有机底肥 大量施用有机肥做底肥是温室黄瓜高产的前提，生产上亩施腐熟有机肥至少1.5万千克。

（2）施用原则 根据黄瓜需肥水特点及根系的吸收特点施用。肥水管理总的原则是少量多次，采收之前适量控制肥水，防止植株徒长，促进发育；盛果期宜采取勤施少施的原则，一般5～7天浇淡水肥1次，以氮、磷、钾复合肥为主，氮、磷、钾比例为1∶0.3∶0.6。亩施氮肥每次10～30千克。生产上一般采取随水追肥，不浇空水。

（3）补充微肥和叶肥 微量元素在黄瓜生长中起着很重要的作用，连作加之生产上重施N、P、K，导致土壤中微肥缺乏，因此，应注重配合补充钙、镁、硫、锌、硼等微量元素。在施用根肥基础上，应配合叶面喷施。叶面肥可每7～10天追肥1次。

3.温度调控

黄瓜生育期间最适地温20～25℃，最低为15℃。苗期白天温度控制在25～30℃，夜间13～16℃。最低温度不低于10℃。缓苗后若棚内气温30℃，要开窗或扒缝通风，降至20℃后，停止通风，下午气温15℃时放下草苫，早晨揭帘前维持在8～10℃。

4.平衡营养及生殖生长

（1）落蔓摘蔓去老叶　黄瓜植株调整包括整枝、摘心、打老叶、绑蔓、疏

图11-41　打掉下部叶片

花、疏果等措施（见图11-41）。黄瓜越冬栽培生长期长达9～10个月，茎蔓不断生长，长达6～7米以上，因此，要及时落蔓（见图11-42、图11-43）。打老叶和摘除侧枝、卷须应在上午进行，有利伤口愈合。落蔓宜在下午进行，以防茎蔓折断。

图11-42　落蔓后使植株处于相同高度

图11-43　把茎蔓按一定方向盘好

（2）修复根系　越冬温室黄瓜的结瓜期长达6个月以上，保持根系的正常生长、避免衰老是此茬黄瓜夺取高产的主要措施。生产上修复根系分两次进行。第1次在春节期间，修复受到低温伤害的根系。第2次在3月中旬前，修复自然衰老的根系。修复根系主要采用生长调节剂灌根，常用调节剂包括萘乙酸或用强力生根剂等。

五、采收

各地可根据不同茬口及当时的价格适时采收。

（一）采收时间

1.秋大棚

根瓜必须及时采收，以防赘秧。结瓜中期，市场价格平稳，应增加采收次

数，提高产量。结瓜后期，产量下降，但市场价格逐日上升，应适当晚采收，以获得更高的经济效益。

2. 日光温室越冬茬

视植株长势采瓜，瓜秧长势旺，应推迟几天采收；如果瓜秧长势弱，秧上稍大的瓜都可以提前采收。有时为了促秧，等待黄瓜行情好时再采收，前期雌花多时可疏掉一部分。从时间上来看，天气好时可适当重摘，天气变差摘瓜宜轻，并尽量保持一部分生长正常的瓜条延后采摘。摘瓜一般在浇水之后进行。

3. 冬春温室

当瓜条长度达18～20厘米、瓜直径达2厘米时即可采收。采收过晚，会影响品质，而且还会影响下茬瓜的发育，特别是应提前采收根瓜。

（二）采收方法

图11-44　采后放于阴凉场所

图11-45　用塑料袋包装后装箱

黄瓜果皮柔嫩，易碰伤和折断，必须轻放轻压。采摘要小心，最好戴上手套，去掉首饰物品，紧紧抓住果实，轻轻向上拉，用剪刀齐果柄剪断。田间使用的容器应洁净，内表面光滑，边缘平展，不要将黄瓜用力倾倒或扔到容器中，以保证将损伤降至最低限度。

（三）采后处理

1. 预处理

采收时保留果柄，采后宜放于阴凉场所或预冷库中预冷散热，避免将产品置阳光下暴晒，有助于保持产品的品质，见图11-44。

2. 分级

预处理时按大小、色泽或等级分级，剔除太小、受损及感病虫产品，将符合标准的产品按大小规格分级，将最好的产品用于包装销售。

3. 包装

分级后的黄瓜可用0.08毫米厚的塑料袋包装（图11-45），每袋装5～10千克，然后装箱上市或贮运。包装箱应质轻坚固、清洁、干燥、无污染、无不良气味，且大小适当，以便于堆放和搬运，内部平整光滑，不造成黄瓜损伤，一般可选用纸箱、聚酯泡沫箱、木条箱或塑料筐等。箱内的黄瓜不宜过松或过紧，净重误差应小于2%，并于包装物上注明品种名称、规格、净含量、产地、生产者名称和包装日期等。获得认证的要标记认证标志。

六、病虫害防治

（一）病害

1.温室大棚黄瓜病害发生新特点及无公害防治措施

随着温室大棚黄瓜栽培面积的不断扩大及连年种植，黄瓜老病害逐渐加重，新病害也相继出现，且常常多种病害同时发生或交替出现，为害更加猖獗，防治难度加大，能否有效防治已成为黄瓜栽培成败的关键因素。

（1）温室大棚黄瓜病害发生新特点　① 土传病害发生普遍且严重。温室大棚中重茬连作现象非常普遍，但做到每年换土，难度非常大。这样易造成病菌在土壤中积累，许多病害在温室大棚内均有扩展蔓延之势，如枯萎病、菌核病、根结线虫病等。② 细菌性病害及病毒病日趋严重。长期以来，生产中多注重对真菌类病害的防治而轻细菌性病害的防治，使细菌性病害发生逐步加重。如细菌性角斑病、细菌性缘枯病、青枯病、软腐病等均有加重之势。病毒病的发生也日益普遍且为害严重。③ 生理性障碍复杂且为害严重。温室大棚内的温湿度及光照等小气候可调节范围有限，遭遇恶劣天气条件常会造成棚内湿度大、地温偏低、通风不良、光照不足，从而影响根系对养分的吸收，对黄瓜正常生长不利，易造成植株生长失调，并可能加重生理性病害的发生，如低温障碍、生理性早衰等，也容易发生肥害、气害等。

（2）无公害防治措施　① 农业综合防治：a.选用抗病品种。这是防治各种病害最经济有效的途径，尤其对于一些难于防治的病害更能收到事半功倍的效果。b.合理施肥。根据黄瓜的生理需求，进行测土配方施肥。要注意施足有机肥，避免偏施氮肥，增施磷钾肥，适时叶面施肥以防止植株早衰，增强抗病能力。c.改善栽培条件。在条件许可的情况下，应尽可能地改善温室大棚的栽培条件。如温室内壁张挂反光膜，改善光照条件；采用无滴膜，减少结露现象；进行全膜覆盖、膜下灌水，最好在棚内建蓄水池并实行滴灌，以有效降低空气湿度，避免温度过低，减少病害发生和流行的可能性。d.合理轮作倒茬。连作重茬会造成土壤养分失衡与部分营养匮乏，并造成菌源积累，加重病害发生。可通过合理轮作倒茬进行调节，以减少病害的发生。e.清洁田园。前茬作物收获后要彻底清除病株残体和杂草，深翻土壤，减少室内初侵染源；发病后及时摘除病花、病果、病叶，或清除病株，带到室外销毁。f.换土改造。连作几年后，如土壤盐化或土传病害加重，可将耕层表土铲除，换上无毒肥沃的大田土。② 生态防治：大部分病害都是由高湿环境诱发的。如黄瓜霜霉病，在棚内空气相对湿度达80%以上时发病重、蔓延快。采取地膜覆盖、加强通风排湿等措施降低棚内湿度，可有效地控制霜霉病发生和发展。注意大棚前端的湿土也应用薄膜遮住，避免大棚前端形成高湿的环境而造成病害蔓延流行。在棚内温度20～28℃时，极易导致霜霉病的发生蔓延，故可将棚内温度控制在28～32℃，特别是在黄瓜结瓜期，不仅能有效抑制霜霉病蔓延为害，而且还利于结瓜。不同病害适宜的温湿度不同，应根据具体情况，科学管理，控制温湿度。尽量保持较低的空气湿度，避免出现高温高湿及低温高湿的环境条件。③ 物理防治：种子带菌是病害的主要来源，必须把好种子进行消毒处理。预防黄瓜黄叶病，可用10%磷酸三钠溶液浸种20分钟；预防黄瓜炭疽病、疫病等，可用1%福尔马林浸种30分钟；预防黄瓜细菌性斑点病，可用40%氯化钠20倍液浸种20～30分钟，或用70%氯化钙300～500倍液浸种30～60分钟。需要注意的是：浸种时以药液浸没种子5～10厘米为宜，且浸种期间不搅动，以免影响处理效果。④ 化学防治：在熟悉病害种类，了解农药性质的前提下，对症下药；适期用药，讲究施药方法，选用高效、低毒、无残留农药，把化学防治的缺点降到最低。

2.棚室黄瓜主要侵染性病害的症状、传播途径和发病条件及化学防治方法

（1）黄瓜霜霉病

图11-46 黄瓜霜霉病病叶正面

【症状】主要危害叶片，幼苗期至结瓜期均可发病，特别是黄瓜进入收瓜期发病较重。一般由下部叶片向上蔓延，发病初期在叶片上出现水浸状浅绿色斑点，迅速扩展，受叶脉限制病斑呈多角形，湿度大时病斑背面出现霜霉状霉层为灰黑色，发病重时叶片病斑相互连片，叶枯黄而死，见图11-46。

【传播途径和发病条件】黄瓜霜霉病是由鞭毛菌亚门假霜霉属真菌侵害引起，该病菌的孢子囊靠气流和雨水传播。在温室中，人们的生产活动是霜霉病的主要传染源。黄瓜霜霉病最适宜发病温度为16～24℃，低于10℃或高于28℃，较难发病，低于5℃或高于30℃，基本不发病。适宜的发病湿度为85%以上，特别在叶片有水膜时，最易受侵染发病。湿度低于70%，病菌孢子难以发芽侵染，低于60%，病菌孢子不能产生。

【化学防治方法】在发病以前，每10～15天喷洒1次1：0.7：200～240倍波尔多液。如果已经开始发病可采用下列药液交替使用，细致喷洒植株：72%杜邦克露800倍液+80%乙磷铝500倍液，72.2%普力克700倍液，天达裕丰2000倍液，72%霜疫力克600～800倍液，96%天达恶霉灵3000～6000倍液，80%乙磷铝500倍液+64%杀毒矾500倍液，70%甲霜灵·锰锌或乙磷铝·锰锌500倍液，绿乳铜800倍液，特立克800倍液，克霜氰600倍液，ND-901制剂600倍液，

75%百菌清800倍液，铜高尚600倍液，1∶4∶600倍液铜皂液等每5～7天1次。注意每10～14天须掺加1次600倍天达2116，提高植株的抗病性能和防治效果。

（2）黄瓜黑星病

【症状】黑星病可危害叶片、茎蔓、卷须和瓜条，幼嫩部分受害重。幼苗期发病，子叶上产生黄白色圆形斑点，以后全叶干枯。成株期嫩茎染病，出现水渍状暗绿色梭形斑，以后变暗色，凹陷龟裂，湿度大时长出灰黑色霉层（图11-47）；生长点染病，经2～3天烂掉形成秃桩；叶片染病，开始为污绿色近圆形斑点，后期病斑扩大，形成星状破裂；叶脉受害后变褐色、坏死，使叶片皱缩（图11-48）。果实受害，如果环境条件条件适宜病菌生长繁殖时，病菌不断扩展，病部凹陷，开裂并流胶（图11-49），病部生长受到抑制，其他部位照常生长，造成果实畸形；如果环境条件不适宜，病菌生长繁殖很慢，瓜条可以进行正常生长，待幼瓜长大后，组织成熟而不易被侵染，此时即使环境条件适合黑星病的发生，也不会造成畸形瓜，只是病斑处褪绿、凹陷，病部呈星状开裂并伴有流胶现象，湿度大时，病部可见黑色霉层（图11-50）。

图11-47　叶柄及茎蔓受害形成梭形　　　图11-48　黄瓜黑星病成株期真叶受害症状
　　　　　病斑，病部产生黑色霉层

图11-49　果实染病可造成流胶　　　　　图11-50　果实病部褪绿凹陷

【传播途径和发病条件】真菌引起病害，病菌随病残体在土壤中越冬，靠风雨、气流、农事操作传播。种子可以带菌。冷凉多雨，容易发病。一般在定植

图11-51 结节处发病，有透明胶体流出

图11-52 茎部表皮开裂，呈乱麻状

图11-53 严重时植株枯死

后到结瓜期发病最多，大棚最低温度低于10℃，相对湿度高于90%时容易发生。

【化学防治方法】发病初期用10%苯醚甲环唑可分散粒剂2000倍液、43%好力克悬浮剂3000倍液、50%多菌灵可湿性粉剂600倍液、80%云生可湿性粉剂600倍液、70%代森锰锌可湿性粉剂500倍液均匀喷雾。特别注意喷幼嫩部分，每隔7～10天喷1次，交替选用农药，连续防治2～3次。

（3）黄瓜蔓枯病

【症状】观察烂头的植株，多可以发现病菌从新叶边缘向内入侵，并呈"V"字形病斑；茎部被害多发生于节部，有琥珀色或透明的胶质物流出，散生有大量的小黑点，严重时造成蔓枯。诊断此病与枯萎病的主要区别是维管束不变色，也不会全株枯死（图11-51～图11-53）。

【传播途径和发病条件】真菌引起的病害，病菌随病残体在土中或附在种子、架杆、温室大棚架上越冬，通过雨水、灌溉水传播，从气孔、水孔或伤口侵入。

【化学防治方法】可用32.5%嘧菌酯·苯醚甲环唑1500倍液或70%代森锰锌600倍液加75%百菌清可湿性粉剂700倍液喷雾防治，还可用45%百菌清烟剂熏棚。

3.棚室黄瓜主要生理病害的发病原因及其防治

（1）出现苦味瓜的原因及防治 黄瓜出现苦味是因黄瓜中的苦素含量偏多引起的。苦素又称葫芦素，在多种瓜类果实中存在。苦味素主要受遗传基因制约，不同的瓜种、不同的品种之间差异很大。苦味素的生成还受环境条件、营养状况、栽培技术的影响，弱光、低温时，特别是地温低时（低于13℃），黄瓜的苦味素含量增高；植株衰弱、营养不良时苦味素增多；土壤干旱、氮肥施用量偏多或不足时苦味素增多。防止苦味瓜发生的方法：要选择苦味素含量极微的品种，注意合理配方施肥，增施氮、钾肥和有机肥料，及时、适时、适量灌水，并提高夜温（图11-54）。

（2）出现畸形瓜（细腰瓜、尖头瓜、大肚瓜）的原因及防治 畸形瓜的发生是由授粉受精不良，肥水供应不良和天气多变引起的。首先，黄瓜果实的发育是受种子发育影响的，授粉受精良好时种子发育均匀，果实均匀膨大，果型整齐；若授粉受精不良，种子发育参差不齐，则胚珠胎座组织发育不均匀，形成畸形瓜。此外，水肥供应失调、环境条件多变，也是形成畸形瓜的主要原因，例如尖头瓜，是幼瓜发育后期肥水供应不足、营养缺乏造成的，或由幼瓜发育后期遇到低温、弱光、光合效率低，有机营养供应不足造成的。预防畸形瓜的发生，必须注意：调控好温室内的温湿度；平衡并满足肥水的供应，均衡营养生长与生殖生长的关系，维持植株健壮而不徒长的势态；增施氧化氮气肥；喷施叶面肥，提高植株的光合效率，增加有机营养的生产与积累，才能不发生或少发生畸形瓜（图11-55～图11-57）。

（3）出现花打顶（顶头花）的原因及防治 黄瓜植株顶端（生长点）着生多枚雌花，茎节缩短、变细，叶片明显变小，植株矮化、停止生长，这种现象瓜农称之为"花打顶"或"顶头花"。"花打顶"现象在温室黄瓜栽培中，发生极为平常。黄瓜植株一旦形成"花打顶"，因雌花数量过多，营养竞争激烈，大多数雌花都得不到足够的营养物质，影响了植株的生长发育，又引起植株更加衰弱，产生大量化瓜造成产量急剧下降（图11-58）。

造成这种现象的原因是温室栽培黄瓜，

图11-54 一些华南类型黄瓜含有苦味素较多，容易有苦味

图11-55 细腰瓜

图11-56 大肚瓜

图11-57 尖头瓜

图11-58 顶部叶片变小，密生雌花

多在9月底开始播种育苗，幼苗发育时期，处于短日照、低夜温、昼夜温差大的环境条件之下，极有利于黄瓜雌花芽的分化。进入冬季后，日照时间更短，夜温更低，雌花数量越来越多，几乎节节都有雌花，甚至每节多枚雌花，大量雌花的生长发育，必然要消耗大量的有机营养物质，营养生长所需的营养物质就会供应不足，植株逐渐衰弱，最后形成"花打顶"。管理措施不当加速了"花打顶"的形成。不少菜农不了解黄瓜花芽分化的规律，为了追求高产，在晚秋或初冬期间，采用乙烯利处理黄瓜幼苗，促其多分化雌花，片面地认为分化雌花多就会结瓜多、产量高，结果适得其反，发生了"花打顶"。传统的温室"干、冷"型的管理技术，必然促成"花打顶"。直到目前，大多数菜农在温室黄瓜栽培的管理上，仍然采用传统的"干、冷"型管理技术，按照露地环境条件下的栽培理论进行管理，室内温度控制在28℃左右，25℃就开始通风，地温提不高，夜间室内温度低，雌花必然多，生长势会越来越弱，病害必然发生严重。为了控制病害发生，又更严格地控制室内湿度，极少浇水。黄瓜缺水，生长会更加衰弱，形成恶性循环。

预防"花打顶"的方法：应加强苗期管理，培育壮苗，注意苗龄不可过长，30～35天内移栽，严防育苗时间太长，造成秧苗老化。必须改变"干、冷"型管理方法，提高室内温度，加强水、肥管理，维持植株健壮、强旺的生长势。为促进营养生长壮旺，须适当提高前半夜的室内温度，不论是苗期还是开花、结瓜期，前半夜室内温度都要维持在16～18℃之间，如果发现生长点雌花数量明显增多时，要把室内温度提高到18～20℃，以促进植株营养生长旺盛。要提前采瓜，及时疏花、疏瓜，减少植株负载量，促进营养生长健壮旺盛。加强肥水管理，适当增加浇水次数和浇水量，结合浇水追施尿素液，促进发根，达到以根促秧，解除"花打顶"现象。并要适当增加根外追施叶面肥的次数，特别是发现植株开始转弱时，要结合喷药，连续喷尿素液，提高光合效率，促进植株营养生长。已发生"花打顶"，在加强以上管理措施的同时，结合喷药及时喷洒一次100毫升/千克的赤霉素促秧拨头。

（二）虫害

棚室黄瓜主要害虫有蚜虫、红蜘蛛、白粉虱、斑潜蝇等。

1.白粉虱、蚜虫

白粉虱的【为害特点】【形态特征】【生活习性】同生菜白粉虱（图11-59）。

蚜虫的【为害特点】【形态特征】【生活习性】同大白菜蚜虫（图11-60）。

【防治方法】发病初期，对中心蚜株或周围植株用25%吡虫啉3000倍或50%万鑫（定虫脒）3750倍液围杀。设置黄板诱杀白粉虱、蚜虫等（图11-61）。也可用3%吡虫啉1000～1500倍液喷雾，或者5%灭蚜粉尘剂，或80%敌敌畏加锯末点燃熏蒸飞虱等害虫。也可采用根用缓释农药施用技术防治白粉虱、蚜虫，定植时每株使用1片，可以防治整个生长期的虫害。

图11-59　温室白粉虱喜欢聚集在叶片背面

图11-60　蚜虫多发生在叶背面，严重时叶背面布满蚜虫

图11-61　张挂黄板诱杀白粉虱

2.红蜘蛛

【为害特点】为害部位从植株下部向上蔓延。虫子过多时，在叶背面吐丝结网，在叶端群集成团，滚落地面，被风刮走，向四周爬行扩散。黄瓜受红蜘蛛为害后，叶片上有枯黄或红色西斑，严重时叶背面布满蛛网，全株叶片干枯，植株早衰、减产（图11-62、图11-63）。

图11-62　在叶背面吐丝结网

图11-63　严重时，叶背面布满蛛网，叶片干枯

图11-64 成虫吸食黄瓜子叶汁液，
造成近圆形刻点状凹陷

【形态特征】红蜘蛛为螨类害虫。雄螨椭圆形，锈红色或深红色；雌螨体色变深，体侧出现明显的块状色斑；卵圆球形，黄绿色至橙红色，有光泽。

【生活习性】春天气温达10℃以上时开始大量繁殖，3～4月先在杂草或其他作物上取食，4月下旬至5月上旬迁入瓜田，先是点片发生，而后扩散全田。

【防治方法】用10.5%阿维哒1500倍或20%扫螨净（哒螨灵）1500倍液防治。

3.美洲斑潜蝇

【为害特点】雌成虫刺伤叶片（图11-64），取食和产卵。卵在叶片中发育成幼虫，潜入叶片和叶柄为害，产生1～4毫米宽的不规则线状白色虫道（图11-65）。叶片被侵入部分，叶绿素被破坏，影响光合作用。严重时整个叶片布满白色虫道，严重影响叶片功能（图11-66），最后受害重的叶片脱落，可造成幼苗死亡、成株减产。

图11-65 幼虫在叶片上下表皮间蛀食，
形成弯曲的白色隧道

图11-66 严重时叶面布满白色虫道

【形态特征】成虫是2～2.5毫米的蝇子，背黑色。幼虫是无头蛆，乳白至鹅黄色，长3～4毫米，粗1～1.5毫米。蛹橙黄色至金黄色，长2.5～3.5毫米。

【生活习性】以蛹和成虫在蔬菜残体上越冬。幼虫最适活动温度为25～30℃，35℃以上时成虫和幼虫活动都受到抑制，降雨和高湿条件对蛹的发育不利，所以美洲斑潜蝇在夏季发生较轻，春秋季节发生较重。

【防治方法】田间要经常查看，发现斑潜蝇为害植株，要及时防治。做到发现一株治一株，防止扩展蔓延。特别要做好苗期的防治工作。可用46%绿菜宝乳油1000～1500倍液，或2.5%功夫菊酯乳油3000倍液，或20%康福多浓可溶剂2000倍液，或1.8%爱福丁乳油2000倍液。或98%巴丹原粉1000～1500倍液，或50%蝇蛆净可湿性粉剂500～2000倍液，或10%吡虫啉可湿性粉剂1000倍液喷施。22%敌敌畏烟剂，每亩0.4千克熏烟，可杀灭成虫。

第二节　西瓜

西瓜营养丰富、粗脆多汁、甘美可口。西瓜的栽培历史悠久，原产于热带非洲南部的卡拉哈里沙漠，喜温耐热。西瓜不仅清凉解渴，而且药用价值很高，性味甘寒，含有大量蔗糖、葡萄糖、果糖以及铁钙，具有降低血压、消除肾脏炎症的作用，为夏季消暑佳品，还具有降低血压和治疗糖尿病等辅助疗效。西瓜在我国栽培已有千余年的历史。随着人民生活水平的提高，超时令、反季节的西瓜很受欢迎，特别是在冬春季节被视为珍品。利用棚室进行西瓜反季节多茬栽培，使西瓜能够周年供应，上市前景看好。其栽培技术如下：

一、特性特征

（一）植物学特征

西瓜为一年生蔓性草本植物，主根深1米以上，根群主要分布在20～30厘米的耕层内。根纤细易断，再生力弱，不耐移植。幼苗茎直立，4～5节后节间伸长，5～6叶后匍匐生长，分枝性强，可形成3～4级侧枝。叶互生，有深裂、浅裂和全缘。雌雄异花同株，主茎第3～5节现雄花，5～7节有雌花，开花盛期可出现少数两性花。花冠黄色，子房下位，侧膜胎座，雌雄花均具蜜腺，虫媒花，花清晨开放下午闭合。果实有圆球、卵形、椭圆球、圆筒形等。果面平滑或具棱沟，表皮绿白、绿、深绿、墨绿、黑色，间有细网纹或条带。果瓤脆嫩，味甜多汁，含有丰富的矿物盐和多种维生素，是夏季重要的清热消暑、健体佳品。在水果市场占有极其重要的地位。

（二）生长发育规律

西瓜的生育周期可分为发芽期、幼苗期、抽蔓期和结果期四个时期。

1.发芽期

从种子萌发到两片子叶展开，真叶显露。发芽期以促进根叶发育、防止徒长为主。约需10～15天。

2.幼苗期

由真叶出现到5～6片真叶为幼苗期。此期干物质增长速度很快，蒸腾强度最高，栽培上应满足生长快的要求，促进幼苗生长和器官分化。约需25～35天。

3.抽蔓期

由5～6片真叶出现到茎蔓开始伸长，留瓜节位的雌花开放。本期应适当促进茎叶生长，使营养器官和花器提早形成。约需15～20天。

4.结果期

从留瓜节位的雌花授粉受精、果实褪毛、果实变色到充分成熟为止。结果期果实坐住以前应使营养生长和生殖生长保持平衡，保证较大的光合面积和较强的光合强度，促进果实生长。约需30～60天。

二、对环境条件的要求

1.温度

西瓜性喜高温、较耐低温，在16～17℃开始发芽，发芽适温为30℃。植株生长发育的最低温度为15℃，适温20～35℃，在24～30℃之间最佳，30℃环境下同化作用最强，在35～40℃同化作用仍然旺盛。在昼夜大退差条件下，呼吸消耗少，含糖量高，品质优良，低于12℃正常的生理机能遭到破坏，不能授粉。

2.光照

西瓜是喜光短日照作物，在8小时内和27℃的适温下雌花数目增多，在16小时以上日照和32℃以上高温能抑制雌花的发生。生长发育要求充足的光照，光饱和点80000勒克斯，光补偿点4000勒克斯，在果实成熟期光照不足时，不但使成熟期延迟，而且使含糖量也下降，品质较差。所以在栽培过程应改善日光温室的性能，选用透光好的棚膜，来提高透光率。

3.水分

西瓜比较抗旱而不耐涝，在各个生长发育阶段的需水量有所不同。幼苗期叶面积较小，根系小，需水少，田间相对持水量65%较为适宜；伸蔓期根系、茎蔓迅速伸长，叶片增多，需要充足的水分维持正常的生长发育；结果期西瓜旺盛生长，对水分的需水量最大，水分不足时，结果前期坐瓜难，形成变形空心果，皮厚而品质不佳，但过湿易烂根，以50%～60%的相对湿度较适宜。空气湿度过大时，病害多，炭疽病严重，不利高产。

4.土壤与营养

西瓜对土壤的适应性广、要求不严格，排水良好、土层深厚的沙土、壤土、黏土均可栽培，以沙壤土栽培好。适宜的pH值5 ～ 7，土壤的含盐量不能超过0.2%。西瓜对养分要求全面，氮、磷、钾需供应充足。据测定亩产3000千克西瓜对氮、磷、钾的吸收量分别为，氮12千克，磷11千克，钾17千克。

三、品种选择

棚室西瓜应选择早熟、易坐果、品质优、抗病性强的品种，如苏蜜1号、橙兰、超兰、早春红玉、特小凤、小兰、早佳（8424）、黑美人、拿比特、京欣等。

（一）京欣1号

早熟，从开花到成熟30天左右。植株生长势弱，坐果率高，果为高圆形，瓤红甜脆，肉质脆沙多汁，含糖量11% ～ 12%。露地生产单瓜重4 ～ 5千克，日光温室生产单瓜重2 ～ 3千克，一般产量亩产3000千克。纤维少，不倒瓤，果实生长速度快，抗病性强，耐潮湿，果皮薄、脆，不耐运输，适合日光温室栽培，见图11-67。

图11-67　京欣1号

（二）西农8号

本品种生育期100天左右，中熟，植株长势较旺，抗病性较强，易坐果。果实椭圆形，果皮浅绿色，果皮上有深绿色边缘清晰的条带，外形美观，较耐运输。果肉红、质细脆、口感好、品质优，中心折光糖含量11%以上。平均单瓜重5 ～ 7千克，一般亩产4000千克左右。适宜日光温室种植，单瓜3 ～ 4千克，见图11-68。

图11-68　西农8号

（三）陇丰早成

早熟，全生育期90天，开花至果实成熟30天左右。生长势中庸，中抗枯萎病。果实椭圆形，果皮翠绿色，果皮上有15条黑色条带，中糖含量11%，含量梯度小于1.5%。果肉质地细嫩、品质上乘，不裂果，耐贮运。适宜日光温室种植，单瓜重2 ～ 3千克。

（四）黑美人

果实椭圆形，皮色黑有暗条纹。幼苗长势弱，伸蔓期生长缓慢，始花后生长较快，蔓长2.6米左右。叶片浅绿，坐果势、抗逆性强，单瓜重2 ～ 3千克。

皮薄，果肉大红、光泽鲜美、口感好，中心糖度15%左右。从播种到成熟约需174天，授粉到成熟需46天。

（五）京秀

早熟，果实发育期26～28天，全生育期85～90天左右。植株生长势强，果

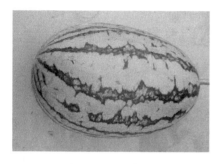

图11-69　京秀

实椭圆形，绿底色，锯齿形显窄条带，果实周整美观。平均单果重1.55～2千克，一般亩产2500～3000千克。果实剖面均一，无空心、白筋等。果肉红色，肉质脆嫩、口感好、风味佳、少籽。中心可溶性固形物含量13%以上，糖度梯度小，可适当提早上市。与其他同类型的小型西瓜品种相比，其突出的优点是果实底色绿，条纹漂亮，外观周正。含糖量高，糖度梯度小，口感脆嫩，少籽，见图11-69。

（六）宝冠

由台湾农友公司育成。瓜椭圆形，外观鲜艳，黄皮红瓤，单瓜重2～2.5千克，商品性好。易坐果，花后30天成熟，早熟性好，糖度11%～12%，肉细爽口。苗期生长缓慢，中、后期生长快而强健，适宜各种茬口栽培。

（七）新金兰

由台湾农友公司育成。中早熟，果实圆球形，单瓜重2.54千克，花皮红瓤，细嫩多汁。适宜小家庭消费，各种茬口均可栽培。

（八）甜蜜宝贝

由兰州市农乐蔬菜研究所育成。早熟，花后33天成熟。果实圆球形，绿色果皮上覆盖墨绿色窄齿条带，易坐果，单瓜重1.5～2.5千克。果肉鲜红，质脆多汁，适宜冬春茬栽培。

（九）新红宝

图11-70　新红宝

中熟类型。幼苗较弱，前期生长缓慢，植株长势和分枝能力中等。果形椭圆，嫩瓜有毛，熟瓜果皮淡绿色。有网状花纹，条纹清晰，有光泽。果实贴地部分发黄，果脐向里凹陷。果皮厚0.9～1.3厘米。果肉深红色，质细脆。种子千粒重42克。含糖量在10%以上，坐果率高，果形整齐，商品性好，耐贮运，见图11-70。

四、栽培关键技术

(一) 茬口安排

棚室西瓜的茬口很多，主要有：日光温室秋冬茬、日光温室早春茬、春大棚、温室西瓜二茬瓜等茬口（见表11-2）。

表11-2　棚室西瓜主要茬口安排

地区	茬口	品种	播种期	定植期	采收期
甘肃兰州市	日光温室秋冬茬	京欣1号、西农8号、陇丰早成	8月上中旬	9月上中旬	2月上旬～翌年1月
	日光温室早春茬		12月中旬至翌年1月上旬	1月下旬至2月上旬	4月中下旬
甘肃兰州市	日光温室秋冬茬	新金兰、宝冠、黑美人、京欣1号	8月中旬～9月上旬	9月中旬～10月	12月上旬～元旦
	日光温室早春茬		12月中旬～12月下旬	1月下旬～2月中旬	4月中旬～5月下旬
辽宁阜新市	春大棚	早、中熟，中果型，商品性状好，适口性佳，耐低温弱光，耐阴湿，宜嫁接栽培，早熟、丰产、抗病优良的品种	2月上旬～下旬	3月中旬～4月上旬	5月中旬～6月上旬
江苏盐城市	春季日光温室	新红宝、金钟冠龙、京欣1号	1月中下旬	3月中旬	4月下旬
新疆额敏县	日光温室秋冬茬	优质、早熟、抗逆性强、较耐低温、弱光品种	8月上旬	9月中旬	12月中下旬
	日光温室冬春茬		10月上旬播种	11月下旬	2月中下旬
	日光温室早春茬		12月中旬～1月上旬	1月中下旬～2月上旬	4月下旬～5月上旬
陕北	温室西瓜二茬瓜	新秀、黑美人	11月上旬		翌年4月
陕南	春大棚	嘉年华2号（小西瓜）、新喜（大西瓜）	12月初	1月至2月上旬	5月下旬
甘肃天水市	日光温室秋冬茬	宝冠、新金兰、京欣1号、甜蜜宝贝	7月下旬～8月上旬	8月底～9月上旬	11月上中旬
	日光温室冬春茬		12月中下旬～翌年1月上旬	2月前后	5月下旬

续表

地区	茬口	品种	播种期	定植期	采收期
新疆塔城市	日光温室秋冬茬	选择优质，早熟，抗逆性强，较耐低温、弱光品种	8月上旬	9月中旬	12月中下旬
	日光温室冬春茬		10月上旬	11月下旬	2月中下旬
	日光温室春茬		12月中旬~翌年1月上旬	1月中下旬~2月上旬	4月下旬~5月上旬
陕西宝鸡市	春大棚	京欣2号	1月20~25日	3月5~10日	5月下旬~6月上旬
甘肃华池县	春大棚	选用耐寒、抗病、含糖量高、商品性好、耐贮运的早熟西瓜品种，如特选京欣、新红宝、王者之尊、西农8号、京欣2号等	2月中下旬	4月下旬	6月上中旬始收
江苏张家港市	春大棚	京欣1号	2月初	3月初	4月下旬~5月上旬始收

（二）西北地区（甘肃省天水市）节能日光温室西瓜栽培技术

1. 育苗

秋冬茬栽培的育苗时间为7月下旬至8月上旬，育苗地点应具有防雨、防病虫的条件，如用防虫网则效果更好；冬春茬栽培的育苗时间为12月中下旬至元月上旬，因天气寒冷，应在具备加温条件的温室育苗，或在日光温室用地热线加温育苗。

（1）营养钵育自根苗 ① 营养土配制：将未种过瓜类作物的肥沃田园土和充分腐熟的优质农家肥砸细过筛后按3：1比例混合，加尿素0.5千克/米³、硫酸钾0.5千克/米³、过磷酸钙1.5千克/米³及1.4%爱多收水剂10毫克/米³（促进生根）配成营养土，再用50%多菌灵可湿性粉剂80克/米³进行营养土消毒。有条件的地方最好用草炭和蛭石过筛后按2：1比例混合，加尿素0.5千克/米³、硫酸钾1.5千克/米³，用50%多菌灵可湿性粉剂80克/米³消毒。营养土与肥料、农药混匀后堆放3天再装入10厘米×10厘米营养钵，整齐摆入苗床。② 浸种催芽：将在室外强光下晾晒2~3小时后的种子放入60~65℃的热水中，不停搅拌10分钟，待水温降至30℃左右时用50%多菌灵可湿性粉剂100倍液浸种15分钟，然后把种子用流动水冲洗3~4遍，置于20~30℃水中浸8~10小时，再放在阴凉处使种子表面水分散失，便于氧气进入种子内（这对种子发芽影响极大），最后将种子用透气湿布包住，置于30℃恒温箱内催芽，每天用同温度的水淘洗1~2次，2天左右60%的种子露白后即可播种。③ 播种：选晴天上午播种，播种前营养土应浇足水，将露白的种子胚根朝下，每个营养钵点播1粒种子，播完后盖0.5～1厘米厚的营养土，然后覆盖地膜，四周密封保湿。④ 苗期管理：播种后，当地温18～25℃、昼温20～35℃、夜温16～20℃、幼苗子叶顶土出苗率达85%时，应及时揭去地膜，降温排湿，严防徒长。晴天苗床光照时间控制在12小时左右。子叶出土后，昼温保持在22～30℃，夜温保持在

14～18℃，昼温超过35℃时通风或遮阳，苗床不宜过湿，以中午秧苗不萎蔫为准。定植前7天进行炼苗，昼温保持在25～32℃，夜温保持在10～14℃，加大昼夜温差，严格控制苗床水分，秧苗长时间严重缺水萎蔫时只浇小水。培育壮苗是育苗的核心，西瓜壮苗的标准为：日历苗龄30～40天，株高12厘米左右，真叶3～4叶，茎粗0.5厘米，子叶大而完整，根系发达、粗壮，见图11-71～11-77。

图 11-71 配制营养土

图 11-72 混合杀菌剂

图 11-73 营养钵育苗

图 11-74 温汤浸种

图 11-75 恒温箱催芽

图 11-76 覆盖地膜保湿

图 11-77 西瓜壮苗

（2）嫁接育苗 ① 砧木选择：建议用超丰 F_1、瓠砧 1 号等品种作砧木。② 砧木适宜播种期：靠接法砧木比接穗晚播 4～6 天，插接法砧木比接穗早播 5～6 天。③ 浸种：催芽砧木种子，精选后晾晒，并用 65～70℃ 热水浸种（不停搅拌），待水温降到 30～35℃ 时，常温浸种 36 小时。待种壳变软后，用尖嘴钳子人工破壳（即在种子发芽口处破开小口），置 30℃ 恒温下催芽，每天用清水淘洗 2 次，种子露白后即可播种。接穗种子浸种、催芽、播种及苗床管理同自根育苗。④ 嫁接：靠接的适宜苗态是砧木和接穗的第一片真叶半展时，其方法是去掉砧木苗真叶，用刀片在砧木子叶下 1 厘米处按 35º～40º 向下斜切一刀，深度为茎粗的 1/2，然后在接穗子叶下 1.5～2 厘米处向上 30º 斜切一刀，深度为茎粗的 3/5，最后把两个切口对接嵌入，使接穗子叶和砧木子叶呈"十"字状，用嫁接夹固定；插接的适宜苗态是接穗第一真叶显露、砧木第一真叶展开时，其方法是先把砧木真叶去掉，用与接穗下胚轴粗细相同的竹签子从右侧子叶的主脉向另一侧子叶方向朝下斜插 5～7 厘米深（竹签子尖端不插破砧木下胚轴表皮），然后拿起接穗在子叶下 8～10 厘米处斜切 2/3，切口长 5 毫米，再从另一面下刀，把下胚轴切成楔形，最后拔出竹签，插入接穗。以插接效果较好。⑤ 嫁接苗管理：要保证嫁接苗成活，必须采取保温、保湿、适当遮光的措施。嫁接后要浇足底水、扣拱棚，并用遮阳物遮阳，2～3 天不通风，使相对湿度达到 95% 以上，温度白天保持在 35℃ 左右，夜间保持在 20℃ 左右。过 4～5 天后，早、晚开始通风排湿，以后逐渐加大通风量，并逐渐撤掉遮阳物，使嫁接苗适应一般苗床环境。成活后最高温度不得超

图 11-78 插接法嫁接成苗

过32℃，最低温度不低于15℃，见图11-78～图11-80。

图11-79　靠接法嫁接成苗　　　图11-80　嫁接后覆盖薄膜和遮阳网保湿遮光

2. 定植

（1）定植前准备　前茬作物收获后及时清除残株杂草，深翻耙地。定植前施充分腐熟的优质农家肥3000～4000千克/亩、饼肥150千克/亩、磷酸二铵15千克/亩、过磷酸钙60千克/亩、硫酸钾10千克/亩，耕后耙平。以南北向做畦，畦宽140厘米，沟宽40厘米，畦高20厘米，有滴灌设备的采用滴灌，没有滴灌设备的在畦中间留25厘米宽的小沟，同时覆盖地膜。

（2）定植时间及方法　秋冬茬在8月底至9月上旬定植，冬春茬在2月前后定植。宜在西瓜苗4～5片真叶时选晴天上午定植，每畦栽2行，保持大行距120厘米，小行距60厘米，株距40厘米。采用坐水定植法，先挖好穴，并在穴内浇足水，将幼苗放入穴内，待水渗下后用土将穴填满。定植深度以刚埋住营养钵上层表土为准，不宜栽得过深，嫁接苗的嫁接部位要高于地面，见图11-81。

图11-81　坐水定植

3. 定植后管理

（1）缓苗期　定植后2～3天内，用A米微生物菌剂500倍液或20%移栽灵乳油1000～1500倍液灌根，促进根系生长。并密闭温室，在高温、高湿条件下促进缓苗，温度白天保持在28～32℃，夜间保持在12℃以上，白天温度超过35℃时通风。

（2）温、湿度管理　缓苗后到坐果前温度白天保持在24～32℃，夜间不低于14℃，以利植株迅速生长；严格控制浇水，不是严重干旱时不浇水。授粉期温度保持28～32℃。果实膨大期，温度白天保持在30℃左右，夜间不低于

10℃，主要是增温保热，尽可能延长光照时间，空气湿度保持在50%～60%。

（3）水肥管理　西瓜比较耐旱，在开花坐果前要控制水分，以防徒长，促进根系生长和坐果。坐果后浇一水，定果后浇二水，以后视天气状况每隔5～7天浇一次水。在伸蔓前追施第一次肥，施氮磷复合肥15千克/亩、尿素10千克/亩。坐瓜后追施第二次肥，施氮磷复合肥15千克/亩、尿素10千克/亩、硫酸钾10千克/亩。生长后期叶面喷施0.2%磷酸二氢钾和0.5%尿素混合液。

（4）整枝吊蔓　采用双蔓整枝，即保留主蔓和主蔓基部3～5叶处选留的一强壮侧枝，其余侧枝及早摘除。主蔓用吊蔓绳吊起，侧蔓在畦上爬蔓，侧蔓20叶摘心，主蔓25叶摘心，全株保留功能叶45片左右，见图11-82。

（5）人工授粉　西瓜没有单性结实性，人工授粉宜在8:00～10:00时进行，湿度过高时应等湿度下降后进行授粉，阴天可在下午授粉。授粉时摘下当前开放的雄花，先将花瓣后翻或撕掉，使其露出雄蕊，然后手拿雄花使其在雌花柱头上轻轻摩擦，将花粉涂遍柱头，并标明授粉日期。授粉的关键是雌花柱头上确实有足量的花粉附着，为提高授粉效果，可用2～3朵雄花同时均匀授同一雌花，见图11-83。

图11-82　整枝

图11-83　人工授粉

（6）留瓜和吊瓜　生产上一般选留第2朵雌花坐瓜，若瓜型不正时亦可选留第3朵雌花坐瓜。在瓜鸡蛋大小时，每株选具本品种特性的一个果定瓜。待瓜长至小碗口大时，用网兜或自制草圈吊瓜，礼品小西瓜也可以用塑料绳在瓜顶处悬挂吊瓜。采收时间以上午或傍晚最好，但对易裂瓜的品种京欣1号，应在午后待水分减少后采收。

（三）西北地区（陕西省宝鸡市）春大棚西瓜栽培技术

1.整地施肥

瓜田应在上年进行秋翻，平整土地，春季土壤解冻后，每亩施入发酵好的优质农家肥或猪牛圈粪2500～3000千克，磷酸二铵或硫酸钾型复合肥15千克，赛众28肥15千克，充分与土混合拌匀，然后按照行宽1.5～2米整畦做垄。采取单行爬蔓的按1.5米做畦，双行爬蔓的按2.5米做畦。分为大、小两畦，小畦宽50～60厘米，垄中央高出地面15厘米，两边筑起畦梗，用于种植西瓜。大畦宽90～100厘米，用于爬蔓坐瓜，称为瓜路。垄间和瓜田四周挖30～50厘米深的沟用于排灌水。

2.播种育苗

（1）电热温床布设　育苗设施的好坏直接影响到幼苗的生长发育，还影响到定植以后的花芽分化、结果及最终产量的形成。由于各地气候条件及栽培习惯的不同，育苗设施的类型也不尽相同。在北方地区，一般采用电热温床进行育苗。西瓜育苗一般1平方米所需功率为100～120瓦。由于苗床四周的地温较低，苗床中间的温度高，因此不能等距离布线，靠近苗床边缘要布线密集些。布线前，先从苗床中起出30厘米厚的土层，底部铺上一层15厘米厚的麦糠，摊平踏实后再铺一层3厘米厚的细土。在苗床两端按间距要求固定好小木桩，从一端开始，将电热线紧贴床土来回绕在木桩上，拉直拉紧，布线行数应为偶数，以使电热线的两个接头位于苗床的一端，便于连接电源。布完线后，接上电源，用电表检测电路是否畅通。在没有故障的情况下，在电热线上撒1.5厘米厚的细土，整平踏实，使电线不外露、不移位，然后摆放营养钵并浇透水，盖好小拱棚（夜间还要加盖草毡），接通电源开始加温。2天后，当地温达到20℃以上时开始播种，见图11-84。

图11-84　电热温床覆盖小拱棚保温

（2）播期确定　当设施内10厘米地温稳定达到10℃以上、外界日平均气温稳定在18℃时，为大棚瓜苗定植时期。温床育苗的播种期从定植时期向前推算30～35天。在陕西关中西部地区，采用"三膜覆盖"的大棚瓜苗定植时期约为3月5～10日，苗床播种期约为1月20～25日。

（3）苗床土配制　取未种过瓜类作物的大田土6份，腐熟农家肥4份，充分捣碎，然后1立方米营养土加入磷酸二铵0.5千克、硫酸钾0.5千克、多菌灵80克、敌百虫60克，混合均匀后过筛备用。需要注意的是：用于配制营养土的各种有机肥必须充分腐熟，要严格按比例使用化肥，忌用尿素和辛硫磷或甲拌磷，否则容易引起烧根、死苗。

（4）种子处理　选择晴天将选好的种子在阳光下晒1～2天，然后进行浸种。一般采用温汤浸种法，将种子放到55～60℃的热水中，不断搅拌，待水温降到30℃左右停止搅拌，浸泡6小时左右。将浸泡好的种子捞出，沥干水分，以

3厘米左右的厚度均匀摊在湿毛巾上，再覆盖2～3层湿纱布，放到恒温箱中进行催芽。西瓜种子发芽的最低温度为15℃，最适温度为25～30℃。催芽温度保持在28～30℃，一般24小时后开始出芽，2～3天基本出齐。其间，每天要用温水淘洗种子一次，待80%以上的种子出芽后即可播种。

（5）播种　先在苗床上洒一次温水，待水下渗后，将出芽的种子平卧点播在营养钵中央（切勿立放或倒置），每穴播种1粒，然后覆1.5厘米左右厚的细土，并用手指轻轻按压一下播种部位，以防止瓜种带帽出土。播后立即用塑料薄膜盖好苗床，以利增温保墒。当瓜苗出土达到60%以上时，立即揭掉薄膜，以防瓜苗徒长。

（6）育苗期温度管理　掌握"二高二低"原则，即：从播种到出苗，保持28～30℃，以保证出苗齐、出苗快；当有70%种芽顶土后，白天应降到22～25℃，夜间15～17℃，以免形成高脚苗；当幼苗心叶长出后，此时要将温度再次提高到白天27～30℃，夜晚17～20℃，以利于幼苗生长；定植前7～10天为炼苗阶段，昼夜温度保持在12～20℃，以提高幼苗的抗寒性和适应能力。早春大棚西瓜的适栽苗龄为25～30天。

3.栽培管理

（1）定植　① 定植前准备：a.升温。为尽快提高地温，瓜苗进棚前的3～5天，应放下大棚四周的围膜及门帘，进行扣棚升温工作，当棚内地温稳定在10℃以上时，即可进行瓜苗定植。b.整畦。按照栽植密度规划种植行，整理出瓜畦。早春拱棚西瓜一般采用中果型品种（如京欣2号）采取爬蔓式栽培，每亩栽植600～700株，单行种植，行距1.5米，株距60～70厘米。瓜畦高15厘米，宽60厘米，呈弧形，用宽幅80厘米的地膜覆盖。另外，大棚两边缘的地温相对较低，且处在顶膜放风口的位置，因此规划种植行时，要将两边外沿的瓜畦尽量向棚中央位置靠拢，防止低温引起僵苗。② 定植要点：定植瓜苗时要注意四点。一是以膜下地温稳定通过10℃以上时为定植适期，定植时选择晴朗无风天气；二是定植穴应挖在畦面的斜坡中部，不要挖在瓜畦顶部中央位置和瓜畦的坡底处，以利于后期灌溉；三是取瓜苗时要轻倒轻放，防止营养土散坨；四是浇足定根水，待水分渗完后再封定植穴，封穴时要露出瓜苗的两片子叶，可达到轻缓苗、快生长的目的。③ 定植后温度管理：定植后的1周内，以"高温缓苗"为主。白天棚温不超过35℃可不必通风降温，若温度超过38℃时，应立即采取开大放风口、遮阴等措施，切记不能揭开围膜底部放"地滚风"，以防闪苗；夜间加盖"二膜"保温，温度保持在12～15℃即可，低于10℃不利于缓苗。值得一提的是，随着外界气温升高，逐渐揭大通风口，同时要注意紧固地锚和压膜绳，以防大风揭棚，造成损失。

（2）伸蔓期管理　① 温度管理。伸蔓期白天温度超过30℃时开始放风降温，下午温度降至25℃时关闭风口。随着外界气温的升高，逐渐加大通风量。当瓜蔓长到50厘米、日最低气温达到20℃以上时，可视天气状况逐渐撤去"二膜"。② 压蔓、整蔓。压蔓的目的是调整瓜蔓的伸展方向，使之占据合理的地面空间，以提高光能利用率。一般是在伸蔓前第5～6片真叶出现（俗称"摇帽盖"）时进行，在蔓的根基部一侧培土，使瓜蔓受压而向前匍匐于垄面，爬向伸蔓位置。

整蔓多采取"一主两侧"的三枝整蔓方式，即除保留主蔓外，在基部选留两条生长基本一致的侧蔓，其余侧蔓全部抹去，西瓜坐果后，再长出的侧蔓一律保留。这样整枝，前期去掉多余侧蔓既节约了养分，又防止了营养生长过旺；后期保留侧蔓则增大了光合营养面积，可使果实充分生长发育，有利于结大瓜、早上市。据陕西省农牧良种场试验，"京欣2号"采用三枝整蔓法，一般单瓜重4～5千克，最大单瓜重达11千克，见图11-85。

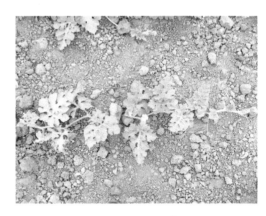

图11-85 压蔓

（3）开花坐果期管理 ① 温度管理。西瓜开花坐果期的适宜温度为25～30℃，低限为18℃，超过此范围则坐果率低且易产生畸形果。② 人工授粉。西瓜是雌雄同株异花授粉作物，大多是先有雄花，后有雌花，主要靠昆虫授粉。因大棚西瓜开花期昆虫活动太少，所以必须进行人工辅助授粉，授粉时间为早上7:00～10:00。选取瓜蔓上刚开放的第二雄花作为花粉源，先剥去雄花花瓣，露出雄蕊，再用雄蕊轻轻涂抹雌花柱头，使花粉均匀涂在雌花柱头上。如果花粉涂偏于一侧，将会影响果实发育。1朵雄花，花粉多时授2～3朵雌花，少时只授1朵雌花。每授完1朵雌花，要在旁边挂牌标记授粉日期，为以后采收瓜时提供依据。

（4）选瓜留瓜 采取三枝整蔓的瓜田，一般选留主蔓的第二雌花坐瓜，第二雌花多在第12～13片叶处出现。同时在侧蔓上选留一朵与主蔓第二雌花花期相近的雌花坐瓜，作为补充瓜。若遇花期低温，坐瓜困难，应先使第一雌花坐瓜，待雨过天晴后，第二雌花坐瓜良好，可将第一雌花瓜摘除。原则上1株留结1个瓜；如1株留结2个瓜，其产量可能要高一些，但单瓜重量及品质将显著下降。同一品种，大瓜比小瓜含糖量高、品质好。

（5）水肥管理 西瓜坐果后即进入膨瓜期，此期是果实生长最快阶段，也是水肥需求最旺盛时期，在栽培措施上要保证养分和水分的充足供应。当幼瓜长到鸡蛋大小时，应立即进行追肥、浇水。每亩施入尿素7.5千克、磷酸二铵15千克、硫酸钾20千克。最好施用发酵好的油渣（饼肥），每亩施100～150千克，搭配尿素10千克，可保持西瓜的纯正甜度和风味。

（四）东北地区（辽宁省阜新市）春大棚西瓜栽培

1. 育苗

最好在温室中进行护根育苗。用田园土2/3、腐熟有机肥1/3配成营养土，1米³营养土中加过磷酸钙1千克、腐熟鸡粪5～10千克，充分拌匀后用福尔马林200～300毫升，加水30千克，均匀地喷于1000千克的营养土中，覆膜熏蒸2～3天。或喷800倍的敌百虫和甲基托布津，边喷边搅匀，然后将营养土装入营养钵中。浸种前将种子放在阳光下或放到干燥环境中晒2天，然后催芽播种。温汤浸种的方法是：用55℃的温水浸种10～15分钟，将水温迅速降到20～22℃，然后捞出洗干净，进行变温处理。选择晴天，将已经催芽的种子播入营养钵内，每钵播1粒有芽种子，芽朝下，上面盖1层1厘米厚的过筛细湿土。

2. 适时定植

大棚西瓜的棚内最低气温10℃以上，5～10厘米地温稳定通过13℃，苗龄40天左右，嫁接苗4～5片真叶时定植。为充分利用保护设施及空间，多密植搭架栽培，株距为35～40厘米，行距1米，种植1600～1800株/亩。北方寒冷地区一般在3月中旬至4月上旬，选晴天9:00～15:00定植。按株距挖穴、浇水，水渗后将营养土坨埋入穴内，使坨与地表平齐。

定植时，嫁接口在封埯时一定要留在地面上，以防发生不定根。栽完后，垄面上插小拱架，扣小拱棚，再扣严大棚提高温度。

3. 湿度管理

大棚内的空气相对湿度较高，在采用地膜覆盖的条件下，可明显降低空气湿度。一般在西瓜生长前期，棚内空气湿度较低，但在植株蔓叶满架后，由于蒸腾量大，浇水量增加，使棚内空气湿度增高。白天相对湿度一般在60%～70%，夜间达80%～90%。为降低棚内空气湿度，减少病害，可采取晴暖白天适当晚关棚，加大空气流通，也可在行间铺草，降低土表水分蒸发。生长中后期，以保持相对湿度在60%～70%为宜。

4. 棚内气体调节

大棚密闭条件下，空气中二氧化碳含量严重不足，会影响光合作用的正常进行和同化产物的积累，可人工补充棚内二氧化碳含量：一是在棚内堆积新鲜猪牛粪，猪牛粪发酵过程中可释放二氧化碳；二是燃烧丙烷气可产生二氧化碳；三是应用焦炭二氧化碳发生器，在焦炭充分燃烧时释放出二氧化碳；四是在不被腐蚀的容器中放入浓盐酸，再放少量碳酸钙，通过化学反应产生二氧化碳法最简便；五是施用二氧化碳肥。

5. 肥水管理

定植前先施足底肥，然后深翻整地。定植后为加快缓苗，一般不通风，保持高温，白天28～32℃，夜间12℃以上。缓苗至开花期棚温不低于25℃，地温

15℃以上，以提高坐果率。伸蔓后撤去小拱棚，进行第1次追肥浇水，再追复合肥。开花15天后果实生长加快，应做好保温工作，并及时疏掉8节以内的瓜，选留第2或第3个发育正常的瓜。当瓜长到直径15厘米左右时，结合浇水，进行第2次追肥，再追复合肥。大棚土壤湿度大，茎叶易徒长，在灌水上应注意前期少浇水，坐果后勤浇水，进入成熟期后控制水分，以利果实着色和增加果实含糖量，加快果实成熟。

6.植株调整与人工授粉

（1）整枝绑蔓　①整枝：当伸蔓后、主蔓长30～50厘米时，侧蔓也已明显伸出。当侧蔓长到20厘米左右时，从中选留一壮健侧蔓，其余全部去掉，以后主、侧蔓上长出的侧蔓也及时摘除。在坐瓜节位上方再留10～15片叶，即适时打顶。整枝工作主要在瓜坐住以前进行，支架栽培情况下，去侧蔓（打杈）工作要一直进行到满架、打顶。在去侧蔓的同时，要摘除卷须。②搭架绑蔓：在定植后20天，主蔓长30厘米左右，去掉大棚内小拱棚后，立即进行插架。可按每株瓜秧插2根竹竿，插在植株两侧、距植株根部10厘米以上的位置，竹竿要插牢、插直立，插立架后开始引蔓、绑蔓。当蔓长30～40厘米时，即可将匍匐生长的瓜蔓引上立竿，每蔓引1根竹竿，绑蔓作业中应注意理蔓，后期绑蔓应注意不要碰落大瓜，绑蔓和整枝工作可结合进行。

（2）人工授粉　根据棚内西瓜的开花习性，应在8:00～9:00进行授粉。阴天雄花散粉晚，可适当延后。为防止阴雨天雄花散粉晚，可在前1天下午将次日能开放的雄花取回，放在室内干燥温暖条件下，使其次日上午按时开花散粉，再用此花给雌花授粉。应从第2雌花开始授粉，以便留瓜。

（3）选瓜、吊瓜　为提高单瓜重和使瓜形端正，应选留第2雌花上坐的瓜，留瓜过早则瓜小而瓜形不正，过晚则不利于早上市。一般授粉后35天，瓜胎即明显长大，要优先在主蔓上留瓜，若主蔓上留不住瓜，可在侧蔓上留瓜。在支架栽培情况下，当瓜重0.5千克时，应及时进行吊瓜，防幼瓜增大后坠落。在地爬栽培情况下，应如拱棚栽培一样进行选瓜、垫瓜和翻瓜。

五、采收

一般地，早熟品种果实发育期需28天左右，中熟品种果实发育期33天左右，晚熟品种果实发育期40天左右。按照田间授粉标记牌的日期推算成熟日期，并在稍前日期摘取样瓜切开检验，以此测知成熟的缺欠天数，确保正确采收。据观察，在早春大棚或冬春茬日光温室栽培条件下，各品种的成熟期稍微延迟5天左右，如中早熟品种"京欣2号"，授粉时间为4月18日，可食成熟期为5月23日。日光温室秋冬茬栽培条件下，各品种的成熟期稍微延迟10～15天，也可通过形态特征鉴别成熟度。将两种方法综合运用，即能逐渐熟练，得心应手。

西瓜的成熟期分为可食成熟期和生理成熟期。西瓜可食成熟时，种子不一定成熟，接近可食成熟期应及时采收。以果实临界最佳食用品质和最甜时即为最佳采收期。采收宜在上午朝露已干或傍晚气温较低时进行，带果柄剪下放在阴凉处降低瓜体温度，以备装运。

六、病虫害防治

（一）棚室西瓜栽培裂瓜原因分析及预防措施

1.棚室西瓜裂瓜原因分析

（1）田间生长期裂瓜（见图11-86）原因　①品种：部分薄皮、质脆、小果型的品种容易裂瓜。②气候：西瓜生长的最适温度一般在20～35℃，可承受的最高温度达41～43℃。在适宜的温度范围内，随着温度的升高，西瓜植株的生长速度也会增加，长时间的高温会使西瓜生长过快，容易造成裂瓜。另外，长时间的低温、寡照会造成西瓜生长缓慢，使幼瓜膨大处于极慢的状态，也会造成果皮一定程度的木栓化，如果突遇晴天高温就会使幼瓜快速生长，超出果皮的承受能力造成裂瓜。气温变化大，或在果实发育初期遇低温使西瓜发育缓慢，之后气温急剧上升使果实迅速膨大也易引起

图11-86　田间生长期裂瓜

裂瓜。③水分：管理西瓜生育期内各个阶段对水分的要求不同，在伸蔓前要控水，伸蔓期要加大田间持水量，结果期要少浇水，膨瓜期要增加水肥。水分管理不科学、促控不当是造成西瓜裂瓜的主要原因，水分过大、控水过度、浇水过急也会造成裂瓜。坐瓜之前土壤干旱时间较长、膨瓜期突然大量浇水或遇大雨也会造成裂瓜。④施肥不科学：施肥量过大和施肥比例不合理是造成西瓜裂瓜的另一个主要原因。施肥量过大，不仅容易造成西瓜根部的损伤，而且还需要大量的水分来维持土壤溶液的正常浓度，这样就会造成大肥、大水的条件，造成植株生长过快，使得西瓜内容物与皮部的生长速度不一致，超过果皮的韧性范围，造成裂瓜。膨瓜期大量偏施氮肥，瓜皮部扩充缓慢，而内容物膨大迅速也易造成裂瓜。

（2）采收期裂瓜原因　采收前大量浇水或采收时震动摔打造成裂瓜，部分品种裂瓜也与品种特性有关。

2.棚室西瓜裂瓜主要预防措施

（1）选用优良品种　选择品质好、抗病性强的抗裂瓜品种，如小果型瓜的主

流品种为小兰、早春红玉，中果型瓜的主流品种为京欣、早佳、抗病苏蜜等。

（2）科学整枝留瓜　小果型西瓜品种，可以适当多留1～2条蔓。减少营养物质向果实的大量运输，防止单瓜膨大过快引起裂瓜。如田间发现有裂瓜发生，长势较旺的植株可以在瓜前3～4片叶处，对茎蔓进行人为挤压或顺茎蔓纵向剖开一小段，疏散营养物质向幼瓜的集中运输。结瓜部位功能叶片生长势强，可以打去部分叶片，减少营养物质的积累，避免幼瓜短期生长过快而裂瓜。田间定瓜时选留瓜脐小、果形周正的幼瓜，瓜脐大脐部韧性小，易从脐部裂瓜。

（3）加强水分管理　在浇足底水的基础上，坐瓜前适当补浇小水，防止膨瓜期土壤过于干旱。膨瓜期浇水要均衡，避免短期浇水骤增或大水漫灌，采收前7天停止浇水。

（4）合理施肥　西瓜是喜肥作物，底肥要增施优质腐熟有机肥，追肥要氮、磷、钾齐全，以三元复合肥为主，多增施钾肥，适量补充磷、钙肥，减少氮肥施用量，提高果皮韧性。

（5）采收　应在下午摘瓜，并减少震动或摔打，防止人为损伤造成裂瓜。

（二）棚室西瓜主要病害

棚室西瓜病害主要有枯萎病、炭疽病、蔓枯病，栽培上要努力从温室消毒、种子处理、轮作倒茬、栽培管理等各个环节控制，一旦发病可用药剂防治。

1.西瓜枯萎病

【症状】幼苗发病时呈立枯状。定植后，下部叶片枯萎，接着整株叶片全部枯死。茎基部缢缩，出现褐色病斑，有时病部流出琥珀色胶状物，其上生有白色霉层和淡红色黏质物（分生孢子）。茎的维管束褐变，有时出现纵向裂痕。根部褐变，与茎部一同腐烂。

【传播途径和发病条件】病菌以厚垣孢子或菌丝体在土壤、肥料中越冬，成为翌年主要初侵染源。病部产生的大、小分生孢子通过灌溉水或雨水飞溅，从植株地上部的伤口侵入，并进行再侵染，地下部当年很少再侵染。连作地或施用未充分腐熟的土杂肥，地势低洼、植株根系发育不良，天气湿闷发病重。

【防治方法】此病以预防为主，采用嫁接换根防治枯萎病效果显著。可用1份25%瑞毒霉可湿性粉剂加2份50%代森铵水剂混合搅拌均匀，使用时对水140倍，在傍晚对未发病植株进行预防（严禁在高温时使用）。在发病初期用10%双效灵水剂200倍液、40%拌种双粉悬浮剂400倍液或20%施宝灵悬浮剂2300倍液、50%苯菌灵100倍液灌根，株灌0.4～0.5升，或12.5%增效多菌灵可湿性粉剂200～300倍液灌根，株灌100毫升。

2.西瓜炭疽病

【症状】在整个生长期内均可发生，但以植株生长中、后期发生最重，造成落叶枯死、果实腐烂。在幼苗发病时，子叶上出现圆形褐色病斑，发展到幼茎基部变为黑褐色，且缢缩，甚至倒折。成株期发病时，在叶片上出现水浸状圆形淡黄色斑点，后变褐色，边缘紫褐色，中间淡褐色，有同心轮纹。病斑扩大相互融合后易引起叶片穿孔干枯。在未成熟的果实上，初期病斑呈现水浸状，淡绿色圆斑，成熟果实上开始为突起病斑，后期扩大为褐色凹陷，并环状排列许多小黑点，潮湿时生出粉红色黏物，多呈畸形或变黑腐烂。

【传播途径和发病条件】为真菌性病害，种子及土壤中的病残体均可带菌，另通过雨水、昆虫及人畜活动而传播。气温24℃左右，湿度97%以上最易发生流行。

【防治方法】发病初期喷洒50%甲基托布津可湿性粉剂800倍液加75%百菌清可湿性粉剂800倍液，或50%炭疽福美300～400倍液、50%的代森铵1000倍液、50%的混杀硫悬浮剂500倍液隔7～10天一次，连续防治2～3次。

3.西瓜蔓枯病

【症状】叶子受害时，最初出现黑褐色小斑点，以后成为直径1～2厘米的病斑。病斑为圆形或不规则圆形，黑褐色或有同心轮纹。发生在叶缘上的病斑，一般呈弧形。老病斑上出现小黑点。病叶干枯时，病斑呈星状破裂。连续阴雨天气，病斑迅速发展可遍及全叶，叶片变黑而枯死。蔓受害时，最初产生水浸状病斑，中央变为褐色枯死，以后褐色部分呈星状干裂，内部呈木栓状干腐。蔓枯病与炭疽病在症状上的主要区别是：蔓枯病病斑上不产生粉红色黏物质，而生有黑色小点状物。

【传播途径和发病条件】同黄瓜蔓枯病。

【防治方法】对种子进行消毒，发病初期喷洒40%杜邦"福星"乳油8000倍液或75%百菌清可湿性粉剂600倍液，50%混杀硫悬浮剂500～600倍液，掌握在发病初期全田用药，隔3～4天后再防1次，以后视病情变化决定是否用药。

（三）棚室西瓜主要虫害

棚室西瓜虫害主要有蚜虫和美洲斑潜蝇。

1.蚜虫

【为害特点】【形态特征】【生活习性】同大白菜蚜虫。

【防治方法】可采用2.5%保得乳油2000倍液或康福多浓可溶剂400倍液，50%辛硫磷乳油1000～1500倍液或65%蚜螨虫威可湿性粉剂600倍液，20%灭扫利乳油200倍液，2.5%功夫乳油2000倍液等药剂防治，喷洒时应注意使喷嘴对准叶背，将药液尽可能喷射到瓜蚜体上，也可选用杀蚜烟剂，每亩一次400～500克，分散4～5堆用暗火点燃，冒烟后密闭3小时，杀蚜效果在90%以上。

2.美洲斑潜蝇

【为害特点】【形态特征】【生活习性】同菠菜美洲斑潜蝇。

【防治方法】关键要早治，当幼虫钻蛀到叶子里之前用药防治，即在产卵期喷药或在苗期开始喷药，可喷2.5%功夫乳油2000倍液，或20%杀灭菊酯1000倍液。

第三节　西葫芦

西葫芦属葫芦科，别名搅瓜，原产于美洲，又称美洲南瓜。其营养丰富，果胶含量高，含糖量低，风味独特，为百姓所喜爱。西葫芦适应性强，结瓜早，是瓜菜中比较早熟的蔬菜。因其根系发育和开花结果要求的温度低，栽培管理简单，产量高，效益好，近几年来，西葫芦反季节生产迅速发展，棚室西葫芦栽培面积不断扩大，其已成为冬春季节市场供应的主要蔬菜品种之一，西葫芦是棚室蔬菜栽培中很有发展前途的一种鲜细蔬菜。

一、特征特性

（一）植物学特征

西葫芦属一年生草质藤本（蔓生）作物，有矮生、半蔓生、蔓生三大品系。多数品种主蔓优势明显，侧蔓少而弱。主蔓长度：矮生品种节间短，蔓长通常在50厘米以下，在日光温室中有时可达1米（因生长期长）；半蔓生品种一般约80厘米；蔓生品种一般长达数米。叶具卷须，属攀援藤本，但常匍匐生长（矮生品种有的直立）。

1.根

西葫芦具有强大的根系，根群主要分布在15～30厘米的耕作层内，主根可深入到2米深的土壤中，根系吸收能力强，幼苗根系生长快，但伤根后再生能力差。适合于移栽，移栽时应避免伤根。

2.茎

茎蔓生或半蔓生，五棱，茎上有茸毛，中空。

3.叶片

单叶，大型，呈掌状五裂，互生（矮生品种密集互生）。叶面粗糙多刺，叶柄直立，带有刺毛，叶柄长而中空，中空易损伤。有的品种叶片绿色深浅不一，近叶脉处有银白色花斑。

4.花

花单性，雌雄同株。花单生于叶腋，鲜黄或橙黄色。雄花花冠钟形，花萼基部形成花被筒，花粉粒大而重，具黏性，风不能吹走，只能靠昆虫授粉。雌花子房下位，具雄蕊但退化，有一环状蜜腺。单性结实率低，冬季和早春昆虫少时需人工授粉。雌雄花最初均从叶腋的花原基开始分化，按照萼片、花瓣、雄蕊、心皮的顺序从外向内依次出现。但雄花形成花蕾时心皮停止发育，雄蕊发达；雌花则在形成花蕾时雄蕊停止发育，而心皮发达，进而形成雌蕊和子房。

5.果实和种子

瓠果，形状有圆筒形、椭圆形和长圆柱形等多种。嫩瓜与老熟瓜的皮色有的品种相同，有的不同。嫩瓜皮色有白色、白绿、金黄、深绿、墨绿或白绿相间；老熟瓜的皮色有白色、乳白色、黄色、橘红或黄绿相间。每果有种子300～400粒，种子为白色或淡黄色，长卵形，种皮光滑，千粒重130～200克。寿命一般4～5年，生产利用上限为2～3年。

（二）西葫芦的生育特性

1.性型分化

低温短日照条件有利于西葫芦花芽的分化和雌花的发生。温度与日照相比，温度是起主导作用的。但短日照条件对第一朵花的分化却是很敏感的：在日照8～10小时的情况下，昼夜温度在10～30℃的范围内，温度越低时，第一雌花出现的节位越低，雌花数也越多。在白天20℃，夜间10℃，日照8小时的情况下，雌花发生得多且比较肥大。这在育苗时必须给予注意。

2.开花受精及果实膨大

西葫芦开花是在凌晨4:00时以后，4:00～4:30时完全开放。自然授粉多在6:00～8:00时之间。13:00～14:00时完全闭花，失去授粉能力。自然界昆虫传粉最活跃的时间是在6:30～8:00时。但受精力和坐果率最高的时间是在花朵完全开放后的4～5小时，此后受精能力下降，所以人工授粉必须及时。雌花开花的前一天已具备了受精能力。人工授粉在雄花多时，可将雄花的花冠撕下，插到雌花里，使花粉与柱头接触，1朵雌花放1朵雄花。雄花少时，可用干毛笔蘸取花粉，轻轻地涂抹雌花的柱头。用新报纸卷成捻，在新砖上磨毛，用其蘸取花粉。纸捻湿了就掐去一段处理后再用，比用毛笔节省而方便。开花时子房和花瓣肥大者，一般坐果率都高。人工授粉比用激素处理的坐果率要高。但温室生产期间，有时雄花少、花粉发育不良或受损，单靠人工授粉还无法完全保证，应同时使用激素处理，这样可使坐果率达到90%以上。

3.结瓜间歇现象

由于瓜蔓上一个瓜开始发育膨大时，它本身有优先独占养分的特点，因而会使它后面再产生的3～4个瓜停滞发育而化瓜或落蕾。只有当这个瓜采收之后，再开的雌花才有可能坐住瓜。当然，这个坐成的瓜也要对其后面的3～4个瓜发生同样的影响，这就造成西葫芦的结瓜呈现间歇的现象。因此，西葫芦呈现间歇性结瓜是由于养分争夺的结果。当西葫芦的果实开始膨大，又遇连阴天，或叶子遭受病害或机械损伤而大量损坏时，这个瓜的发育也要停止以至化掉，这是养分中断的结果。

二、对环境条件的要求

（一）温度

西葫芦性喜温暖的气候，但对温度有较强的适应能力，所以栽培范围比其他瓜类蔬菜较广。种子发芽最低温为13℃，最高温为35℃，适宜温度范围为21～32℃，以30℃时萌发最快，在40℃以上不发芽。种子萌发的幼苗期生长的适宜温度为22～25℃。根毛发生的最低温度为12℃，根系伸长的最低温度是6～8℃。西葫芦植株必须在12℃以上才能正常生长发育，最适生长发育温度为21℃，开花结果要求的温度要在15℃以上，果实发育最适温度为22～23℃，营养生长期在较低的温度下有利于雌花的分化。

（二）光照

西葫芦对光照强度要求较严格。在短日照下，雌花数量多，但是在雌花形成后仍以自然日照有利于植株的生长。在育苗期间，每日给予8小时光照，可以促进早熟，增加产量。

（三）水分

西葫芦的根系发达，具有较强的吸水力和抗旱力，苗期时保持床上见干见湿，定植后因叶片大且多，蒸发量大，故必须适时灌溉才能获得好的产量。

（四）土壤

对土壤要求不严格，贫瘠的土地也能种植，但为了获得高产优质的产品，宜选用有机质丰富、肥沃并且保水保肥能力强、pH值5.5～6.8的土壤。沙质壤土或壤土为好。

三、品种选择

（一）京葫1号

北京市农林科学院蔬菜研究中心选育。播种后45天可采摘250克以上商品瓜，是国内最早熟的西葫芦杂种一代新品种之一。植株为短蔓直立类型，抗病性强，极耐白粉病。侧枝少。雌花多，瓜码密，连续坐瓜能力强，雌花率达到85%以上，每株3～4个瓜可同时生长，亩产6000～7000千克以上，丰产，稳定性好。瓜条顺直，长筒型。瓜皮浅色网纹，鲜嫩美观，品质佳，商品性状好，耐贮运。适宜全国各地种植，尤其适合早春各种保护地栽培。栽培方式为大、中、小

图11-87 京葫1号

图11-88 京葫3号

图11-89 京葫8号

棚加地膜覆盖，亩植1800株。见图11-87。

（二）京葫3号

北京市农林科学院蔬菜研究中心选育。特早熟杂种一代，植株为矮生类型，第5～6节开始结瓜。本品种较抗寒，耐弱光性强，低温弱光条件下连续结瓜能力强，瓜码密，几乎节节有瓜，前期产量突出，亩产6000～7000千克以上。瓜皮浅绿色，本色花纹美观，有光泽。瓜形为长柱形，均匀一致，商品性好。适合全国各地种植，尤其适合抢早采收的早春各种保护地栽培。栽培方式为大、中、小棚加地膜覆盖，亩植1800株。见图11-88。

（三）京葫8号

北京市农林科学院蔬菜研究中心选育。早熟，植株长势强健，叶片中等大小，株形结构合理。本品种较耐寒，不早衰。较抗白粉和灰霉病。坐瓜能力强，膨瓜快，产量高。商品瓜长24～26厘米，粗6～8厘米，圆柱状。瓜条顺直，浅翠绿瓜条，瓜皮光泽好。适宜全国各地种植，尤其适合北方早春拱棚、中高海拔露地、南方秋冬露地栽培。主要栽培方式为南、北方地膜覆盖栽培，亩植1500～1600株。见图11-89。

（四）京珠

北京市农林科学院蔬菜研究中心选育。早熟一代杂交种，植株矮生，长势较强。本品种较抗白粉病。第6～7节以上开始结瓜，播种后38～40天开始采收150～200克的商品瓜。瓜形为圆球形，亮绿色，光泽度好，商品性极佳，属高档型特色西葫芦品种。连续结瓜能力强，雌花多，瓜码密，产量高，亩产6000千克左右。栽培方式为地膜覆盖栽培，适宜北方地区日光温室内栽植。亩植1600～1800株。见图11-90。

（五）金色98

西北农林科技大学园艺学院选育。早熟一代杂交种，植株矮生，生长势强，主蔓结瓜，侧枝较少。叶片绿色，并有白斑。瓜形长棒形，有细枝，瓜长20～25厘米，粗5～8厘米，瓜皮金黄色，有光泽。早春播种后45～50天开花，瓜码密，连续坐瓜能力强。果实品质佳。耐寒、耐病，适应性强，可用于保护地栽培。见图11-91。

图11-90 京珠

（六）京香蕉

北京市农林科学院蔬菜研究中心选育。高档特色西葫芦品种，中早熟一代杂交种。植株直立丛生型，生长健壮，节间短，瓜码密，适时采收有利于连续结果。果实金黄色，光泽度好，外观漂亮，长圆筒。嫩瓜200克左右，瓜长20～25厘米，果茎4～5厘米，采收期长，产量高。适合各种保护地栽培。亩植1700～1800株。见图11-92。

图11-91 金色98

（七）春玉1号

西北农林科技大学园艺学院选育的西葫芦早熟杂种一代。矮秧类型。植株生长势强，较直立，叶色浓绿，生长中、后期叶面有白斑。一般播种后期45天左右可开花，第一雌花节位为4～5节，平均1.5节出现1个雌花。连续结瓜能力强，产量高。瓜形长圆柱形，瓜皮嫩白色。采收的嫩瓜瓜长26～30厘米，瓜粗8厘米左右。早熟性好，抗病性较强。适于保护地及露地种植。见图11-93。

图11-92 京香蕉

图11-93 春玉1号

图11-94 银碟1号

（八）银碟1号

西北农林科技大学园艺学院选育。早熟一代杂交种，属于矮秧类型。植株生长势较强，主侧蔓均可结瓜，但以主蔓结瓜为主。叶色淡绿，叶片掌状，无缺刻，叶面无白色花斑。第一雌花节位为6～8节，商品瓜为飞碟形，边缘波浪形，瓜皮嫩白色，直径15～25厘米，厚度8～10厘米。嫩瓜皮薄肉厚、品质优，单瓜重200～400克。较抗病毒病，耐低温弱光。老瓜白色，直径28厘米左右，单瓜重750～900克。可作观赏用。适宜日光温室、塑料大棚、塑料小棚春秋季栽培。亩植1500～1700株。见图11-94。

（九）青莹

美国圣尼斯种子公司一代杂交种，早熟，播种至收获50～55天。植株生长势旺盛，耐寒、抗病性强，适应性广，节间短，节性好。瓜长23厘米，横径6厘米，长筒形，单果重400～500克。果皮浅绿，有光泽，外观翠嫩，商品性佳，适宜中密度栽培，亩定植1000～1200株。

（十）冬玉

法国引进的优良西葫芦品种。该品种植株粗壮，根系发达，中偏早熟。雌性高，每叶一瓜，瓜长20厘米，粗5～6厘米。颜色嫩绿，光泽度好，品质佳，瓜条精细均匀，商品性好，瓜形美观，抗寒性、抗病毒能力强，坐果率高，温室内气温5℃左右时能正常结瓜。

（十一）金黄009（GOLDRUSH）

美国皮托种子公司一代杂交种，中熟，生长势强，株型大。果实长筒形，果长20厘米左右，单果重450克左右。绿果柄，金黄果皮，有光泽，商品性好，品质佳，风味独特。节成性好，产量高，宜稀植栽培。

（十二）黄飞碟

早熟，株型中等，长势强，能连续坐瓜。圆满碟形果，形似扇贝，果径8厘米左右，果重150克，金黄果皮，有光泽，商品性好，风味独特，品质佳。适应性强，亩栽1500～1800株。

（十三）早青一代

山西省农业科学院蔬菜研究所选育的一代杂交种。矮生，节间短，侧枝多，叶片小，叶柄较短，叶表有白色斑点，株型紧凑，生长整齐一致。多从5叶开始出现雌花，一般播种后40～50天可采收第一瓜。坐瓜能力强，可同时坐瓜2～3个。瓜长圆筒形，嫩瓜浅绿色，具有细密的绿色网纹，并间有白色小斑点，瓜肉乳白色。株型紧凑丛生，适宜密植。适合各种保护地栽培。

四、栽培关键技术

（一）栽培季节

各地棚室西葫芦栽培主要茬口安排如表11-3所示。

表11-3　棚室西葫芦主要茬口安排

地区	茬口	品种	播种期	定植期	采收期
安徽蚌埠市	春大棚	早青一代、双丰特早、金皮西葫芦	12月下旬	2月上旬	3月下旬
新疆特克斯县	温室春提早	早青一代、新世纪、银青一代、碧浪、晶莹	1月初	2月中旬	
新疆特克斯县	温室秋延晚	早青一代、新世纪、银青一代、碧浪、晶莹	8月中旬	直播	9月中下旬～11月下旬
甘肃天祝县	秋冬茬日光温室	纤手2号、改良纤手、绿宝石	8月中下旬	9月中旬	10月中旬始收，翌年1月下旬拉秧
	早春茬		12月上旬	1月上旬在前茬株间空隙处定植	春节前后采收上市，5月份拉秧后晒棚
山西太原市	日光温室秋延后	早青一代、寒玉、特早、春玉1号、冬玉、百利、玉龙、碧浪	8月中旬	9月中旬	10月中旬开始收获
	日光温室冬茬		10月上旬	11月上旬	12月下旬开始收获
	日光温室早春茬		12月下旬	翌年2月上旬	3月下旬开始收获
辽宁阜新市	日光温室冬茬	冬玉、法拉利、恺撒	9月中旬	10月上旬	2～3月

（二）河北石家庄春大棚西葫芦栽培技术

1.品种选择

早春大棚栽培西葫芦应选择耐低温弱性好、抗病性强、早熟、优质品种，如

图 11-95　无土育苗营养基质

图 11-96　装穴盘

图 11-97　装好的营养钵

美玉。

2.棚室选择

西葫芦是瓜类蔬菜中较耐寒、喜温暖、不抗高温的蔬菜。生长发育适宜温度为 18～25℃，较耐弱光，对棚室的要求相对较低，一般大棚都可满足西葫芦生产需要。

3.营养土配制

西葫芦苗龄较短（30～35天），营养土要求透气性好，营养全面，保水，保肥，增温快，不含土传病害的病菌和虫卵，最好选用无土基质，主要配方：① 草炭：蛭石为1：1；② 草炭：蛭石：珍珠岩按2：1：1；③ 草炭：砂为1：1；④ 草炭：锯末为1：1；⑤ 草炭：珍珠岩：砂为2：2：2。每立方米基质中加入三元复合肥或育苗专用缓释肥1～1.5千克，50%多菌灵100克。将营养土装在50孔的穴盘中或8厘米×8厘米的营养钵中。见图11-95～图11-97。

4.播种育苗

（1）适时播种　一般从定植向前推30天即为播种适期。冀中南地区一般在1月初播种。

（2）浸种催芽　用温汤浸种法浸种。将种子置于55℃温水中，不停搅拌，等水温降至25～30℃时停止搅动。浸种4小时，捞出冲洗沥干，然后用吸足水的湿毛巾包好，放在28～30℃的环境下催芽，1～2天即可露白。

（3）播种　选晴天上午进行。先将苗床浇透水，待水渗下后，将种子芽朝下，水平摆好，每穴1粒，上面覆盖基质1.0～1.5厘米，然后覆盖地膜保墒。见图11-98、图11-99。

（4）幼苗管理　播种后出苗前，白天28～30℃，夜间18～20℃，齐苗后揭去地膜，白天25℃，夜间10～15℃。定植前7～10天进行低温炼苗，白天18～20℃，夜间8～13℃。要根据苗子长势适时浇水，掌握晴天浇、上午浇、浇透水。

（5）壮苗标准　苗龄25～30天，3叶1心，株高10厘米左右，幼苗矮壮，叶厚柄短，叶色深绿，子叶完好，根系发达，无病虫危害。

5.整地施肥

重施基肥，施足有机肥，并施以适量磷钾肥。可结合春耕每亩撒施腐熟鸡粪或农家肥5000～7500千克，做畦后再沟施优质鸡粪、饼肥100千克，三元复合肥30～50千克。深翻土地30厘米左右，将肥土充分掺匀，耙平，耙细。

图11-98　播种

6.定植

当棚内10厘米地温稳定在12℃以上7天即可定植。选晴天上午进行，高垄栽培、地膜覆盖。种植密度根据各品种的特征特性而定，一般每亩1600～2000株不等。采用大小行插花种植，行距60～80厘米，株距45～50厘米。浇透定植水。

7.定植后的管理

（1）温度管理　缓苗期，白天25～30℃，夜间18～20℃；缓苗后，适当降温，白天25℃，夜间12～15℃；坐瓜后，白天25～28℃，夜间15℃。

图11-99　覆盖基质

（2）肥水管理　缓苗期可选晴天上午浇一次缓苗水，以后控水蹲苗直到开花坐果，当第一瓜50%坐住后，浇第1水。以后的水分管理按"浇瓜不浇花"的原则进行，为了防止徒长，每次浇水量不宜过大，一般一次肥水、一次清水。每亩施尿素7～10千克。后期切忌单独追施氮肥，要配合磷钾肥和氮肥交替使用。一般每亩追施磷酸二铵20千克，硫酸钾25千克。

（3）人工授粉　早春大棚内温度较低，西葫芦坐瓜困难，可用20～30毫克/千克的2,4-D溶液涂抹雌花柱头，每天上午8:00～9:00进行；选用熊蜂授粉；进行人工授粉，以提高坐瓜率。

（4）植株管理　到植株生长中后期，茎蔓在地上匍匐，植株遮阴，通风透光性差，要及时摘除病、残、老叶以及侧芽、卷须，以免发生病害和消耗过多的养分，影响产品质量。

（三）山西省太原市日光温室西葫芦栽培技术

1.茬口安排

山西太原日光温室种植西葫芦主要有秋延后、越冬、早春三茬。秋延后西葫芦根据市场需求结合气候特点于8月中旬播种育苗，9月中旬定植，10月中旬开始收获；越冬茬西葫芦于10月上旬播种育苗，11月上旬定植，12月下旬开始收获；早春茬西葫芦可于12月下旬播种育苗，2月上旬定植，3月下旬开始收获。

2.品种选择

冬春季光照时间短是日光温室三茬西葫芦生长期均存在且不可逾越的气候特点，因此应选用耐寒、低温、弱光、抗病西葫芦品种，如：山西农科院蔬菜所选育的早青一代、寒玉，山西又丰种苗的特早，西北农大的春玉1号，法国的冬玉、百利和荷兰的玉龙、碧波等品种。

3.培育壮苗

① 浸种、催芽：将种子先用冷水浸泡，然后放到50～55℃的温水中烫种，并不断搅拌，保持20分钟左右，待水自然冷却后浸种4～5小时。用10%磷酸三钠溶液浸种20～30分钟或用1%高锰酸钾浸种30分钟，用清水冲洗干净。用干净持水充分的湿布或毛巾包裹放入催芽器皿，保持25℃左右放置24小时，当种子充分吸水膨胀开始萌动时播种。② 苗床准备：取肥沃的园田土6份，充分发酵腐熟的马粪或堆肥4份，每立方米混合土加入磷酸二铵2～3千克，捣碎，充分混合，过筛，即配成营养土。将营养土装入8厘米×10厘米或10厘米×10厘米的营养钵内，蹾实，选择温度、光照排水等条件均满足西葫芦茬口育苗的地块建造宽1.2米、深10米的平畦苗床，将营养钵排放整齐待播。③ 播种：选晴天上午先将营养钵灌透水，水渗后每钵播1～2粒经催芽处理的种子，播后覆1.5～2厘米细潮土，播种后床面盖好地膜，高温天气应做好遮阳措施。每亩播2500穴左右，为防止小苗戴帽出土，在种子顶土时可加覆0.2厘米左右细潮土防止高脚苗的形成。

4.苗期管理

西葫芦出苗后应降低温度以防苗徒长，白天应保持20～25℃，夜间10～15℃。从子叶展开到第一片真叶时，宜降低夜间温度，保持白天20℃、夜间10～13℃，以促进雌花分化。定植前10天要加大通风量，降温炼苗，夜间5～8℃。由于西葫芦极易徒长，且根系较大，因此在苗期严格控制浇水次数，以秧苗不蔫不浇为原则，若确需给水应选晴天上午用喷壶喷洒补水为宜。

5.整地做畦

越冬茬西葫芦栽培方式有垄作、高垄+地膜覆盖、平畦+滴灌+地膜覆盖、栽培槽+无土栽培+滴灌等多种方式。垄作+地膜覆盖的方式用得较多。整地做畦根据栽培方式而定。

西葫芦在日光温室内栽培有大小行栽培和等行距栽培两种模式，见图11-100和图11-101。做畦时，在施肥沟上作畦。等距离栽培的，垄高12～15厘米，垄面宽70厘米，垄距为70～80厘米。采用宽窄行种植的，宽行行距80～100厘米，窄行行距50～70厘米。有的地方做成1.5米宽的小高畦，中间开沟，在垄上种1行西葫芦，然后全畦覆盖地膜，在膜下浇水施肥。

图11-100　大小行定植　　　　　　　　　　图11-101　等行距定植

6.定植

定植时间多在深秋、初冬时，室外温度偏低，定植应在晴天上午进行。定植时按大、小苗分类，大苗栽到温室四周，小苗居中。定植穴适当大些（直径13～15厘米），定植深度以埋住土坨为准。定植时可先浇水，再放苗坨，最后填土平坑，并把薄膜的破口封住压严。

7.定植后的管理

（1）温度管理　定植后以保温缓苗为主，以利前期产量形成，白天保持25～30℃，夜间15～18℃。缓苗适当降温，白天20～25℃，超过25℃应及时放风，温度降到20℃左右关闭风口，夜间保持15℃左右。

（2）水肥管理　西葫芦定植后视苗生长状况，及时浇一次缓苗水，结合浇水，每亩可追施尿素10千克促进植株生长。缓苗水后适当蹲苗，雌瓜长到10厘米左右开始浇水追肥，以后根据采瓜量及秧苗长势适时浇水施肥，既应防止水大肥足秧苗疯长，又要防止因缺水果实生长缓慢，影响产量和品质。结瓜期一般5～7天浇水一次，冬春茬或阴雨天可适当延长。一般早上浇水，室内温度过高也可中午浇一次"跑马水"，防止温室温度过高抑制瓜苗生长。

（3）整枝吊蔓　为促进瓜的生长，增加西葫芦通风、透光率，防止灰霉病的发生。要及时打掉侧枝、卷须，待瓜蔓伸长15厘米左右应及时整枝吊蔓，既可防止瓜蔓匍匐引发灰霉病的发生，又可使采瓜、授粉时操作方便，防止西葫芦叶、茎机械损伤，预防病菌侵染。见图11-102、图11-103。

（4）人工授粉　日光温室西葫芦冬春茬和秋延后生产后期气温偏低，花芽分化受阻，雌雄花比例失调，昆虫少，雌花授粉困难容易造成化瓜现象，必须进行人工授粉。授粉一般于上午9～10时进行，将雄花摘下，向雌花柱头上轻轻涂抹即可。每朵雄花可授2～3个雌花，晴天温室内温度高花粉量大，否则花粉少。

图11-102　吊蔓　　　　　　　　　　图11-103　及时去除侧蔓

雌花授粉也可用25～30毫克/千克的2,4-D涂抹花梗和柱头达到授粉目的。见图11-104、图11-105。

图11-104　使用生长调节剂促进坐瓜　　　图11-105　植物生长调节剂——坐果速达灵

五、采收

棚室栽培西葫芦以嫩瓜为产品，待瓜长到0.15～0.25千克时即可采摘，采摘应及时，否则会造成品质下降，效益降低。特别是第一二个果实更应及早采收，防止"坠秧"，采收过晚会影响之后其他瓜的生长，有时还会造成化瓜。长势旺的植株适当多留瓜、留大瓜，徒长的植株适当晚采瓜；长势弱的植株应少留瓜、早采瓜。采摘时要注意不要损伤主蔓，瓜柄尽量留在主蔓上。幼果采收后，用毛边纸包好，装箱上市。见图11-106、图11-107。

图11-106　整齐摆放

图11-107　包装果实

六、病虫害防治

（一）病害

1.病毒病

【症状】植株上部叶片沿叶脉失绿，并出现黄绿斑点，渐渐全株黄化，叶片皱缩向下卷曲，节间短，植株矮化。枯死株后期花冠扭曲畸形，不能结瓜或瓜小而畸形。苗期4～5片叶时开始发病，新叶表现明脉，有褪色斑点，继而花叶有深绿色疱斑，重病株顶叶畸形鸡爪状，病株矮化，不结瓜或瓜表面有环状斑或绿色斑驳，皱缩、畸形。

【传播途径和发病条件】高温干旱有利于有翅蚜迁飞，病害重；露地育苗易发病；苗期管理粗放，缺水、地温高，西葫芦苗生长不良，定植晚、苗大均加重发病；水肥不足，光照强，杂草多的地块发病重。

【防治方法】

（1）农业综合防治　①选用抗病品种，各地可因地制宜选用。②无病田无病瓜采种，与非瓜类作物实行3年轮作。③坐瓜前采用小弓子简易覆膜栽培，可防病促早熟。

（2）物理防治　田间可铺挂银灰膜避蚜。

（3）化学防治　及时防治蚜虫，蚜虫迁飞前铲除瓜田周围的杂草并用药防治，可选用10%吡虫啉可湿性粉剂3000倍液、20%菊·马乳油2000倍液、20%复方浏阳霉素乳油1000倍液等防治。于发病初期，喷洒20%盐酸吗啉胍·铜（病毒A）可湿性粉剂500倍液或1.5%植病灵乳油1000倍液，隔10天喷1次，连续防治2～3次。

2.灰霉病

【症状】主要危害花、幼瓜、叶片和茎蔓。多从开败的雌花侵入，使花瓣腐烂，进而发展到幼瓜。初期脐部呈水渍状，随后软腐萎缩，温度大时花和幼瓜上都形成密厚的灰色霉层。叶片发病，常出现近圆形较大病斑，有少量灰霉。危害茎蔓，常引起茎腐烂、折茎。

【传播途径和发病条件】灰霉病病菌在土壤中越冬，通过茎、叶、花、果的表皮直接侵入植物体，借助风雨、育苗及田间作业进行传播。在气温16～21℃、湿度90%以上时易发病。

【防治方法】

（1）农业综合防治　①控制温室内的温湿度。灰霉病首先要调控好温室内的温湿度，要利用温室封闭的特点，创造一个高温、低湿的生态环境条件，控制灰霉病的发生与发展。及时摘除开败的花冠。②生态防治。采用高畦覆地膜或滴灌栽培；生长前期及发病后应控制浇水，适时放风，晚间室外温度大于16℃时也可放风降温；在适当时候使温度提高到33℃，采取闷棚灭菌。

（2）化学防治　定植前，每亩用20%速克灵烟剂或20%特克多烟剂0.5～1千克，熏闷12～24小时，或用50%速克灵可湿性粉剂600倍液、65%甲霉灵400倍液对地面、墙壁、棚膜等进行细致消毒。

3.白粉病

【症状】主要危害叶片，叶柄和茎危害次之，果实较少发病。叶片发病初期，产生白色粉状小圆斑，后逐渐扩大为不规则的白粉状霉斑。病斑可连接成片，受害部分叶片逐渐发黄，后期病斑上产生许多黄褐色小粒点。发生严重时，病叶变为褐色而枯死。

【传播途径和发病条件】白粉病流行适温在16～25℃，相对湿度80%以上，高温干燥和潮湿交替有利于发病，温度在30℃以上时分生孢子很快失去活力。

【防治方法】控制室内湿度，早放风，晚排风，排出温室内湿气。轻微发病时，用奥力克-速净300～500倍液稀释喷施，5～7天用药1次；奥力克-速净按300倍液稀释喷施，3天用药1次，喷药次数视病情而定。

（二）虫害

1.美洲斑潜蝇

【为害特点】【形态特征】【生活习性】同菠菜美洲斑潜蝇。

【防治方法】及时清除植株残体。采收后，清除植株残体沤肥或烧毁，深耕冬灌，减少越冬虫口基数。施用腐熟的农家肥，以免招引种蝇产卵。产卵盛期和孵化初期是药剂防治适期，应及时喷药。可采用90%敌百虫或25%亚胺硫磷乳油1000倍液等。另外，在成虫盛发期喷洒灭杀毙6000倍液，在幼虫危害期可喷洒25%喹硫磷乳油1000倍液防治。

2.白粉虱

【为害特点】【形态特征】【生活习性】同生菜白粉虱。

【防治方法】用10%扑虱灵（噻嗪酮）乳油1000倍液，或20%灭扫利（甲氰菊酯）乳油2000倍液，或2.5%功夫（高效氯氟氰菊酯）乳油3000倍液喷雾。用3%阿克泰（噻虫嗪）水分散颗粒剂喷雾防治，效果很好。成虫对黄色有较强的趋性，可用黄色板诱捕成虫。

3. 红蜘蛛

【为害特点】红蜘蛛成、幼虫群居在叶背上刺吸汁液，被害叶片表面出现黄白色斑点，严重时会使整株叶片枯黄。

【形态特征】【生活习性】同黄瓜红蜘蛛。

【防治方法】要及时清除田间及其周围的杂草和枯枝落叶，减少虫源。药剂防治可用73%可螨特乳油2000倍液，或25%灭螨猛可湿性粉剂1000倍液，每隔7～10天喷1次，重点喷洒嫩叶背面及茎端，连喷3次，要抓好冬季温室防治。

第四节　苦瓜

　　苦瓜又称凉瓜，别名为癞瓜，属葫芦科一年生草本植物。苦瓜在南部地区种植面积比较大，北部地区种植面积比较小。苦瓜含有丰富的营养，其肉质柔嫩清脆，因果实中含有丰富的蛋白质、糖、矿物质及各种维生素，特别维生素C的含量是黄瓜的14倍、冬瓜的5倍、番茄的7倍，因其果实中含有一种糖式，药用价值较高。近年来人们将苦瓜作为保健品，开始大量开发应用，苦瓜逐渐被人们接受。苦瓜是喜温暖耐潮湿蔬菜，在整个生长过程中要求较高的温度。在北部地区多以大棚、日光温室栽培，深受广大北方市民所喜爱，需求量不断加大，种植面积也在不断增加，具有较高的经济效益和社会效益。

一、特征特性

（一）植物学特征

1. 根

　　苦瓜根系比较发达，侧根多，主要分布在30～50厘米的耕作层内，根群分布宽达130厘米以上，深30厘米以上。根系喜欢潮湿，又怕雨涝。

2. 茎

　　茎为蔓生，五棱，浓绿色，被茸毛。主蔓各节腋芽活动力强，能发生侧蔓，侧蔓各节腋芽又能发生副侧蔓，形成比较繁茂的蔓叶系统。是瓜类中侧蔓较多、较细的一种。各节除腋芽外还有花芽和卷须，卷须单生（图11-108）。

图11-108 苦瓜的茎和卷须

图11-109 苦瓜的花

图11-110 苦瓜的果实

3.叶

苦瓜的叶。苦瓜为子叶出土，一般不进行光合作用。初生叶一对，对生，盾形，绿色。以后的真叶为互生，掌状深裂，绿色，叶背淡绿色，叶脉放射状，具五条放射叶脉，叶长16～18厘米，宽18～24厘米，叶柄长9～10厘米，黄绿色，柄有沟。

4.花

花为单性同株。植株一般先发生雄花，后发生雌花，单生。雄花花萼钟形，萼片5片，绿色，花瓣5片，黄色；具长花柄，长10～14厘米，横径0.1～0.2厘米，绿色，雄蕊3枚，分离，具5个花药，各弯曲近S形，互相联合。早晨开花，以6～8时为多。雌花具5瓣，黄色，子房下位，花柄长8～14厘米，横径0.2～0.3厘米，花柄上也有一苞叶，雌蕊柱头5～6裂（图11-109）。

5.果实

苦瓜果实为浆果，表面有许多不规则的瘤状突起，果实的形状有纺锤形、短圆锤形、长圆锤形等。表皮有青绿色、绿白色与白色，成熟时黄色。达到黄熟的果实，顶部极易开裂，露出血红色的瓜瓤，瓤肉内包裹着种子（图11-110）。

6.种子

种子藏于肉质果实之中，成熟时有红色的囊裹着。苦瓜的种子较大，扁平，呈龟甲状，淡黄色，种皮较厚，表面有花纹，每果含有种子20～30粒，千粒重150～180克。每亩种植用种约200～300克。

（二）生长发育

苦瓜整个生育过程需100～150天，在抽蔓期以前生长缓慢，绝大部分茎蔓在开花结果期形成。各节自下而上发生侧蔓，形成多级茎蔓。随着茎蔓生长，叶数和叶面积不断增加，在单株叶面积中，其开花结果期就占95%，由此可见，同化器官是在开花结果中后期形成。一般植株在第4～6节发生第一雄花，第8～14节发生第一雌花，通常间隔3～6节发生一个雌花，但在主蔓50节之前一般具有6～7个雌花者居多。产量主要靠第1～5朵雌花结果，而第5朵雌花以后的结果率很低。从调整植株营养来看，除去侧蔓，有利于集中养分，提高主蔓的雌花坐果率。

苦瓜的生长发育过程可分为四个时期：

1.种子发芽期

种子萌动至第一对真叶展开为种子发芽期，时间约需5～10天。苦瓜种皮较厚，还有蜡质，出芽较为困难，宜用温水加新高脂膜浸种后再催芽。

2.幼苗期

第一对真叶展开至第五个真叶展开，开始抽出卷须为幼苗期，时间约需7～10天，这时腋芽开始活动。

3.抽蔓期

开始抽出卷须至植株现蕾为抽蔓期。苦瓜的抽蔓期较短，如环境条件适宜，以幼苗期结束前后现蕾，便没有抽蔓期。

4.开花结果期

植株现蕾至生长结束，一般50～70天。其中，现蕾至初花约15天左右，初收至末收35～55天。苦瓜整个生长发育过程的长短，随品种和气候条件的不同而异，一般为100～150天。其中，冬春季栽培稍长，150～210天，而在夏秋季则较短，为100天左右。在苗期2～4片真叶时，用50～100毫克/千克萘乙酸处理叶片1～2次，可使第一雌花节位降低，并可显著地提高雌雄花的比例。

二、对环境条件的要求

（一）温度

温度控制。苦瓜喜温，较耐热，不耐寒。种子发芽适温30～35℃，温度在20℃以下时，发芽缓慢。种皮厚，经40～50℃温水浸种4～6小时后，30℃左右下催芽，两天开始发芽，两天半大部分发芽，13℃以下发芽困难。在25℃左右，约15天便可育成具有4～5片真叶的幼苗，如在15℃左右则需要20～30天。在10～15℃时苦瓜植株生长缓慢，低于10℃则生长不良，当温度在5℃以下时，植株显著受害。但温度稍低和短日照，发生第一雌花的节位提早。开花结果期适于20℃以上，以25℃左右为适宜。15～25℃的范围内温度越高，越有利于苦瓜的生育——结果早，产量高，品质也好。而30℃以上和15℃以下对苦瓜的生长结果都不利。

（二）光照

苦瓜属于短日性植物，喜阳光而不耐荫。但经过长期的栽培和选择对光照长短的要求已不太严格，可是若苗期光照不足，会降低对低温的抵抗能力。海南北部冬春苦瓜受低温阴雨天气影响，幼苗生长纤弱、抗逆性差、常易受冻害就是这个道理。开花结果期需要较强光照，光照充足，有利于光合作用，提高坐果率，否则易引起落花落果。

（三）水分

苦瓜喜湿而不耐涝。生长期间需要85%的空气相对湿度和土壤相对湿度。天气干旱，水分不足，植株生长受阻，果实品质下降。但也不宜积水，积水容易沤根，叶片黄萎，轻则影响结果，重则植株发病致死。

（四）土壤养分

苦瓜对土壤的适应性较广，从砂壤到轻黏质的土壤均可。一般以在肥沃疏松，保水、保肥力强的壤土上生长良好、产量高。苦瓜对肥料的要求较高，如果有机肥充足，植株生长粗壮、茎叶繁茂，开花结果就多，瓜也肥大，品质好。特别是生长后期，若肥水不足，则植株衰弱，花果就少，果实也小，苦味增浓，品质下降。苦瓜需要较多的氮肥，但也不能偏施氮肥，否则，抗逆性降低，从而使植株易受病菌浸染和寒冷为害。在肥沃疏松的中壤土里，增施磷钾肥，能使植株生长健壮，结瓜可以经久不衰。

三、品种选择

（一）白色品种

1. 长白苦瓜

株洲市农业科学研究所育成。株攀缘生长，生长势强，分枝性强，叶掌状5裂。第一雌花着生于第17叶节左右。此后连续2～3叶节或每隔3～4叶节出现一雌花。瓜长筒形，长70～80厘米，横径5.4～6.5厘米。外皮绿白色，密布瘤状突起。肉厚0.8厘米左右，质脆嫩，味微苦，品质好。单瓜重300～650克，最大1500克。中熟、耐热、耐肥，抗病性强。较稳产、高产。适于春、夏季露地栽培。亩产3000～3500千克。

2. 月华

引自台湾农友种苗公司，较耐高温，生长健壮，坐果力强，果实大，腰身较丰满，果长约8.5厘米，单果重约0.5千克，肉厚，苦味适中，皮色白美，口感脆嫩。

（二）青白色品种

1. 台湾大肉苦瓜

中熟，采收期长，果实特大，纺锤形，果形肥满，瘤鼓突出，果长28～30厘米，径粗12～13厘米，果色青白，单果重可达1千克，口感极好，适应全国各地栽培。

2.湘早优1号

湖南省衡阳市蔬菜研究所选育的苦瓜杂交种。植株蔓生，生长势强，极早熟。主蔓第1雌花着生于第6～8节，主蔓雌花节率达68%以上，连续坐果能力强，定植到采收40天左右，开花至始收15～20天。瓜呈直圆筒形，两端较平，瓜形匀称，皮绿白色、有光泽，瓜瘤突起粗长，单瓜重550～650克，质地脆嫩，苦味适中，风味好。1亩产4200千克左右，对白粉病、疫病、霜霉病的抗性较强，适宜长江流域及其以南地区温室、大棚或露地早熟栽培。

（三）翠绿色品种

1.碧玉苦瓜

荷兰引进，生长旺盛，早熟性强，比一般品种早上市10天左右。对气候、温度、光照适应性强。高抗各种病毒。果实长棒形，头尾均匀，光泽油亮，绿色，刺瘤丰满，瓜身坚实，空心极小，耐运。瓜条长30～40厘米，横径6～8厘米，单果重500～600克。干脆微苦，品质上乘，商品性极佳，亩产8200千克。适宜温室、早春大棚、秋延后及越夏露地种植。

2.沃福

国外引进的一代杂交无限生长型品种。极早熟，比目前市场上早熟的品种提前5～7天上市，后期不早衰，耐高温，耐低温，4℃可以继续生长。对根结线虫、白粉病、灰霉病、枯萎病，有较强的抗性，需大肥大水，丰产潜力巨大，是春秋和越冬栽培的首选品种。

（四）绿色品种

1.翠秀

早生，耐热耐湿，采收期长，结果力强，产量丰高。果长约23厘米，果肩部宽广而平整渐向下尖，果皮较平滑，果色翠绿亮丽，单果重约0.6千克。翠秀肉厚质脆，生食或炒食均可，有甘味，风味佳。

2.莞研油绿长身苦瓜

东莞市香蕉蔬菜研究所选育的苦瓜杂交种。从播种至始收春季80天、秋季52天。植株生长势和分枝性强，叶片绿色。第一朵雌花着生节位18.1～19.3节，第一个瓜坐瓜节位19.0～20.9节。瓜长圆锥形，瓜皮春季浅绿色、秋季绿色，条瘤。瓜长26.6～26.9厘米，横径5.85～6.09厘米，肉厚0.99～1.03厘米。单瓜重350.8～368.7克，单株产量1.57～3.61千克，商品率94.64%～96.23%。品质好，感观品质优，中抗白粉病和枯萎病。耐热性、耐涝性和耐旱性强，耐寒性中等。平均亩总产量为1708.10千克。

3.大顶苦瓜

植株生长势强，侧枝多。主蔓8～14节着生第一雌花，以后每隔3～6节着生一雌花。瓜短圆锥形，皮青绿色，瘤状突起粗大，肉厚味甘，单果重300～600克。品质优良，适应性强。

4.长绿苦瓜

大绿苦瓜与长白苦瓜杂交后代，植株生长势强，侧蔓雌花多，主蔓8～12节开始着生第一雌花。瓜粗长，瓜皮绿色，肉浅绿色，肉厚，质地脆嫩，味先苦后甜，品质优良，抗逆性强。

5.滑身苦瓜

广州市地方品种，第一雌花着生于主蔓第8～12节，以后间隔3～6节再生雌花。果实长圆锥形，外皮青绿色，单瓜重250～300克。该品种适应性强，日光温室内可多季栽培。

四、栽培关键技术

（一）山西省大同市春季日光温室苦瓜栽培技术

1.播种育苗

苦瓜设施栽培多采用育苗移栽，应选择发芽率高、饱满的苦瓜种子。先用50～52℃的热水烫种，不断搅拌，水温降至30～35℃时浸泡14～15小时，捞出后，用纱布包好，置30℃条件下催芽。催芽期间要经常翻动、冲洗，不使纱布内渍水，一般2～3天后大部分种子露白时即可播种。播种前，先将穴盘或营养钵浇透水，低温季节播种时，还需提前盖膜或搭小弓棚，以提高苗床温度。播种时，将催好芽的种子播在穴盘或营养钵中，每穴（钵）1～2粒种子，覆土1.5～2厘米，出苗前气温要控制在30～35℃。苗破土后，即揭去地膜（一般早揭晚盖），白天气温控制在20～30℃。苗期尽量不浇水或少浇水。如苗床地表干，中午幼苗发生萎蔫时，可选晴天上午10时左右，在苗床喷水，水温以20℃左右为宜，不可浇水过频，使幼苗徒长。待苗长至5叶1心时可定植。定植前适当炼苗，即将温室适当通风，晚上也不覆盖，使幼苗逐渐适应外界温度。春季栽培可于2月中旬播种，苗龄30～35天（图11-111～图11-116）。

图11-111　浸泡种子　　　　　　　　图11-112　装穴盘

图11-113　播种

图11-114　播种后的穴盘

图11-115　陆续出苗

图11-116　准备定植的苦瓜苗

2.定植

定植前15～20天，结合整地，每亩撒腐熟优质农家肥5000千克、草木灰100千克、过磷酸钙100千克。整平耙细，然后在棚内的墙壁、骨架、地面等处喷洒杀菌剂，密封日光温室，高温杀菌4～5天后大通风。苦瓜日光温室栽培，一般采取大小行栽培，大行距80厘米，小行距60厘米，株距35厘米，密度2500株/亩左右。起垄、覆膜、定植时将整株苗从营养钵中磕出，开穴放苗，浇透水。

3.定植后管理

（1）温度控制　刚定植后管理的重点是提温促进缓苗。缓苗期内白天气温保持在25～30℃，夜间15～18℃，经10天左右幼苗新叶长出。缓苗期过后，可进入正常管理，白天气温维持在20～28℃，夜间14～18℃。进入结瓜期，白天气温控制在25～28℃，夜间15～18℃。如遇强寒流或阴雨雾天气，日光温室内白天气温不能低于18℃，夜间不能低于12℃。气温过低时要注意采取保温措施。

（2）肥水管理　应根据苦瓜不同生育阶段的特点，进行科学的追肥和浇水。植株生长前期，生长速度慢，生长量小，故对肥水的需求量也小，在施足基肥的前提下，可不追肥、不浇水，以保墒增温为主。开花结果期，植株生长量大，需肥需水量增大，又因苦瓜在生育期内结瓜多，采收期长，必须及时浇水追肥，以促秧保瓜。在结瓜前期一般15天左右浇水1次，并随水冲施尿素或硫酸铵，用量为尿素12千克/亩或硫酸铵25千克/亩左右。结瓜中后期，春季栽培的苦瓜进入高温季节，蒸腾量加大，一般10天浇1次水，并随水冲施复合肥8千克/亩。浇水时要选晴天上午进行。为保护叶片提高光合效率，还可叶面喷洒500倍的光合菌肥。

4. 搭架吊蔓及整枝打杈

苦瓜为藤本植物，随着植株生长，主茎因柔软而趴地，导致侧枝繁茂。日光温室栽培苦瓜必须及时搭架，并采用尼龙绳或塑料绳吊蔓上架，引导植株向上生长。苦瓜植株分枝力极强，几乎每一叶腋处可发生侧枝。另外，每一叶节还会发生卷须、花等。如不进行整枝，放任生长，则会因枝繁叶茂造成田间郁闭，影响结瓜。因此，在日光温室内必须严格进行整枝，一般植株距地面50厘米以下不留侧枝，以上可选择性保留一些生长力强、茎粗叶大的侧枝与主茎一起上架。其后，在产生的侧枝及侧枝上形成的多级分枝上，有瓜即留枝并当节打顶，无瓜则将整个分枝从基部剪掉。这种整枝方法可明显增加前期产量，有利控制茎叶的过度生长，使其通风透光良好。各级分枝上如出现两朵雌花时，可去掉第一雌花，留第二雌花因为第二雌花一般比第一朵雌花发育好。生长后期要及时剪掉下部老叶、黄叶、病叶，尤其是后期温、湿度过高时更应注意，以利于植株生长，延长采收期。

（二）黑龙江省鸡西市春季大棚苦瓜栽培技术

1. 播种育苗

（1）品种选择　应选择具有耐低温、抗逆性强、分枝力强、产量丰高、肉厚等特点的品种。于3月10～20日在温室对苦瓜采用营养钵育苗。

（2）浸种催芽　① 浸种，将苦瓜种子凉水浸泡湿透，放入55～60℃的温水中不停地搅动，待水温自然降至30℃时，继续浸泡8～10小时，取出晾干表面水分。装入纱布袋中催芽。② 催芽，催芽温度为30.4℃，每天用30℃左右清水投洗1～2次，待有70%的种子开始露白时即可播种，3～4天芽即可出齐。为了防止带菌种子传播病害，用75%百菌清800倍液或50%多菌灵500倍液浸种20分钟。对有包衣的种子，不用进行处理。

（3）播种　播种前要进行土壤处理，选用土层深厚、肥沃的壤土或砂壤土栽培。腐熟的草炭、腐熟的猪粪及土壤按2：1：2的比例，充分拌匀过筛，加入适量的过磷酸钙，也可用福尔马林、多菌灵等药剂对土壤进行消毒，以杀死土中的病菌。把准备好的营养土混匀后装入10厘米×10厘米育苗钵内浇透水，水渗后进行播种。每个育苗钵播一粒种子，播种后覆土厚度1～1.5厘米。播后在苗床上盖上地膜以利保温、保湿，7～8天即可出苗。

（4）苗床管理　① 温度管理，苗床温度保持30～35℃，土温在20℃左右，出苗后撤掉地膜。白天保持25～28℃，晚上保持15℃。② 水肥管理，出苗前如果土壤太干，可喷小水1～2次，否则不用浇水。出苗后，保持土壤湿润，每3～5天浇一小水。苗期可以结合浇水喷施2～3次0.2%～0.4%磷酸二氢钾叶面肥。整个苗期要防止地温偏低、育苗钵内积水引起沤根现象。③ 幼苗锻炼，苦瓜在定植前1周左右可进行幼苗锻炼，使幼苗逐渐适应较低的自然环境条件，以增强其抗寒、抗逆能力。

2.定植

（1）定植时间　10厘米深的土温稳定在12℃以上时即可定植。北方大棚4月20日即可定植。

（2）土壤处理　苦瓜忌连作，定植地块三年内未种过葫芦科作物。于4月初扣膜、整地。大棚膜要选用透光性能良好的无滴膜。整地时，土壤深翻40厘米以上，结合整地，每亩施入充分腐熟的有机肥5000千克以及氮、磷、钾复合肥25千克，以满足苦瓜整个生长期对养分的需求。整地后起垄或做畦，然后在上面盖上地膜，同时根据株距需要打孔。

（3）定植标准　大棚内定植为苗龄在4～5叶1心时，为适栽期。

（4）定植方式　栽植方式采用垄作或畦作均可。① 垄作：行距为70～80厘米，株距35～40厘米。也可采用大小行栽培，大行距80～90厘米，小行距50～60厘米，株距40～45厘米。② 畦作：畦宽2米，每畦2行，株距50～60厘米。畦高15～20厘米。

（5）定植方法　选晴天上午定植。具体做法：按膜上打好的孔，先在孔内浇水，水渗后选健壮苗放入孔内，注意将苗放平，使子叶平露地面，再浇水，然后培土。

3.定植后管理

（1）温度管理　缓苗期一般密闭不能通风，促缓苗。缓苗后，保持白天25～30℃，夜间14～17℃。开花结果期，白天保持25～28℃，夜间保持13～17℃。在结瓜后期增大通风量。

（2）水肥管理　苦瓜的生育期间加强肥水管理，苦瓜定植后3～4天选择晴天上午浇1次缓苗水。根瓜坐住以后，进行第二次浇水，结合浇水每亩追施磷酸二铵30千克。进入开花结果期加强肥水供应。每次瓜采收后浇一次水，并每隔1次清水随水浇施1次肥，追肥量为每次每亩10～15千克尿素或硫酸铵15～20千克，也可施入复合肥10～15千克/亩。后期注意根外追肥，喷施磷酸二氢钾2～3次。

（3）中耕除草　生长期间可中耕除草2～3次，后期如有杂草，可人工拔除。

（4）植株调整　苦瓜抽蔓后要及时吊蔓。整枝方式有两种。① 单干整枝：苦瓜上架后，主蔓50～70厘米以下去除侧枝。主蔓50厘米以上的侧蔓见瓜后留两片叶摘心。② 多蔓整枝：主蔓1米以下留2条粗壮的侧蔓，三条蔓并行向上生长。同时要及时摘除下部的老、黄、病叶。

（5）人工辅助授粉　大棚前期温度低、光照弱，进行人工授粉。授粉时间为晴天上午8～9时，剥去花冠的雄花往雌花柱头上涂抹即可。每个雄花可以授3～4朵雌花。当1个侧蔓上有2朵雌花时，可去掉第1朵，只给第2朵花授粉。

（三）辽宁省大连市春季大棚苦瓜栽培技术

1.品种选择及苗床地设置

大棚栽培应选比较早熟耐寒品种，目前常用品种有：槟城苦瓜、夏丰苦瓜、长白苦瓜、滑身苦瓜。苗床地应选择在3年没种过瓜类作物的温室或大棚内，以避免有相同的病虫害传染及缺乏相同的营养元素。

2.浸种催芽及播种

辽宁南部地区大棚栽培苦瓜应在2月下旬将种子晒1天，然后用56℃温水浸泡20分钟，再将浸种温度降至30℃，保持24小时后将种子洗净用湿布包好，置于32～35℃的环境中催芽，待有70%左右的种子出芽即可播种于苗床。播种前苗床浇足开水，既杀虫、杀菌、提高地温，又能使底水充足。当床内5厘米深度地温降至30℃时即可播种，每个有芽的种子按8厘米的距离进行点播，播后撒上1厘米厚的床土再盖上地膜。

3.苗床期间管理

播种后的苗床温度保持在30～35℃之间，勿过高过低，有70%小苗出土时揭去地膜。苗出齐后白天温度控制在30℃左右，夜间温度控制在20℃左右。床土现白时，选择晴天上午9点左右喷一次小水，小苗第一片真叶展开时喷施叶面肥，喷浓度0.2%磷酸二氢钾。小苗长到第3片真叶展开时，再喷一次同样浓度的磷酸二氢钾，苦瓜苗长到5片真叶时，苗齐、苗壮、颜色浓绿。定植前一周左右进行幼苗锻炼。白天充分利用太阳光照射，注意通风，使幼苗逐渐适应较低的自然环境温度，增强其抗寒抗逆能力。

4.整地定植

（1）选择土壤及施肥　苦瓜栽培选择在地势较高、排灌方便、有机质含量高的大棚内，忌与瓜类作物连作。前茬作物收获后将地深翻细耙，每亩施入优质腐熟的农家肥5000千克、过磷酸钙60千克、生石灰50千克作基肥。

（2）做畦定植　在大棚内苦瓜采用高畦栽培最为理想，畦宽1.2米、长10米、高20厘米，这样便于排灌。在辽宁南部地区大棚内地温稳定在12℃以上，一般在4月10日左右，应选择晴朗天气上午进行定植。株距80厘米，行距

120厘米，一般每亩定植700株左右。定植可进行3～4次中耕松土，提高地温，同时保持土壤水分，促进苗的生长发育。

5.田间管理

（1）温度、光照调节　早春气温较低，而苦瓜生长发育需要较高的温度，同时在晴天光照充足时，棚内温度适当高些，阴天光照不足时，棚内温度适当低些。白天棚内温度达到35℃时开始放风，当温度降至20℃时开始闭风。进入抽蔓结果期，白天温度控制在25～30℃，夜间控制在15～20℃，最适温度为25℃。

（2）水肥管理　苦瓜耐肥不耐瘠，喜湿不耐涝，整个生长期要保持畦面湿润，结果期供应充足水分，随外界气温增高棚内灌水次数增加，雨季注意排水，防止雨水灌入棚内，积水会造成苦瓜根系窒息而死亡。苦瓜全生育期追肥5次左右，追施氮肥时结合磷钾肥，每亩施尿素10千克、硫酸钾5千克，并进行灌水。在结果高峰期应重施一次坐果肥，离根部20厘米左右挖穴，施入发酵腐熟的饼肥75克，然后覆土并进行灌水，在采收结束前一周停止追肥灌水。

（3）整形插架　苦瓜为蔓性植物，主蔓各节腋芽活动能力强，能形成较繁茂的茎叶系统。在大连旅顺经几年棚内种植苦瓜，利用孙蔓结瓜，效果很好，产量高，效益好。具体方法如下：当苦瓜长至5片真叶时进行摘心，留2个子蔓，子蔓长到5片真叶时，再进行摘心，每个子蔓留2个孙蔓，这样每一个植株上留4个孙蔓。用孙蔓结瓜，节成性好，瓜条直。

当孙蔓长到20厘米时，进行插架引蔓。每条孙蔓插一个竹竿，间距20厘米，搭成棚架结果，棚架高200厘米，能延长植株生长长度多结瓜，这种棚架结构非常结实不易倒伏。每一株苦瓜只留4条孙蔓生长，其余侧蔓全部摘除。苦瓜生长后期，茎蔓生长速度快。引蔓要勤，引蔓时间以晴天的下午3时为宜，其他时间引蔓易折断瓜蔓。

（四）辽宁省大连市冬春茬日光温室苦瓜栽培技术

1.品种选择

日光温室种植苦瓜在北方地区一般以冬春茬为主。播种至坐果初期处于低温、弱光季节，因此，在品种选择上宜选用前期耐低温性较强的早熟品种，如广西1号大肉苦瓜、广西2号大肉苦瓜、大顶苦瓜、成都大白苦瓜、蓝山大白苦瓜、夏丰苦瓜及台湾农友种苗公司的秀华、翠秀、月华等一代杂交种。

2.浸种、催芽及播种

冬春茬苦瓜生产可于9～10月份播种育苗，方法参照大棚苦瓜栽培技术。

3.苗床期间管理

请参照辽宁省大连市春季大棚苦瓜栽培技术。

4.整地定植

冬春茬栽培的定植期在10月中、下旬至11月上旬。苦瓜生长期长、结瓜多、需肥量大，定植前应施足底肥。通常每亩施入优质农家肥5000千克，配合施入过磷酸钙25千克、硫酸钾10千克，深翻耙平。日光温室冬春茬苦瓜采用宽行棚架栽培或窄行竖架栽培。宽行棚架栽培大行距2.5米，行距50厘米，株距40厘米，每亩栽苗1000株左右。窄行竖架栽培可采用80厘米和70厘米的大小行栽培，株距40厘米，每亩栽苗2000株。按照不同的栽培方式整地起垄，选择晴暖天气定植。定植后盖地膜，采用开孔掏苗的办法，覆盖地膜有利于提高地温，同时降低温室内湿度，减轻病害发生。

5. 定植后管理

（1）温度、光照调节 苦瓜属于耐热蔬菜，冬春茬栽培的关键是温度管理。定植初期白天及时通风，防止温度过高造成植株徒长。12月份至翌年1月份，是温室内温光条件最差的时期，应采取一切措施增温补光。要求日温度保持25℃左右，夜温15℃左右，最低温度不能低于12℃。2月份以后外界气温逐渐升高，白天应增加通风量，防止温度过高。一般达到33℃放风，日温控制在30℃左右，夜温控制在15～20℃。当外界气温稳定在15℃以上时，可去掉塑料薄膜和草苫，转露地栽培。

（2）水肥管理 苦瓜定植时浇足水，一般在结瓜前不再浇水。进入开花结果初期每隔10～15天浇水1次，并随水冲施腐熟鸡粪或速效氮、磷、钾肥。每亩可冲施化肥20千克。日光温室苦瓜的后期管理主要是4、5月份以后的管理。后期管理一般不整枝放任生长，但要注意摘除老叶，加强通风透光。5月份以后逐渐去掉棚膜，利用外界环境条件生长结果。苦瓜的生长势很强，在7～8月份的高温季节照样生长良好，可继续加强肥水管理，促进生长结瓜。

（3）植株调整 利用宽行棚架栽培时，在宽行距用铁丝或细竹竿搭一个略朝南倾斜的水平棚架，根据温室条件，架高2～2.5米，利用吊绳引蔓上架。温室北端的植株主蔓1.5米以下的侧蔓全部去除，温室南端的植株主蔓0.6米以下的侧蔓全部去除。其上留2～3个健壮的侧蔓与主蔓一起上架，以后再发生的侧蔓如有瓜，即在瓜前留2片叶摘心，无瓜则去除。利用窄行竖架栽培时，每株仅保留1条主蔓，引蔓上架，只用主蔓结瓜，其余侧枝全部去掉。随着苦瓜的采收和茎蔓的生长，去掉下部的老叶，把老蔓落在地膜上。生长中期，侧蔓有瓜时可留侧蔓结瓜，并在瓜前留2片叶摘心，绑蔓的同时要掐去卷须，同时注意调整蔓的位置和走向，及时剪除细弱和过密的衰老枝蔓，尽量减少相互遮阳。日光温室栽培苦瓜须进行人工授粉，一般在上午8时左右，摘取新开的雄花，与雌花进行授粉。这样人工辅助授粉可以提高坐果率。

五、采收

果实已经充分长成，果皮瘤状突起明显，饱满而有光泽，顶部的花冠干枯脱落时为采收适期。一般自雌花开花至采收12～15天时间，采收时间以早晨为好。

白皮苦瓜除上述特征外，其果实的前半部分明显地由绿色转变为白绿色，表面有光泽时为采收适期。适时采收的瓜食味好，耐贮运。过早采收瓜的风味品质差，果肉硬且苦味浓；过晚采收，苦瓜顶端易开裂，且肉质老化，影响商品质量。苦瓜瓜柄长且牢固，可用剪刀剪摘。采收后的苦瓜如不及时销售，应放在低温下保存，否则易后熟变黄开裂，失去食用价值。

六、病虫害防治

苦瓜叶片中含有抗菌和抗虫的成分，如几丁酶等，使苦瓜的病虫害很少，特别在北方不易发病。棚室苦瓜偶尔发生的病害有枯萎病、炭疽病、白粉病，虫害主要是瓜实蝇、蚜虫。采用轮作，不与瓜类连作，及时中耕除草和摘除病老叶，改善田间通风透光条件，以及高畦种植可以减少苦瓜病虫害发生。

（一）病害防治

1.苦瓜枯萎病

【症状】病株表现黄化和萎蔫，茎基部组织内导管褪色变褐。

【传播途径和发病条件】病菌以厚垣孢子或菌丝体在土壤、肥料中越冬，成为翌年主要初侵染源，病部产生的大、小分生孢子通过灌溉水或雨水飞溅，从植株地上部的伤口侵入，并进行再侵染，地下部当年很少再侵染。连作地或施用未充分腐熟的土杂肥，地势低洼，植株根系发育不良，天气湿闷发病重。

【防治方法】

（1）农业综合防治　①选用抗枯萎病的品种。②避免与瓜类蔬菜连作。③为预防本病提倡营养钵（袋）育苗，营养土提前消毒（拌毒土或喷淋上述药剂），做到定植不伤根，以减轻发病。④加强肥水管理，施用充分腐熟的有机肥，适度浇水，促根系健壮。此外适时喷施促丰宝800倍液促进植株生长，也可减轻发病。采收前3天停止用药。⑤苦瓜与丝瓜嫁接。

（2）化学防治　及时拔除病株，病穴及邻近植株灌淋50%苯菌灵可湿性粉剂1500倍液或40%多·硫悬浮剂500倍液、60%琥·乙磷铝（DT米）可湿性粉剂400倍液、36%甲基硫菌灵悬浮剂400倍液、20%甲基立枯磷乳油900～1000倍液、10%双效灵水剂250倍液，每株灌对好的药液0.5升。也可用10%治萎灵水剂300～400倍液，每株灌对好的药液200毫升。隔10天左右1次，连防2～3次。

2.苦瓜炭疽病

【症状】苦瓜炭疽病主要为害叶、茎、蔓和果实。叶片染病现圆形至不规则形中央灰白色斑，直径0.1～0.5厘米，后产生黄褐色至棕褐色圆形或不规则形病斑。

【传播途径和发病条件】为真菌性病害，种子及土壤中的病残体均可带菌，另通过雨水、昆虫及人畜活动而传播，气温24℃左右、湿度97%以上最易发生流行。

【防治方法】用50%甲基托布津800倍液或用50%多菌灵600倍液防治。

3. 白粉病

【症状】发病初期叶片局部产生圆形小白粉斑，不久发展到整张叶片，最后造成叶片发黄，有时病斑上产生小黑点，病菌侵染处后期叶片褪绿发黄。病害发生严重时，病菌可以侵染布满茎蔓，症状类似叶片。

【传播途径和发病条件】此病由真菌子囊菌亚门单丝壳白粉和二孢白粉菌侵染引起。北方地区病菌以闭囊壳随病残体在地上或保护地瓜类作物上越冬，南方地区以菌丝体或分生孢子在寄主上越冬越夏。翌年条件适宜时，分生孢子萌发借助气流或雨水传播到寄主叶片上，5天后形成白色菌丝状病斑，7天成熟，形成分生孢子飞散传播，进行再侵染，田间流行适温16～25℃、相对湿度80%以上。

【防治方法】

（1）农业综合防治 ① 首先实行轮作，不要和葫芦科蔬菜连种，播种前地面撒新高脂膜防土层板结，隔离病虫源，提高出苗率。② 种子处理。播种前将种子用55℃左右的温水浸泡，自然冷却后继续浸种12小时，播种前用新高脂膜拌种，驱避地下病虫，加强呼吸强度，提高种子发芽率。③ 加强栽培及肥水管理，适当施用氮肥，降低田间湿度。雨天注意清沟排水，防止渍水，在开花前、幼果期、果实膨大期各喷洒壮瓜蒂灵使瓜蒂增粗，强化营养输送量，增强植株抗逆性，促进瓜体快速发育，使瓜型漂亮、汁多味美。

（2）化学防治 当发现中心病株时，要及时喷洒药剂，可用15%粉锈宁可湿性粉剂900～1000倍液喷雾。

4. 病毒病

【症状】苦瓜病毒病全株受害，尤以顶部幼嫩茎蔓症状明显。早期感病株叶片变小、皱缩，节间缩短，全株明显矮化，不结瓜或结瓜少。中期至后期染病，中上部叶片皱缩，叶色浓淡不均，幼嫩蔓梢畸形，生长受阻，瓜小或扭曲。发病株率高的田块，产量锐减甚至失收。

【传播途径和发病条件】病原由黄瓜花叶病毒和西瓜花叶病毒单独或复合侵染引起。两种病毒均在活体寄主上存活越冬，并借蚜虫及田间操作摩擦传毒。一般利于蚜虫繁殖的气候条件，对本病发生扩展有利。

【防治方法】

（1）农业综合防治 及早拔除病株。喷施增产菌、多效好或农保素等生长促进剂促进植株生长，或喷施磷酸二氢钾、洗衣皂混合液（磷酸二氢钾：洗衣皂：水=1：1：250），隔5～7天1次，连续喷施4～5次，注意喷匀。

（2）化学防治 喷洒1.5%植病灵乳剂1000倍液，或0.1%高锰酸钾水溶液，或抗毒剂1号300倍液。

5.灰霉病

【症状】主要为害幼瓜，也可为害叶、茎和较大瓜。幼瓜多由残花侵入，致使花瓣腐烂，并长出淡灰褐色霉层，进而向幼瓜发展，幼瓜迅速变软、萎缩、腐烂，表面密生灰色霉。较大瓜发病，病部变黄褐色并生有灰色霉层，以至腐烂或脱落。病叶一般由脱落的病花附着在叶面引起发病，形成圆形或不规则形大病斑。病斑边缘明显，灰褐色，表面有少量浅灰色霉。烂花、烂瓜附着在茎上也能引起茎部发病，病茎腐烂。

【传播途径和发病条件】菌以菌丝体或分生孢子及菌核附着在病残体上，或遗留在土壤中越冬。翌年靠分生孢子传播侵染引起发病。分生孢子在田间借气流、雨水及农事操作传播蔓延。分生孢子萌发产生芽管，从伤口或衰老的器官和枯死的组织侵入。本菌为弱寄生菌，可在有机物上腐生。病菌在2～31℃范围内可以生长发育，发育最适温度20～25℃。要求90%以上相对湿度。喜弱光。

【防治方法】可用50%扑海因可湿性粉剂或50%速克灵可湿性粉剂1000倍液喷雾，5～7天喷雾一次，连续用药3～4次。

（二）虫害防治

1.瓜实蝇

【为害特点】瓜实蝇又叫针蜂，其成虫似苍蝇，幼虫在果内蛀食，使果实发育受影响而变成畸形，后期果实腐烂变臭。

【形态特征】成虫体长8～9毫米，翅展16～18毫米。翅膜质透明，杂有暗黑色斑纹。卵细长，长约0.8毫米，一端稍尖，乳白色。老熟幼虫体长约10毫米，乳白色，蛆状，口钩黑色。蛹长约5毫米，黄褐色，圆筒形。

【生活习性】成虫以产卵器刺入幼瓜表皮内产卵，幼虫孵化后即钻入瓜内取食。受害瓜先局部变黄，而后全瓜腐烂变臭，内有蛆虫蠕动，造成落瓜。即使不腐烂，刺伤处凝结着流胶畸形下陷，果皮硬实，瓜味苦涩，不能食用。老熟幼虫离瓜弹跳落地，钻入表土化蛹，7～10天后羽化出成虫再飞散侵害瓜果。

【防治方法】可用90%敌百虫800倍液加3%白醋盛在瓦钵内诱杀成虫，也可用20%速灭杀丁5000倍液喷杀，每隔7天一次，连续2～3次。喷施时间以傍晚为佳。

2.蚜虫

【为害特点】【形态特征】【生活习性】同大白菜蚜虫。

【防治方法】一般用一遍净配成水溶液进行喷杀，或用速灭杀丁3000倍液喷雾均有很好的防效，但喷药时注意喷叶背面，卷缩叶片必须喷洒在蚜虫体上。

3.白粉虱

【为害特点】【形态特征】【生活习性】同生菜白粉虱。

【防治方法】可用10%吡虫啉可湿性粉剂3000倍液喷雾防治。

第十二章
Chapter
棚室豆类蔬菜栽培技术

第一节　菜豆

　　菜豆又名四季豆、芸豆，豆科菜豆属。菜豆原产美洲的墨西哥和阿根廷，我国在16世纪末才开始引种栽培。其食用器官为嫩荚，质地脆嫩，肉厚味鲜，营养丰富，嫩荚约含蛋白质6%、纤维10%、糖1%～3%。鲜嫩荚可作蔬菜食用，也可脱水或制罐头。我国南北各地均有栽培。近年来为了提早或延后菜豆上市期，增加产量和效益，北方各地种植者不再拘泥于传统的春露地栽培，而是利用大棚、温室等一些设施周年栽培，取得了很高的经济效益。加之栽培比较容易，因此菜豆在日光温室和塑料大棚产品多样化和轮作倒茬中具有重要意义。

一、特征特性

（一）植物学特征

　　菜豆为一年生缠绕性草本植物。菜豆根系发达，由主根和多级侧根形成根群，根系易木栓化，侧根的再生力弱，根上有根瘤可起固氮作用。茎有蔓生缠绕和矮生直立两种，分枝能力弱，茎基部的节上可抽生矮侧枝。叶片为绿色椭圆或心脏形复叶，着生在茎节处。花为蝶形，由茎节上的花芽发育而成，花有白、红、黄、紫等颜色，每个花序有3～7朵花。一般结2～6荚。荚果长10～20厘米，形状直或稍弯曲，横断面圆形或扁圆形，表皮密被绒毛。嫩荚呈深浅不一的绿、黄、紫红（或有斑纹）等颜色，成熟时黄白至黄褐色。随着豆荚的发育，其背、腹面缝线处的维管束逐渐发达，中、内果皮的厚壁组织层数逐渐增多，鲜食品质因而降低。故嫩荚采收要力求适时。种荚成熟后易扭曲开裂。每荚含种子4～8粒，种子肾形，有红、白、黄、黑及斑纹等颜色。千粒重300～700克。

（二）生育周期

　　菜豆的整个生育期分为发芽期、幼苗期和抽蔓期及结果期。

1.发芽期

种子吸水膨胀，开始出现幼根时起到第一对真叶出现为止。在适宜的环境条件下，种子完成吸水作用后，在1～2天内出现幼根，7～9天后子叶露出地面，再过3～5天第一对真叶出现时结束发芽期。发芽期的长短主要因温度而异，约为10～14天。

2.幼苗期和抽薹期

幼株从出现第一对真叶开始独立生活到开花为幼苗期和抽薹期。矮生菜豆的幼苗期约为一个月左右，蔓生菜豆长3～4个叶后抽蔓，约经30～40天开花。第一对真叶对幼苗的生长影响很大，基生叶受伤的幼苗生长速度减慢，生长势也弱。幼苗期和抽蔓期主要进行营养生长，扩大株体，同时开始花芽分化。

3.结果期

植株座荚后就进入结果期。从播种后到开花所需的天数因种类、品种和环境条件而异，矮生菜豆约40～45天，蔓生菜豆约需45～60天。开花后5～10天豆荚显著伸长，15天已基本长足，25～30天内完成种子的发育。荚内种子数因品种和着荚位置而异，蔓生菜豆比矮生菜豆的种子多，同品种下部荚的种子多于上部荚。

二、对环境条件的要求

（一）温度

菜豆喜温，生育期内要求比较温暖的气候，不耐热也不耐霜冻。种子发芽的适宜温度为20～25℃，8℃以下、35℃以上不易发芽。幼苗生长适温为18～20℃，13℃以下停止生长。开花结荚期的适宜温度为18～25℃，气温高于32℃发育不正常，低于10℃生育缓慢，5℃以下发生冷害，0℃冻死。同时，菜豆从播种到开花需要700～800℃的积温，低于这一有效积温，菜豆植株即使开花，也不会结荚，所以在春季早熟栽培中，播种期不能过早。

（二）光照条件

菜豆生长发育对日照长度的要求不严格，即在较长的日照或较短的日照下均能开花。所以，只要温度条件许可就能进行菜豆栽培。但是，菜豆生长、开花结荚需要较强的光照，如果光照不足，则容易发生徒长、落花落荚，这在早春栽培中应引起重视。

（三）水分

菜豆性喜湿润，也较耐旱，但不耐涝。在整个生育期间，适宜的土壤温度为土壤田间持水量的60%～70%。土壤水分不足，则开花延迟、结荚数少、豆荚小。种子发芽需要充足的水分，但如果水分含量过高，则容易烂种，所以在菜豆播种时一般不宜浇水。开花结荚期喜欢干燥空气（相对湿度80%左右为宜），若空气湿度过大，花粉不能正常发芽而引起落花。

（四）土壤及养分

菜豆对土壤条件的要求相对较高，一般需要有机质含量丰富、土层深厚、排水良好的土壤，土壤酸碱度以pH6.2～7.0为宜。尽管菜豆具有一定的固氮能力，但其生长发育过程中仍需要较多的氮肥。菜豆对磷的吸收量不大，但缺磷会造成严重减产。进入开花期后，植株对氮、磷、钾的需求量增加，增施磷钾肥对促进生长和开花结荚有良好的作用。

三、品种选择

菜豆根据其生长习性可分为矮生菜豆和蔓生菜豆两类，又根据花朵的色泽可大致分为白花菜豆和红花菜豆两类。另外，菜豆豆荚长短不一，品种间差异较大，豆荚的形状品种间也有相当大的差异。有的豆荚为圆形（指横断面），而有的为扁荚，豆荚的色泽有的深绿色，有的浅绿色，有的绿白色，各地消费者对这些豆荚性状的要求并不完全一致，所以在选择品种时应考虑到消费习惯的差异。适合棚室早熟栽培的菜豆品种要求早熟、高产、植株紧凑、叶片较小，豆荚性状满足消费者的需要。春季棚室宜选用早熟、生长势强的品种，秋冬棚室菜豆宜选耐热、抗病的品种。

（一）矮生品种

1.连农蹲豆6号

矮生，从播种到收获45天左右，嫩荚绿色带紫纹，荚长20～22厘米，荚宽1.8～2.0厘米，亩产1500千克左右。适合保护地栽培，见图12-1。

2.供给者

矮生直立，株高40～45厘米，单株分枝10～14个，开展度55厘米×45厘米。叶心形，小叶长11～14厘米，宽8～9厘米，深绿色，有白色茸毛。主枝第3～4节开始着生花序，花紫红色，每花序有花10余朵，结荚3～5个，单株结荚数20～28个。豆荚条形，长11～12厘米，宽0.9厘米，厚0.9厘米，横切面圆形，嫩荚浅绿色，单荚重6～7克，嫩荚表面光滑，商品性好。早熟，播种至采收约55～60天。一般每亩产量700～800千克。

图12-1　连农蹲豆6号

3.SG259

矮生直立，株高40厘米左右，单株一级分枝数6～8个，开展度45厘米×40厘米。叶心形，小叶长11～12厘米，宽7～8厘米，深绿色。主枝第4～5节开始着生花序，花白色，每花序有花8～10朵，结荚3～5个，单株结荚数30～40个。豆荚条形，长11厘米左右，宽0.8～0.9厘米，厚0.8～0.9厘米，横切面圆形，嫩荚翠绿色，单荚重5克左右，嫩荚表面光滑，粗纤维少，食用品质优良，商品性好。种子发育缓慢，不易"鼓豆"。中早熟，播种至采收约60天。一般每亩产量900～1100千克。

4.优胜者

矮生直立，株高38～40厘米，单株分枝6～8个，开展度50厘米×45厘米。叶心形，小叶长11～12厘米，宽8厘米左右，深绿色。主枝第5～6节封顶，花浅紫色，每花序结荚3～5个，单株结荚数20～25个。豆荚长条形，长14厘米左右，横径1厘米左右，嫩荚浅绿色，单荚重6～7克，嫩荚表面光滑，商品性好。早熟，播种及采收约55～60天。一般每亩产量700～800千克。

（二）蔓生品种

1.连农923

大连市农科院选育而成的早熟品种。其商品荚白绿色，扁圆形，荚长21.8厘米左右，中筋，无革质膜，口感良。春大棚亩产3000千克以上，近几年辽南地区冬季温室生产，亩产有达5000千克以上的记录，见图12-2。

图12-2 连农923

2.连农97-5

大连市农科院选育。该品种植株蔓生，株高2米左右，生长势强，花白色，嫩荚白绿色，荚长25厘米左右，有筋软荚，无革质膜，嫩荚肉厚，品质优。该品种早熟，秋季从播种到收获45天左右，耐热，高抗锈病。冬季温室、早春大棚栽培总产量3500千克，但要注意温度管理，保证18～30℃温度。苗期控水蹲苗时间要比其他品种短，以保证营养生长，确保产量，见图12-3。

3.连农特嫩5号

大连农科院选育的蔓生菜豆新品种。该品种早熟，耐锈病。荚白绿色，圆形，荚长20厘米左右，单荚重18.3克，籽粒数8～10粒。无筋，无革质膜，口感优。早熟，夏秋季播种到始收45天左右，收获

图12-3 连农97-5

期30天左右，亩产2000千克左右，见图12-4。

4. 连农架豆10号

蔓生，1～3分枝，叶绿色，花白色。始花节位，春种2～4节，秋种7～9节。种子白色，千粒重423克左右。商品荚白绿色、扁形、直。春季大棚种植荚长23.8厘米，荚宽1.5～1.8厘米，荚厚1.1～1.4厘米，荚形指数1.41，单荚重23.6克。秋季大棚种植荚长29.6厘米，荚宽1.9～2.1厘米，荚厚1.3～1.5厘米，荚形指数1.34。单荚重（标准荚）40.3克，每荚种子数9～10粒。中短筋，软荚，品质特别优，适合鲜食。高抗锈病。属于早熟品种，春大棚栽培播种到始收76天，见图12-5。

图12-4 连农特嫩5号 　图12-5 连农架豆10号

5. 美味

商品荚白绿带紫纹，扁宽，荚长25厘米左右。豆荚整齐，条直，商品性好。适合温室、春大棚、春露地、秋露地、秋大棚延后栽培，见图12-6。

6. 特长8号

大连市农科院选育的蔓生菜豆新品种。中早熟，耐锈病。嫩荚白绿色，圆形，荚长22厘米左右，有筋，无革质膜，口感优，见图12-7。

图12-6 美味

7. 无筋6号

大连农业科学研究院选育的晚熟品种。蔓生，抗锈病，生长势强（类似于泰国豆）。白花，商品荚白绿色，细长，28厘米，无筋软荚，口感优。种子黄色。比连农923晚熟15天左右。丰产，栽培管理得当亩产在3500千克以上，见图12-8。

图12-7 特长8号 　图12-8 无筋6号

8. 紫霞一号

该品种植株蔓生，全生育期85～90天，株高260厘米左右，始花节位2～4节。商品荚紫红色，圆棍形，平均荚长20厘米，荚宽1.2厘米，荚厚1.3厘米，荚形指数0.92，单荚质量（标准荚）18克。无筋，软荚，种子肉粉色，千粒质量260克左右。花青素含量高达56.46毫克/千克。亩产量2700千克左右。适合在辽宁、山东等地春露地、春秋大棚种植，见图12-9。

9. 连农油豆1号

蔓生，中早熟品种，嫩荚绿扁宽，见光有红纹，长20厘米，宽2.5厘米，无筋软荚，品质优，长势旺。亩产2000千克以上，见图12-10。

图12-9　紫霞一号　　　图12-10　连农油豆1号

10. 杭州白花

蔓生，株高3米，有2～3个分枝。叶浅绿色，小叶卵圆形，长15厘米，宽10～12厘米。主蔓第4～5个节开始着生花序，花白色，花序长12～18厘米，每花序有花4～14朵，能结荚2～7个，并以4～5个居多。豆荚近长圆筒形，稍弯，浅绿色，长10～12厘米，宽1厘米，厚1.1厘米，横切面近圆形。单荚重7克左右，每荚有种子6～8粒。豆荚商品性好，食用品质优良。中早熟，播种到采收约65天，一般每亩产量1000～1200千克。

11. 矮早18

矮早18由浙江省农科院园艺所育成。早熟种，春播生育苗55～65天，秋播50～75天。株高33.2厘米，叶数24.8片，株型较疏散，叶淡绿，红花。荚长10.7厘米，单荚重5.02～5.81克，荚皮层薄，品质佳。种子肉色，带隐纹。

12. 架豆王

极早熟品种，植株蔓生，长势强，无限生长，主茎甩蔓早，坐荚率高。豆荚草绿色，荚形较长，扁条形，长26～28厘米，宽1.8～2.2厘米，纤维少，品质好，产量高，抗病，抗热，适应性强，嫩荚外形整齐，商品性好，种子肾形，适宜春夏秋露地种植。

四、栽培关键技术

（一）栽培季节和栽培形式

由于各地气候条件不同，棚室菜豆的栽培季节和栽培形式也有所不同。棚室菜豆的栽培形式主要有春提早栽培、秋季延后栽培及越冬栽培，见表12-1。

表12-1　棚室菜豆栽培茬次

栽培地点	茬次	播种期	定植期	采收期
浙江杭州市	塑料大棚早春茬	2月中旬～3月上旬	2月下旬～3月中下旬	4月中旬～6月中旬
	塑料大棚秋延后茬	7月中下旬～8月上中旬	通常直播	10月上旬～11月中旬（蔓生） 10月上旬～12月上旬（矮生）
福建龙岩市	塑料大棚早春茬	1月上中旬	1月下旬～2月上中旬	2月下旬～3月上旬
吉林梅河口市	塑料大棚早春茬	2月上旬	3月上旬	5月上旬～6月上旬
	塑料大棚秋延后茬	7月中下旬～8月上旬	直播	9月下旬～10月下旬
山东海阳市	日光温室秋冬茬	8月下旬～9月上旬	直播	11月上旬～翌年2月上旬
	日光温室越冬茬	9月中旬～10月上旬	10月中旬～11月上旬	12月下旬～翌年4月上旬
	日光温室冬春茬	1月上旬～2月中旬	3月上旬	5月下旬～6月下旬
	塑料大棚早春茬	3月上旬	4月上旬	6月上旬～7月上旬
甘肃兰州市	日光温室秋冬茬	9月下旬～10月上旬	直播	12月初～翌年4月
	日光温室早春茬	2月上旬	直播	4月底～8月中旬
青海西宁市	日光温室秋冬茬	8月中旬	直播	10月中下旬～翌年2月
	日光温室冬春茬	10月	直播	1月～4月
河北秦皇岛市	日光温室秋冬天茬	10中下旬	11月上中旬	1月底～2月底
辽宁阜新市	日光温室越冬茬	11月下旬	12月中旬	2～3月
	日光温室秋茬	8月下旬	直播	10～11月
	日光温室晚春茬	4月中旬	直播	6月末～7月末
新疆伊犁州	日光温室冬春茬	12月下旬～翌年1月上旬	1月下旬～2月上旬	3月下旬～6月上旬
辽宁沈阳市	塑料大棚早春茬	3月上旬	4月上旬	6月初～7月10日
河南安阳市	塑料大棚+小拱棚+地膜覆盖春茬	2月下旬	3月中旬	5上旬～6月上旬

（二）高温闷棚

利用夏季7～8月份高温季节，结合氰铵化钙进行高温闷棚，它可消除土传病害，改良土壤环境，抑制根结线虫，根除连作障碍，做到土壤的无公害消毒，为产出优质蔬菜和获得高产奠定良好基础。具体操作如下：

1.备料

（1）粪肥　未腐熟的鸡、鸭、鹅、猪、羊、兔、牛、马、驴、骡等各种动物粪肥8～10米³/亩。

（2）秸秆　麦秸、玉米秸、稻草、高粱秸、杂草等植物秸秆用粉碎机粉碎至2～7厘米长，900～1100千克/亩。

（3）锌肥　含微量元素锌的肥料1～1.5千克/亩。

（4）氰铵化钙　根结线虫重发区用100～140千克/亩，轻发区80～100千克/亩，第二年减少用量到三分之二或一半即可。

图12-11　将粪肥运入棚内

2.具体步骤

（1）清理前茬作物　将粪肥运入棚内（见图12-11）并分散开，将备好的粉碎的秸秆均匀撒施于地表。选择连续5天以上的晴好天气，将备好的锌肥均匀撒施于地表，将备好的氰铵化钙均匀撒施于地表（氰铵化钙对酒精敏感，对呼吸道有一定的损伤，施用前后24小时内请不要喝酒，施用时应佩戴口罩），机械旋耕2～3遍。深度在20厘米以上为宜。

（2）灌水覆膜　将整个棚里灌满水（见图12-12），覆盖地膜。地膜需要全棚覆盖，棚内不能露有地表，密闭大棚，保持大棚不漏气（在密闭大棚5天后做过调查，白天室外温度达到39℃时，棚内空气湿度85%以上，地下25厘米左右地温在50℃以上）。

（3）闷棚时间　经过10～15天的高温和药剂处理即可杀死侵染菜豆的病原菌和根结线虫。

图12-12　整个棚里灌满水

3.高温闷棚后的注意事项

（1）在高温闷棚后必须增施生物菌肥 因为在高温状态下，土壤中的无论有害菌还是有益菌都将被杀死，如果不增施生物菌肥，那么蔬菜定植后若遇病菌侵袭，则无有益菌缓冲或控制病害发展，蔬菜很可能会大面积发生病害，特别是根部病害。因此在蔬菜定植前按每亩80～120千克的生物菌肥用量均匀地施入定植穴中，再用工具耙肥，和土壤拌匀后定植蔬菜，以保护根际环境，增强植株的抗病能力。

（2）不宜深翻 高温闷棚对不超过15厘米深的土壤效果最好，对超过20厘米深的土壤消毒效果较差，因此，土壤消毒后最好不要再耕翻。一般在闷棚前已将棚翻好，闷棚后直接做畦播种或定植即可。

（三）播种育苗

1.播前准备

播种前先选粒大、饱满、有光泽、无病虫害和机械损伤的种子，然后选晴朗天气晒种1～2天。经挑选、晒种的种子在播种前再做必要的处理。如用托布津500～1000倍液浸种15分钟，能有效地预防苗期灰霉病。为预防炭疽病，可在播种前用1%福尔马林浸种20分钟，再用清水冲洗后播种。经药剂处理的种子应晾干后再播种，不宜湿种子播种。此外，播种前可用福美双拌种，用量为播种量的0.3%。

2.用种量

大棚菜豆栽培可采用直播法或育苗移栽。一般秋冬茬多采用直播法，越冬茬、冬春茬、春提早栽培多采用育苗移栽。直播法用种量4～6千克/亩；育苗移栽用种量2.5～3千克/亩。

3.播种方法

（1）直播。即按预定穴、行距，挖穴直接播种。做成宽1.1～1.2米的畦，每畦播种2行，穴距30厘米左右，密度为3500穴/亩左右，每穴播3～4粒种子，留苗2株。播种前种子用600倍的辛硫磷液浸种10分钟，防止地下害虫为害。播种后畦面镇压。春播应在5厘米深、地温稳定在12℃以上时播种，最好提前覆盖地膜，以增温保墒。高温季节播种为增加出苗率，播种后可在畦面撒一层碎草起保湿、保墒作用。

（2）育苗移栽。将种子放入25～30℃的温水中，浸泡2小时，捞出后置于20～25℃条件下催芽，期间用水淋种子2～3次，防止烂种，约3天出芽。采用营养钵育苗，营养钵规格为10厘米×10厘米×10厘米。芽长1厘米左右时播种，每钵播2～3粒种子，播后盖湿润细土2厘米厚。播后苗床白天温度控制在20～25℃，夜间15～18℃。若发现幼苗徒长，应降低床温，并控制浇水。播种后约20～25天，幼苗长出第2片复叶时定植。

4.定苗或定植

直播菜豆，播种到出苗保持畦面湿润、不板结，幼苗长到2～3片真叶时定苗。苗期应及时中耕除草。育苗菜豆定植前作畦，畦宽1.1～1.2米。每畦栽2行，穴距30厘米左右，每穴留苗2～3株，栽植密度为7000株/亩左右。菜豆根系再生能力弱，要选子叶展开、第一对真叶刚出现时的幼苗，在冷尾暖头的晴天定植，采用营养钵育苗的苗龄可稍大。起苗前苗床应浇透水，定植时剔除秧脚发红的病苗和失去第一对真叶的幼苗。定植时地膜破口要小，定植后应及时浇水，并用泥土将定植口封住，以利于成活。

（四）越冬和春提早茬田间管理

1.温度管理

定植后成活前，应保持较高棚温，白天保持25～30℃，夜间保持在15℃以上，密闭不通风，以提高地温，促进缓苗。如果定植时间较早，或定植后有强冷空气来临，温度较低，则必须搭建小拱棚，夜间还需要覆盖草片、遮阳网等保温。缓苗以后，棚温白天保持在22～25℃，夜间不低于15℃。若棚温高于30℃，即通风降温。若遇寒流大幅度降温时，要采取临时性增温措施防冻。进入开花期后，白天棚温以20～25℃为宜，夜间不低于15℃，在确保上述温度条件下，可（尽量）昼夜通风，以利于开花结荚。

2.补苗

定植后要及时检查，对缺苗或基生叶受损伤的幼苗应及时补苗。补苗后要及时浇透水，以保证这些苗能与其他正常苗同步生长。

3.水分管理

大棚菜豆栽培中水分管理总的原则是"浇荚不浇花"，缓苗后到开花结荚前，要严格控制水分，否则会引起徒长。一般定植后隔3～5天浇一次缓苗水，以后原则上不浇水。初花期水分过多，会造成植株营养生长过旺，养分消耗过多，使花蕾得不到足够养分而引起落花落荚。坐荚后，植株转入旺盛生长，既长茎叶，又陆续开花结荚，需水量增加，要供应较多的水分，以促进果荚伸长和膨大，增加结荚数，并保持植株较好的长势。一般幼荚有2～3厘米时开始浇水，以后每隔5～7天浇水一次，但要防止雨后涝害。

4.追肥

菜豆追肥的原则是"花前少施，花后多施，结荚期重施"。一般秧苗成活后追施一次提苗肥，每亩大棚施15%～20%的腐熟人粪尿300千克，以促进植株多发侧枝，增加花数，降低结荚部位。开花后追施20%浓度的腐熟人粪尿500千克。结荚后追施20%浓度的腐熟人粪尿700千克、过磷酸钙3千克，以后每隔1周追施一次，也可每亩大棚每次追施复合肥5千克。菜豆生长后期，可连续重施追肥2～3次，每次用复合肥5～7千克，以促进植株旺盛生长，继续抽

图12-13 吊蔓

发花序，提高结荚率，延长采收期，增加产量。叶面喷洒磷钾肥也能促进植株增产。

5.及时吊蔓

蔓生菜豆需要搭架，一般应在植株开始"甩蔓"时搭架引蔓，防止相互缠绕，以利于通风透光，减少落花落荚。利用设施墙体和骨架，在每行菜豆上方1.8～2米高处拉一道8#铁线，在菜豆根旁10厘米处插一根15厘米长的细竹棍，吊蔓绳下端固定在细竹棍上，上端固定在铁线上，按逆时针方向引蔓2～3次，使植株蔓沿吊线生长，以后让其自然生长，见图12-13。

6.蹲苗

菜豆定植浇大水后，一直到开花结荚前，一定要控制水分。如果从小苗开始一直肥水充足，就会导致菜豆茎蔓徒长，结果是只长秧不开花或者开花结荚推迟，并且大量落花落荚，直接影响产量。但土壤确实过于干旱也要适当浇水，而且一定要浇小水。

7.掐尖

棚室菜豆与露地菜豆栽培环境条件不同，由于棚内气温较高，藤蔓生长速度快，容易出现株型徒长结荚少的现象。为了提高保护地菜豆的产量，采取掐尖的办法，可以调节菜豆上下枝蔓的合理布局。掐尖就是将菜豆茎蔓的顶端摘掉。据观察，菜豆从第三组叶片形成后，节间明显拉长，茎蔓生长速度加快。从第三组叶片现形后（大约1米左右）开始掐尖，可以控制主蔓的徒长，促进下部侧枝的萌发，增加分枝数以增加产量。到了顶部距棚面20厘米高度时要及时掐尖，防止上部枝叶繁茂，通风透光不良，光照过弱，造成落花落荚。

（五）秋冬茬田间管理

1.松土除草

夏秋季，由于雨水较多，土壤容易板结，杂草生长也较快，需要在封垄前分次松土除草，并适当培土。

2.肥水管理

结合松土除草，在开花前追肥一次，一般每亩大棚用充分腐熟的人粪尿500千克。进入开花期后，应重点追肥；当第一批嫩荚长2～3厘米时，每亩大棚用复合肥4～5千克；植株进入盛荚期，每亩大棚追施复合肥7～10千克。正常年份，8～9月雨水较少，土壤比较干燥，不利于结荚，所以在定苗后，应保持土壤湿润，必要时可灌水。

3.及时吊蔓

蔓生菜豆在植株抽蔓后即应及时吊蔓，方法同春季栽培。

（六）菜豆落花落荚的原因

落花落荚是棚室菜豆栽培中的一大难题，综合分析有以下几个方面的原因。

1.秧荚平衡

菜豆的花芽分化比较早，植株较早地进入营养生长和生殖生长并进阶段，所以开花初期常常因为营养生长和生殖生长之间竞争而落花落荚，有很多在我们还没有注意时就已经脱落了，尤其在盛花期更为普遍。

2.温度

温度偏高或偏低，都会使花器发育不利，阻碍授粉受精，导致落花落荚。当棚内温度低于10℃或者高于28℃时就开始落花，30℃以上落花会更加严重，因此在盛花期要加大通风量。

3.水分

在盛花期浇水过多过猛，也会引起大量落花落荚。

4.光照

长时间光照太弱也会导致落花落荚。

5.土壤肥力

土壤养分偏低，肥料供应不足也会导致落花落荚。

五、采收、包装、运输及贮藏

（一）采收

一般菜豆播种后60～70天即可采收，持续采收1～3个月。一般从开花到采收需15天左右，在结荚盛期，每2～3天可采收1次。趁果荚充分长大、仍处于幼嫩状态时采收，采收时应采大留小。具体的采收标准为豆荚由细短变为粗长，显现品种固有的色泽，尚未"鼓豆"。采收过早，则产量低，若采收太迟，则豆荚容易老化，且菜豆落花落荚严重，采收更应及时。采收时，用力不宜过重，以免将整个花序、甚至整个侧枝折断，见图12-14。

图12-14　及时采收

（二）产品的标志、包装、运输及贮藏

1. 标志

包装物上应标明无公害农产品标志、产品名称、产品的标准编号、生产者名称、产地、规格、净含量和包装日期等。

2. 包装

① 包装（箱、筐、袋）要求大小一致、牢固，包装容器应保持干燥、清洁、无污染，塑料箱应符合相关标准的要求。

② 应按同一品种、同规格分别包装，每批产品包装规格、单位、质量应一致，每件包装的净含量不得超过10千克，误差不超过2%。

3. 运输

运输时做到轻装、轻卸、严防机械损伤，运输工具要清洁、无污染，运输中要注意防冻、防晒、防雨淋和通风换气。

4. 贮藏

临时贮存应在阴凉、通风、清洁、卫生的条件下，按品种、规格分别贮藏，防日晒、雨淋、冻害、病虫害危害、机械损伤及有毒物质的污染，适宜的贮藏温度为3～5℃，空气相对湿度为95%。

六、病虫害防治

（一）病害

菜豆病害主要有菜豆病毒病、菜豆炭疽病、菜豆根腐病、菜豆枯萎病、菜豆锈病等。

1. 菜豆病毒病

【症状】植株矮化，叶片上出现明脉、斑驳，或绿色部分深浅不均、凹凸不平，有时叶片皱缩、扭曲畸形。病株一般开花迟缓或花蕾脱落。豆荚上症状不明显，一般较正常豆荚略短，有时出现褪绿色斑点。

【传播途径和发病条件】接触摩擦传播。高温干旱、蚜虫多、管理粗放、苗期缺水可加重危害。

【防治方法】① 防治蚜虫，拔除个别发病株。② 发病初喷洒病毒A+硫酸锌300倍液+高锰酸钾1000倍液+病毒灵300倍液混合液，每隔7～10天喷1次，连用3～4次。

2. 菜豆黑斑病

【症状】本病为害叶片，多在始花期开始发生，初在侧脉间叶肉部分褪色变黄，形成不规则长条状病斑，后期在斑面上密生黑色霉状物（分生孢子及分生孢子梗），为害严重时，病叶早枯。

【传播途径和发病条件】病菌主要以菌丝体随病残体在地上越冬，早春产生分生孢子，借气流传播侵染为害，高温高湿，植株生长不良易发病。

【防治方法】① 收获后及时清除病残植株，集中烧毁或经高温沤肥，减少病菌。② 发病初期可喷施50%敌菌灵可湿性粉剂500倍液，或47%加瑞农可湿性粉剂800倍液防治，每隔10～15天喷1次，视病情防治1～3次。

3.菜豆灰霉病

【症状】茎、叶、花及荚均可染病。首先从根茎向上11～15厘米处开始出现云纹斑，周缘深褐色，斑块中部淡棕色至浅黄色，干燥时病斑表皮破裂形成纤维状，潮湿时生灰色毛霉层。有时病菌也可以从茎蔓分枝处侵入，使分枝处形成水渍斑、凹陷，继而萎蔫。苗期叶片也可受害，水渍状变软下垂，最后叶边缘出现清晰的白灰霉层，即病原菌的分生孢子梗及分生孢子。荚果染病先侵染败落的花，后扩展到荚果，病斑初淡褐至褐色后软腐，表面生灰霉。见图12-15。

图12-15　菜豆灰霉病荚果染病

【传播途径和发病条件】灰霉病以菌丝、菌核、分生孢子越夏或越冬。越冬的病菌以菌丝在病残体中进行腐生并不断产生分生孢子，进行再侵染。在较高温度条件下，病菌会产生大量菌核。菌核有较强的抗逆性，在田间存活期较长。一旦遇到适合的温湿条件，即长出菌丝或孢子梗，直接侵染或产生孢子，传播为害。此菌随病残体、水流、气流以及农具、衣物传播。腐烂的病果、病叶、病卷须、败落的病花落在健康部即引起发病。在有病菌存活的条件下，当外界温度为13～23℃，相对湿度高于95%时，有利于此病的发生和流行。

【防治方法】由于此病侵染速度快，潜育期较长，病菌易发生抗药性，较难防治。目前主要推行以农业综合防治与化学防治相结合的综合防治措施。① 加强水分、温度、通风管理，尤其要降低湿度，有利于控制病害的发生和扩展。② 及时摘除病叶、病荚，彻底销毁。③ 药剂防治。由于此病是以败落的花先染病，所以对于发病较重地区，喷药时间是非常关键的，花朵露白至花泛黄前喷药，防治效果可以达到95%以上。花泛黄后再喷药效果大幅下降，选用的药剂有50%速克灵可湿性粉1500倍液、50%农利灵可湿性粉剂1000倍液、50%可湿性粉剂凯泽（啶酰菌胺），2～3天一次，连喷3次，其中凯泽效果最好。如果以上方法没有防住，还可在发病初期，用10%速克灵烟剂，或15%腐霉利烟剂，每亩每次250克，密闭烟熏，隔7天熏1次，连续熏3～4次。

图12-16 菜豆菌核病始于第一分枝的丫窝处

图12-17 菜豆菌核病荚果染病

4.菜豆菌核病

【症状】该病多始于近地面茎基部或第一分枝的丫窝处（见图12-16），初呈水渍状，后逐渐变为灰白色，皮层组织发干崩裂，呈纤维状。湿度大时在茎的病组织中腔生鼠粪状黑色菌核，病部白色菌丝生长旺盛时，也长黑色菌核。从地表茎基部发病，致茎蔓萎蔫枯死。豆荚还可以从与茎蔓或叶片接触部位开始发病，出现水浸状腐烂。病豆荚也产生白色菌丝和黑色菌核（见图12-17）。

【传播途径和发病条件】该病菌为核盘菌，属子囊菌亚门真菌，以菌核在土壤中、病残体上或混在堆肥或种子上越冬。遇冷凉潮湿条件萌发产生子囊盘，散发出孢子，随风传播，侵染周围植株。病株上菌丝迅速发展，致病部腐烂，该病菌在干燥土壤中能存活3年以上，在潮湿土壤中能存活1年，土壤长期积水，1个月即死亡，故连作地发病重。

【防治方法】① 选用无病种子及种子处理。② 轮作，深耕及土壤处理。③ 除草松土，摘除老叶及病残株。④ 覆盖地膜，合理施肥：利用地膜阻挡子囊盘出土，避免偏施氮肥，增施磷钾肥。⑤ 发现病株后可采用烟雾法或喷雾法药剂防治。熏烟法：用10%腐霉利烟剂，或45%百菌清烟剂，10%菌核净烟雾剂，每亩棚室内设烟剂放置点10个，每点用药25克，各点的位置要距离蔬菜30厘米以上。熏1夜，每7～10天1次，连续或与其他方法交替防治3～4次。喷雾可选50%腐霉利可湿性粉剂1500倍，50%异菌脲可湿性粉剂1000倍液，40%菌核净可湿性粉剂600倍液。病情严重时除正常喷雾外，还可把上述杀菌剂兑成50倍液，涂抹茎上发病部位，不仅能控制扩展，还有治疗作用。具有保护作用和内渗治疗作用，持效期较长。但经试验用40%菌核净进行常规喷雾后，对菜豆的开花、结荚产生不利影响，应慎用。

5.菜豆炭疽病

【症状】幼苗发病，子叶上出现红褐色近圆形病斑，凹陷成溃疡状。幼茎上生锈色小斑点，后扩大成短条锈斑，常使幼苗折倒枯死。成株发病，叶片上病斑多沿叶脉发生，成黑褐色多角形小斑点，扩大至全叶后，叶片萎蔫。茎上病斑红褐色，稍凹陷，呈圆形或椭圆形，外缘有黑色轮纹、龟裂。潮湿时病斑上产生浅红色黏状物。荚果染病，上

图12-18 菜豆炭疽病荚果染病

生褐色小点，可扩大至直径1厘米的大圆形病斑，中心黑褐色，边缘淡褐色至粉红色，稍凹陷，易腐烂（见图12-18）。温室内露、雾大时，易发生此病。此外，栽植密度过大、地势低洼、排水不良的地块也易发病。

【传播途径和发病条件】同番茄炭疽病。

【防治方法】可用70%甲基托布津500倍液、60%防霉宝600倍液、75%达克宁800倍液、96%天达恶霉灵3000倍液进行喷雾。以上药液交替喷洒，每5～7天喷1次，连续喷洒2～3次。

6.菜豆锈病

【症状】此病主要危害叶片。染病叶先出现许多分散的褪绿小点，后稍稍隆起呈黄褐色疱斑，此为病菌的夏孢子堆。疱斑表皮破裂散出锈褐色粉末状物，此为病菌的夏孢子。夏孢子堆成熟后，或在生长晚期长出或转变为黑褐色的冬孢子堆，其中生成许多冬孢子。叶柄和茎部染病，生出褐色长条状突起疱斑，这是夏孢子堆，后亦转变为黑褐色的冬孢子堆。豆荚染病与叶片相似，但夏孢子堆和冬孢子堆稍大些，病荚所结籽粒不饱满，见图12-19。

图12-19 菜豆锈病受害状

【传播途径和发病条件】病原真菌以冬孢子随病残体越冬，田间利用气流传播，高温高湿是诱发菜豆锈病发生的主要因素，尤其是叶面结露或有水滴是病菌孢子萌发和侵入的先决条件，夏孢子形成和侵入的最适温度为16～22℃。进入开花结荚期，气温20℃左右，高温、昼夜温差大及结露时间长，此病易流行。一般苗期不发病，秋播菜豆及连作地发病重。

【防治方法】① 选种抗病品种。② 采取有效措施降低田间湿度，适当增施磷钾肥，提高植株抗性。③ 药剂防治。发病初期可选喷15%粉锈宁可湿性粉剂1500倍液、20%粉锈宁乳油2000倍液、10%世高水分散性颗粒剂1500～2000倍液、40%多硫悬浮剂350～400倍液。根据田间病情和天气条件可隔7～15天喷1次，连续喷2～4次。

图12-20 菜豆根腐病受害状

7.菜豆根腐病

【症状】一般从复叶出现后开始发病，植株表现明显矮小。开花结荚后，症状逐渐明显，植株下部叶片枯黄，叶片边缘枯萎，但不脱落，植株易拔除。主根上部、茎地下部变褐色或黑色，病部稍凹陷，有时开裂。纵剖病根，维管束呈红褐色。主根全部染病后，地上茎叶萎蔫枯死。潮湿时，病部产生粉红色霉状物，即病菌分生孢子，见图12-20。

【传播途径和发病条件】根腐病是由半知菌亚门镰孢属、菜豆腐皮镰孢真菌侵染所致。病菌在病残体上或土壤中越冬，可存活10年左右。病菌主要借土壤传播，通过灌水、施肥及风雨进行侵染。病菌最适宜生育温度为29～30℃，最高35℃，最低13℃。土壤湿度大，灌水多，利于该病发展。连作、地势低洼、排水不良，发病较重。

【防治方法】① 及时拔除病株并深埋或烧毁，病穴周围撒生石灰消毒。② 发病时，用70%甲基托布津可湿性粉剂1000倍液或75%百菌清可湿性粉剂600倍液对茎基喷雾，每隔7～10天喷1次，共喷2～3次；或者选用60%防霉宝可湿性粉剂500～600倍液、50%多菌灵可湿性粉剂500倍液、70%敌克松可湿性粉剂800～1000倍液、根腐灵300倍液等灌根，10天后再灌1次。

（二）虫害

棚室菜豆的主要虫害有美洲斑潜蝇、白粉虱和蚜虫。

1.美洲斑潜蝇

【为害特点】【形态特征】【生活习性】同菠菜美洲斑潜蝇。

【防治方法】在大棚开口处挂防虫网，悬挂黄色粘板。可用2.5%溴氰菊酯3000倍液或50%辛硫磷乳油1000倍液在成虫产卵期喷雾2～3次。

2. 白粉虱

【为害特点】以成虫和若虫群集在菜豆叶片背面刺吸汁液，使叶片褪绿、变黄，生长势衰弱、萎蔫，甚至全株枯死。

【形态特征】【生活习性】同生菜白粉虱。

【防治方法】可用2.5%天王星乳油3000倍液或2.5%功夫乳油4000倍液，每隔7～10天喷洒1次，连续防治3次。或采用黄板诱杀。

3. 蚜虫

【为害特点】以成蚜、若蚜刺吸嫩叶、嫩茎、花和豆荚的汁液，使叶片发黄、卷缩，嫩荚变黄，影响生长结实，造成减产。

【形态特征】【生活习性】同大白菜蚜虫。

【防治方法】可用50%抗蚜威可湿性粉剂2000～3000倍液喷雾防治。

4. 茶黄螨

【为害特点】【形态特征】【生活习性】同茄子茶黄螨。

【防治方法】开始结荚时就喷药预防，喷药的重点部位是植株上部及其嫩叶背面、嫩茎、未展开心叶。防治茶黄螨最有效的药剂是阿维菌素系列生物农药，如1.8%的海正灭虫灵、虫螨立克等。一般每隔10天用药1次，连续防治3次，可达到良好的防效。

第二节　豇豆

豇豆又称带豆、豆角，原产亚洲中南部，我国自古就有栽培。豇豆品种繁多，为夏秋季主要蔬菜之一，在7～9月份的蔬菜供应中占有重要地位。豇豆一般进行露地栽培，但近年来不少地区为提早采收而采用棚室栽培，取得了较好的经济效益和社会效益。

一、特征特性

豇豆根系发达，成株主根可深达80～100厘米，耐旱力较强。叶为三出复叶，复叶的小叶盾形或菱卵形，表面光滑，叶肉较厚，深绿色，光合能力强，不易萎蔫，基部有小托叶。早熟品种主蔓3～5节、晚熟品种7～9节抽生花梗，侧枝1～2节开花。花为总状花序，花梗长10～16厘米，生花4～5对，常成对结荚，形似兽角，顶端一对花先开，营养条件良好、管理精细时，其余的花也能陆续开花结荚。豇豆花黄色或淡紫红色，荚的长度和形状因品种而异，长约

30～70厘米，色泽有深绿、淡绿、红紫或赤斑等。多数品种的荚形是直条形。每荚含种子16～22粒，肾脏形，有红、黑、红褐、红白和黑白双色籽等。

二、生长发育对环境条件的要求

（一）温度

豇豆是喜温而又耐热的蔬菜，整个生育期适宜的温度范围为20～30℃。种子发芽适温为25～35℃，发芽最低温度10～12℃。在32～35℃的高温条件下，茎叶仍生长，但容易落花落荚，豆荚容易老化、食用品质下降。豇豆对低温敏感，15℃以下植株生长缓慢，10℃以下生长受到抑制，5℃以下植株受冻，0℃时死亡。

（二）光照

根据豇豆对日照长短的反应分为2种类型：一类对日照长短要求不严格，这类品种在长日照和短日照条件下均能正常生长发育，适宜大棚种植。另一类对日照长短要求比较严格，适宜在短日照季节栽培，在长日照季节栽培则茎蔓徒长，延迟开花结荚。豇豆喜光，在开花结荚期光照不足易引起落花落荚。

（三）水分

豇豆根系发达，吸水能力强，比较耐旱。但从整个生育期看，豇豆需要湿润的土壤条件，如果水分供应不足，则植株的生长受到抑制，特别是开花结荚期如果水分不足，则容易落花落荚，豆荚也容易老化。但水分过多，特别是雨后不能及时排水，则容易引起叶片黄化和落叶现象，根系也容易腐烂，不利于根瘤菌活动。适宜的空气相对湿度为55%～65%，开花期如果空气湿度过低，则容易导致落花落荚。

（四）土壤及养分

豇豆对土壤的适应范围较广，但以土层深厚、肥沃、排水良好的壤土或沙壤土为好，适宜的土壤酸碱度为pH6.2～7.0。酸性太强的土壤，根瘤菌的活动受到抑制。另外，豇豆对磷钾肥的需求量较大，特别是开花结荚期增施磷钾肥能促进开花结荚并促进豆荚的发育。在苗期及开花前，植株对氮肥的需求量较大，适当补充氮肥能促进豇豆植株的营养生长，防止植株早衰。

三、品种选择

豇豆的品种类型较多。根据豇豆植株的生长习性，可分为蔓生豇豆和矮生豇豆，日前生产上栽培的豇豆品种多数是蔓生类型。另外，根据豇豆生长发育对日照长短的要求，可分为中光性品种和短日照品种。多数品种其生长发育对日照的要求不严格，在棚室早熟栽培应选择对日照不敏感的品种，否则不能达到早熟栽培的目的。日前，生产上常用的豇豆品种主要有豇秀、豇冠、豇丰、早豇898、之豇28-2、之豇844、之豇19、特早30、宁波绿带豆、扬早豇12、张塘豇豆、农剑103、早生王、红嘴燕、小叶之豇、扬豇40、早翠、绿领蛟龙、901、三尺绿、洛豇99、成豇一号、12820（91-167）、王中王、丰豇青优、丰豇十号等，这些品种均为蔓生类型，而且对日照长短的要求不敏感，适合春季和秋季早熟栽培。此外，有些地区选用矮生豇豆进行春季早熟栽培，如中豇一号、柳绿等。

（一）蔓生豇豆

1.豇秀

植株蔓生，分枝少，以主蔓结荚为主。叶深绿，叶片大小中等。花紫色。荚绿色，长60～80厘米，最长可达100厘米，条直不弯曲，条细，肉质嫩，品质好。每个花序可结豇豆2～4条，种子黑色有花纹。高抗花叶病毒病。早熟性好，比901豇豆早熟3～5天。一般亩产3000～5000千克，适合棚室栽培，见图12-21。

2.豇冠

早熟品种，从播种到采收65天左右。植株分枝中等，叶片深绿色，抗性强。荚绿色，荚长60厘米左右，荚肉厚，肉质嫩，平均单条重20克左右，粒淡黄色，细长型。一般亩产3000千克左右，适合棚室栽培，见图12-22。

3.豇丰

早熟品种，从播种到第一次采收65天左右。有侧枝1～3条，叶色深绿，种子黑色，结荚部位低。荚长60～80厘米，最长可达90厘米，荚深绿色，肉厚质嫩，单荚重20～25克，抗病性强。一般亩产2000～2500千克，适合棚室栽培，见图12-23。

4.早豇898

极早熟，比901豇豆早7～10天。植株蔓生，无侧蔓，适合密植。能在第一、二节着生花序，以后几乎节节有花。商品荚绿色，条细，荚长50～60厘米，平均单荚重15克。一般亩产2000～2500千克，适合棚室栽培，见图12-24。

　　图12-21　豇秀　　　　图12-22　豇冠　　　　图12-23　豇丰　　　图12-24　早豇898

5.宁波绿带

豇豆蔓生，长势强，植株高大，分枝较弱，一般仅2～3个侧枝。茎绿色，带有紫红色斑点。叶片长卵形，长14厘米，宽8～9厘米，深绿色，叶片基部正面叶脉紫红色。第一花序着生于第二至五节，侧枝第一节开始着生花序，其后每节均有花序发生。花朵紫色，每花序可结荚2～3个，豆荚长60厘米左右，宽0.8厘米，单荚重20～23克。鲜荚长圆条形，粗细均匀，荚色暗绿，荚柄带紫色。该品种属于中熟品种，生育期70～110天，亩产量1500～2000千克。

6.之豇28-2

蔓生，株高2.5米以上，单株平均侧枝数1.6个。以主蔓结果为主，平均始花节位3～5节，第7节以上连续发生花序，平均单株结荚数14个左右。嫩荚淡绿色，长60厘米左右，粗0.9～1厘米，单荚重22克左右。全生育期70～110天，播种至采收50～60天，采收期可持续30～50天。一般产量1000千克/亩以上。

7.之豇19

蔓生，侧枝少而长势强。全生育期75～100天，早熟性较好。结荚性能好，大约有50%左右的节位可结荚。嫩荚淡绿色，长50厘米左右，粗0.9～1厘米，单荚重23克左右。抗花叶病毒病，较耐锈病、煤霉病。

8.之豇844

蔓生，侧枝少，以主蔓结果为主。结荚节位低，多数在3～5节结荚，成荚率高。嫩荚淡绿色，长50～70厘米左右，粗0.9厘米，单荚重23克左右。叶片也较之豇28-2大，长势也较之豇28-2强。全生育期70～110天，一般亩产量1200千克。

9.特早30

蔓生，株高2.3～2.5米，侧枝发生少，以主蔓结荚为主。始花节位3～4节。嫩荚淡绿色，长60厘米左右，粗0.8～1厘米，单荚重20～22克。该品种长势偏弱，全生育期70～100天，采收期较之豇28-2早，早期产量可比之豇28-2高20%左右，总产量约1000千克/亩。

10.张塘豇豆

株高250厘米左右，荚长而粗，嫩荚淡绿色，一般长75～80厘米，单荚重35克。中早熟，耐热，抗旱，抗病毒素，品质好，一般亩产3500千克。

11.农剑103

早熟蔓生种，适应性广，对光照要求严格。植株长势健壮，以主蔓结荚为主，株型紧凑，适宜密植。叶色深绿，嫩荚淡绿色，荚长50～60厘米，横断面椭圆形，荚质嫩、品质好。较抗花叶病毒病，易感斑枯病，对低温敏感。亩产鲜荚3000千克左右。

12. 早生王

早熟蔓生品种，株高2～2.3米，生长势强。叶深绿色，叶片小。主蔓第二节开始结荚，荚长70～80厘米，荚结均匀，无鼠尾，横径0.8～0.9厘米。子少肉厚，圆形不易老化，品质佳，春秋均可播种。

13. 红嘴燕

成都地方品种。植株蔓生，分枝数3～4个。叶淡绿色，茎绿色。每叶腋着生花序，每穴4朵花，花紫红色。结荚多，嫩荚浅绿色，成对生长，尖端呈浅紫红色，故名红嘴燕。荚细圆棍状，成熟种子肾形，种皮黑色，无光泽。播后70～80天开始采收。植株生长势中等，抗病力中等，耐热，适应性强，但易受蚜虫危害。嫩荚肉质脆嫩，纤维少，品质好，制作泡菜，滋味尤佳。亩产1500千克左右。

14. 小叶之豇

早熟种，蔓生型，株高2.5米左右，生长势中等。主蔓第4～5节开花结荚，豆荚粗长而多，一般长度65～70厘米，粗0.8～1厘米。荚条大小均匀，单荚重20～30克，荚色淡绿，肉鲜嫩，纤维少，品质好，耐寒，耐热，抗病，高产。该品种适应全国各地及东南亚等地种植。

15. 扬豇40

扬州市蔬菜研究所选育的中晚熟、优质、耐热、高产的豇豆新品种。植株蔓生，生长势强，主侧蔓均结荚，尤其侧蔓结荚性能好。主蔓在7～8节开始出现花序，侧蔓第一花序着生在1～2节，花紫色。嫩荚长圆条形、浅绿色，长70厘米以上，横径0.8厘米左右，肉质嫩，纤维少，味浓，品质佳。中晚熟，从播种至始收嫩荚需60～65天。亩产1600～2300千克。耐热性强，耐涝，耐旱，抗病，适应性广，不易老化。

16. 早翠

江汉大学农学系选育的优良豇豆品种。蔓生，生长势强，无分枝或1个分枝，节间长19厘米左右。茎绿色较粗壮，叶片较小，深绿色，三出复叶，顶生小叶，叶片大小（长×宽）为13.4厘米×7.5厘米。始花节位2～3节，每株花序数13～18个，每花多生对荚。荚浅绿色长圆条形，长60厘米，单荚重20左右，荚腹缝线较明显，荚嘴无杂色。种子棕红色，千粒重140克。适于春夏秋各季栽培。

17. 绿领蛟龙

该品种产量高，品质好，中早熟品种。一般第五节开始结荚，以后每节都开花结荚。肉质厚，纤维少。春播70天始收，夏播40天始收。亩用种量2～2.5千克。植株蔓生，分枝少，宜密植，株行距30～60厘米，亩产量3500千克，荚长80～90厘米，荚绿色。

18. 扬豇早12

江苏省扬州市蔬菜研究所新选育的优良品种。植株蔓生，生长势强，分枝1～2个，以主蔓结荚为主，在4～5节开始结荚。花紫色，6～7节以上每节均有花序，结荚集中。嫩荚长圆棍形，荚长约60厘米，横径0.8～1厘米，单荚重19～30克。嫩荚浅绿色，纤维少，味浓，品质佳。每荚有种子15～25粒，种粒肾形，种皮紫红色，光滑，种脐乳白色。早熟种，从播种至始收嫩荚约55天。丰产性好，前期产量高，每亩产2000千克以上。耐热，耐旱，适应性广，抗病。适于全国各地春早熟栽培。

19. 901

早熟品种，从播种到始收70天左右，全生育期110天。荚深绿色，荚长60～80厘米，荚肉厚，肉质嫩，平均单荚重20克，一般亩产3000千克。抗病毒病，见图12-25。

图12-25 901

图12-26 三尺绿

20. 三尺绿

河北省农科院蔬菜所培育的早熟、优质、丰产的豇豆品种。属早熟品种，蔓生，蔓长200厘米以上，侧枝较少，生长势较强。结荚节位低，每一果枝着生3～5节。生长速度快，节间较长，抽蔓早。叶片深绿色，嫩荚深绿色，荚长70厘米以上，粗0.5～0.6厘米。荚老化慢，种粒黑色，粒大，有波纹，千粒重160～200克。耐寒性强，抗病，熟性早，前期及总产量高，见图12-26。

21. 洛豇99

洛阳辣椒研究所育成的优良豇豆新品种。突出特点是：① 早熟性好。第3～4节即形成花序，花柄长可达30～40厘米，每个花枝可形成2～4条豆荚，春季栽培采收期与之豇28-2相当。4节以上节节均有花序。中上层花柄缩短为10～15厘米，但豆荚更长。② 结荚能力强，产量高。每个花序前期一般结荚2根，有的可同时形成4根豆荚。特别是前期荚采收后，如加强管理，花序的上部仍可继续开花结荚。③ 豆荚长，豆条匀，无鼠尾现象。该品种嫩荚的长度一般为80～90厘米，充分长成的豆荚长达1米左右，最长的达到115厘米。豆荚淡绿色，冷拌翠绿色，品质良好。不论是上梢荚还是再生荚的长度仍不短，且无鼠尾现象，商品性状优良，市场售价较之豇28-2高0.1元左右。④ 抗性强。夏季抗热，在6～7月高温期仍结荚良好。秋季较抗锈病和白粉病，后期耐冷凉。

22.成豇一号

成都市第一农科所选育的蔓生豇豆新品种。蔓长3.5～4.5米，第一花序着生节位2～3节，花浅紫色，每花序成荚2～3对。商品荚为浅绿色，荚长65～75厘米，单荚重20～30克，种皮茶褐色。早熟品种，从播种出苗到始收生育期为55～65天。对日照要求不严，适应性广，耐病力强，可做春秋两季栽培，耐热，耐瘠薄，商品性好，品质优，质地细嫩，一般亩产1750～2500千克，高的可达到3500千克。

23.I2820（91-167）

中国农业科学院作物品种资源所选育。早熟，生育期74～108天。植株矮生，株高80～100厘米。荚淡绿，荚长30～40厘米，质嫩，品质较好。籽粒红色，单荚粒数16粒。亩产嫩荚1500千克左右。较抗病，适宜性强，各产区都可栽培。

24.王中王

荚长70～80厘米，肉质厚嫩，产量高，亩产量可达3500千克。

25.丰豇青优

天津科润蔬菜研究所育成。该品种属早熟蔓生品种，株高2.5米左右。荚长60～70厘米，最长可达100厘米以上，横径0.65～0.75厘米，嫩荚绿色，品质极佳。主蔓始花节位在7至8节，花白色。该品种抗病能力强。平均亩产2500～3000千克左右。

26.丰豇十号

天津科润蔬菜研究所育成。该品种为早熟蔓生品种，以主蔓结荚为主，花白色，深绿色荚，荚长80厘米左右，最长可达1米，荚条顺直，荚细，肉质嫩，商品性好。荚密，采收期长，适应性广，抗病能力强，产量高，一般每亩（亩）3000千克以上。是绿条豇豆主产区首选品种。

（二）矮生豇豆

1.中豇一号

该品种矮生直立，植株高度一般在50厘米以下，株型紧凑，适宜密植。单株结荚8～20个，单荚粒数12～17粒，荚长18～23厘米，花紫红色。子粒肾形，百粒重14～17克。品种极早熟，全生育日数春播85天左右，夏播60～70天。高抗锈病，高蛋白（籽粒蛋白质含量25.27%），高产，一般籽粒亩产100～200千克。

2.绿柳

扬州市蔬菜研究所育成的矮生豇豆新品种，春夏秋季均可栽培，是良好的堵淡蔬菜品种。该品种株高50～60厘米，节间短，分枝4～6个，每花序结荚3～4个。嫩荚长圆棍形，荚长40～50厘米，横径1.2厘米，单荚重20～30克。嫩荚浅绿色，肉厚、质嫩、纤维少，不易老化，耐储运。籽粒扁肾形、紫红色。抗逆性强，适合间作套种，建议采用防虫网全程覆盖栽培，亩产量1500千克左右。

四、栽培关键技术

（一）茬口安排

棚室豇豆多采用日光温室、塑料大棚以及地膜覆盖+小拱棚覆盖做春提早或秋延晚栽培，具体的品种选择、播种时间、定植时间、和采收时间见表12-2。

表12-2　棚室豇豆主要茬口安排

地区	茬口	品种	播种期	定植期	采收始期
江西南城县	大棚早春茬	之豇28-2、张唐豇豆	1月上旬～2月下旬	1月下旬～3月中旬	3月中旬～5月上旬
山东	大棚早春茬	之豇28-2、张唐豇豆	1月上旬～2月下旬	1月下旬～3月中旬	3月中旬～5月上旬
江苏如皋市	大棚早春茬	农剑103	1月上旬～2月下旬	1月下旬～3月中旬	3月中旬～5月上旬
甘肃嘉峪关市	大棚早春茬	之豇28-2、早生王、中豇1号和红嘴燕等	2月底～3上中旬	直播	4～5月
河南周口市	地膜覆盖+小拱棚早春茬	特早30、之豇844、农大95-1、菊城黑玫	3月上旬	4月上旬	5月上旬
浙江桐庐县	小拱棚覆盖早春茬	之豇28-2、之豇844、之豇19、特早30、宁波绿带豆、扬早豇12等	3月中下旬	4月上中旬	5月中下旬
	大棚早春茬		3月上中旬	3月下旬～4月上旬	
	大棚套小棚早春茬		2月下旬～3月初	3月中旬～3月下旬	
江苏太仓市	大棚秋冬茬		8月初	直播	10月初
安徽和县	大棚早春茬	之豇28-2、小叶之豇、扬豇40等	一般在2月上中旬	2月下旬～3月上旬或直播	4月中下旬
浙江义乌市	大棚早春茬	早翠、绿领蛟龙、特早30、绿领玉龙、晴川等	2月中下旬～3月上旬	3月上中旬	5月上中旬

续表

地区	茬口	品种	播种期	定植期	采收始期
浙江衢州市	大棚早春茬	扬虹早12、之豇特早30	2月上旬	2月底～3月初	4月下旬～5月上旬
青海平安区	日光温室秋冬茬	秋丰、上海33-47、901、三尺绿	8月中旬～9月上旬	育苗或直播	10月下旬
	日光温室冬春茬		12月中下旬～1月中旬	育苗或直播	3月上旬
山西太原市	日光温室秋冬茬栽培时	之豇28-2、上海33-47、秋丰和张塘等	8月中旬～9月上旬	育苗或直播	10月下旬
	日光温室冬春茬栽培		12月中下旬～1月中旬	1月上中旬～2月上中旬	3月上旬前后
山东烟台市	日光温室早春茬	之豇28-2、洛豇99、成豇一号、成豇三号、12820等	2月中下旬	3月上中旬	5月初
新疆昌吉州	日光温室早春茬	之豇28、上海33-47、秋丰、张塘、王中王	12月中下旬～1月中旬	1月上中旬～2月上中旬	3月上旬前后
	日光温室秋冬茬		8月中旬～9月上旬	育苗或直播	10月下旬
天津市	地膜覆盖＋小拱棚覆盖早春茬	丰豇青优和丰豇十号	3月中旬	直播	6月中旬

（二）华东地区塑料棚豇豆栽培技术

1.茬口安排

豇豆早熟栽培一般需要育苗。播种期就根据当地的气候条件、栽培设施及管理措施确定。如在江、浙、沪等地，采用小拱棚覆盖栽培的可在3月中下旬播种，采用大棚栽培的可在3月上中旬播种，采用大棚套小棚覆盖栽培的可在2月下旬至3月初播种。有些地区在早黄瓜采收结束后利用黄瓜原有的竹架栽培豇豆的，则其播种期可延迟到4月下旬或5月初，甚至可直播。

2.播种育苗

豇豆育苗一般在大棚内进行。播种前精选粒大饱满、无病虫、无破损的种子，并选晴朗天气晒种1～2天，必要时可用药剂拌种后播种。播种前应准备好苗床，苗床内的营养土厚度不应低于5厘米，床土干湿适度，不可过湿，否则容易烂种。播种时将种子撒于苗床土内，以种子不重叠为度，播种后覆盖疏松细土1.5～2厘米，稍加镇压后铺稀疏稻草，再覆盖地膜保温保湿。播种后苗床温度控制在25～30℃，如果温度较低，则还需搭建小拱棚，夜间覆盖草片、遮阳网等保温。播种后4～5天开始出苗，当有30%左右种子出土后，及时揭去地膜和稻草。当多数种子出苗后，应降低苗床温度，使白天温度保持在20℃左右，最高不超过25℃，夜间最低温度不低于15℃，若温度过高，则可揭开小拱棚降温，但须防止冷风直接吹入苗床，以免引起冻害。齐苗4～5天后开始进行炼苗，炼苗期间，夜间的最低温度不能低于10℃。当第一对真叶形成，尚未完全展开时定植。为保护根系，有条件的可采用营养钵育苗，方法与菜豆相似。

3.整地施基肥

豇豆不耐涝，且生长期长，生育期间需要较多的养分，应选择地势高燥、土层深厚、有机质丰富、排灌方便的土壤。定植前10～15天整地施基肥，一般每亩大棚施充分腐熟的人粪尿或鸡鸭粪700～1000千克、过磷酸钙8～10千克、草木灰25～30千克，可沟施也可撒施。整地后，作畦，畦面宽100～110厘米，沟宽40厘米，畦高20～25厘米。平整畦面后覆盖地膜。

4.定植

豇豆尽管根系发达，但根系的再生能力较弱，所以宜小苗移栽。一般当子叶展开，第一对真叶尚未完全展开时定植，采用营养钵育苗者可适当延迟定植。定植宜选择冷尾暖头的晴天进行，定植前在苗床地浇透水，然后起苗，淘汰子叶缺损、真叶扭曲等不正常秧苗。豇豆采用双行定植，穴距24～27厘米，每穴2～3株。定植时地膜开口宜小，定植后即浇点根水，然后用泥土封口。

5.定植后的管理

（1）温度管理　定植后成活前，应保持较高棚温，白天保持在25～30℃，夜间保持在15℃以上，密闭不通风，以提高地温，促进还苗。早熟栽培，定植时温度尚低，所以，在定植后，应每畦搭小拱棚覆盖保温，若有强冷空气来临，或夜间温度较低，则还需要覆盖草片、遮阳网等保温。缓苗以后，棚温白天保持在22～25℃为宜，夜间不低于15℃，若棚温高于30℃，即通风降温。若遇寒流大幅度降温时，要采取临时性增温措施防冻。进入开花期后，白天棚温以20～25℃为宜，夜间不低于15℃，在确保上述温度条件下，可（尽量）昼夜通风，以利于开花结荚。

（2）补苗　定植后要及时检查，对缺苗或基生叶受损伤的幼苗应及时补苗。补苗后要及时浇透水，以保证这些苗能与其他正常苗同步生长。

（3）水分管理　大棚豇豆栽培水分管理与菜豆相似，总的原则是"浇荚不浇花"，还苗后到开花结荚前，要严格控制水分，否则会引起徒长，开花节位上升，侧芽萌发，容易造成植下部空蔓（无豆荚）。一般定植后隔3～5天浇一次缓苗水，以后原则上不浇水。初花期水分过多，会造成植株营养生长过旺，养分消耗多，使花蕾得不到足够养分而引起落花落荚。坐荚后，植株转入旺盛生长，既长茎叶，又陆续开花结荚，需水量增加，要供应较多的水分，以促进果荚伸长和膨大，增加结荚数，并保持植株较好的长势。一般幼荚有2～3厘米时开始浇水，以后每隔5～7天浇水一次，但要防下雨后涝害。

（4）追肥　豇豆追肥的原则与菜豆相同，即"花前少施，花后多施，结荚期重施"。一般秧苗成活后追施一次提苗肥，每亩大棚施15%～20%的腐熟人粪尿300千克。开花后追施20%浓度的腐熟人粪尿500千克。结荚后追施20%浓度的腐熟人粪尿700千克、过磷酸钙3千克，以后每隔1周追施一次，也可每亩每次追施复合肥5千克。豇豆生长后期，可连续重施追肥2～3次，每次用复合肥5～7千克，以促进植株旺盛生长，继续抽发花序，提高结荚率，延长采收期，增加产量。

（5）及时搭架　目前大棚栽培的豇豆以蔓生豇豆居多，一般应在植株开始"甩蔓"时搭架引蔓，防止相互缠绕，以利于通风透光，减少落花落荚。一般用2～2.5米长的竹竿搭人字架，每穴插一根，在距植株基部10～15厘米处将竹竿插入土中15～20厘米，中上部4/5的交叉处放一竹竿，用绳子扎紧作横梁。搭架后按逆时针方向引蔓2～3次，使植株茎蔓沿支架生长，以后让其自然生长。豇豆搭架所用的竹竿较长，在搭架时应小心操作，以免竹竿顶破大棚膜。搭架后，特别是进入采收期后，应根据植株生长情况，及时摘基部老叶、病叶，见图12-27。

图12-27　搭架后豇豆生长情况

（三）华北地区日光温室豇豆栽培技术

1. 茬口安排

秋冬茬栽培时，一般从8月中旬到9月上旬播种育苗或直播，从10月下旬开始上市；冬春茬栽培一般是12月中下旬到1月中旬播种育苗，1月上中旬到2月上中旬定植，3月上旬前后开始采收，一直采收到6月份。

2. 育苗

（1）备种、选种和晒种　干籽直播的，按每亩用1.5～3.5千克备种；育苗移栽的，每亩备种1.5～2.5千克。为提高种子的发芽势和发芽率，保证发芽整齐、快速，应进行选种和晒种，要剔除饱满度差、虫蛀、破损和霉变种子，选晴天在土地上晒1～2天。

（2）整地施肥　亩用优质农家肥5000～10000千克，腐熟的鸡禽粪2000～3000千克，腐熟的饼肥200千克，碳酸氢铵50千克。将肥料的3/5普施地面，人工深翻2遍，把肥料与土充分混匀，然后按栽培的行距起垄或做畦。豇豆栽培的行距平均为1.2米，或等行距种植或大小行栽培。大小行栽培时，大行距1.4米，小行距1米。开沟施肥后，浇水、造墒、扶起垄，垄高15厘米左右。另在大行间，或等行距的隔2行扶起1条供作业时行走的垄。

（3）育苗　提前播种培育壮苗，是实现豇豆早熟高产的重要措施。豇豆育苗可以保证全苗和苗旺，抑制营养生长，促进生殖生长，一般比直播的增产二三成。① 适宜的苗龄。豇豆的根系木栓化比较早，再生能力较弱，苗龄不宜太长。适龄壮苗的标准是：日历苗龄20～25天，生理苗龄是苗高20厘米左右，开展度25厘米左右，茎粗0.3厘米以下，真叶3～4片，根系发达，无病虫害。② 护根措施。培育适龄壮苗的关键技术包括：采用营养钵、纸筒、塑料筒或营养土方护根育苗，营养面积10厘米×10厘米，按技术要求配制营养土和进行床土消毒。③ 浸种。将种子用90℃左右的开水烫一下，随即加入冷水，使温度保持在25～30℃，浸泡4～6小时，离水。由于豇豆的胚根对温度和湿度很敏感，所以一般只浸种，不催芽。④ 播种。播种前先浇水造足底墒。播种时，1钵点种3～4粒种子，覆土2～3厘米厚。⑤ 播后管理。播后保持白天30℃左右，夜间25℃左右，以促进幼苗出土。正常温度下播后7天发芽，10天左右出齐苗。此时豇豆的下胚轴对温度特别敏感，温度高必然引起植株徒长，因此要把温度降下来，保持白天20～25℃，夜间14～16℃。定植前7天左右开始低温炼苗。需要防止土壤干旱。豇豆日历苗龄短，子叶中又贮藏着大量营养，苗期一般不追肥，但须加强水分管理，防止苗床过干过湿，土壤相对湿度70%左右。注意防治病虫害。重点是防治低温高湿引起的锈根病，以及蚜虫和根蛆。

3.定植

（1）定植（播种）适期　豇豆定植的适宜温度指标是10厘米地温稳定通过15℃，气温稳定在12℃以上。温度低时可以加盖地膜或小拱棚。定植前10天左右扣棚烤地。

（2）定植方法　冬春茬的定植宜在晴天的10～15时进行。一般在栽植垄上按20厘米打穴，每穴放1个苗坨（2～3株苗），然后浇水，水渗下后覆土封严。

4.定植后的管理

（1）指导思想　豇豆进入开花结荚期，一方面要抽出花序开花结荚，一方面要继续茎叶生长，发展根系和根瘤，各自的生长量都很大。如果植株瘦弱，就会影响花枝的茎叶生长和开花结荚；如果枝叶过于繁茂，同时会使花序的抽出推迟，花量减少或落花落荚。所以，在豇豆栽培过程中，必须随时注意处理好长茎叶和开花结荚的矛盾，努力达到平衡。在日光温室豇豆的栽培全过程中，从总体上来看，是先控后促，这是因为豇豆根深耐旱，生长旺盛，比其他豆类蔬菜更容易出现营养生长过旺的现象，一旦形成徒长，就会导致开花晚、结荚少。所以，在管理上要先控后促，防止茎叶徒长，培育壮株，延长结果期。如果现蕾前后枝叶繁茂已明显影响到开花结荚，就必须设法从温度和水肥的管理方面，控制一下茎叶生长。开花结荚盛期，为了保证顺利开花结荚，同时保证有相应的茎叶生长量来维系开花结荚，必须从肥水上给以保证，同时要做好植株的调整工作。

（2）温度管理　定植后的3～5天通风，闷棚升温，促进缓苗。缓苗后，室内的气温白天保持25～30℃，夜间不低于15～20℃。秋冬茬生产的，进入冬季后，要采取有效措施加强保温，尽量延长采收期。冬春茬栽培的，当春季外界温度稳定通过20℃时，再撤除棚膜，转入露地生产。

（3）水分管理　定植时因茬次掌握好浇水。在定植浇好稳苗水的基础上，秋冬茬缓苗期连浇2次水，冬春茬再分穴浇2次水，缓苗后沟浇1次大水，此后全面转入中耕锄划、蹲苗、保墒，严格控制浇水。现蕾时可浇一小水，继续中耕锄划，初花期不浇水。待蔓长1米左右、叶片变厚、根系下扎、节间短、第一个花序坐住荚后、几节花序相继出现时，要开始浇1次透水，同时每亩水冲追施硝酸铵20～30千克、过磷酸钙30～50千克。开肥开水后，豇豆的茎叶生长极快，待叶片的颜色变深、下部的果荚伸长、中上部的花序出现时，再浇第一水。以后掌握浇荚不浇花，见湿见干的原则，大量开花后开始每隔10～12天浇1次水。

（4）追肥　在施足底肥的基础上，有条件的在苗期要穴施1次发酵的饼肥加磷肥。亩用饼肥50～75千克、过磷酸钙30千克，进入采收期以后，要结合浇水追施速效氮肥，一般也是1次清水1次水冲肥，每亩每次用硝酸铵30～40千克。特别是在发生"伏歇"时，要特别注意加强肥水管理，促进侧枝萌发、花序再生、植株复原。大约经过20多天，又会迎来一个新的产量高峰期，并能持续1个月以上。

（5）植株调整　植株长有30～35厘米高、5～6片叶时，就要及时支架（可插成单篱壁架，也可以插成"人"字架），使其引蔓上架生长。引蔓时切不要折断茎部，否则下部侧蔓丛生，上部枝蔓少，通风不良，落花落荚，影响产量。豇豆的整枝方法是：① 主蔓第一花序以下萌生的侧蔓在长到3～4厘米长时一律掐掉，以保证主蔓健壮生长。② 第一花序以上各节初期萌生的侧枝留1片叶摘心，中后期主茎上发生的侧枝留2～3片叶摘心，以促进侧枝第一花序的形成，利用侧枝上发出的结果枝结荚。③ 第一个产量高峰期过去后，在距植株顶部60～100厘米处，已经开过花的节位还会发生侧枝，也要进行摘心，保留侧花序。④ 豇豆每一花序上都有主花芽和副花芽，通常是自下而上主花芽发育、开花、结荚，在营养状况良好的状况下，每个花序的副花序再依次发育、开花、结荚。所以主蔓爬满架（大约长到15～20节）就要掐尖，以促进各侧蔓上的花芽发育、开花、结荚。

（四）华北地区地膜覆盖加小拱棚覆盖豇豆栽培技术

1.播前准备

（1）底肥　豇豆不宜连作，选择2～3年未种过豆科作物的沙壤土地块种植。3月上旬土壤解冻后，整地时施入农家肥（3000～4000）千克/亩；也可增施复合肥或磷酸二铵30千克/亩。耙平后做畦，畦宽1～1.2米，畦长8～10米。

（2）覆膜　播种前5～7天灌水，覆盖宽90厘米的地膜，既可保墒增温，又能起到防杂草的作用。注意地膜周围及地膜破损处用土压实，防止地膜被风掀开，影响土壤墒情。

（3）选种　选择粒大饱满有光泽，具有本品种特性的种子。

2.播种

当10厘米地温稳定在10℃时（3月中旬）播种，以干籽直播为主。播种时在地膜上挖直径5～10厘米、深4～6厘米的孔，每穴播3～4粒后覆土。每畦播种2行，穴距30～35厘米。

3.田间管理

（1）搭小拱棚及苗期管理　播种后用长150厘米细竹片搭小拱棚，间隔1米左右，拱顶盖膜增温保湿，保证棚内白天温度20～30℃、夜间在10℃以上。如遇低温在小拱棚上加盖一层草苫。出苗后，晴天进行通风换气，调节小拱棚内温度和湿度。当幼苗长到25～30厘米时，可加大通风量，进行炼苗。当外界白天平均气温稳定在20℃、夜间稳定在15℃时，选择无风的晴天拆除小拱棚。

（2）插架引蔓　豇豆幼苗开始伸蔓后，及时插架引蔓。插架采用人字形架，这样减少遮阳和便于采收。天津地区春季风大且频繁，可在架顶拉铁丝，然后固定在土中，起到加固的作用。插架后人工引蔓一次，按逆时针方向进行，以顺应其自然生长特性。

（3）整枝　合理整枝是豇豆高产的主要措施。蹲苗期间及时摘去幼小叶芽，以促进花芽生长。主蔓第一花序以下各节位的侧枝全部打掉，以保证主茎粗壮。第一花序以上的侧枝留1～2叶摘心。结荚期及时摘去下部病叶和老叶，减少其对养分的消耗，改善植株的通风透光条件。

（4）肥水管理　豇豆苗期不进行浇水，开花结荚期是豇豆对肥水需求的主要时期。在豆荚长10～20厘米左右浇第一次水，追施复合肥（10～15）千克/亩。开花结荚期结合追肥进行浇水2～3次，每次追施复合肥（10～20）千克/亩，每次间隔7～10天。开花结荚期保证土壤水分见湿见干，如遇大雨及时排水。

五、采收

豇豆在定植后40～50天即达到始收期。一般来说，豇豆在开花后10～12天左右即达到商品成熟期，可陆续采收。当荚条长成粗细均匀、荚面豆粒处不鼓起，但种子已经开始生长时，为商品嫩荚收获的最佳时期，应及时采收上市。采收须注意以下几点：① 不要伤及花序枝。豇豆为总状花序，每个花序通常有2～5对花芽，但一般只结1对荚；如果条件好，营养水平高，可以结4或6个荚。所以采收一定要仔细，严防伤及其他花蕾，更不能连花序柄一起拽下。要保护好花序，根据笔者多年的经验，在采摘豆角的时候，留基荚（连接花序柄处）5～8毫米采摘，效果最好。② 采收宜在傍晚进行，严格掌握标准，使采收下来的豆角尽量整齐一致。③ 采收中要仔细查找，避免遗漏。④ 气温高的时候，采收下来的豇豆用苫布覆盖，避免失水萎蔫，见图12-28。

图12-28　采收后用苫布覆盖，避免失水萎蔫

六、病虫害防治

病虫害防治应采取综合防治措施：① 选用抗病品种，精选种子，培育壮苗。② 避免重茬种植，实行科学轮作，如与非豆类作物轮作三年以上。③ 增施磷钾肥，提高植株抗性。④ 及时整枝、打杈、搭架，改善田间通风避光条件，减少病害发生。⑤ 发现病株、病叶及时清除、深埋或烧毁。⑥ 及时进行药剂防治。

（一）病害

棚室豇豆的主要病害有：豇豆细菌性疫病、豇豆锈病、豇豆煤霉病、豇豆炭疽病、豇豆斑枯病、豇豆根腐病、豇豆褐斑病、豇豆白粉病、豇豆病毒病等。

1.豇豆细菌性疫病

【症状】主要危害叶片，也危害茎和荚。叶片受害，从叶尖和边缘开始，初为暗绿色水渍状小斑，以后逐渐扩展为不规则形的褐色坏死斑，四周有黄色晕圈。茎蔓发病，初为水渍状，发展成红褐色长条形凹陷斑，严重时豆荚内种子亦出现黄褐色凹陷病斑。在潮湿条件下，发病部位常有黄色菌脓溢出。

【传播途径和发病条件】同菜豆细菌性疫病。

【防治方法】发病初期可用72%克露可湿性粉剂500～1000倍液，或70%百德福可湿性粉剂600～800倍液，或64%杀毒矾可湿性粉剂500倍液或40%乙磷铝500倍液喷雾防治，每5～7天喷洒1次，连喷3～4次。

2.豇豆锈病

【症状】本病多发生在较老的叶片上，茎和豆荚上也发生。叶片初生黄白色的斑点，稍隆起，后逐渐扩大，呈黄褐色疱斑（夏孢子堆），表皮破裂，散出红（黄）褐色粉末状物（夏孢子）。夏孢子堆多发生在叶片背面，严重时也发生在叶面上。后期在夏孢子堆或病叶其他部位上产生黑色的冬孢子堆。有时在叶片正面及茎、荚上产生黄色小斑点（性孢子器），以后在这些斑点的周围（茎、荚）或在叶片背面产生橙红色斑点（锈子器），再继续进一步形成夏孢子堆及冬孢子堆。性孢子器和锈孢子器很少发生。

【传播途径和发病条件】同菜豆锈病。

【防治方法】可用25%粉锈宁1000倍液或70%代森锌500倍液喷雾防治，每7～10天喷1次，连续喷2～3次。

3.豇豆煤霉病

又称叶霉病或叶斑病。

【症状】初期叶片发生赤、紫褐色小点，扩大呈近圆形病斑，潮湿时叶背面产生灰黑色霉菌，致使叶片变小、落叶、结荚减少。

【传播途径和发病条件】此病由真菌侵染引起。病菌以菌丝体和分生孢子随病残体在土壤中越冬。翌年春季，环境条件适宜时，在菌丝体产生分生孢子，通过气流传播进行初侵染，然后在受害部位产生新生代分生孢子，进行多次再侵染。豇豆一般在开花结荚期开始发病，病害多发生在老叶或成熟的叶片上，顶端嫩叶较少发病或不发病。病菌喜高温高湿的环境，适宜发育温度范围7～35℃，田间发病最适温度25～32℃，相对湿度90%～100%。豇豆的最易感病生育期为开花结荚期到采收中后期，发病潜育期5～10天。年度内春豇豆比秋豇豆发病重，年度间夏秋季多雨的年份发病重，田块间连作地、地势低洼、排水不良的田块发病重，栽培上种植过密、通风透光差、肥水管理不当、生长势弱的田块发病重。

【防治方法】发病初期喷洒77%可杀得可湿性粉剂500倍液或25%多菌灵400倍液防治，每7～10天1次，连续防治2～3次。也可选用25%多菌灵可湿性粉剂400倍液，或75%百菌清可湿性粉剂600倍液喷防，每10天喷1次，连续防治2～3次。

4.豇豆炭疽病

【症状】在茎上产生梭形或长条形病斑。初为紫红色，后色变淡，稍凹陷以至龟裂，病斑上密生大量黑点，即病菌分生孢子盘。该病多发生在雨季，病部往往因腐生菌的生长而变黑，加速茎组织的崩解。轻者生长停滞，重者植株死亡。

【传播途径和发病条件】同菜豆炭疽病。

【防治方法】可用① 70%代森锰锌可湿性粉剂600倍液；② 70%甲基托布津1000倍或50%多菌灵800倍液；③ 75%百菌清600倍液；④ 80%炭疽福美800倍液等。在发病初期开始喷药，每隔10天左右喷一次，共喷2～3次。

5.豇豆斑枯病

【症状】豇豆斑枯病主要为害叶片。叶斑多角形至不规则形，直径2～5毫米不等，初呈暗绿色，后转紫红色，中部褪为灰白色至白色，数个病斑融合为斑块，致叶片早枯。后期病斑正背面可见针尖状小黑点即分生孢子器。

【传播途径和发病条件】以菌丝体和分生孢子器随病残体遗落土中越冬或越夏，并以分生孢子进行初侵染和再侵染。借雨水溅射传播蔓延、东北产区本病多由菜豆壳针孢菌侵染引起，7月份始发。国内其他产区病原不尽相同，通常温暖高湿的天气有利发病。

【防治方法】及时摘除销毁病叶，发病初期可喷洒40%多硫悬乳剂500倍液或70%甲基托布津500倍液防治，5～7天喷1次，连喷2～3次。

6.豇豆根腐病

【症状】主要为害根部和茎基部，发病主要特点是病部产生褐色或黑色斑点。病株易拔断，纵剖病根，维管束呈红褐色，根部开始腐烂，发病病株上部叶片呈黄色失绿。如不及时治疗，后期根部全部腐烂，上部茎叶萎蔫枯死。浇水过多，连作发病重。

【传播途径和发病条件】同菜豆根腐病。

【防治方法】

（1）农业综合防治 ① 合理轮作，选用抗病品种，播种前用新高脂膜浸种；

实行高畦或深沟窄畦栽培，经常清沟排水，降低湿度；加强苗期管理，出苗后可淋施高锰酸钾加新高脂膜预防苗期根腐病发生，并配合喷施新高脂膜保护幼苗苗壮成长。② 加强管理，根据墒情适时浇水、追肥，喷施促花王3号抑制植株疯长，促进花芽分化，同时在开花结荚期适时喷施菜果壮蒂灵增强花粉受精质量，提高循环坐果率，促进果实发育、无畸形、整齐度好、品质提高，使菜果连连丰产。

（2）化学防治　及时拔除病株并带出集中烧毁，并根据植保要求喷施多菌灵、防霉宝可湿性粉剂等针对性防治，同时喷施新高脂膜增强药效；严重时应用针对性药剂加新高脂膜灌根处理，每隔7～10天1次，浇4～5次。

7.豇豆褐斑病

【症状】叶片正反面产生近圆形或不规则形褐色斑，边缘赤褐色，外缘有黄色晕圈，后期病斑中部变为灰白色或灰褐色（叶背病斑颜色稍深，边缘仍为赤褐色）。温度高时，叶背面病斑产生灰黑色霉状物。

【传播途径和发病条件】北方菜区病菌以子囊座随病残组织在地表越冬，翌年，产生子囊孢子进行传播；在南方病菌以分生孢子借气流和雨水溅射传播进行初侵染和再侵染。在田间由于寄主终年存在，病害周而复始不断发生，无明显越冬或越夏期。该病最适发病温度20～25℃，相对湿度80%以上，高温高湿，种植过密，通风不良，偏施氮肥，发病较重。

【防治办法】合理密植，增施磷钾肥，栽培结束后及时清洁田园。选用10%苯醚甲环唑水分散颗粒剂1500～2000倍液加4000倍液硕丰481，也可用邦佳威500倍液加40%腈菌唑水分散粒剂6000倍液，视病情7～10天喷一次，连喷2～3次。

8.豇豆白粉病

【症状】主要为害叶片，首先叶面出现黄褐色斑点，后扩大呈紫褐色斑，叶上覆盖一层稀薄的白粉，后期病斑沿叶脉发展，白粉布满全叶，发病重的叶片背面有时也可表现症状。

【传播途径和发病条件】同苦瓜白粉病。

【防治办法】① 在选肥上多使用磷钾肥和免深耕土壤调理剂，免深耕疏松土壤，增加土壤的通透性，可以提高豇豆抗病能力，减少白粉病的发生。② 发病前后可叶面喷施普星1200倍液加硕丰481 4000倍液，注意喷施叶片反正面，7～10天喷施一次，连喷2～3次，也可用30%醚菌酯悬浮剂2000～2500倍液进行叶面喷施。

9.豇豆病毒病

【症状】该病为系统性症状，叶片出现深绿、浅绿相间的花叶，有时可见叶绿素聚集，形成深绿色脉带和萎缩、卷叶等症状。

【传播途径和发病条件】主要由黄瓜花叶病毒（CMV）、豇豆蚜传花叶病毒（CAMV）和蚕豆萎蔫病毒（BBVW）侵染引起。3种病毒在田间主要通过桃蚜、豆蚜等多种蚜虫进行非持久性传播，病株汁液摩擦接种及农事操作也可传播。

【防治方法】① 选用耐病品种如之豇28-2、红嘴燕等。② 及早防治蚜虫。③ 加强管理，提高抗病力。④ 发病初期喷洒1.5%植病灵Ⅱ号乳剂1000倍液，或83增抗剂100倍液或20%抗病盛乳油500～800倍液，或60%病毒A片剂（15千克水中加2片），或20%万毒清500倍液，或20%病毒A可湿性粉剂500～700倍液，或6%病毒克或20%病毒必克可湿性粉剂1000倍液，或38%病毒1号600～800倍液，或复方克病神500倍液加植保素500倍液，或病毒王500倍液加平衡剂300倍液，或病毒速克灵乳油500倍液加克旱寒增产剂（黄腐殖酸锌）500倍液喷洒，每7～8天喷1次，连喷3～4次。

（二）虫害

主要害虫有蚜虫、豆野螟、蓟马、豆象、红蜘蛛、白粉虱、朱砂叶螨等。

1.蚜虫

【为害特点】蚜虫对于常群集于豇豆的叶片、嫩茎、花蕾、顶芽等部位，刺吸汁液，使豇豆叶片皱缩、卷曲、畸形，严重时引起枝叶枯萎甚至整株死亡。蚜虫分泌的蜜露还会诱发煤污病、病毒病并招来蚂蚁危害等。蚜虫的繁殖量大并且快速，对豇豆危害性非常大，因此对于豇豆的蚜虫危害防治是非常重要的。

【形态特征】【生活习性】【防治方法】同大白菜蚜虫。

2.豆野螟

也称豆荚野螟或豇豆钻心虫，属鳞翅目夜蛾科多食性昆虫。

【为害特点】幼虫现蕾前主要为害叶片，以后则钻入花冠及幼荚蛀食为害，造成花蕾与荚的脱落，蛀食后产生蛀孔，并产生粪便引起豆荚腐烂，严重影响豇豆的产量和品质。

【形态特征】成虫是一种蛾子，体长10～13毫米，翅展20～26毫米，体色黄褐，前翅黄褐色。中室的端部有一块白色半透明的近长方形斑，中室中间近前缘处有一个肾形白斑，稍后有一个圆形小白斑点，有紫色的折闪光。后翅白色、半透明。卵为椭圆形，长0.7毫米左右，黄绿色，表面有近六角形的网纹。幼虫体长18毫米左右，头黄褐色，前脑背板黑褐色。蛹长约12毫米左右。淡褐色，翅芽明显，伸至第4腹节，蛹外有两层白色的薄丝茧。

【生活习性】① 生活及越冬：一年发生4～5代。以蛹在土壤中越冬，越冬代成虫出现于6月中、下旬，基本是1个月1代，第1、2、3代分别在7月、8月和9月上旬出现，第4代在9月上旬至10月上旬出现成虫，10月下旬以蛹越冬。② 为害习性：成虫产卵于花蕾、叶柄及嫩荚上，单粒散产，卵期2～3天，初孵幼虫蛀入花蕾和嫩荚，被害蕾易脱落，被害荚的豆粒被虫咬伤，蛀孔口常有绿色粪便，虫蛀荚常因雨水灌入而腐烂。幼虫为害叶片时，常吐丝把两叶粘在一起，躲在其中咬食叶肉、残留叶脉，叶柄或嫩茎被害时，常在一侧被咬伤而萎蔫至调萎。③ 趋性：成虫趋光性强，白天常躲在荫蔽处。另外，老熟幼虫常在荫蔽处的叶背、土表等处作茧化蛹。

【防治方法】在豇豆开花期发现幼虫立即用10%氯氰菊酯乳油或50%杀螟松乳剂，或25%敌百虫粉剂，或80%敌敌畏乳油1000倍液喷杀，隔7～10天喷1次，连续喷2～3次。

3.蓟马

【为害特点】蓟马以成虫和若虫的锉吸式口器吸食幼嫩组织和器官汁液，可危害豇豆的茎、叶、花和荚果。豇豆受蓟马危害后，叶片皱缩、变小、卷曲或畸形，大量落花落荚，幼荚畸形或荚面出现粗糙的伤痕；严重受害时托叶干枯，心叶不能伸开，生长点萎缩，茎蔓生长缓慢或停止。蓟马危害豇豆植株时还会传播多种病毒。

【形态特征及生活习性】蓟马长约1.1毫米，若虫和成虫喜于嫩梢上栖息，豇豆开花期则大多聚集在花朵上。成虫爬行迅速、善飞，通常将卵产于叶背、叶脉及花等幼嫩组织。末龄若虫停止取食后落入表土，在0.5～1.0厘米土层中变为预蛹，经蜕皮羽化为成虫，再飞到植株上危害。

【防治方法】发病初期应根据虫害喷施针对性药剂（如30%吡虫啉EC1000～1500倍液、20%啶虫脒可溶性液剂1000～1500倍液）进行防治，并配合使用新高脂膜800倍液增强药效，提高药剂有效成分利用率，巩固防治效果。

4.红蜘蛛

又名火龙。

【为害特点】以成虫和幼虫群集叶背吸食汁液，叶片被害后，逐渐变成红黄色，似火烧，最后叶片脱落，果实干瘪，植株变黄枯焦。

【形态特征】【生活习性】同黄瓜红蜘蛛。

【防治方法】可用20%三氯杀螨醇乳剂1000倍液，90%敌百虫800～1000倍或40%氧化乐果乳剂1000～1500倍或三硫磷等药剂交替喷杀，重点喷叶背面，连续喷2～3次。

5.白粉虱

俗称白蛾子，分类上属同翅目、粉虱科。

【为害特点】以成若虫群集叶片吸汁危害，并可诱发煤烟病和传播某些病毒病。

【形态特征】成虫为体细小（长约1毫米多）、白色善飞的虫子。若虫体更细小（4龄老熟若虫称伪蛹，长不足1毫米），椭圆形，略扁平，淡黄绿色，体背有或长或短的蜡丝，体侧有刺突。

【生活习性】在北京年发生6～11代，世代重叠，南方年发生世代更多，无明显越冬现象。其在一年中消长与豆蚜有相似之处，即春末夏初数量上升，夏季高温多雨虫口明显下降，秋季虫口又迅速上升，并由露地逐渐转向温室。成虫有趋嫩绿群居和产卵习性，对黄色趋性也强。主要进行两性生殖，也可营孤雌生殖。天敌有蚜小蜂等寄生蜂、寄生菌和捕食性昆虫、蜘蛛等。

【防治方法】防治豇豆白粉虱主要抓早治和连续治，可喷施10%优得乐（扑虱灵）乳油1000倍液，或2.5%功夫或天土星乳油3000～4000倍液，或25%灭螨猛（甲基克杀螨）1000倍液。棚室栽培则可用22%敌敌畏烟剂（每次7.5千克/公顷）3～4次，隔7～10天1次。还可利用白粉虱成虫对黄色趋性强这一特性，必要时配合设黄板涂机油诱杀。

6.朱砂叶螨

蛛形纲，属真螨目，叶螨科。是一种广泛分布于世界温带的农林大害虫，在中国各地均有发生。

【为害特点】以成若螨在叶背吸取汁液。叶片受害后，形成枯黄色细斑，严重时全叶干枯脱落，缩短结果期，影响产量。

【形态特征】雌成虫：体长0.28～0.52毫米，每100头大约2.73毫克，体红至紫红色（有些甚至为黑色），在身体两侧各具一倒"山"字形黑斑，体末端圆，呈卵圆形。雄成虫：体色常为绿色或橙黄色，较雌螨略小，体后部尖削。

【生活习性】幼螨和前期若螨不甚活动。后期若螨则活泼贪食，有向上爬的习性。先为害下部叶片，而后向上蔓延。繁殖数量过多时，常在叶端群集成团，滚落地面，被风刮走，向四周爬行扩散。朱砂叶螨发育起点温度为7.7～8.5℃，最适温度为25～30℃，最适相对湿度为35%～55%，因此高温低湿的6～7月份为害重，尤其干旱年份易于大发生。但温度达30℃以上和相对湿度超过70%时，不利其繁殖，暴雨有抑制作用。

【防治方法】加强田间害螨监测，在点片发生阶段注意挑治。轮换施用化学农药，尽量使用复配增效药剂或一些新型的特效药剂。效果较好的药剂有：40%的菊杀乳油2000～3000倍液，或40%的菊马乳油2000～3000倍液，或20%的螨卵脂800倍液。也可用波美0.1～0.3度石硫合剂，25%灭螨猛可湿性粉剂1000～1500倍液。

参考文献

[1] 袁华玲，张金云，张学义，等.蔬菜穴盘工厂化育苗技术及发展策略.安徽农业科学，2003，（6）：977-979.

[2] 盖捍疆.朝阳设施农业栽培实用技术.北京：中国农业科学技术出版社，2012：43-46.

[3] 李佳钊，曹天亚，朱小凤.无公害莴苣栽培技术操作.安徽农学通报，2012，18（16）：69-70.

[4] 张强，郭海，林精波，等.提高芹菜栽培效益的技术要点阐述.农村实用科技信息，2009，（5）：15.

[5] 肇阳.大棚秋菠菜的栽培技术.吉林蔬菜，2012，（5）：17.

[6] 周珠扬，朱磊.茼蒿的特征特性及保护地栽培技术.西藏农业科技，2009，31（4）：30-31.

[7] 扈保杰，张世香.苋菜冬暖大棚栽培技术.西北园艺，2004，（11）：22.

[8] 付志峰.温室茴香高效栽培技术.中国农村小康科技，2008，（7）：36.

[9] 杨雪梅，金淑颖.时尚保健蔬菜：番杏日光温室栽培要点.吉林蔬菜，2013，（9）：6-7.

[10] 李莉，李平.落葵的高产栽培技术.北京农业，2001，（4）：8.

[11] 张永平，乔永旭，顾丽嫱.保护地京水菜嫩化高效栽培技术.中国蔬菜，2009，（3）：41-42.

[12] 苗玉侠.朝阳地区日光温室冬春茬韭菜栽培技术.现代农业科技，2010，（9）：127.

[13] 鲁淑艳，郭俊儒，朱子有，等.温室蒜苗高产栽培技术.农业科技通讯，2008，（2）：115-116.

[14] 赵振忠.特色蔬菜香葱栽培技术.现代农村科技，2012，（22）：18-19.

[15] 周永红，孙保亚，张健.番茄秋延后栽培技术.吉林蔬菜，2007，（1）：7-8.

[16] 郭昆.日光温室冬茬番茄高产栽培技术.农业科技与装备，2012，（6）：73-74.

[17] 魏荣彬. 春季塑料大棚番茄早熟高产栽培技术. 现代农业科技, 2011, (6): 128-131.

[18] 孙成江, 董兰祥, 房丽. 温室茄子老株更新栽培技术. 现代农业科技, 2011, (4): 126-133.

[19] 李立申. 茄子日光温室一大茬栽培技术. 现代农业科技, 2008, (3): 24-25.

[20] 王国栋, 田军, 王远利, 等. 温室茄子发生的生理性病害及其应对措施. 现代园艺, 2010, (9): 45-46.

[21] 马瑞. 塑料大棚辣椒栽培技术. 现代农业科技, 2012, (8): 143-148.

[22] 魏明茄. 日光温室黄瓜栽培技术. 农技服务, 2009, 26 (3): 54-55.

[23] 韩桂花, 贾月平, 朱锦义. 高寒地区日光温室苦瓜栽培技术. 内蒙古农业科技, 2002 (4): 44-45.

[24] 祖丽皮亚·沙吾提. 日光温室西瓜栽培技术. 农村科技, 2010, (3): 42-43.

[25] 邢美娜, 李敬岩, 周信群, 等. 辽西北日光温室西葫芦栽培技术. 中国园艺文摘, 2013, 29 (3): 156-157.

[26] 王晓宁. 高寒地区日光温室菜豆栽培技术. 北方园艺, 2007, (9): 85.

[27] 侯立新. 钢架塑料大棚豇豆丰产栽培技术. 现代农业科技, 2010, (2): 145-146.